纪念吴文俊先生诞辰 100 周年

国家出版基金项目
NATIONAL PUBLICATION FOUNDATION

The Complete Works of Wu Wen-Tsun
Attached Volume

吴文俊全集·附卷

——回忆与纪念

李邦河　高小山　李文林　主编

科学出版社
龙门书局

北　京

内 容 简 介

本书内容包括吴文俊的生平、成就与获得的奖励的介绍，陈省身、杨振宁、丘成桐、Jean-Pierre Bourguignon 等 78 位吴文俊生前同事、学生以及家属的回忆、纪念与缅怀的文章，以及 22 篇关于吴文俊的新闻报道. 这些文章全面介绍了吴文俊先生在拓扑学、数学机械化、中国古代数学史等方向取得的成就，吴文俊先生的学术思想与治学态度，以及他的学术影响.

本书可供数学工作者及数学爱好者阅读参考.

图书在版编目（CIP）数据

吴文俊全集·附卷：回忆与纪念/李邦河，高小山，李文林主编. —北京：龙门书局，2019.5
国家出版基金项目
ISBN 978-7-5088-5548-6

Ⅰ. ①吴… Ⅱ. ①李… ②高… ③李… Ⅲ. ①吴文俊(1919–2017)–纪念文集 Ⅳ. ①O1-53 ②K826.11-53

中国版本图书馆 CIP 数据核字(2019) 第 074633 号

责任编辑：李　欣　赵彦超/责任校对：邹慧卿
责任印制：肖　兴/封面设计：无极书装

科 学 出 版 社 出版
北京东黄城根北街 16 号
邮政编码：100717
http://www.sciencep.com
北京通州皇家印刷厂 印刷
科学出版社发行　　各地新华书店经销
*
2019 年 5 月第　一　版　　开本：720×1000　1/16
2019 年 5 月第一次印刷　　印张：33 3/4
字数：690 000
定价：298.00 元
（如有印装质量问题，我社负责调换）

编 者 序

中国现代数学的崛起，开始于 20 世纪初，经历了几代人坚苦卓绝的努力. 在这百年奋战中涌现出来的数学家中，吴文俊是最杰出的代表之一. 他早年留学法国，留学期间就已在拓扑学方面做出了杰出贡献，提出了后来以他的名字命名的"吴公式"和"吴示性类". 回国后提出了"吴示嵌类"等拓扑不变量，发展了统一的嵌入理论. 他关于示性类与示嵌类的研究，已成为 20 世纪拓扑学的经典，至今还在前沿研究中使用. 20 世纪 70 年代以来，吴文俊院士在汲取中国古代数学精髓的基础上，开创了崭新的现代数学领域——数学机械化. 他发明的被国际上誉为"吴方法"的数学机械化方法，改变了国际自动推理的面貌，形成了自动推理的中国学派，已使中国在数学机械化领域处于国际领先地位. 上述工作无疑属于 20 世纪中国数学赶超国际先进水平的标志性成果，而吴文俊院士博大精深的科学研究，除了拓扑学与数学机械化以外，还跨越了代数几何、博弈论、中国数学史、计算图论、人工智能等众多领域，并在每个领域都留下了这位多能数学家的重要贡献.

吴文俊先生是一位具有强烈爱国精神的数学家. 自 1950 年谢绝法国师友的挽留回到祖国后，半个世纪如一日，为在他深爱的中华故土发展数学事业而鞠躬尽瘁. 除了第一流的科研成果，吴文俊先生长期身处中国数学界领导地位，在团结带领整个中国数学界赶超世界先进水平方面，也做出了不可磨灭的贡献. 特别是，吴文俊先生在担任中国数学会理事长期间，领导中国数学最终成功地加入了国际数学联盟，此举大大提高了我国数学界的国际地位，同时也为我国成功举办 2002 年国际数学家大会铺平了道路.

吴文俊治学严谨，学术思想活跃，无论获得多么高的声誉，他总是勤奋地在科研第一线工作，一生积极进取，锲而不舍，不断取得新的成就. 在开始从事机器证明时，他已近花甲之年，从零开始学习编写计算机程序，每天十多个小时在机房连续工作，终于在几何定理机器证明这一难题上取得成功.

吴文俊先生为中国现代数学的发展建立了丰功伟绩，而他本人却始终淡泊、谦逊. 他处事公正豁达，待人充满善意，受过他帮助的人可以说不计其数. 正因如此，这位有着崇高国际声望而平易近人的学者，受到了每一个认识他的人格外的爱戴与尊敬.

2019 年 5 月 12 日是吴文俊先生百年诞辰. 为了纪念这个特殊的日子，我们编辑出版了《吴文俊全集》，通过系统地收录、整理吴文俊先生的学术著作和论文，纪念吴先生的学术思想及学术成就. 全集共计 13 卷, 包括拓扑学 4 卷、数学机械化 5 卷以及数学史、博弈论与代数几何、数学思想各 1 卷; 同时, 全集还设有附卷, 收录吴文俊先生的同事、学生和其他社会各界人士发表过的与吴先生有关的各类文献资料.

最后, 我们对在全集编辑中给予帮助的各位同事表示衷心感谢; 感谢国家出版基金对于全集出版的资助; 感谢科学出版社编辑人员在出版全集时认真细致的专业精神; 感谢相关出版与新闻机构在版权方面提供的帮助.

李邦河　高小山　李文林

2019 年 3 月

前　言

　　吴文俊先生是我国最具国际影响的数学家之一, 在拓扑学、数学机械化与中国古代数学史等多个领域都做出了杰出与独特的贡献, 受他影响的国内外学者众多. 此外, 吴文俊先生处事公正豁达, 待人充满善意, 受过他帮助的人可以说不计其数. 因此, 关于吴文俊先生的回忆与纪念文字非常多. 这些文章不仅反映了吴先生的学术影响与人们对他的感激之情, 也可以帮助我们了解其学术思想的渊源与传播途径. 这对于我们全面了解吴文俊先生的学术成就与学术思想无疑是非常重要的. 因此, 我们决定在《吴文俊全集》中设立附卷收录相关文章.

　　附卷主要包括三部分内容: 吴文俊先生的生平与成就介绍, 吴文俊先生的同事与学生的回忆、纪念与缅怀的文章以及关于吴文俊先生的新闻报道.

　　附卷第一部分介绍吴文俊先生的生平、成就与获奖. 其中生平部分主要采用了胡作玄教授撰写的吴文俊传记以及李邦河、高小山所写的两篇吴文俊先生的英文介绍.

　　成就部分收录五篇文章. 其中李邦河所写《吴文俊对拓扑学的伟大贡献》、高小山所写《吴文俊与数学机械化》、李文林所写《古为今用、自主创新的典范》分别介绍了吴文俊在拓扑学、数学机械化、中国古代数学史方面的成就. 吴文俊先生在以上三方面的工作广为人知.

　　我们这里简要介绍另外两篇文章.

　　曹志刚、杨晓光、俞建所写《吴文俊关于纳什均衡稳定性的工作及其影响》介绍了吴文俊先生在博弈论方面的工作. 从 1958 年起, 由于国内政治形势的影响, 吴文俊先生的拓扑学研究工作被迫中断, 转而对博弈论进行探索. 在短短的一两年中他不仅引进了这门新学科, 而且做出非常深刻的成果. 他与学生江嘉禾先生合作, 于 1962 年发表了唯一一篇关于博弈论的研究论文, 是迄今为止中国数学家在博弈论领域取得的最具国际影响的成就, 被 4 位诺贝尔奖得主引用.

　　Jean-Paul Brasselet 教授于 1977 年在 H. Cartan 指导下获得博士学位, 可以说是吴文俊先生的师弟. Brasselet 与吴先生并无直接联系, 目前正在研究吴示性类与吴先生定义的具有奇点的代数簇的陈类. 他看到吴先生去世的新闻后主动来信, 并撰文介绍吴示性类及其在理论物理的弦论中的应用.

　　奖励部分重点介绍了吴文俊先生获得四项奖励: 首届自然科学奖一等奖、首届国家最高科学技术奖、Herbrand 自动推理杰出成就奖、邵逸夫数学科学奖. 还收录了由中国数学会主办的 "吴文俊荣获邵逸夫数学科学奖庆祝会" 以及 "吴文俊荣获首届国家最高科技奖庆贺会暨数学机械化应用推广会" 的介绍.

附卷第二部分收录了对吴文俊先生的回忆、纪念与缅怀的文章，可以说是本卷最有价值的部分. 这一部分分为 7 个小节，分别收录了陈省身先生、杨振宁先生等关于吴先生的成果介绍、纪念与祝寿方面的文章，丘成桐先生、Jean-Pierre Bourguignon 先生等缅怀吴文俊的文章，许忠勤先生等关于吴先生与中国数学，以及吴先生学习与工作过的单位的文章，彭家贵先生等跟随吴先生研究拓扑学的专家的纪念文章，程贞一先生等跟随吴先生研究数学史的专家的纪念文章，王东明教授等跟随吴先生研究数学机械化的专家的纪念文章，以及吴先生家属的纪念文章.

附卷第三部分收录了 22 篇关于吴文俊先生的新闻报道. 吴文俊先生曾获得首届自然科学奖一等奖、首届国家最高科学技术奖、国际自动推理的最高奖 —— Herbrand 自动推理杰出成就奖、有 "东方诺贝尔奖" 之称的邵逸夫数学奖、首届求是杰出科学家奖等一系列大奖，可以说囊括了我国设立的几乎所有重要的奖励以及邵逸夫奖这样的顶级国际奖励. 但是，吴先生的影响在相当长一段时间内只局限于学术界，关于他的新闻报道并不多. 2001 年吴先生获得国家最高科学技术奖后，关于他的新闻报道才逐渐多了起来. 2017 年 5 月 7 日吴先生不幸病逝，相关的新闻报道可以用 "铺天盖地" 形容. 这里收录其中一部分有特色与深度的新闻报道，其中一些文章的题目包含了反映吴先生学术思想与治学态度的警句，例如："科学界需要一个没有英雄的时代" "应用是数学的生命线" "数学是笨人学的" "做学术不要总跟在别人后面跑" 等.

作为附卷的附录，我们介绍了以吴文俊命名的三个奖项：吴文俊人工智能科学技术奖、吴文俊应用数学奖、吴文俊计算机数学青年学者奖，以及吴文俊数学与天文丝路基金研究计划.

吴文俊先生去世后，国务院前总理温家宝在《中国科学报》撰文追忆吴先生. 我们摘录其中最后一段，以表达对吴先生的思念与敬意："吴先生走了. 他把自己的一切都献给了他深深热爱的祖国和数学，做到了鞠躬尽瘁，死而后已. 他思考和工作直至生命的最后一刻，还有许多事情没有做完. 我想，如果生命再给他一些时间，他还会为自己的国家在数学领域做出更大贡献. 从这点上说，他同样做到了鞠躬尽瘁，死而不已. "

本书的编辑得到了吴文俊先生的生前好友、同事、学生与亲属的大力帮助与支持，我们在此表示衷心感谢. 特别感谢世界科技出版社允许我们收录《吴文俊与中国数学》中的文章.

李邦河　高小山　李文林

2019 年 3 月

目　　录

第一部分　生平与成就

第二部分　回忆、纪念与缅怀

亲情篇

第三部分 媒体篇

附录　以吴文俊命名的奖项

生平与成就

吴 文 俊

胡作玄

　　吴文俊出生在一个知识分子家庭. 父亲吴福同毕业于上海交通大学前身的南洋公学, 长期在一家以出版医药卫生书籍为主的书店任编译, 埋头工作, 与世无争. 家中收藏的许多 "五四" 运动时期的书籍与历史书籍对少年吴文俊的思想有重要影响. 吴文俊在初中时对数学并无偏爱, 成绩也不突出, 只是到了高中, 由于授课教师的启迪, 逐渐对数学及物理, 特别是几何与力学产生兴趣. 1936 年中学毕业后, 并没有专攻数学的想法, 而且家庭对供他上大学也有一定困难, 只是因为当时学校设立三名奖学金, 一名指定给吴文俊, 并指定报考上海交通大学数学系, 才使他考入这所以工科见长的著名学府. 比起国内当时一些著名大学来, 上海交通大学数学系成立较晚, 数学内容也比较老, 数学偏重计算而少理论, 这使吴文俊念到二年级时, 对数学失去了兴趣, 甚至想辍学不念了. 到三年级时, 由于武崇林讲授代数与实变函数论, 才使吴文俊对数学的兴趣发生了新的转机. 他对于现代数学尤其是实变函数论产生了浓厚的兴趣, 在课下刻苦自学, 反复阅读几种著作, 在数学上打下了坚实的基础. 有了集合论及实变函数论的深厚基础后, 吴文俊进而钻研点集拓扑的经典著作 (如 F. 豪斯多夫 (Hausdorff), W.H. 杨 (Young) 等的名著) 以及波兰著名期刊《数学基础》(*Fundamenta Mathematica*) 上的论文. 前几卷几乎每篇都读, 以后重点选读, 现在他还保存着当时看过的论文摘要. 然后又进而学习组合拓扑学经典著作. 他的高超的外文水平 (特别是英文、德文) 大大有助于他领会原著. 只是毕业之后无法接触现代数学书刊, 加上日常工作繁重, 只得中断向现代数学的进军, 而抽空以初等几何自娱, 实属迫不得已. 实际上, 他的现代数学基础主要还是靠大学三四年级自学而成.

　　1940 年吴文俊从上海交通大学毕业, 时值抗日战争, 因家庭经济问题而经朋友介绍, 到租界里一所育英中学工作, 不但教书同时还要兼任教务员, 搞许多繁琐的日常事务性工作. 1941 年 12 月珍珠港事件后, 日军进驻各租界, 他失业半年, 而后又到上海培真中学工作. 在极其艰苦的条件下, 勉强度过日伪的黑暗统治时期. 他工作认真, 在五年半期间里竟找不到多少时间钻研数学, 对他的成长不能不说是一大损失.

抗日战争胜利后, 他到上海临时大学任教. 1946 年 4 月, 陈省身从美国返回国内, 在上海筹组中央研究院数学研究所. 吴文俊经亲友介绍前去拜访, 亲戚鼓励他说, 陈省身先生是学者, 只考虑学术, 不考虑其他, 不妨放胆直言. 在一次谈话中, 吴文俊直率提出希望去数学所, 陈省身当时未置可否, 但临别时却说: "你的事我放在心上." 不久陈省身即通知吴文俊到数学所工作. 从 1946 年 8 月起, 吴文俊在数学所 (上海岳阳路) 工作一年多. 这一年陈省身着重于 "训练新人", 一周讲 12 小时的课, 授拓扑学. 听讲的年轻人除吴文俊外, 还有陈国才、张素诚、周毓麟等等. 陈省身还经常到各房间同年轻人交谈, 对他们产生了巨大的影响.

与陈省身的结识是吴文俊一生的转折点, 他开始接触到当时方兴未艾的拓扑学, 这使他大开眼界, 使自己的研究方向也从过去偏狭的古老学科转向当代新兴学科的康庄大道. 在陈省身的带动下, 吴文俊很快地吸收了新理论, 不久就进行独立研究. 当时 H. 惠特尼 (Whitney) 提出的示性类, 有一个著名的对偶定理, 惠特尼对这个定理给的证明极为复杂, 难以弄清, 并且从来没有发表过. 吴文俊独创新意, 给出一个简单的证明. 这是示性类的一个重要成果, 现在已成为经典. 陈省身对此十分欣赏, 把它推荐到普林斯顿大学出版的《数学年刊》(*Annals of Mathematics*) 上发表. 在数学荒疏多年的情况下, 一年多时间之内, 就在以难懂著称的拓扑学的前沿取得如此巨大成就, 不能不说是由于吴文俊的天才和功力.

1947 年 11 月, 吴文俊考取中法交换生赴法留学. 当时正是布尔巴基 (Bourbaki) 学派的鼎盛时期, 也是法国拓扑学正在重新兴起的时代. 吴文俊在这种优越的环境中迅速成长. 他先进斯特拉斯堡大学, 跟着 C. 埃瑞斯曼 (Ehresmann) 学习. 埃瑞斯曼是 E. 嘉当 (Cartan) 的学生, 他的博士论文是关于格拉斯曼流形的同调群的计算, 这个工作对后来吴文俊关于示性类的研究至关重要, 同时, 他还是纤维丛概念的创始人之一. 他的一些思想对吴文俊后来的工作是有一定影响的. 在法国期间, 吴文俊继续进行纤维空间及示性类的研究, 在埃瑞斯曼的指导下, 他完成了 "论球丛结构的示性类"(*Sur les classes caractenstlques des structures fibrees spheriques*) 的学位论文. 这篇论文同 G. 瑞布 (Reeb) 的论文一起, 于 1952 年以单行本出版. 吴文俊于 1949 年获得法国国家博士学位. 此后他还发表了多篇关于概复结构及切触结构的论文. 在斯特拉斯堡他结识了 R. 托姆 (Thom) 等人. 吴文俊的一些结果发表后, 引起各方面的广泛注意, 由于他的某些结果与以前结果表面不同而使 H. 霍普夫 (Hopf) 亲自来斯特拉斯堡澄清他们的工作. 霍普夫同吴文俊交谈后才搞清楚问题, 非常赞赏吴文俊的工作, 并邀请他去苏黎世讲学一周. 在苏黎世他结识了当时在苏黎世访问的江泽涵. 他的工作还受到了 J.H.C. 怀特海 (Whitehead) 的注意. 取得学位后, 吴文俊到巴黎, 在法国国家科学研究中心 (CNRS) 研究数学, 在 H. 嘉当 (Cartan) (他是 E. 嘉当的儿子) 的指导下工作. 这时, H. 嘉当举办著名的嘉当讨论班, 这个讨论班对于拓扑学的发展有重要意义. 同时, 反映国际数学主要动向的布尔巴基讨论班也刚刚开始,当时参加的人数还不多,一般二三十人. 吴文俊参加这两个讨论班,并在讨论班上作过报告. 当时嘉当致力于研究著名的斯廷罗德上同调运算. 吴文俊从低维情形出发,已猜想到后来所谓嘉当公式. H. 嘉当在他的全集中,也将该公式归功于吴文俊. 同时吴文俊发表的论文也预示了后来的道尔德流形.

1951 年 8 月,吴文俊谢绝了法国师友的挽留,回到解放了的祖国. 他先在北京大学数学系任教授,在江泽涵的建议之下,吴文俊获准于 1952 年 10 月到新成立的中国科学院数学研究所任研究员. 当时数学所在清华大学校园内,他和张素诚、孙以丰共同建立拓扑组,形成中国的拓扑学研究工作的一个中心. 不久他结识陈丕和,并于 1953 年结婚,婚后生有三女一子,皆学有所成. 从 1953 年到 1957 年短短 5 年间,吴文俊以忘我的劳动做了大量工作. 在这段日子里,他主要从事 Л.С.庞特里亚金 (ЛОНТРЯГИН) 示性类的结果. 但是庞特里亚金示性类要复杂得多,许多问题至今未能解决,他在 5 篇论庞特里亚金示性类的论文中的许多结果长期以来是最佳的. 1956 年他作为中国代表团的一员赴苏联参加全苏第三次数学家大会,作关于庞特里亚金示性类的报告,得到好评. 庞特里亚金还邀请他到家中做客并进行讨论.

其后,吴文俊的工作重点从示性类的研究转向示嵌类的研究,他用统一的方法,系统地改进以往用不同的方法所得到的零散的结果. 由于他在拓扑学示性类及示嵌类方面的出色工作,他与华罗庚、钱学森一起荣获 1956 年国家第一届自然科学奖的最高奖 —— 一等奖,并于 1957 年增选为中国科学院学部委员. 1957 年他应邀去波兰、民主德国并再次去法国访问,在巴黎大学系统介绍示嵌攀理论达两个月之久,听众中有 C. 海富里热 (Haefliger) 等人,对于海富里热等人后来的嵌入方面的工作有着明显的影响. 1958 年吴文俊被邀请到国际数学家大会作分组报告 (因故未能成行).

从 1955 年起数学所拓扑组开始有新大学生来工作,在吴文俊的指导下,开始走向研究的道路. 其中有李培信、岳景中、江嘉禾、熊金城及虞言林等.

从 1958 年起,由于国内政治形势的影响,稳稳当当的理论研究工作难以继续进行,拓扑学研究工作也被迫中断. 在 "理论联系实际" 的口号下,数学所的研究工作进行大幅度调整. 吴文俊同一些年轻人开始对新领域 —— 对策论进行探索. 在短短的一两年中不仅引进了这门新学科,而且以其深厚的功力,做出值得称道的成果. 从 1960 年起,他担任中国科学技术大学数学系 60 级学生的主讲教师,开出三门课程:微积分、微分几何和代数几何,共七个学期,他高超的教学水平使这届学生受益匪浅.

三年困难时期科学研究工作部分得到恢复. 1961 年,在颐和园龙王庙召开会议,讨论数学理论学科的研究工作的恢复问题. 从 1962 年起,吴文俊重新开始拓扑学的研究工作,特别着重于奇点理论. 其后又结合教学对代数几何学进行研究,定义了具有奇点的代数簇的陈省身示性类, 这大大领先于西方国家. 1964 年起社会主义教育运动 ("四清") 再一次使他的研究工作中断. 1965 年 9 月, 吴文俊以普通工作队员的身份到安徽省六安县参加半年 "四清" 运动. 回京后不久, "文化大革命" 开始了, 数学所大部分研究工作从此长期陷于停顿, 吴文俊也不得不参加运动并接受 "批判". 他的住房也大大压缩了, 六口之家挤在两小间屋子里, 工作条件可想而知. 但就在这种困难的条件下, 他仍然抓紧时间从事科研工作, 只是方向有所变化. 他在 1966-1967 年注意到他的示嵌类的研究可用于印刷电路的布线问题, 并于 1973 年完全解决. 他的方法完全是可以算法化的, 而这种 "可计算性" 是与以前在布尔巴基影响下的纯理论的方向完全不同的. 大约从这时开始, 他完成自己数学思想上一次根本性的改变. 大约同时, 他还参加仿生学的研究. 1971 年他到北京无线电一厂参加劳动. 1972 年科研工作开始部分恢复, 同时中美数学家开始交流, 特别是陈省身等华裔数学家回国, 带来国际上的许多新情况. 1973 年数学所拓扑组开始讨论由 D. 沙利文 (Sullivan) 等人开创的有理同伦论, 据此吴文俊提出他的 I^* 函子理论, 其显著特点之一也是 "可计算性". 1974 年, 吴文俊的兴趣转向中国数学史, 用算法及可计算性的观点来分析中国古代数学, 发现中国古代数学传统与由古希腊延续下来的近现代西方数学传统的重要区别, 对中国古算作了正本清源的分析, 在许多方面产生独到的见解. 这两方面是他在 1975 年到法国高等科学研究院访问时主要的报告题目.

1976 年粉碎 "四人帮" 之后, 科学研究开始走上正轨. 年近花甲的吴文俊更加焕发出青春活力. 他在中国古算研究的基础上, 分析了西方 R. 笛卡儿 (Descartes) 的思想, 深入探讨 D. 希尔伯特 (Hilbert)《几何基础》(*Grundlagen der Geometrie*) 一书中隐藏的构造性思想, 开拓机械化数学的崭新领域. 1977 年他在平面几何定理的机械化证明方面首先取得成功, 1978 年推广到对微分几何的定理机械化证明, 这样走出完全是中国人自己开拓的新数学道路, 并产生巨大的国际影响. 到 80 年代, 他不仅建立数学机械化证题的基础, 而且扩张成广泛的数学机械化纲领, 解决一系列理论及实际问题.

1979 年以后, 我国数学家的国际交往日益频繁, 吴文俊也多次出国. 从 1979 年被邀请去普林斯顿高级研究院任研究员起, 其后几乎每年都出国访问或参加国际学术会议, 对于在国外传播其数学成就起着重要作用. 尤其是吴文俊机械化数学的思想与中国传统数学受到国际上的瞩目. 1986 年他在国际数学家大会上作关于中国数学史的报告, 引起广泛的兴趣, 这样, 在近代数学史上第一次由中国数学家开创数学新领域, 不再是沿袭他国的主题、他国的问题和他国的方法, 吸引了众多的数学家向中国学习. 1980 年在陈省身的倡议下, 吴文俊积极参与双微会议 (微分几何与微分方程国际讨论会) 的筹备及组织工作. 从 1980 年到 1985 年共举行六届双微会议, 对于国内外数学界的交流起了重要推动作用.

1979 年夏, 吴文俊、关肇直、许国志等人筹建中国科学院系统科学研究所, 1980 年该所正式成立. 吴文俊任副所长兼基础数学室主任、学术委员会主任, 1983 年后任名誉所长. 1990 年 8 月 8 日, 以吴文俊为首的 "数学机械化中心" 正式成立.

吴文俊的数学研究跨度很大, 这里基本上按时间顺序来分述其主要工作.

代数拓扑学与微分拓扑学

(1) 纤维丛及示性类

纤维丛概念是现代数学中最基本的概念之一, 在数学各个领域及至数学物理 (如杨 - 米尔斯规范场论) 有着广泛的应用. 纤维丛的概念隐含在 E. 嘉当的著作之中, 经埃瑞斯曼及 N.E. 斯廷罗德 (Steenrod) 等人提炼而成. 从 30 年代起 E. 施蒂费尔 (Stiefel)、惠特尼、庞特里亚金和陈省身分别得出以他们的姓氏命名的示性类, 对于纤维丛的研究起了决定性的推动作用. 但是到 40 年代中其基本性质并不清楚. 吴文俊最早的工作之一就是对惠特尼的丛乘积公式给出一个圆满的证明. 到法国之后, 在他的博士论文中, 他定出各种示性类之间的种种关系, 例如, 具有概复结构的丛的庞特里亚金示性类 P^{4k} 与陈省身示性类 C^{2i} 之间有如下的关系:

$$(-1)^k P^{4k} = \sum_i (-1)^i C^{2i} \cup C^{4k-2i}$$

他还得出 4 维可定向微分流形上具有概复结构的充要条件. 这些工作主要是基于对格拉斯曼流形的胞腔结构, 因为各种示性类均为相应格拉斯曼流形中上同调类的原象. 为了更深入地研究格拉斯曼流形的同调性质, 吴文俊运用了当时发现还不久的更强的拓扑工具 —— 上同调运算, 特别是斯廷罗德平方 Sq. 由此得出

$$Sq^r W_2^s = \sum_{t=0}^r \binom{s-r+t-1}{t} W_2^{r-t} W_2^{s+t}$$

这漂亮公式, 其中 $\binom{p}{q}$ 为 (模 2) 二项系数. 他指出: 球丛的施蒂费尔 - 惠特尼示性类只由维数为 2^k 的类完全决定. 上述公式还被应用于解决另外一大问题: 微分流形的示性类的拓扑不变性, 即与微分结构无关. 微分流形的施蒂费尔 - 惠特尼示性类拓扑不变性虽在 1950 年已由托姆证明, 而吴文俊几乎同时通过同调性质把示性类明显表出, 这就是著名的吴 (文俊) 公式:

设 M 是紧 n 维微分流形, 则全施蒂费尔 - 惠特尼示性类 $W = SqV$, 其中

$$V = 1 + V_1 + \cdots + V_n$$

由等式

$$V = SqX, \quad X \in H^*(M)$$

唯一决定. 由这一公式可以使施蒂费尔－惠特尼示性类的计算成为例行公式, 从而引致一系列应用, 例如非定向流形的配边理论的标准流形 (实射影空间及吴–道尔德流形) 的完全决定. 这最终使施蒂费尔－惠特尼示性类理论成为拓扑学中最完美的一章.

吴文俊的下一目标是庞特里亚金示性类, 而庞特里亚金示性类的问题要难得多. 吴文俊研究时, 只有庞特里亚金的一个简报 (1942) 及一篇论文 (1947). 庞特里亚金用的是同调, 吴文俊在博士论文中, 首先把它改造成上同调, 并对其胞腔分解等作了一系列简化. 其后运用类似庞特里亚金平方等上同调运算, 先后证明模 3 及模 4 庞特里亚金示性类的拓扑不变性类, 并得出明显表示. 其后引入另一类 Q^i_p, 证明其拓扑不变性, 由此推出某些庞特里亚金类的组合 (模 p) 的拓扑不变性. 值得一提的是庞特里亚金示性类的命名也是吴文俊首先提出的.

(2) 实现或嵌入问题 —— 示嵌类

几何学与拓扑学中最基本问题之一是实现嵌入问题. 初等几何学中的对象如曲线、曲面均置于欧氏空间中, 往往通过坐标及方程来刻画. 而拓扑学中的基本概念如流形或复形, 都是抽象地或内蕴地定义的. 是否可把它们放在欧氏空间中使我们产生具体的形象 (成为子流形或子复形), 这就是实现或嵌入问题. 在吴文俊的工作之前, 已有 E. R. 范·卡本 (Van Kampen) 及惠特尼等人的部分结果. 而吴文俊把以前表面上不相关连、方法上各异的成果统一成一个系统的理论. 他主要的工具是考虑空间的 p 重约化积, 利用 P. A. 史密斯 (Smith) 的周期变换理论定义上同调类. 他的嵌入理论的基本定理是:

定理 若 X 能实现于 R^N 中, 则 $\Phi^i_p(X) = 0, i \geqslant N(p-1)$. 这定理包含以前所有结果为特例, 而且不论是拓扑嵌入、半线性嵌入, 还是微分嵌入均成立. 由此可以推出一系列具体结果, 某些结果也为 A. 夏皮罗 (Shapiro) 独立得到. 吴文俊于 1957 年又把结果扩充到处理同痕问题, 特别是证明: 只需 $n > 1$, 所有 n 维微分流形在 R^{2n+1} 中的微分嵌入均同痕, 从而可知高维扭结不存在. 这显示 $n = 1$ 与 $n > 1$ 有根本不同. 这里值得一提的是: n 重约化积的想法早在 1953 年构造非同伦型的拓扑不变量时就已得出, 而且曾用于证明例如模 3 庞特里亚金示性类. 拓扑不变性从此成为研究拓扑问题的有力工具.

1966 年吴文俊为他的嵌入理论找到实际应用, 集成电路布线问题实际上就是一个线性图的平面嵌入问题. 吴文俊运用示嵌类理论把问题归结为简单的模 2 方程的计算问题. 他不仅可得出是否可嵌入的判据, 而且可以指出如何具体地布线. 他的方法完全可以计算, 可以上计算机, 效率远远超过同类算法.

(3) I^* 函子

吴文俊基于沙利文的工作, 在 1975 年首先提出一种新函子——I^* 函子, 它比已知的经典函子如同调函子 H、同伦函子 π、广义上同调 K 函子等更易于计算及使用. 对于满足一定条件的有限型单纯复形, 可以定义一个反对称微分分次代数 (简记为 DGA), 对每 DGA A, 可唯一确定一个极小模型 $\text{Min}A$, 即 I^*, 吴文俊使这定义范畴化, 并指出它们的可计算性. I^* 函子不仅可以得出 H^* 及 π 的有理部分信息, 而且可以得出一些复杂的关系. 对于由 X, Y 生成的空间如 $X \vee Y, X/Y, X, Y$ 构成的纤维方等等, 用 $H^*(X), H^*(Y)$ 得不出 $H^*(X \vee Y)$ 的完全信息, 用 π 也是如此, 但对 I^* 函子, 这些公式均可通过明显公式得出. 吴文俊通过大量计算处理纤维方、齐性空间等典型, 将这些关系写出, 并特别强调其可计算性. 在 1981 年上海双微会议上, 他还对于著名的德拉姆定理作了构造性的解释. 这使 I^* 成为构造性代数拓扑学的关键部分.

复几何学与代数几何学

吴文俊在早期研究纤维丛的工作中已自然地涉及 G- 结构, 如概复结构与切触结构的存在条件. 他真正对代数几何学进行深入研究则是从 60 年代开始的. 其中特别是他独立于西方代数几何学主流进行研究, 率先取得一些出色的结果. 1965 年, 他首先对于具有奇点的代数簇定义陈省身示性类. 他定义的方法基于格拉斯曼流形, 这与后来 R. D. 麦克弗森 (MacPherson) 在 1977 年的定义完全不同. 利用这个定义, 对于 1977 年由丘成桐及宫冈喜一独立证明的光滑代数曲面的陈数公式 $c_1^2 - 3c_2 \leqslant 0$ 作了大规模的推广, 不仅推广到具有任意奇性的代数曲面, 而且推广到高维代数簇, 例如得出复射影空间 CP^4 的超曲面的陈数不等式.

对策论

继 20 世纪初 E. 策梅洛 (Zermelo)、E. 波莱尔 (Borel) 及 J. 冯·诺伊曼 (Von Neumann) 的初步研究之后, 1944 年冯·诺伊曼及 O. 摩根斯顿 (Morgenstern) 的《对策论与经济行为》(*Theory of Games and Economic Behavior*) 的问世标志着对策论作为独立学科的诞生. 其后的重要发展是 1950 年 J. 纳什 (Nash) 关于非零和对策中非合作对策的研究. 他引进平衡局势的概念并证明正规型 n 人有限对策平衡局势的存在性. 吴文俊对活动区域受限制的情况下, 利用角谷不定点定理作推广, 推广了纳什定理. 在一般情况下平衡点未必存在, 吴文俊等还引进 "本性平衡点" 的概念, 它具有更好的性质, 即没有本性平衡点的对策是多少例外的情形.

中国数学史

(1)《海岛算经》中证明的复原

刘徽于公元 263 年作《九章算术注》, 把原见于《周髀算经》中的测日高的方法扩张为一般的测望之学 —— 重差术, 附于勾股章之后. 唐代把重差这部分与九章分离, 改称《海岛算经》. 原作有注有图, 后失传. 现存《海岛算经》只剩九题. 第一题为望海岛, 大意为从相距一定距离两座已知高度的表望远处海岛的高峰, 从两

表各向后退到一定距离即可看到岛峰, 求岛高及与表的距离. 对此刘徽得出两个基本公式

$$岛高 = \frac{表高 \times 表间}{相多} + 表高$$

$$岛与前表距离 = \frac{前表退行距 \times 表间}{相多}$$

其中相多表示从两表后退距离之差.

吴文俊研究后人的各种补证之后, 发现除了杨辉的论证及李俨对杨辉论证解释之外, 并不符合中国古代几何学的原意, 尤其是西算传入以后, 用西方数学中添加平行线或代数方法甚至三角函数来证明是完全错误的. 针对这些证明, 他明确提出数学史研究两条基本原理:

1) 所有结论应该从侥幸留传至今的原始文献得出来.

2) 所有结论应该按照古人当时的思路去推理, 也就是只能用当时已知的知识和利用当时用到的辅助工具, 而应该严格避开古代文献中完全没有的东西.

根据这两条忠于历史事实的原则, 吴文俊对于《海岛算经》中的公式的证明作了合理的复原. 吴文俊认为, 重差理论实来源于《周髀算经》, 其证明基于相似勾股形的命题或与之等价的出入相补原理. 从而指出中国有自己独立的度量几何学的理论, 完全借助西方欧几里得体系是很难解释通的.

(2) 出入相补原理的提出

吴文俊在研究包括《海岛算经》在内的刘徽著作的基础上, 把刘徽常用的方法概括为 "出入相补原理". 他指出这是 "我国古代几何学中面积体积理论的结晶". 出入相补原理的表述十分简单: 一个图形不论是平面还是立体的, 都可以切割成有限多块, 这有限多块经过移动再组合成另一图形, 则后一图形的面积或体积保持不变. 这个常识性的原理在中国古算中经过巧妙地运用得出许多意想不到的结果. 例如, 用于证明勾股定理以及勾股弦及其和差互求, 特别是吴文俊指出由不等边三角形边长求面积的秦九韶公式

$$面积^2 = \frac{1}{4}\left[小^2 \cdot 大^2 - \left(\frac{大^2 + 小^2 - 中^2}{2} \right)^2 \right]$$

可由出入相补原理得出. 吴文俊还指出由秦九韶公式可化简成海伦公式, 反之则不可思议, 说明秦九韶公式至少独立于海伦公式得来, 而且证明远为简单. 中国开方的方法的几何根据也是出入相补原理, 并由此可解二次方程.

吴文俊进一步指明中国数学的体积求法, 除了依据出入相补原理之外, 另外还要提出刘徽原理: 斜解一长方体, 所得阳马和鳖臑的体积比例恒为 2:1. 由这两个基本原理出发, 所有平直多面体的体积公式均可求得, 例如羡除公式等. 这些远远

超前于西方数学. 对于球体的体积公式, 则需把刘徽原理推广为祖暅原理, 但初步工作已为刘徽完成.

(3) 指明秦九韶工作的算法特性

《九章算术》后中国古算的一大高峰是秦九韶的《数书九章》, 秦九韶书之大衍求一术与增乘开方术是中国数学的重要创造. 其特点是其构造性及可机械化. 吴文俊用小计算器即可按照秦九韶方法求高次代数方程数值解, 直截了当, 而且大衍求一术的算法十分有效, 远超过西法, 模数也不限于素数, 而且不必互素.

(4) 发展朱世杰的算法

吴文俊解释并发展朱世杰在《四元玉鉴》中的解高次联立代数方程组的有效算法, 成为机械化证明的代数基础.

数学机械化纲领

吴文俊近十多年的成就往往因早期工作被狭窄地认为只是定理机器证明, 而实际上这只不过是一个使数学机械化的宏伟纲领的开端.

数学机械化的思想来源于中国古算, 并从笛卡儿的著作中找到根据, 提出一个把任意问题的解决归结为解方程的方案.

$$\text{任意问题} \overset{(1)}{\to} \text{数学问题}$$

$$\overset{(2)}{\to} \text{代数问题}$$

$$\overset{(3)}{\to} \text{解方程组} \begin{cases} P_1(x_1, \cdots, x_n) = 0 \\ \cdots \\ P_m(x_1, \cdots, x_n) = 0 \end{cases}$$

$$\overset{(4)}{\to} \text{解方程 } P(x) = 0$$

这里 P_i 及 P 均为多项式. 现在知道, 这里每一步未必行得通, 即使行得通是否现实可行也是问题. 吴文俊的贡献在于:

1) 提出一套完整的算法, 使得代数方程组通过机械步骤消元变成一个代数方程.

2) 解代数方程组可扩大为带微分的代数方程组, 从而大大扩张研究问题的范围.

3) 不仅能证明定理, 而且能自动发现定理, 这大大优越于现有的任何方法.

4) 与许多以前的原则可行的方法相比较, 吴文俊的方法完全是现实可行的.

5) 算法稳定, 能一举同时得出多解, 这是其他算法根本无法比拟的.

下面分述一下细节.

(1) 几何定理的机器证明.

1976 年冬开始研究, 1977 年春取得初步结果, 证明初等几何主要二类定理的证明可以机械化, 问题分成三个步骤:

"第一步, 从几何的公理系统出发, 引进数系统及坐标系统, 使任意几何定理的证明问题成为纯代数问题.

第二步, 将几何定理假设部分的代数关系式进行整理, 然后依确定步骤验证定理终结部分的代数关系式是否可以从假设部分已整理成序的代数关系式中推出.

第三步, 依据第二步中的确定步骤编成程序, 并在计算机上实施, 以得出定理是否成立的最后结论."

1977 年吴文俊在一台档次很低的计算机 (长城 203 型台式计算机) 上首先按上述步骤实现像西姆森 (Simson) 线那样不很简单的定理的证明, 并把机器定理证明的范围推广到非欧几何、仿射几何、圆几何、线几何、球几何等等领域, 先后与其同伴们陆续证明 100 多条定理. 周咸青应用吴氏算法证明 600 多条定理. 1978 年初吴文俊又证明初等微分几何中的一些主要定理也可以机械化.

其后吴文俊把他的机械化定理证明方法概括为两个基本定理:

1) J.S. 里特 (Ritt) 原理. 任给一多项式组 PS 可机械地得出一三角型多项式组 TPS (不唯一, 称为 PS 的特征组), 使

① $\text{Zero}(TPS/J) \subset \text{Zero}(PS) \subset \text{Zero}(TPS)$,

② $\text{Zero}(TPS) = \text{Zero}(TPS/J) + \sum \text{Zero}(PS_i)$,

其中 Zero 表示括号中多项式组的零点集, J 及 PS 等可通过一定机械步骤得出.

2) 零点分解定理. 任给一 PS 及另一多项式 H, 可机械得出一个分解 (不唯一).

3) $\text{Zero}(PS/H) = \sum \text{Zero}(IRR_i/R_i)$.

由于这两个定理可以推广到微分多项式组. 从而用它们也可实现初等微分几何定理的机械化证明. 不仅如此, 它还可以用来自动发现定理以及鉴别各种退化情形, 而这些退化情形在一般定理证明中往往是不予深究而使定理的证明并不完整.

(2) 方程求解与数学机械化

定理机器证明只不过是数学机械化牛刀小试而已. 在几何定理机械证明取得重大成功之后, 吴文俊把研究重点转移到数学机械化的核心问题 —— 方程求解上来. 他把里特原理及零点分解定理加以精密化, 得出作为机械化数学基础的整序原理及零点结构定理:

1) 整序定理. 存在一个算法, 使对任一多项式组 PS 可确定一升列 CS(称为 PS 的特征列), 使

$$\text{Zero}(PS) = \text{Zero}(CS/J) + \sum \text{Zero}(QS_i), \tag{I}$$

其中 $QS_i = PS + I_i, I_i$ 是 CS 的初式, J 是诸 I_i 的乘积, 算法可由简单的确定程序给出.

2) 零点结构定理. 存在一算法, 使对任一多项式组 PS, 可确定一组升列 AS 成一组不可约升列 IRR_j, 使

$$\text{Zero}(PS) = \sum \text{Zero}(AS_i/J_i), \tag{II}$$

$$\text{Zero}(PS) = \text{Var}(IRR_j). \tag{III}$$

(I)—(III) 给出 Zero(PS) 的结构及求法, 其中 (III) 是最完备的. 由此得出任一方程组的有效解法. 它不仅可用于代数方程组, 还可以解代数偏微分方程组, 从而大大扩大理论及应用的范围. 一个突出的应用是由 J. 开普勒 (Kepler) 三定律自动推导牛顿万有引力定律, 这在任何意义下来讲都应该说是一件最了不起的事. 在这种考述之下: 自然可以料想各种应用纷至沓来.

A. 建立一系列新算法, 并用来解决各种实际问题. 特别是吴文俊能处理极难的非线性规划问题, 从而有效解决化学平衡问题, 这一问题在化学及化工中都是最基本的.

B. 建立一系列未知关系, 例如双曲几何中边长与面积等关系的自动推导, 有些即使在通常情况下也是很难得出的.

C. 证明不等式及各种定理.

D. 解决一系列实际问题, 如机器人逆运动方程求解问题、连杆运动方程求解问题等等.

在吴文俊的总纲领之下, 他的同事及学生吴文达、石赫、刘卓军、王东明、胡森、高小山、李子明、王定康等等得出一系列理论及实际应用的结果, 可以期望未来还会有更大和更多的应用.

从理论上讲, 他用零点集的表述方式代替理想论的表述方式, 这对代数几何学是一个新的冲击.

其他

除了上述几大方面, 吴文俊还在奇点理论、莫尔斯 (Morse) 理论、积分不变量理论 (李华宗定理) 等诸多领域有着不少贡献.

吴文俊的各项独创性研究工作使他在国际、国内产生广泛的影响, 享有很高的声誉. 陈省身称吴文俊 "是一位杰出的数学家, 他的工作表现出丰富的想象力及独创性. 他从事数学教研工作, 数十年如一日, 贡献卓著 …… ". 这可以说是对吴文俊工作的确切评价. 吴文俊的拓扑学的各项研究早已成为经典, 吴公式、吴类已成为许多论文的题目, 而且是许多优秀结果的出发点. 近年来对于中国数学史的研究及从定理机器证明的数学机械化纲领正在急剧地扩大影响, 真正成为一个独具中

国特色的结构性的可机械化的数学运动. 单是定理机器证明就已获得许多热情的赞扬. J.S. 穆尔 (Moore) 认为, 在吴文俊的工作之前, 机械化的集合定理证明处于黑暗时期, 而吴文俊的工作给整个领域带来光明, 美国定理自动证明的权威人士 L. 沃斯 (Wos) 认为吴文俊的证明路线是处理集合问题的最强有力的方法, 吴文俊的贡献将永载史册. 而这些只不过是吴文俊机械化数学方案的开头部分.

吴文俊取得这些成就完全是靠他一生积极进取、锲而不舍的治学精神. 他读庞特里亚金的俄文原文完全是靠字典一个字一个字查出来的, 使用计算机完全靠自己长时间一点一点摸索出来, 其刻苦精神由此可见一斑, 他热爱数学、独立思考、富于创见, 无论外界环境顺利还是困难, 都能始终如一地努力从事研究工作. 吴文俊一生淡泊自守, 对于名利看得很轻, 从来不宣扬自己, 以至于他在国内的知名度与他的成就极不相称. 他不仅从未沾染学术界的不良作风, 恰恰相反, 他平易近人, 乐于助人, 乐于宣传其他人的成绩, 学术作风民主.

吴文俊在科研之外, 对教学和数学的传播也做出不少贡献. 他在中国科学院数学所、系统所培养了不少年轻人, 在中国科学技术大学培养了 60-65 届 80 多名学生, 其中有李邦河、王启明、彭家贵、徐森林等许多人皆学有所成. 吴文俊教学生动, 内容充实, 讲课一气呵成, 使听者一步步跟随他渐入佳境. 他虽然不在教学第一线工作, 但他的教学艺术可说是炉火纯青, 与那种一上来就是定义、定理、证明的 "机械化教学" 和数学神秘主义真不可同日而语. 他的报告也是活泼生动, 深入浅出, 听起来流畅自然, 听后再整理就会发现内容极为丰富及充实, 需要花好大气力来消化. 他还写了不少传播性的数学著作, 也是文如其人, 朴素自然, 言简意赅, 内容充实, 是对中国数学能够健康发展的一大贡献.

吴文俊具有强烈的爱国心, 他在大学时就对国民党腐败统治十分厌恶. 他自己考取公费赴法留学, 很快就不再接受政府公费. 在法留学期间, 他一直关心祖国的命运和前途, 关心解放战争的进展, 关心新中国的建设. 于 1951 年放弃在法国的优越条件, 毅然回到祖国参加社会主义建设. 他对祖国的经济建设十分关心, 对于国内重大建设项目, 他都如数家珍. 70 年代以后, 他对中国文化有了更深刻的认识, 通过自己的科研工作真正切实地做到复兴中国文化的优秀内核, 而不是假爱国主义之名恢复封建糟粕之实. 吴文俊真正找到了发扬爱国主义精神、弘扬中国传统文化的正确道路.

杰出的数学家吴文俊

李邦河

今年五月十二日，是我国杰出的数学家吴文俊教授的七十岁诞辰．吴教授在数学研究上已走过了漫长的道路，取得了多方面的巨大成就，赢得了崇高的国际声誉，成为国际著名的拓扑学家和数学机械化的开创人之一．

他曾相继担任中国科学院数学研究所和系统科学研究所的副所长，现任系统科学研究所名誉所长．他是中国科学院学部委员，数理学部副主任，1983—1987 年间，任中国数学会理事长．他曾获国家自然科学奖一等奖，并两次被国际数学家大会邀请作报告．

一九一九年五月十二日，他在上海市青浦县出生．父亲是一位书店的高级职员．一九四〇年七月他毕业于上海交通大学，同年九月，经朋友介绍到上海育英中学任教职员．一九四二年，日美珍珠港事件之后，有半年失业在家，然后到上海培增中学任教职员．一九四六年初到上海临时大学任助教．

在中学任教职员期间，他在繁忙的工作之余刻苦钻研初等几何，做了许多非常复杂和难度很大的研究．因此，他对初等几何的了解之深刻，是一般数学家所无法比拟的．这或许为他在七十年代开创初等几何和微分几何的定理的机械化证明，作了某种潜在的准备．

一九四六年八月前的某一天，经朋友介绍，他见到了著名数学家陈省身教授．陈在赞赏他的研究精神的同时，指出：研究初等几何，方向不对．陈当时是中央研究院数学研究所的代理所长，八月份就把吴安排在该所工作，直至一九四七年十一月．这无疑是吴的事业的一个重要转折点．

在这期间，陈正致力于代数拓扑学的研究，并带领青年人学习这一崭新的学科．在陈的指导下，吴创造了奇迹．在短短一年的时间内，他就在号称"难学"的代数拓扑学上做出了重要成果，给出了 Whitney 示性类的乘积公式的较简单的证明．这一公式的原证，由 Whitney 本人给出，是极为复杂的，以至于 Whitney 在论文发表后仍不得不保留更为详细的原稿以备忘．

一九四七年，吴考取了中法交换生，并于十一月份去法国斯特拉斯堡，师从 C. Ehresmann 教授，不久，Ehresmann 即为他申请到了法国科学院的资助 (CNRS)．在斯特拉斯堡两年，他就取得了法国国家博士学位．他的博士论文与 G. Reeb 的一起，以专著的形式出版. 随后, 他去巴黎, 与 H. Cartan 教授一起工作.

在法国不到四年的时间里, 吴在代数拓扑学上取得了辉煌的成就, 其时, 正是代数拓扑从艰难迟缓的发展走向突飞猛进. 在 J. Leray, H. Cartan, C. Ehresmann 等著名教授的影响和带领下, 吴文俊, R. Thom, J.-P. Serre, A. Borel 等四员年轻闯将, 开创了法国代数拓扑学的黄金时代, 站在世界最前列. 吴和 Thom 首先证明了 Stiefel-Whitney 示性类的拓扑不变性. 随后, 吴又定义了吴示性类, 并给出了由吴示性类与 Steenrod 运算表达 Stiefel-Whitney 示性类的著名的吴公式. 这一公式最终揭开了笼罩 Stiefel-Whitney 示性类的神秘面纱, 使之变得极易计算, 在另一个吴公式中, 他给出了 Whitney 示性类之间的后来被证明是所有可能的关系. 此外, 关于 Steenrod 运算的著名的 Cartan 公式是吴向 H. Cartan 建议的. 吴的这一系列成就为代数拓扑学的进一步发展和微分拓扑学的兴起作出了影响深远的贡献, 吴示性类和吴公式已成为拓扑学家手中最常用和最有力的武器的一部分, 据不完全统计, 以吴公式为题目的拓扑学的论文就有几十篇之多!

一九五一年八月, 吴放弃了在法国的优越的研究条件与物质生活, 毅然回到祖国. 回国后, 他先在北京大学数学系任教授. 由于江泽涵教授的举荐, 他于一九五二年十月到中国科学院数学研究所任研究员. 一九八〇年一月到新成立的系统科学研究所工作.

在回国后的一段时间里, 他致力于 Pontrjagin 示性类的研究, 发表了一系列重要文章, 证明该示性类模 3、模 4 的拓扑不变性. 接着, 他又引入了关于多面体的一组非同伦不变的拓扑不变量. 由于熟知的大量拓扑不变量均是同伦不变的, 吴的这一发现受到了高度重视. 在这一发现的鼓舞下, 他提出了示嵌类的概念, 系统地发展了多面体在欧氏空间中的嵌入理论. 在微分拓扑方面, 他证明了如下的重要定理: 当 $n > 2$ 时, n 维微分流形在 $2n + 1$ 维欧氏空间中的任意两个微分嵌入都同痕.

一九五六年, 中华人民共和国公布了第一届国家自然科学奖. 只有三人——年仅三十七岁的吴文俊和早已享有盛名的力学家钱学森、数学家华罗庚获得了最高奖. 一九五七年, 吴被选为中国科学院学部委员. 一九五八年八月, 在爱丁堡举行的国际数学家大会邀请他作半小时报告 (未成行).

一九五八年, 由于当时的政治形势, 代数拓扑学被认为脱离实际而受到冲击. 吴于是开始了他的博弈论的研究, 做了不少有价值的工作. 他选择这一方向, 或许还与他是一位水平颇高的业余围棋爱好者有关. 一九六二年起, 他又恢复了拓扑学的研究, 侧重于奇点理论. 一九六五年, 他在代数几何方面发表了重要工作. 定义了带奇点的代数簇的陈省身示性类.

一九六〇年九月起, 他开始了一项特殊的讲课任务, 担任中国科学技术大学数学系 1960—1965 的八十位学生的主讲老师. 除了未讲三年级的课与最后一学期学生做毕业论文外, 他共讲了七学期, 三门课程: 微积分、微分几何、代数几何. 他的课讲得很动人. 常常是先提出问题, 再逐步分析问题, 最后导致问题的解决, 步步紧扣, 由浅入深. 既教了知识, 又传授了研究方法. 教学内容的安排也很有特色. 例如, 在第三学期就讲微分形式, 以及囊括各种各样的曲线和曲面积分公式的 Stokes 公式, 迅速把学生引向较高的境界. 现在, 他的这批学生中有不少已成了有成就的中年数学家.

一九六五年九月, 他到安徽省六安县农村, 作为工作队员参加了半年的"四清"运动. 回北京后不久, "文化大革命"就开始了, 在这段不能搞纯粹数学的非常时期, 他的思想却仍然在数学的王国里奔驰. 一九六七年某天, 在数学研究所的阅览室里开批判会时, 他顺手翻看了书架上的一本数学杂志. 受某篇文章的启发, 他忽然想到, 他的示嵌类理论可应用于印刷电路或集成电路中的布线问题. 用数学的语言来说, 这就是: 何时一个线性图可放在平面里? 他得到了漂亮而完整的结论, 作为他的名著《可剖形在欧氏空间中的实现问题》的中文版的附录发表. 七十年代初, 他又钻研中国古代数学史, 有许多独到的发现, 一九八六年, 他应邀在伯克利举行的国际数学家大会上作了关于中国古代数学史的四十五分钟报告.

一九七六年底, 他忽然形成了一个初等几何定理的机械化证明的思想, 也就是说, 用一套统一的方法去证明一大类几何定理. 经过几个月的试验, 终于在一九七七年春节前成功地用这一思想证明了不平凡的定理. 事后, 他想起了 J. F. Ritt 的一本书中曾有多项式组的整序方法, 经过他的加工, 形成了 Ritt- 吴整序原理, 为初等几何和初等微分几何的机械化证明奠定了理论基础. 他和他的学生于是开始在计算机上实施, 证明和发现了许多难度很大的几何定理. 一九八四年, 他的专著《几何定理机器证明的基本原理 (初等几何部分)》出版.

在他进入定理的机器证明这一领域之前, 这一领域的工作都是由数理逻辑学家做的, 而且只有很简单的定理才能被证明. 因此, 吴的理论出现后, 很快得到同行的赞赏, 称之为吴方法, 并纷纷学习, 在美国, 已出版了由吴方法证明的几百条几何定理的书. 吴把机器证明推向了一个新阶段——实用的阶段.

吴成为第一位在机器证明上作出重大贡献的数学家, 或许是因为在他身上具备了下列条件. 一是对中国古代数学的深刻理解, 中国古代数学是构造性的, 可计算的, 而只有构造性的数学才能在计算机上实现. 二是对初等几何的非一般数学家可比的精通. 这一点已在前面提到过. 三是熟悉代数几何. 因为他面对的是多项式系统, 而且他也确实用了代数几何的知识, 无论如何, 只有具有多方面的数学知识和善于创造性的思维的人, 才能作出这一独特的发现.

吴对拓扑学的贡献是伟大的. 他是闪耀于午夜的灿烂的拓扑学家群星中的一颗明星. 而他在机器证明上的成就, 则犹如晨空中的启明星, 其影响可能更深远.

七十年代以来, 除了机器证明外, 他还继续在拓扑学和代数几何上作出了若干引人注目的结果. 例如, 他关于有理同伦型的一系列工作被总结成专著, 作为施普林格数学讲义之一出版. 又如, 发现了任意代数超曲面的陈省身数之间的种种关系.

　　在吴文俊教授七十寿辰之际, 我们高兴地看到, 这位世界著名数学家, 仍然精力充沛, 生气勃勃, 继续在进行着开创性的工作. 他满怀信心地展望着一九九九年, 八十岁! 展望着二十一世纪!

Wu Wen-Tsun—An Outstanding Mathematician

Li Banghe (李邦河)

The day of May 12, 1989 is the 70th birthday of Professor Wu Wen-Tsun, an outstanding Chinese mathematician, an internationally recognized topologist and a founder of Mechanized Mathematics. After long years of arduous research endeavors, Wu has made enormous achievements in various aspects, and won for himself an international reputation.

Wu Wen-Tsun was fomerly deputy director of Institute of Mathematics, Academia Sinica and then deputy director of Institute of Systems Science, Academia, Sinica. Between 1983 and 1987, he served as President of the Chinese Mathematial Society. He is now Honorary Director of Institute of Systems Science, Academia Sinica, and deputy director and member of the Division of Mathematics and Physics, Academia Sinica. He was awarded the First-class Prize of Natural Science by the government in the 1950s, and twice made an invited speech at the International Congress of Mathematicians.

Wu was born in Qingpu County, Shanghai on May 12, 1919. His father was a senior staff member of a bookstore. In July 1940 Wu graduated from Shanghai Jiao Tong University, and in September of the same year he took to teaching at Shanghai Yuying High School till 1942 when the Pacific War broke out. For half a year he stayed unemployed at home. Finally, he resumed teaching at Shanghai Peizeng High School. At the beginning of 1946, he was given a position of teaching assistant at Shanghai Temperary University.

While teaching at high school, Wu, aside from his busy work, studied elementary geometry assiduously and worked out many problems that involved high complexity and much difficulty. His profound understanding of elementary geometry acquired therefrom finds, consequently, no comparison among ordinary contemporary mathematicians. This in a sense prepared him for the later pioneering work of mechanical theorem proving in elementary and differential geometry.

One day shortly before August 1946, a friend introduced him to Professor Shiing-Shen Chern, a famous mathematician who then was Acting Director of Institute of Mathematics, Academia Sinica. Chern praised Wu's research effort but pointed out that taking elementary geometry as a research subject was wrong in orientation. After their meeting, Chern soon made an arrangement in August for Wu to work in his institute. This was evidently an important turning point in Wu's professional career.

S. S. Chern was at that time working at algebraic topology, guiding a group of young mathematicians into this completely new field. Under his guidance, Wu performed wonders. In less than a year, he obtained a significant result in algebraic topology, a field once regarded as abstruse: a quite simple proof of the product formula of Whitney characteristic classes. The original proof by H. Whitney himself was so complicated that even when his essay had been published Whitney had to keep a more detailed manuscript at hand for reference.

In 1947, Wu was admitted as a graduate student on Sino-French cultural and scientific exchanges and went to Strassburg, France in November to study under Professor C. Ehresmann's supervision. Before long, Ehresmann obtained for him a stipend from the Centre National de la Recherche Scientifique. Within two years, Wu was awarded the degree of Docteur de Science, and his dissertation, together with Georges Reeb's, was published in the form of a book. Upon graduation, he went to Paris and joined Professor H. Cartan in his work.

In nearly four years in France, Wu Wen-Tsun achieved remarkable accomplishments in algebraic topology when the subject was emerging from the sluggishness onto the road of rapid development. Headed and spurred by such prominent scientists as J. Leray, H. Cartan, and C. Ehresmann, the four young pathbreakers, Wu Wen-Tsun, R. Thom, J. -P. Serre and A. Borel opened a golden epoch of algebraic topolopy in France and thus pushed themselves to the forefront of the subject in the world.

Wu and Thom first proved the topological invariance of Whitney characteristic classes. Then, Wu defined Wu characteristic classes and presented a famous Wu formula for the expression of Stiefel-Whitney characteristic classes by means of Wu characteristic classes and Steenrod operations. This formula eventually dispelled the mystery that for a time had enveloped Stiefel-Whitney characteristic classes and made their computation considearbly easy. In another Wu formula, Wu provided the relationships among Whitney characteristic classes, which later were verified to be all that were possible. In addition, the well-known Cartan formula about Steenrod operations was based on Wu's suggestion to H. Cartan.

This series of achievements by Wu Wen-Tsun were profound contributions to the further development of algebraic topology and the upsurge of differential topology. The Wu characteristic classes and Wu formulae have now become one part of the most commonly used and most powerful tools for topologists. By incomplete statistics, in the topology literature dozens of papers take Wu formula as their titles!

In August 1951, Wu Wen-Tsun gave up the favorable living and working conditions in France and returned to China with a determined will. Back at home, he first worked as a professor at the Department of Mathematics, Peking University. Later in October 1952, recommended by Professor Jiang Ze-han, he moved to Institute of Mathematics, Academia Sinica, to become a research fellow. Since January 1980, he has been working in the newly-established Institute of Systems Science, Academia Sinica.

For a period after his return home, Wu devoted all his research effort to Pontrjagin characteristic classes, and published a series of papers proving the topological invariance of Pontrjagin characteristic classes mod 3 and mod 4. Later, he introduced a group of topological invariants which were not homotopically invariant for polyhedra. Since well-known topological invariants were mainly homotopically invariant, his discovery received great attention. Inspired by this result, Wu proposed a new concept-embedding classes, thus having developed the embedding theory of polyhedra in Euclidean spaces. In the field of differential topology, he proved the following significant theorem: When $n > 2$, any two differential embeddings of an n-dimensional differential manifold are isotopic.

In 1956, the People's Republic of China announced a list of the winners of the first National Natural Science Prize; only three, Wu Wen-Tsun, Qian Xue-sen and Hua Loo-keng, were awarded the top prize. Wu was then only 37 years old, whereas the latter two had been already famous: Qian was a mechanics scientist and Hua a mathematician. In the same year, Wu was elected one of the first batch of division members of Academia Sinica. In August 1958, he received an invitation to give a half hour speech at the International Congress of Mathematicians held in Edinburgh but failed to make the trip.

The political situation in China in 1958 exerted an adverse impact on the study of algebraic topology, as this subject was considered as having nothing to do with reality. Wu could not help but turn to game theory and produced in this field some valuable results. His choice of this field might be explained by the fact that he himself was a highly skilled amateur *weichi* (go) player. From 1962 onward, he resumed his work on topology, with emphasis on singularity theory. In 1965, Wu published an important work on algebraic geometry: he defined Chern classes of algebraic varieties with arbitrary singularities.

In September 1960, Wu Wen-Tsun was entrusted with a special duty: teaching as a principal lecturer some 80 mathematics students enrolled in 1960 by the University of Science and Technology of China throughout their college years. Except for the third year, he taught them till their graduation. The three courses he taught, calculus, differential geometry and algebraic geometry, were most gripping. In the course of the teaching, he first put forward a problem; then he made an analysis step by step to lead to a final solution. All the procedures of solution were taught from the easier to the advanced and were closely linked. The students could thus learn both theory and methodology. The layout of each course also had a unique feature. For instance, as early as in the second year, he began to teach differential forms and integration formulas on curves and surfaces with their unified forms—Stokes formula so as to enable the students to have a comprehensive command. As a result, quite a few of these students have now become mathematicians with great success.

In September 1965, Wu Wen-Tsun was dispatched as a work team member to a rural area, Lu'an County, Anhui Province, in the "our clear-ups" movement. He worked there for half a year and returned to Beijing shortly before the start of the "cultural revolution". Even in this special period when no one was allowed to engage himself in the research of pure mathematics, Wu was still indulged in this wonderland——though only with his mind.

One day in 1967, while attending a political meeting at the reading room of the library of Institute of Mathematics, he accidentally took up a mathematical journal and glanced over it. An article inside aroused his inspiration: whether his embedding classes might be applicable to the layout problem of printed circuits and integrated circuits. In terms of mathematics, this was equivalent to the question when a linear graph could be embedded in a plane. For this problem, he obtained a complete and beautiful result, which was published as an appendix to his famous book: *A Theory of Imbedding, Immersion, and Isotopy of Polytopes in an Euclidean Space*(Chinese Edition).

In the early seventies, he began to take up the history of ancient Chinese mathematics and made some unique discoveries. And on this topic he was invited to give a 45-minute speech at the International Congress of Mathematicians held at Berkely in 1986.

By the end of 1976, an idea gradually occurred to him: why could not one use a mechanized approach to prove the theorems in elementary geometry, that is, use a unified method to prove a large class of geometric theorems. After months of experiment, by the eve of the Spring Festival in 1977, Wu finally succeeded in proving nontrivial theorems on the basis of this idea. Later, he recollected that J. F.Ritt had written about a well-ordering principle of polynomial sets in one of his books. Wu found it out and made an improvement on it. A new Ritt-Wu well-ordering principle thus came into shape, laying a foundation for the mechanical theorem proving in elementary geometry and elementary differential geometry.

Wu and his students started to perform it on computer, and proved and found many difficult geometric theorems. In 1984, his monograph *Basic Principles of Mechanical Theorem Proving in Geometries (Part on Elementary Geometry)* was published.

All the work in this field had been done by mathematical logicians before Wu embarked on it and only very simple theorems had been proved. Consequently, Wu's work was highly praised by his colleagues and named Wu Method. In the U. S. A., a book was published that contains hundreds of theorems proved by using the Wu Method. Wu Wen-Tsun's accomplishments have advanced the mechanical theorem proving to a new stage——practical use.

Why is it Wu who is the first mathematician to make significant contributions to mechanical theorem proving? The answer may be found in his personal qualities. Firstly, he has a profound understanding of ancient Chinese mathematics. Ancient Chinese mathematics is constructive and computable, and only a computable mathematics can be realized on a computer. Secondly, he has an incomparably high proficiency in elementary geometry as explained before. Thirdly, he is quite familiar with algebraic geometry, for what he dealt with was polynomial systems, and what he applied was really algebraic geometry. Only when a man has a versatile knowledge of mathematics and a creative mind will he be able to make this distinctive discovery.

Wu Wen-Tsun's contributions to topology are brilliant. He is like a bright star that shines among many splendid stars of topologists. His accomplishments in mechanical theorem proving are like a polaris in the sky that has a far reaching guidance.

Since 1970s, besides mechanical theorem proving, Wu has kept on working at topology and algebraic geometry with a considerable measure of success. For instance, a series of his results on rational homotopy type have been summarized in a book published by Springer-Verlag as one of the series of *Lecture Notes in Mathematics.* For another instance, he revealed various relationships among Chern numbers of algebraic hypersurfaces with arbitrary singularities.

We are very pleased to see that, in his 70th year, Professor Wu Wen-Tsun is still energetic and dynamic in his initiative work. He is looking forward to the 80th birthday in 1999, and to the 21st century!

Wu Wen-Tsun: His Life and Legacy

Gao Xiaoshan(高小山)

Professor Wu Wen-Tsun passed away on May 7, 2017, a few days ahead of his 98th birthday. Wu is one of the most influential Chinese mathematicians and computer scientists. In his early years, he made fundamental contributions to algebraic topology. In the late 1970s, Wu proposed the Wu Method of geometric theorem proving and founded the school of Mathematics Mechanization. His study on the ancient Chinese mathematics opened a new era in the field of history of Chinese mathematics. He also made contributions in the area of algebraic geometry, invariant theory, complex geometry, and game theory. His legacy consists not only of his academic work but also of several generations of scientists who learned from him the joy and enthusiasm of scientific research and the way to go about it.

Early Years

Wu was born in Shanghai, China on May 12, 1919. His father was an editor and a translator in a publishing company. As the only surviving son of the family, Wu received much attention from his father and mother both in life and in education.

During the 1920s and 1930s, Shanghai rapidly changed into the most modern city in China, and arguably in Asia. Social unrest led to several interruptions and change of schools in his primary and junior high school years. In 1933, Wu went to a private high school and received very good education. For instance, the second-year algebra course was taught by a teacher who was educated in Japan and the textbook was "A College Algebra" by Henry Burchard Fine. It should be noticed that the private school was founded by a businessman and the tuition was actually very low.

In 1936, Wu graduated from high school, and the school offered him a scholarship for university education. Wu himself preferred to learn physics, but the scholarship was for mathematics major only. Unable to pay the university tuition, Wu accepted the offer and went to the mathematics department of Shanghai Jiao Tong University, which is one of the best Chinese universities. He received his B.S. degree in mathematics from Shanghai Jiao Tong University in 1940.

From 1937 to 1945, China was at war with Japan. Shanghai was occupied by Japan and the Chinese government and most universities (or parts of them) moved to the west part of China. As the only son of the family, Wu was asked by the family to stay in Shanghai. Unable to find a job in universities, Wu taught mathematics in high schools from 1940 to 1946. He tried to do research in general topology and elementary geometry. He once showed his results to algebraic geometer W.L. Chow who was at that time doing business in Shanghai. Chow told Wu frankly that Wu has strong ability, but the research topic was meaningless.

The First Research Result

In 1946, Wu was accepted by Shiing-Shen Chern as one of his research assistants in the newly established Institute of Mathematics belonging to Academia Sinica. This is the turning point in Wu's life. Chern, a great differential geometer, taught algebraic topology to a group of young scholars in the institute. Wu began studying modern mathematics, and learned algebraic topology including the nascent theory of fiber bundles and characteristic classes at that time.

Only one year later, Wu published his first paper in the *Annals of Mathematics*, about a simple proof of the product formula of sphere bundles discovered by the great topologist Whitney [1]. The product formula is a key result in the theory of characteristic classes. It is said that Whitney's original proof was quite complicated and he planed to publish a book on this topic. After reading the proof of Wu, Whitney said that he needed not to keep his proof any more.

Years in France and Characteristic Class

In 1946, the Chinese government established a scholarship for a Sino-France exchange program. Wu took the national examination and received the precious scholarship. In 1947, Wu went to Strasbourg to study under Charles Ehresmann, who was one of the founders of fiber bundle theory and also a specialist of Grassmannian varieties. Wu completed his National Doctor Thesis in 1949 which was a detailed study of characteristic classes via Grassmannian varieties. His thesis was later published as a book by Hermann & Cie in 1952, jointly with his classmate Reeb [5].

Wu's thesis is one of the first comprehensive studies of characteristic classes and contains essentially new results. The terminology of Pontrjargin classes and Chern classes appeared for the first time in Wu's thesis. To clarify some of the results, topologist Hopf went to Strasbourg to clarify whether some of Wu's results are correct.

As a byproduct, Wu proved that spheres of dimension $4k$ have no complex structure, which was the first nontrivial result on the complex structure of spheres [2]. Until now, it is still an open problem whether the sphere of dimension 6 has complex structure.

In 1949, Wu moved to Paris to study under H. Cartan at the CNRS. This is one of the high creation period of Wu. Wu discovered the classes and formulas about the characteristic classes of fiber bundles and manifolds, now bearing Wu's name [3, 4].

Characteristic classes are basic invariants depicting fiber bundles and manifolds. This concept had been developed since the end of 1940s by many celebrated scholars, but their work was mostly descriptive. Wu simplified their work and systematized the theory. Wu completed a deep-going analysis of the relations among Stiefel-Whitney characteristic class, Pontryagin's characteristic class, and Chern's characteristic class, and proved that other characteristic classes can be derived from Chern's classes. He also introduced new techniques, for example, in the field of differential manifold, he introduced Wu's characteristic class, not only being an abstract concept but also computable. He established formulae to express the Stiefel-Whitney class by Wu's classes. Wu's work led to a series of important applications, thus enriching the theory on characteristic classes.

Algebraic topology was founded by French mathematician H. Poincaré in early 1900s. By the time Wu went to France, the center of topology is USA and France is left behind in this field. During the early 1950s, several young mathematicians working in French made fundamental contributions to topology and their work pushed France to the forefront of the field of topology again. These young mathematicians include A. Borel, J.P. Serre, R. Thom, and Wu, among whom Serre, Thom, and Wu are students of H. Cartan.

During his stay in Paris from 1949 to 1951, he attended the famous Bourbaki seminar held in Paris since 1948, which had a profound influence on him.

Embedding Class and the First National Prize

In 1951, Wu returned to China, was appointed first a professor in Peking University, and later in the Chinese Academy of Sciences from 1953 onwards.

Wu continued his work on Pontrjargin classes. In 1953, Wu discovered a method of constructing topological invariants of polyhedra which are non-homotopic in character. With these new tools, Wu made a systematic investigation of classical topological but non-homotopic problems. They did not get much prominence partly owing to the rapid development of homotopy theory during that time. Later, Wu found successful applications to embedding problems which are typically of topological but non-homotopic character. Wu introduced the notion of embedding classes, and established a theory of embedding, immersion, and isotopy of polyhedra in Euclidean spaces which was summarized as a book [7].

Wu was awarded one of the three national first class prizes for natural sciences in 1956 and became a member of the Chinese Academy of Sciences in 1957 because of his fundamental contributions to characteristic classes and embedding classes. He was invited to give an invited lecture at the 1958 International Congress of Mathematicians (ICM), which he was unable to attend.

Marriage and Family

In 1953, Wu married Ms. Chen Peihe and they raised three daughters Wu Yueming, Wu Xingxi, Wu Yunqi, and one son, Wu Tianjiao. Ms. Peihe Chen has provided tremendous support to Wu. She not only took all the household work but also typewrote Wu's English monographs.

USTC and Algebraic Geometry

In 1958, The Chinese Academy of Sciences established the University of Science and Technology of China (USTC) and the prominent scientists from the Academy were responsible for the education of the USTC. Wu was in charge of class 1960 of mathematics major in USTC. He taught calculus for one and half a year using the textbook of I.M. Ostroski. Starting from the third year, the students were divided into specialized groups and Wu was in charge of the specialized group in topology and algebraic geometry.

At that time, algebraic geometry is basically empty in China and it is Wu who introduced this field into China. In 1965, Wu discovered a simple computational method of defining generalized Chern classes and Chern numbers of an algebraic variety with arbitrary singularities via composite Grassmannians [8], which is an important open problem at that time. Wu's papers on these topics were published in Chinese and were little known outside China. His research was unfortunately interrupted by the "Cultural Revolution" starting in 1966. In 1986, Wu was able to take up this subject again and proved by simple computations, the extension of the so-called Miyaoka-Yau inequalities between Chern numbers of algebraic manifolds of dimension 2 to algebraic surfaces with arbitrary singularities. A large number of inequalities as well as equalities among the generalized Chern numbers of algebraic varieties with arbitrary singularities have been discovered since by means of this computational method.

Game Theory and Planarity of Linear Graph

Since late 1950s, Wu's research on algebraic topology was unfortunately stopped due to political reasons, in particular, the "cultural revolution" from 1966 to 1976. Starting in 1958, the Chinese government emphasized linking theory with practice, and applied mathematics such as computational mathematics, partial differential equations, statistics were listed as the priority fields. In the operational level, the policy went to extreme: researches on pure theory were completely stopped for quite a long time. Wu was assigned to the Operations Research group of the Institute of Mathematics. For a while, Wu felt a sense of hesitation and uncertainty, and this must be the painstaking time for him. But, he quickly picked up research first in game theory and then in plane embedding of integrated circuits and left his marks in each of these topics.

In 1929, J von Neumann established the cooperative game theory. A breakthrough in game theory is the non-cooperative game established by J. Nash. One problem with the non-cooperative game is that the equilibrium points are not unique. In 1962, Wu and his student J.H. Jiang proposed the concept of essential equilibrium points for non-cooperative game and proved its existence [6], which was the earliest work on the important topic of perfect Nash equilibrium.

In 1967, Wu extended and applied his embedding theory to the practical layout problem of integrated circuits, giving a criterion for the planarity of linear graphs in the form of solvability of some system of linear equations on mod 2 coefficients [9]. This work also resulted in methods of actually embedding an embeddable graphs in the plane, a problem which seemed to have not been studied by anyone else at that time.

Return to Topology: I^*-functors

Beginning in 1971, the political environment in China was gradually changed for the better side. In particular, foreign exchanges with the West started in 1972. In 1973, topologist Franklin Paul Peterson visited Beijing and brought Wu's attention of the "rational homotopy theory" created by D. Sullivan. Wu turned the rational homotopy theory into algorithmic form, introducing a new terminology called I^*-functors. These results were later summarized in a book [14]. This is Wu's last piece of work on topology.

It should be noticed that one main feature of Wu's research work is the constructive style, first appearing in his work of characteristic classes and then in the work of I^*-functors. The importance of making an abstract computable concept goes without saying. In his work on mathematics mechanization, algorithm becomes the central issue of his research.

History of Ancient Chinese Mathematics

In 1974, Wu began to study the ancient Chinese mathematics. Wu observed that most of the ancient Chinese mathematics are constructive or algorithmic, and in particular, systematic methods for solving multivariate algebraic equations were given. In a paper published in 1975, Wu argued that the constructive approach of the ancient Chinese mathematics had equally important influence on the development of mathematics as that of Euclid's axiomatic approach.

To support his idea on the role played by the algorithmic methods on the development of mathematics, Wu began to seriously study the history of Chinese mathematics. Before Wu, the main focus of the study of history of Chinese mathematics is to discover what mathematics was done in ancient China, with the aim of answering the question of what mathematical science, if any, existed in ancient China. Wu led studies in the history of mathematics in China onto a new era, that of recovering how mathematics was done in ancient China and how the ancient Chinese mathematics influenced the development of mathematics in the world.

Wu's studies initiated from an ancient classic *Nine Chapters of Arithmetic* (dated about 100 B.C.) and its Annotations by Liu Hui (in A.D. 263). Wu compared the various scripts and reconstructed the proofs of Liu's theorem in an ancient style, quite different from the usual Euclidean approach. Based on the research of him and his followers, he believed that Chinese mathematics has its own tradition, which is based on computation as opposed to the axiomatic and proof approach of Western mathematics. To some extent, Wu's own work on geometry theorem proving is a demonstration of how East meets West and how the two trends of thought complement each other.

Wu was invited for the second time to give an invited lecture on the development and history of the ancient Chinese mathematics in the 1986 International Congress of Mathematicians [13].

Automated Geometry Theorem Proving and Herbrand Award

Influenced by his findings on the algorithmic feature of the ancient Chinese mathematics, Wu tried at the end of 1976 to seek the possibility of proving geometry theorems in a mechanical way. After several months of trials, Wu ultimately succeeded in developing a method of mechanical geometry theorem proving [10, 11, 12]. Wu's method has been applied to prove and discover hundreds of non-trivial difficult theorems in elementary and differential geometries on a computer.

Automated geometry theorem proving was started in the 1950s as one of the pioneering work of Artificial Intelligence. The main idea is to write Proof Machines that follow how people prove a geometry theorem. The key ideas developed include search heuristics, figure-based search, using lemmas, etc. Unfortunately, proof programs based on these methods are rather weak in the sense that only very simple theorems can be proved. On the other hand, Wu's approach is powerful enough to prove almost all geometry theorems. This raised the hope that Wu's method can be applied to much more areas and revived the area of automated geometry theorem proving.

For his work on automated geometry theorem proving, Wu was awarded the Herbrand Award for Distinguished Contributions to Automated Reasoning in 1997, which is considered the highest award in the field of automated reasoning. Here are some of the citations.

Wu is known in the automated deduction community for the method he formulated in 1977, marking a breakthrough in automated geometry theorem proving.

Geometry theorem proving was first studied in the 1950s by Herbert Gelernter and his associates. Although some interesting results were achieved, the field saw little progress for almost twenty years, until "Wu Method" was introduced. In few areas of automated deduction can one identify a specific person who turned the field around completely. His method can be used not only to prove theorems in geometry, but also to discover theorems and to find degenerated cases automatically.

Wu continued refining and extending his method and added a dazzling array of application domains whose proofs can be automated. They include plane geometry, algebraic differential geometry, non-Euclidean geometry, affine geometry and nonlinear geometry. Not limiting the applications to geometry alone, he also gave mechanical proofs of Newton's gravitational laws from Kepler's laws and of problems in chemical equilibrium and robotics. Wu's work turned geometry theorem proving from one of the less successful research areas in automated deduction to one of the most successful. Indeed, there are few areas for which one can claim that machine proofs are superior to human proofs. Geometry theorem proving is such an area.

Mathematics Mechanization and KLMM

Wu's work on automated geometry theorem proving marked the second turning point in Wu's scientific life. Wu completely changed his directions of research and concentrated his efforts in extending his method in various directions, both theoretical and practical, aiming at what he has called the *Mechanization of Mathematics.*

The first industrial revolution in 18th century is the replacement of human labor by machinaries which caused a devaluation of human arm by somewhat *mechanization* of muscle labor. The coming new industrial revolution may be considered as partial replacement of human brain by some kind of machinaries which will devalue the human painstaking brain thinking by somewhat *mechanization* of mental labor. Wu believed that since mathematics is the basis of all science and engineering and is a typical mental labor, mathematics has the superiority, priority, and even easiness of being *mechanized* than any other kinds of mental labors. After summarising what had been said and done by great minds such as Descartes, Leibniz, Hilbert, Goedel, and Norbert Wiener, Wu proposed his *Mathematics-Mechanization Program*:

> Cover as much as possible the whole of mathematics by domains each of which is small-enough to be mechanizable and is however large-enough to have mathematical significance and interest.

Based on the classic work of Shi-Jie Zhu in the fourteenth century and Ritt's techniques in differential algebra, Wu developed a method for solving systems of algebraic equations by transforming an equation system in the general form to a family of equation systems in triangular form, much like Gaussian elimination method for linear equations. Wu also emphasized on using methods of mechanized mathematics to engineering problems and he worked on problems from robotics, computer vision, chemical engineering, mechanics, etc. Most of Wu's work on mathematics mechanization were summarized in the book [15].

Wu was offered in 1990, special funds by the Chinese Academy of Sciences to establish the Mathematics Mechanization Research Center, which later became the

Key Laboratory of Mathematics Mechanization (KLMM).

In 2000, the Chinese government established the State Preeminent Science and Technology Award which is issued by the President of the People's Republic of China to scientists working in China. Wu received the first State Preeminent Science and Technology Award due to his work on topology and mathematics mechanization.

Shaw Prize

In 2006, Wu together with David Mumford received the Shaw Prize in Mathematical Sciences, considered to be the Nobel prize of the East. In a communique, the Shaw Prize Committee stated

David Mumford and Wu Wen-Tsun both started their careers in pure mathematics (algebraic geometry and topology respectively) but each then made a substantial move towards applied mathematics in the direction of computer science.

Mumford worked on computer aspects of vision and Wu on computer proofs in the field of geometry. In both cases their pioneering contributions on research and to the development of the field were outstanding. Many leading scientists in these areas were trained by them or followed in their footsteps.

Wu Wen-Tsun was one of the geometers strongly influenced by Chern Shiing-Shen (Shaw Laureate in 2004). His early work, in the post-war period, centered on the topology of manifolds which underpins differential geometry and the area where the famous Chern classes provide important information. Wu discovered a parallel set of invariants, now called the Wu classes, which have proved almost equally important. Wu went on to use his classes for a beautiful result on the problem of embedding manifolds in Euclidean Space.

In the 1970s, Wu turned his attention to questions of computation, in particular the search for effective methods of automatic machine proofs in geometry. In 1977 Wu introduced a powerful mechanical method, based on Ritt's concept of characteristic sets. This transforms a problem in elementary geometry into an algebraic statement about polynomials which lends itself to effective computation.

This method of Wu completely revolutionized the field, effectively provoking a paradigm shift. Before Wu the dominant approach had been the use of AI search methods, which proved a computational dead end. By introducing sophisticated mathematical ideas, Wu opened a whole new approach which has proved extremely effective on a wide range of problems, not just in elementary geometry. Wu also returned to his early love, topology, and showed how the rational homotopy theory of Dennis Sullivan could be treated algorithmically, thus uniting the two areas of his mathematical life.

In his 1994 *Basic Principles in Mechanical Theorem Proving in Geometry* (Springer), and his 2000 *Mathematics Mechanization* (Science Press), Wu described his revolutionary ideas and subsequent developments. Under his leadership, Mathematics Mechanization has expanded in recent years into a rapidly growing discipline, encompassing research in computational algebraic geometry, symbolic computation, computer theorem proving and coding theory.

Although the mathematical careers of Mumford and Wu have been parallel rather than contiguous they have much in common. Beginning with the traditional mathematical field of geometry, contributing to its modern development and then moving into the new areas and opportunities which the advent of the computer has opened up, they demonstrate the breadth of mathematics. Together they represent a new role model for mathematicians of the future and are deserved winners of the Shaw Prize.

Memorial Website

A memorial website for Professor Wu Wen-Tsun was established at http://www.amss.ac.cn/wwj/.

References

[1]   W.T. Wu. On the product of sphere bundles and the duality theorem modulo two. *Ann. of Math.*, 1948, 49(2): 641-653.

[2]   W.T. Wu. Sur L'existence d'un champ d'élèments de contact ou d'une structure complexe sur une sphére. *C. R. Acad. Sci.*, 1948, 226: 2117-2119.

[3]   W.T. Wu. Classes caractéristiques et i-carrès d'une variété. *C. R. Acad. Sci.*, 1950, 230: 508-511.

[4]   W.T. Wu. Les i-carrés dans une variété grassmanniènne. *C. R. Acad. Sci.*, 1950, 230: 918-920.

[5] W.T. Wu. *Sur les espaces fibrés et les variétés feuilletées. Actualités Sci. Ind.*, No. 1183, Publ. Inst. Math. Univ. Strasbourg 11, Hermann & Cie, Paris, 1952.

[6] W.T. Wu and J.H. Jiang. Essential equilibrium points of n-person non-cooperative games. *Scientia Sinica*, 1962, 12: 1307-1322.

[7] W.T. Wu. *A theory of imbedding, immersion, and isotopy of polytopes in a euclidean space.* Science Press, Beijing, 1965.

[8] W.T. Wu. The Chern characteristic classes on an algebraic variety (in Chinese). *Shuxue Jinzhan*, 1965, 8: 395-401.

[9] W.T. Wu. Planar imbedding of linear graphs (in Chinese). *Kexue Tongbao*, 1973: 226-228.

[10] W.T. Wu. On the decision problem and the mechanization of theorem-proving in elementary geometry. *Scientia Sinica*, 1978, 21: 159-172. Re-published in *Automated Theorem Proving: After 25 Years*, 213-234, AMS Press, 1984.

[11] W.T. Wu. Basic principles of mechanical theorem-proving in elementary geometries. *J.Sys.Sci.& Math.Scis.*, 1984: 207-235. Re-published in J. Automated Reasoning, 1986, 2: 221-252.

[12] W.T. Wu. *Basic principles of mechanical theorem proving in geometries* (in Chinese). Science Press, Beijing, 1984. English translation by D.M. Wang and X. Jin. Springer, 1994.

[13] W.T. Wu. Recenct studies of the history of Chinese mathematics. *Proc. ICM 1986*, Amer. Math. Soc., 1987, 1657-1667.

[14] W.T. Wu. *Rational homotopy type—A constructive study via the theory of the I^*-measure.* Lect. Notes in Math., No. 1264, Springer Verlag, Berlin, 1987.

[15] W.T. Wu. *Mathematics mechanization.* Science Press/Kluer Pub., 2000.

吴文俊大事记

1919 年	生于上海市
1924—1933 年	先后在上海文蔚小学、铁华中学、民智 (中) 小学读小学与初中
1933—1936 年	上海正始中学读高中
1936 年	由正始中学毕业, 获得奖学金, 指定报考交通大学数学系
1937 年	发现用力学方法证 Pascal 定理
1938 年	大学三年级, 听武崇林讲授的几何、代数与实变函数论课程, 开始对现代数学产生兴趣, 开始自学实变函数与点集拓扑及组合拓扑的名著, 并大量阅读波兰《数学基础》等刊物上论文
1940 年	大学四年级毕业论文论 60 条 Pascal 线的种种关系; 交通大学毕业, 到租界育英中学教书, 兼任教务员
1941 年	12 月珍珠港战争爆发, 日军进占上海各租界, 育英中学解散
1942—1945 年	到上海培真中学任教, 兼任教务员. 其间曾去南洋模范女中代课几个月
1945 年	日本投降, 此后曾在之江大学代课几个月
1945—1946 年	由同学介绍与帮助, 认识朱公谨、周炜良与陈省身等教授
1946 年初	到上海临时大学任郑太朴教授的助教
1946 年夏	投考教育部主办的留法交换生; 陈省身吸收吴文俊到中研院数学所, 开始拓扑学研究
1947 年春	随陈省身教授到北平清华大学, 同行者有曹锡华; 11 月赴法留学, 在 Strassbourg 大学跟随 C.Ehresmann 学习
1947 年	发表第一篇拓扑学论文, 载于法国 *Comptes Rendus* 完成一项重要拓扑学研究, 证明 Whitney 乘积公式和对偶定理, 1948 年在 *Annals of Math* 上发表
1948 年	参加 CNRS 研究工作, 初任 Attaché de Recherches, 1951 年升为 Chargé de Recherches;
1949 年	完成博士论文《论球丛空间结构的示性类》, 获法国国家博士学位, 去苏黎世访问
1949 年夏	去巴黎, 跟随 H.Cartan 继续拓扑学研究

1950 年	发表关于流形上 Stiefel-Whitney 示性类的论文, 后通称为吴类与吴公式
1951 年	8 月回国, 在北京大学数学系任教授
1952 年	10 月到新建数学研究所任研究员
1953 年	同陈丕和女士结婚
1954 年	开始非同伦性拓扑不变量的研究, 由此引入示嵌类, 并开展复合形嵌入、浸入与同胚的研究
1956 年	5 月应邀参加罗马尼亚第四次数学大会;
	6 月赴苏联参加第三届全苏数学会议做《论多面体在欧氏空间中的实现》报告;
	10 月参加在索菲亚召开的保加利亚数学会年会;
	因示性类及示嵌类的工作荣获国家第一届自然科学奖一等奖
1957 年	1 月, 获中国科学院科学奖金 (自然科学部分) 一等奖;
	3 月当选中国科学院学部委员;
	9 月赴波兰、东德访问, 12 月赴法国访问讲学
1958 年	在巴黎大学讲课系统介绍示嵌类的工作, 对于 Ifaefliger 等人有很大影响;
	被邀请在 1958 年国际数学家大会 (爱丁堡) 做分组报告 (未能成行);
	"理论联系实际" 的运动中, 拓扑学研究中断, 开始对策论的研究;
	到中国科学技术大学任教
1960 年	到中国科学技术大学负责 60 级 "一条龙教学"
1961 年夏	颐和园龙王庙会议, 基础理论研究逐步恢复
1962 年	开始对奇点理论进行研究. 对中学生作科普讲座 "力学在几何中的一些应用", 并由江嘉禾记录成书由人民教育出版社出版
1963 年秋	在科大主持数学 65 届设立 "几何拓扑专业化", 在国内首次讲授代数几何课程
1965 年	专著 *A Theory of Imbedding, Immersion, and Isotopy of Polytopes in an Euclidean Space* 由科学出版社出版
1965 年冬	到安徽省六安县参加 "四清" 运动
1967 年	完成 "示嵌类理论在布线问题上的应用"

1971 年	到专门制造模拟计算机的北京无线电一厂参加劳动, 初次接触计算机的制造与使用, 初步领略计算机对数学研究的潜在威力, 从此开始对计算机有关知识的学习
1972 年	中国开始同国外学术界恢复联系, 陈省身等华裔数学家开始回国讲学. 美国拓扑学家 Browder, Peterson, Spencer 等访华, 获得他们与其他国外学者如 Smale 等赠送的资料, 使拓扑研究重新开始
1973 年	数学所拓扑组开始关于有理同伦论的讨论班, 吴文俊开始其 I^* 函子理论的研究
1974 年	英文示嵌理论的中文版由科学出版社出版, 书名为《可剖形在欧氏空间中的实现问题》, 增加了有关布线问题的一个附录; 开始中国数学史的研究
1975 年	以 "顾今用" 的笔名, 写成《中国古代数学对世界文化的伟大贡献》一文, 明确提出 "近代数学之所以能够发展到今天, 主要是靠中国 (式) 的数学, 而非希腊 (式) 的数学, 决定数学历史发展进程的主要是靠中国 (式) 的数学, 而非希腊 (式) 的数学."
1976 年末	开始定理机械化证明的研究, 于次年春节期间取得成功
1977 年	首次发表定理的机械化证明的论文, 由此开辟全新的方向
1978 年	撰写《数学概况及其发展》一文, 发表于科学出版社的《现代科学技术简介》一书, 文中提出了脑力劳动机械化, 但于刊印时被删去; 发表微分几何定理的机械化证明论文; 获全国科学大会奖; 当选第五届全国政协常委
1979 年	1 月访问美国普林斯顿高等研究院等; 4 月应邀赴加州大学伯克利分校做关于 I^* 函子报告; 10 月与关肇直、许国志共同创建系统科学研究所, 吴文俊任副所长; 去长春参加有关计算机与数学的学术会议
1979 年秋	在中国科技大学研究生院开设机器证明的专门化课程
1980 年	4 月加入中国共产党; 8 月国内开始举办 "双微" 会议, 任组织委员会主席; 获中国科学院科技成果奖一等奖
1981 年	在第一次全国数学史学术讨论会上做《古今数学思想》报告

1982 年秋	赴加州大学伯克利分校讲学; 11 月访问西德 Max-Planck 数学研究所
1983—1988 年	任第六届全国政协常委
1983 年	赴美国科罗拉多大学、加州大学洛杉矶分校、芝加哥大学、伊利诺伊大学、休斯顿大学访问
1984 年	任系统所名誉所长; 任中国数学会理事长; 由 W. W. Bledsoe 等编辑的 *Automated Theorem Proving: After 25 Years* 出版, 收入吴文俊的奠基性论文, 吴文俊的机械化数学思想在国际上得到广泛传播; 专著《几何定理机器证明的基本原理》由科学出版社出版
1984 年秋	在中国科技大学研究生院开设机器证明理论课程
1985 年	第六届"双微"会议上报告; 10 月组织刘徽数学讨论班; 与吕学礼合作撰写通俗著作《分角线相等的三角形》, 由人民教育出版社出版
1986 年	6 月访问美国通用电气公司 Xerox Parc, HP 实验室; 7 月访问美国纽约库朗研究所. 访问 Texas 大学 Austin 分校计算机科学系; 8 月应邀在第 20 届国际数学家大会上作 *Recent Studies of the History of Chinese Mathematics* 报告; 参加在加拿大的滑铁卢大学所举行的符号与代数计算研讨会; 通俗文选《吴文俊文集》由山东教育出版社出版
1987 年	5 月访问东德, 参加莱比锡 Eurocal' 87(欧洲计算机辅助语言教学协会) 会议并做报告; 7 月访问意大利卡塔尼亚大学, 参加数学自动推理国际会议; 10 月访问加拿大, 参加国际符号与代数计算会议; 关于 I^*- 函子的研究总结成 *A Constructive Study via the Theory of the I^*-Measure* 一书, 由 Springer 出版社出版
1988 年	7 月参加美国伊萨卡的代数几何演算国际会议并做报告; 9 月参加巴黎 Thom 纪念会, 并做报告 *A Constructive Theory of Algebraic Differential Geometry and its Application*; 到法国斯特拉斯堡大学计算机科学系和联邦德国哥廷根大学学术访问;

	12 月, 1985 年刘徽数学讨论班的部分报告由安徽科技出版社出版, 书名《现代数学的进展》
1988—1993 年	任第七届全国政协常委
1990 年	3 月到加拿大蒙特利尔大学学术访问;
	5 月访问苏联, 在杜布纳参加 "物理科学中的计算机代数" 国际会议;
	8 月成立中国科学院系统科学研究所数学机械化研究中心, 任中心主任;
	参加在香港召开的首届亚洲数学大会, 做 "方程求解与定理求证" 的报告;
	10 月赴美国洛杉矶微分几何暑期学校, 为陈省身教授祝寿
1991 年	1 月到美国马里兰大学系统研究中心访问, 并参加几何与学习工作会议;
	1—6 月在南开数学所学术年由吴文俊与胡国定共同主持计算机数学的系列报告, 报告由新加坡 World Scientific 于 1993 年出版, 书名为 *Computer Mathematics*;
	2 月到美国杜克大学学术访问;
	4 月赴格勒诺布尔参加计算机设计与工程会议;
	到巴黎对法国高等科学研究院、法国第七大学、综合工科学校进行学术访问;
	8 月南开大学数学所举办第一届全国计算机数学学术年会, 与胡国定共同主持 "数学机械化研讨会"
1992 年	7 月与程民德共同主持在北京举行的数学机械化国际会议;
	8 月赴奥地利参加 AAGR, 对 RISC 研究所进行学术访问;
	荣获 1990 年度第三世界科学院数学奖, 当选为第三世界科学院院士;
	国家科委攀登项目 "机器证明及其应用" 获得通过, 任首席专家
1992—1994 年	任中国科学院数理学部主任
1993 年	3 月随科学家代表团访问台湾;
	10 月赴韩国庆北大学几何拓扑研究所访问;
	荣获 1993 年度陈嘉庚数理科学奖
1993—1998 年	任第八届全国政协常委

1994 年	2 月国家科委攀登项目 "机器证明及其应用" 项目在北京召开了执行第一年的汇报、检查、交流会, 于会议结束时做报告;
	7 月与石赫去威海研究生数学暑期学校主持数学机械化暑期讲习班;
	荣获香港求是基金会 "杰出科学家奖"
1995 年	5 月接受香港城市大学荣誉博士学位;
	赴美国阿尔伯克基参加计算机代数应用学术会议;
	8 月参加北京举行的 ISSAC 国际会议;
	8 月参加由中日联合举办在北京举行的第一届 "亚洲计算机数学研讨会", 任会议主席;
	12 月赴新加坡参加第一届亚洲数学科技会议, 做报告 "几何问题求解的特征列法及其应用";
	任数学天元基金领导小组组长
1996 年	5 月随陈省身教授去贵阳讲学, 三次通俗报告载《贵州教育学院学报》1997 年 48 卷 3 期;
	攀登项目 "机器证明及其应用" 验收通过, 获准继续进行, 并改名为 "数学机械化及其应用", 任首席专家;
	《吴文俊文集》的增订本由山东教育出版社出版, 改名为《吴文俊论数学机械化》;
	去香港参加天元基金领导小组扩大会议;
	7 月与石赫、刘卓军等在北大主持数学机械化的暑期讲习班;
	11 月去意大利 Trieste 参加第三世界科学院大会;
	12 月去台湾参加数学年会
1997 年	6 月赴伯克利参加北美青年数学家学术会议;
	7 月访问堪培拉的澳大利亚国立大学;
	荣获 Herbrand 自动推理杰出成就奖;
	Mathematics Mechanization: Geometry Theorem Proving, Geometry Problem-Solving and Polynomial Equation- Solving 一书由科学出版社和 Kluwer Academic 联合出版
1998 年	8 月参加在北京举行的第二届 ADG(几何中的自动推理) 国际会议;
	参加由中日联合举办在兰州举行的第三届亚洲计算机数学国际会议;

与林东岱、张文岭同赴新疆为天元基金作学术报告;

"数学机械化与自动推理平台" 首批入选 "国家重点基础研究规划项目", 任学术指导

1999 年　　5 月辞去数学机械化中心的主任, 改由高小山担任;

10 月参加在成都举办的 "第一届数学机械化高级研讨班";

10 月访问武汉华中理工大学, 被授予名誉教授并做了通俗报告《我是怎样走上数学机械化的道路的》;

11 月参加在广州举行的纪念关肇直先生八十诞辰的学术研讨会;

12 月去德国访问, 参加国际数学家大会

2000 年　　1 月在澳门举行的 "数学及其在文明中的作用" 国际会议上做题为 *A tentative Comparatives Study of Mathematics in Ancient China and Ancient Greece* 的邀请报告;

1 月参加在香港举行的 "数学普及讲座及交流系列研讨会 II" 做题为 "中国传统数学的特色及其现代意义" 的报告;

9 月到 10 月, 参加在瑞士苏黎世举行的第三届 "几何自动推理研讨班", 做 "多项式方程组求解及其应用" 的特邀报告;

参加法国巴黎学术交流会, 做题为 *Global Optimization and its Applications* 的报告;

11 月参加在伊朗举办的 "International Congress on Ghyathal-din Jamshid Kashani-ICGK 2000" 国际会议做题为 *Polynomial Equations-Solving in Ancient China and its Role in Modern Times* 的报告;

12 月参加在泰国清迈举行的第四届 "亚洲计算机数学研讨会"(ASCM'2000) 并在会上做报告

2001 年　　荣获首届国家最高科学技术奖;

2 月访问德国 Max-Planck 数学研究所;

3 月在合肥中国科大举办的 "有效代数方法高级研讨班" 上做报告;

9 月参加中国科协在长春举行的 2001 年学术年会, 做题为 "脑力劳动机械化与科学技术现代化" 的大会报告;

在上海现代数学国际会议上做大会邀请报告 *On Algebraic Differential Geometry and Algebraic Differential Equations*;

出席在香港举行的第九届国际中国科学史会, 做题为 *On Some Characteristic Features of Chinese Mathematics*;

10 月访问香港城市大学;

在深圳高信技术论坛期间, 于 10 月 13—14 日举行第一届院士论坛上和周光召同志担任主讲. 主讲的题目为: 数学机械化及其在高科技中的作用;

在天津南开大学数学所举行的 "二十一世纪的中国数学" 学术报告会做报告《21 世纪的中国数学》;

英文著作《数学机械化》2001 年荣获第五届国家图书奖;

林东岱、李文林、虞言林主编的《数学与数学机械化》由山东教育出版社出版

2002 年	6 月在清华为祝贺杨振宁 80 寿辰而举行的国际学术会议 "Frontiers of Science" 上做报告: *"Some Reflections on the Mechanization of Mental Labor in the Computer Age"*;

8 月第 24 届国际数学家大会 (ICM'2002) 在北京举行, 任大会主席, 并致开幕词. 做 ICM'2002 的公众报告: "中国古算与实数系统";

9 月应香港凤凰电视台邀请, 在清华大学做演讲: "计算机时代的中国数学";

12 月胡作玄、石赫编撰的《吴文俊之路》由上海科学技术出版社出版

2003 年　1 月在 "数学机械化软件研讨会" 上做 "计算机时代的脑力劳动机械化与数学机械化" 的报告;

Mathematics Mechanization: Geometry Theorem Proving, Geometry Problem-Solving and Polynomial Equation- Solving 中文版《数学机械化》由科学出版社出版;

11 月在广东工业大学做报告: "拓扑学到机器证明";

在中国智能学会 2003 全国学术大会、可拓学创立 20 年庆祝大会、中韩智能系统学术研讨会上做 "计算机时代脑力机械化与科学技术现代化" 报告

2004 年　5 月出席在上海举办的 "第六届国际数学机械化研讨会" (IWMM6), 在上海复旦大学做报告: "计算机时代的东方数学";

10 月 31 日国务院总理温家宝到家中看望吴文俊;

	11 月参加数学机械化重点实验室在香山别墅举行的实验室战略发展学术研讨会, 作会议总结
2005 年	7 月参加在北京举行的国际符号和代数计算会议 (ISSAC'2005), 做邀请报告 *Finite Kernel Theorem and Applications*; 参加第 22 届科学史国际会, 致开幕词, 并做题为 *On the Development of Real Number System in Ancient China*(中国古代实数系统的发展) 的报告; 9 月被聘为中国石油大学 (东营) 荣誉教授. 当天参观了石油大学校史陈列馆与展览馆、重质油国家重点实验室、高压水射流研究中心和石大科技集团, 并出席了 "授予吴文俊院士荣誉教授仪式暨学术报告会"; 次日接受了山东卫视的专访
2006 年	4 月到安徽省马鞍山市和芜湖市进行了考察, 参观了安徽工业大学、马钢第一钢轧总厂、安徽华东光电研究所、奇瑞公司等单位, 并受聘为安徽工业大学荣誉教授; 6 月获得第三届邵逸夫奖数学奖; 9 月在香港接受第三届邵逸夫奖数学奖颁奖
2008 年	1 月 18 日中共中央总书记、国家主席、中央军委主席胡锦涛到家中看望吴文俊; 柯琳娟著的《让数学回归中国: 吴文俊传》由江苏人民出版社出版; World Scientific(Singapore) 出版 *Selected Works of Wu Wen-Tsun*
2009 年	5 月 11—13 日中国科学院等单位在北京召开 "庆祝吴文俊院士九十华诞暨数学机械化国际学术研讨会 (ICMM)", 中国科学院路甬祥院长发来贺信, 中国科学院副院长詹文龙院士, 国家自然科学基金委员会王杰副主任, 中国科学院基础局李定局长、刘鸣华副局长, 中国科学院数学与系统科学研究院院长郭雷院士出席了庆祝活动. 来自中国科学院、中国科技大学、上海交通大学、西安交通大学、北京大学、南开大学、清华大学、西北大学等院校的代表, 吴文俊院士的学生以及参加 "数学机械化国际研讨会" 的嘉宾, 也参加了这一活动, 并对吴文俊院士 90 华诞表示祝贺;

	7 月获得全国侨界 "十杰" 荣誉称号;
	获得上海交通大学杰出校友终生成就奖;
	获得西安交通大学最受崇敬校友荣誉称号;
	获得系统科学最佳论文奖
2010 年	4 月, 姜伯驹、李邦河、高小山、李文林主编的《吴文俊与中国数学》由八方文化创作室出版;
	5 月 4 日国家最高科学技术奖获奖者吴文俊、金怡濂、王永志和叶笃正小行星命名仪式在京举行. 经国际天文学联合会小天体命名委员会批准, 将国际永久编号第 7683 号小行星永久命名为 "吴文俊星";
	参与编写的《数学小丛书》获得国家科技进步奖二等奖
2011 年	1 月 6 日中国人工智能学会发起设立 "吴文俊人工智能科学技术奖". 这是我国智能科学技术领域唯一依托社会力量设立的科学技术奖, 具备直接推荐国家科学技术奖资格, 被誉为 "中国智能科技最高奖". 首届 "吴文俊人工智能科学技术奖" 2012 年 5 月 14 日揭晓;
	5 月 19 日中国科学技术大学以中国科学技术大学数学所为基础组建了中国科学院吴文俊数学重点实验室;
	8 月 7 日中共中央政治局常委、国务院总理温家宝看望吴文俊
2014 年	5 月 13 日在中国科学院数学与系统科学研究院召开 "庆祝吴文俊院士九十五华诞暨吴文俊先生学术思想座谈会"
2015 年	3 月陈琼编著的《国家最高科学技术奖获得者书系: 吴文俊的故事》由安徽少年儿童出版社出版;
	9 月吴文俊口述, 邓若鸿、吴天骄访问整理的《走自己的路: 吴文俊口述自传》由湖南教育出版社出版
2017 年	1 月 16 日中共中央政治局常委、中央书记处书记刘云山到家中看望吴文俊;
	5 月 7 日 7 时 21 分因病医治无效, 在北京医院不幸逝世.

吴文俊对拓扑学的伟大贡献

李邦河

一、示性类的划时代者

1. 破解"难学"的奇才

向量丛的模 2 示性类几乎同时由 Whitney 和 Stiefel 在 1935 年独立引进, 故名为 Stiefel-Whitney 示性类.

代数拓扑学, 是公认的难以学懂、更难以做出成果的一门学问, 因此被戏称为"难学". 有一个小插曲——在凤凰电视台的《李敖有话说》节目中, 文学家李敖说: 听说有一门学问叫拓扑学, 非常难学.

示性类理论, 作为拓扑学中妙不可言的精品, 自然更是"难学"中的"难学". 1940 年, Whitney 发表了 Stiefel-Whitney 示性类的乘法公式的文章. 因为证明极为复杂, 没有全部刊出, 故在论文发表后, 他仍不得不保留详细的原稿. 而吴文俊, 在 1947 年, 在学习和研究拓扑学不到一年之后, 即给出了这一公式的较为简短的证明, 全文发表在顶尖杂志 *Annals of Mathematics* 上. 据项武忠说, Whitney 于是认为, 从此他的手稿可以不必保留了.

闻此, 国内外同行无不啧啧称奇: 吴文俊, 真奇才也!

2. 吴示性类和第一吴公式

吴示性类定义如下: 设 M 是 n 维的紧致无边微分流形, 则对任意 $i = 0, 1, \cdots, n$ 存在上同调类 $V_i \in H^i(M, Z_2)$, 使对任意 $X \in H^{n-i}(M, Z_2)$,

$$V_i X = Sq^i X$$

这里 Sq^i 是 Steenrod i-平方运算, 而 V_i 就是第 i 个吴示性类, 简称吴类.

令

$$Sq = Sq^0 + Sq^1 + \cdots$$
$$V = 1 + V_1 + \cdots + V_n$$

$$W = 1 + W_1 + \cdots + W_n$$

这里 W_i 是 M 的切丛的第 i 个 Stiefel-Whitney 示性类, 则有

第一吴公式: $W = SqV$

这一公式的重要意义在于: (1) 揭开了笼罩在 Stiefel-Whitney 示性类头上神秘的面纱, 使它们变得极易计算. (2)Stiefel-Whitney 示性类的拓扑不变性, 曾是当时的拓扑学家关注的问题. 而该公式则轻而易举地揭示了, 它们不仅是拓扑不变的, 而且还是同伦不变的.

3. 第二吴公式

年轻的吴文俊在示性类上的卓越贡献引来了大数学家 Weil 的青睐. 他告诉吴: Grassmann 流形上的 Steenrod 运算还没有算出. Weil 果然慧眼识英雄: 精通 Steenrod 运算的吴, 正是完成此项任务的最佳人选. 经过在咖啡馆里一个月的艰难而又充满智慧和快乐的奋战, 吴得到著名的第二吴公式

$$Sq^k W_m = W_k W_m + \binom{k-m}{1} W_{k-1} W_{m+1} + \cdots + \binom{k-m}{k} W_0 W_{m+k}$$

这里的 W_1 经向量丛的分类映射被拉回到底空间的上同调群里, 就成为该丛的第 i 个 Stiefel-Whitney 示性类. 1956 年 Dold 证明, 这一公式给出了 Stiefel-Whitney 示性类之间所有可能的关系.

4. Cartan 公式

如上所说, Steenrod 运算与示性类关系极为密切, 而精通这两者的吴不仅对示性类功勋卓著, 在 Steenrod 运算上也留下了历史的印记. 正如 Cartan 指出的, 在 Steenrod 运算的公理化定义中的一条公理——Cartan 公式, 是吴向他建议的.

5. Pontrjagin 示性类

1942 年 Pontrjagin 引进了一类整系数的示性类, 其论文用俄文发表, 在苏联之外, 少有人懂. 吴文俊以他独到的敏锐观察, 认识到这些示性类的重要性. 于是, 没有学过俄文的他, 硬是借助语法书和词典, 弄懂了 Pontrjagin 的文章, 并介绍给同窗好友 Thom, 成为 Thom 研究协边理论的有力武器.

而吴自己对 Pontrjagin 示性类的贡献更是多方面的.

首先, 也是最重要的是, 他证明了 Pontrjagin 示性类可由陈省身在 1946 年引进的 Chern 示性类导出. 后来, 吴得到的这一关系式就成为了 Pontrjagin 示性类的定义.

其次是他在 20 世纪 50 年代初从法国回国后发表了一系列论 Pontrjagin 示性类的雄文, 不仅证明了它们模 3 和模 4 的拓扑不变性, 还引领了对这一神秘的示性类的拓扑不变或非拓扑不变的进一步研究.

此外, 他关于四维定向流的 Pontrjagin 示性类是符号差的三倍的猜想, 对后世数学的发展, 影响非常深远, 成为 Hirzebruch 的符号差定理和 Atiyah-Singer 指标定理的源头.

6. 示性类的定名者

Stiefel-Whitney 示性类、Pontrjagin 示性类、Chern 示性类, 这些示性类是由谁命名的呢? 其命名者就是吴文俊! 而且一经吴命名后, 它们的名字就被定下来了, 再也没有变过. 这充分反映了吴在示性类领域的权威地位.

7. 示性类的分水岭

在吴关于示性类的工作之前, 示性类之间的关系不清, 计算极为困难, 迷雾重重; 在吴的工作之后, 则雾散日出, 关系昭然若揭, 且易于计算. 因此吴的工作是分水岭, 是对示性类的划时代贡献.

二、独创的示嵌类、示浸类、示痕类

吴在微分流形和复合形的嵌入理论方面是一位承上启下的领袖.

1. 对复合形, 独创地运用 Smith 周期变换定理于复合形的 p 重约化积, 定义了示嵌类、示浸类、示痕类, 并且用这些类给出了: n 维复形可嵌入于 R^{2n} $(n > 1)$, 可浸入于 R^{2n} $(n > 3)$ 的充分且必要的条件, 以及 n 维复形在 R^{2n+1} $(n > 1)$ 中的两个嵌入同痕的充要条件.

2. 1 维复形在平面上的嵌入问题属于图论的范畴, 需要特别处理. 吴完全解决了这一问题, 使经典的著名的 Karatowski 不可嵌入定理成为其特例. 有趣的是, 这是吴在 "文革" 期间, 在数学所阅览室开的批判会上, 顺手翻阅书架上一本杂志, 看到印刷线路的文章, 激发起对该问题的极大兴趣而完成的. 这一工作为图论输入了新方法, 开辟了新方向.

3. 吴运用 Whitney 技巧证明的定理——$n > 1$ 时, 任意两个 n 维流形到 R^{2n+1} 的微分嵌入必微分同痕, 在 Smale 解决高维 Poincaré 猜想的工作中发挥了重要作用.

4. 关于微分流形的嵌入问题, 吴在 1958 年前, 已有如何用奇点理论的较明晰的想法, 后因 "大跃进" 时期批判 "理论脱离实际" 而停顿. 但他在 1958 年访问法国时关于这一想法的报告, 却给听众中的瑞士拓扑学家、吴在留法期间的同门师弟 Haefliger 以极大的启发. Haefliger 在三四年后发表的用奇点理论给出的关于微分嵌入的定理成为该方向的基本定理.

三、"能计算性" 与 I^*-量度

吴在研究中国古代数学史时形成的 "构造性数学" 的宏大思想, 不仅导致了他在定理机器证明和数学机械化方面的伟大贡献, 也激发了他在代数拓扑方面构造性地统一处理同调群、同论群、示性类、上同调运算等的雄心. 他以 "能计算性" 的概念, 重新整理和改造 Sullivan 的极小模理论, 提出和解决了不少问题. 在出版这方面的专著 (*Rational Homotopy Type: A Constructive Study via the Theory of the I^*-meaaure, Lecture Notes in Math.*, 1987, No. 1264) 之前, 他在数学机械化和代数拓扑两条战线上同时作战, 精力超群, 英勇无比, 战果辉煌. 有一次, 他告诉笔者, 在写完上述专著后, 他要全力以赴于数学机械化了. 今天, 他在数学机械化方面的伟大成就, 已为全世界所公认. 而他关于 "能计算性" 和 I^*- 量度的革命性思想, 则为后人留下了宝贵的财富.

吴文俊与数学机械化

高小山

一、数学机械化纲领

吴文俊于 1978 年发表几何定理机器证明的第一篇论文 (见参考文献 [7]) 后, 主要精力转向数学机械化研究. 他不仅提出了数学机械化的主要办法, 还花了大量时间遍寻各种可以用他的方法解决的应用问题, 并亲自动手编制计算机程序给出这些应用问题的具体解答, 对此, 有些同行表示不理解, 认为吴应该继续致力于像拓扑学那样的核心数学领域. 但是, 吴文俊从不为所动, 究其原因, 是因为吴文俊关于数学机械化的研究体现了他自 20 世纪 70 年代末形成的关于数学发展的观点.

1974 年, 吴开始研读中国数学史文献. 他发现, 中国古代数学的显著特点是其构造性与算法化, 而且算法化思想在数学的发展中起到了非常重要的作用. 吴文俊指出: 回顾数学发展史, 主要有两种思想: 一是公理化思想, 另一是机械化思想. 前者源于希腊, 后者则贯穿整个中国古代数学. 这两种思想对数学发展都曾起过巨大作用. 从汉初完成的《九章算术》中对开平方、开立方的机械化过程的描述到宋元时代发展起来的求解高次代数方程组的机械化方法, 对数学的发展起了巨大的作用. 公理化思想在现代数学, 尤其是纯粹数学中占据着统治地位. 然而, 通过数学史可以发现数学多次重大跃进无不与机械化思想有关. 例如, 对近代数学起着决定作用的微积分也得益于经阿拉伯人传入欧洲的中国数学的机械化思想. 因此, 吴认为应该重视机械化思想对于数学发展的作用.

机械化思想在数学研究中在过去未能得到足够重视, 主要有两个方面的原因.

在理论上, 机械化方法是不完备的. 逻辑学家对于定理证明机械化的探索, 得到的结论大都是否定的. 例如, Gödel 证明初等数论的机械化是不可能的. 即使是正面的结果, 例如, Tarski 关于初等代数可机械化证明的算法也太过繁琐, 以至于不能证明非平凡的定理. 鉴于此, 吴文俊提出虽然不是所有的数学分支都可以机械化, 但是确实有很多非常重要的数学分支是可以有效机械化的. 从方法上, 适用范围太大的方法, 如理论上可以证明所有定理的归结法, 其效率必然低. 应该针对具体的数学分支发展特殊的高效算法.

在实践方面, 机械化思想的实际应用需要大量的计算, 而人的计算能力是有限的. 计算机的出现使得数学的机械化成为可能, 从而会对数学的发展起到重大的影响. 吴讲到 "不久的将来, 计算机之于数学家, 势将与显微镜之于生物学家, 望远镜之于天文学家那样不可或缺". 计算机提供了一个有力工具, 使数学有可能像其他自然科学一样, 跻身科学试验行列.

吴文俊进一步提出, 数学的机械化不仅对于数学有重大意义, 而且还在新的技术革命中扮演重要角色. 这是因为, 数学的机械化将带动脑力劳动的机械化. "枪炮的出现使人们在体力上难分强弱, 而个人用计算机将使得人们在智力上难分聪明愚鲁." "但是, 也不必妄自菲薄. 大量繁复的事情交给计算机去做了, 人脑将仍然从事更富有创新性的劳动." 数学是典型的脑力劳动, 因此在脑力劳动机械化过程中有其特殊地位. 不仅如此, 数学是自然科学与高科技的理论基础, 数学方法的创新有可能带动科学发展与技术进步. 因而, 数学机械化又有其迫切性. 此外, 数学具有表达精确、论证严谨等特点, 数学机械化在各类脑力劳动的机械化中又易于实现.

基于以上思考, 吴文俊在写于 1979—1981 年期间的几篇文章中明确提出了发展数学机械化的重要性 [12], 并给出了后来称之为 "数学机械化纲领" 的指导思想: "在数学的各个学科选择适当的范围, 既不至于太小以致失去意义, 又不至太大以致于不可机械化, 提出切实可行的方法, 实现机械化, 推动数学发展." 吴还特别重视数学机械化的应用. 他在 973 项目答辩时说道 "应用是数学机械化的生命线".

吴自己关于数学机械化的研究也遵循以上想法. 吴选择了初等几何定理的机器证明作为突破口. 这是因为: 几何推理自古以来被认为是推理的典范, 以困难和技巧强著称, 而且自 1950 年以来多位计算机学家进行了探索, 但没有找到好的方法. 吴借鉴了著名逻辑学家王浩提出的以计算量的复杂来换取质的困难的思想, 将初等几何定理机器证明问题转化为代数几何中方程解集的包含问题, 从而提出了几何定理机器证明的第一个高效算法, 取得了几何定理机器证明的突破. 以下引用 1997 年吴文俊获得国际自动推理最高奖 "Herbrand 自动推理杰出贡献奖" 授奖词 (*Automated Deduction*, 1997, Springer), 其中对吴的工作给予了详尽描述与评价:

"吴文俊在自动推理界以他于 1977 年发明的 (定理证明) 方法著称. 这一方法是几何定理自动证明领域的一个突破." "几何定理自动证明首先由 Herbert Cerlenter 于五十年代开始研究. 虽然得到了一些有意义的结果, 但在 "吴方法" 出现之前的二十年里这一领域进展甚微. 在不多的自动推理领域中, 这种被动局面是由一个人完全扭转的. 吴文俊很明显是这样一个人." "吴的工作由八十年代初期在得克萨斯大学学习的周咸青介绍给了西方学术界. 周咸青 (基于吴方法) 的证明器证明了数百条几何定理, 进一步显示了吴方法的潜力. 至此, 几何定理证明的研究已全面复兴, 变为自动推理界最活跃与成功的领域之一." "吴继续深化、推广他的方法,并将这一方法用于一系列几何. 包括平面几何、代数微分几何、非欧几何、仿射几何与非线性几何. 不仅限于几何, 吴还将他的方法用于由 Kepler 定律推出 Newton 定律; 用于解决化学平衡问题; 与求解机器人方面的问题. 吴的工作将几何定理证明从自动推理的一个不太成功的领域变为最成功的领域之一. 在很少的领域中, 我们可以讲机器证明优于人的证明. 几何定理证明就是这样的一个领域. "

二、数学机械化理论与方法

吴文俊关于几何定理机器证明的方法主要依赖一种关于代数几何的构造性理论. 吴早在 20 世纪 60 年代就在中国科大开设了代数几何课程, "代数簇" 一词即由吴文俊翻译命名. 吴于 1965 年前后引进了具有奇异点的代数簇的陈省身示性类, 早于国外类似工作十余年. 在 20 世纪 70 年代末, 为了几何定理机器证明的需要, 吴发展了美国数学家 Ritt 关于特征列的理论, 提出了以吴-Ritt 零点分解定理为核心的构造性代数几何理论.

代数几何是近代数学的核心分支. 长期以来, 形成了各种流派. 当前流行的代数几何研究方法大都是存在性的. 近二十年来, 代数几何的构造性理论也蓬勃发展, 并在诸多的方面得到重要应用. 除吴-Ritt 零点分解定理外, 还有 Groebner 方法、周炜良形式等构造性方法. 以下主要介绍吴-Ritt 零点分解定理.

简单说, 吴-Ritt 零点分解定理是将一般形式的代数簇分解为所谓 "三角列" 形式. 用三角列表示代数簇后, 很多的性质变得非常容易计算, 从而使得代数几何中的很多重要问题得到构造性解决.

设 $K[x_1, \cdots, x_n]$ 是域 K 上以 $x_1, \cdots, x_n$ 为变元的多项式组成的多项式环, E 是 K 的一个扩域. 设 PS 为多项式集合, 我们用 $\mathrm{Zero}(PS)$ 表示 PS 中的多项式在 E 上的公共零点的集合. 设 G 是另一多项式, $\mathrm{Zero}(PS/G)$ 表示是 PS 的但不是 G 的零点所组成的集合, 称为拟代数簇.

吴-Ritt 零点分解定理就是要给出任意拟代数簇一个构造性描述. 为此, 我们需要下面概念. 一个多项式组称为升列, 如果通过变量重新命名后可以写成如下形式

$$A_1(u_1, \cdots, u_q, y_1) = I_1 y_1^{d_1} + y_1 \text{ 的低次项}$$

$$A_2(u_1, \cdots, u_q, y_1, y_2) = I_2 y_2^{d_2} + y_2 \text{ 的低次项}$$

$$\cdots\cdots$$

$$A_p(u_1, \cdots, u_q, y_1, \cdots, y_p) = I_p y_p^{d_p} + y_p \text{ 的低次项}$$

其中 $p + q = n, I_i \neq 0$ 称为 A_i 的初式. 设 $A = \{A_1, \cdots, A_p\}$, J 为 A_i 的初式的乘积, 我们认为 Zero(A/J) 的结构已经确定. 如果进一步假定 A 是不可约的, 则

$$SAT(A) = \{P | \exists n \in N, \text{ 使得 } J^n P \in (A_l, \cdots, A_p)\}$$

是一个素理想.

设 PS 为一多项式的非空集合, 一升列 $CS : f_1, f_2, \cdots, f_r$ 称为 PS 的吴特征列, 如果 $f_i \in \text{Ideal}(PS)$ 且对任一多项式 $f \in PS, f$ 对 CS 的余式为零. 则有

定理 2.1(吴-Ritt 零点分解定理) 对一非空多项式集合 PS 与一多项式 G 有

$$\text{Zero}(PS/G) = \bigcup_k \text{Zero}(A_k/J_k G)$$

其中 A_k 是升列, J_k 为 A_k 中多项式的初式之乘积.

在上述定理中, 通过对诸 A_k 中的多项式依次做代数扩域上的因式分解并计算 $SAT(A_k)$ 的基, 可以得到

定理 2.2(代数簇的唯一分解) 对任意多项式的非空集合 PS, 我们可以求得不可约升列 A_i 与素理想 $SAT(A_i)$ 的生成基 PS_i 使得

$$\text{Zero}(PS) = \bigcup_i \text{Zero}(SAT(A_i)) = \bigcup_i \text{Zero}(PS_i)$$

且以上分解中任何一个分支都不能去掉.

作为升列的应用, 吴文俊提出母点可以由不可约升列显式给出. 设 E 为数域 K 的扩域. E^n 中点 m 称为另一点 z 的母元或 z 称为 m 的子元, 如果对任意 $F(x) \in K[x]$ 由 $F(m) = 0$ 可以推出 $F(z) = 0$. 点 m 的所有子元的集合记为 Spec(m). 不难证明 Spec(m) 是一个不可约代数簇, 点 m 称为其母点.

设 $A = \{f_1(u, y_1), f_2, (u, y_1, y_2), \cdots, f_p(u, y_1, \cdots, y_p)\}$ 为一个不可约升列. 将变量 u 代换为一组自由参数后可以依次求得 $y_1, \cdots, y_p$, 从而得到 A 的一组解 a, 称为升列 A 的母点. 我们有

定理 2.3 设不可约升列 A 的母点为 $m(A)$. 则 Zero$(SAT(A))$=Spec$(m(A))$.

也就是说, 任意不可约代数簇的母点均可表示为一个不可约升列的母点. 所以, 我们可以用不可约升列作为母点的构造性表示. 吴还给出了由升列求相应素理想的 Chow 形式的方法. 由此, 得到了不可约代数簇不同表示的转换算法:

一般理想的生成基 ⇒ 母点 ⇒Chow 形式 ⇒ 素理想的生成基

投影可以看作结式概念的推广. 设 PS 是 $K[u_1, \cdots, u_m, x_1, \cdots, x_n]$ 中的多项式集合, D 是其中多项式, E 是 K 的代数闭包, 我们定义投影的概念如下

$$\text{Proj}_{x_1, \cdots, x_n} \text{Zero}(PS/D) = \{e \in E^m | \exists a \in E^n \text{ 使得 }(e, a) \in \text{Zero}(PS/D)\}$$

不难看出, 投影实际上给出了一个方程组对于变量 x_i 有解的条件. 作为零点分解定理的应用, 吴证明了

定理 2.4 拟代数集的投影是若干拟代数集的并. 进一步, 存在一个算法在有限步内求得下面分解

$$\text{Proj}_{x_1,\cdots,x_n}\text{Zero}(PS/D) = \bigcup_{i=1}^{s}\text{Zero}\,(A_i/H_i)$$

其中 A_i 是 $K[U]$ 中的升列, H 是 $K[U]$ 中的多项式, I_i 是 AS_i 的初式之乘积. 这里 U 代表变量 $u_1,\cdots,u_m$.

对一般代数簇, Grothendieck 引进了陈省身示性类的概念, 但须假定代数簇没有奇点. 利用不可约代数簇母点的概念, 吴文俊于 1965 年对具有任意奇点的代数簇成功地建立了陈省身示性类的概念. 当代数簇光滑时, 吴给出的定义就是通常的陈省身示性类. 而且他所定义的陈示性类是具体可计算的. 由于 "四清" 以及 "文革" 的耽搁, 这一理论未能得到及时发展. 1980 年后, 应用这一定义, 吴、石赫证明了丘成桐-Miyaoka 不等式的多种推广. 刘先仿证明了吴定义的陈类是有理等价类, 并用这一定义给出了计算代数曲线亏格的新公式. 刘先仿还证明了吴的定义于 70 年代出现的另外两种定义之间的关系: Mather 的定义与吴的定义等价, 但 MacPheson 的定义与吴的定义不同.

吴文俊关于特征列方法发表后导致了一系列对这一方法的研究. Gallo 与 Mishra 分析了多项式特征列的计算复杂性问题. Chou 与高小山提出了另一种弱特征列并证明了特征列的单纯性. Kalkbrener、张景中、杨路等提出了正规升列与无公因子升列的概念及其计算方法. Lazard、王东明等研究了各种升列的代数性质. Richardson 研究了吴-Ritt 零点分解定理在一类解析函数中的推广. 李洪波研究了吴-Ritt 零点分解定理在 Clifford 代数中的推广. Maza 等人发展了基于高性能计算的特征列方法.

吴文俊还将以上方法推广至微分多项式, 得到了微分代数方程的零点分解定理. 这一工作也有众多的追随者. 吴文俊还首先指出, 由 Buchberger 引入的 Groebner 基实际上可以由基于偏微可积理论中的 Riquier-Janet 理论导出. 最近, 高小山等给出了代数差分方程的吴-Ritt 零点分解定理. 至此, 吴-Ritt 零点分解定理与特征列方法已经可以用于代数、代数微分、代数差分三类方程, 涵盖了一大类数学与应用问题. 相关的工作可见参考文献 [1, 3, 6, 9-11].

三、数学机械化方法的应用

吴文俊选择方程求解作为其数学机械化研究的主要内容是有一定的必然性的. 17 世纪, Descartes 曾提出一般问题求解的下列构想:

任意问题的解答

→ 数学问题的解答

→ 代数问题的解答

→ 方程组求解

→ 单个方程求解

Polya 评价道: "这一构想虽未成功, 但它仍不失为一个伟大的设想. 即使失败了, 它对于科学发展的影响比起千万个成功的小设想来, 仍然要大得多. " 这是因为虽然这一设想不能涵盖所有问题, 但却包括了大量有意义的问题. 例如, 几何定理机器证明的吴方法就是方程求解方法的成功应用.

1. 几何自动推理的吴方法

定理证明机械化思想由来已久, 一些原始想法可以追溯到 17 世纪的 Leibniz 和 Descartes. 现在流行的几何自动推理方法可以分为三类: 以 Herbrand 理论及归结法为代表的逻辑方法; 以 Newell、Simon 等为代表的人工智能方法; 以 Tarski 理论与吴方法为代表的代数方法.

几何定理证明的机械化可以追溯到 20 世纪 30 年代, Tarski 证明了实闭域的判定算法, 从而给出了初等几何的判定算法. 这一算法虽经 Seidenberg、Collins 等人的改进仍然太繁杂以至于不能证明有意义的几何定理. 在计算机上尝试证明几何定理始自 50 年代末 Gelernter 等人的经典工作. 但此后几十年这方面进展不大. 主要问题是所发现的方法均不够有效. 吴文俊引入的基于代数计算的方法是第一个可以有效证明困难几何定理的方法. 经过吴与其他人的后续工作, 现在的情况是我们不仅可以有效地证明几何中的大部分定理, 而且可以自动发现定理. 不仅可以证明初等几何中的定理, 还可以证明微分几何、力学中的定理. 不仅可以证明定理, 还可以生成定理的最短证明、可读证明与多种证明. 几何定理的机器证明被认为是自动推理领域最成功的方向.

几何定理机器证明的吴方法是吴-Ritt 零点分解定理的应用. 通过建立坐标系, 几何定理的假设可以写成多项式方程组 HS:

$$HS = \{h_1(x_1, \cdots, x_n) = 0, \cdots, h_r(x_1, \cdots, x_n) = 0\}, \cdots$$

结论写为: $C(x_1, x_2, \cdots, x_n) = 0$. 则几何定理正确与否等价于方程组 $HS = 0$ 的解是否是 $C = 0$ 的解. 这一问题等价于根理想的包含问题. 应用零点分解定理可以解决如下. 由吴-Ritt 零点分解定理

$$\text{Zero}(HS) = \bigcup_{i=1}^{t} \text{Zero}(A_i / J_i)$$

其中 A_i 是不可约升列, J_i 是 A_i 中多项式的初式的乘积. 我们有: 结论 $C = 0$ 在复零点集 Zero(AS_i/DI_i) 所对应的图形上正确当且仅当 prem$(C, AS_i) = 0$. 由此, 几何定理证明变为代数计算问题.

吴进一步观察到, 应用以上方法证明几何定理存在若干问题. 问题之一是, 几乎所有几何定理都是在某些定理中没有明确给出的条件之下成立的. 因此, 按照上述方法, 很多几何定理是 "错误的". 吴给出的算法不仅可以证明几个几何定理是否一般正确, 而且可以给出定理成立的非退化条件. 直观上讲, 这等价于几何定理除了在一个低维的空间外成立, 而我们可以不去关心定理在这个低维空间是否正确. 这样做可以换来定理证明效率的显著提高.

吴-Ritt 分解定理不仅可以证明定理, 还可以自动发现定理. 原理如下: 设 A 为分解中得到的升列, 而 $A_1(u_1, \cdots, u_q, y_1)$ 为 A 中第一个多项式. 则我们实际上是求得了独立变量 U 与变量 y_1 之间的关系. 这类问题实际上是求方程的流形解. 在几何中这种问题经常遇到, 几何公式的推导与轨迹方程的计算就是这样两类问题. 吴曾设想用这一方法处理双曲空间中四面体的体积公式的公开问题.

上述想法可以推广至更一般的形式. 给定一个复数 (实数, 微分) 域上的一阶谓词逻辑公式

$$f = Q_1 x_{s_1} \cdots Q_k x_{s_k} (\varphi)$$

其中 Q_j 是谓词 $\exists$ 或者 $\forall$, φ 是一个语句. 利用第 2 节中的投影定理与量词消去法消去变量 $x_{s_i}, \cdots, x_{s_k}$, 得到一个只含自由变量的公式 g 使得 f 与 g 在复数域上等价. 我们实际上发现了一个新定理 g, 这一方法又称为量词消去法. 这实际上是定理自动证明最一般的形式.

吴还进一步提出了微分几何定理的机器证明方法. 1986 年, 吴在访问美国能源部 Argonne 实验室时得知他们在研究如何由 Kepler 行星运动的经验定律自动推导 Newton 万有引力定律, 但结果并不理想. 吴使用其特征列方法圆满地解决了这一问题.

吴方法于 70 年代末出现后, 在国际上引发了一场关于几何定理机器证明研究与应用的高潮, 若干结集出版的工作可见参考文献 [1—6,11]. 当时的一些情况可以参见本书中周咸青教授的回忆文章. 我本人的一些经历也可以说明当时人们对这一工作的重视. 我于 1988 年在吴文俊先生指导下获得博士学位后, 赴美国得克萨斯大学 Austin 分校计算机系从事博士后研究. 该校是美国人工智能研究的主要中心之一. 在与 Boyer 等知名学者攀谈时, 他们经常挂在嘴边的话是: 吴是真正有创新性的学者, 也有人对我讲, 你来美国不是学习别人东西的, 而是带着中国人的方法来的. 我曾于 2008 年 3 月到位于意大利西西里岛的 Catania 大学参加纪念 Carrà-Ferro 学术研讨会. 受吴的工作影响, 该校的 Carrà-Ferro、Gallo 等曾从事微分几何定理

证明研究. 现为计算机系主任的 Gallo 在其讲话中说道: 二十年前, 我们在同一个会议室开会, 当时的明星客人是吴文俊 (The star guest was Wu Wen-Tsun).

2. 基于吴-Ritt 零点分解定理的方程求解算法

零点分解定理实际上给出了方程符号求解的一个一般方法: 由此可以给出方程组解的完整结构, 在高维情形可以给出流形解. 我们可以将方程求解的数学机械化方法归纳为几个主要步骤: 首先, 使用零点分解定理将一般的代数方程组变为若干三角形式的方程组或单个方程的求解, 进而可以通过函数分解将单个方程的求解简化为低次单变量方程的求解, 对于不能再进一步化简的方程发展构造性算法进行解析求解.

沿着以上思路, 吴本人以及数学机械化中心的科研人员做了大量的研究, 包括: 代数方程组的实根隔离、微分方程的函数分解、微分方程解析求解算法等.

代数方程组求解主要有两种方法: 数值计算法与符号计算法. 数值计算法有 Newton-Ralphson 迭代方法与同伦法等; 符号计算法有 Groebner 基法、特征列法与结式法等. 一般讲数值计算法具有速度快、应用范围广等优点, 但也有误差控制难、只能给出局部解等缺点. 符号计算法则可以给出完全的精确解, 但常遇到因中间多项式过大而导致的计算困难. 最近的研究热点是将数值计算与符号计算相结合的混合运算. 吴提出的符号计算与数值计算的混合算法主要解决了两个问题:

H1: 混合计算中的误差估计问题.

H2: 多项式的近似因式分解.

对于问题 H1, 吴将一个近似数 a 表示为 $a_0 + t_0$, 其中 $|t_0| < 10^{-N}$, $N > 0$. 将 t_0 当作变量, 通过用特征基方法可以得到一个单变量多项式方程:

$$C_1 = (a_0 + T_0) x_1^n + \cdots + (a_n + T_n)$$

其中 a_i 为常数, T_i 为 $t_1, \cdots, t_r$ 多项式. 我们可以求解下列方程:

$$C_{10} = a_0 x_1^n + \cdots + a_n$$

两者之间的误差, 可以用 Ostrowski 定理估计.

对于问题 H2, 设 $f, g, h \in Q [x_1, t_1, \cdots, t_r]$. 其中 t_i 为取值很小的变量. 我们说 f 可以 S 阶近似分解为 $g * h$. 如果 $f - gh$ 对于 $t_1, \cdots, t_r$ 的阶数 $\geqslant S + 1$. 吴给出了将多项式近似分解为两个多项式乘积的算法. 吴还证明了这一算法可以提供将多元多项式因式分解转换为单元多项式因式分解的多项式算法.

3. 全局优化算法与不等式自动证明

上面的方法是对复数域而言的. 在 20 世纪 30 年代 Tarski 证明了实闭域的可判定性, 从而证明了初等几何与初等代数的可判定性. 这里, "初等" 是指一阶量词

逻辑所能描述的公式, 一般可以写为下列前束公式

$$F = (Q_1 X_1) \cdots (Q_r X_r) \varphi (X_1, \cdots, X_r)$$

其中 Q_i 代表量词, $\varphi (X_1, \cdots, X_r)$ 为一个无量词公式.

在已有的解决上述问题的算法中 Collins 提出的 CAD 算法最为有效, 并且已在计算机上实现. 这一算法处理不等式问题是完全的, 但效率较低. 针对一些常见的与不等式有关的问题, 吴提出了求解下列优化问题的算法.

问题: 设 D 为欧氏空间 R^n 中的区域, f 为 R^n 上的实多项式, 试决定 f 在下面条件下

$$h_i = 0, \quad i = 1, \cdots, n, g \neq 0$$

在区域 D 上的最大或最小值. 这里涉及的函数都是多项式.

对于上述问题, 吴证明了下面吴有限核定理. 设 $HS = \{h_1, \cdots, h_n\}$, 则存在一算法确定 f 在 $\text{Zero}(HS/g) \cap D$ 上的有限个值的集合 K, 使得

K 中的最小值 = f 在 $\text{Zero}(HS/g) \cap D$ 上的最小值;

K 中的最大值 = f 在 $\text{Zero}(HS/g) \cap D$ 上的最大值.

这一算法的基本想法是首先用吴-Ritt 零点分解定理将 $\text{Zero}(HS/g)$ 化为 $\text{Zero}(A/J)$, 其中 A 为升列, 且 J 中包含 A 的初式与隔离子. 用 Lagrange 方法求极值, 可以证明极值的个数是有限的且包含在一个单变量多项式的零点之中.

吴将上述算法用于解决如下问题: 给出多项式方程有正根的判断条件、非线性规划、机器人碰撞问题及代数与几何不等式自动证明.

4. 吴方法的其他应用

吴文俊特别强调方程求解算法的应用, 并身体力行将他的方法用于解决力学、物理、化学等领域与机器人、几何造型、连杆设计等高科技的问题. 吴的方法还被用于多项式因式分解, 发现微分系统新的极限环, 求解微分方程的行波解与孤立子解、理论物理、几何造型中的曲面形式转换问题、一阶逻辑公式的证明、计算机视觉、控制理论、连杆设计问题、智能 CAD 与计算机动画. 见参考文献 [3, 4, 10].

四、评价与影响

吴文俊关于数学机械化的工作获得国内外学术界高度评价与重视. 具体表现在以下几个方面.

1. 高度评价

早在 1982 年, 美国人工智能协会主席 W.Bledsoe 和两位 McCarthy 奖获得者 R.S. Boyer、J.S. Moore 联名致信我国主管科技工作的领导人, 赞扬吴的工作是最

近十年中自动推理领域出现的最为激动人心的进展. 他们认为: "在过去两年中, 我们这个领域 (自动推理) 最好的工作之一是吴的工作. 吴的平面几何自动定理证明的工作是一流的, 他独自使中国在该领域进入国际领先地位. "

参考文献 [8] 是吴文俊关于数学机械化工作最重要的论文, 给出了方程求解的特征列方法与几何定理机器证明原理. 本文后由国际自动推理权威杂志 JAR 全文转载. JAR 编委专门为转载写了短评 (JAR, 1986, 2: 219-220), 对这一论文给予高度评价. 其中提到: "几何是激发人类思考 '我们怎样推理?' 这一问题的最古老的数学分支之一, 因此几何自动推理的任何进展都特别有意义. 由中国科学院系统科学所杰出中国数学家吴文俊完成的如下论文, 不仅建立了几何高效推理的基础, 而且马上建立了一个杰出的标准来衡量以后出现的几何定理证明器. "

JAR 主编 Kapur 在他的多篇文章中引用吴的工作, 称 "吴的工作使几何定理自动证明领域得到复兴". 他认为 "可以毫不夸张地说, 吴的工作使几何自动推理领域发生了革命性变化. 吴的初始工作以及吴和其他人的后续工作是过去十年中自动推理领域中最重要的进展". Kapur 本人还研究吴方法的各种改进, 并将吴方法用于定理证明与计算机视觉.

自动推理领域创始人之一, JAR 前主编 L.Wos 认为 "吴在自动推理领域的杰出贡献是不可磨灭的" "没有一个数学领域像自动推理这样从一个人那里得到这样多的贡献".

吴文俊与 David Mumford 于 2006 年共同获得邵逸夫数学奖. 吴文俊获奖主要是由于他对于 "数学机械化这一交叉领域的贡献". 授奖词中提到: "吴的这一方法使该领域发生了一次彻底的革命性变化, 并导致了该领域研究方法的变革. 通过引入深邃的数学想法, 吴开辟了一种全新的方法, 该方法被证明在解决一大类问题上都是极为有效的, 而不仅仅是局限在初等几何领域. "

2. 广泛影响

吴的工作自 80 年代中期传到国外, 引起了国际自动推理与计算机代数领域的高度重视. 一些情况可以参见本书中周咸青教授的回忆文章. 吴的工作使得几何定理自动证明及与之有关的消去法研究变为热门的研究方向. 国外大学与科研机构连续召开研讨会介绍这方面内容. 其中有:

(1) "Geometric Reasoning", Oxford University, 1986. 会议文集作为国际著名刊物 AI 的专集出版, 后又在 MIT 出版社出版 [4].

(2) "Computer-Aided Geometric Reasoning", INRIA, France, 1987.

(3) "International Workshop on Algorithmic Aspect of Geometry and Algebra", Cornell University, 1988.

很多有影响的国际会议如 ACM-ISSAC (符号计算) 与 CADE(自动推理) 还设

关于吴方法的分会. 目前, 关于数学机械化的国际会议有 "几何自动推理" 系列会议与 "亚洲计算机数学" 系列会议等.

吴方法被编入国际上非常流行的符号计算软件 MAPLE. 关于几何定理证明的吴方法被编入 "几何专家" 软件, 并在科技界与中国台湾及大陆数百所中小学中使用.

Springer、Kluwer、MIT、Academic、World Scientific 等出版社出版了关于吴方法的专著, 其主要内容是关于吴方法的改进与应用. 吴方法还在由 Springer 出版的研究生与大学生教材及专著中被列专门章节介绍.

3. 众多奖励

吴文俊相继荣获第三世界科学院 "数学奖"、陈嘉庚基金会 "数理科学奖"、香港求是科技基金会 "杰出科学家奖". 特别是, 1997 年获国际自动推理最高奖——"Herbrand 自动推理杰出成就奖". 该奖的获奖人包括自动推理创始人之一 Larry Wos, 自动推理创始人之一、美国前人工智能学会主席 Woody Bledsoe, 归结法的发明人 Alan Robinson 等. 2000 年获得首届国家最高科技奖. 2006 年获得有 "东方诺贝尔奖" 之称的邵逸夫数学奖.

4. 得到大力支持

数学机械化研究得到国家科研部门的重视与支持. 国家自然科学基金委员会通过多种形式支持数学机械化研究. 1990 年, 国家科委拨专款支持数学机械化研究, 中国科学院批准成立数学机械化研究中心, 2002 年成立数学机械化重点实验室. 1992 年国家 "八五" 攀登计划项目 "机器证明及其应用" 立项. 1998 年国家重点基础研究发展规划项目 "数学机械化与自动推理平台" 立项, 2004 年国家重点基础研究发展规划项目 "数学机械化方法及其在信息技术中的应用" 立项.

在美国, 周咸青主持的关于几何推理的科研小组从 1985 年起连续得到美国自然科学基金委员会五次支持.

参考文献

[1] S.C. Chou. *Mechanical Geometry Theorem Proving*. D. Reidel Pub. Company, Dordrecht, 1988.

[2] S.C. Chou, X.S. Gao and J.Z. Zhang. *Machine Proof in Geometry*. World Scientific Publishing Co., Singapore, 1994.

[3] X.S. Gao and D. Wang. *Mathematics Mechanization and Applications*. Academic Press, London, 2000.

[4] D. Kapur and J. Mundy. *Geometric Reasoning*. MIT Press, 1988.

[5] H. Li. *Invariant Algebras and Geometric Reasoning*. World Scientific, Singapore, 2008.

[6] D. Wang. *Elimination Methods*. Springer, 2001.

[7] W.T. Wu. On the decision problem and the mechanization of theorem-proving in elementary geometry, *Scientia Sinica*, 1978, 21: 159-172.

[8] W.T. Wu. Basic principles of mechanical theorem-proving in elementary geometries. *J. Sys. Sci. & Math. Scis.*, 1984, 4: 207-235. Re-published in J. Automated Reasoning, 1986, 2: 221-252.

[9] W.T. Wu. Basic principles of mechanical theorem proving in geometries (in Chinese, ed.). Science Press, Beijing, 1984. English translation, Springer, 1994.

[10] W.T. Wu. *Mathematics-Mechanization*. Science Press, 1999.

[11] L. Yang, J.Z. Zhang and X.R. Hou. *Non-linear Algebraic Equations and Automated Theorem Proving*. Shanghai Science and Education Pub., 1996.

[12] 吴文俊. 吴文俊论数学机械化. 济南: 山东教育出版社, 2006.

古为今用、自主创新的典范

—— 吴文俊院士的数学史研究

李文林

一位学者，在壮年时赢得了国家首届国家自然科学奖一等奖，八十高龄时从国家主席手中接过了首届国家最高科学技术奖奖状，年近九旬时又捧回了被誉为"东方诺贝尔奖"——"邵逸夫数学奖"的国际大奖证书. 这样辉煌的科学生涯，堪称是奇迹. 今天，我们庆祝奇迹的创造者吴文俊院士九十华诞，这是我国数学界的节日，也是我们数学史工作者的节日.

"邵逸夫数学奖"评奖委员会评论吴文俊的获奖工作——数学机械化"展示了数学的广度，为未来的数学家们树立了新的榜样". 在这里，笔者想加一句话：吴文俊院士开拓的数学机械化领域同时揭示了历史的深度，为我们树立了古为今用、自主创新的典范.

1975 年，正当"文革"已近尾声，国内基础理论研究处在整顿复苏的前夕，《数学学报》上发表了一篇署名为"顾今用"的文章：《中国古代数学对世界文化的伟大贡献》. 该文通过对中西数学发展的深入比较与科学分析，独到而精辟地论述了中国古代数学的世界意义，当时在数学界引起了不小的震动.

"利爪见雄狮"，人们很快就弄清了"顾今用"就是著名数学家、中科院院士吴文俊的笔名. 从那以后，吴文俊院士又发表了一系列数学史论文，他在这方面的工作及其影响，事实上在 20 世纪 80 年代开辟了中国数学史研究的一个新阶段. 与此同时，正如"顾今用"这一笔名所预示的，吴文俊院士的数学史研究是与他的数学研究紧密相关，并逐渐开拓出一个既有浓郁中国特色又有强烈时代气息的数学领域——数学机械化.

以下我们从三个方面来介绍吴文俊院士对于数学史研究的卓越贡献.

一、中国数学史研究的新阶段

吴文俊的数学史论著包含了丰富的成果，但有一个贯串始终的主题，就是中国古代数学对世界数学主流的贡献. 为了充分理解吴文俊在这方面研究工作的意义与影响，这里有必要对他介入中国数学史研究时这一领域的状况作一简要分析.

我们知道，长期以来西方学术界对中国古代数学抱有根深蒂固的偏见. 起先是不承认中国古代存在有价值的数学成就，直到 19 世纪末 20 世纪初，西方出版的数

学史著作 (如 M. Cantor, D.E. Smith, F. Cajori 等人的著作) 中，才开始出现关于中国古代数学的专门章节，其中的论述主要是依据 17 世纪以后来华的一批传教士们的零散工作以及日本学者的研究．日本学者中最有代表性的是三上义夫，他在 1913 年出版了第一部用英文撰写的东亚数学史专著《中国和日本数学之发展》，该书被西方学者广泛引用．

上述这些著述在西方学者认识中国古代数学之存在方面是有功绩的．但由于这一阶段的研究深度有限，这些著述还不足以回答部分西方学者关于中国古代数学独立性的疑问，即中国古代数学是否是其他古代文明 (如古巴比伦、古印度和古希腊) 的舶来品？例如，尽管毫无根据，有人却认为中国古代数学知识是从古希腊传入的．

从 20 世纪 30 年代起，李俨、钱宝琮以及稍晚的李约瑟开展了现代意义上的中国数学史研究．其中李约瑟的工作，由于是用英文写成的，在西方学术界影响更大．他 1959 年出版的《中国科学技术史》第 3 卷，通过广泛而深入的中西比较，批驳了在部分西方学者中流行的中国数学来源于古希腊或古巴比伦的谬说，对中国与印度之间的数学交流也作出了客观的分析，得出了数学上 "在公元前 250 年到公元 1250 年之间，从中国传出去的东西比传入中国的东西要多得多" 的结论．李约瑟的观点逐渐被一些公正的西方学者所接受．

但是，对于中国数学的偏见与误解至此并没有真正消除，不过争论的焦点却转移到了所谓 "主流性" 的问题上，具体地说，就是有些西方学者坚持认为中国古代数学不属于所谓数学发展的主流．例如，在 1972 年出版的一本颇有影响的西方数学史著作 (《古今数学思想》) 中，作者在前言中这样写道："我忽略了几种文化，例如中国的、日本的和玛雅的文化，因为他们的工作对于数学思想的主流没有影响."因此，这个主流问题不解决，中国古代数学的意义就不足称道．而吴文俊院士从 20 世纪 70 年代中期开始的数学史研究，恰恰在揭示中国古代数学对世界数学发展主流的影响方面做出了特殊的贡献，从而将中国数学史研究推向了一个新阶段．

二、数学史研究的新思路

吴文俊的研究首先是从根本上澄清什么是数学发展的主流．他第一个明确提出：从历史来看，数学有两条发展路线："一条是从希腊欧几里得系统下来的，另一条是发源于中国，影响到印度，然后影响到世界的数学"(《在中外数学史讲习班开幕典礼上的讲话》，1985)．事实上，早在 1975 年的论文中，吴文俊已经用以下简图概括了数学发展过程中的两条思想路线 (C 表示世纪)：

　　这就是说, 数学发展的主流并不像以往有些西方数学史所描述的那样只有单一的希腊演绎模式, 实际上还有与之相平行的中国式数学. 而就近代数学的产生而言, 后者甚至更具有决定性的 (或者说是主流的) 意义.

　　以微积分的发明为例, 吴文俊指出: "微积分的发明从开普勒到牛顿有一段艰难的过程. 在作为产生微积分所必要的准备条件中, 有些是我国早已有之, 而为希腊所不及的." 吴文俊还根据对数学史的具体考察, 分析了在微积分这一重大科学创造活动中希腊式数学 (如穷竭法、无理数论等) 的脆弱性以及中国式数学 (如十进小数制、极限概念、与西方数学史家盛称的所谓 Cavalieli 原理相等价的 "祖暅原理" 或 "刘祖原理" 等) 的生命力. 因此十分清楚, 如果人们承认微积分的发明是属于所谓数学发展的 "主流" 的话, 那么, 就不应当否认中国古代数学对这一主流的贡献.

　　数学史的结论是以可靠的史料与科学的分析为基础的. 吴文俊从 20 世纪 70 年代中期开始, 花费了大量精力直接钻研中国古代数学文献, 围绕着中国传统数学的特点及其对世界数学主流的影响等问题, 开展了空前系统而深入的研究.

　　针对某些西方学者认为中国古代没有几何学的偏见, 吴文俊首先从几何学入手, 他的研究揭示了一个与欧几里得几何风格迥异的中国古代几何体系. 这一体系不是采用 "定义—公理—证明—定理" 那种演绎系统, 而是从几条简明的原理出发, 在此基础上推导出各种不同的几何结果. 吴文俊提到的 "简明原理" 有:

　　1. 出入相补原理; 2. 刘徽原理; 3. 祖暅原理.

　　其中, "出入相补原理" 和 "刘徽原理" 都是吴文俊在研究刘徽著作的基础上首次概括出来的, 特别是出入相补原理, 已成为解释中国古代几何中许多疑难问题的一把金钥匙.

　　用现代术语表述, 出入相补原理相当于说: 一个平面或立体图形被分割成几部分后, 面积或体积的总和保持不变. 吴文俊本人用它来成功地复原了刘徽《海岛算经》中的重差公式、秦九韶《数书九章》中的三角形面积公式的证明等等, 而这些公式的来源曾使以往的数学史家长期感到迷惑或争论不休. 尤为重要的是, 吴文俊在他关于重差术与天元术的关系的研究 (见参考文献 [1]) 中发现, 正是出入相补原理, 引导中国古代数学家将几何问题转化为代数方程求解, 从而逐步形成了中国古代几何不同于希腊几何的另一个更为本质的特征——几何代数化, 而几何代数化在近代数学的兴起过程中有着不可低估的作用.

　　吴文俊认为, "代数无疑是中国古代数学中最发达的部门", 他对中国古典代数学的研究所引出的最重要结论是, 指出 "解方程是中国传统数学蓬勃发展的一条主线". 吴文俊对从《九章算术》中解线性联列方程组的消元法, 到宋元数学家解高次方程的数值方法 (增乘开方法、正负开方法), 以及特别是朱世杰等人的 "四元术" 中所包含的多项式运算与消元技术, 开展了全面的考察, 并且将这些算法编成程序在计算机上加以实施. 正是在这里, 吴文俊对中国古代数学的特点的理解趋于成熟, 他在 20 世纪 80 年代中的一系列文章里, 明确地、反复地强调: "就内容实质而论, 所谓东方数学的中国数学, 具有两大特色, 一是它的构造性, 二是它的机械化. "(见参考文献 [2])

中国古代数学的构造性与机械化这两大特点的概括, 为人们科学地、全面地理解数学发展的客观历程指明了正确的方向. 在吴文俊的影响下, 20 世纪 80 年代中国数学史界连续掀起了对中国古代数学再认识的研究高潮. 这期间, 仅吴文俊本人主编的中国数学史著作就有:《〈九章算术〉与刘徽》(1982)、《秦九韶与〈数书九章〉》(1987)、《〈九章算术〉及其刘徽注研究》(1990)、《中国数学史论文集 (1-4)》(1985—1996) 等最近又推出了 10 卷本巨著《中国数学史大系》. 吴文俊的观点在国外也产生了广泛的影响. 1986 年, 在美国伯克利举行的国际数学家大会上, 他应邀作了关于中国数学史的 45 分钟报告.

这里必须说明的是, 吴文俊以构造性、机械化的数学与演绎式、公理化的数学相对, 从根本上肯定了中国古代数学对世界数学发展主流的贡献. 但这并不意味着他对演绎式、公理化数学的否定, 相反地, 吴文俊认为, 数学研究的两种主流 "对数学的发展都曾起过巨大的作用, 理应兼收并蓄, 不可有所偏废", 说明了他对数学史的客观与科学的态度.

三、数学史研究的科学方法

吴文俊在数学史领域中的创造性见解与成果的获得, 是与他所提倡和恪守的科学的研究方法分不开的. 吴文俊在对中国数学史研究的现状进行了深入的调研分析后发现, 以往的中国数学史研究中存在着一个普通而又严重的方法论缺陷, 就是不加限制地搬用现代西方数学符号与语言来理解中国或其他文明的古代数学. 吴文俊认为, 这种错误的研究方法乃是对中国古代数学的许多误解与谬说的根源之一. 他指出: "我国传统数学有着它自己的体系与形式, 有着它自己的发展途径与独创的思想体系, 不能以西方数学的模式生搬硬套. "

作为一位严肃的科学家, 吴文俊提出了研究古代数学史的方法论原则. 他曾在不同场合多次阐明这些原则, 并在国际数学家大会 45 分钟报告中将其提炼为:

　　原则一: 所有研究结论应该在幸存至今的原著的基础上得出.
　　原则二: 所有结论应该利用古人当时的知识、辅助工具和惯用的推理
　　　　　　方法得出.

为了说明吴文俊提出的上述原则对于数学史研究的功效与意义, 这里举一个例子 —— 吴文俊对海岛公式证明的复原, 这是他在数学史方面一个关键的发现. 刘徽《海岛算经》第一问中的海岛公式为

岛高 =(表高 × 表距)/表目距的差 + 表高

刘徽的证明和所用的图已经失传, 后人补了许多证明, 用到三角学、欧氏几何 (如添加平行线) 等, 吴文俊指出这样做是没有根据的, 因为中国古代没有三角学, 也没有平行线概念. 为了合理地重构海岛公式, 吴文俊首先注意到海岛公式是由《周髀算经》中的日高公式:

日高 =(表高 × 表距)/影差 + 表高

改日高为岛高变来的. 他深入研究了与刘徽几乎同时代的另一位数学家赵爽为《周髀算经》作注遗留下来的 "日高图" 及其图说, 根据这些残缺不全却是原始的信息, 利用《九章算术》中经常出现的 "出入相补" 原理, 吴文俊复原了赵爽的 "日高图", 并补出了日高公式的证明. 如图:

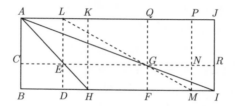

其中三角形 △ABI 全等于 △AJI, △ACG 全等于 △AQG, 而 △FGI 全等于 △GRI. 根据 "出入相补" 原理, 应有

$$\triangle AJI \text{ 的面积} - (\triangle AQG \text{ 的面积} + \triangle GRI \text{ 的面积})$$

$$= \triangle ABI \text{ 的面积} - (\triangle ACG \text{ 的面积} + \triangle FGI \text{ 的面积})$$

即 □JG = □GB, 这里 □JG 表示以 J 和 G 为顶点的矩形的面积, □GB 类似地定义. 同理, □KE = □EB. 相减可得 □JG − □KE = □GD, 即

$$(FI - DH) \times AC = ED \times DF$$

亦即

影差 × (日高 − 表高)= 表高 × 表距

这就得到了日高公式, 或海岛公式.

遵循同样的原则, 吴文俊很自然地、不加任何雕琢地补出了《海岛算经》中其余八个问题中那些复杂公式的证明 (见参考文献 [3]). 吴文俊还按照同样的路线复原了秦九韶《数书九章》中的三角形面积公式:

$$S^2 = \frac{1}{4}\left[c^2 a^2 - \left(\frac{a^2 + c^2 - b^2}{2}\right)^2\right]$$

其中 S 为三角形面积, a, b, c 分别为三角形的三边长. 秦九韶的公式与希腊的海伦公式:

$$S = \frac{1}{4} \sqrt{(a+b+c)(b+c-a)(c+a-b)(a+b-c)}$$

相等价, 以往由于秦九韶公式来历不明, 某些数学史家认为它是由已传入中国的海伦公式推得的. 吴文俊对秦九韶公式证明的复原, 为驳斥这种西方传入说提供了令人信服的依据.

吴文俊的古证复原原则, 很快被证明是探索中国古代数学史的正确途径, 同时也适用于一般的数学史研究. 吴文俊首次运用这些原则的论文《出入相补原理》, 最初发表在《中国古代科技成就》(见参考文献 [4]) 一书中, 后来被译成英文, 已成为被引用频率最高的数学史论文之一. 国内外许多学者竞相效法, 运用上述的古证复原原则, 从中国古代固有的一些简单原理出发, 获得了大量的研究成果. 现在, 吴文俊提出的古证复原原则, 已被越来越多的数学史同行所认同, 它本身就成为数学史界乃至整个科学史界的宝贵财富.

四、古为今用的典范

数学史研究的重要意义之一, 就是从历史的发展中获得借鉴和汲取教益, 促进现实的数学研究, 通俗地说就是 "古为今用". 吴文俊对此有精辟的论述, 他说: "假如你对数学的历史发展, 对一个领域的发生和发展, 对一个理论的兴旺和衰落, 对一个概念的来龙去脉, 对一种重要思想的产生和影响等这许多历史因素都弄清了, 我想, 对数学就会了解得更多, 对数学的现状就会知道得更清楚、更深刻, 还可以对数学的未来起一种指导作用, 也就是说, 可以知道数学究竟应该按怎样的方向发展可以收到最大的效益." 吴文俊本人的数学史研究从一开始就贯彻了这种古为今用的原则, 其最丰硕的成果就是数学机械化理论的创立. 以下我们重点就吴文俊在创立数学机械化理论的道路上的两个转折关头, 数学史研究所起的作用进行粗浅的分析.

第一个转折是从布尔巴基式的数学转向数学机械化研究, 这大约是从 1976 年下半年开始的, 即在吴文俊涉足中国数学史研究一年以后. 如上所述, 吴文俊根据对中国数学史的研究, 肯定了数学发展中与希腊演绎式数学相对的另一条主流 —— 构造性、机械化数学的存在. 这一认识与他对当时方兴未艾的计算机科学必将给数学带来深刻影响的敏锐预见相结合, 促使吴文俊毅然决定从拓扑学研究转向数学机械化研究, 并且首先在几何定理证明方面取得了突破, 于 1976 年至 1977 年之交成功地提出了对某一类非平凡几何定理的机械化证明方法.

根据吴文俊的几何定理机器证明论文以及他的有关自述, 他的几何定理机器证明方法至少具有以下三方面的历史渊源:

1. 中国古代数学中的几何代数化倾向. 这一点我们在前面已经有所介绍. 正如吴文俊本人在《几何定理机器证明的基本原理》一书的导言中所说的, "几何定理证明的机械化问题, 从思维到方法, 至少在宋元时代就有蛛丝马迹可寻. 虽然这是极其原始的, 但是, 仅就著者本人而言, 主要是受中国古代数学的启发. "

2. 笛卡儿解析几何思想. 吴文俊指出, 笛卡儿《几何学》不仅为几何定理证明提供了不同于欧几里得模式 (即从公理出发按逻辑规则演绎地进行, 一题一证, 没有通用的证明法则) 的可能性, 而且开创了可用计算来证明几何定理的局面.

3. 希尔伯特《几何基础》. 吴文俊在希尔伯特的著作中发现, 希尔伯特首先指出了几何定理可以不必逐一证明, 而是一类定理可以用统一的方法一起证明; 在引入适当的坐标后, 这种统一的方法也可以算法化. 吴文俊的这一发现是出人意料的, 因为希尔伯特《几何基础》向来被奉为现代公理化方法的经典, 能够从中找到定理证明机械化的思想借鉴, 这反映了吴文俊对历史考察的深度.

吴文俊注意到, 希尔伯特是第一个试图使数学全部机械化的数学家, 其著名的数理逻辑纲领由于哥德尔不完全性定理而遭受挫折. 吴文俊却指出: 希尔伯特的想法有些部分仍是可行的, 关键是选择适当的范围, 使一方面在这缩小的范围内的定理可用统一的方法证明 (或否证), 另一方面这个范围又包含了足够的有意义的定理. 吴文俊关于初等几何的机械化定理和初等微分几何的机械化定理, 恰恰都给出了这种适当的范围. 吴文俊希望用这种方式跨越数学的诸领域. 这样, 吴文俊的定理证明机械化理论, 很清楚正是循着下面的历史轨迹发展的:

$$中国古代数学 \rightarrow 笛卡儿 \rightarrow 希尔伯特$$

吴文俊创立数学机械化理论的另一个转折点, 是由单纯的几何定理证明到更一般的解方程. 这一转折也有着很强的数学史背景. 我们知道, 笛卡儿的解析几何不过是他建立所谓: "通用数学" 计划的一个具体实现. 笛卡儿的 "通用数学" 实际上是一个将一切问题化为代数方程问题来求解的计划, 吴文俊多次在讲演与论文中征引载于笛卡儿未完成的著作《指导思维的法则》中的这一计划. 吴文俊本人研究几何定理机器证明的实践, 也使他认识到: 许多问题最后都归结为解方程, 而定理机器证明可看成是解方程的特殊应用. 这促使吴文俊提出了一个后来被证明卓有成效的将问题化为代数方程求解的数学机械化方案, 其中最关键的步骤是将代数方程组化为单个代数方程.

笛卡儿当初显然忽视或低估了这方面的困难, 他在《几何学》一书中倾力给出了解一元高次方程的机械作图法, 而对怎样将多元方程组化为一元方程则未置一词. 在欧洲, 较系统的多元高次代数方程消元法直到 18 世纪末才出现在 E. 别朱 (1730—1783) 等人的著作中, 而至今国外尚无完整的求解非线性多项式方程组的方法. 目前唯一完整的方法是吴文俊发现的三角化整序法, 国际上称之为 "吴算法", 而吴算法恰恰有着中国数学史的借鉴, 就是宋元数学家的 "四元术" 等. 吴文俊本人说道:"我解方程的方法基本上可以说是从朱世杰那儿来的,他用消去法,一个个消元,方法上可以说有个原始的样板.当然朱世杰没有什么理论,很粗糙,就是算;我发展下来,有一个真正现代数学的基础,就是代数几何."

吴文俊上述这段话表明,从历史借鉴到理论创新并不是当然的过程,如果停留于历史的考察,那么"借鉴"将只能是一种愿望或设想.正是在这里,需要数学家们高度的创造性.例如上面提到的吴文俊的三角化整序法,正是在现代代数几何的基础上发展宋元数学家的消去法,并且打破现代代数几何研究中的理想论式传统,恢复零点集论式而取得的巨大成功.又如,在初等几何定理证明中,将杂乱无章的代数关系式整理成序是问题的关键,这也需要代数几何的帮助,吴文俊摆脱了流行的存在性理论,采用经他本人改造的构造性理论而使问题有所突破,等等.这些应该是数学机械化的专门内容了.

综观中外数学史,许多重大的发明都是历史借鉴与当代创造的完美结合.吴文俊的数学机械化理论,提供了又一个范例.从吴文俊的数学史研究,到他的数学机械化理论的创立、完善,其中有许多问题本身就是数学史研究饶有意义的课题,值得数学史与数学工作者认真探讨.

五、丝路精神,光耀千秋

2002 年 8 月,举世瞩目的第 21 届国际数学家大会在北京召开,吴文俊院士荣任大会主席,他在开幕式主席致词中指出:

"现代数学有着不同文明的历史渊源.古代中国的数学活动可以追溯到很早以前.中国古代数学家的主要探索是解决以方程式表达的数学问题.以此为线索他们在十进位值制记数法、负数和无理数及解方程式的不同技巧方面做出了贡献.可以说中国古代的数学家们通过'丝绸之路'与中亚甚至欧洲的同行们进行了活跃的知识交流.今天我们有了铁路、飞机甚至信息高速公路,交往早已不再借助'丝绸之路',然而'丝绸之路'的精神 —— 知识交流与文化融合应当继续得到很好的发扬."

正是为了发扬丝路精神,就在北京国际数学家大会召开的前一年,吴文俊院士从他荣获的国家最高科技奖奖金中先后拨出 100 万元人民币建立了"数学与天文丝路基金"(简称"丝路基金"),鼓励支持有潜力的年轻学者深入开展古代与中世纪中国与其他亚洲国家数学与天文学沿丝绸之路交流传播的研究,努力探讨东方数学与天文遗产在近代科学主流发展过程中的客观作用与历史地位,为我国现实的科技自主创新提供历史借鉴,同时通过这些活动逐步培养出能从事这方面研究的年轻骨干和专门人才.

诚如前述, 吴文俊院士自 20 世纪 70 年代以来的数学史研究揭示了数学发展史上的两大主要活动: 证明定理和求解方程. 定理证明是希腊人首倡, 后构成数学发展中演绎倾向的脊梁; 方程求解则繁荣于古代和中世纪的中国、印度, 导致了各种算法的创造, 形成了数学发展中强烈的算法倾向. 统观数学的历史将会发现, 这两大活动构成了数学发展的两大主流, 二者相辅相成, 对数学的进化起着不可或缺、无可替代的重要作用. 特别应该指出的是, 正是沿丝绸之路进行的知识传播与交流, 促成了东西方数学的融合, 孕育了近代数学的诞生.

然而, 遗憾的是, 相对于希腊数学而言, 数学发展中的东方传统与算法倾向并没有受到应有的重视甚至被忽略. 有些西方数学史家就公然声称中国古代数学 "对于数学思想的主流没有影响". 要澄清这一问题, 除了需要弄清什么是数学发展的主流, 同时还需弄清古代中国数学与天文学向西方传播的真情实况, 而这种真情实况在许多方面至今仍处于层层迷雾之中. 揭开这层层迷雾, 恢复中西数学与天文传播交流历史的本来面目, 丝绸之路是一条无可回避和至关重要的线索.

中国古代数学在中世纪曾领先于世界, 后来落后了, 有许多杰出的科学成果在 14 世纪以后遭到忽视和埋没, 有不少甚至失传了. 其中有一部分重要成果曾传到亚洲其他国家, 特别是沿丝绸之路流传到中亚各国并进而远播欧洲. 因此, 探明古代中国与亚洲各国沿丝绸之路数学与天文交流的情况, 对于客观地揭示近代数学中所蕴涵的东方元素及其深刻影响, 无疑具有正本清源的历史价值.

当今中国正处在加速社会主义现代化建设, 赶超世界先进水平的重要历史时期. 我们要赶超, 除了学习西方先进科学, 同时也应发扬中国古代科学的优良传统. 在这方面, 吴文俊院士本人身体力行, 同时也大力提倡年轻学者继承和发扬中国古代科学的优良传统并在此基础上做出自己的创新. 要继承和发扬, 就必须学习和发掘. 因此, 深入发掘曾沿丝绸之路传播的中国古代数学与天文遗产, 对于加强我国科学技术的自主创新同时具有重要的现实意义.

这方面的研究以往由于语言和经费等困难在国内一直没有得到应有的开展, 而推动这方面的研究, 是吴文俊先生多年来的一个宿愿. 他设立的 "数学与天文丝路基金", 必将产生深远影响. 几年来, 在吴文俊丝路基金的支持、推动下, 有关的研究得到了积极的开展并取得了初步的成果, 由吴先生任名誉主编的大型丛书《丝绸之路数学名著译丛》已由科学出版社出版 (2008), 同时还出版、发表了一系列中外数学天文史比较研究的专著和研究论文. 特别是, 吴文俊丝路基金支持的分布各地的课题组, 已形成一支中外数学天文史比较研究的、有发展潜力的中青年专家队伍. 另外, 吴文俊丝路基金支持的 "沿着丝绸之路" 等国际会议的成功召开, 有力地促进了这方面的国际交流与合作. "千里之行始于足下", 吴文俊 "数学与天文丝路基金" 所开辟的数学史方向, 已经有了良好的开端, 必将引导更多的有志之士特别是年轻学者投身探索, 为弘扬中华科学的光辉传统与灿烂文化, 同时也为激励更多具有中国特色的自主科技创新而作出重大贡献.

值此吴文俊院士九十华诞之际, 我们谨向吴文俊院士致以崇高的敬意.

丝路精神, 光耀千秋!

参考文献

[1] 吴文俊. 我国古代测望之学重差理论评价. 兼评数学史研究中某些方法问题. 见《科技史文集 (8)》. 上海科学技术出版社, 1982.

[2] 吴文俊. 从《数书九章》看中国传统数学构造性与机械化的特色. 见《秦九韶与〈数书九章〉》. 北京师范大学出版社, 1986.

[3] 吴文俊,《海岛算经》古证复原. 见《〈九章算术〉与刘徽》. 北京师范大学出版社, 1982.

[4] 吴文俊. 出入相补原理. 见《中国古代科技成就》. 中国青年出版社, 1978.

[5] Wu Wen-Tsun. Opening Speech of ICM-2002, Proceedings of the ICM-2002, I.21-22. Higher Education Press, Beijing, 2002.

吴文俊关于纳什均衡稳定性的工作及其影响

曹志刚　　杨晓光　　俞　建

吴文俊院士是中国最早从事博弈论研究的数学家. 1958 年 "大跃进" 时期, 国内的政治气氛要求数学面向应用, 包括华罗庚在内的一批中国顶尖数学家开始从事运筹学的研究. 博弈论属于运筹学的一个分支. 由于经典博弈论的一个重要工具是拓扑学中熟知的布劳威尔 (Brouwer) 不动点定理, 而吴文俊院士是拓扑学研究的大家, 因此他选择了博弈论作为他从事运筹学研究的切入点. 1959 年, 吴文俊院士发表了中国第一篇博弈论研究论文《关于博弈理论基本定理的一个注记》(科学记录 (《科学通报》的前身), 1959, 10). 1960 年, 他还写了一篇普及性文章《博弈论杂谈: (一) 二人博弈》(数学通报, 1960, 10), 深入浅出地介绍了基本定理的证明. 在这篇文章中, 第一次明确提出 "田忌赛马" 的故事属于博弈论范畴, 使得中国古代思想宝库中的博弈论思想重放光辉. 同年, 吴文俊院士等出版了《对策论 (博弈论) 讲义》(人民教育出版社, 1960), 这是我国最早一本有关博弈论的教材.

吴文俊院士在博弈论方面的最大贡献, 是他与他的学生江嘉禾先生合作于 1962 年对于有限非合作博弈提出了本质均衡 (essential equilibrium) 的概念, 并给出了它的一个重要性质和存在性定理[①].

本质均衡是这样一个特殊的纳什均衡: 如果对支付函数作一个足够小的扰动, 那么扰动后的博弈总存在一个与该均衡距离也足够小的纳什均衡. 文章证明了如下性质: 给定每个参与者的有限策略集, 则所有本质博弈构成的集合是相应空间上的稠密剩余集 (即一列稠密开集的交集). 其中本质博弈是指所有纳什均衡都为本质均衡的博弈. 因为稠密剩余集是第二纲的, 所以在 Baire 分类意义上几乎所有的博弈都是本质博弈.

文章还给出了如下存在性定理: 一个有限策略的策略型博弈 (strategic-form game), 如果其纳什均衡的个数有限, 则这些纳什均衡中至少有一个是本质均衡. 由威尔森 (R. Wilson)1971 年的著名定理 —— 在测度论意义上几乎所有的有限博弈其纳什均衡的个数都为有限且为奇数[②], 则测度论意义上几乎所有的有限策略的策

---

① W.T. Wu and J.H. Jiang. Essential equilibrium points of n-person non-cooperative games. Scientia Sinica, 1962, 11: 1307-1322.

② R. Wilson. Computing equilibria of n-person games. SIAM Journal of Applied Mathematics, 1971: 21(1): 80-87.

略型博弈都具有至少一个稳定的纳什均衡. 这一结果后来被荷兰博弈论学家范德蒙 (E. van Damme)[1] 加强为测度论意义上几乎所有的有限策略博弈都是本质博弈.

由于现实中支付函数总是由观测估计等得到, 误差往往不可避免. 如果该博弈为本质博弈, 而观测估计等的误差十分微小, 那么可以保证从有误差的支付函数计算得来的纳什均衡与真实纳什均衡的误差也很小. 由此可看出本质性很好地刻画了纳什均衡的稳定性或鲁棒性 (robustness), 所以有的文献经常把本质性和鲁棒性替换使用.

吴文俊院士和江嘉禾先生的结果实际上告诉了我们, 无论是从 Baire 分类意义上还是从测度论意义上来说, 几乎所有的博弈都是稳定的.

这是中国数学家在博弈论领域最早的贡献之一, 也是迄今为止中国数学家在博弈论领域取得的最具国际影响的成就.

为证明其结果, 吴文俊院士及时找到了当时最新的数学工具 —— 福特 (M.K. Fort) 的本质不动点定理[2]. 福特的本质不动点是具有某种稳定性的特殊不动点, 其存在性定理今天已成为博弈论稳定性分析的标准工具, 而吴文俊院士则是国际上最早意识到福特定理重要性的学者之一.

吴文俊和江嘉禾先生结果的意义还远不局限上述介绍, 更重要的是它开创了纳什均衡精炼研究的先河.

纳什均衡, 作为博弈论最核心的概念, 其最严重的缺点是非唯一性, 且经常包含非理性解. 如何剔除非理性解对纳什均衡进行精炼以使得它尽可能合理, 是 20 世纪七八十年代博弈论最核心的研究课题. 德国博弈论学家泽尔腾 (R. Selten)[3]正是凭借这方面的著名工作获得了 1994 年度的诺贝尔经济学奖.

纳什均衡精炼方面的研究工作是针对扩展型博弈 (extensive-form game) 和策略型博弈分别进行的. 前一方面的研究思路是要求参与人在博弈不断推进的时候始终具有理性. 最著名的工作是泽尔腾在 1965 年提出的子博弈精炼纳什均衡 (sub-game perfect equilibrium)[4]; 后一方面的研究思路是要求均衡在各种扰动下保持稳定. 纳什均衡在参与人策略扰动的时候应保持稳定, 这是泽尔腾 1975 年提出的颤

---

① 范德蒙 (Eric van Damme, 1956—), 荷兰蒂尔堡大学 (Tilburg) 教授, 著名的博弈论学家和经济学家, 国际经济学会会士, 荷兰皇家科学与艺术院院士.

② M.K. Fort, Jr.. Essential and nonessential fixed points. American Journal of Math, 1950, 72: 315-322.

③ 泽尔腾 (Reinhard Selten, 1930—), 德国波恩大学 (Bonn) 教授, 著名的博弈论学家, 1994 年度诺贝尔经济学奖得主. 泽尔腾教授不仅在纳什均衡精炼领域有举世公认的成就, 还是实验博弈理论的开拓者之一, 在有限理性领域也有深刻的研究. 南开大学的泽尔腾实验室就是以泽尔腾教授命名的. 泽尔腾教授还以喜欢将文章发表到无需同行评议的非正规学术刊物从而避免他认为对其文章不应有的任何修改而闻名博弈论学界.

④ R. Selten. Spieltheorethische Behandlung eines Oligopolmodells mit Nachfragetra gheit. Z. Ges. Staats., 1965, 12: 301-324.

抖手均衡 (trembling hand equilibrium)[①]的主要思想. 参与人的策略为什么会出现扰动呢? 泽尔腾的解释是任何人做决策的时候都有至少非常微小的概率犯任何错误, 这正是该均衡名称的由来. 而纳什均衡在支付函数扰动时应保持稳定, 则是吴文俊院士 1962 文章中率先开辟的思想. 同样是均衡在扰动下应保持稳定的思想, 吴文俊院士要早于泽尔腾 13 年正式提出.

吴文俊院士在本质均衡方面的工作是关于纳什均衡精炼研究方面最早的结果, 但是由于历史的原因, 改革开放以前的中国学术界与世界学术界处于一种隔绝的状态, 一直到 20 世纪 80 年代吴文俊院士的这一结果才逐步得到了国际博弈论学界的关注, 并带动着相关研究的发展:

1. 1981 年, 荷兰学者琴生 (M.J.M. Jansen) 针对双矩阵博弈, 即只有两个参与者的策略型博弈, 避开了福特定理, 只利用基本的博弈分析重新证明了吴文俊院士的结果. 这也是国际上首次对吴文俊院士结果的正式关注.[②]

2. 1984 年, 苏联博弈论研究的奠基人沃罗比约夫 (N. N. Vorobev) 在其专著《博弈论基础: 非合作博弈》中多次引用了吴文俊院士的结果, 并在该书第二章对其 1962 年的结果作了如此评价, "有限非合作博弈的稳定性, 即均衡解对博弈的连续依赖性, 很显然首先是由吴文俊和江嘉禾在文章 [1] 中研究的". (The stability of finite non-cooperative games, thought of only as the continuous dependence of solutions of a game, was apparently first discussed by Wu Wen-tsun and Jiang Jia-he in [1]).[③]

3. 1985 年, 日本学者小岛 (M. Kojima) 等提出了强稳定均衡的概念 (strongly stable equilibrium), 对本质均衡进行了进一步的精炼.[④]

4. 1986 年, 哈佛大学商学院教授科尔伯格 (E. Kohlberg) 等在著名论文《关于均衡的策略稳定性》中引用了吴先生的工作, 指出本质均衡只对策略型博弈有意义.[⑤]

[①] R. Selten. Reexamination of the perfectness concept for equilibrium points in extensive games, International Journal of Game Theory, 1975, 4(1): 25-55.

[②] M.J.M. Jansen. Regularity and stability of equilibrium points of bimatrix games. Mathematics of Operations Research, 1981, 6(4): 530-550.

[③] N. N. Vorobev. Foundations of Game Theory: Noncooperative Games. Birkhauser, 1994 (翻译自 1984 年俄文版). 沃罗比约夫 1960 年曾来中国讲学, 并受到周恩来总理的接见. 吴文俊院士等编写的《对策论 (博弈论) 讲义》一书的序言中曾对沃罗比约夫来中国的讲学表示感谢.

[④] M. Kojima, A. Okada & S. Shindoh. Strongly stable equilibrium points of n-person noncooperative games. Mathematics of Operations Research, 1985, 10(4): 650-663.

[⑤] E. Kohlberg, J.F. Mertens. On the strategic stability of equilibria. Econometrica. Journal of the Economic Society, 1986, 54(5): 1003-1037. 这是博弈论著名论文之一, google scholar 显示已被引用达 851 次.

5. 1987 年, 荷兰学者范德蒙在研究纳什均衡精炼的经典专著《纳什均衡的稳定性与精炼》中,[①] 对本质均衡给予了高度评价, 并在该书第二章第四节对其进行了专门介绍. 由于此书第一章为概述, 第二章第一节为基础知识介绍, 吴文俊院士的工作被放在了仅次于泽尔腾的颤抖手均衡和迈尔森 (R. Myerson)[②]的恰当均衡 (proper equilibrium) 的重要位置. 又由于恰当均衡是颤抖手均衡的进一步精炼, 与颤抖手均衡的研究思路是相同的, 更加可以看出作者对吴文俊院士工作的重视. 范德蒙还在此章第六节中利用正则均衡 (regular equilibrium) 的性质进一步加强了吴文俊先生的结果.

6. 1991 年, 弗登伯格 (D.Fudenberg)[③] 和梯若尔 (J. M. Tirole)[④]合著的世界流行的教科书《博弈论》也在该书第十二章对本质均衡及其理论渊源 —— 福特定理进行了专门介绍, 也指出了本质均衡只对策略型博弈有意义.[⑤]

7. 20 世纪 90 年代以来, 我国博弈论学者俞建教授对吴文俊院士的本质均衡结果进行了一系列推广, 不仅将本质均衡推广到线性赋范空间以及线性赋范空间上的广义博弈、多目标博弈和连续博弈, 而且进一步研究了平衡点集本质连通区的存在性等问题.[⑥]

8. 2009 年, 美国学者卡博奈尔 - 尼科拉 (O. Carbonell-Nicolau) 在其即将发表于著名的 *Journal of Economic Theory* 上的文章中在俞建教授结果的基础上对吴文俊院士的结果进行了进一步的推广.[⑦]

......

虽然经过 20 多年的苦苦探索, 博弈论学者并没有找到一个完美的均衡精炼概念, 各种均衡精炼概念层出不穷, 然而在令人眼花缭乱的均衡精炼概念中, 本质均衡是除子博弈精炼纳什均衡和颤抖手均衡以外屈指可数的几个存活下来的概念之一. 更为难能可贵的是, 在近半个世纪后的今天, 吴文俊院士在本质均衡方面的主

---

① E. van Damme. Stability and Perfection of Nash Equilibria. Springer-Verlag, 1987.

② 迈尔森 (Roger Myerson, 1951—), 美国芝加哥大学教授, 当今最活跃最有影响力的博弈论学家和经济学家之一, 因其在机制设计方面的著名工作而获得了 2007 年度的诺贝尔经济学奖.

③ 弗登伯格 (Drew Fudenberg), 1957—, 美国哈佛大学教授, 著名的博弈论学家, 美国科学与艺术院院士.

④ 梯若尔 (Jean Marcel Tirole, 1953—), 法国图卢兹大学 (Toulouse) 教授, 美国科学与艺术院外籍院士, 曾任国际经济学会主席, 在博弈论、合同理论、产业组织学、认知心理学、政治经济学及货币银行学等多个领域都有建树, 并有多本风靡全球的教材, 是当今少有的经济学通才及最有影响力的经济学家之一.

⑤ D.Fudenberg & J. Tirole. Game Theory. MIT Press, 1991. 有中译本: 黄涛等译. 博弈论. 中国人民大学出版社, 2003.

⑥ 俞建, 中国贵州大学教授. 他在本质博弈方面的系列性工作, 绝大多数都反映在他的专著《博弈论与非线性分析》, 科学出版社, 2008.

⑦ O. Carbonell-Nicolau. Essential equilibria in normal-form games. Journal of Economic Theory, 2009 (available online).

要思想及结果, 依然被包括马斯金 (E. Maskin)、梯若尔①②、威布尔③④ 等在内的世界一流的博弈论学者在最顶尖的刊物上持续引用, 而且近几年的引用频次越来越高.

多少有些令我们感到慨叹的是, 吴文俊院士当时工作的出发点更多的是纯数学, 文章主要是稳定性研究而没有意识到纳什均衡精炼研究的必要性以及本质均衡与纳什均衡精炼的密切联系; 又由于吴文俊院士的研究兴趣很快转至他处而没能将此工作持续下去 (江嘉禾先生有后续的几篇工作, 但也都是从纯数学角度研究的), 更没有从事扩展型博弈纳什均衡精炼的研究 —— 这是比策略型博弈纳什均衡精炼重要得多的研究方向, 其代表性成果除子博弈精炼纳什均衡在扩展型博弈中已完全取代了纳什均衡的位置, 渗透到其研究的各个角落, 并被写入任何一本博弈论教材. 由于与国际博弈论学界沟通的不足, 吴文俊院士的成果直到 1981 年才在国际上被首次注意, 80 年代末才被更多的主流学者所知晓, 而此时纳什均衡精炼方面的研究的高潮已经过去. 由于这种种的原因, 吴文俊院士的研究在博弈论发展的黄金时期并没有起到按一般逻辑应该起到的引领潮流的作用, 其工作的影响力不仅无法与泽尔腾、范德蒙等人的相关工作相比肩, 甚至在纳什均衡精炼方面的研究尘埃落定的今天也并没有得到完全公正的评价. 一个代表性的例子是, 在《新帕尔格雷夫大辞典》"纳什均衡精炼" 词条中, 尽管支付函数扰动的思想被高度认可并做了大篇幅的介绍, 吴文俊院士的名字及文章都未被提及.⑤

幸运的是, 吴文俊院士的结果在今天依然充满了令人惊异的活力, 2007 年至今一直被频繁引用, 显示了一个数学家思想生命力的顽强. 而吴文俊院士从事博弈论研究曲曲折折的故事, 也必将成为中国数学界和博弈论学界的一段佳话, 给我们以永远的启迪.

---

① 马斯金 (Eric Maskin, 1950—), 美国普林斯顿大学高等研究中心教授, 当今最德高望重的博弈论学家和经济学家之一, 以其机制设计方面的理论而获得了 2007 年度的诺贝尔经济学奖. 目前的研究兴趣为软件行业的知识产权, 认为今天的知识产权制度在软件行业不是促进而是限制了创新.

② E.Maskin & J. Tirole. Markov Perfect Equilibrium: I. Observable Actions. Journal of Economic Theory, 2001, 100(2): 191-219.

③ 威布尔 (Jörgen Weibull, 1948—), 瑞典斯德哥尔摩经济学院教授, 著名的演化博弈论大师, 瑞典皇家科学院院士, 曾任诺贝尔经济学奖委员会主席.

④ J. Weibull. Robust set-valued solutions in games, 2009 (available online).

⑤ S. Govindan & R. Wilson. Refinements of Nash equilibrium. The New Palgrave Dictionary of Economics, 2nd Edition.

On the Contribution of Wu Wen-Tsün to Algebraic Topology

Jean-Paul Brasselet

Abstract   The aim of this article is to present the contribution of Wu Wen-Tsün to Algebraic Topology and more precisely to the theory of characteristic classes. Several papers provide complete and well-documented biography and academic career of Wu Wen-Tsün, in particular [32, 42, 86, 87]. We do not repeat the details provided in these papers concerning the Wu Wen-Tsün's bibliography, we will just mention people involved in the Wu Wen-Tsün's period in France.

In addition to Wu Wen-Tsün's papers, the Dieudonné's book [14] provides an excellent presentation of main results of Wu Wen-Tsün in Algebraic and Differential Topology. We will use and abuse of this book (and refer to) when suitable.

In the introduction, we recall mainly historical facts concerning the contribution of Wu Wen-Tsün to Algebraic Topology. The second section shows specifically the contribution of Wu Wen-Tsün to the Stiefel-Whitney classes and introduces the third section, dealing with the (real) Wu classes. We provide definition, properties as well as further developments and generalizations of the Wu classes. The fourth and fifth sections are devoted to recent applications: in Cobordism theory and in Mathematical Physics. We notice that Wu classes have been used as well in other domains, in particular surgery theory [36]. The last section concerns the complex Wu classes and shows that the more recent Mather classes coincide with the previously defined complex Wu classes, that is a result from Zhou Jianyi [89] (see also Liu Xianfang [34]).

This article is devoted to the contribution of Wu Wen-Tsün to the theory of Characteristic Classes, which coincides with his "French period" (1947-1951). However, speaking of Algebraic Topology, it is worthwhile to mention the important contribution of Wu Wen-Tsün to the theory of realization of complexes or manifolds in Euclidean spaces and of embedding classes. That coincides with his return to China (1956-1965).

---

* In the literature, there are different ways to write the name of 吴文俊 for instance Wu Wentsün, Wu Wen-Tsun, Wu Wenjun... In this article, mainly devoted to his period in France, we use the one he used at that time.

1. Introduction—A few of history

The story starts in Shangai, in Summer 1946, when Wu Wen-Tsün has been pushed by Chern Shiing-Shen, who was his first supervisor, to write an original paper [65]. Chern helped to write the paper in French and managed to get the paper published in France via Elie Cartan, whom he knew from his stay in Paris in 1936-37.

Wu Wen-Tsün obtained a grant for foreign countries and intended to work in Strasbourg with Henri Cartan, son of Elie. In fact when Wu Wen-Tsün arrived in Strasbourg, in 1947, Henri Cartan had moved to Paris as Professor in Ecole Normale Supérieure, and Wu Wen-Tsün became a student of Charles Ehresmann, one of the specialists in algebraic topology in France in this time. Charles Ehresmann is the pioneer of studies of homologies of Grassmannian manifolds and one of the founders of fiber bundle theory. Wu Wen-Tsün found Ehresmann's approach close to what he was familiar with and considered the change of advisor very beneficial. Wu Wen-Tsün and René Thom influenced each other and the work of both of them shows particularly this influence. Wu published short notes about characteristic classes in the "Comptes Rendus de l'Académie des Sciences de Paris". The result of one of these notes [65] shocked Heinz Hopf, mentor of Eduard Stiefel, one of the founder of characteristic classes. Hopf travelled to Strasbourg to question Wu about his work. Impressed by Wu's answers, Hopf invited him for a short visit to Federal Polytechnic ETH in Zurich. During his visit, Wu met the Chinese topologist Jiang Zehan who later became head of the Department of Mathematics in Peking University.

Wu Wen-Tsün obtained his Docteur és Science in the summer of 1949. Afterwards, he became a student of Henri Cartan and attended the famous "Cartan Seminar" in Paris. He participated actively to the seminar, by giving some lectures. Wu Wen-Tsün came back to China in the summer of 1951, invited by Jiang Zehan to teach at Peking University.

During his stay in France, and with crucial influence of Ehresman, Cartan and Thom, Wu Wen-Tsün produced his main contributions to Algebraic Topology, and more precisely to the theory of Characteristic Classes. We provide the contribution of Wu Wen-Tsün to characteristic classes in three main sections: Stiefel-Whitney classes (for real manifolds, section 2), Wu classes (for real singular varieties, section 3), and Chern classes (for complex singular varieties, section 6). Applications of (real) Wu classes are presented in the fourth and fifth sections, consisting of Cobordism theory and more recent applications to Mathematical Physic.

This article is devoted to the contribution of Wu Wen-Tsün to the theory of Characteristic Classes, this contribution coincides with his "French period" (1947-1951). However, speaking of Algebraic Topology, it is worthwhile to mention the important contribution of Wu Wen-Tsün to the Theory of realization of complexes or manifolds in Euclidean spaces and the Theory of embedding classes. That contribution coincides with his return to China (1956-1965). One has to mention the papers references [78] to [85].

Let us quote Wu Wen-Tsün: "In present author's opinion, the role of generalized Chern classes and Chern numbers of algebraic varieties with arbitrary singulatities will also be inavoidable to be applied. In any way, there remains a lot of works waiting to be done by mathematicians in later generations."

The author warmly thanks the referrees for valuable and fruitful comments and for providing materials.

2. Stiefel-Whitney classes

2.1 Obstruction theory

The Stiefel-Whitney classes have been firstly defined in the framework of obstruction theory, by Eduard Stiefel [55] (1935) (in the context of the sphere bundle associated to the tangent bundle of a differentiable manifold) and Hassler Whitney [61, 62] (1935-40) (in the context of arbitrary sphere bundle).

The method used by Stiefel and Whitney is related to the theory of obstruction: If E is a (real) vector bundle over a triangulated space X with n-dimensional fiber, obstruction theory goes as follows: for fixed r, $0 < r \leqslant n$, aim is to construct r everywhere independent sections of E. That is performed by induction on the dimension of the skeleton of a triangulation (or a cell decomposition) K of X. Note that X does not need to be smooth and can be a CW-complex. On the 0-skeleton of K, the construction is obvious. Let us assume that one has constructed such an r-frame over the $(k-1)$-skeleton and let us consider a k-dimensional simplex σ of K. The r-frame, constructed on $\partial\sigma$ defines a map

$$\gamma_\sigma : \partial\sigma \cong \mathbb{S}^{k-1} \to V_r(\mathbb{R}^n) \tag{2.1}$$

where $V_r(\mathbb{R}^n)$ is the Stiefel manifold of r-linearly independent vectors in the fibre $F \cong$

$\mathbb{R}^n$ of E. The map γ_σ defines an element $[\gamma_\sigma]$ of the homotopy group $\pi_{k-1}(V_r(\mathbb{R}^n))$. The later has been computed as (see Steenrod [54]):

$$\pi_{k-1}(V_r(\mathbb{R}^n)) = \begin{cases} 0 & \text{for } k < n - r + 1, \\ \mathbb{Z} & \text{for } k = n - r + 1 \text{ odd or } k = n, \\ \mathbb{Z}_2 & \text{for } k = n - r + 1 \text{ even and } k < n. \end{cases} \qquad (2.2)$$

By general obstruction theory (see for example [54]), that means that one can construct r everywhere independent sections of E without obstruction on the $(n - r)$ - skeleton of the given triangulation of X and with singularities of index $[\gamma_\sigma]$ on the $n - r + 1$ simplices σ. Let us denote $p = n - r + 1$, the data

$$\sigma \mapsto [\gamma_\sigma]$$

define a cochain in $C^p(X; \pi_{p-1}(V_r(\mathbb{R}^n)))$. This cochain is actually a cocycle so that:

Associating to each simplex σ the element $[\gamma_\sigma]$ defines a class $\widehat{w}_p(E)$ in the p-th simplicial (or cellular) cohomology of X with twisted coefficients, the coefficient system being the homotopy group $\pi_{p-1}(V_r(\mathbb{R}^n))$:

$$\widehat{w}_p(E) \in \begin{cases} H^p(X; \mathbb{Z}) & \text{if } p \text{ is odd or } p = n, \\ H^p(X; \mathbb{Z}_2) & \text{if } p \text{ is even and } p < n. \end{cases}$$

Whitney proved that $\widehat{w}_p(E) = 0$ if and only if E, when restricted to the p-th skeleton of X, admits $r = (n - p + 1)$ linearly-independent sections.

Since $\pi_{p-1}(V_r(\mathbb{R}^n))$ is either infinite-cyclic or isomorphic to $\mathbb{Z}_2$, there is a canonical reduction of the classes $\widehat{w}_p(E)$ to classes $w_p(E) \in H^p(X; \mathbb{Z}_2)$ which are the Stiefel-Whitney (cohomology) classes. By definition $w_0(E) = 1$.

In his 1940 paper, Whitney states (for sphere bundles) the formula providing classes of the classes $w_p(E \oplus E')$ of the sum of two vector bundles E and E' over the same base space B:

$$w_p(E \oplus E') = \sum_{i+j=p} w_i(E) \smile w_j(E') \qquad (2.3)$$

Whitney writes that, for $p \geq 4$, the proof is very hard, and gives few information on the proof. He proved, in 1941, the formula for line bundles.

For a vector bundle E of rank r with base space B, one can consider the formal power series, with coefficients in $H^*(B; \mathbb{Z}_2)$ (introduced by Whitney for sphere bundles):

$$w(E;t) = \sum_{i=0}^{\infty} w_i(E)\, t^i$$

where $w_i(E) = 0$ for $i > r$, so that actually $w(E;t)$ is a polynomial. The formula (2.3) can be written:

$$w(E \oplus E';t) = w(E;t) \smile w(E';t). \tag{2.4}$$

In 1948, Chern Shiing Shen and Wu Wen-Tsün published the first complete proofs of the formula (2.3), both in the same volume of *Annals of Mathematics* [13, 66]. In fact, Wu Wen-Tsün considered two vector bundles E and E' over two non necessarily identical base spaces respectively B and B'. The product $E \times E'$ is a well defined vector bundle with base space $B \times B'$. Modulo the Künneth formula $H^*(B \times B'; \mathbb{Z}_2) = H^*(B; \mathbb{Z}_2) \times H^*(B'; \mathbb{Z}_2)$, Wu Wen-Tsün proved the formula:

$$w(E \times E';t) = w(E;t) \times w(E';t) \tag{2.5}$$

which implies the formulae (2.3) and (2.4). His proof is very well summarized in [14, p. 424].

The name "duality formula" for the formula (2.4) comes from one of its applications deeply commented by Whitney and Wu Wen-Tsün: Let us assume that B is a C^1-manifold embedded in some $\mathbb{R}^n$, and consider the tangent bundle $T(B) = E$ and the normal bundle $N(B) = E'$. Then $T(B) \oplus N(B)$ is the restriction to B of the trivial bundle $T(\mathbb{R}^n)$ and one has:

$$w(T(B) \oplus N(B);t) = w(T(B);t) \smile w(N(B);t) = 1$$

in $H^*(B; \mathbb{Z}_2)$. The Stiefel-Whitney classes $\overline{w}_i = w_i(N(B))$ are "dual" of the Stiefel-Whitney classes $w_i = w_i(T(B))$, hence the name duality formula. One has:

$$1 + \overline{w}_1 t + \cdots + \overline{w}_k t^k + \cdots = (1 + w_1 t + \cdots + w_k t^k + \cdots)^{-1},$$

formula which has many applications (see for instance [14]).

2.2   Grassmannian

Pontrjagin [45, 46] introduced the idea of defining Stiefel-Whitney classes as images of the cohomology classes of Grassmannian with coefficients in $\mathbb{Z}_2$. He considered cellular decomposition of the "special" Grassmannian $\widetilde{G}_{n,m}$ of oriented vector subspaces of dimension m in $\mathbb{R}^n$. Notice that the Pontrjagin cellular decomposition onto the one constructed by Ehresman that we recall below [16].

Wu Wen-Tsün, in his French thesis, presented in a simpler way the Pontrjagin construction. Dieudonné, in [14, p. 426], provides a very nice presentation of the Wu Wen-Tsün construction in the following way:

One considers functions

$$\omega : \{1, 2, \cdots, m\} \to \{0, 1, 2, \cdots, n\}$$

such that

$$0 \leqslant \omega(1) \leqslant \omega(2) \leqslant \cdots \leqslant \omega(m) \leqslant n. \tag{2.6}$$

To each such ω, one associates an m-dimensional oriented vector subspace X_ω of $\mathbb{R}^{m+n}$ whose (oriented) basis is the set of vectors

$$\mathbf{e}_{\omega(1)+1}, \ \mathbf{e}_{\omega(2)+2}, \ \cdots, \mathbf{e}_{\omega(m)+m}$$

of the canonical basis of $\mathbb{R}^{m+n}$. One then consider the set U_ω^+ (resp. U_ω^-) of oriented vector subspaces $V \in \widetilde{G}_{m+n,m}$ for which the canonical projection on X_ω is bijective and preserves (resp. reverses) orientation and for which

$$\dim(V \cap \mathbb{R}^{\omega(i)+i}) \geqslant i \qquad \text{for } 1 \leqslant i \leqslant m. \tag{2.7}$$

Both U_ω^+ and U_ω^- are homeomorphic to an open ball in $\mathbb{R}^{d(\omega)}$ with

$$d(\omega) = \sum_{i=1}^{m} \omega(i) \tag{2.8}$$

and, when ω describes the set of functions satisfying (2.6) they constitute a cellular decomposition of $\widetilde{G}_{m+n,m}$.

Using homology, Pontrjagin exhibited chains

$$R_\omega = U_\omega^+ \pm U_\omega^-$$

which, for suitable choices of the sign $\pm$, are $d(w)$- dimensional cydes in $\mathbb{Z}_2$. Using a particular and cautious dual cell decomposition, Wu Wen-Tsün considered cochains which are dual of R_ω, and then complementary dimensional. He obtained particular cocycles corresponding to particular functions ω, in particular the following cases:

(a) Let us consider $k \leqslant m$. Wu Wen-Tsün denotes by ω_k^m the function such that $\omega(j) = 0$ for $1 \leqslant j \leqslant m - k$ and $\omega(j) = 1$ for $m - k + 1 \leqslant j \leqslant m$. Then $d(\omega_k^m) = k$.

The corresponding cochains are cocycles in $Z^k(\widetilde{G}_{m+n,m}; \mathbb{Z}_2)$ and ω_m^m is a cocycle in $Z^m(\widetilde{G}_{m+n,m}; \mathbb{Z})$.

(b) Let us consider $k \leqslant m/2$. Wu Wen-Tsün denotes by $\omega_{2k,2k}^m$ the function such that $\omega(j) = 0$ for $1 \leqslant j \leqslant m - 2k$ and $\omega(j) = 2$ for $m - 2k + 1 \leqslant j \leqslant m$. Then $d(\omega_{2k,2k}^m) = 4k$. The corresponding cochains are cocycles in $Z^{4k}(\widetilde{G}_{m+n,m}; \mathbb{Z})$.

To each ω_k^m corresponds a cohomology class in $H^k(\widetilde{G}_{m+n,m}; \mathbb{Z}_2)$ that is the Stiefel-Whitney cohomology class of the sphere bundle $\widetilde{S}$ which is the pullback of the Whitney's sphere bundle by the natural projection $\widetilde{G}_{m+n,m} \to G_{m+n,m}$. One recalls that the Whitney's sphere bundle is the space of $(m-1)$-spheres in $\mathbb{S}^{m+n-1}$, that is the sphere bundle with typical fiber $\mathbb{S}^{m-1}$ and base space $G_{m+n,m}$.

One remarks that the Wu Wen-Tsün's cohomology class in $H^m(\widetilde{G}_{m+n,m}; \mathbb{Z})$ deduced from ω_m^m is the class now called Euler class of $\widetilde{S}$.

The class in $H^{4k}(\widetilde{G}_{m+n,m}; \mathbb{Z})$ deduced from $\omega_{2k,2k}^m$ for $k \leqslant m/2$ is the class which is now called Pontrjagin class of $\widetilde{S}$.

Let us recall the (now more popular) Ehresmann construction. The Ehresman cellular decomposition uses the algebraic subvarieties of the complex Grassmannian variety introduced by H. Schubert in 1879 [49]: For every $k < n$ a Schubert symbol σ of order k is a sequence of k integers σ_j such that

$$1 \leqslant \sigma_1 < \sigma_2 < \cdots < \sigma_k \leqslant n. \tag{2.9}$$

Denoting by H_i the vector subspace of $\mathbb{C}^n$ spanned by the σ_i first vectors of the canonical basis, to each Schubert symbol σ, one associates the subset $e(\sigma)$ of $G_{n,m}$ consisting of the m-dimensional vector subspaces X such that (compare with (2.7))

$$\dim(X \cap H_i) = i, \quad \dim(X \cap H_{i-1}) = i - 1 \quad \text{for} \quad 1 \leqslant i \leqslant k.$$

Ehresman shows that the homology groups $H_k(G_{n,m}(\mathbb{C}); \mathbb{Z})$ is a free $\mathbb{Z}$-module whose basis consists of homology classes of the Schubert varieties $\overline{e(\sigma)}$, which are the closure of the subsets $e(\sigma)$ such that $2[(\sigma_1 - 1) + (\sigma_2 - 2) + \cdots + (\sigma_k - k)] = k$.

Ehresman describes the homology of the real grassmannian $G_{n,m}(\mathbb{R})$ in the same way: all definitions are the same, $e(\sigma)$ is now homeomorphic to open ball in the euclidean space of dimension $(\sigma_1 - 1) + (\sigma_2 - 2) + \cdots + (\sigma_k - k)$.

S.S. Chern considered the tautological bundle $U_{n,m}(\mathbb{R})$ with basis $G_{n,m}(\mathbb{R})$, that is the subspace of $G_{n,m}(\mathbb{R}) \times \mathbb{R}^n$ consisting of pairs (V, x), where V is an m-dimensional vector subspace in $\mathbb{R}^n$ and $x \in V$. Using differential forms, S.S. Chern determined in 1947 the cohomology algebra $H^*(G_{n,m}(\mathbb{R}); \mathbb{Z}_2)$ and proved that the Stiefel-Whitney classes of the tautological bundle $U_{n,m}(\mathbb{R})$ form a system of generators for that algebra. We will see later the corresponding result in the complex case.

2.3　Axiomatic definition of the Stiefel-Whitney classes

The Whitney-Wu formula (2.3) is in fact one of the axioms appearing in the axiomatic definition of Stiefel-Whitney characteristic classes : The Stiefel-Whitney characteristic classes can be defined in an axiomatic way as follows (see [39] for example): The (total) Stiefel-Whitney characteristic class $w(E) \in H^*(X; \mathbb{Z}_2)$ of a finite rank real vector bundle E on a paracompact base space X is defined as the unique class such that the following axioms are fulfilled:

1. Normalization: The Whitney class of the tautological line bundle $U_{1,1}$ over the real projective space $\mathbf{P}^1(\mathbf{R})$ is nontrivial, i.e. $w(U_{1,1}) = 1 + a \in H^*(\mathbf{P}^1(\mathbf{R}); \mathbb{Z}_2)$.
2. $w_0(E) = 1 \in H_0(X; \mathbb{Z}_2)$, and for $i > $ rank of E, $w_i(E) = 0 \in H^i(X; \mathbb{Z}_2)$.
3. Whitney-Wu product formula: $w(E \oplus E') = w(E) \smile w(E')$ (cup-product in cohomology).
4. Naturality: $w(f^\# E) = f^* w(E)$ for any real vector bundle E over X and map $f : Y \to X$, where $f^\# E$ denotes the pullback vector bundle with basis Y and $f^* : H^*(X; \mathbb{Z}_2) \to H^*(Y; \mathbb{Z}_2)$ the map induced by f in cohomology.

The Stiefel-Whitney classes of the tangent bundle $E = TM$ of a smooth manifold M are called the Stiefel-Whitney classes of the manifold and denoted by $w_i(M)$, or w_i if there is no ambiguity.

3.　Wu classes

In this section, we discuss the Wu classes v_i, defined by Wu Wen-Tsün in [65]. They are defined implicitly in terms of Steenrod squares. More precisely, if X is an n-dimensional $\mathbb{Z}_2$-homology manifold, one has $Sq^i(x) = v_i \cup x$, for any cohomology class x of degree $n - i$. The Stiefel-Whitney classes w_i are the Steenrod squares of the Wu classes v_i. Most simply, the total Stiefel-Whitney class w is the total Steenrod square of the total Wu class v: $Sq(v) = w$.

3.1　Steenrod squares[52]

The i-products and in particular, the Steenrod squares of locally compact and paracompact spaces are defined by Steenrod in [52]. We will follow the presentation provided by Cartan in his famous Cartan seminar [10, exp. 14 and 15]. The name,

Steenrod squares, comes from the fact that Sq^n restricted to classes of degree n is the cup (square) product.

Remark that, in Cartan seminar a general multiplication, denoted by $\varphi : G \times G \to G'$, where G and G' are abelian groups, is considered. Here, we will use the groups of coefficients $G = G' = \mathbb{Z}_2$ and usual multiplication $\times$. The use of $\mathbb{Z}_2$ is motivated by the fact that for the usual multiplication in $\mathbb{Z}$, one has

$$\alpha \times \alpha \equiv \alpha \quad \mod 2.$$

As the multiplication in $\mathbb{Z}_2$ is symmetric, the bilinear application denoted by $\bar{\varphi}$ in [10] and defined by $\bar{\varphi}(\alpha, \beta) = \varphi(\beta, \alpha)$ coincides with φ. Also the maps denoted by $\bar{p}_i$ in [10] coincide with the p_i (defined below).

Let X be a locally compact and paracompact space. The Alexander-Spanier, or Čech-Alexander, cohomology of X is defined in the following way : the groups of r-cochains $C^r(X; \mathbb{Z}_2)$ is the set of functions

$$f : X^{r+1} \to \mathbb{Z}_2 \qquad f(x_0, x_1, \cdots, x_r) \in \mathbb{Z}_2,$$

on which addition is the natural one.

The coboundary $\delta : C^r(X; \mathbb{Z}_2) \to C^{r+1}(X; \mathbb{Z}_2)$ is defined by

$$(\delta f)(x_0, x_1, \cdots, x_{r+1}) = \sum_{i=0}^{r+1} (-1)^i f(x_0, x_1, \cdots, \widehat{x}_i, \cdots, x_{r+1}).$$

There is a subcomplex C_0^* of C^* such that functions of C_0^r are those that vanish in a neighborhood of the diagonal $X \subset X^{r+1} = X \times \cdots \times X$. The Čech-Alexander cohomology groups of X are defined as the cohomology groups of the complex C^*/C_0^*. They coincide with simplicial or singular cohomology groups for locally finite complexes.

The product

$$p : C^r(X; \mathbb{Z}_2) \times C^s(X; \mathbb{Z}_2) \to C^{r+s}(X; \mathbb{Z}_2)$$

is defined, for two cochains f and g, by

$$p(f, g)(x_0, x_1, \cdots, x_{r+s}) = f(x_0, x_1, \cdots, x_r) \times g(x_r, \cdots, x_{r+s}).$$

One the one hand, the product passes to the quotient by the complex C_0^*, on the other hand, one has

$$\delta p(f, g) = p(\delta f, g) + (-1)^r p(f, \delta g). \tag{3.1}$$

The induced product in cohomology is the cup-product

$$H^r(X; \mathbb{Z}_2) \times H^s(X; \mathbb{Z}_2) \xrightarrow{\cup} H^{r+s}(X; \mathbb{Z}_2).$$

3.1.1 i-products

For all $i \in \mathbb{Z}$, we now define products

$$p_i : H^r(X; \mathbb{Z}_2) \times H^s(X; \mathbb{Z}_2) \to H^{r+s-i}(X; \mathbb{Z}_2).$$

First of all one defines $p_i = 0$ if $i < 0$ and $p_0 = p$. Before giving the precise definition, let us give an intuitive idea of what is $p_i(f, g)$ at the level of cochains: The product $p_i(f, g)(x_0, x_1, \cdots, x_{r+s-i})$ will be a sum of elements of the type

$$\pm f(x_{i_0}, \cdots, x_{i_r}) \times g(x_{j_0}, \cdots, x_{j_s})$$

where the sequences $\{i_0, \cdots, i_r\}$ and $\{j_0, \cdots, j_s\}$ satisfy

$$i_0 < i_1 < \cdots < i_r, \quad j_0 < j_1 < \cdots < j_s, \quad \text{and} \quad \{i_0, \cdots, i_r, j_0, \cdots, j_s\} = \{0, 1, \cdots, r+s-i\}.$$

However, not all sequences satisfying these conditions appear in the sum.

Let us provide now the precise definition of $p_i(f, g)$. Let $a \in X$ be a fixed point, one defines the operator

$$T_a : C^r(X; \mathbb{Z}_2) \to C^{r-1}(X; \mathbb{Z}_2)$$

$$T_a(f)(x_0, x_1, \cdots, x_{r-1}) = f(a, x_0, x_1, \cdots, x_{r-1}), \quad \text{for } r \geqslant 1,$$

and $T_a(f) = 0$ for $f \in C^0(X; \mathbb{Z}_2)$. One has

$$\delta T_a(f) + T_a(\delta f) = f.$$

The i-products are defined by

$$p_0(f, g) = p(f, g)$$

and, for $i \geqslant 1$ and $f \in C^0(X; \mathbb{Z}_2)$, by $p_i(f, g) = 0$, and then by induction by the formula

$$T_a p_i(f, g) = p_i(T_a f, g) + (-1)^{r(s+1)} p_{i-1}(T_a g, T_a f).$$

Note that, as the product $\times$ is a bilinear symmetric map, one has $p_i = \bar{p}_i$ with the Cartan notations, that is the case "1)" in [10, §4].

The i-products verify the previous "intuitive idea", in particular, one has

$$p_i(f, g) = 0 \quad \text{if } i > \min(r, s)$$

and

$$p_r(f, f)(x_0, x_1, \cdots, x_r) = f(x_0, x_1, \cdots, x_r) \times f(x_0, x_1, \cdots, x_r).$$

One has the fundamental formula for the coboundary

$$\delta p_i(f, g) = p_i(\delta f, g) + (-1)^r p_i(f, \delta g) + (-1)^{r+s+i} p_{i-1}(f, g) + (-1)^{r+s+rs} p_{i-1}(g, f) \tag{3.2}$$

which reduces to (3.1) for $i = 0$. That is the formula labelled as (I) in [10] with $p_i = \bar{p}_i$ (see above).

The formula (3.2) shows that the i-products are defined on the quotient in cohomology and they define maps

$$p_i : H^r(X; \mathbb{Z}_2) \times H^s(X; \mathbb{Z}_2) \to H^{r+s-i}(X; \mathbb{Z}_2).$$

The Steenrod squares are now defined by

$$Sq^i(f) = p_{r-i}(f, f), \qquad Sq^i : H^r(X; \mathbb{Z}_2) \to H^{r+i}(X; \mathbb{Z}_2).$$

3.1.2 Product of Steenrod squares

The formula giving products of Steenrod squares has been conjectured by Wu Wen-Tsün and first proved by Adem in 1952:

$$Sq^a Sq^b = \sum_{0 \leqslant c \leqslant a/2} \binom{b - c - 1}{a - 2c} Sq^{a+b-c} Sq^c.$$

Later, Serre described a simpler method following a suggestion by Wu Wen-Tsün.

3.1.3 Axiomatic definition of the Steenrod squares

In 1962, Steenrod and Epstein [53] showed that the Steenrod squares can be defined in an axiomatic way. Namely, the Steenrod squares $Sq^i : H^k(X; \mathbb{Z}_2) \to H^{k+i}(X; \mathbb{Z}_2)$ are characterized by the following axioms :

1. Naturality: Sq^i is an additive homomorphism $H^k(X; \mathbb{Z}_2) \to H^{k+i}(X; \mathbb{Z}_2)$ such that for any map $f : X \to Y$, then $f^*(Sq^i(x)) = Sq^i f^*(x)$.

2. $Sq^0 = id$.

3. Sq^n is the cup product $Sq^n(x) = x \cup x$ for $x \in H^n(X; \mathbb{Z}_2)$.

4. If $n > \deg(x)$, then $Sq^n(x) = 0$.

5. Cartan formula: $Sq^n(x \cup y) = \sum_{i+j=n} Sq^i(x) \cup Sq^j(y)$.

3.2　Stiefel-Whitney class and Thom class

Let E be an n-dimensional vector bundle over a paracompact space X with projection map $\pi : E \to X$. Let $E^* = E \setminus s_0(X)$ be the complement of the zero section in E. Then there exists a unique cohomology class $u_E \in H^n(E, E^*; \mathbb{Z}_2)$, called the Thom class, such that $u_E|_{(F_x, F_x \setminus \{0\})} \neq 0$ for all fibers F_x.

The Thom isomorphism

$$\Phi : H^i(X; \mathbb{Z}_2) \to H^{i+n}(E, E^*; \mathbb{Z}_2)$$

is defined by $\Phi(x) = \pi^* x \cup u_E$. One has $\Phi(1) = u_E$.

Let $1 \in H^0(X; \mathbb{Z}_2)$, then the i-th Stiefel-Whitney class $w_i(E) \in H^i(X; \mathbb{Z}_2)$ is equal to

$$w_i(E) = \Phi^{-1} Sq^i \Phi(1). \tag{3.3}$$

That is

$$\pi^* w_i(E) \cup u_E = Sq^i(u_E), \qquad Sq^i u_E = \Phi(w_i(X)).$$

3.3　Wu classes

Let X be a topological space with fundamental class $[X] \in H_n(X; \mathbb{Z}_2)$ and such that one has Poincaré isomorphism $z \mapsto z \cap [X]$. That is the case of n-dimensional compact manifold and more generally $\mathbb{Z}_2$-homology manifolds.

Via the Kronecker pairing

$$\langle \cdot, \cdot \rangle : H^i(X; \mathbb{Z}_2) \times H_i(X; \mathbb{Z}_2) \longrightarrow \mathbb{Z}_2.$$

one obtains an isomorphism

$$\text{Hom}(H^{n-i}(X; \mathbb{Z}_2), \mathbb{Z}_2) \cong H_{n-i}(X; \mathbb{Z}_2) \cong H^i(X; \mathbb{Z}_2).$$

Under this isomorphism, the homomorphism $x \mapsto \langle Sq^i(x), [X] \rangle$ from $H^{n-i}(X; \mathbb{Z}_2)$ to $\mathbb{Z}_2$ corresponds to a well defined cohomology class $v_i(X) \in H^i(X; \mathbb{Z}_2)$, such that

$$Sq^i(x) = v_i(X) \cup x, \qquad \text{for any} \quad x \in H_c^{n-i}(X; \mathbb{Z}_2) \tag{3.4}$$

(cohomology with compact supports).

The class $v_i(X)$ is called the i-th Wu class of X, denoted by v_i if there is no ambiguity. Note that in the original Wu's papers [65, 66] the class was denoted by U^i (see also Milnor [39, §11]). One says that the Wu class v_i is the class that represents Sq^i under the cup product.

According to a result of Wu (Wu wrote that this result comes from Cartan), in the case of an n-dimensional orientable manifold, then $v_{2k+1} = 0$ for all k.

3.4   Stiefel-Whitney classes and Wu classes

Let X be an n-dimensional $\mathbb{Z}_2$-homology manifold, one can define the following classes:

$$\widetilde{w}_i(X) = \sum_{k=0}^{i} Sq^k(v_{i-k}(X)), \qquad \text{for } 0 \leqslant r \leqslant n. \tag{3.5}$$

These classes are those denoted by W^i and called W-classes in the original Wu's paper [65].

Theorem 3.1 (Wu [65])   Let M be a compact n-dimensional manifold, then the classes $\widetilde{w}_i(M)$ coincide with the Stiefel-Whitney classes $w_i(M)$ of the tangent bundle to M. One has:

$$w_i(M) = \widetilde{w}_i(M)$$

and the Wu formula for the total classes

$$w(M) = Sq(v) \tag{3.6}$$

Since Sq is a ring automorphism of

$$H^{**}(M; \mathbb{Z}_2) = \prod_{i \geqslant 0} H^i(M; \mathbb{Z}_2),$$

then Sq^{-1} is defined on $H^{**}(M; \mathbb{Z}_2)$ and one may write

$$v = Sq^{-1}(w(M)).$$

This can be explicited in the following way, defining an "anti-automorphism" (canonical conjugation) χ or "antipode" of the Steenrod algebra: That is defined recursively, using the Thom's recursion formula

$$\sum_{i=0}^{n} Sq^i \chi(Sq^{n-i}) = 0$$

Since the mod 2 Steenrod algebra is generated multiplicatively by the elements Sq^{2^n}, χ is determined completely by knowledge of Sq^{2^n} for all n (see [48]). In Yoshida [88] an explicit formula for Wu classes in terms of the Stiefel-Whitney classes is proved:

$$v(M) = \chi(Sq)w(M) \tag{3.7}$$

Another way to explicit Wu classes in terms of Stiefel-Whitney classes is provided in [28] and uses the relation between the Wu classes and the Todd classes, as polynomials in the Stiefel-Whitney classes. The formula is

$$v_n \equiv 2^n \cdot \mathrm{Td}_n(w_1, \cdots, w_n) \qquad \mathrm{mod}\ 2, \tag{3.8}$$

through which the expansion of the Wu classes can be read off from the corresponding expansion of the Todd genus (see [27]).

Let X be an n-dimensional $\mathbb{Z}_2$-homology manifold, the Steenrod squares of Stiefel-Whitney classes are given by the famous Wu's formula [67]:

$$Sq^k(w_i) = \sum_{t=0}^{k} \binom{i-k+t-1}{t} w_{k-t} \cup w_{i+t}, \tag{3.9}$$

$$Sq^k(w_i) = w_k \cup w_i + \binom{k-i}{1} w_{k-1} \cup w_{i+1} + \cdots + \binom{k-i}{k} w_0 \cup w_{i+k},$$

where $w_j = w_j(\xi)$ and $i < k$.

One deduces the following relations between Stiefel-Whitney and Wu classes:

$$w_1 = Sq^0(v_1) = v_1$$
$$w_2 = Sq^0(v_2) + Sq^1(v_1) = v_2 + v_1 \cup v_1$$
$$w_3 = Sq^0(v_3) + Sq^1(v_2) = v_3 + Sq^1(v_2)$$
$$\cdots\cdots$$

and

$$v_1 = w_1$$
$$v_2 = w_2 + w_1^2$$
$$v_3 = w_1 \cup w_2$$
$$v_4 = w_4 + w_3 \cup w_1 + w_2^2 + w_1^4$$

$$v_5 = w_4 \cup w_1 + w_3 \cup w_1^2 + w_2^2 \cup w_1 + w_2 \cup w_1^3$$

$$v_6 = w_4 \cup w_2 + w_4 \cup w_1^2 + w_3^2 + w_3 \cup w_2 \cup w_1 + w_3 \cup w_1^2 + w_2^2 \cup w_1^2$$

. . . . . .

Example 3.2 (see [39, §11])   Let us consider a compact connected manifold M for which the cohomology algebra $H^*(M; \mathbb{Z}_2)$ is generated by a single element $a \in H^k(M; \mathbb{Z}_2)$ for a $k \geqslant 1$. That is the case of the spheres $\mathbb{S}^n$ with $k = n$, the projective spaces $\mathbb{P}\mathbb{R}^n$ with $k = 1$, $\mathbb{P}\mathbb{C}^n$ with $k = 2$ and $\mathbb{P}\mathbb{H}^n$ with $k = 4$. Other example have been provided by G. Hirsch (the Cayley plane) in 1947 and J.F. Adam showed in 1958 that the list is closed.

In that case, the dimension of M is a multiple of k. The total Steenrod square is

$$Sq(a) = a + a^2$$

and, by Cartan's formula

$$Sq(a^m) = a^m(1 + a)^m$$

so that the total Wu class is

$$v = \sum_{m=0}^{n} \binom{n-m}{m} a^m.$$

Wu formula 3.6 gives the total Stiefel-Whitney class

$$w(M) = (1 + a)^{q+1} = 1 + \binom{q+1}{1} a + \cdots + \binom{q+1}{q} a^q.$$

where the binomial coefficients are reduced modulo 2.

Example 3.3   Let us consider manifolds whose total Stiefel-Whitney class $w(M)$ has nonzero components only in degrees that are powers of 2, that is $w(M) = 1 + \sum_{j \geqslant 1} w_{2^j-1}$. The class of manifolds satisfying the condition includes the projective spaces. For example $w(\mathbb{RP}^5) = 1 + a^2 + a^4$, $w(\mathbb{RP}^9) = 1 + a^2 + a^8$ and $w(\mathbb{RP}^{11}) = 1 + a^4 + a^8$, where a is the class of the real classifying line bundle. For such manifolds, the Wu classes have the explicit form [88]:

$$v_i = \sum_{j=1}^{m} (w_{2^j-1})^{2^{m-j}} \qquad \text{if } i = 2^{m-1} \geqslant 1,$$

$$v_i = \sum_{j=1}^{m} \sum_{k=m+1}^{n} (w_{2^j-1})^{[(i-2^{k-1})/2^{j-1}]} (w_{2^k})^{2^{k-j-1}} \qquad \text{if } i = 2^{m-1} + 2^{n-1} \text{with } n > m \geqslant 1,$$

$$v_i = 0 \qquad \text{otherwise}$$

For the real projective space $\mathbb{RP}^n$, the total Wu class is $v(\mathbb{RP}^n) = \sum_{i=0}^{n} \binom{n-i}{i} a^i$ where a is the class of the classifying real line bundle.

3.5　Further properties and generalizations

3.5.1　*Additivity*

Proposition 1　*The Wu class is additive:*

$$v(E \oplus E') = v(E) \cup v(E')$$

From relation 3.7 and using the formula $w(E \oplus E') = w(E) \cup w(E')$, one has $v(E \oplus E') = \chi(Sq)(w(E \oplus E')) = \chi(Sq)(w(E) \cup w(E')) = \chi(Sq)(w(E)) \cup \chi(Sq)(w(E'))$ and the result.

3.5.2　*Odd dimensional Wu classes[48]*

The odd-dimensional Wu classes can be written in terms of the lower Wu classes via the formula [88]:

$$v_{2n+1} = \sum_{i \geqslant 1} (w_1)^{2^i - 1} v_{2n+2-2^i}.$$

The consequence is that, for oriented manifolds the odd-dimensional Wu classes are zero (see section 1.3.3).

3.5.3　*A Wu formula in $\mathbb{Z}_p$*

Wu himself defined other characteristic classes for cohomology with coefficients in $\mathbf{F}_p = \mathbb{Z}_p = \mathbb{Z}/p\mathbb{Z}$ for p an odd prime [72]. He extended Thom's formula (see 3.3) to the Steenrod reduced powers P_p^n (see [53]) and defined for a vector bundle E :

$$q_n(E) = \Phi^{-1}(P_p^n(\Phi(1))).$$

These classes played an important role in the developments of the theory of fibrations.

3.5.4　*Atiyah-Hirzebruch generalization*

Atiyah and Hirzebruch [1] (see also [33]) generalize the notion of Wu classes in the following way: Let λ be a natural ring automorphism of $H^{**}(M; \mathbb{Z}_2)$ and Φ the Thom isomorphism of a real vector bundle $E = \xi$ on M. Define

$$\underline{\lambda} = \underline{\lambda}(\xi) = \Phi^{-1} \circ \lambda \circ \Phi(1) \qquad \text{and} \qquad Wu(\lambda, \xi) = \lambda^{-1} \circ \underline{\lambda} = \lambda^{-1} \circ \Phi^{-1} \circ \lambda \circ \Phi(1).$$

If $\lambda = Sq$, then $\underline{\lambda} = w$ is the total Stiefel-Whitney class $w(\xi)$ of ξ and with $\xi = \tau M$ the tangent bundle of M, we have $Wu(Sq, \tau M) = v$ the total Wu class of M.

Atiyah and Hirzebruch observe that the generalized Wu class $Wu(\lambda, \xi)$ is defined as a commutator class, measuring how λ and Φ commute. This is similar to the situation considered in the (differential) Riemann-Roch formulas, in which the interaction between the Chern character and the Thom isomorphism in K-theory and rational cohomology is formulated. Let us explicit the relation. Let Td_i be the i-th Todd polynomial (see [27]), then $2^i \cdot \mathrm{Td}_i$ is a rational polynomial with denominators prime to 2, hence its restriction to mod 2 cohomology is well defined. Then Atiyah and Hirzebruch proved (compare to formula (3.8)):

Theorem 2

$$Wu(Sq, \xi) = \sum_{i \geqslant 0} 2^i \cdot \mathrm{Td}_i(w_1(\xi), w_2(\xi), \cdots, w_i(\xi)) \qquad in \qquad H^{**}(M; \mathbb{Z}_2).$$

For a continuous map $f : M \to N$ between closed differentiable manifolds the analogue of the Riemann-Roch formula is

$$f_!(\lambda(x) \cup Wu(\lambda^{-1}, \tau M)) = \lambda(f_!(x)) \cup Wu(\lambda^{-1}, \tau N)).$$

Here the Umkehr map of f, denoted by $f_!$, is defined by f_* via Poincaré duality:

$$\begin{array}{ccc} H^{m-i}(M; \mathbb{Z}_2) & \xrightarrow{\;f_!\;} & H^{n-i}(N; \mathbb{Z}_2) \ , \\ \simeq \Big\downarrow P_M & & \simeq \Big\downarrow P_M \\ H_i(M; \mathbb{Z}_2) & \xrightarrow{\;f_*\;} & H_i(N; \mathbb{Z}_2) \end{array}$$

with $\dim M = m$ and $\dim N = n$.

In the case $f : M \to *$, this reduces to

$$\langle Wu(\lambda, \tau M) \cup x, [M] \rangle = \langle \lambda(x), [M] \rangle,$$

generalizing the formula (3.4) that we recall:

$$\langle v \cup x, [M] \rangle = \langle Sq(x), [M] \rangle. \qquad (3.10)$$

3.5.5 Yoshida-Stong formulae

The Yoshida-Stong formulae ([88]) provide an expression of the "Universal Wu class" v_i in terms of the Stiefel-Whitney classes modulo an ideal. More precisely, let BO be the classifying space for real vector bundles. The universal Wu class $v_i \in H^i(BO; \mathbb{Z}_2)$ is defined inductively by

$$v_0 = 1 = w_0 \quad \text{and} \quad w_i = \sum_{j=0}^{i} Sq^j v_{i-j}.$$

Let us define the ideal $I^{(2)}$ as the ideal $I^{(2)} = (w_1^2, w_2^2, \cdots)$ of $H^*(BO; \mathbb{Z}_2)$ generated by the squares w_i^2 for $i \geqslant 1$, then

$$v_a \equiv v_{a_1} \cdots v_{a_\ell} \quad \mod \quad I^{(2)}$$

for any $a \geqslant 1$ where $a = a_1 + \cdots + a_\ell$ is the dyadic expansion of a.

Furthermore, in [88], the author provides an explicit formula for the even classes v_{2a}.

3.5.6　Index of 4n dimensional manifolds[9]

The index of a closed, oriented, smooth manifold M^{4n} is defined as

$$I(M) = \langle L(\nu_M), [M] \rangle \in \mathbb{Z}$$

where ν_M is the normal bundle of M and, for a vector bundle ξ with base space B, then $L(\xi) \in H^{4i}(M; \mathbb{Q})$ is given by the inverse of the Hirzebruch polynomial in the Pontrjagin classes (see [27]).

When interested only in the index modulo 2, then the formula is more simple:

$$I(M) \equiv \text{rank}_{\mathbb{Z}_2}(H^{2n}(M; \mathbb{Z}_2)) \quad (\text{mod}2)$$

and one has:

$$I(M) \equiv \langle v_{2n}^2(\nu_M), [M] \rangle \quad (\text{mod}2)$$

where $v_{2n}(\nu_M)$ is the Wu class of the normal bundle.

3.5.7　Relation to Pontrjagin classes

Let X be an oriented manifold, Hopkins and Singer (see [31]) provide a construction of Wu classes v_i^{Spin} related to a Spin structure on X (see section 1.5). Then the following Pontrjagin numbers in integral cohomology of X coincide with the Wu-classes under modulo 2 reduction $\mathbb{Z} \to \mathbb{Z}_2$:

$$v_4^{Spin} = \frac{1}{2}p_1$$

$$v_8^{Spin} = \frac{1}{8}(11p_1^2 - 20p_2)$$

$$v_{12}^{Spin} = \frac{1}{16}(37p_1^3 - 100p_1p_2 + 80p_3)$$

· · · · · ·

4. Applications of Wu classes - 1. Cobordism theory

4.1   The Thom theorem

The Stiefel-Whitney numbers of an (unoriented) closed n-dimensional manifold M are defined as

$$\langle w_{i_1}(M) \cup \cdots \cup w_{i_k}(M), [M] \rangle \in \mathbb{Z}_2$$

for any collection $(i_1, \cdots, i_k)$ of k-uples of integers $i \neq 2^j - 1$ such that $i_1 + \cdots + i_k = n$.

By Poincaré duality, $i.$ $e.$ isomorphism $P_M : H^i(M; \mathbb{Z}_2) \to H_{n-i}(M; \mathbb{Z}_2)$, the cup-product (in cohomology) corresponds to the intersection product denoted by $\bullet$ (in homology):

$$
\begin{array}{ccc}
H^i(M; \mathbb{Z}_2) \times H^j(M; \mathbb{Z}_2) & \xrightarrow{\cup} & H^{i+j}(M; \mathbb{Z}_2) \\
\simeq \downarrow {\scriptstyle P_M \times P_M} & & \simeq \downarrow {\scriptstyle P_M} \\
H_{n-i}(M; \mathbb{Z}_2) \times H_{n-j}(M; \mathbb{Z}_2) & \xrightarrow{\bullet} & H_{n-i-j}(M; \mathbb{Z}_2)
\end{array}
\tag{4.1}
$$

and one can define homology Stiefel-Whitney classes

$$\underline{w}_{n-i}(M) = P_M(w_i(M)).$$

The Stiefel-Whitney numbers are then defined either using cohomology or homology classes:

$$\langle w_{i_1}(M) \cup \cdots \cup w_{i_k}(M), [M] \rangle = \varepsilon(\underline{w}_{n-i_1}(M) \bullet \cdots \bullet \underline{w}_{n-i_k}(M)) \in \mathbb{Z}_2,$$

where ε is the evaluation map $\varepsilon : H_0(M; \mathbb{Z}_2) \to \mathbb{Z}_2$.

These numbers are known to be cobordism invariants. It was proved by Pontrjagin that if M is the boundary of a smooth compact $(n + 1)$ dimensional manifold, then the Stiefel-Whitney numbers of M are all zero. Later on, it was proved by René Thom that if all the Stiefel-Whitney numbers of M are zero then M can be realised as the boundary of some smooth compact manifold. So we have:

Theorem 4.1　*A smooth compact manifold M is the boundary of some smooth compact (unoriented) manifold if and only if all the Stiefel-Whitney numbers of M vanish.*

In particular, if M is not a boundary and $n > 0$, there must be an $i > 0$ for which $v_i \neq 0$. R. Stong and T. Yoshida show the following result:

Proposition 2 [58]　*For any integer k there is an integer N(k) so that a closed manifold M with Wu class $v = 1 + v_1 + \cdots + v_k$ bounds if $\dim M > N$.*

Contrary to what happens with Stiefel-Whitney classes, there is a closed manifold M^n which bounds with nonvanishing Wu class $v = 1 + v_1 + v_2 + v_3$ for $n > 7$, $v = 1 + v_1 + v_2$ for $n > 5$, and $v = 1 + v_1$ for $n > 2$.

The authors remark that no analogous result holds if one considers other characteristic classes. They provide various observations in this context.

Dold [15] has shown that a collection of Stiefel-Whitney numbers corresponds to a manifold M^n if and only if the following Wu relations are satisfied. For each $i_1 + \cdots + i_k + p = n$, we must have

$$(Sq^p(w_{i_1} \cdots w_{i_k}))[M^n] = v_p w_{i_1} \cdots w_{i_k}[M^n].$$

Here, the expression is to be understood as follows: The expression $Sq^p(w_{i_1} \cdots w_{i_k})$ is to be expressed as a polynomial in $w_1, w_2, \cdots$, using the Wu formula

$$Sq^p w_n = w_p w_n + \binom{p-n}{1} w_{p-1} w_{n+1} + \cdots + \binom{p-n}{p} w_0 w_{n+p}.$$

This result is used by Milnor [38] in an attempt to characterize classes in the Thom cobordism ring which contain spin manifolds. As Milnor writes, this attempt succeeds only through dimension [23].

4.2　The singular case - Intersection homology

In the singular case, several problems arise. The first one is that there is no more tangent bundle to a singular variety, then no more cohomology Stiefel-Whitney classes for singular spaces. One can define Stiefel-Whitney in homology [35], but intersection of cycles and Poincaré-Lefschetz duality do not exist with ordinary homology, so it is not possible to construct Stiefel-Whitney numbers with ordinary homology. The idea is to use intersection homology defined by Goresky and MacPherson for which intersection of cycles is well defined. In fact, Goresky and Pardon showed that Stiefel-Whitney classes do not lie in intersection homology, but Wu classes can be lifted to intersection homology. One can define Wu numbers and obtain an equivalent of Thom theorem for cobordism of spaces.

Now that we passed this first obstacle, a second one appears: intersection homology is not functorial, so that, in intersection homology, there are neither covariant nor contravariant maps associated to a map of spaces. Fortunately, for some classes of maps, such covariant and contravariant maps exist (see [3, 24]). That is the case, for instance, of so-called placid maps and of normally nonsingular maps. That allows us to formulate some results in this situation.

4.2.1 Pseudomanifolds

Definition 1 [25, 2.1] An n-dimensional pseudomanifold (without boundary) is a purely n-dimensional piecewise linear (PL for short) polyhedron which admits a triangulation such that each $(n-1)$ simplex is a face of exactly two n-simplices.

A pseudomanifold admits a piecewise linear stratification [5, I.1.4], which is a filtration by closed subspaces $\emptyset \subset X_0 \subset X_1 \subset \cdots \subset X_{n-2} \subset X_n = X$, with the singular part $\Sigma(X)$ of X being (included in) the element X_{n-2} of the filtration and such that for each point $x \in X_i - X_{i-1}$ there is a neighborhood U and a PL stratum preserving homeomorphism between U and $\mathbb{R}^{n-i} \times c(L)$, where $c(L)$ denotes the (open) cone on the link L of the stratum $X_i - X_{i-1}$, itself a stratified pseudomanifold (see [5, I.1.1]). If $X_i - X_{i-1}$ is non empty, it is a (non necessarily connected) manifold of dimension i, and is called the i-dimensional stratum of the stratification.

Definition 2 [25, 2.3] An n-pseudomanifold X with boundary ∂X is an n-dimensional compact PL space such that $X - \partial X$ is a pseudomanifold and ∂X is a compact $(n-1)$-dimensional PL subspace of X which has a collared neighborhood U in X, i.e. there is a PL homeomorphism $\varphi : U \cong \partial U \times [0, 1)$ such that the restriction $\varphi|_{\partial X}$ is the identity map.

Definition 3 [18] [24, 5.3.1] A map $f : X \to Y$ between pseudomanifolds is normally nonsingular if there exists a diagram

$$
\begin{array}{ccc}
N_f & \xrightarrow{\;\;i\;\;} & Y \times \mathbb{R}^k \\
\pi \Big\uparrow\!\!\Big\downarrow s & & \Big\downarrow p \\
X & \xrightarrow{\;\;f\;\;} & Y
\end{array}
$$

where $\pi : N_f \longrightarrow X$ is a vector bundle with zero-section s, i is an open embedding, p is the first projection and one has $f = p \circ i \circ s$. The bundle N_f is called the normal bundle.

Remark 4.2　According to Fulton-MacPherson [18], this definition says that *geometrically the singularities of X at any point x are no better or worse than the singularities of Y at f(x)*. In particular if the target space Y is smooth, then the domain is smooth after crossing with some $\mathbb{R}^k$, so it is a homology manifold, *i.e.*

$$H_p(X, X \setminus \{x\}; \mathbb{Z}) = \begin{cases} 0 & \text{if } p \neq n, \\ \mathbb{Z} & \text{if } p = n. \end{cases}$$

4.2.2　Intersection Homology and Cohomology

Reference for this section is Goresky-MacPherson original paper [23].

The notion of perversity is fundamental for the definition of intersection homology and cohomology. A perversity $\bar{p}$ is a multi-index sequence of integers $(p(2), p(3), \cdots)$ such that $p(0) = p(1) = p(2) = 0$ and $p(c) \leqslant p(c+1) \leqslant p(c) + 1$, for $c \geqslant 2$. Any perversity $\bar{p}$ lies between the zero perversity $\bar{0} = (0, 0, 0, \cdots)$ and the total perversity $\bar{t} = (0, 1, 2, 3, \cdots)$. In particular, we will use the lower middle perversity, denoted $\bar{m}$ and the upper middle perversity, denoted $\bar{n}$, such that

$$\bar{m}(c) = \left[\frac{c-2}{2}\right] \quad \text{and} \quad \bar{n}(c) = \left[\frac{c-1}{2}\right], \qquad \text{for } c \geqslant 2.$$

Let $\bar{p}$ be a perversity, the complementary perversity $\bar{q}$ is defined by

$$q(c) + p(c) = t(c) = c - 2 \qquad \text{for all } c \geqslant 2.$$

Let $\bar{p}$ and $\bar{r}$ be two perversities, if, for every $c \geqslant 2$, one has $p(c) \leqslant r(c)$, one will write $\bar{p} \leqslant \bar{r}$.

Let X be an n-dimensional pseudomanifold and $\bar{p}$ a perversity. The intersection homology groups with $\mathbb{Z}_2$ coefficients, denoted $IH_i^{\bar{p}}(X)$, are the homology groups of the chain complex

$$IC_i^{\bar{p}}(X) = \left\{ \xi \in C_i(X) \mid \begin{array}{ll} \dim(|\xi| \cap X_{n-c}) & \leqslant \quad i - c + p(c) \text{ and} \\ \dim(|\partial\xi| \cap X_{n-c}) & \leqslant \quad i - 1 - c + p(c), \forall c \geqslant 2. \end{array} \right\},$$

where $C_i(X)$ denotes the group of compact i-dimensional PL chains ξ of X with $\mathbb{Z}_2$ coefficients and $|\xi|$ denotes the support of ξ.

The intersection cohomology groups with $\mathbb{Z}_2$ coefficients, denoted $IH_{\bar{p}}^{n-i}(X)$, are defined as the groups of the cochain complex (see also [25])

$$IC_{\bar{p}}^{n-i}(X) = \left\{ \gamma \in C^{n-i}(X) \mid \begin{array}{ll} \dim(|\gamma| \cap X_{n-c}) & \leqslant \quad i - c + p(c) \text{ and} \\ \dim(|\partial\gamma| \cap X_{n-c}) & \leqslant \quad i - 1 - c + p(c), \forall c \geqslant 2. \end{array} \right\},$$

where $C^{n-i}(X)$ denotes the abelian group, with $\mathbb{Z}_2$ coefficients, of all $(n-i)$-dimensional PL cochains of X with closed supports in X.

From now on, all homology and cohomology groups will be with $\mathbb{Z}_2$ coefficients, that we omit. The main properties of intersection homology that we use are the following:

Let X be a compact n-dimensional pseudomanifold, then, for any perversity $\bar{p}$, the Poincaré map P_X, cap-product by the fundamental class of X, naturally factorizes in the following way [23]:

$$H^{n-i}(X) \xrightarrow{\quad P_X \quad} H_i(X) \qquad (4.2)$$

with α_X and ω_X into $IH_i^{\bar{p}}(X)$

where α_X is induced by the cap-product by the fundamental class $[X]$ and ω_X is induced by the inclusion $IC_i^{\bar{p}}(X) \hookrightarrow C_i(X)$.

For perversities $\bar{p}$ and $\bar{r}$ such that $\bar{p} + \bar{r} \leqslant \bar{t}$, the intersection product

$$IH_i^{\bar{p}}(X) \times IH_j^{\bar{r}}(X) \to IH_{(i+j)-n}^{\bar{p}+\bar{r}}(X)$$

is well defined.

If X is a compact pseudomanifold, the Poincaré homomorphism

$$IH_{\bar{p}}^{n-i}(X) \to IH_i^{\bar{p}}(X), \qquad (4.3)$$

is an isomorphism.

4.3　The singular case——Cobordism of spaces

M. Goresky and W. Pardon define four classes of singular spaces for which they define various characteristic numbers and for which these characteristic numbers determine the cobordism groups. In the four cases, they construct characteristc numbers by lifting Wu classes to intersection homology. Then they can multiply them. In this survey we will mention one of these classes, the one of Locally Orientable Witt spaces.

In the singular case, the mod 2 *Steenrod square operations* have been defined in intersection cohomology by M. Goresky in [22] (see also[25, §4]), as operations

$$Sq^i : IH_{\bar{c}}^j(X) \to IH_{2\bar{c}}^{i+j}(X)$$

for perversities $\bar{c}$ such that $2\bar{c} \leqslant \bar{t}$. Via the above Poincaré duality (4.3), one has similar operations in intersection homology (with compact supports).

Definition 4 ([25, §5.1])   Let X be an n-dimensional pseudomanifold. Suppose $\bar{c}$ is a perversity such that $2\bar{c} \leqslant \bar{t}$. Let $\bar{b} = \bar{t} - \bar{c}$ be the complementary perversity. For any i with $0 \leqslant i \leqslant [n/2]$ the Steenrod square operation

$$Sq^i : IH_i^{\bar{c}}(X) \to IH_0^{2\bar{c}}(X) \to \mathbb{Z}_2$$

is given by multiplication with the intersection cohomology i^{th}-Wu class of X:

$$v^i(X) = v_{\bar{b}}^i(X) \in IH_{\bar{b}}^i(X).$$

One defines $v^i(X) = 0$, for $i > [n/2]$.

Definition 5 ([21, §5.1],[51])   A stratified pseudomanifold X is a $\mathbb{Z}_2$-Witt space if, for each stratum of odd codimension $2k+1$, then $IH_k^{\overline{m}}(L) = 0$, where L is the link of the stratum and $\overline{m}$ the lower middle perversity.

If X is a $\mathbb{Z}_2$-Witt space, then the middle intersection homology group is self-dual, *i.e.*, satisfies the Poincaré duality over $\mathbb{Z}_2$. Also the natural homomorphism

$$IH_{\overline{m}}^i(X) \to IH_{\overline{n}}^i(X)$$

is an isomorphism.

Definition 6 ([25, §8.1])   A stratified pseudomanifold X is locally orientable if, for each stratum, the link is an orientable pseudomanifold.

Definition 7 ([25, §10.2])   A stratified pseudomanifold X is a locally orientable Witt space if it is both locally orientable and a $\mathbb{Z}_2$-Witt space.

Lemma 4 ([25, §10.2])   *If X is a locally orientable Witt space then $Sq^1 Sq^{2i} = Sq^{2i+1}$ as homomorphisms*

$$IH_j^{\overline{m}}(X) \to IH_{j-2i-1}^{\overline{m}}(X).$$

In the situation of a locally orientable Witt space, the Wu classes which are defined as middle intersection homology classes, can be multiplied to construct characteristic Wu numbers

$$\varepsilon(v_i(X) \cdot v_j(X)) = \langle v^{n-i}(X) \cup v^{n-j}(X), [X] \rangle \in \mathbb{Z}_2$$

where $i + j = n$, the map $\varepsilon : H_0(X, \mathbb{Z}_2) \to \mathbb{Z}_2$ denotes the augmentation and the following diagram commutes:

$$
\begin{array}{ccccc}
IH_i^{\overline{m}}(X) \times IH_j^{\overline{m}}(X) & \xrightarrow{\quad\cdot\quad} & IH_0^{\bar{t}}(X) & \xrightarrow{\;\varepsilon\;} & \mathbb{Z}_2 \\
{\scriptstyle \cong \times \cong} \big\uparrow & & {\scriptstyle \cong} \big\uparrow & & \\
IH_{\overline{m}}^{n-i}(X) \times IH_{\overline{m}}^{n-j}(X) & \xrightarrow{\;\cup\;} & IH_0^n(X). & &
\end{array}
$$

Theorem 4.3 [25, Theorem 10.5]   *A locally orientable Witt space X of dimension n is a boundary of a locally orientable Witt space Y if and only if each of the characteristic Wu numbers*

$$v^{ij}(X) = \varepsilon(v^i(X)v^j(X)v^1(X)^{n-i-j}) \in \mathbb{Z}_2$$

vanish, where $\varepsilon : H_0(X; \mathbb{Z}_2) \to \mathbb{Z}_2$ denotes the augmentation.

Here, the class v^1 is a cohomology class and $v^i v^j$ is a (intersection) homology class, so the product is a well defined cobordism invariant.

The reader will find in [25] the discussion and results concerning cobordism of singular spaces considered by these authors and for other spaces than locally orientable Witt spaces.

4.4   The singular case——Cobordism of maps

In [7] the authors provide results concerning cobordism of maps, namely:

Definition 8 [6]   Let $f : X \to Y$ be a map between pseudomanifolds of dimensions m and n respectively. The triple (f, X, Y) is null-cobordant if there exist:

1. pseudomanifolds V and W with dimensions $m + 1$ and $n + 1$, respectively, and $\partial V = X$ and $\partial W = Y$.
2. a map $F : V \to W$ such that the following diagram commutes

$$
\begin{array}{ccc}
U_X & \xrightarrow{\ F_{|U_X}\ } & U_Y \\
\cong \downarrow \phi & & \psi \downarrow \cong \\
\partial V \times [0,1) & \xrightarrow{\ f \times Id\ } & \partial W \times [0,1),
\end{array}
$$

where U_X and U_Y are the collared neighborhood of X and Y in V and W respectively, and ϕ and ψ are PL diffeomorphisms such that $\phi(x) = (x, 0)$, $x \in \partial V$ and $\psi(y) = (y, 0)$, $y \in \partial W$.

3. $F_{|\partial V} = f : \partial V \to \partial W$.

Let $f : X \longrightarrow Y$ be a map, with X a compact locally orientable Witt space of pure dimension m and Y a closed n-dimensional smooth manifold. Then, we can define the map $f_! : IH_i^{\bar{p}}(X) \to IH_i^{\bar{p}}(Y)$ in such a way that the following diagram commutes

$$
\begin{array}{ccc}
H_i(X) & \xrightarrow{\ f_*\ } & H_i(Y) \\
\uparrow \omega_X & & \omega_Y \uparrow \cong \\
IH_i^{\bar{p}}(X) & \xrightarrow{\ f_!\ } & IH_i^{\bar{p}}(Y)
\end{array}
$$

i.e. $f_! = (\omega_Y)^{-1} \circ f_* \circ \omega_X$, where the map ω_Y is an isomorphism since Y is smooth.

We denote by $\widetilde{f_!}$ the composition map $\widetilde{f_!} = \alpha_Y^{-1} \circ f_!$, *i.e.* the composition map

$$IH_i^{\overline{p}}(X) \xrightarrow{\omega_X} H_i(X) \xrightarrow{f_*} H_i(Y) \xrightarrow{P_Y^{-1}} H^{n-i}(Y)$$

where the last arrow denotes the inverse Poincaré isomorphism.

Theorem 5 [6]　*Let $f : X \longrightarrow Y$ be a map where X is compact locally orientable Witt space of pure dimension m and Y a closed n-dimensional smooth manifold. If (f, X, Y) is null-cobordant, with $(f, X, Y) = \partial(F, V, W)$ and W is a smooth manifold, then for any partition ℓ and r numbers $u_1, \cdots, u_r$ satisfying $u_i \leqslant [m/2]$ for all i and $(\ell_1 + \ell_2 + \cdots \ell_s) + u_1 + \cdots + u_r + r(m - n) = n$, the Stiefel–Whitney–Wu numbers*

$$\langle w_\ell(Y).\widetilde{f_!}(v_{m-u_1}(X)).\cdots.\widetilde{f_!}(v_{m-u_r}(X)), [Y]\rangle$$

are zero.

Let $f : X \to Y$ be a proper and normally nonsingular map of pseudomanifolds, there is a unique Gysin map

$$f_! : IH_i^{\overline{m}}(X) \to IH_i^{\overline{m}}(Y)$$

such that the following diagram commutes [24, §5.4.3]:

$$\begin{array}{ccc} H_i(X) & \xrightarrow{f_*} & H_i(Y) \\ \big\uparrow{\scriptstyle \omega_X} & & \omega_Y \big\uparrow \\ IH_i^{\overline{p}}(X) & \xrightarrow{f_!} & IH_i^{\overline{p}}(Y). \end{array} \qquad (4.4)$$

The same result holds for placid maps as well (see [24] and [3, Proposition 3.2]).

Theorem 6 [6]　*Let $f : X \longrightarrow Y$ be a normally nonsingular (or placid) map, with X and Y compact locally orientable Witt spaces of pure dimension m and n respectively. If (f, X, Y) is null-cobordant, then for any u with $0 \leqslant u \leqslant n$, the following Wu numbers vanish:*

$$\langle v_{n-u}(Y).f_!(v_u(X)), [Y]\rangle = 0.$$

5. Applications of Wu classes——2.Mathematical Physics

It seems that the first mention of Wu classes in Mathematical Physics is in the paper of Hopkins and Singer [31] where Wu-structures are defined. See also the paper by Belov-Moore [9] where the authors extend the work of Witten [64] which uses the fact that on 8-dimensional Spin varieties there is a degree 4 characteristic class which lifts the Wu class in degree 4. However, Witten does not mention explicitely the Wu class.

From there, the notion of Wu-structure has been defined in Mathematical Physics by various authors (see [31, 40, 48]). Roughly speaking, the degree 2 Wu-structures are spin structures on oriented manifolds. They often appear in Physics but their generalization in higher degree is not so frequent.

Recently two papers appear on the subject: In the work of Hisham Sati [48], the Wu classes and Wu structures appear in string theory. In the work of Samuel Monnier [40], the Wu structures appear in order to generalize the theories of Chern-Simons spin in high degree.

In order to explicit these papers, we need the notion of classifying space (see for example [36]). Let G be a topological group (in particular $O(n)$, $SO(n)$), there is a universal bundle $\pi : EG \to BG$ with basis the classifying space BG and satisfying the following property: For any given principal G-bundle $p : E \to B$ there is a classifying map $f : B \to BG$ such that one has a bundle isomorphism $E \cong f^{\#}(EG)$, in other words, commutativity of the diagram :

$$
\begin{array}{ccc}
E \cong f^{\#}(EG) & \longrightarrow & EG \\
\downarrow{\scriptstyle p} & & \downarrow{\scriptstyle \pi} \\
B & \xrightarrow{\ f\ } & BG
\end{array}
$$

The Grassmannian $G(n, \mathbb{R}^{\infty})$ of n-planes in $\mathbb{R}^{\infty}$ is the classifying space $BO(n)$ of the orthogonal group $O(n)$. The total space is $EO(n) = V_n(\mathbb{R}^{\infty})$, the Stiefel manifold of n-dimensional orthogonal frames in $\mathbb{R}^{\infty}$ (see (2.1)).

Consider the principal fibration $BO[v_{2k}]$ over the classifying space BO of the orthogonal group, with fiber the Eilenberg-MacLane space $K(\mathbb{Z}_2, 2k - 1)$ and with Postnikov invariant of the fibration (for these notions, see [37]) equal to the Wu class $v_{2k} \in H^{2k}(BO; \mathbb{Z}_2)$. Given a fixed classifying map $f : M \to BO$ which represents a vector bundle ξ over X, by a *Wu structure on ξ*, one means a lifting $\widetilde{f} : M \to BO[v_{2k}]$ of the map f, with $f = \pi \circ \widetilde{f}$, where π is the projection of the fibration. If the obstruction $v_{2k}(\xi) = f^*(v_{2k})$ vanishes, then the set of all Wu structures on ξ has the natural structure of an affine space over $H^{2k-1}(M; \mathbb{Z}_2)$.

Definition 9   *A degree i Wu structure on a space M is a lifting $\widetilde{f}$ of the*

classifying space map $f : M \to BO$ *to the connected cover* $BO[v_i]$ *obtained from BO*
by killing the class v_i. *We have the following diagram*

$$
\begin{array}{ccc}
& & BO[v_i] \\
& \widetilde{f}\nearrow & \Big\downarrow \pi \\
M & \xrightarrow{\quad f \quad} & BO
\end{array}
\tag{5.1}
$$

In [40] the definition is provided using BSO instead of BO. In that case, the classifying space of the special orthogonal group $SO(n)$ is $BSO(n)$, the Grassmannian $\widetilde{G}(n, \mathbb{R}^\infty)$ of n-planes with a fixed orientation in $\mathbb{R}^\infty$

Degree i Wu structures on M exist if and only if $v_i(M) = 0$. A degree 2 Wu structure is a Spin structure and Spin manifolds admit degree i Wu structures for all i. A d-dimensional manifold M admits degree i Wu structures for all $i > d/2$.

Wu structures can be obtained from other structures, for instance Spin structure (see[40]).

H. Sati shows how the study of topological aspects of M-branes in M-theory leads to various structures related to Wu classes. The Wu classes can be interpreted as twisted classes, that introduces the notion of twisted Wu structure, generalizing many known structures such that twisted Spin structures.

Wu classes and Wu structures relative to a local system are defined and studied in [40]. The fact that on $(8k + 2)$-spaces, the Wu class v_{4k+2} always vanishes is useful for the study of the M5-brane as well as type IIB-string theory [47].

Let us quote S. Monnier [40] (private communication) : The Chern-Simons invariant is a secondary characteristic class induced by the second Chern class of a principal bundle. This invariant allows to construct very interesting topological quantic fields in Mathematical Physics. On the 4-dimensional Spin varieties, the second Chern class is necessarily even, that allows to construct a "Spin" Chern-Simons invariant in dimension 3, coming from a characteristic class which divides the second Chern class by 2. This "Spin" Chern-Simons invariant appears principaly in the modelization of the quantum Hall effect, in condensed matter physics, and also in string theory. The generalization of these theories of Spin Chern-Simons in higher degrees requires manifolds equipped of a Wu structure of corresponding degree. These theories are defined on manifolds with too high dimension for being pertinent in condensed matter physics, but they appear in String Theory.

6. The complex framework : Chern classes and Wu complex classes

6.1 Chern classes of vector bundles

In 1946, Chern Shiing Shen defined characteristic classes for complex vector bundles, providing various equivalent definitions, by obstruction theory, (as we made for the real case, see Section 1.2.1) using the cell decomposition of the complex Grassmannian manifold $G_{n,m}(\mathbb{C})$ by Schubert cells (as we explained above for the real case, see Section 1.2.2), using differential forms, transgression etc...

In his thesis, Wu Wen-Tsün extended Chern's idea of using the Ehresmann's cellular decomposition of the complex Grassmannian to arbitrary complex vector bundles over arbitrary finite simplicial complex. In Wu Wen-Tsün notation, the vector space X_ω of section 1.2.2 is replaced by its complexification $Z_\omega \subset \mathbb{C}^{m+n}$ and U_ω^+ and U_ω^- are replaced by the set W_ω of m-dimensional complex vector subspaces of $\mathbb{C}^{m+n}$ which project bijectively on Z_ω. The Schubert varieties are the closures $\overline{W}_\omega$ of the cells W_ω whose dimension is $2d(\omega)$ (see 2.8). Corresponding to the functions ω in the real case, Wu Wen-Tsün introduced the special functions ω for which

$$\omega(j) = 0 \quad \text{for} \quad 1 \leqslant j \leqslant m-1, \qquad \omega(m) = k,$$

which he denoted by $\overline{\omega}_k^m$. One has $2d(\overline{\omega}_k^m) = 2k$. The corresponding cochains are cocycles in $Z^*(G_{m+n,m}(\mathbb{C}); \mathbb{Z})$ and the corresponding cohomology classes $c_k \in H^{2k}(G_{m+n,m}(\mathbb{C}); \mathbb{Z})$ are, by definition, the Chern classes of the tautological vector bundle $U_{m+n,m}(\mathbb{C})$. From this definition, one gets the Chern classes of any complex vector bundle, by the usual pullback.

Chern explicited in 1947 the cohomology algebra $H^*(G_{m+n,m}(\mathbb{R}); \mathbb{Z}_2)$ and proved that the Stiefel-Whitney classes w_k of $U_{m+n,m}(\mathbb{R})$ form a system of generators for this algebra. Using differential forms, Chern proved that, similarly, the Chern classes c_k are generators of the algebra $H^*(G_{m+n,m}(\mathbb{C}); \mathbb{Z})$. Wu Wen-Tsün stated the same result and mentioned that similar properties hold for the quaternionic Grassmannian $G_{m+n,m}(\mathbb{H})$.

In his thesis, Wu Wen-Tsün simplified the proof he had previously given for the product formula for Stiefel-Whitney classes 2.4 and extended it to Chern classes:

$$c(E \oplus E'; t) = c(E; t) \smile c(E'; t). \tag{6.1}$$

where, for a complex vector bundle E, one define the total Chern class:

$$c(E; t) = \sum_i c_i(E) t^i.$$

Wu Wen-Tsün defined the conjugate $E^\dagger$ of a complex vector bundle by taking on each fiber the complex structure for which the scalar product is $(\lambda, z) \mapsto \overline{\lambda} z$ and he proved the formula

$$c_k(E^\dagger) = (-1)^k c_k(E).$$

The complexification $E_{(\mathbb{C})}$ of a real vector bundle (E, B, p) is defined as $E_{(\mathbb{C})} = E \otimes_{\mathbb{R}} \mathbb{C}$ and is a complex vector bundle with base B and whose complex rank is equal to the real rank of E. The conjugate $(E_{(\mathbb{C})})^\dagger$ is isomorphic to $E_{(\mathbb{C})}$ and one has

$$c_k(E_{(\mathbb{C})}) = (-1)^k c_k(E_{(\mathbb{C})}) \in H^{2k}(B; \mathbb{Z})$$

hence $2c_k(E_{(\mathbb{C})}) = 0$ for odd k. Wu Wen-Tsün showed that the Pontrjagin classes of a real vector bundle E are given by

$$p_j(E) = (-1)^j c_{2j}(E_{(\mathbb{C})})$$

so that properties of Pontrjagin classes can be deduced from those of Chern classes. In particular, for two vector bundles E and E' with same base space, one has

$$2p(E \oplus E'; t) = 2p(E; t) \smile p(E'; t).$$

Wu Wen-Tsün proved also for Pontrjagin classes a formula similar to the formula 2.5 for Stiefel-Whitney classes.

6.2　Chern classes of singular varieties

In the singular case, if there were various constructions, even combinatorial, for Stiefel-Whitney classes of (real) singular varieties, it took a long time before having some people providing definition of characteristic (Chern) classes for (complex) singular varieties. The problem is that there is no more tangent bundle in the case of singular varieties and the construction of Chern classes of bundles does not apply. In fact, in the same year 1965, two constructions of Chern classes for singular varieties have been published. The one was published by Wu Wen-Tsün, in Chinese [74], the other was published by Marie-Hélène Schwartz, in French [50]. Apparently, nobody (at least few people) took care of these publications. The relation between (complex)

Wu classes and Schwartz classes appeared thirty years later, through the works of Bob MacPherson and Jianyi Zhou.

In 1969, Pierre Deligne and Alexandre Grothendieck conjectured existence and unicity of Chern classes for singular algebraic varieties. The conjecture has been proved by Bob MacPherson in year 1974 [35]. One of the fundamental ingredients of the MacPherson construction is the Mather class, defined using the so-called Nash transformation (see below Section 1.6.5). The MacPherson class is a combination of Mather classes, the coefficients being defined using the local Euler obstruction.

MacPherson classes are defined for all constructible functions on the singular variety. In 1979, it has been proved by Marie-Hélène Schwartz and myself that MacPherson classes (for the constructible function with everywhere value 1), are the same as previously defined Schwartz classes (see [8]).

In 1989, one day, somebody knocked at the door of my office in University of Lille (France). After I said to enter, nothing happened. The same repeated. The third time, I came to open the door and saw a young Chinese with a letter in the hand. The letter was from Shih Weishu, a Chinese mathematician at IHES, in Paris and with whom I was working inside a friendly group of researchers. The letter said (in approximate French) "I send you Jianyi Zhou, he does not speak French, he does not speak English, only Chinese, he is a very good mathematician". Later on I learned that Henri Cartan recommended to Shih Weishu to send me Jianyi Zhou.

Jianyi Zhou became my student, and in fact, has been very useful for understanding the construction of Chern classes for singular varieties, due to Wu Wen-Tsün, that was published in Chinese [74, 75]. In his doctoral thesis [90], Jianyi Zhou shows that the Nash transformation corresponds to the previously described Wu transformation and that the Mather classes are equal to the Wu classes.

That provides the relation between the 1965 Wu and Schwartz classes: As MacPherson classes are combination of Mather classes, in fact, Schwartz classes are combination of Wu classes.

This section is taken from [89, 90], with references to [74, 75].

6.3　Wu transformation

Let X be a d-dimensional algebraic complex projective variety in $\mathbb{P}^n(\mathbb{C})$.

Definition 10　One says that ξ is a generic point of X if, for an extension $\widetilde{\mathbb{C}}$ of $\mathbb{C}$, then ξ is a point of $\mathbb{P}^n(\widetilde{\mathbb{C}})$ such that $\widetilde{X} \cap \mathbb{P}^n(\mathbb{C}) = X$, where $\widetilde{X} = \overline{\{\xi\}}$ is the Zariski closure of $\{\xi\}$ in $\mathbb{P}^n(\widetilde{\mathbb{C}})$. A proper specialisation of ξ is a solution, on $\mathbb{C}$, of equations satisfied by ξ.

Let us consider the space $\mathbb{P}^{n_1,\cdots,n_r}\mathbb{C} \cong \mathbb{P}^{n_1}\mathbb{C} \times \cdots \times \mathbb{P}^{n_r}\mathbb{C}$, with homogeneous co-ordinates $(x^{(1)}, \cdots, x^{(r)})$ where $x^{(j)} = (x_0^{(j)} : \cdots : x_{n_j}^{(j)}) \in \mathbb{P}^{n_j}\mathbb{C}$. Let $f_i(x^{(1)}, \cdots, x^{(r)})$ a family of polynomials homogeneous in every $x^{(j)}$ and with coefficients in $\mathbb{C}$. The set of points $(x^{(1)}, \cdots, x^{(r)}) \in \mathbb{P}^{n_1,\cdots,n_r}\mathbb{C}$ satisfying $f_i(x^{(1)}, \cdots, x^{(r)}) = 0$ for all i is an algebraic subset in $\mathbb{P}^{n_1,\cdots,n_r}\mathbb{C}$ called r-multiple algebraic projective set.

Theorem 7 [30, II, p.92]   *If the point $(x^{(1)}, \cdots, x^{(r)}) \in \mathbb{P}^{n_1,\cdots,n_r}\mathbb{C}$ is a proper specialisation of $\xi^{(1)}, \cdots \xi^{(r)}$, then for $s < r$, the point $(x^{(1)}, \cdots, x^{(s)})$ is a proper specialisation of $\xi^{(1)}, \cdots \xi^{(s)}$; reciprocally, if $(x^{(1)}, \cdots, x^{(s)})$ is a proper specialisation of $\xi^{(1)}, \cdots \xi^{(s)}$, then there is a proper specialisation $(x^{(1)}, \cdots, x^{(s)}, x^{(s+1)}, \cdots, x^{(r)})$ of $(\xi^{(1)}, \cdots, \xi^{(s)}, \xi^{(s+1)}, \cdots, \xi^{(r)})$.*

The set

$$G = \{(x, P) | x \in P, P \text{ is a } d\text{-plane in } \mathbb{P}^n\mathbb{C}\}$$

is an algebraic manifold of dimension $m = n + d(n - d)$. Using the Plücker coordinates [30] of a projective subspace of $\mathbb{P}^n\mathbb{C}$, a d-projective plane in $\mathbb{P}^n\mathbb{C}$ is identified with a point in $\mathbb{P}^N\mathbb{C}$ where $N = C_{n+1}^{n-d} - 1$ and the variety G is a 2-multiple variety in $\mathbb{P}^{n,N}\mathbb{C}$.

Let us fix a flag $\{D_i\}$ in the projective space $\mathbb{P}^n\mathbb{C}$ and integers a and $0 \leqslant b_0 < b_1 < \cdots < b_d \leqslant n$, where a is one of the b_i. Following Ehresmann [16] we denote

$$[a/b_0, b_1, \cdots, b_d] = \{(x, P) | x \in P \cap D_a \text{ and } \dim(P \cap D_{b_i}) \geqslant i, \quad \forall i = 0, \cdots d\}.$$

Then $[a/b_0, b_1, \cdots, b_d]$ is a cycle in G with dimension $a + \sum_i'(b_i - i)$ where $\sum_i'$ is the sum on all indices i such that $b_i \neq a$.

Cycles corresponding to same integers but different flags are algebraically equivalent. Their classes called "fundamental classes" are a basis of the Chow ring $\mathcal{A}_*(G)$ of G, relatively to algebraic equivalence [16, 75].

Theorem 8   *Let us consider two fundamental classes*

$$[a/b_0, b_1, \cdots, b_d] \quad and \quad [a'/b_0', b_1', \cdots, b_d'],$$

with complementary dimensions, their intersection multiplicity is equal to

$$\begin{cases} 1 & if \quad a' = n - a \text{ and } b_i' = n - b_{d-i} \text{ for all } i; \\ 0 & otherwise. \end{cases}$$

A generic point ξ of X is a simple point, that means that if $\{f_i\}$ is a finite number of polynomials defining X, then the jacobian matrix $((\partial f_i/\partial x_j)(\xi))$ has maximal rank $n - d$. The projective tangent space $T_\xi(\widetilde{X})$ of $\widetilde{X}$ at ξ is well defined in $\mathbb{P}^n\widetilde{\mathbb{C}}$.

Definition 11   The variety $\widehat{X}_W$ in G whose $(\xi, T_\xi(\widetilde{X}))$ is a generic point is called Wu transformation of X.

The restriction to $\widehat{X}_W$ of the projection of G on $\mathbb{P}^n\mathbb{C}$ is a birational map ν : $\widehat{X}_W \to X$.

Let us denote by $G(d, n)$ the Grassmannian manifold of d-planes in $\mathbb{P}^n\mathbb{C}$ and by X_{reg} the smooth subset of X. There is a map $\phi : X_{\mathrm{reg}} \to G(d, n)$ such that $\phi(x) = T_x(X_{\mathrm{reg}})$. The Nash transformation $\widehat{X}_N$ of X is the Zariski closure of the graph of ϕ in G.

Theorem 9 [89, 90]   *The Wu and Nash transformations coincide:* $\widehat{X}_W = \widehat{X}_N$.

Proof   The proof [89, 90] goes as follows: On the one hand, a smooth point x of X is a proper specialisation of ξ. As $((\partial f_i/\partial x_j)(\xi))$ depends algebraically of ξ, according to Theorem 7 there is an unique proper specialisation $(x, T_x(X))$ of $(\xi, T_\xi(\widetilde{X}))$ in G. Then, over X_{reg}, the map ν is an isomorphism.

On the other hand, a point (x, P) of $\widehat{X}_W$ is a proper specialisation of $(\xi, T_\xi((\widetilde{X})))$. According to Theorem 7, x is a proper specialisation of ξ, that is a point of X. Over the singular part, one recovers the accumulation points of the graph of ϕ.

6.4 Wu classes (complex case)

The construction of "Chern"-Wu classes uses the group $\mathcal{A}_*(X)$ of algebraic equivalence classes of X and morphisms that we recall below [74].

The variety G is an m-dimensional manifold, with $m = n + d(n - d)$. One defines the "duality" map

$$\mathrm{Dual} : \mathcal{A}_s(G) \to \mathcal{A}_{m-s}(G),$$

such that image of the class $[a/b_0, b_1, \cdots, b_d]$ is the class

$$[n - a/n - b_d, n - b_{d-1}, \cdots, n - b_0].$$

The variety G contains $\widehat{X}$. If two representants U_1 and U_2 of an element of $\mathcal{A}_r(G)$ intersect simply $\widehat{X}$ and $\widehat{X}'$, [30, II,p.170] then $U_1 \bullet \widehat{X} \cong U_2 \bullet \widehat{X}$. That induces a map

$$I_r : \mathcal{A}_r(G) \to \mathcal{A}_t(\widehat{X}, \widehat{X}'), \text{ where } t = r + d - m.$$

The map $\nu : \widehat{X} \to X$ is a birational transformation such that, if X' is the singular part of X, then $\widehat{X}' = \nu^{-1}(X')$ contains the singular part of $\widehat{X}'$ and ν is a bijection on $\widehat{X} \setminus \widehat{X}'$. Then ν induces a map

$$\nu_r : \mathcal{A}_r(\widehat{X}, \widehat{X}') \to \mathcal{A}_r(X, X').$$

Let X' be an algebraic subset of X containing the singular part of X. The subgroup $\mathcal{A}_*(X, X')$ of $\mathcal{A}_*(X)$ of non-negligeable classes relatively to X' is the subgroup of classes of algebraic classes whose no component is contained in X'. For all r, one has a natural inclusion

$$J_r : \mathcal{A}_r(X, X') \to \mathcal{A}_r(X).$$

Let us denote by W_s the composition of maps:

$$\mathcal{A}_s(G) \xrightarrow{\text{Dual}} \mathcal{A}_{m-s}(G) \xrightarrow{I_{m-s}} \mathcal{A}_{d-s}(\widehat{X}, \widehat{X'}) \xrightarrow{\nu_{d-s}} \mathcal{A}_{d-s}(X, X') \xrightarrow{J_{d-s}} \mathcal{A}_{d-s}(X).$$

Definition 12[74]   The Wu classes are defined by:

$$c^W_{d-s}(X) = \sum_{i=0}^{s}(-1)^i \binom{d-i+1}{d-s+1} W_s\left([s-i/0, \cdots, d-i, d-i+2, \cdots, d+1]\right).$$

$$(6.2)$$

Using the classical homomorphism:

$$\lambda : \mathcal{A}_{d-s}(X) \to H_{2d-2s}(X).$$

one has the

Theorem 10[74]   *Let X be a smooth d-dimensonal algebraic manifold in $\mathbb{P}^n\mathbb{C}$. One has*

$$\lambda(c^W_{d-s}(X)) = P(c^s(X))$$

where $c^s(X))$ are the classical Chern (cohomology) classes of X and P denotes the Poincaré duality isomorphism.

We note that Gamkrelidze [19, 20] provides combinatorial formulae for homological Chern classes of G in terms of Schubert cycles:

$$c_s(G) = c^{m-s}(G) \cap [G] = \sum_{i=0}^{s}(-1)^i \binom{d-i+1}{d-s+1}[s-i/0, \cdots, d-i, d-i+2, \cdots, d+1].$$

6.5   Mather classes

Let us consider the Nash transformation $\nu : \widehat{X} \to X$ and the Nash bundle $\widehat{T}$ with basis $\widehat{X}$, that is the bundle whose fibre at $(x, P) \in \widehat{X}$ is

$$\{(x, v, P) | v \in P\}.$$

The Mather classes of X are defined by

$$c^M(X) = \nu_*(c^*(\widehat{T}) \cap [\widehat{X}]),$$

where $c^*(\widehat{T})$ is the total cohomology Chern class of the bundle $\widehat{T}$ and the Poincaré homomorphism $H^*(\widehat{X}) \to H_{d-*}(\widehat{X})$, cap-product by the fundamental class $[\widehat{X}]$ is not necessarily an isomorphism.

Ragni Piene [43] provided an expression of Mather classes in terms of polar varieties, in the following way; Let us recall that the k-th polar variety of X relatively to a linear subspace L_k of codimension $d - k + 2$ in $\mathbb{P}^n\mathbb{C}$ is defined as:

$$M_k = \text{closure of } \{x \in X_{\text{reg}} | \dim(T_x(X_{\text{reg}}) \cap L_k) \geqslant k - 1\}.$$

For a linear subspace L_k in general position, M_k represents a class of rational equivalence of codimension k in X, denoted by $[M_k]$. Let us denote by $\mathcal{L}$ the restriction of the hyperplane bundle to X, that is

$$\mathcal{L} = \mathcal{O}_{\mathbb{P}^n\mathbb{C}}(1)|_X,$$

one has

$$c_{d-k}^M(X) = \sum_{i=0}^{k} (-1)^i \binom{d-i+1}{d-k+1} c_1(\mathcal{L})^{k-i} \cap [M_i]. \tag{6.3}$$

6.6 Wu classes and Mather classes

Theorem 11 [89, 90, 34] *The homology Wu classes and the Mather classes of an irreducible algebraic projective variety coincide.*

Proof The result was proved by Jianyi Zhou in 1994 [89] and by X.F. Liu, post-doctoral student of Wu Wen-Tsün, in 1996 [34]. The proofs are similar. The two papers [90] and [34] provide several examples.

The proof, by J. Zhou, goes as follows: According to formulae (6.2) and (6.3), it is suffcient to prove that

$$c_1(\mathcal{L})^{k-i} \cap [M_i] = W_{d-k}([k-i/0, \cdots, d-i, d-i+2, \cdots, d+1]).$$

For a choosen flag $\{D_i\}$, the dual of the cycle $[k-i/0, \cdots, d-i, d-i+2, \cdots, d+1]$ is the cycle $[n-k+i/n-d-1, \cdots, n-d+i-2, n-d+i, \cdots, n]$, that is the set of pairs

$$\{(z, P) | z \in D_{n-k+i}, P \text{ is a } d\text{-plane in } \mathbb{P}^n\mathbb{C}; \dim(P \cap D_{n-d+i-2}) \geqslant i - 1\}.$$

Then $I_{m-s} \circ \text{Dual}([k-i/0, \cdots, d-i, d-i+2, \cdots, d+1])$ is:

$$\{(x, P) \in \widehat{X} | x \in D_{n-k+i} \cap \widehat{X}, \dim(P \cap D_{n-d+i-2}) \geqslant i - 1\}$$

and $W_{d-k}([k-i/0, \cdots, d-i, d-i+2, \cdots, d+1])$ is the closure of

$$\{x \in D_{n-k+i} \cap X_{\mathrm{reg}} | \dim(T_x(X_{\mathrm{reg}}) \cap D_{n-d+i-2}) \geqslant i-1\},$$

that is the closure of

$$\{x \in X_{\mathrm{reg}} | \dim(T_x(X_{\mathrm{reg}}) \cap D_{n-d+i-2}) \geqslant i-1\} \cap D_{n-k+i},$$

which is $M_i \cap D_{n-k+i}$. Its class is $[M_i] \cap [D_{n-k+i}]$.

But, as $c_1(\mathcal{L})^{k-i} \cap [\mathbb{P}^n\mathbb{C}] = [L_{n-k+i}]$, the cap-product $c_1(\mathcal{L})^{k-i} \cap [M_i]$ is the intersection $[M_i] \cap [L_{n-k+i}]$ and the result.

Dedicace: The author would like to dedicate this paper to Wu Wen-Tsün who passed away on 7th May 2017, 5 days before getting 98. The author had the great pleasure to meet Wu Wen-Tsün in Chinese Academy of Science, in Beijing, in 1992 and to have with him a very interesting and fruitful discussion about characterisic classes.

References

[1] Atiyah M.F. and Hirzebruch F. Cohomologie-Operationen und characteristische Klassen. Math. Z., 1961, 77: 149-187.

[2] Li Banghe. Wu Wen-Tsün – An Outstanding Mathematician. Acta Mathematica Scientia, 1989, 9(4): 361-365.

[3] Barthel G., Brasselet J.-P., Fieseler K., Gabber O. and Kaup L. Relèvement de cycles algébriques et homomorphismes associés en homologie d'intersection [Lifting of algebraic cycles and associated homomorphisms in intersection homology]. Ann. of Math., 1995, 141(2): 147-179.

[4] Belov D.M. and Moore G.W. Holographic action for the Self-Dual Field. https://arxiv.org/abs/hep-th/0605038.

[5] Borel A. et al. Intersection Cohomology. Progress in Mathematics, 50, Swiss seminars, Boston, 1984, ISBN: 0-8176-3274-3.

[6] Brasselet J.-P., Libardi A.K.M., Rizziolli E.C. and Saia M.J. Cobordism of Maps of Locally Orientable Witt Spaces. arXiv:1403.1983v1.

[7] Brasselet J.-P., Libardi A.K.M., Rizziolli E.C. and Saia M.J. The Wu classes on cobordism theory. Preprint 2017.

[8] Brasselet J.-P., Schwartz M.H. Sur les classes de Chern d'un ensemble analytique complexe. Astérisque, 1981, 82-83: 93-147.

[9] Brumfiel G.W. and Morgan J.W. Quadratic functions, the index modulo 8 and a Z/4-Hirzebruch formula. Topology, 1973, 12: 105122.

[10] Cartan H. Séminaire Henri Cartan tome 2 (1949-1950) exp. 14 and exp. 15. Carrés de Steenrod. exposés de H. Cartan on 13th and 20th March 1950.

[11] Cheeger J. A combinatorial formula for Stiefel-Whitney homology classes. J.C. Cantrell and C.H. Edwards (eds) Markham Publ. Co., 1970.

[12] Chern S.S. Characteristic classes of hermitian manifolds. Ann. of Math, 1946, 47: 85-121.

[13] Chern S.S. On the multiplication in the characteristic ring of a sphere bundle. Ann. of Math, 1948, 49: 362-372.

[14] Dieudonné J.A. A history of algebraic and differentialtopology, 1900-1960. Boston: Birkhauser, 1989.

[15] Dold A. Vollständigkeit der Wu-schen Relationen zwischen den Stiefel-Whitneyschen Zahlen differenzierbarer Mannigfaltigkeiten. Math. Z., 1956, 65: 200-206.

[16] Ehresman C. Sur la topologie de certain espaces homogènes. Ann. of Math, 1934, 35: 396-443.

[17] Ehresman C. Sur la topologie de certaines variétés algébriques réelles. J. Math. Pures Appl., 1937, 16(9): 69-100.

[18] Fulton W. and MacPherson R. Categorical framework for the study of singular spaces. Mem. Amer. Math. Soc., 1981, 31: 243.

[19] Gamkrelidze P.B. Computation of the Chern cycles of algebraic manifolds. Doklady Akad. Nauk SSSR, (N.S.), 1953, 90(5): 719-722 (in Russian).

[20] Gamkrelidze P.B. Chern's Cycles of Algebraic Manifolds. Izv. Acad. Scis., CCCP, Math., 1956, 20: 685-706 (in Russian).

[21] Goresky M. Whitney stratified chains and cochains. Trans. Amer. Math. Soc., 1956, 20: 175-196.

[22] Goresky M. Intersection Homology operations. Comment. Math. Helvet., 1984, 59: 485-505.

[23] Goresky M. and MacPherson R. Intersection homology theory. Topology, 1980, 19(2): 135-162.

[24] Goresky M. and MacPherson R. Intersection homology II. Invent. Math., 1983, 72(1): 77-129.

[25] Goresky M. and Pardon W. Wu Numbers of Singular Spaces. Topology, 1989, 28: 325-367.

[26] Halperin S. and Toledo D. Stiefel-Whitney homology classes. Ann. of Maths, Second series, 1972, 96(3): 511-525.

[27] Hirzebruch F. Topological Methods in Algebraic Geometry. Springer-Verlag, 1966.

[28] Hirzebruch F., Berger T. and Jung R. Manifolds and modular forms. Friedr. Vieweg

and Sohn, Braunschweig, 1992.

[29] James I.M. (ed.). History of Topology. North-Holland, Elesevier Science B.V, 1999.

[30] Hodge W.V.D. and Pedoe D. Methods of Algebraic Geometry. Volume I (Book II), Cambridge University Press (1994) [1947].

[31] Hopkins M.J. and Singer I.M. Quadratic Functions in Geometry, Topology and M-Theory. J. Differential Geom., 2005, 70(3): 329-452.

[32] Hudecek J. Reviving Ancient Chinese Mathematics, Mathematics, history and politics in the work of Wu Wen-Tsun. Routledge. Taylor and Francis group, London and New-York, 2014.

[33] Knapp K. Wu class - definition Bulletin of the Manifold Atlas - 2014. www.map.mpim-bonn.mpg.de/Wu_class.

[34] Liu, X.F. Chern classes of singular algebraic varieties (in Chinese). Science in China (Ser. A), 1996, 26(8): 701-705.

[35] MacPherson R. Characteristic classes for singular varieties. Proc. 9th Brazilian Math. Coll. Poços de Caldas, 1973: 321-327.

[36] Madsen I. and Milgram R.J. The classifying spaces for surgery and cobordism of manifolds. Princeton University Press and University of Tokyo, 1979.

[37] May J.P. Simplicial objects in Algebraic Topology. Chicago Lectures in Mathematics, 1967.

[38] Milnor J. On the Stiefel-Whitney numbers of complex manifolds and of Spin manifolds, Topology, 2: 223-230.

[39] Milnor J. and Stasheff J. Characteristic Classes. Princeton University Press, 1974.

[40] Monnier S. Topological field theories on manifolds with Wu structures. Rev. Math. Phys., 2017, 29(05): 1750015.

[41] Mosher R.E. and Tangora M.C. Cohomology operations and applications in homotopy theory. Harper & Row, Publishers, New York - London, 1968.

[42] O'Connor J.J. and Robertson E.F.. http://www-history.mcs.st-andrews.ac.uk/Biographies/Wu_Wen-Tsun.html.

[43] Piene R. Cycles polaires et classes de Chern pour les variétés projectives singulières. Séminaire sur les singularités des surfaces 1977-1978, Centre de Math., Ecole Polytechnique, 7-34.

[44] Poincaré H. Analysis situs. Journal de l'Ecole Polytechnique, 1895: 1-121.

[45] Pontrjagin L.S. Mappings of a 3-dimensional sphere into an -dimensional complex. Dokl. Akad. Nauk SSSR, 1942, 34: 3537 (In Russian).

[46] Pontrjagin L.S. Characteristic cycles on differentiable manifolds. Math. Sbor., 1947, 21(63): 233-284, Amer. Math. Soc. Translations, series 1, no 32.

[47] Sati H. Global anomalies in type IIB string theory. (arXiv:1109.4385).

[48] Sati H. Twisted topological structures related to M-branes II: Twisted Wu and Wu^c

structures (arXiv:1109.4461).

[49] Schubert H. Kalkül der abzählende Geometrie. Teubner Verlag, Leipzig, 1789.

[50] Schwartz M.H. Classes caractéristiques définies par une stratification d'une variété analytique complexe, CRAS 260, 1965: 3262-3264 et 3535-3537.

[51] Siegel P. Witt Spaces: a Geometric Cycle Theory for KO-Homology at odd primes. Amer. J. Math., 1983, 105(5): 1067-1105.

[52] Steenrod N. Products of cocycles and extensions of mappings. Ann. of Math., 1947, 48: 290-320.

[53] Steenrod N. and Epstein D.B.A. Cohomology operations. Annals of Mathematics Studies, 50, Princeton University Press.

[54] Steenrod N. Topology of fibre bundles. Princeton Univ. Press, 1951.

[55] Stiefel E. Richtungsfelder und Fernparallelismus in n-dimensionalen Mannigfaltigkeiten. Comm. Math. Helv., 1935, 25: 305-353.

[56] Stong R.E. Cobordism of maps. Topology, 1966, 5: 245-258.

[57] Stong R.E. Notes on Cobordism Theory. Princeton Legacy Library, 1968.

[58] Stong R.E. and Yoshida T. Wu classes Proceedings of the American Mathematical Society, 1987, 100: 2.

[59] Sullivan D. Combinatorial invariants of analytic spaces. Proc. of Liverpool Singularities I. Lecture Notes in Math 192. Springer Verlag, 165-177.

[60] Taylor L.R. Stiefel-Whitney homology classes. The Quarterly Journal of Mathematics, 1977, 28(4): 381-387.

[61] Thom R. Quelques propriétées globales des variétés différentiables. Comment. Math. Helvet., 1954, 28: 17-86.

[62] Whitney H. Sphere spaces. Proc. Nat. Acad. Sci., 1935, 21: 462-468.

[63] Whitney H. On the Theory of Sphere Bundles. Proc. Nat. Acad. Sci., 1940, 26: 143-153.

[64] Witten E. Five-Brane effective action in M-theory. J. Geom. Phys., 1997, 22: 103-133.

[65] Wu W.-T. Note sur les produits essentiels symétriques des espaces topologiques. C. R. Acad. Sci. Paris, 1947, 16: 1139-1141.

[66] Wu W.-T. On the product of sphere bundles and the duality theorem modulo two. Ann. of Math, 1948, 49: 641-653.

[67] Wu W.-T. Classes caractéristiques et i-carrés d'une variété. C. R. Acad. Sci. Paris, 1950, 230: 508-511.

[68] Wu W.-T. Les i-carrés dans une variété grassmannienne. C. R. Acad. Sci. Paris, 1950, 230: 918-920.

[69] Wu W.-T. Les classes caractéristiques d'un espace fibré. in Séminaire Cartan, 1949-50, exposés 17 and 18, on 24th April and 8th May 1950.

[70] Wu W.-T. Sur les classes caractéristiques des structures fibrées sphériques. Publ. de

l'Inst. Math. de l'Univ. de Strasbourg, XI, Paris, Herman, 1952.

[71] Wu W.-T. On squares in Grassmann manifolds. (in Chinese) Acta Math. Sinica 2 (1953), 203-229, Translation in Sixteen papers on Topology and One in Game Theory, American Mathematical Society Translations, Series 2, Volume 38, 1964, by Chow Sho-kwan, 235-258.

[72] Wu W.-T. On the relations between Smith operations and Steenrod powers. (in Chinese) Acta Math. Sinica, 1957, 7: 235-241, Translation in Sixteen papers on Topology and One in Game Theory, American Mathematical Society Translations, Series 2, Volume 38, 1964, by Chow Sho-kwan, 269-276.

[73] Wu W.-T. On Pontjagin classes V. (in Chinese) Acta Math. Sinica, 1955, 5: 401-410, Translation in Sixteen papers on Topology and One in Game Theory, American Mathematical Society Translations, Series 2, Volume 38, 1964, by Chow Sho-kwan, 259-268.

[74] Wu W.-T. On Chern Characteristic Classes of an Algebraic Variety. (in Chinese), Shuxue Jinzhan, 1965, 8: 395-401.

[75] Wu W.-T. On Algebraic Varieties with Dual Rational Dissections. (in Chinese), Shuxue Jinzhan, 1965, 8: 402-409.

[76] Wu W.-T. On Chern Numbers of Algebraic Varieties with Arbitrary Singularities. Acta Math. Sinica, New Series, 1987, 3: 227-236.

[77] Wu W.-T. Memory of My First Research Teacher: The Great Geometer Chern Shiing-Shen. in "Inspired by S. S. Chern", A Memorial Volume in Honor of A Great Mathematician, Nankai Tracts in Mathematics, Vol. 11, ed. P. A. Griffiths, World scientific, 461-485.

[78] Wu W.-T. On the Realization of Complexes in Euclidean Spaces. I. Sciencia Sinica, Mathematics, Vol VII, 1958, 3: 251-297. 5First published in Chinese in Acta Matematica Sinica, Vol V, 1955, 1: 505-552).

[79] Wu W.-T. On the imbedding of Polyhedrons in Euclidean Spaces. Bulletin de l'Académie Polonaise des Sciences, Cl. III - Vol IV, 1956, 9: 573-577.

[80] Wu W.-T. On the Realization of Complexes in Euclidean Spaces. II. Sciencia Sinica, Mathematics, Vol VII, 1958, 4: 365-387. (First published in Chinese in Acta Matematica Sinica, Vol VII, 1957, 1: 79-101).

[81] Wu W.-T. On the Realization of Complexes in Euclidean Spaces. III. Acta Matematica Sinica, Vol VIII, 1958, 1: 79-94 (translated in 666-678).

[82] Wu W.-T. On the imbedding of orientable Manifolds in a Euclidean Space. Sciencia Sinica, Mathematics, Vol XII, 1963, 1: 25-33.

[83] Wu W.-T. A Theorem on Immersion. Sciencia Sinica (Notes), Vol XIII, 1963, 1: 160.

[84] Wu W.-T. On the Immersion of C^{∞}-3-Manifolds in a Euclidean Space. Sciencia Sinica (Notes), Vol XIII, 1963, 2: 235.

[85] Wu W.-T. On the Notion of Imbedding Classes, Sciencia Sinica (Notes), Vol XIII, 1963, 4: 681-682.

[86] Wu Wen-Tsun's Academic Career. Communicated by Xiao-shan Gao, Beijing, ACM Communications in Computer Algebra, Vol 40, No. 2, June 2006. The official press release can be found at The Shaw Prize Foundation webpage (2006) http://www.shawprize.org/

[87] Selected works of Wu Wen-Tsun. World Scientific Publishing Co. Re. Ltd, 2008.

[88] Yoshida T. Universal Wu classes. Hiroshima Math. J., 1987, 17(3): 489-493.

[89] Zhou J. Classes de Wu et classes de Mather. C. R. Acad. Sci. Paris, 319, Série I, 1994: 171-174.

[90] Zhou J. Classes de Chern pour les variétés singulières. Thèse soutenue le 8 février 1995, Université d'Aix-Marseille II.

"示性类及示嵌类的研究"
获首届国家自然科学奖一等奖

1957 年 1 月, "中国科学院科学奖金" 评选结果公布, 这是新中国第一次颁发国家科学奖金. 当年共有 34 项成果获奖, 其中, 华罗庚、吴文俊和钱学森三位科学家获得一等奖. 该奖虽然由中国科学院组织评审, 但实际上面向全国科技界, 因此后来被追认为首届国家自然科学奖.

吴文俊 1956 年因示性类及示嵌类的研究获首届国家自然科学奖一等奖. 拓扑学是现代数学的主要领域之一, 法国现代数学家狄多奈称拓扑学是现代数学的女王, 陈省身先生称拓扑的发展是 20 世纪上半叶在纯粹数学的最大成就. 示性类是拓扑学中最基本的整体不变量.

20 世纪 50 年代前后, 示性类研究还处在起步阶段. 吴文俊将示性类概念由繁化简, 由难变易, 引入新的方法和手段, 形成了系统的理论. 他引入了一类示性类, 被称为吴示性类. 他还给出了刻画各种示性类之间关系的吴公式. 在他的工作之前, 示性类的计算有极大的困难, 吴的工作给出了示性类之间的关系与计算方法. 由此拓扑学和数学的其他分支结合得更加紧密, 许多新的研究领域应运而生, 这最终使示性类理论成为拓扑学中最完美的一章. 拓扑学中最基本问题之一是嵌入问题, 在吴的工作之前, 嵌入理论只有零散的结果, 吴提出了吴示嵌类等一系列拓扑不变量, 研究了嵌入理论的核心问题, 并由此发展了统一的嵌入理论.

在拓扑学研究中, 吴起到了承前启后的作用. 在他的工作的影响下, 研究拓扑学的 "武器库" 得以形成, 这极大地推进了拓扑学的发展. 许多著名数学家从吴的工作中受到启发或直接以吴的成果为起始点, 获得了一系列重大成果. 例如, 吴的工作被五位国际数学最高奖菲尔兹奖得主引用, 他们分别是法国数学家托姆, 美国数学家米尔诺、斯梅尔、维腾, 英国数学家阿提亚, 其中三位还在他们的获奖工作中使用了吴的结果.

吴文俊的工作是 50 年代前后拓扑学的重大突破之一, 产生了重大影响, 成为影响深远的经典性成果, 被写进多种教科书, 至今还在前沿研究中使用. 数学大师陈省身先生称赞吴 "对纤维丛示性类的研究做出了划时代的贡献".

吴文俊获首届国家最高科学技术奖

吴文俊, 2001 年因其在拓扑学与数学机械化研究获得首届国家最高科学技术奖. 国家主席江泽民为他颁奖.

拓扑学是现代数学的主要分支之一, 被法国数学家狄多奈称为现代数学的女王. 吴文俊在拓扑学领域取得一系列重要工作, 其中最著名的是吴示性类与吴示嵌类的引入和吴公式的建立. 吴文俊通过提出吴示性类与吴公式将示性类概念从繁化简, 由难变易, 形成了系统的理论. 这一理论的建立使得示性类的计算成为可能, 从而导致一系列重大应用与新研究领域的诞生. 吴文俊通过提出吴示嵌类, 解决了嵌入理论的核心问题, 发展了嵌入的统一理论. 吴文俊的工作极大地推进了拓扑学的发展, 已经成为拓扑学的经典结果. 半个世纪以来, 在拓扑等学科的研究中一直在发挥着重要作用.

数学机械化是吴文俊为数学在信息时代发展提出的一种构思. 吴文俊的主要贡献是定理证明与方程组求解的吴方法. 吴提出的用计算机证明几何定理的方法, 国际上称为吴方法, 遵循中国传统数学几何代数化与消去法的思想, 与常用的基于逻辑的方法相比显现了无比的优越性, 开创了用计算机高效自动解决数学问题的先河. 吴的工作改变了几何自动推理研究的面貌, 被称为自动推论领域的先驱性工作. 吴建立的吴消元法是求解代数与微分方程组最完整的方法之一. 这一方法不仅在理论物理、力学、机构学等学科取得了成功应用, 还被用于曲面造型、机器人机构的位置分析、计算机辅助设计、图像压缩等高科技领域, 取得了一系列国际领先的成果.

吴文俊获邵逸夫数学科学奖

2006 年, 吴文俊与 David Mumford 共同获得有 "东方诺贝尔奖" 之称的邵逸夫数学奖. 下面是评委会对其工作的评价.

吴文俊主要研究几何领域的计算机证明, 在学术研究和学科发展上做出了先驱性的突出贡献. 这些领域中许多领衔科学家都曾受到他的指导, 或是跟随他的足迹进行研究.

吴文俊是深受陈省身影响的几何学家之一. 他在二战以后早期的工作集中在流形的拓扑. 拓扑学为微分几何提供支撑, 著名的陈类是拓扑学中的重要概念. 他发现了与陈类并行的一组不变量, 现在被称为吴类, 被证明与陈类几乎同等重要. 他进一步利用吴类得到了将流形嵌入到欧氏空间这一问题的漂亮结果.

20 世纪 70 年代吴文俊把注意力转向了计算问题, 特别是寻找几何中自动机器证明的有效方法. 基于 Ritt 特征集概念, 1977 年吴引入了一种强大的机械方法, 将初等几何问题转化为多项式表示的代数问题, 由此导致了有效的计算方法.

吴的这一方法使该领域发生了一次彻底的革命性变化, 并导致了该领域研究方法的变革. 在吴文俊之前, 占统治地位的方法是 AI 搜索法, 此方法被证明在计算上是行不通的. 通过引入深邃的数学方法, 吴开辟了一种全新的方法, 该方法被证明在解决一大类问题上都是极为有效的, 而不仅仅是局限在初等几何领域.

吴文俊也回到了他早年热爱的拓扑学领域, 并提出了算法化发展 Dennis Sullivan 的有理同伦理论的途径. 这样吴文俊将自己数学生涯的两个领域结合了起来.

在 1994 年出版的《几何定理机器证明的基本原理 (初等几何部分)》和 2000 年

出版的《数学机械化》中, 吴文俊描述了他的革命性的想法以及后来的进展. 在他的领导下, 数学机械化在近几年已经发展成为一个快速成长的学科, 并与计算代数几何、符号计算、计算机定理证明和编码理论相互交叉.

　　虽然 Mumford 和吴文俊的数学生涯是彼此平行展开的, 他们仍然有很多共同点. 他们都是以传统数学领域——几何学为起点, 并为其现代发展做出了贡献. 他们都转向了由于计算机出现而开启的新的领域与机遇. 他们揭示了数学的广度. 他们一起为未来的数学家们树立了新的榜样, 应该得到邵逸夫奖的奖励.

Sir Michael Atiyah's Speech on Professor David Mumford and Professor Wu Wen-Tsun

Mathematicians were prominent in the development of the computer, from the early 19th century ideas of Charles Babbage to the modern fundamental work of Alan Turing and John von Neumann in the middle of the 20th century. But computer science has now developed into a vast enterprise and the close connection with mathematics is in danger of being lost, to the detriment of both.

David Mumford and Wu Wen-Tsun are two leading mathematicians who have, in the second part of their careers, re-established that link in two different ways.

Mumford, who made outstanding contributions to the classical subject of algebraic geometry, has applied sophisticated mathematical analysis to the subject of computer vision. This tries to mimic by computer the complex process by which human beings see and understand the world around us.

Wu Wen-Tsun began as a geometer (under the great Shiing-Shen Chern, the first recipient of the Shaw Prize in mathematics) but went in the opposite direction to Mumford, showing how to develop effective computer algorithms for the automatic proof of theorems in geometry.

It is notorious that computers, which are digital machines, are not well adapted to spatial processes, so that bridging the gap between the computer and geometry or vision as Mumford and Wu have done is a great achievement. They represent a new role model for mathematicians of the future and are deserved winners of the Shaw Prize.

吴文俊获国际自动推理 Herbrand 杰出成就奖

1997 年吴文俊由于其在"几何自动推理领域的先驱性工作"被授予"Herbrand 自动推理杰出成就奖". 该奖由国际自动推理学会颁发, 用于奖励"对自动推理作出杰出贡献的个人或集体". 以前的获奖人包括自动推理创始人之一 Larry Wos, 自动推理创始人之一、前美国人工智能学会主席 Woody Bledsoe, 归结法的发明人 Alan Robinson. 下面是对吴文俊先生获奖工作的介绍与评价.

"吴文俊在自动推理界以他于 1977 年发明的 (定理证明) 方法著称, 这一方法是几何定理自动证明领域的一个突破."

"几何定理自动证明首先由 Herbert Gerlenter 于 50 年代开始研究. 虽然得到了一些有意义的结果, 但在'吴方法'出现之前的二十年里这一领域进展甚微. 在不多的自动推理领域中, 这种被动局面是由一个人完全扭转的. 吴文俊很明显是这样一个人."

"吴的工作由 80 年代初期在得克萨斯大学学习的周咸青介绍给了西方学术界. 周咸青 (基于吴方法) 的证明器证明了数百条几何定理, 进一步显示了吴方法的潜力. 至此, 几何定理证明的研究已全面复兴, 变为自动推理界最活跃与成功的领域之一."

"吴继续深化、推广他的方法, 并将这一方法用于一系列几何. 包括平面几何、代数微分几何、非欧几何、仿射几何与非线性几何. 不仅限于几何, 吴还将他的方法用于由 Kepler 定理推出 Newton 定理; 用于解决化学平衡问题; 与求解机器人方面的问题. 吴的工作将几何定理证明从自动推理的一个不太成功的领域变为最成功的领域之一. 在很少的领域中, 我们可以讲机器证明优于人的证明. 几何定理证明就是这样的一个领域."

由于 Herbrand 奖是一个自动推理奖, 上面的介绍侧重了吴文俊研究员在几何定理证明方面的应用. 其实几何定理证明的吴方法只是吴-Ritt 原理的重要应用之一, 这一原理的其他应用包括: (1) 求解非线性方程组的吴方法. 这一方法是求解代数与微分方程组最完整的结果之一, 已经被成功地用于解决很多问题. (2) 吴方法还被用于若干高科技领域, 得到一系列国际领先的成果. 包括曲面造型、机器人机构的位置分析、智能 CAD 系统 (计算机辅助设计). 吴文俊先生至今仍然勤奋地工作在科研第一线, 不断获得具有广泛影响的科研成果. 吴文俊先生 1991 年提出良性基理论; 1992 年提出了解方程的混合算法; 1993 年解决了不等式证明问题; 1994 年将吴方法用于几何设计与天体力学研究; 1995 年提出因式分解新算法; 1996 年后致力于微分代数几何的研究.

在国内, 吴文俊先生倡导的 "数学机械化" 研究得到国家科委、国家自然科学基金委员会、中国科学院等方面的长期支持. 特别是国家科委在八五、九五期间均将此项研究列入攀登项目, 给予强有力的支持. 这对我国继续在这一领域保持国际领先水平提供了保证.

在本届 "国际自动推理大会" 上, 美国自然科学基金委负责自动推理的 A. Abdali 博士主动建议由美国自然科学基金委员会与中国有关方面共同组织 "中美几何推理及其应用" 研讨会, 加强两国在这一领域的合作. 目前这一研讨会正在筹划中.

事实上, 此前国际著名学者对吴文俊院士的工作作出过极高的评价.

1. 早在 1982 年, 美国人工智能协会主席 W. W. Bledsoe 与两位 McCarthy 奖获得者 R.S. Boyer, J.S. Moore 联名致当时我国科技工作的领导人方毅、张劲夫和宋平, 赞扬吴的工作是近十年中自动推理领域出现的最为激动人心的进展. 信中认为: 由于吴的工作, 使中国的自动推理研究在国际上遥遥领先, 并建议我国政府对这项研究给予充分的重视和积极支持.

2. 自动推理核心刊物《自动推理杂志》全文转载吴的论文. 编委 J. C. Moore 专门著文介绍吴的工作, 认为吴的工作 "不仅奠定了自动推理研究的基础, 而且给出了衡量其他推理方法的明确标准".

Distinguished Contributions to Automated Reasoning Recipient: Professor Wu Wen-Tsun

The winner of this year's Herbrand Award, Professor Wu Wen-Tsun, is a member of the Academia Sinica, Beijing, and the founder of the Mechanized Mathematics Research Center of the Academia Sinica.

Wu is known in the automated deduction community for the method he formulated in 1977, marking a breakthrough in automated geometry theorem proving.

Geometry theorem proving was first studied in the 1950s by Herbert Gelernter and his associates. Although some interesting results were achieved, the field saw little progress for almost twenty years, until "Wu's method" was introduced. In few areas of automated deduction can one identify a specific person who turned the field around completely. Wu is clearly such a person. His work started from the observation of the (well-known) correspondence between plane geometry and analytic geometry.

Specifically, one can transform a problem in elementary geometry into a set of polynomials and, by solving the polynomials, deduce the correctness of the theorem. This transformation of problems in geometry into problems in algebra enables researchers to use a full range of algebraic tools, which are much easier to automate than their counterparts in geometry. Wu based his method on Ritt's principle and a zero structure theorem for solving the polynomials. His method can be used not only to prove theorems in geometry, but also to discover theorems and to find degenerated cases automatically.

Wu started his research on geometry theorem proving in 1976, near the conclusion of the Cultural Revolution. He implemented his method on a rather primitive computer (the Great Wall 203 with 4K memory) in 1977 and proved the Simson line theorem. When visiting the United States for the first time in 1979, Wu acquired a more sophisticated computer (the HP9835A with 256K memory) and was able to prove more sophisticated problems such as the Morley theorem. S.C. Chou introduced Wu's method to the West while studying at the University of Texas in the early 1980s. Chou's prover proved several hundred theorems and further demonstrated the power of Wu's method. Geometry theorem proving was by then fully revised and became one of the most actively researched and successful areas in automated deduction.

Wu continued refining and extending his method and added a dazzling array of application domains whose proofs can be automated. They include plane geometry, algebraic differential geometry, non-Euclidean geometry, affine geometry and nonlinear geometry. Not limiting the applications to geometry alone, he also gave mechanical proofs of Newton's gravitational laws from Kepler's laws try theorem proving from one of the less successful research areas in automated deduction to one of the most successful. Indeed, there are few areas for which one can claim that machine proofs are superior to human proofs. Geometry theorem proving is such an area.

Born in Shanghai in 1919, Wu studied mathematics at the Shanghai Jiao-tung University. His education was interrupted for five years by the Sino-Japanese War. After the war, he enter the newly founded Institute of Mathematics of the Academia Sinica and resumed research in mathematics under S.S. Chern. In 1947, he went to the University of Strasbourg and studied topology under C. Ehresmann. After completing his state thesis in 1949 (on Grassmannian manifolds), he went to Paris and worked at the CNRS under E. Cartan. During his stay in France, Wu gained recognition for his work in topology. For instance, Cartan attributed the discovery of the Cartan formula to Wu. Wu also introduced what was later known as the Dold manifold.

After returning to China in 1951, Wu rejoined the Academia Sinica and continued to work in algebraic and differential topology until the Cultural Revolution. He made important contributions to the theory of Euclidean spaces and Pontrjagin theory, among other areas. he also turned the important "rational homotopy theory" created by D. Sullivan into algorithmic form, introducing a new terminology called I^*-functors. Indeed, Wu's contributions to topology are no less significant than those to automated deduction.

The third area to which Wu made important contributions is the history of Chinese mathematics. His studies initiated from an ancient classic *Nine Chapters of Arithmetic* (dated about 100 B.C.) and its Annotations by Liu Hui (in A.D. 263). Liu also extended an ancient method for calculating the height of the sun, which apeared in the ancient script *Zhoupi Suanjing* (The Calculus of Zhoupi), to a general algorithm for calculating height, called Chongchashu (Double-Difference Algorithm). Liu's results were stated without explanations (or, more precisely, the explanations were lost) and were included in his work *Haidau Suanjing* (the Calculus of Islands). Wu compared the various scripts and reconstructed the proofs of Liu's theorem in an ancient style, quite different from the usual Euclidean approach. He further argued that Chinese mathematics has its own tradition, which is based on computation as opposed to the axiomatic and proof approach of Western mathematics. To some extent, Wu's own work on geometry theorem proving is a demonstration of how East meets West and how the two trends of thought complement each other.

吴文俊星命名公告

2001 AUG. 4 M.P.C. 43189

The MINOR PLANET CIRCULARS/MINOR PLANETS AND COMETS are published, on behalf of

Commission 20 of the International Astronomical Union, usually in batches on or near the date of each full moon, by:

Minor Planet Center, Smithsonian Astrophysical Observatory, Cambridge, MA 02138, U.S.A.

IAUSUBS@CFA.HARVARD.EDU or FAX 617-495-7231 (subscriptions)

MPC@CFA.HARVARD.EDU (science)

Phone 617-495-7244/7444/7440/7273 (for emergency use only).

World-Wide Web address http://cfa-www.harvard.edu/iau/mpc.html   ISSN 0736-6884

Brian G. Marsden, Director   Gareth V. Williams, Associate Director

Timothy B. Spahr, NEO Technical Specialist

Syuichi Nakano, Andreas Doppler and Kyle E. Smalley, Associates

Supported in part by the Brinson Foundation

NEW NAME OF MINOR PLANET:

(7683) Wuwenjun = 1997 DE

Discovered 1997 Feb. 19 by the Beijing Schmidt CCD Asteroid Program at Xinglong. Wenjun Wu (b. 1919), a member of the Chinese Academy of Sciences, is the originator in the research on mathematics mechanization in China. He made outstanding achievements in characteristic classes and imbedding classes and invented Wu's Method to prove geometry theorems by computers.

(7683) 吴文俊 = 1997 DE

国家天文台施密特 CCD 小行星项目组 1997 年 2 月 19 日发现于兴隆观测站.

吴文俊 (1919 年出生), 中国科学院院士, 中国数学机械化研究的开创者. 他在示性类和示嵌类研究中取得杰出成就, 发明了几何定理机器证明的 "吴方法".

(《小行星通报》第 43189 号: 2001 年 8 月 4 日)

小行星命名证书

中国科学院国家天文台施密特 CCD 小行星项目组于 1997 年 2 月 19 日发现的小行星 1997DE，获得国际永久编号第 7683 号，经国际天文学联合会小天体命名委员会批准，由国际天文学联合会《小行星通报》第 43189 号通知国际社会，正式命名为：

吴文俊星

空间轨道根数 （J2000.0 黄道及春分点）

吻切历元时刻：	2010 年 1 月 4 日零时 （历书时）	
轨道半长径：	2.2580976	天文单位
轨道偏心率：	0.1216034	
近日点角距：	348.07667	度
升交点黄经：	94.28919	度
轨道倾角：	7.05779	度
平近点角：	11.89049	度
绕日运行周期：	3.39	年
绝对星等：	13.5	等

（《小行星通报》第 43189 号，2001 年 8 月 4 日）

中国科学院国家天文台
二〇〇一年八月四日

吴文俊先生荣获邵逸夫数学科学奖庆祝会隆重举行

"吴文俊先生荣获邵逸夫数学科学奖庆祝会"于 2006 年 9 月 25 日隆重举行.会议由中国数学会主办、中国科学院数学与系统科学研究院协办.全国人大常委会副委员长丁石孙先生,邵逸夫奖评审委员会主席、诺贝尔奖获得者杨振宁教授,科技部、中国科学院、国家自然科学基金委、中国科协的有关领导,来自全国各地的数学界代表近 200 人出席了本次会议.

举行这次会议的目的是庆贺吴文俊先生荣获邵逸夫数学科学奖,宣传吴文俊先生对科学的执着追求和勇于创新的精神,推动我国数学事业的发展.

杨振宁先生首先讲话.他对吴文俊先生获奖表示祝贺,并指出邵逸夫奖在数学方面已经有两位华人获奖,即陈省身先生与吴文俊先生,生命科学与医学奖也有两位华人获奖.参与评奖的人,绝大多数都不是华裔科学家.这表示华人在国际科学界的贡献已经达到顶端的人数是相当多的.杨振宁先生相信,以后 10 年、20 年得到国际大奖的华裔科学家会越来越多.

中国数学会理事长文兰院士、中国科学院数学与系统科学研究院院长郭雷院士、全国人大常委会副委员长丁石孙先生、科技部副秘书长王志学教授、中国科学院副秘书长郭华东研究员、国家自然科学基金委副主任王杰教授、中国科协学会学术部部长沈爱民先生先后讲话.会上还宣读了全国人大常委会副委员长、中国科学院院长路甬祥院士的贺信.他们对吴文俊先生获得邵逸夫数学科学奖表示热烈祝贺,并表示吴文俊获得这一国际大奖是吴文俊先生的光荣,也是我国数学界的光荣,是我国数学界的一件盛事.吴文俊先生几十年来在拓扑学、数学机械化、数学史领域取得了卓越的成就,对我国数学事业的发展和人才梯队的培养做出了杰出的贡献,是我国数学界的一面旗帜.

文兰理事长在讲话中指出,我们应该像吴文俊先生那样,志在高远,脚踏实地,埋头苦干,坚持不懈,早日实现陈省身先生念念不忘的、也是全国数学界念念不忘的数学强国之梦.郭雷在讲话中指出,吴文俊先生在做学问中体现出的宏大气魄、开创精神和勇气以及在做人方面体现出的淡泊名利、平易近人、朴实无华、处事公正豁达、待人始终充满善意的品质为青年科技工作者树立了学习的榜样.

张恭庆院士、马志明院士、胡国定先生、周毓麟院士、林群院士、李邦河院士、张继平教授、文志英教授、陈永川教授、范更华教授等二十余数学界代表先后发言.他们表示,吴文俊先生此次获奖极大振奋了我国数学界的士气,全国数学界应该以吴文俊先生为榜样,为中国数学的复兴努力奋斗.

　　吴文俊先生做了答谢, 并做了精彩的公众讲演. 吴文俊首先对各方面的领导以及合作者对他本人的长期支持以及对各位嘉宾的祝贺表示感谢. 他提到, 本次获奖使他本人最为高兴的是纯粹数学家对于数学机械化研究的认可. 而以前对于数学机械化研究给予关注与支持的大多是国内外计算机科学家以及与计算机关系密切的数学家. 他在公众讲演中回顾了数学机械化的发展历史以及他本人从事数学机械化研究的缘由及历程, 并鼓励青年数学家为我国数学事业努力工作.

吴文俊先生荣获首届国家最高科学技术奖庆贺会暨数学机械化方法应用推广会隆重举行

2001 年 3 月 29 日上午, 在中国科学院基础科学园区数学与系统科学研究院院内, 彩旗飞扬, 人们欢欣鼓舞. 由中国科学院和国家自然科学基金委主办、中国科学院数学与系统科学研究院承办的 "吴文俊先生荣获首届国家最高科学技术奖庆贺会暨数学机械化方法应用推广会" 在此隆重举行. 科技部、中国科学院、国家自然科学基金委的领导朱丽兰、路甬祥、白春礼、钱文藻、王乃彦, 在京数学界院士, 各研究机构与大学的科研人员, 以及企业界人士近 300 人出席了本次会议.

举行这次会议的目的是庆贺吴文俊先生荣获国家最高科学技术奖, 宣传吴文俊先生对科学的执着追求和勇于创新的精神, 并进一步推动他开创的数学机械化研究与应用推广.

中国科学院路甬祥院长、全国人大常委会教科文卫委员会朱丽兰副主任、国家自然科学基金委员会王乃彦副主任、数学与系统科学研究院杨乐院长、基金委数学天元领导小组组长张恭庆院士先后讲话. 他们对吴文俊先生获得首届国家最高科学技术奖表示热烈祝贺, 对吴先生夫人陈丕和女士对吴先生的一贯理解与支持表示崇高的敬意. 路院长在讲话中深刻地阐述了数学与自然科学、工程技术、社会科学的关系, 用历史上的例子描述了数学的重要意义及其在自然科学、社会科学中的超前作用, 使在座的数学家们受到莫大的鼓舞. 路院长在会上还宣布科学院将拨款设立面向全国的数学机械化应用推广专项经费. 朱丽兰在讲话中也充分肯定了数学的巨大作用, 并提到 "数学与自然科学、社会科学并列" 这样一种现在比较流行的看法. 朱丽兰特别强调要处理好科学与技术的关系, "顶天" 与 "立地" 的关系, 高技术要平民化, 甚至要傻瓜化, 使老百姓能享受到科学的恩惠. 王乃彦在讲话中回顾了吴先生对我国基金事业所起的重要作用, 特别吴先生是数学天元基金的倡议人之一, 基金委今后将一如既往地支持中国数学事业的发展. 杨乐在讲话中特别强调了科研工作者, 尤其是广大青年学者要努力学习吴先生的创新精神, 学习吴先生对学术与真理的执着追求, 学习吴先生长期献身于研究事业的精神. 张恭庆在讲话中说, 吴先生不仅是中国数学界的一面旗帜, 也是中国科技界的一面旗帜.

在领导同志讲话后, 吴文俊作了精彩而通俗的学术演讲, 在演讲前他对各方面的领导以及合作者对他本人的长期支持表示衷心感谢, 并回顾了他本人从事数学机械化事业的缘由及历程.

　　北京大学信息中心石青云院士、大唐电讯股份有限公司副董事长熊秉长先生、清华大学机械工程学院金国藩院士 (973 项目 "数学机械化与自动推理平台" 建议人之一)、中科院北京天文台南仁东研究员以及数学机械化中心主任高小山研究员 (973 项目 "数学机械化与自动推理平台" 首席科学家) 也在会上先后发言, 讲述数学机械化在各方面的应用.

　　庆贺会结束了, 但是学习吴先生的高尚精神、推广应用吴方法, 却在一个新的起点上刚刚开始.

吴文俊和他所获得的奖励

邓明立

2009 年喜逢著名数学家吴文俊先生 90 寿辰, 作为晚辈和学生, 我们为拥有这样一位德高望重的数学前辈自豪和荣幸. 吴文俊教授的数学生涯是一部不停地发现新问题、创建新领域、创立新方法的奋斗历程, 更是一部不断探索、不断成功、不断获奖的光辉历程. 提到他, 我们就想到一系列熠熠生辉的奖项, 这些奖项饱含了吴先生的智慧结晶, 让我们看到他坚韧不拔的探索钻研精神, 也满载了人民对一位杰出数学家的敬佩和爱戴之情.

一、不惑年首捧大奖——1956 年度自然科学奖一等奖

设立中国科学院科学奖金的动议, 源于 1954 年. 这年 6 月 12 日, 中国科学院成立了以副院长竺可桢为主席的中国科学院科学奖励条例起草委员会, 负责《中国科学院科学奖金暂行条例》的起草. 1955 年 8 月 31 日国务院总理周恩来签发国务院令, 正式颁布《中国科学院科学奖金暂行条例》, 9 月 22 日中国科学院通过了《中国科学院奖金委员会暂行组织规程》及委员会组成人员, 郭沫若任主任委员, 副主任委员李四光、梁希、黄松龄, 另有 35 名委员. 经反复权衡, 第一次科学奖金未包括哲学社会科学.[①]

1957 年 1 月 24 日自然科学奖颁发, 一等奖 3 项, 二等奖 5 项, 三等奖 26 项. 吴文俊的工作 "示性类与示嵌类的研究"、华罗庚的 "典型域上的多元复变函数论" 和钱学森的 "工程控制论" 一同获得一等奖. 同他的工作一样, 当时的吴文俊并不被人们熟知, 其实他的获奖工作可一直追溯到 1947 年法国留学时期.

1947 年年底吴文俊抵达法国斯特拉斯堡大学跟随埃瑞斯曼 (C.Ehresmann, 1905—1979) 学习, 很快就通过示性类证明了 $4k$ 维球没有近复结构, 并给出了 4 维实流形存在近复结构的充要条件, 在拓扑学界引起不小的震动. 1949 年秋到 1951 年夏吴文俊应嘉当 (H.Cartan, 1904—2008) 之邀在巴黎法国国家科学研究中心 (CNRS) 做访问研究, 明确给出了示性类的数学内涵并将其命名, 论证了陈示性类的基本重要性, 引入了吴示性类, 并给出用吴示性类表示施蒂费尔—惠特尼示性类的公式. 吴示性类的建立使得抽象的数学概念变得具体并可计算, 使示性类比以前更易于理解、适用范围更广, 为拓扑学的应用开辟了新的局面.

---

① 罗平汉. 当代历史问题札记二集.

1951 年 7 月吴文俊回国, 同年 12 月调入中国科学院数学研究所, 此后的五年 (1953—1957) 是吴文俊拓扑学研究的丰收期. 吴文俊以极大的独创精神致力于拓扑学中拓扑性而非同伦性的问题, 引入了复合型示嵌类, 在非同伦性组合不变量、嵌入问题、同痕问题等方面取得了成功, 最终建立了示嵌类理论.[①]

由于在示性类和示嵌类方面创造性的研究, 吴文俊获得了 1956 年第一届国家自然科学奖一等奖. 1957 年 3 月科学院增选学部委员, 不到 38 岁的吴文俊成为最年轻的学部委员之一, 1958 年吴文俊被邀请到国际数学家大会做分组报告. 接踵而至的荣誉并没有使淡泊名利的吴文俊的数学研究和个人生活改变什么, 他依然忘我地潜心于数学研究.

二、廿年后再度折桂 ——1979 年度中科院自然科学奖一等奖

1958 年到 1976 年国内形势风云变幻, 基础理论的研究工作也时停时行. 即使这样, 默默耕耘的吴文俊在不断变换的研究领域中仍能找到契合点, 做出令人惊叹的工作.

1958 年吴文俊被分到运筹学研究室, 进入了一个陌生领域. 善于啃硬骨头的吴文俊并没有因此停止数学研究, 1959 年初发表了《关于博弈论基本定理的一个注记》, 这是中国首次出现对策论的研究工作. 同年在另一篇关于博弈论的文章中, 吴文俊首先提及 "田忌赛马" 问题, 指出了我国古代的对策论思想. 他还对奇点理论进行研究, 并很快取得了突破. 1966 年一个偶然的机会, 吴文俊对集成电路的布线问题产生兴趣, 运用示嵌类理论, 将问题归结为简单方程的计算问题.

吴文俊的拓扑研究也未中断, 很快提出了一个新的函子——I^* 函子 (后改为 I^* 量度). I^* 量度的引入使拓扑学研究内容和技巧大为改观, 成为构造性代数拓扑学的关键, 值得注意的是 I^* 量度也代表着吴文俊开始酝酿数学机械化的新领域.

1974 年吴文俊开始研究数学史, 此后两年多时间里, 吴文俊的主要精力集中于数学史研究. 在考证和诠释之外, 他另辟蹊径, 着重审视数学的史实在数学发展历程中的地位、作用、影响和贡献, 从而发现数学发展的线索和途径, 理解数学发展的内在规律, 寻求数学的进步与客观需求相适应的轨迹.

1975 年吴文俊开始为中国古代数学正名, 大声疾呼要珍惜中国传统数学的机械化思想, 并在后续的文章中, 对这些观点做了更为详尽的阐述. 而澄清东西方数学交流的历史状况成为他一直念念不忘的重要的研究方向, 并成为 "数学与天文丝路基金" 的肇始.

1976 年 10 月的中国迎来了新生, 科学研究也迎来了春天. 1979 年, 中国科学院自然科学奖再度颁出, 吴文俊又喜获一等奖, 这不仅是对他在浩劫中艰苦的研究环境下研究成果的一种认可, 更是他不断积累、不断创新、从不言败的精神的最好

---

① http://www.mmrc.iss.ac.cn/~wtwu/main3.html.

见证.

三、世界范围广扬名 ——1990 年度第三世界科学院数学奖

第三世界科学院 (Third World Academy of Sciences, TWAS) 是在巴基斯坦物理学家、诺贝尔物理学奖获得者萨拉姆 (A. Salam, 1926—1996) 教授的倡议下于 1983 年 11 月创建的, 是一个非政府、非政治和非营利的国际科学组织, 总部 (秘书处) 设在意大利的里雅斯特, 代表着第三世界科学研究的最高水平, 在第三世界国家中具有广泛影响.[①] 1985 年第三世界科学院首次设立科学奖, 授予第三世界国家在科学领域中作出杰出贡献的科学家. 第三世界科学院的基础科学奖分物理、化学、数学、生物及基础医学等五项.

1985 年度的第三届世界科学院奖中的数学奖授予了我国著名数学家廖山涛. 吴文俊是我国第二个荣获该奖的数学家, 他由于在下列方面的重要工作而获得 1990 年度的第三世界科学院数学奖, 包括纤维丛的拓扑、上同调运算在内的代数拓扑和引起许多几何应用的强浸入不变量以及影响巨大的计算机机器证明的数学基础研究.[②] 同年, 吴文俊当选为第三世界科学院院士.

在从 1985 年到 2008 年共 23 个年度的第三世界科学院奖数学奖中, 有 5 位中国数学家获此殊荣, 除廖山涛和吴文俊外还有张恭庆院士 (1993 年度)、张伟平院士 (2000 年度) 和龙以明院士 (2004 年度).

四、原创精神获嘉奖 ——1993 年度陈嘉庚数理科学奖

陈嘉庚数理科学奖是陈嘉庚科学奖的一个奖项, 以著名华侨领袖陈嘉庚 (1874—1961) 先生名字命名, 前身为陈嘉庚奖. 陈嘉庚科学奖共设数理科学、化学科学、生命科学、地球科学和技术科学等五个奖项, 每两年评选一次, 每个奖项每次评选一项, 获奖人数最多不超过三人, 奖金三十万元, 同时授予奖章和证书, 如无符合标准的项目, 可以空缺.

陈嘉庚奖设立于 1988 年, 共组织了八次评奖, 2000 年后陈嘉庚奖评奖工作因资金原因中断. 2003 年成立了新的 "陈嘉庚科学奖基金会", 以鼓励原始创新为使命, 旨在奖励近几年完成或近几年被认定的原创性重大科学技术成就. 新的陈嘉庚科学奖共六个奖项, 相比之前多设置了信息科学奖. 1993 年度陈嘉庚数理科学奖授予吴文俊教授.

20 世纪 40 年代到 60 年代之间, 吴文俊在拓扑领域的原创性的工作引发了大量的后续研究, 许多著名的数学家从他的工作中受到启发, 或直接以其成果为起点,

---

① http://users.ictp.it/~twas/AboutTWAS.html.

② http://users.ictp.it/~twas/honor/ZZ_TWAS_winners.html.

* 由于行政管理及调整年度名称的原因, 1989 年度第三世界科学院奖变更为 1990 年度第三世界科学院奖.

获得了进一步的重要成果.

法国数学家托姆 (R. Thom, 1923—2002, 1958 年菲尔兹奖得主) 建立 "配边理论" 时三次引用了吴文俊关于示性类的工作; 美国数学家米尔诺 (J. Milnor, 1931—, 1966 年菲尔兹奖得主) 解决 "7 球问题" 也用到吴文俊关于庞特里亚金示性类和惠特尼示性类的乘积定理的结果; 美国数学家斯梅尔 (S. Smale, 1930—, 1966 年菲尔兹奖得主) 在解决庞加莱猜想时也引用了吴文俊的示痕类工作; 英国数学家阿蒂亚 (M.F.Atiyah, 1929—, 1966 年菲尔兹奖得主) 也多次引用了吴文俊的工作, 包括: 吴多项式、吴关系、吴方法和吴公式等.[1]

对于许多数学家来说, 能在某一领域做出开创性的工作已属不易, 更不用提在多个领域开创新的局面, 吴文俊不仅在多领域作出了奠基性或里程碑式的工作, 更令人吃惊和敬佩的是, 20 世纪 70 年代他向数学机械化这一数学和计算机科学的交叉领域进军时已经年近花甲. 吴文俊从几何定理证明着手研究数学机械化思想及其方法, 不仅将中国传统数学发扬光大, 也为国际自动推理的研究开辟了新的前景.[2]

五、纯粹应用两手硬——香港求是科技基金会杰出科学家奖

香港求是科技基金会由查济民 (1914—2007) 先生及家族于 1994 年在香港设立, "求是" 之名是查先生根据浙江大学前身 "求是书院" 选取的. 基金会主要目的是推动中国科技研究工作, 奖励在科技领域有成就的中国学者, 同年颁发首度 "杰出科学家奖", 1995 年增设并颁发 "杰出科技成就集体奖".

首届 "杰出科学家奖" 获奖者即是吴文俊. 此次颁奖典礼在北京钓鱼台国宾馆举行, 中国国务院总理李鹏、全国人大常委会委员长万里出席颁奖仪式, 李鹏在会上发表讲话并主持颁奖.

颁奖会上陈省身教授介绍吴文俊教授的工作时说道:

"近二十年来吴教授从事于 '机器证明' 的研究, 把电脑应用到纯粹数学. 他利用代数几何, 把方程式求解的问题, 作了系统的研究. 以此问题吴教授引进了许多独特而创新的观念. "

"历史上的许多大数学家, 往往对纯粹数学与应用数学都有贡献. 吴教授保持了这个传统. "[3]

的确是这样, 吴文俊不仅纯粹数学和应用数学两门功夫都十分过硬, 就连他的性格和作风都与求是基金会的宗旨 "求是" 暗暗相合.

---

[1] 林东岱, 李文林, 虞言林. 数学与数学机械化. 济南: 山东教育出版社, 2004.
[2] 林东岱, 李文林, 虞言林. 数学与数学机械化. 济南: 山东教育出版社, 2004.
[3] 胡作玄, 石赫. 吴文俊之路. 上海: 上海科学技术出版社, 2002.

六、墙内开花墙外香——1997 年度自动推理杰出成就奖

埃尔布朗自动推理杰出成就奖 (The Herbrand Award) 是自动推理会议 (CADE) 1992 年为纪念法国数学家埃尔布朗 (J. Herbrand, 1908—1931) 而设立的, 主要奖励在自动推理领域做出杰出贡献的个人或团体. 第一次自动推理会议于 1974 年在芝加哥附近的美国阿贡国家实验室 (Argonne National Laboratory) 召开, 该会议原本每两年举行一次, 从 1996 年开始每年举行, 并颁出埃尔布朗自动推理杰出成就奖. 在吴文俊之前, 该奖共颁发三次, 都授予了该领域的权威学者, 分别是 1992 年授予沃斯 (L. Wos), 1994 年授予布莱塞 (W. Bledsoe, 1921—1995, 美国人工智能学会前主席), 1996 年授予罗宾逊 (J. Robinson, 1930—, 1985 年获得国际人工智能联合会与美国数学会共同颁发的 "里程碑奖").

现在流行的自动推理方法可分为三类: 以埃尔布朗理论及解法为代表的逻辑方法; 以纽厄尔 (A.Newell, 1927—1992, 1957 年获图灵奖)、西蒙 (H.A.Simon, 1916—2001, 1975 年图灵奖获得者和 1978 年诺贝尔经济学奖获得者) 为代表的人工智能方法; 以塔斯基 (A.Tarski, 1902—1983) 理论与吴方法为代表的代数方法.

经过多年努力, 以吴文俊 1986 年提出的吴 -Ritt 零点分解定理为核心的构造性代数几何理论已经成为机械化数学的重要理论基础, 不仅在几何定理的机器证明、方程组求解、微分几何、理论物理、力学等领域得到成功应用, 还成为机器人学、数控技术、几何辅助设计、CAD、计算机视觉等高科技领域的有力工具.[1]由他建立和发展起来的数学机械化的理论和方法对整个数学的发展乃至科学的进步, 发挥着越来越大的作用. 自动推理界对此有极高的评价.

布莱塞说 "吴关于平面几何定理自动证明的工作是第一流的, 他独自使中国在该领域进入国际领先地位".[2]沃斯指出 "吴在自动推理领域的杰出贡献是极为辉煌的, 不可磨灭的, 没有一个数学领域像自动推理这样从一个人那里得到这样多的贡献".

七、科技界最高荣誉 —— 首届国家最高科学技术奖

国家最高科学技术奖与国家自然科学奖、国家技术发明奖、国家科学技术进步奖和国际科学技术合作奖一起并称为国家科技奖励, 1999 年 4 月 28 日国务院第 16 次常务会议通过《国家科学技术奖励条例》, 并于 2000 年开始颁发. 国家最高科学技术奖授予在当代科学技术前沿取得重大突破或者在科学技术发展中有卓越建树, 在科学技术创新、科学技术成果转化和高技术产业化中创造巨大经济效益或者社会效益的科学技术工作者, 国家最高科学技术奖每年授予人数不超过 2 名. 首届国家最高科技技术奖无可非议地颁发给了吴文俊与袁隆平.

---

[1] 林东岱, 李文林, 虞言林. 数学与数学机械化. 济南: 山东教育出版社, 2004.
[2] 高小山, 石赫. 吴文俊与他的科学成就. 科学新闻, 2001, 7: 12.

2001 年 2 月 19 日上午 9 时在人民大会堂举行隆重的颁奖大会, 国家主席江泽民亲自颁奖, 国务院总理朱镕基发表讲话.

非常巧合的是, 与吴文俊获得第一个大奖 —— 首届国家自然科学一等奖时一样, 采访的记者发现, 在原有的资料中很难找出有关吴文俊的资料, 这么简单的报道显然与他的学术成就不相称. 获得多项大奖的吴文俊在公众面前所表现的一直是他埋头实干、不事张扬的科学家本色.

2001 年 3 月 29 日, "吴文俊先生荣获国家最高科学技术奖庆贺会暨数学机械化方法推广应用报告会" 在中国科学院基础科学园区举行. 科技部、中国科学院、国家自然科学基金委的领导及数学界院士等 300 多人与会, 共同庆贺吴先生荣获国家最高科学技术奖.

如此高的成就并没有让吴文俊停止向前的脚步, 经过半年的酝酿和准备, 他从所获奖金中拨出部分资金成立了数学与天文丝路基金, 用于鼓励并资助年轻学者从事有关古代中国与亚洲各国数学与天文交流的研究. 该基金初期资助六个项目, 研究内容涉及中国传统数学与朝鲜和日本以及阿拉伯数学的关系等. 由于吴文俊院士在数学界的崇高地位和威望, 他对中国数学史研究的支持有着独特的作用, 他的一言一行有力地推动了中国数学史研究.

八、终身成就获美誉 —— 第三届邵逸夫数学奖

邵逸夫数学奖是邵逸夫奖 (The Shaw Prize) 的一个单项奖, 邵逸夫奖是按照邵逸夫 (1907—) 先生的意愿于 2002 年设立的, 以表彰在科学研究或应用方面获得突破性成果, 并且对人类生活产生深远影响的科学家. 该奖在数学科学、天文学、生命科学与医学领域设有 3 个奖项, 每年颁奖一次, 每项奖金 100 万美元.

2004 年第一届邵逸夫数学奖授予现代微分几何学的奠基者陈省身 (1911—2004, 1984 年获沃尔夫奖), 2005 年第二届邵逸夫数学奖授予费马大定理的终结者怀尔斯 (A. Wiles, 1953—, 1996 年获沃尔夫奖), 2006 年第三届邵逸夫数学奖授予曼福德 (D.B. Mumford, 1937—, 1974 年获菲尔兹奖, 2008 年获沃尔夫奖) 和吴文俊, 2007 年第四届邵逸夫数学奖授予朗兰兹 (R. Langlands, 1936—, 1996 年获沃尔夫奖) 和泰勒 (R. Taylor), 2008 年第五届邵逸夫数学奖授予阿诺德 (V. Arnold, 1937—, 2001 年获沃尔夫奖) 和费迪夫 (L. Faddeev, 1934—, 1986—1990 年任国际数学联盟主席).[①]一个个闪耀着令人敬仰光芒的获奖者名字, 足以证明邵逸夫奖的份量, 丝毫无愧于媒体给予的 "21 世纪东方诺贝尔奖" 的美誉.

邵逸夫数学奖在颁奖词中写到: 吴文俊由于 "对数学机械化这一新兴交叉学科的贡献" 而荣获 2006 年度邵逸夫数学奖. 数学机械化是我国数学家吴文俊在 70 年代末开始倡导的一个研究领域, 如今吴文俊已在该领域取得了举世瞩目的成就和荣

① http://www.shawprize.org/b5/laureates/index.html.

誉.

在颁奖会上, 数学家阿蒂亚评价到:

"(曼福德和吴文俊)…… 在计算机与几何间的鸿沟上架起了桥梁, 实在是一项伟大的成就, 他们是未来数学家一种新角色的楷模."

面对成果, 他十分谦逊, 面对荣誉, 他静如止水, 一如既往地徜徉在数学王国里, 工作依然如年轻时一样勤奋, 生活依然像普通人一样简朴!

九、几点思考

纵观中国乃至世界, 能将如此多重量级奖项囊括的寥寥无几, 沉甸甸的奖项对广大的数学研究工作者是极大的激励, 更值得我们深思, 也许可为数学研究工作者提供有意义的参考.

1. 吴文俊在艰苦条件下刻苦钻研的自强不息精神给我们以启示. 即使在 "文革" 无书可读无数学可研究的浩劫中, 他仍然能找到研究领域并坚持数学研究直至获得突破性进展, 这不仅给我们树立了一个绝好的榜样, 也解答了如何走出研究困境的问题.

2. 吴文俊在不同研究领域勇于创新的求真精神令人深思. 在不断变换的研究领域中, 吴文俊硬是凭借着过人的敏锐判断力, 提出若干与众不同的研究方法, 在所触及的每一个领域都做出了开创性的工作, 这不仅我们以深刻的启示, 也解答了数学研究如何创新的问题.

3. 吴文俊纯粹数学与应用数学并举的研究风格为我国数学指明了发展道路. 世界上大多数著名数学家几乎在两个领域均有建树, 几乎所有的数学重镇和研究中心也都对这两个领域同等重视, 吴文俊也保持了这个传统, 他的成就横跨这两大领域, 不仅体现了数学的大家风范, 也解答了如今我国数学应该如何发展的问题.

4. 吴文俊着眼于中国、为了中国的研究宗旨体现了一位数学家的高风亮节, 他对数学史的研究是这方面最好的例证. 吴文俊的数学机械化思想是受中国古代数学的启发而来, 他本人也多次在国际会议中报告中国数学与数学史的研究内容, 这都是为了让中国数学早一天强大起来, 更好地融入到世界数学的发展之中. 这不仅解答了数学为了什么的问题, 更体现了他作为华夏儿女的拳拳之心, 对中国数学的殷切希望溢于言表.

吴文俊的数学成就已成为整个数学发展史上的一座座丰碑, 领导和指引着数学研究, 也必将继续领导和指引数学研究走向更伟大的辉煌! 衷心祝愿吴先生健康长寿鹤岁松龄!

吴文俊所获奖励和荣誉

1956 年　获国家首届自然科学奖一等奖：示性类及示嵌类的研究
1957 年　当选为中国科学院学部委员（院士）
1958 年　应邀在国际数学家大会（爱丁堡）作 45 分钟报告（未能成行）
1978 年　获全国科学大会科学大会奖：示嵌类的理论与有关问题
1979 年　获中国科学院自然科学奖一等奖：机械化证明
1984 年　任中国数学会理事长
1986 年　应邀在国际数学家大会（旧金山）作 45 分钟报告
1989 年　国际符号与代数计算年会（ISSAC'89）邀请报告
1990 年　获第三世界科学院数学奖
1992 年　当选第三世界科学院院士
1992 年　任国家攀登计划项目"机器证明及其应用"首席科学家
1993 年　获陈嘉庚数理科学奖
1994 年　获香港求是基金会首届"杰出科学家奖"
1995 年　获香港城市大学名誉博士学位
1996 年　任国家攀登计划项目"数学机械化及其应用"首席科学家
1997 年　获国际自动推理的最高奖：Herbrand 自动推理杰出成就奖
2000 年　获首届国家最高科学技术奖
2001 年　获第五届国家图书奖：《数学机械化》
2001 年　获北京大学杰出校友荣誉称号
2002 年　任第 24 届国际数学家大会大会主席
2002 年　获香港理工大学度"杰出中国访问学人"
2005 年　国际符号与代数计算年会（ISSAC'05）邀请报告
2006 年　获邵逸夫数学科学奖奖
2009 年　获西安交通大学最受崇敬校友荣誉称号
2009 年　获上海交通大学杰出校友终生成就奖
2009 年　获全国侨界"十杰"荣誉称号
2009 年　获系统科学最佳论文奖
2010 年　国际永久编号第 7683 号小行星永久命名为"吴文俊星"
2010 年　国家科技进步奖二等奖：《数学小丛书》

第二部分

回忆、纪念与缅怀

吴文俊的研究工作

陈省身

1994 年, 吴文俊获香港求是基金会首届"杰出科学家奖". 以下是陈省身教授在颁奖典礼上介绍吴文俊教授的工作.

数学史上的一件大事, 是 17 世纪微积分的发现. 从此数学的发展, 有了一个系统的步骤, 数学便取得了长足而深入的进步. 这门数学现在叫做分析, 是十八、十九世纪数学的主要物件. 它的要点是要了解无穷, 无穷大或无穷小. 到了 20 世纪, 这个探讨便扩充了, 便产生了拓扑学. 拓扑的发展是 20 世纪上半叶在纯粹数学的最大成就.

吴文俊教授在拓扑学有好几个重要的工作, 列举如次:

1. 球丛对偶定理的简单证明.

2. 实向量丛及复矢丛的统一性的拓扑性质的确定.

3. 上同调环的运算的基本性质, 一般称为吴氏公式.

4. 流形嵌入的新不变式.

此外结果还有很多.

近二十年来吴教授从事于"机器证明"的研究, 把电脑应用到纯粹数学. 他利用代数几何, 把方程式求解的问题, 做了系统的研究. 以此问题吴教授引进了许多独特而创新的观念.

历史上的许多大数学家, 往往对纯粹数学与应用数学都有贡献. 吴教授保持了这个传统. 我有幸同吴教授有深切的关系: 1946 年在上海, 我从前在西南联大的一个学生, 把他引荐给我. 他那时大约不知什么是拓扑空间, 不到一年, 他给出了球丛对偶定理的证明, 举重若轻, 令人赞叹. 一般说来, 吴教授的工作, 都是独出蹊径, 不袭前人, 富创造性.

他的机器证明理论, 保持了中国数学的传统: 数学上一个普通的问题, 是解方程组, 代数的或微分的. 数学的许多基本结果是所谓"存在定理": 在某种条件下断定方程组有解. 中算则注重求解的方法, 寻求最有效的手段. 文俊最近的工作, 符合中算的精神.

这是一个十分杰出的数学家!

祝贺吴文俊先生获邵逸夫数学奖

杨振宁

各位贵宾:

我非常高兴参加今天这个庆祝会. 今年的邵逸夫数学科学奖获得者吴文俊先生是我们大家都非常尊敬的. 邵逸夫奖是从 2004 年第一次设立的, 邵逸夫今年 99 岁了, 还是很健康. 发奖的那一天他亲自来了, 最后把这个奖牌交给吴院士, 也是他亲手交的, 明年要庆祝他 100 岁的生日. 那么他设立这个奖, 从最开始讨论的结果, 认为应该给三个奖项, 其中一个是数学科学奖. 大家晓得 2004 年数学科学奖的得奖者是陈省身 (S.S.Chern) 教授. 第二年, 2005 年得奖者是怀尔斯 (A.Wiles) 教授, 今年是 David Mumford 教授跟吴文俊院士. 这个推荐得奖是一个国际的数学家组成的遴选委员会, 今年这个遴选委员会的 5 位委员, 是英国的 Attiya 是主席, 张恭庆应该是大家都熟悉的, 俄罗斯的 Novikov, 日本的 Hironaka, 跟美国的 Griffis, 五位评选委员里头有三位是 Fields 奖得主. 他们经过几个月的讨论, 推荐了 2 位, 是吴文俊院士跟 Mumford 教授. Mumford 教授现在布朗大学做教授. 那么今年有个特点, 是今年数学科学奖, 特别给的两位, 都是不只是在纯粹数学有贡献, 而在应用数学上有贡献. 那么这个评选委员会, 今年选这两位的一个特点是很清楚地要表示, 邵逸夫奖对于应用数学也应该包括在数学科学之内. 我个人参与这个邵逸夫奖整个的运转, 我有一点点感想, 就是这个奖到现在数学方面已经有两位华人获奖了, 陈省身先生跟吴文俊先生, 生命科学跟医学奖也已经有两位华人了, 是简悦威教授跟王晓东教授. 这些评奖的人, 绝大多数都不是华裔的科学家, 所以这个所代表的是华人在国际科学界的贡献已经达到顶端的人数是相当多的. 我相信这件事情也代表着在以后 10 年、20 年华裔得到国际大奖的会越来越多. 谢谢!

不朽的创造之路——祝贺吴文俊先生 90 寿辰

谷超豪

吴文俊先生一直从事数学的研究工作, 对我国的数学事业有重大贡献. 在他九十寿辰来到之际, 我很高兴为他写这篇祝贺文章, 希望能够展示出他在数学领域中的卓有功勋的创造活动, 表示我的敬意.

数学是一门抽象的学科, 它从 1 , 2 , 3 , 4 , …… 等数字, 开始构建了描绘世界时空的庞大的科学体系, 既能反映时间的变迁, 又能描述空间的复杂结构, 成为人们认识客观世界的有力的工具, 也是人类伟大的理性思维创造. 这种伟大的创造, 是由一批批志愿于抽象思维的人, 通过专心致志的刻苦钻研、终生不懈的艰难探索进行的.

空间形式, 一般是十分复杂的. 一块橡皮泥, 可以有各式各样的形状, 也可以有一个或许多个小孔, 人们还可以想象高维空间的橡皮泥, 可以捏成各种各样的形状, 它们公共的性质, 便是数学中的拓扑学. 吴文俊先生早年在拓扑学上作出了重大的贡献, 20 世纪 40 年代末、50 年代初他在法国学习时, 就发现许多拓扑学的不变量、示性类、示嵌类等等, 他在四维拓扑中的一些研究成果与后来 Fields 奖获得者 Thom 的工作相关, 又在 Fields 奖获得者 Witten 的超弦的数学理论中找到了应用, 这充分验证了吴文俊先生早年在拓扑学上工作的深刻性和创造性. 带着这些成果, 他于 20 世纪 50 年代回到国内, 使我国拓扑学的研究处于世界先进的位置. 20 世纪六七十年代, 吴先生所面临的中国数学界, 是被 "文化大革命" 弄成混乱不堪的局面, 正规的科学研究无从谈起. 吴先生和国内数学界的几位领导人共同努力, 使中国数学走上正规发展之路. 除此之外, 吴先生以他独特的眼光, 注视着中国数学发展的道路, 他以顾今用 (古为今用) 为笔名, 发表了一系列文章, 说明中国数学重视应用的特点, 高举起很有特色的构造性大旗进入了数学领域. 他并且身体力行, 广泛地阅读中国古代数学精华和恩格斯的《反杜林论》等经典名著, 提出了数学机械化的思想, 并开始予以实施. 这是十分有远见的宏伟计划, 把数学中的一些基本问题归结到代数方程的求解问题, 又设想用机械化的方法来求解, 这种方法首先被用来求解代数方程, 把求解代数方程视为最基本的问题, 然后以有效的、现代化的方法 (包括电子计算机的使用) 来求解这些代数方程, 形成了前途未可限量的数学机械化思想, 为数学的发展开辟了无限广阔的前景.

我还要说的是, 一直以来吴先生对我和胡和生的工作十分关心、爱护和支持,对此, 我非常感谢! 也感谢吴师母陈丕和先生的热心关怀! 最后我和胡和生一起祝吴先生、吴师母生活幸福、健康长寿! 祝吴先生为数学事业做出新的贡献!

吴文俊先生的学术思想对我的影响

陆启铿

在吴文俊先生七十岁、八十岁、九十岁生日之际, 我都分别在《数学物理学报》(1991)、《数学与系统科学》(1999), 及《数学物理学报》(2009) 写学术论文为之祝寿, 其中每一篇都有一小段提到吴先生对我的一些影响. 现在笔者把这些分散的片段整理一下并增加一些其他以前未述及的内容, 把吴先生从 1952 年到数学研究所开始至 1980 年数学所分为三个所他离开数学所为止, 他在数学的学术思想上对我的影响回顾一下. 我想他的影响恐怕不只局限于我一个人, 我相信数学研究所相当一部分人, 甚至中国数学界相当的一部分人, 都有在这一方面或那一方面受到他的影响. 我只能谈我自己的一部分.

吴文俊先生留学法国的时期, 正值法国在二战后数学上鼎盛的时期, 在 Leray, de Rham, H.Cartan, Ehresman 等老一辈数学家带领下, 培养了一大批后来成名的青年数学家如 Serre, Thom, Grothendiek, Schwartz 等等, 吴文俊先生便是在此优越的环境下得到熏陶, 并且参加了世界著名的 H. Cartan 讨论班. 他的工作在法国得到了声誉. 他把当时世界上最新的数学进展的信息带回了中国并加以传播. 他不是简单地转述别人的结果, 而是有自己的洞察的理解. 他的报告深入而浅出, 引人入胜, 使青年人受益不浅, 从而得到启发, 真有 "听君一席话, 胜读十年书" 的感受. 他回国以后, 仍然继续创新性的研究, 密切关注国际上数学的最近发展, 经常向较他年轻的一代介绍. 其实他自己当时也很年轻, 不过三十多些而已.

1952 年我国高等学校院系调整, 吴文俊先生从北京大学调到中国科学院数学研究所工作. 他最初给我的印象是一个有点不愿引人注意的学者风度, 只埋头自己的研究, 很少主动和别人谈话, 但如果你诚恳地向他请教数学的问题, 他都会很热情地回答的.

自 1951 年数学研究所从城内文津街 3 号的两间办公室, 搬到清华大学内一幢有两层楼的小楼内. 初来时吴文俊先生还未成家, 在数学所一层的小公共食堂中可经常见到他来吃饭, 有时和我同一饭桌. 我常趁此机会向他请教几何方面的问题. 由于我研究多复变函数需要很多几何知识, 我正在读 É.Cartan 的名著黎曼几何的书. 对我来说是天书, 因为这本书有不少概念没有给出详细定义, 我记得最初问他的问题是何为定向 (orientation), 他很耐心地向我说明.

1952 年 "三反" "五反" 运动、思想改造运动刚结束, 数学所迎来了相对稳定时

期, 增加了张素诚、吴文俊、冯康等从国外回来不久的研究人员, 华罗庚所长组织了
全所报告会, 除了华罗庚亲自报告他最近的研究结果外, 他还邀请冯康、吴文俊等
人作系列介绍国外最新成果的报告, 有时也请外地的人来作报告, 如李国平、陈建
功教授等. 这是数学所欣欣向荣的时期. 我从吴文俊先生的系列报告得益很多. 他
从最基本的微分流形的概念讲起, 生动地说明这是由一块块欧氏开集, 以某种形式
拼凑起来, 并举出不少重要的具体例子, 其中有 n 维投影空间如何由 $n+1$ 个坐标
邻域拼凑起来. 这是后来我定义典型流形所效法的. 他由浅入深, 讲外微分形式的
Poincaré 引理, 以及最后讲的 de Rham 定理的证明. 几年之后, 大约在 1960 年左
右, 我参加了关肇直、张恭庆的量子场论讨论班, 当讨论适合 Marxwell 方程的电磁
场张量为什么能用电磁势的微分来表达时, 我说这就是 Poincaré 引理的原因, 他们
都表示很惊讶, 其实我是从吴先生处学来的. 吴先生讲 de Rham 定理从流形的剖
分 (triangulation) 谈起, 用 de Rham 的原始文章的构造性方法来证明, 这又使我获
益匪浅. 到 60 年代中期, 吴新谋组织 Leray 的 Cauchy 问题讨论班, 我就是从 Leray
的 Cauchy-Fantapere 公式中, 构造出适当的循环与外微分式, 推出包括华罗庚典型
域的 Cauchy 公式在内的 Cauchy 公式. 我的这篇文章是用中文发表在 "文革" 开
始的最后一期《数学学报》上, 被美国翻译成英文, 法国的一些数学家对此颇感兴
趣, 在 Norquet 讨论班讲义的报告中被提到过十多次.

　　吴先生在很多场合都强调数学的构造性方法的重要性, 这点儿和我的老师华罗
庚先生的观点十分相近. 华先生经常对我说, 为什么那么多文章讨论具体的 (代数
或微分) 方程的存在性, 证明如何把解构造出来不就完了吗? 这种思想对我在数学
研究上的影响是很大的. 我一生的研究工作, 大部分都是构造性. 正如吴文俊先生
所说, 中国数学史上有过的辉煌的数学, 都是用构造性方法得到, 这是我国的传统.
但随着我年龄的增加以及与国外的交流增多, 我了解到构造性方法虽然是数学上很
重要的, 并且在应用于实际上是很主要的方法, 但不是数学上唯一的方法. 例如有
些微分方程的解不存在, 这就无法去构造其解. 逻辑的推理, 对数学的发展以及数
学之外的科学思想的发展, 是至关重要的.

　　由于数学研究所的业务与人员不断地发展, 清华园内的二层小楼已经不够用
了. 1956 年研究所搬到了从西苑大旅社租用的一幢大楼内, 数学所更加繁荣, 学
术上十分活跃, 讨论班非常之多. 我最有兴趣的是参加吴文俊的讨论班, 因为他一
直在几何的前沿工作, 我可以从他的报告中知道一些国际上最新的数学动态. 例
如我从他那里听到 Milnor 证明了七维球上有不等价的微分结构的消息. 但他的讨
论班主要目的是想讲 Hirzebruch 与 Grothendieck 的最新的 Riemann-Roch 定理,
就在这个讨论班上我听到了纤维丛的定义. 我对此很感兴趣. 我的同事孙以丰, 特
地把他珍藏的 Steenrod 所著的第一本系统介绍纤维丛的书在他离开数学所之前送
给了我. 这本书着重讨论同伦群, 并引用了我们所张素诚研究员的文章, 但没有提

到纤维丛上的联络论. 有关纤维丛上的联络论的知识, 是我稍后从 1956 年出版的 Lichnerowich《无穷小联络与和乐群》的法文本学到的. 吴文俊的讨论班还没有讲到 Riemann-Roch 定理便停止了, 原因是反右运动开始或者是他要去访问法国, 记不清楚了. 我自己借华罗庚从美国带回来的 de Rham 的关于 Hodge 定理的讲义组织小型讨论班讨论, 参加者有张素诚与陈弈培. 由于我已经从吴文俊以前的报告中知道了 de Rham 定理的证明, 所以报告 de Rham 所写讲义并不很困难.

反右以后, "大跃进" 开始, 数学所学术上的辉煌时代开始逆转, 各个科学分支都受到不同程度的批判, 要联系实际, 即研究的内容要与生产直接有关系以支持大跃进. 我认为科学界后来有浮夸之风, 就是从那时代整个中国社会浮夸之风传染来的, 直到现在社会上各行业时有自欺欺人之举, 这仍然是那个时代的流毒.

大概是由于数学所的研究人员忙于各自寻求联系实际的题目, 我很少有机会见到吴文俊先生. 直到 "文化大革命" 开始, 副研究员以上大都是属于资产阶级知识分子, 都受到不同程度的冲击 (有的被抄家, 包括我在内), 不准参加运动, 但每天仍必须上班, 只能待在指定的办公室, 与革命群众隔离开来. 我有幸在 1970 年有一段时间与吴先生分配在同一办公室. 我们不敢去图书馆 (因为有一位叫许海津的副研去图书馆看书被批斗), 这使我们 (至少是我) 不敢讨论纯粹数学, 闲来无事自然会讨论数学无关的事, 我记得我们讨论过针灸疗法. 吴先生真的买了一包针, 而且在自己的身上开始实验, 他告诉我结果是 "一针见血". 就是说他用针向自己的一个穴位扎下去, 结果是鲜血流出来了, 大概是以后他放弃了针灸研究的原因. 我由于听说科学院组织人批判相对论, 我的家中本来就有相对论的书, 很好奇就拿出来看看是怎么一回事. 可能由于同样原因, 吴先生也在看相对论的书. 于是我们便有时讨论广义相对论, 我觉得应该是合法的, 因为正在批判相对论嘛. 广义相对论实在与微分几何关系太密切, 有一次我对相对论的几何的理解有错, 他立刻指出来. 大概是造反派一直关注 (或者是监视) 着我们的一举一动, 他们知道了我们在研究相对论. 有一次数学所革委会通知我去参加一个相对论的座谈会, 参加者大多是物理界人士, 包括周培源老前辈. 我有一个发言, 说引力理论除广义相对论外最近有一个 Brans-Dick 理论, 是把引力常数看作是一个标量而非常数, 它与爱因斯坦的理论相差甚微. 美国正计划放一个人造卫星上天, 检验哪一个理论更正确. 记得周培源先生大不以为然, 他对相对论的任何修正都是不能容忍的, 更不用谈批判了.

几天之后, 我正在奉数学所革委会之命, 去旁听一个批判李邦河的会议, 接受教育. 据说是他与什么 "五一六" 有关. "五一六" 是什么东西, 我也不清楚, 因为我是不准参加去看大字报的. 会议中间, 结合到革委会的领导干部关肇直把我叫出来, 通知我中午十二时以前必须到科学院的 "大批判组" 报到. 我到了 "大批判组" 以后没有几个月, 这个批判组就划归物理所管理, 名字叫 13 室. 13 室由一个军代表领导, 很少来, 管束不是很严, 我觉得这里的环境比较宽松. 我想原因可能是这个组由科学院副院长陈伯达领导的, 庐山会议之后, 就没有对小组有什么指示. 我向 13 室建议把吴文俊先生请到 13 室工作, 吴先生本人也有此意愿, 可惜后来由于某种政治气候未能实现. 他对几何拓扑在物理中的应用是有兴趣的, 杨振宁 1972 年 7 月 1 日在北京大学的报告以及后来的几次报告, 我都通知他, 他都去参加听了. 我写的文章《规范场与主纤维丛的联络》, 是模仿他讲微分流形的方法, 讲纤维丛是把欧氏空间与李群的局部拓扑积以适当方式粘合起来. 我曾把底稿给他看, 问这么讲有没有问题. 他看过后说没有什么问题, 我才放心投稿.

　　1976 年由于某种原因, 我从物理所 "逃" 回数学所, 陆汝钤把我收容在计算机科学组. 我有兴趣于计算机公式处理, 吴文俊先生也对计算机机械化证明开始产生兴趣, 我们有一段时间经常在数学所的机房见到面. 但我们的研究都需要更大、更快的计算机. 后来科学院资助吴先生买了自己的计算机, 而我则被数学所领导叫我重操旧业, 搞多复变函数, 我们见面讨论研究的机会就少了. 特别是 1980 年数学所分为三个所之后, 我们不在同一个研究所了. 直到 1998 年三个所又重新合并, 但我已经超过七十岁了, 身体和思想都退化了, 对新鲜事物已不那么敏感, 但吴文俊先生虽比我大 8 岁依然不断创新, 令人十分敬佩.

榜样的力量

姜伯驹

吴文俊先生今年九十大寿，我衷心祝贺他健康长寿. 我在大学四年级刚接触到拓扑学时，吴先生就因示性类和示嵌类的研究而获得 1956 年度我国首届自然科学奖的一等奖，成为我非常敬慕的师长. 几十年来从他那里学习到许多许多.

我毕业以后不久，就遇上了 1958 年的教育革命. 在数学界，北京大学是当时的一个风暴中心. 几何教研室被解散，拓扑讨论班不复存在. 吴先生在中科院数学所的讨论班，是当时仅有的进一步学习拓扑学的机会. 他讲数学非常明快，经常有精辟的看法和图形的启发. 背景清晰，层次分明，进度虽快却感觉轻松，听他讲课总有通过自学难以企及的收获和体会. 这与我以前听过的比较刻板的拓扑课有很鲜明的对比. 这种境界，只有真正活跃在研究前沿融会贯通的大师才能达到，激发起强烈的求知欲望. 可惜好景不长，后来不但无法坚持听他的讨论班，见着他的机会也不大多了. 但是吴先生的风范深深印在心里，成为我在教学工作中一直努力追求的样板.

1962—1963 年，基础学科稍有恢复，江泽涵先生得到学术休假一年的机会，带领学生们研究尼尔森不动点理论并取得成绩. 但是等到引起国外同行的重视，我们自己却已深陷"文革"之中. 不记得是哪一年，有一次在江先生家里，他说吴先生去看过他，并且谈到过不动点理论. 吴先生表示非常高兴，中国又多了一个能走在世界前面的研究课题. 这句话特别使我受到激励. 科学研究不只是聪明才智的比赛，也是勇气、毅力和信心的较量. 正是靠着这种精神，江先生才会在"文革"后期 70多岁时有孤军奋战数年写成不动点类理论专著的油印版的壮举. 后来 1985 年吴先生邀我在他组织的刘徽数学讨论班上介绍中国数学家在不动点理论研究的成果. 在 1988 年的陈省身奖颁奖会上，吴先生亲自介绍了我的工作，这是我莫大的荣幸. 他的热情关心和支持，是我永远铭记的.

从 1964 年初下乡"四清"到 1972 年从干校回来，我完全没有接触数学. 到 1973年，工农兵学员和下厂教学的年代，看到吴先生发表关于集成电路布线问题的文章，很是兴奋. 这是吴先生使拓扑学理论联系实际的一个范例，把他的示嵌类理论落实到高效率的算法. 当时我正准备了解一下计算机科学的发展情况，于是试着琢磨布线问题的计算复杂度. 想了一阵子，直到看到国外 1974 年发表的线性时间的平面性检测算法，觉得问题可能已大体解决，才停了下来. 那几年是国内数学界都在摸索方向的时期, 在当时的环境下怎么办, 不甘于数学研究沦为花瓶, 渴望做一些有意义的工作. 虽然当时与吴先生没有直接的接触, 他不屈不挠地多方探索, 确实鼓舞了我去开阔视线, 加深对数学的认识.

"文革"以后, 科学的春天到来, 改革开放, 中国走向世界舞台. 我经陈省身先生介绍, 1979 年在普林斯顿高等研究所工作一年, 恰逢吴先生和陈景润应邀来讲学, 常常见面. 这时吴先生关于中国古代数学史的研究已成系统, 关于几何定理机器证明的研究也已初步成功, 在国外引起很好的反响, 正在购置计算机作进一步的检验. 这段时间我了解到, 中国古代数学崇尚解决实际问题, 必须得出答案方能获得承认, 所以注重算法. 吴先生研究机器证明, 提倡数学机械化, 既是民族的, 发扬传统精神的精华, 又是前卫的, 顺应时代发展的需要. 在吴先生的倡导下, 后来我研究每个课题时都注意提炼与探讨相关的算法问题, 并且取得过这方面的成果. 在实践中我体会到, 从理论到算法, 往往是非常有挑战性的, 攀登到新的认识高度. 另一方面, 好的算法常需要深刻理论的指导和支撑. 定理和算法是相辅相成的.

在中国数学会 2005 年的春节团拜会上, 许多人对于中小学教学改革的新课程标准表示担心. 特别是对于初中几何课程的大幅削减, 社会上流传一种说法: 几何定理都已经能用机器来证明了, 何必还要为难孩子们? 吴先生立即表示反对, 明确指出: 几何定理怎样用机器来证明是一个数学研究课题, 中学生怎样培养逻辑思维能力与直观认知能力是一个教育课题, 这是完全不同的两回事, 不能混为一谈. 为此, 吴先生亲自出席教育部领导召开的数学新课标座谈会, 他说: "我的主要工作是数学研究, 所以对于教育问题我一向小心不随便发表意见, 但是这次我不能不表示关切了. "事实上, 他对于年轻人才的培养是非常热心的.

吴先生光辉的学术成就, 使他获得了一个又一个崇高的荣誉. 他获得 1990 年度的第三世界科学院数学奖, 1993 年度的陈嘉庚数理科学奖, 1994 年度的香港求是基金会杰出科学家奖. 2000 年度他因拓扑学与数学机械化的成就而获得我国首届国家最高科学技术奖. 2006 年度因对数学机械化这一新兴交叉学科的贡献而获得邵逸夫数学科学奖. 2002 年国际数学家大会在北京举行, 吴先生担任大会主席, 正好说明了他是带领我国数学界重返世界数学舞台的旗手. 另一方面, 早在 1980 年的首次双微会议以来, 他已花不少精力组织振兴我国数学事业的重要学术活动, 而且众望所归地走上数学界的领导岗位, 先后担任过中国数学会的理事长、数学天元基金学术领导小组的组长. 他得到数学界的特别爱戴, 不只因为他多方面的学术成就, 不只因为他平和公正的品格. 他有深厚的爱国情怀, 坚持在国内工作, 与我们一起亲历了风浪和曲折; 他熟悉我们的国情, 倾听我们的心声, 代表我们的良知, 珍视我们的团结; 他既从历史的高度鼓舞我们发展中国数学的自信心, 又脚踏实地开辟独特的研究道路, 给予我们宝贵的、影响深远的精神财富. 他顽强探索与实践的历程本身就是我们的好榜样.

　　我祝愿吴先生精神愉快, 继续指导我们前进.

伟大的爱国主义数学大师吴文俊
——庆祝吴文俊教授九十华诞

丁夏畦　罗佩珠

今年是我们的数学大师吴文俊先生的 90 大寿. 他是我们的老师, 也是我们学习的楷模. 在这喜庆的日子里, 使我们回想起吴文俊先生几十年来真像一只雄鹰, 在数学王国里自由翱翔, 不断创新, 战果辉煌.

早在 40 年代末, 他就已经成为世界拓扑学的开拓者, 在拓扑学方面有了很深的造诣. 从而在 1956 年他和华罗庚、钱学森同时获得我国首届自然科学奖的一等奖. 接着他仍然继续前进, 从不停止他的科学探索.

下面是我们感受最深的几件事.

一、开创数学机械化和机械化数学的新领域

早在 70 年代"文革"快结束时, 吴先生到计算机工厂联系实际过程中和中国数学史的研究中萌发了机器证明的原始思想. 首先以初等几何为对象, 创造性地提出用机器证明几何定理的思想和方法. 使我们特别感动的是我们都知道初等几何, 也都知道上计算机, 但是有谁能想出像吴先生那样的创造, 使我们领略到大数学家毕竟出手不凡. 当吴先生在美国 Courant 研究所报告他的数学机械化成就时, 李岩岩告诉我们, 听讲的美国学者都大加赞赏. 大家说数学家搞机器证明就是不一样, 别出心裁, 横开蹊径. 还使人感动的是高年龄的吴先生开始研究机器证明时就和年青人一样在数学所的计算机机房里算题. 不管机房多么小, 天气多么炎热, 多么辛苦, 他也一直排队算题. 后来吴先生借出国访问的机会, 用自己的经费在国外买回一台台式计算机, 才开始在家里进行研究和计算. 由于吴先生站在数学的最高点进行研究, 一举就登上了数学机械化思想的高峰, 创造了吴方法, 给当代的数学开辟了一个崭新的时代, 数学定理的证明可以用计算机来独立完成. 从而吴先生又得到了 2000 年度首届国家最高科学技术奖、邵逸夫奖和国际自动推理奖等等.

二、关心后进, 促进全国数学事业的发展

吴文俊先生关心后进、促进全国数学事业的发展给我们的感受最深. 例如他对国家自然科学基金委员会数学方面的基金筹备、天元基金的建立都付出了极多心血. 对南开大学数学所的建立、双微国际会议的召开都起了决定性作用. 武汉数

学物理研究所工作的开展也跟吴文俊先生的关怀、帮助、支持是分不开的. 华中师范大学非线性数学分析实验室的建立, 吴文俊先生也都给予了极其重要的关怀和帮助.

三、吴文俊先生是一个伟大的爱国主义者

吴文俊先生为了阐明中国古代数学的成就, 几乎终生都在从事中国数学史的研究. 他主编十大卷的《中国数学史大系》, 充分证明我们祖先沿着一条与西方数学完全不同的道路发展我国数学. 这条发展道路在今天计算机时代更显出其光辉美好前景, 吴先生所开创的"数学机械化和机械化数学"就是中国传统数学的最高成就. 他将会继续得到发展, 做出对世界数学和我国建设事业的进一步贡献.

吴文俊先生的一生, 是光辉奋斗的一生, 是成果灿烂的一生, 是中国数学界的一座顶峰. 今当他九十高龄之际, 我们祝贺他: 身体健康, 精神愉快, 继续指导后代, 开拓前进.

吴文俊先生的高尚品质

万哲先

吴文俊先生 1952 年从北京大学数学系调到中国科学院数学研究所. 该年 12 月他到数学研究所上班, 正好赶上数学研究所进行职称级别评定工作. 当时所里人员不多, 总共只有十几个人. 于是全体研究人员组成一个小组, 轮流由每个人扼要介绍自己的工作, 再谈一下自己对评定职称级别的想法, 然后由大家进行评议. 轮到吴先生的时候, 他在介绍了自己的工作以后, 还说了两段话. 一段是说: 他所做的工作都是在 *Comptes Rendus* 上发表的摘要, 全文并没有发表. 按照规定, 应该在摘要发表后的三年内发表全文, 否则别人就不会承认这些工作, 现在这些工作的摘要已经发表近三年了. 另一段话是说: 他 1951 年被北京大学聘为教授, 他到职后才知道, 1949 年王湘浩先生被北京大学聘为副教授, 而王先生的工作十分突出, 例如, 王先生发现了 Grunwald 定理是错的, 举了反例, 并给出了正确的叙述和证明. 这使吴先生感到不安. 于是吴先生说, 他想他的职称和级别是不是定高了. 吴先生发言以后, 数学所有好几位高级研究人员发言. 有人说, 吴先生示性类的工作是划时代的贡献. 有人说, 40 年代末吴先生与另外三位法国和瑞士年轻拓扑学家的重要工作被认为引起了法国拓扑学的一次地震, 使法国拓扑学从落后状态赶到了前列, 等等. 他们都说吴先生任研究员是当之无愧的.

吴文俊先生是一位杰出的数学家, 从事数学研究近七十年, 无论是从事拓扑学研究, 或是中国数学史研究, 或者数学机械化研究, 他都有卓越的战略眼光, 富于想像力和创造性. 他总是独辟捷径, 攀上一个又一个的科学顶峰, 为中国数学的发展建立了丰功伟绩. 但他一直非常谦虚, 对自己的贡献总是不提或少提, 而对他人的重要成果却非常重视. 上一段回忆的一段往事充分显示了他的高尚品质.

祝贺吴文俊先生获邵逸夫数学奖

张恭庆

我首先要感谢中国数学会以及中国科学院数学与系统科学研究院召开这次大会, 使我有机会来祝贺吴文俊先生荣获邵逸夫数学奖.

被媒体誉为 "21 世纪东方诺贝尔奖" 的 "邵逸夫奖" 是一项国际大奖. 我们看一个奖项的大小, 不仅看奖金的额度, 更重要的是看得奖者的水平. 邵逸夫数学奖的前两届得主, 一位是现代微分几何的奠基人陈省身先生, 另一位是 Fermat 大定理的终结者 A.Wiles, 由此可见这个奖确实是一项顶尖级的大奖.

这项大奖的被提名人高手如林. 吴先生和 D. Mumford 之所以能够胜出, 当然是由于他们学术成就中突出的原创性和对数学科学发展影响的深远性. 近来有机会看到一些国际上权威人物对吴先生工作的高度评价, 我深有感受.

正如前面高小山教授所介绍的那样, 吴先生的成就是极为巨大的. 大家都知道吴先生在拓扑学上有 "范围广泛、结论深刻、极高创造性" 的贡献, 如 "吴示性类" "I^* 函子" "嵌入不变量" "分类空间的拓扑" 等工作都有深远的影响.

而吴先生在几何机器证明 (即 "吴方法") 上的贡献更是划时代地完全革命化了这一个领域. 几何机器证明的研究可以截然地分为前吴时期 (pre-Wu era) 与后吴时期 (post-Wu era). 在 "吴方法" 出现之前的近二十年, 定理机器证明的研究处于一片茫然之中, 进展甚微. 由于吴先生引进了深刻的数学思想, 打开了一条全新的途径, 找到了一套不仅限于初等几何, 而且对于非常广泛的一大类问题都行之有效的算法. 他的方法不但可以证明定理, 还可以发现定理. 他的革命化方法带来了这个领域里一个专题接着一个专题地推进, 使这领域成为了近年来快速发展的一个分支.

吴先生成就的意义和影响实际上不限于数学上这两个分支. 正如世界著名数学家 Atiyah 爵士在颁奖会上所说的: "从 19 世纪初期到 20 世纪中叶, 在整个计算机发展的进程中, 数学家起着突出的作用. 但是现在计算机科学已经发展成为一个庞大的事业, 而它与数学的紧密联系却有丢失的危险. 这对双方都有害. D. Mumford 与吴文俊是两位领袖数学家, 在他们职业生涯的第二部分, 以两种不同的方式重新建立了这种联系."

"数字计算机在处理空间问题上并不十分有效, 这是大家都知道的. 因此像 Mumford 与吴所做的, 在计算机与几何间的鸿沟上架起了桥梁, 实在是一项伟大的成就, 他们是未来数学家一种新角色的楷模. ”

由此可见, 吴先生正是引领世界潮流的数学大师. 他荣获邵逸夫奖是受之无愧的!

我们庆贺吴先生赢得国际大奖, 并不仅因为他是获得国际数学大奖的国内第一人, 而且还是因为:

第一, 吴先生的成就是中华民族的光荣. "吴方法" 是来源于中国古代数学传统的思想与方法, 结合现代代数学的某些理论, 发挥当代计算机的功能, 发展出来的数学机械化理论. 与西方数学基于 "公理化" 的传统不同, "吴方法" 继承和发扬了中国古代数学基于 "计算" 的传统, 使它能在新世纪的数学研究中发挥威力.

第二, "吴方法" 是中国自主创新的成果. 吴先生的成就是在中国大地上播种、开花结果的. 早在 70 年代后期, 吴先生就以他的天才和智慧, 在饱受 "文化大革命" 灾难创伤的恶劣环境中, 找到了机械化证明突破口. 他埋头工作, 建立自己的理论和方法, 开始几年不为外界所知. 数年后国外同行才惊异地发现, 由于吴的方法, 中国自动推理的研究已经在国际上遥遥领先. 近三十年来, 吴方法不仅已根本改变了机械化证明的面貌, 而且还被应用到许许多多不同的领域, 例如智能计算机、机器人学、计算机图形学、工程设计等等. 世界上许多大学和研究机构陆续举办吴方法的研讨班. 欧美各发达国家的科学基金会和大企业都积极支持开展 "吴方法" 的研究. 全世界这一领域的许多领衔学者来自中国, 而以吴先生为首的中国学派也一直是机械化定理证明的主要推动力. 所以 "吴方法" 完完全全是中国自主创新的成果!

第三, 吴先生在解放初期就学成回国, 和全国人民一起经历了共和国半个多世纪的风雨, 与国外同行相比, 他没有那样优越的生活条件和工作环境. 但吴先生在学术上却做出了超越他们的伟大成就. 这个奇迹就发生在我们大家都熟悉的人身上, 面对这次获奖, 中国数学家当然会格外受到鼓舞, 也倍感亲切. 吴先生是中国数学家的骄傲! 吴先生给我们中国数学家做出了榜样, 我们要学习吴先生的爱国精神和作为科学家永远保持的创新激情.

衷心祝愿吴文俊先生和夫人陈丕和老师健康长寿!

忆吴文俊与中国数学

胡国定

我和吴文俊都是上海交通大学的校友. 不过我到交大当学生时, 他已是交大的教员了, 所以他也是我的学长和老师. 当时陈省身就和我说过: "吴文俊是交大最杰出的数学家. "这是我第一次听到吴文俊的名字. 我们相识至今, 已有 60 多年, 他很早以前就是我心中很敬佩的数学家.

1984 年 1 月他当中国数学会的理事长, 我任副理事长. 1986 年 2 月, 我到国家自然科学基金委员会工作, 他又被聘为基金委员会委员. 此后, 我们交往更多, 关系更密切了, 他对我的影响更大了, 他是我一生中最信赖的朋友和最敬重的师长.

我对他印象最深的有三个方面:

第一, 他是一个学问做得特别好的大数学家. 他在研究工作取得的成就是多方面的, 他对数学发展做出了很大的贡献, 这是人所共知的, 也是数学界所公认的.

第二, 他是一个品德高尚、纯粹正派的知识分子. 他为人谦逊、待人朴实, 无论对家人、对朋友、对学生, 甚至对火车上的列车员、餐厅里的服务员都是非常尊重、非常客气的, 他从不摆大科学家的架子, 更不会盛气凌人. 因此, 他在数学界有着极高的威望和极强的凝聚力.

第三, 他是一个有着强烈爱国精神和宽阔胸怀的数学家, 他决不是一心只顾自己做数学的人. 无论是年轻时在国外, 还是后来回到国内, 他都时刻关注着中国的数学, 盼望着中国人做出好的工作. 只要中国人做出好的成绩, 他都会由衷的高兴, 只要对中国数学发展有利的事, 他都乐意去做. 总之, 我觉得吴文俊不论是做数学, 还是做人都是最好的, 他是我们大家学习的榜样.

我和他从相识到后来共事, 有许多事情值得回忆, 值得写出来, 我也非常想写. 只是很不幸, 2007 年底我遇到车祸, 迄今还在康复疗养中. 这篇文章我很想写得更详尽, 无奈许多具体事情都记不确切了, 为免写得不准确、不清楚造成不好的影响, 反复考虑, 只得写出以上简短的文字, 以表达我对吴文俊的尊敬.

一 位 超 人

林 群

1956 年中国科学院数学研究所设在北京西苑旅社的一座小楼里, 人不多 (几十人吧), 上班倒能见到吴先生, 给人的印象这是一位腼腆沉默的人, 从来没有对他自己的成就夸过口, 怎么想到他就是在拓扑学界闹过地震, 备受国内外推崇, 并经国际严格评审, 获得中国首届自然科学奖一等奖的大人物! 他跟当时的要人、名人保持距离, 近而远之, 甚至相遇时也是躲着走开, 连春节拜年也回避了, 只是默默地做自己的事, 而大奖 (越来越大) 还不断给他送来. 这只能说是一位超人.

可是, 正是这位超人, 对强者保持距离的同时, 对弱者却怀有一颗最善良的心. 在 "文革" 前夕, 陈景润对哥德巴赫猜想做出了 "1+2" 的结果, 当时的舆论把这项工作说成是 "封资修"、理论脱离实际的典型, 这怎么能在中国发表呢? 就在这时, 主持工作的副所长关肇直先生却提出: 不发表陈景润的工作将会成为历史的罪人. 于是, 由他找到时任《科学通报》或《科学记录》数学编委的吴文俊先生, 后者则冒着被批为 "反动权威" 的风险, 毅然把这项工作推荐到《科学通报》或《科学记录》上发表了. 这恰好赶上了 "文革" 前的最后一期! 真是天公有眼, 没有辜负陈景润先生的血泪成果. 没有夸张地说, 这挽救了陈景润的生命, 使他有信念度过 "文革" 这十年. 所以正是吴先生使陈先生得救了, 正是吴先生使陈先生越过 "文革", 保持了 "1+2" 的世界纪录.

吴先生还有许多超人之处, 各人都有体会, 不一一多说了.

祝贺吴文俊先生九十华诞

马志明

尊敬的吴文俊先生：

值此您九十华诞之际，我仅代表中国数学会及全体会员向您致以诚挚热烈的祝贺，真诚地祝愿您健康长寿，万事如意！

您是一位德高望重的著名数学家，在数学研究上成果丰硕，取得了多方面的巨大成就。您在拓扑学、中国数学史、数学机械化证明等方面的杰出工作为世界瞩目，为数学科学的发展做出了贡献。

您曾担任中国数学会理事长和数学天元基金领导小组组长。长期以来，您为把中国建设成为数学强国倾注了大量心血，为中国数学界的组织建设和学科发展做了大量工作。您曾在多次不同的场合讲到：

我们做得很出色，可是领域是人家开创的，问题也是人家提出来的，我们做出了非常好的工作，有些把人家未解决的问题解决了，而且在人家的领域做出了使人家佩服的工作。可是我觉得还不够，我们应该开创我们自己的领域，我们要提出我们自己的问题来。从长远看我们要创新，我们要有自己的路，我们要有自己的方向、自己的思想，不能完全跟着别人。

同时您自己也身体力行，您开创的数学机械化证明就是我们中国人自己的方向、自己的思想。

您的这些言行和教诲对我们中国数学的发展具有极强的现时的指导意义。我们一定要遵循您的教诲，努力开创我们自己的领域，使中国数学真正进入国际先进的行列。

您开拓创新、严谨治学的精神与风范，影响、激励着我们年轻人；您永攀科学高峰的精神是广大科技工作者特别是数学工作者学习的榜样。您为促进中国数学发展作出的贡献将永远载入史册。

衷心感谢您对我国科研与教学事业做出的杰出贡献。再次祝愿您健康长寿，阖家幸福！

感谢和学习

张景中

第一次知道吴文俊先生的名字，是在 1956 年. 这是因为当年首届国家自然科学奖光辉出炉了. 其中一等奖共有 3 项: 物理 1 项, 得主是钱学森; 数学 2 项, 得主分别是华罗庚和吴文俊.

那时我在北大数学力学系二年级. 尽管对获奖成果的内容不甚了了, 但对获奖者何许人也还是很关心的. 钱学森和华罗庚已经大名鼎鼎, 但吴文俊是谁呢? 同学中很快就有消息灵通人士发布信息, 说他乃中国科学院数学研究所的青年研究员, 年仅 37 岁! 大家只有惊诧加佩服!

20 年后, "文化大革命" 末期, 在《数学的实践与认识》上面, 读到了吴先生的一篇有关印刷电路的文章. 从这篇文章里, 才知道了先生在 1956 年荣获一等奖成果的具体内容, 初步体会先生的深刻数学思想.

1978 年底, 从新疆来到科大, 在数学系的资料室里看到近期的《中国科学》, 上面刊载了吴先生的论文《初等几何判定问题与机械化证明》. 反复阅读后, 我被论文中透露出的敏锐的学术眼光和宏伟的设想深深吸引, 决定追随大师进入数学机械化研究领域. 这篇文章不但引导我进入新的研究领域, 也在研究风格上给我以重要启示. 我开始认识到:

1. 在一个时期要专注于一个方向;

2. 要重视看来简单但非常基本的事实和规律;

3. 要善于判断问题的难度, 发现向前推进的突破口.

回顾起来, 是吴先生带来的新的研究领域, 对科学研究方法的新的认识, 使自己的科研生涯进入了新的境界.

几年之后, 我从科大调到中科院成都分院, 在分院直属的数理研究室工作. 在吴先生的方法启发下, 我们提出了几何定理机器证明的数值并行方法, 并初步在计算机上实现. 这一工作受到了科学院基础局数理学部的注意, 并建议我到北京向吴先生做一次汇报.

这是我第一次见到吴先生.

听了汇报, 吴先生非常肯定这项工作. 他说: "塔斯基提出了几何定理机器证明的方法, 但不能在计算机上实现. 我的方法在计算机上实现了. 与此类似, 洪加威提出了几何定理机器证明的单点例证法, 也是不能在计算机上实现. 你们的多点例证法在计算机上实现了. 能够在计算机上实现是很重要的. "

吴先生的指点, 给了我极大的鼓励.

在这段时间, 吴方法开始在国际上传播并受到同行的赞誉, 使得沉寂已久的几何定理机器证明的研究又活跃起来. 为了在中国发展吴先生所开创的这一极有前途的研究方向, 科学院开始筹备在北京建立数学机械化研究中心. 有关方面告诉我, 为了支持这个方向在西南地区的发展, 还准备同时在成都建立一个分中心. 这个方案得到了吴先生和数理学部程民德先生的支持. 此事后来虽由于某种原因未能实现, 但我自己, 以及成都数理室了解有关情形的同志, 从内心里感谢吴先生的扶持.

后来, 吴先生又从不同方面给我大力的支持和鼓励.

那是 1988 年, 计算机还是比较昂贵的设备. 做机器证明的研究而没有自己的计算机, 是很不方便的. 吴先生了解到这种情形, 用他的 35000 元经费, 给我买了一台 386 计算机. 在当时, 这笔钱不是小数目, 而 386 计算机也是刚推出的最高档的 PC 机. 不久, 吴先生领导下的数学机械化中心为各单位从事这一方向的研究人员都配备了计算机.

对于我首次参与国际学术交流的活动, 吴先生也给了我宝贵的支持. 他为我写了推荐信, 推荐我到意大利的 ICTP(国际理论物理中心) 访问. 信稿是他手写后让我再打印的, 其中提到了我在几何定理机器证明的数值并行方法的成果, 还谈了我已经投稿尚未发表的工作, 说我提出的方法证明了一个他的方法未能证明的定理. 本来 ICTP 已经同意我为期 2 个月的访问, 稍后又发过来一份传真, 把访问时间延长为 11 个月. 这显然是吴先生的推荐发挥的效果.

吴先生虽然有很高的学术威望, 但他在讨论学术问题的时候总是平等待人, 注意倾听每个人的见解. 攀登项目和 973 项目学术交流会上, 他总是坐在第一排仔细听报告, 一场不漏.

关于先生的学风, 有两件事给我留下了非常深刻的印象.

1992 年我应周咸青之邀, 到美国维奇塔大学访问, 和高小山一起进行几何定理可读证明自动生成的研究. 其间小山回国开会, 在数学机械化研究中心就可读证明的研究进展做一次汇报. 据小山谈, 吴先生在报告会前对于 "可读证明" 的提法是不以为然的. 他说: "谁说我的证明是不可读的? 也是可读的嘛! " 但在小山讲完后, 先生显然有了新的看法, 他说: "是的, 你们的证明是可读的. "

另一件事我在场. 那是 1991 年在新加坡的一次学术会议期间, 午饭的时候, 项武义先生和中国的几位与会者同桌. 项先生显然知道吴先生对中国古代数学有深湛的研究和独到的见解, 自然地谈起了这个话题. 谈话中, 项先生问吴先生: "您对中国剩余定理如何评价呢? " 吴先生略加思索后说: "这不重要. " 项先生马上说: "我的看法相反! 这是中国古代数学辉煌的顶峰! " 接着又说了支持这一断言的论据. 吴先生静静地听了, 一句话没有说. 直到午餐结束, 再也没有触及这个话题.

后来, 我注意到, 吴先生在谈到中国古代数学时, 对中国剩余定理给以很高的评价.

这些听来的和看到的小事, 使我想起了一句古话: "泰山不拒细壤, 故能成其高; 江海不择细流, 故能就其深." 吴先生成为大师, 成为学界公认的泰斗, 不仅是由于极高的天赋, 更是来自日积月累思考和学习, 来自实事求是的科学精神, 来自谦虚谨慎的学术风格. 在踏踏实实的厚实的基础上, 才能作出前无古人的大胆创新.

吴先生对我的帮助, 使我永远感谢. 吴先生的为人和治学的精神, 是我学习的榜样.

祝贺吴文俊先生荣获劭逸夫数学奖
—— 吴文俊先生荣获邵逸夫数学奖庆祝会上的发言

文 兰

各位前辈师长, 各位领导, 各位来宾:

早上好!

今天, 我们在这里欢聚一堂, 庆祝吴文俊先生荣获邵逸夫数学奖. 邵逸夫奖是香港邵逸夫先生创立的一个重大的国际学术奖项, 目前涵盖天文学、生命科学及医学、数学三个方面, 自 2004 年起颁奖, 每年一次. 数学奖首届获奖者为陈省身先生, 第二届获奖者为 Andrew Wiles, 今年是第三届, 获奖者为 David Mumford 和吴文俊先生. 这是吴文俊先生的光荣, 也是我国数学界的光荣, 是我国数学界的一件盛事. 吴文俊先生几十年来在拓扑学、数学机械化领域取得了卓越的成就, 对我国数学事业的发展和人才梯队的培养做出了杰出的贡献, 是我国数学界的一面旗帜.

秋天是收获的季节, 尤其中秋, 又是人们团聚的日子. 今天前来出席庆祝会的, 有几十年来为我国数学事业做出杰出贡献的德高望重的数学界老前辈, 有代表我国数学事业的中坚力量的各大学数学系主任和各研究单位的研究所所长, 有肩负着我国数学事业的更美好未来的各地风华正茂的青年数学家. 虽然我国数学就整体而言, 与世界最好的水平相比还有相当的差距, 但近年来我国数学实力的明显增强, 尤其是经费和硬件方面的迅速改善, 已经引起了世界同行的普遍注意, 许多条件从来没有像今天这样好. 让我们大家像吴文俊先生那样, 志在高远, 脚踏实地, 埋头苦干, 坚持不懈, 陈省身先生念念不忘的、也是全国数学界念念不忘的数学强国之梦, 就一定会实现.

一位真正的大学者

郭 雷

作为一名晚辈，我与吴文俊先生的"联系"始于 1982 年我来中科院系统科学研究所读研究生. 由于吴先生素来比较低调和超脱，加之我与他的研究领域不同，因此与吴先生的较多接触还是在担任中国科学院系统科学所所长和数学与系统科学研究院院长之后.

第一次对吴先生的数学观点留下深刻印象是在 1999 年. 那年 11 月我和吴文俊、许国志、陈翰馥等许多前辈一起赴广州参加纪念关肇直诞辰八十周年学术研讨会. 关肇直先生是系统科学所的首任所长，生前是吴先生的好友. 吴先生至今还时常提起关先生给予他的支持和帮助，特别是在研究中国古代数学史和数学机械化等方面. 在会议发言中，吴先生引用了恩格斯关于数学的研究对象是"现实世界中的数量关系与空间形式"的名言，并特意重复性地强调了"现实世界"四个字，我至今记忆犹新. 后来才知道，吴先生的数学观点在早期曾有一个转变. 根据他的回忆，1946 年他在中央研究院见到陈省身时送上自己的一个研究报告，陈先生看后纠正了他的研究方向，鼓励他研究与"客观世界"相关的实质性数学概念和问题. 吴先生认为，这是他一生数学研究的转折点.

历史上，有些数学家曾表示喜欢数学是因为它很美，但吴先生认为，他喜欢数学并不是因为它的美，而是因为数学作为重要工具无孔不入，能解决问题. 吴先生不仅创立了独具特色的数学机械化方法，还特别重视与其他学科的交叉与应用研究. 为此，他自己做了大量的调查研究，将他的数学机械化方法用于机器人、计算机图形学、机构设计、化学平衡、天体力学等问题，还支持数学机械化方法在一些高技术行业的应用. 例如，2008 年初吴先生在报纸上看到我国数控机床落后，而外国又对我国技术封锁时，就立即写信给路甬祥院长，希望将数学机械化方法运用到我国高档数控系统研究中. 在中科院的大力支持下，数学机械化重点实验室顺利参与到国家有关高档数控机床的重大专项研究中，目前已取得重要进展.

作为享有盛誉的我国著名数学家，吴先生对中国数学的发展不乏自己独到的见解. 他认为，为了使中国数学达到"没有英雄的境界"，最重要的是要开创属于我们自己的研究领域，创立自己的研究方法，提出自己的研究问题. 可以说，吴先生的这一思想贯穿在他的数学生涯中. 特别是，在 20 世纪 70 年代，吴先生有机会接触到计算机，敏锐地觉察到计算机的极大发展潜力，认为其作为新的工具必将大范围地介入到数学研究中来. 他义无反顾地中断了自己熟悉的拓扑学研究, 全身心投入到崭新的数学机械化研究中来. 他从几何定理机器证明与方程求解两个具体研究方向入手, 创造了新的方法, 取得了数学机械化研究的突破性成果, 在国际上被认为是几何推理的先驱性工作.

然而, 正如历史上几乎所有重大创新一样, 在吴先生从事数学机械化研究初期, 也曾受到不少人的质疑和反对, 被认为是 "旁门左道". 一次, 一位资深数学家当面质问吴先生: 外国人搞机器证明都是用数理逻辑, 你怎么不用数理逻辑? 吴先生激动地回答: "外国人搞的我就不搞, 外国人不搞的我就搞, 这是我的基本原则, 你不能跟外国人屁股走. " 在 2009 年底系统科学所庆祝成立 30 周年那天, 吴先生与我谈起此事时说, 他平时很少发火, 但那一次他真的 " 发大火" 了.

2006 年吴先生与美国科学院院士 David Mumford(菲尔兹奖获得者) 共同获得百万美元奖金的国际大奖 ——"邵逸夫数学科学奖". 在评奖委员会对两位获奖者的工作介绍中写道: "他们都是以传统数学领域 —— 几何学为起点, 并为其现代发展做出了贡献. 他们都转向了由于计算机出现而开启的新的领域与机遇, 他们揭示了数学的广度. 他们一起为未来的数学家们树立了新的榜样. " 吴先生在中国大地上, 开创了具有深远影响的研究方向, 为未来的数学家们 "树立了新的榜样", 这当然值得自豪, 然而最令吴先生自豪的却是他 "第一个认识了中国古代数学真实价值". 吴先生认为, 中国古代数学不同于西方传统公理化数学, 它是构造性的、算法性的, 因而是最符合数学机械化的.

吴先生之所以能在数学研究中取得一系列杰出成就, 与他始终保持创新激情有密切关系. 吴先生认为, 创新不是年轻人的专利, 学术生命是应该能够终身保持的, 很多人做不到这一点, 应该反躬自省. 吴先生是终身保持学术生命的典范. 他年轻时从事拓扑学研究, 给出了各种示性类之间的关系与它们的计算方法, 在他的博士论文中命名了庞特里亚金示性类和陈省身示性类, 并引入了一类与陈类平行的示性类. 他将示性类概念由繁化简, 从难变易, 形成了系统的理论, 吴先生与他同时代的几位数学家一起使得有关示性类的理论成为拓扑学中最完美的一章. 吴先生在年近花甲时转到数学机械化这一全新的研究领域, 显示出一个真正大学者的宏大气魄, 体现了他长盛不衰的创新活力. 在当时相当艰苦的条件下, 他需要从零开始学习编写计算机程序, 经过夜以继日的工作终于取得丰硕成果. 2007 年 10 月 30 日, 88 岁高龄的吴先生还为数学院研究生作了题为 "消去法与代数几何" 的报告并解答了学生们的许多问题, 在近 2 个小时的过程中吴先生始终站着, 并且精神矍铄、思维敏捷、声音铿锵有力, 讲话深入浅出, 富有激情和洞见, 使当时主持会议的我和听众都深为感动.

吴先生之所以能达到很高的学术境界, 除了他具有强烈的创新激情外, 还源于他始终保持一颗纯真的心灵. 吴先生虽然兴趣广泛, 但他认为, 为了把研究目标搞清楚, 就得有所牺牲, 他是通过对其他方面 " 不求甚解", 省出时间来, 对某些方面求其甚解, 理解得比所有人都深入. 正因为如此, 我在读研究生时, 就听说吴先生在物质生活方面力求简单轻松, 常常赤脚穿着皮鞋去看电影等. 多年来, 每次到吴先生家拜访都发现客厅陈设依旧, 十分简朴. 虽然吴先生为中国现代数学发展所做出的贡献极其突出, 但正因为拥有那份难得的本真, 他始终淡泊名利、平易近人、朴实无华、乐观豁达、处事公正、待人充满善意; 不仅从未沾染学术界的不良作风, 恰恰相反, 他乐于宣传他人成绩, 学术作风民主. 多年来, 吴先生还培养了一大批优秀人才并积极提携新人.

正因为这些高贵的品质, 这位有着崇高学术声望的长者, 受到人们的普遍爱戴与敬重. 在我眼里, 吴先生是一位真正的大学者.

我心目中的吴文俊

王诗宬

近来一直企图证明四维空间中曲面上的某些同胚不能扩张到四维空间上. 从伯克利大学来访问的年轻数学家刘毅告诉我这归结为吴文俊关于示性类的一个定理. 当然这只是吴文俊伟大工作的牛刀小试.

我念小学时便从家中的《科学大众》上知道吴文俊和钱学森、华罗庚三人是首届国家自然科学一等奖得主, 那时钱和华已名满天下, 而才三十多岁的吴文俊则不然. 以至我在后来岁月中不断感叹当时评奖委员会的英明和不拘一格.

第一次听人讲吴文俊先生是在 20 世纪 70 年代末普林斯顿大学项武忠教授的一个报告会上. 项兴致勃勃谈起吴先生和 Borel, Serre, Thom, 称他们为四颗重磅炸弹, 在 50 年代初引起了数学, 特别是拓扑学的地震. 又过了一些年, 我才知道 Serre 和 Thom 得过所谓菲尔兹奖这样崇高的荣誉, Borel 是普林斯顿高等研究所的终身研究员. 直到今年春天, 我才知道 50 年代初普林斯顿大学便聘请吴先生为终身教授. 但在新中国建设和抗美援朝的战鼓声召唤下, 吴先生已登上了归国的轮船. 普林斯顿大学的数学系当时在美国肯定是首屈一指的, 之前恐怕还没有向一个中国人发过终身教授的聘书.

第一次和吴先生面对面是 1981 年烟台的一次拓扑上. 他讲的似乎是关于 I^* 函子的, 他说他晚上常看侦探小说, 他和我们一起参观了海军基地, 在军舰上代表我们讲话, 向保卫祖国海疆的海军官兵致敬.

后来我听过吴先生不少报告, 也有些单独的来往. 在这些不算多的接触中, 我感受到了这位大科学家充满生活情趣的一面: 在候机大厅里逛机场的商店; 听说青藏路通了, 对乘火车去西藏一趟充满向往之情; 和夫人相依相敬, 携手白头.

但我更感受到这位大科学家的赤子之心和深刻的见地. 他对科学、祖国和人民怀有深厚的感情和敬意! 讲话谈看法出自内心, 始终如一, 不因社会风气和时尚价值的改变而失去自己的原则.

"文革"中的 1971 年吴先生被分配到北京无线电厂的生产第一线, 在那儿他对计算机产生了浓厚的兴趣. 同样是在 20 世纪 70 年代初, 在当时提倡古为今用的风气下, 吴先生系统地钻研了中国古代数学史, 由此发现中国古代数学中蕴涵的数学机械化思想. 无论是在早先东风劲吹的年代, 还是在后来西风渐近的年代, 吴先生在报告中都强调 70 年代初的这两个机遇对他后来致力于数学证明机械化的研究所起的关键作用.

吴先生经历了旧中国任人宰割到新中国独立自主、扬眉吐气的巨变, 对推动这一巨变的中国革命怀有朴素的感情. 他阅读广泛, 见识非凡, 对革命导师和一些伟大历史人物的雄才大略和精辟见解从心底折服. 他常在各种场合引用这些伟人的名言, 在以革命为崇高的年代是如此, 在后来许多其他价值至上的年代还是如此. 经典的例子是在 2002 年国际数学家大会的开幕式上, 作为大会的主席, 面对全世界的4000 多位数学家, 吴先生在演讲中只引用了两个人的话来强调数学的重要性, 这两个人是马克思和拿破仑, 随后吴得体地说他引用这些非数学家评论, 是为避免数学家有自夸之嫌. 我想吴引用这两个人的话, 是因为他们的话精辟、明白、富有概括力, 更是因为吴认为他们是真正具有远见卓识的伟人. 会后我对吴说我注意到他引用了马克思和拿破仑的话, 吴的回答直截了当: "给我这个机会, 我就这样讲. "

直截了当更体现在数学工作中, 吴先生的文章往往不长, 一些重要定理的证明也是如此. 记得在 Gompf-Stipsicz 大部头著作《四维流形》的第一章中, 作者列举了全书要用到的若干基本定理, 其中的绝大多数都是述而不证. 但对吴文俊的一个定理则给出了证明, 因为其证明是直截了当的. 一个基本而证明又直截了当的定理, 由吴而不是其他人得到, 恐怕要归功于吴的高度原创性和深刻的洞察力吧.

吴先生做研究向来强调原创性, 不必随大流.

几位示性类的先驱者在 20 世纪三四十年代因为几何问题的驱动, 分别以各自的方式引进了各自的示性类. 但这些示性类之间的关系如何? 基本性质是什么? 如何计算? 人们知之甚少. 吴刚进入拓扑不久, 便以初生牛犊之勇猛, 独辟蹊径, 澄清笼罩在示性类上的这些疑云, 做出了自示性类引入以来最重要的工作, 为示性类后来的发展和在数学中的运用奠定了基础. 吴以这几位先驱者命名了这些示性类, 后来人又把他的工作命名为吴示性类和吴公式. 吴先生在示性类中的工作, 以及他在近复结构和符号差方面先驱性的结果, 不仅是划时代的, 而且已被证明是有长远生命力的, 已成为数学珍宝中的一部分.

吴先生回国后又引入示嵌类的概念, 当时便受到国际上关注. 但后来由于几何拓扑发展迅速并在拓扑学中占据了支配的位置, 加之吴的数学研究也已转行, 示嵌类暂显式微的光景. 然而在几何拓扑发展到相当成熟的阶段后又出现了与代数拓扑融合的倾向, 吴在示嵌类方面的工作重新引起关注. 近几年欧洲和日本几何拓扑学家写了若干篇文章, 研究和应用吴半世纪前引进的示嵌类, 这再次显示了吴先生工作的前瞻性.

吴先生后来又以老骥伏枥的壮心, 从事数学证明机械化的研究. 数学证明机械化是处于数学和计算机科学之间的交叉学科, 吴在这方面的研究更是不袭前人, 赢得了同行的高度认可和巨大荣誉. 当然在数学家中, 对数学证明机械化在数学中的意义有不同的看法, 这也是很自然的.

作为中国数学家中的领袖人物, 吴先生还倡导中国数学家应努力形成自己的思想、自己的问题和自己的道路. 吴先生曾对法国数学学派 Bourbaki 有过一段独到的评论:"近年来对他们 (Bourbaki) 的思想与体系颇有争议, 其成功也确有一定范围和局限性, 但他们为重振法兰西精神所作的努力是可贵的. 我们向 Bourbaki 学派学习, 不在乎他们在各个领域取得的各项特殊成就, 也不在他们时有争议的思想体系. 真正值到我们学习的乃是他们这种可贵的精神. "吴先生评论 Bourbaki 的这段话用来评论吴先生自己为振兴中国数学所作的努力也是恰当的.

吴文俊同志是中国数学家的光荣, 也是中国数学家的榜样.

简单的力量 —— 贺吴文俊先生 90 寿诞

张伟平

记得曾经读到陈省身先生的一篇文章, 其中说到数学的力量在于其逻辑的简单性, 深感震撼.

简单就是美, 简单就有力量. 数学的这些特征在许多极为出色的数学家身上也得到体现, 吴文俊先生可以说是这方面的一个典范了.

似乎在吴先生荣获国家最高科技奖前, 很少能在媒体上看见关于吴先生的报道, 虽然在数学界, 这是一个如雷贯耳的名字. 而这样一个名字, 对我等后辈来说, 一般来讲是只有仰望, 无从接近的.

具体的和吴先生的接触, 还是因了陈先生的关系. 大家都知道吴先生是陈先生最好的学生之一, 一年之内就写出了发表在 *Annals of Mathematics* 的拓扑学论文, 同时吴先生还是历史上第一个命名陈省身示性类 (Chern class) 的人, 而以吴先生姓氏命名的吴类 (Wu class)、吴公式 (Wu formula) 等, 也早已成为拓扑学中的经典概念和经典公式.

相信大家也都知道 20 世纪 80 年代科学出版社出版《陈省身文选》的时候, 吴先生欣然作序, 躬推陈先生为年轻一代的楷模. 有趣的是, 后来我和陈先生熟悉后, 有一次陈先生却认真地对我讲, 在国内 "发展", 应该学习吴文俊……

我当然是有自知之明, 知道要在数学上企及陈先生和吴先生的成就, 这辈子是不可能的了. 所以要说学习, 也只好学学两位前辈对数学的热爱、忠诚、奉献, 以及为人处世的高超了. 而想来看去, 最后在我脑子里挥之不去的, 归结为两个字: 简单!

这是孕育着极不平凡的内涵的 "简单". 记得有一次陈先生在回答一个大学生的举手提问 "该如何做人" 时回答说 "做人很简单, 就是不要伤害别人". 就可以想见这 "简单" 是 highly nontrivial 的 ……

无奈我仅仅是俗世人一个, 所以无从幽雅地拓展这 "简单" 的深层含义, 只好以自己的更 "庸俗" 的方式来诠释这个 "简单": 不如用 "懒" 这个字?

其实 "懒" 这个字每每还是陈先生和吴先生用来自嘲的. 例如, 陈先生在回答 "为什么会做数学时", 往往就会说出两个原因, 其中一个就是 "懒". 而我们常常也用 "懒" 字来开玩笑. 有一次我引用汪静之的诗句来 "证明" 陈先生其实还 "懒" 得不到家, 一贯优雅的陈先生也只好笑笑说汪的诗句比较 "dirty", 呵呵. 至于吴先生,

他的 "能躺着就不坐着, 能坐着就不站着" 的名言, 更是通过中央电视台的《大家》节目, 传遍华夏……

从另一方面说, 往往这一个 "懒" 字, 又可以使人从多少杂事中解放出来, 专心于自己喜欢做的事情. 陈先生说他平生不喜欢当 "长", 吴先生也没有担任过什么纯行政的职务, 这也许是两位先生 "简单" 或 "懒" 的另外一个具体的写照吧.

另外一个可以和吴先生攀一攀、学一学的, 是我们两个都喜欢看电影, 而吴先生看电影的劲头, 似乎比我还大. 每次见到吴先生, 我总和他提提电影, 知道他非常喜欢苏联电影《上尉的女儿》. 有一次他提到一直没有看过黑泽明的名片《乱》, 我们就约好等他下一次来南开时在宁园放给他看. 记得那一次吴先生应陈先生邀请到南开数学所来做关于中国古代数学的演讲, 下午一气讲了两个多小时, 晚饭后又同陈先生和我们聊天, 等到快 10 点了陈先生上楼休息后我们才开始放《乱》的碟片. 那个时候还没有 DVD, 只有 VCD, 而《乱》的 VCD 有两张盘, 等第一张放完时已经过了凌晨了. 我问吴先生是否还要继续, 如继续的话要放到一点半左右, 而吴先生的反应是大手一挥, 说: "当然干到底!" 这样的气势, 出自一个八十多岁的前辈, 连我这个自封的 "超级影迷" 也叹为观止.

这样的激情, 这样的 "简单", 大概也是吴先生事业大成, 始终乐观向上的所在吧.

恭祝吴先生身体康健, 青春常在!

走自己的路，用事实去说话
—— 吴文俊先生印象小记

陈永川

我有幸认识吴文俊先生还是因为陈省身先生的关系. 1994 年我回到南开后, 陈省身先生去北京看吴先生或者吴先生来南开看陈先生时, 我会有陪同的机会. 在我的印象中, 吴先生对陈先生非常尊重, 这种尊重的感觉甚至超过了亲切, 或许隐含着几丝距离. 吴先生和陈先生的谈话风格有相同之处, 但也有明显的不同. 吴先生能海阔天空, 但不会不着边际. 陈先生也能海阔天空, 但却能游刃有余. 陈先生曾告诉我他应该算是老江湖了, 而吴先生给人的感觉则是早已隐退江湖了. 陈先生给我讲过一些吴先生的故事. 吴先生 1940 年从上海交大毕业, 教过中学, 1946 年成为陈先生的研究生. 当年吴先生给人的印象是不善言辞. 当然, 陈先生所讲的最重要的一点是他刚见到吴先生时就断定吴先生必成大器.

我想起在 Los Alamos 的一件事. 该实验室的著名数学家 Bill Beyer 曾留给我一个条子, 他看到了一本书上对吴先生工作的评价, 问我是否知道吴先生. 这个问题让我感到很自豪, 也感受到了美国数学家对吴先生的敬重. Beyer 博士对数学史很有兴趣, 他考证了 Lagrange 插值公式是在更早时间由 Waring 得到, 他还找到了 Waring 文章的复印件.

吴先生对我从 Los Alamos 实验室回国工作非常支持, 并认为在美国的这段工作经历极为宝贵. 吴先生还饶有兴趣地了解了我的工作情况和各种体会. 从跟吴先生的谈话中, 我感受到了吴先生对我诚挚的关怀, 同时领略到了吴先生特有的洞察力.

在一次专家会上, 我为了表达对吴先生的敬意, 用 "尊敬的吴先生" 感觉到有些太形式化了, 感情色彩不够丰富, 于是很自然地用了 "敬爱的吴先生" 的称呼, 吴先生一听感到很熟悉, 立即做出反应, "你这不是 '文革' 语言吗？" 后来吴先生用类似的话来回敬我. 有一次我打电话给他, 希望约个时间去给他拜年. 他欣然应允, "欢迎欢迎！" 我请他来南开参加我们的活动, 他不假思索地表示, "只要你一声令下". 吴先生的豪爽可见一斑. 从这些情景来看, 吴先生和晚辈之间哪有什么长幼之分、辈分之别. 他虽然八十以上高龄, 仍然是童心不泯, 本色不改, 激情不减. 我们晚辈心中则充满了对吴先生深深的敬意和默默的祝福.

去吴先生的家, 让人肃然起敬. 没有一点的奢华和装饰, 只有朴实和素雅, 宛若一个世外桃源, 而吴先生则俨然是个得道高人. 吴先生生活简单, 总穿中山装, 冬天穿一件羽绒服, 平时总挎着一个包. 听说他参加国家最高科技奖的颁奖大会时出门就穿的是中山装, 因有统一要求, 结果到会场才临时借了一件西服穿上.

离开吴先生家, 他和师母送我到门口, 吴先生拱手道别. 当我走到楼下时, 听到吴先生从阳台上叫我, 我以为还有什么事, 或者是忘了什么东西, 结果吴先生只是挥手致意, 再次说再见!

吴先生超然洒脱, 与世无争, "夫唯不争, 故天下莫能与之争". 2000 年他成为了首届国家最高科技奖的获得者. 评选结果出来之前, 很多人都猜测到吴先生获奖将不会有任何争议, 也不会有任何悬念.

吴先生和陈先生之间的一件小事让我深受启发. 有一次, 陈先生告诉我, 有机会去北京, 一定要转告吴先生, 欢迎他来天津继续辩论. 结果后来我真见到了吴先生, 还特别转达了陈先生的意见, 吴先生笑了, 他很轻松很明确地表示, "我不跟他辩论". 吴先生的回答让我无法交差, 所以只能算我没有完成任务. 吴先生的不辩论哲学, 不禁使人联想到邓小平同志 "不讨论" 的英明论述.

吴先生的超脱与坦然并不表明他没有个性, 实际上吴先生的个性十分鲜明. 他做事讲话干净利落, 畅快淋漓, 从不含糊其辞, 拖泥带水. 用时下的网络语言来形容, 吴先生不仅仅是低调, 而且有时是低调到了另类的地步. 林群先生在庆祝吴先生生日的宴会上曾讲过吴先生的一个 "走后门" 的故事. 华罗庚先生作报告前, 大家当然是从前门进, 并上前与他握手致意. 但是也有一位听报告的人没有上前去握手, 而且是悄悄从后门走进去, 直接到了座位上. 类似的故事还有很多, 恕不一一细述.

吴先生的朴实与执着成了他的标志. 对事业对家庭从不三心二意, 朝秦暮楚, 见异思迁. 吴先生才华横溢, 超群出众, 但总是目不斜视, 心无旁骛. 听说吴先生曾讲到他家乡的谚语, 秤不离砣, 汉不离婆. 有一位数学家用数学的语言来形容吴先生: 他是一个不动点. 吴先生能安安心心, 平平淡淡, 踏踏实实, 勤勤恳恳, 兢兢业业, 高高兴兴地做自己的事, 做中国人的事, 我等晚辈只能从心底里敬佩. 吴先生的这种境界和经历也印证了胡锦涛同志提出的 "不动摇, 不懈怠, 不折腾" 的东方智慧的深刻内涵.

1997 年我意想不到地获得了联合国教科文组织颁发的侯赛因青年科学家奖. 基金委推荐我申报时, 许忠勤副主任曾问过我, 是否需要请人写推荐信. 当时我自己的确没有抱任何希望, 同时也不希望让人感觉到勉强或为难, 所以我只是照惯例请在美国的导师 Gian-Carlo Rota 和我在 Los Alamos 实验室的合作者 James Louck 给我写了推荐信. 后来我才知道, 吴先生背地里对我给予了极大的关心和支持. 回想起来, 在我得奖之后, 吴先生不经意地对我说过一句话, "希望你今后能得更多的奖." 现在才明白了其中的含义. 吴先生的胸怀和品德让人难以忘怀.

　　12 年前, 南开大学组合数学中心成立, 吴先生穿着厚厚的羽绒服来到天津参加成立典礼并为组合数学中心揭幕. 在成立典礼上, 吴先生强调了组合数学的重要性. 他指出每个时代都有富有时代特点的数学分支, 组合数学就是信息时代的数学. 吴先生的关怀和鼓励, 以及其他老师的指导和帮助, 使得组合数学中心得到了迅速的发展.

　　我近年来从事组合恒等式的机器证明研究也是深受吴先生的影响. 吴先生热情邀请我参加他主持的数学机械化的攀登项目, 后来又参加了由这个项目延续下来的 973 项目. 吴先生鼓励我研究组合恒等式的机器证明. 为了促使我在这个方向上真正起步, 吴先生邀请我到他主持的讨论班上做了一次报告. 我介绍了 Gosper 算法、Zeilberger 算法和 Sister Celine 开创的用算法思想求和式的递推关系的工作. 吴先生非常仔细地听了我的介绍. 让我吃惊的是吴先生非常敏锐地意识到在什么地方会有一个多项式系数的线性方程组的出现. 吴先生很轻松地听清楚了 Celine 修女算法的思想. 后来吴先生告诉我这个修女的思想了不起, 她的境界也很了不起. 教堂把她送到学校深造, 完成学业后她又回到了教堂. 这个事例让我感受到, 吴先生不仅仅是关注具体的数学结论, 他更关注的是数学的思想、数学家的境界. 报告结束时, 吴先生说了两个字: "过瘾". 这两个字并不能看成是对我的称赞, 而应该看成是吴先生对数学的态度, 甚至是人生的感悟. 能得到吴先生的鼓励, 我做完这场报告后的感受就是两个字: "痛快".

　　组合恒等式的证明需要很高的技巧, 但是对组合恒等式的结构的认识和算法的研究, 几乎所用的经典恒等式都能用计算机验证. 是吴先生把我和我的研究团队引上了数学机械化的研究之路. 当我们第一篇文章在《符号计算杂志》上发表, 我们总算松了一口气. Peter Paule 教授是著名组合数学家, 组合恒等式机器证明的权威学者, 他所在的奥地利林茨大学符号计算研究所是机器证明研究的一个重镇. 他第一次在北京演讲时, 高度评价了南开团队的工作, 同时也流露出我们的实力与他们相比还有距离. 但是第二次在北京演讲时, 他很高兴地更正了他第一次的说法. 他事后告诉我, 吴先生听了他的演讲, 并且吴先生用他的专车把他送到了机场, Paule 教授引以为豪. 现在想起来, 没有吴先生的鼓励和帮助就没有南开的组合恒等式机器证明的团队和现在取得的进展.

　　在吴先生的攀登项目结题时, 我没有想到收到了科技部的通知, 邀请我担任项目结题评审专家组组长. 以我的资历给吴先生的项目签署结题报告显然是自不量力. 没有吴先生的首肯, 怎么可能会轮到我头上. 科技部原副部长程津培院士也告诉我这显然是吴先生对我的高抬和厚爱.

　　组合数学界还应该感谢吴先生对陆家羲先生工作的高度评价和重视. 包头市第九中学的物理老师陆家羲先生以顽强的毅力和精湛的技巧攻克了组合设计领域的世界难题 ——"斯坦纳系列" 和 "寇克满系列" 问题, 他被誉为是中国最伟大的业余数学家. 他唯一能采用的科研方式就是熬夜. 他借钱参加了人生中唯一的一次学术会议后, 乘硬座从武汉回包头. 终因积劳成疾, 英年早逝, 自己还没有尝到会议发的桔子. 吴先生的评价无疑与陆家羲先生的工作获得国家自然科学一等奖有很大的关系. 当时, 吴先生任中国数学会理事长.

吴先生喜欢历史, 喜欢数学史, 从和吴先生的交谈中, 我感觉到他很喜欢历史, 于是问了一个不值得一问的问题. 但是他的回答却让我没有想到: 当然喜欢历史啦, 每个人都喜欢历史. 他显然把研究历史当成了享受. 我请教了他一个问题, 乾隆虽有丰功伟绩, 但他姑息养奸, 劳民伤财, 是不是一个伟大的皇帝. 吴先生对这个问题的回答显然是否定的. 他的结论是, 康乾盛世是清朝走向没落的开端. 我自己才疏学浅, 只能表示赞同. 电视台如果知道了吴先生的文史修养, 去和吴先生做历史题材的访谈节目一定会别开生面, 让人耳目一新. 吴先生对历史的认识有很强的逻辑性和客观性, 从他对数学史的研究则可得到佐证. 我听了吴先生在天津大学的一次演讲, 除了讲刘徽的伟大, 还论证了刘徽为什么比祖冲之更伟大. 后来陈省身先生要用一个古代数学家的名字来命名计划成立的一个数学中心, 他采纳了吴先生的结论, 以刘徽命名. 基金委的天元基金名称我相信就与吴先生有关. 他在演讲中曾提到, 中国古代数学中有未知数的概念, 天元就是未知数.

前不久在和葛墨林先生的交谈中, 他提出了一个命题: 一个学者要让人看得起, 必须具备两个条件, 一是要有学问, 二是要有骨气. 这使我联想到, 为什么吴先生在人们的心中有这样崇高的地位. 除了他的学问, 显然跟他个人的气节也不无相关. 骨气并非是持反对意见, 并非一定要唇枪舌战. 吴先生的气节更重要的是表现在坦然自在、随遇而安和与世无争.

吴先生是一位真正的爱国主义者. 他强烈的爱国热情感染了很多人. 中国驻南斯拉夫大使馆被炸, 他义愤填膺, 慷慨陈词, "神五" 上天, 他欢欣鼓舞, 豪情万丈. 为了激发青年学子的学习责任感, 他指着报告厅的一件件设备语重心长地问道, "你们看看, 除了桌椅之外, 有什么是中国人发明的?" 中国人没有跟上近代科学的发展, 中国人民经受的百年屈辱, 是吴先生心中挥之不去的阴影.

在很多场合, 吴先生都强调要独立自主, 国际交流要以我为主, 为我所用, 自家的事自己作主. 中国数学会也倡导国际交流要平等, 要务实. 美国人讲天下没有免费的午餐, 中国人讲天上不会掉馅饼, 国际歌里有一句, "要创造人类的幸福, 全靠我们自己." 吴先生不主张跟在别人后面, 一味的追随, 一味的仿效. 但是吴先生也指出, 独立自主不等于孤立自己, 不等于孤芳自赏, 不等于固步自封, 不等于闭关锁国. 要敢于走自己的路, 要坚持走自己的路. 吴先生告诉我, 数学机械化这条路是逼出来的, 虽然曲折, 但最终走通了, 最终居然成功了. 他认为数学的实质跃进在于化难为易, 这也是他从事数学机械化研究的初衷. 他是六十岁以后在工厂里开始学习编程. 吴先生还强调要独立自主, 要敢于依靠自己的力量, 要敢于自己做主. 毫无疑问, 吴先生为我们树立了独立自主、自强不息的光辉榜样.

前不久, 在庆祝系统所成立 30 周年的晚宴上, 吴先生称赞关肇直先生不仅是一位数学家, 还是一位思想家, 因为关先生很多年前就意识到中国的数学研究必须走自己的路, 必须以我为主, 为我所用. 我在即兴发言中, 表达了对吴先生的崇敬: 吴先生不仅是一位数学家、一位思想家, 更是我心中的精神领袖.

但丁讲过, 走自己的路, 让别人去说吧. 而吴先生的提法则更科学, 更理性, 更实际, 更深刻. "走自己的路, 用事实去说话." 吴先生强调, "要让事实去说话, 只靠见解是不能让人信服的, 只能拿出东西来, 靠事实去服人". 事实会说话, 这是吴先生教给我的人生启迪.

吴先生的哲学就是走自己的路, 用事实去说话. 吴先生走过的路, 就是一条用事实铺成的中国知识分子献身科学报效祖国之路.

悼吴文俊院士

丘成桐

同苏公高寿, 受荣名于国家, 福难比矣.
继陈氏示性, 扬拓扑乎中土, 功莫大焉!

晚 丘成桐敬挽
二〇一七年五月八日

Remembering Professor Wu Wen-Tsun

Jean-Pierre Bourguignon

I had the privilege to meet Professor Wu Wen-Tsun a number of times, in France on the occasion of one his trips to my country in the 1980s, and then regularly in China. The last time was on the occasion of the celebration of the late Professor Chern Shiing Shen's centenary in 2011 at the Chern Institute in Nankai. I remember vividly his smile and his kindness to me as well as his interest in getting news from what was happening in mathematics. He also liked to recall memories of his time in Strasbourg with Professor Charles Ehresmann and Professor Henri Cartan, as well as his exchanges with René Thom.

His important contributions to algebraic topology at a turning point for the theory are kept alive through the Wu classes and the Wu operations. They are a lasting testimony of his creativity. Later on, at a time where very few dared to do that, he embarked into an exploration of the interface between computer science and mathematics along the path of automatizing proofs.

He was a faithful actor of the collaboration between China and France in the field of mathematics, and we are very grateful for his persistant action. His memory is to be very carefully kept.

Remembering Professor Wu Wen-Tsun

Erich L. Kaltofen

To: Professors Xiao-shan Gao, Lihong Zhi, Shaoshi Chen, and colleagues

Dear friends and colleagues,

My wife Hoang and I are saddened to hear of the passing of Professor Wu Wen-Tsun on Sunday. We wish to express our deepest sympathy to Professor Wu's family and all of the members at the Key Laboratory for Mathematics Mechanization (KLMM) who were close to him.

On the passing of this great mathematician and computer scientist, let me reminisce about Professor Wu. We have met repeatedly in the recent past, during my visits to Beijing. Professor Wu honored me by attending my first talk in China, at KLMM (then Mathematics Mechanization Research Center) in August 2002. Of course, he asked a compelling question at the end, on my model of computation. From then on we met in regular intervals, at ISSAC 2005, in 2008 when we visited his office in his home and I met his wife and son for the first time, in 2009 at his conference on his 90th birthday, and lately in his new apartment, in 2011 with my wife Hoang, in 2012 with my former PhD student Wen-shin Lee, last in August 2015. During our visits Professor Wu would tell us about his then interests, e.g., Chinese historical mathematical writings, about the real numbers and why calculus was missed, last about the three kingdoms period before the Han. Our conversations were always fascinating——him being a truly legendary scholar.

I realize that all this was made possible by what I consider Professor Wen-tsun Wu's greatest accomplishment: the creation of a world-class research center for the computerization of mathematics, symbolic computation as we call it in the USA, mathematics mechanization as he called it. Professor Wu is what computer scientists would call an "early adopter", putting algebraic geometry into algorithmic form and on computers in the late 1970s. My collaboration is with the next-generation researchers from his center: Professor Lihong Zhi, and her students Professors Zhengfeng Yang and Feng Guo and Dr. Zhiwei Hao. We currently have 18 joint papers. Today, KLMM is recognized as a center among the elite in symbolic computation, with many world-renowned researchers and brilliant graduate students. Professor Wu's early vision remains on target: cars are now built using symbolic solvers, signals are reconstructed by algebraic codes that correct catastrophic errors, and machine learning is a far-reaching generalization of the ancient Chinese method of interpolation. Professor Wu's legacy is his academic descendants and their impact on modern China and the modern world.

Professor Wu Wen-Tsun introduced himself to me when I was a young man, in Berkeley in 1986 at the International Congress of Mathematicians. I found his kind demeanor exceptional and a role model now that I am much older. Then I could not have foreseen the great influence KLMM's researchers would have on my later work. I will think of him often, wondering what he would have thought of our new ideas.

Sincerely yours,

Erich Kaltofen, Professor and Fellow of the ACM.

纪念吴文俊先生

杨　乐

吴文俊先生离开了我们, 这对中国数学界是一个重大损失. 众所周知, 吴先生不仅在学术上有很深的造诣, 而且他的威望很高, 影响很大.

我知道吴先生的名字至少是在 1956 年, 当时我已经在北京大学数学力学系学习了. 大家知道吴先生 1956 年获得了中国科学院科学奖金一等奖, 后来这个奖被追溯成第一届国家自然科学奖, 也是新中国成立以后前二十余年中唯一颁发的一次国家奖励. 在这个奖励中, 只有 3 个一等奖, 其中数学占了两项, 就是华老一项, 吴先生一项, 另外一项, 大家都知道, 是钱学森先生. 从这里可以看出, 当时数学所的重要地位, 也可以看出, 吴先生从那时候开始, 就已经在我国数学界发挥重大的影响.

跟吴先生开始接触, 是我 1962 年从北京大学毕业以后考取了中国科学院数学所的研究生. 那时候我们数学所学术活动是非常活跃的, 不过学术活动主要由各个学科领域自己开展. 比如拓扑学, 除了吴文俊先生以外, 老教授中间还有张素诚先生, 年轻的同志有一批很强的力量, 其中特别是吴先生非常推崇的岳景中的工作, 很可惜, 岳景中在年轻的时候就因病去世了. 所以那时候我跟吴先生的接触并不多, 当时全所的一些综合性的学术活动, 可以说是少之又少. 我记得在那几年中间, 主要就是华老关于混合型偏微分方程的研究, 当时有所谓五人条件, 那时搞过一次综合性的学术活动, 但是除此以外, 都是各个学科自己搞. 当然大家对吴先生非常尊重和敬佩.

我们跟吴师母, 即陈丕和先生有更多的接触, 作为研究生, 那时候不断地要读一些文献, 要读一些书籍, 我们几乎每周都要跑好几次图书馆. 陈丕和先生那时在图书馆工作, 我们的感觉是她性格非常温和, 愿意帮助别人查阅一些书籍或者文献, 尽量给大家以帮助, 而且我们可以体会到她的英语水平是很高的.

对吴先生有比较多的了解是 1965 年, 我们去"四清", 到安徽地区, 我们研究室一批人主要在翰林院大队, 而吴先生和几个人在金杯大队. 到了一个新的环境里, 吴先生那种性格就表现出来了, 他就像刚才有些照片上那样穿一件短袖衬衫, 下面穿藏青色的短裤, 光着脚不穿袜子, 穿一双鞋, 他对这个新环境感到非常悠闲, 他保持着一种很童真、很单纯的心态, 在附近的农村里跑来跑去, 这个给我们的印象非常之深.

　　不久就发生了"文化大革命"，在"文化大革命"前几年中间，科学院也是一个重灾区，但是到了 70 年代初期以后，因为得益于周总理的关怀，科学院的情况在全国说来可能是唯一的一个地方 —— 还可以做一些研究工作，这时候吴先生就发挥他的特长了. 比如说在"文革"时的 1970 年，陈伯达在快要倒台还没有倒台的时候，他因为担任过科学院的副院长，提出了三面向：面向工厂、面向农村、面向中小学. 当时在"文化大革命"那样混乱的情况下，我们大家都把这个作为一个上面外加的，而且搞不清楚的事情来对待. 但是吴先生，他跟一个组被派到了北京无线电工厂，他在那几个月的时间非常钻研，提出了关于平面布线的问题，并且进行了思考，做了研究. 又比如说，后来提出马克思的数学手稿，那时在"文革"高潮以后，清华大学工农兵学员特别提出来，说一把大锉捅破了窗户纸，微积分又回到了劳动人民手中. 我们数学所的大部分人觉得这样的说法非常牵强附会，跟后来微积分的精确化是很不相容的，我们把它作为一种政治宣传. 可是吴先生就认真地钻研中国数学史，而且从这中间，他得到了关于中国数学史的一些看法，并且把这样的想法逐步发展成他机器证明的主要思想. 所以无论是遇到什么样的事情，吴先生都有他的一些思考、钻研，而且走出了自己的路子. 后来形势进一步好转，可以开始做一些理论工作了，他又提出了关于 I^* 函子的研究，现在这已不太被人提起，但是当时他确实也花了一番功夫在做 I^* 函子.

　　他对年轻人也是有很多鼓励的，我记得那时还在"文化大革命"中间，1974 年英国有一个复分析专家，是英国皇家学会会员，那时候这位学者已将近古稀之年，他作为英中关系协会的主席，而不是以数学家的身份，到北京来访问，因为他是搞复分析的，所以在来访之间，就提出来想见我和张广厚. 这时还是 1974 年，"文革"期间，有外宾见是作为非常重要的、很例外的事情来对待的. 那么他这样提出来以后，所里就建议派吴先生来主持这样的一个活动，所以就是吴先生、我和张广厚这么很少的几个人出面来接待英国皇家学术会会员 A.C.Offord，他过去是剑桥大学的教授，跟华老比较熟悉. 在这次会见的过程中间，吴先生就给我们很多鼓励，当时也是"文革"期间，所以不可能谈别的内容，我们只可能把我们做的有些研究工作，还没有发表的成果来给他介绍，Offord 也非常感兴趣，中间说了好几次 Striking! 后来吴先生在会见完了以后，对我和张广厚说，英国人用词是很讲究的，这位英国人在你们介绍成果的时候，讲了好几次 Striking，是对你们工作的非常高的评价. 我觉得这是吴先生对我们的一种鼓励，本来我们是做复分析的，跟吴先生拓扑学距离相当远，吴先生当时既接受所里交给他重要的任务，而且给我们很大鼓励，我觉得表现了资深学者、资深专家对青年人的关怀和鼓励.

　　在粉碎"四人帮"以后不久就分所了，虽然分所了，但是还是有很多活动我们可以接触到吴先生. 尤其是在 1983 年 10 月在武汉举行了全国数学家代表大会，同时进行了数学会的换届工作. 从新中国成立初一直到 1983 年，是由华老担任数学会理事长, 由另外几位老先生, 苏老、江老等担任数学会的副理事长. 当时数学界就有一些声音, 觉得尽管大家对华老很尊重, 他的贡献非常特殊, 但是觉得他担任 30 年的数学会理事长, 有一点接近终身制了. 所以从 1983 年根据大家的要求就开始换届了. 换届后吴文俊先生成为中国数学会的理事长, 这个时候我就协助他工作, 担任中国数学会的秘书长.

这是从 1983 年到 1987 年这一届, 在我们这一届中, 有一些很重大的事情. 其中有一件重大的事情, 大家都知道, 1986 年中国数学会正式加入了国际数学联盟, 成为国际数学联盟的正式成员. 当然, 在会前好几年中间做了大量的工作, 包括中国数学会的工作, 包括中国科协也做了大量的工作, 这时候就是吴先生当理事长, 也包括海外的像陈先生, 他们也发挥了影响, 最终在 1986 年解决了加入国际数学联盟的问题. 我记得很清楚, 根据科协的指示, 1986 年吴先生和我两个人作为中国数学会的代表到加州, 在 Berkeley 附近一个小城叫 Oakland, 在那举行 General Assembly. 在这个会上, 吴先生和我两个人是作为观察员坐在后排的位置, 那么等到中国数学会的会籍正式通过以后, 我和吴先生就作为正式的代表到前排就坐了, 这也是在吴先生担任理事长期间发生的一件重大的事情.

吴先生在主持中国数学会的期间, 还有一个重大的改革, 是 1986 年进行的. 当时我作为秘书长, 我们提议, 因为当时国家在各部门、各条战线都强调要年轻化, 于是我们就提议, 理事长只担任一届, 理事长最多连任一届, 新任理事必须在 60 岁以下. 这是一个重大改革, 当我把这样的提议先跟吴先生说的时候, 他确实当时有些不同意见, 但是当后来因为也是从科协, 以至整个社会都有这样一个趋势, 吴先生并没有坚持他的意见. 我们回过来想, 在他前任华罗庚教授担任了 30 年的理事长, 而他担任一届就是 4 年, 因为我们实行了改革, 吴先生虽然开始时有一些不同的意见, 但是他后来是支持的, 这个重大改革是在他任期中间得到确认而最终写在中国数学会的章程中, 我觉得这是吴先生一个非常重要的贡献.

当然, 在这期间, 我们还有很多的工作. 比如说有一些评奖的过程, 我记得很清楚, 大家可能知道, 在 1987 年评国家自然科学奖, 改革开放以后的第二次国家自然科学奖, 陆家羲获得国家自然科学奖一等奖. 在这个评奖的会上, 吴先生当时提出来, 在不久以前有加拿大的数学专家到北京来访问, 当时这个专家提到了陆家羲的工作, 吴先生说得很形象, 他说一开始并不知道陆家羲, 他听了半天, 因为当时卢嘉锡是我们的科学院的院长, 所以他就问, 是不是你说的卢嘉锡? 对方说不是, 是陆家羲, 而且指明是数学的工作. 为了这个, 吴先生就坚持说, 陆家羲的工作, 应该评成国家自然科学奖一等奖, 当时虽然我和有些人有些不同意见, 我们觉得陆家羲的精神是非常好的, 而且他能够在非常艰苦的条件之下, 做出非常出色的成绩, 我们觉得也是很难能可贵的, 但是在我印象中, 要评成国家自然科学奖一等奖的话, 那就相当于华老、陈景润包括吴先生这样的成果. 从这也可以看出来, 吴先生他很单纯,有一种童真的这种精神, 他有这样的看法, 就很明确地反映出来, 他既不是为他自己, 也不是为一个小团体的利益, 而是他就有这样的看法, 心怀坦荡, 我觉得这是非常可贵的.

后来跟吴先生还有非常多的接触. 吴先生身体一直很好, 当他已经 85、86 岁的时候, 我曾经和他一起到香港去参加邵逸夫奖的评审和典礼. 我们机场的设计, 应该说有很大的问题, 从门口下车的地方走到里边登机有很长的距离, 当时吴先生虽然已经 85、86 岁了, 但是他走得很稳健, 显得身体很好.

我觉得刚才说的吴先生这样几个方面都是非常值得我们尊重的, 一个是说他对任何事情都有深入的思考, 而且他从这个方面, 可以做出他自己的研究, 并且很具有特色. 比如说他这样前面一系列的研究工作, 除了在拓扑学示性类、示嵌类这方面做的工作, 他还有 I^* 函子, 还有他对中国数学史有一些独特的看法, 最后形成了机器证明、数学机械化这样的思想. 如果我们用现代的话来说, 就是勇于创新, 勇于走出自己的路子, 形成自己的特色, 我觉得这是非常值得年轻一代的学者学习的. 还有他一直保持非常单纯和童真的精神, 心怀坦荡, 他有什么想法, 就说出来跟大家共同商量. 当然由于他有很高的威望, 所以通常大家会同意他的看法, 尽管也许有的看法有所偏颇, 但是他非常单纯, 并不为自己的私利, 也不为了小团体的利益, 而是把他自己的想法真正地跟大家进行交流. 所以我觉得这些方面都是我们应该很好学习的.

吴先生虽然离开了我们, 但是他在数学方面做的研究工作, 尤其是他的勇于创新, 走出自己道路的精神, 以及他其他方面的优秀的品质非常值得我们学习, 他这种精神会长存于中国数学界, 存在于我们中间, 我们希望进一步发扬光大, 而且用他这种精神进一步实现吴先生的意志, 走出中国自己的数学之路.

纪念吴文俊先生

林　群

吴先生表面上是柔弱书生, 实际上内心非常强大.

有几件事说明吴先生的成就非凡:

1. 1958 年在数学所大会上, 由拓扑学家张素诚介绍他参加波兰世界数学家大会上的情况, 他说吴文俊引起了拓扑学界的地震, 开会的一些人说他们来开会是为了要见见吴文俊是什么样子.

2. 吴先生 37 岁获得中国第一届自然科学奖一等奖, 他刚从法国回来, 在国内还没有什么人知道他, 为什么会给他最高奖? 据说他的工作送到苏联去评审, 对人要求非常苛刻的苏联亚历山大洛夫院士却对他评价非常高, 所以他轻易得到了这个奖项.

3. 周光召院长也是对科学评价非常苛刻的人, 他对去世的一些人只是说道 "有国际水准的科学家" 为止, 但是他在科学会堂的大会上, 却号召全院要学习吴文俊, 可见吴先生的工作给他的印象有多深.

从以上几点可以看到, 吴文俊不是一般的成就, 他还是一个非常不平凡的人, 他好像不食人间烟火, 他不知道世间还有竞争, 还有暗斗, 但他也爱抱不平. 他特别推举一些一时不知名、文章很少的真才实学者, 像廖山涛、严志达等, 都是由他推举为学部委员的.

我们正常人都很普通, 都有嫉妒心理, 都怕别人超过自己, 但是吴文俊先生对许多人都非常推举, 都无保留地支持他们, 让他们出名, 比如说他对陈景润. "文化大革命" 即将开始, 他把陈景润的文章推荐到最后一期的《中国科学》上发表了. 如果这篇文章没有发表, 陈景润 "文化大革命" 这几年也不知道怎么过, 不知道世界上谁也会做出 "1+2". 吴文俊推荐把他的文章在 "文革" 前最后一期发表, 就成了他生命的支撑. 陈景润自己讲, 要是没有这篇文章发表, 他就完了. 在最危险的时候, 吴文俊等挺身而出, 推荐他的文章. 后来关于陈景润的报道已经铺天盖地, 而吴文俊不懂得嫉妒. 只有像他这样, 只有内心非常强大的人才能做到这一点. 世界上有很多有名的科学家, 一般也都是普通人, 难免有争夺的心理、有争议等等, 吴文俊却没有.

吴文俊自己内心强大还表现在一点, 对大人物很回避, 从来不主动上前握手、交谈. 当年中国科技大学郭沫若校长每年年底请科技大学的兼职教授、兼职老师吃饭, 我是兼职助教, 也去了. 当然, 我们坐最后排, 最前排的都是一些显赫的大人物, 如吴有训、严济慈、钱三强. 吴文俊是学部委员, 他从来不抢坐前面, 他也坐在后面. 吴文俊看见大人物来就回避开. 有一次, 很多人排队等着跟一位大人物问候, 他却躲开另走一条路. 他从来不争这些, 因为他的内心太强大了, 这样的人非常少有.

类似这样的很多事情, 比如有的领导就住在他的楼上, 他从来不去拜年, 而我们这些人向各种人拜年, 到处拜年, 我们觉得不拜年, 怕他们会怎么样, 吴文俊从来不拜年, 你越有名, 他越不会走动. 但与我们普通人见面就点点头, 笑笑.

所以这个人, 表面是一位柔弱书生, 但是有一个强大的内心, 所以我觉得我不仅是崇敬他, 而且崇拜他. 我经常去看他, 就觉得, 我学了一点, 不要嫉妒别人, 不要想超过别人的风头. 当然我们内心强大不起来, 我们哪个的工作能写进教科书? 我们哪个的工作是闹地震? 没有.

悼念吴文俊先生

严加安

先生虽逝去,
伟业已长存.
两类一公式,
堪称拓扑魂.
证明归计算,
玩转几何门.
学界群星灿,
数坛吴独尊.

注:"两类一公式"指吴文俊先生 1956 年获首届国家自然科学奖一等奖的学术成就 —— 吴示性类、吴示嵌类和吴公式.

缅怀吴老师对我的教导和提携

李邦河

在敬爱的吴老师离我们而去之际, 思绪万千, 清晰地浮现出他身着风衣、风度翩翩地登上讲台的情景.

他的微积分课的开场白就是: 微积分是初等数学与高等数学的分水岭. 而在第二堂课讲强区间套定理 (一列区间套, 若区间长度趋于零, 则所有区间的交集为一个点) 时, 我就碰到理解上的困难. 课后赶紧问吴老师. 经他一点拨, 我脑子中立即出现了无穷多个区间, 开始动起来, 收缩于一点的图景, 体验了从初等数学的有限和静止, 跨过分水岭, 到达高等数学的无穷和运动的喜悦.

1963 年吴老师在给我们讲学习方法时, 在黑板上写了十二个字: 提出问题, 分析问题, 解决问题. 而且说一个好的问题的提出, 等于解决了问题的一半.

我牢记着吴老师的话, 逐渐体会到, 这不仅是学习方法, 也是研究方法. 在写大学毕业论文时, 我在岳景中老师指引的方向上, 自己提问题, 做出了一些成果, 被岳老师推荐到《数学学报》发表. 1976 年, 美国数学家代表团访华时, 我正在下放劳动, 吴老师叫我去向代表团中著名的拓扑学家 Brown 介绍我的这个工作. 为此, 在美国代表团的报告中有一句话: 在微分拓扑方面有一些工作, 因 "文化革命" 而未发表. 1966 年, 在 James 和 Thomas 的文章中, 有与我一样的一个结果, 后被人称为 James-Thomas 定理.

分专业前, 王启明同学向吴老师推荐我到几何拓扑专业, 他写信的事与我讨论过. 为此, 在毕业前夕的 "清理思想" 运动中, 我被批 "靠拢资产阶级知识分子". 但毕竟有吴老师的权威, 我还是被分配到了数学所.

1978 年, 在听了我提助理研究员的答辩后, 万哲先老师认为我已够副研究员. 他的意见得到吴老师和关肇直老师的支持. 为此, 吴老师给院领导写了信. 在得到院领导的支持后, 数学所发函给夏道行、王柔怀等专家征求意见. 王转达了林龙威老师对我关于激波条数可以不可数的结论的质疑. 我于是针对林老师由激波条数可数, 推出实轴上激波起点集合测度为零的定理, 给出反例. 林老师不仅肯定了我的反例, 还进一步提出很大胆的一个问题: 实轴上激波起点是否可以形成全测度集? 直至 1999 年, 我才肯定了这个问题, 林老师非常高兴.

1979 年底, 数学所学术委员会通过了对我的晋升. 1980 年, 日内瓦大学的 Haefliger 教授访华, 说有有资助的访问学者名额, 吴老师推荐了我. 我写给 Haefliger 的信, 请吴老师把关, 他说: 原来你的英语不怎样. 是啊, 正是吴老师的关怀, 使得我这个英语不怎么样的学生, 轻松踏出国门.

1985 年, 在新加坡有一个国际拓扑大会, 邀请吴老师作一小时大会报告. 吴老师推荐我代替他, 于是我成了大会报告人, 得以向 Kevaire, Thomas 等名家介绍成果. 在讲到纠正了 Hirsh, Wall 等名家的错误时, Thomas 站起来问, 有没有发现他的错误. 后来, 吴老师为推荐我得陈省身奖, 还征询过 Kevaire 和 Thomas 的意见.

改革开放初期, 中关村只有几家公司, 其中的一家找到我, 要资助成立私营的研究中心. 我告诉吴老师, 他很高兴. 于是由吴老师、万哲先老师、丁夏畦老师、许国志老师和我组成中心. 吴老师提出, 中心的主要任务是, 搞一个 Bourbaki 讨论班式的全国性的讨论班. 经讨论, 根据吴老师对中国古代数学史的精湛研究, 就有了刘徽数学中心和刘徽数学讨论班的定名.

1985 年 10 月 4 日至 13 日, 刘徽讨论班在老楼 415 房间开张, 共有 15 名报告人. 请的报告人完全符合吴老师的思想, 既有潮流中的, 也有反潮流的. 听众来自全国各地, 济济一堂. 吴老师每个报告必到, 与报告人和听众互动, 十分开心, 气氛很活跃.

1988 年底, 安徽科学技术出版社出版了吴老师主编的刘徽数学讨论班报告集 ——《现代数学新进展》, 收入了 14 个报告, 印数 2000 本. 吴老师写的序言长达 10 页, 肯定是他花了很多时间精心写成的力作, 文采飞扬, 读来令人信服和感动, 学习 Bourbaki 复兴法国数学的精神, 复兴中国数学的雄心壮志和宏伟目标, 跃然纸上. 这是我读过的数学方面务虚的文章中, 最令我倾倒, 且具历史意义的杰作.

为了感谢公司的资助, 吴老师还在百忙中出席了公司在人民大会堂的开张发布会. 不幸的是, 公司很快就不行了. 我和李雅卿跑公司不知多少次, 最后以一张 9000 元的支票了结.

我的得力助手是吴老师的学生王东明. 王出国后, 虽然客观上是财力人力不足, 但主观上还是怪我自己努力不够, 没能延续刘徽讨论班. 以后我多次重读吴老师的序言, 惊叹之余, 逐渐感到辜负了他对我的无言的期望: 辅佐他实现办好一个 Bourbaki 式的讨论班的宏愿. 对此, 我深感遗憾.

我永远感激吴老师对我的教导、知遇、提携之恩. 我要继承吴老师的遗志, 为复兴中国数学奋斗终生!

深切缅怀吴文俊先生

田 刚

各位来宾: 大家好!

深受我们爱戴的吴文俊先生永远地离开了. 我代表北京大学数学学科全体师生向吴文俊先生的不幸逝世表示深切哀悼, 向吴文俊先生的亲属表示诚挚的慰问.

吴文俊先生是我国著名的数学家、首届国家最高科技奖获得者, 在数学核心领域拓扑学做出了重大贡献, 在示性类等方面的很多成果至今仍被国际同行广泛引用. 吴文俊先生还是数学机械化领域的开创者, 是自动推理领域的先驱者. 吴先生的离世是我国数学界的重大损失!

今天我们在这里, 怀着沉重而又崇敬的心情共同缅怀吴文俊先生, 一方面是追念先生的科学思想和人品风范, 另一方面也是要更好地继承和发扬吴先生对科学和真理执着追求、锲而不舍的精神, 以及他鞠躬尽瘁、念兹在兹的家国情怀.

1950 年左右, 吴文俊先生在拓扑学领域做出了杰出工作, 引进了吴示性类、吴公式. 他获得了法国著名研究机构的终身研究职位, 事业蒸蒸日上. 为了参加国家建设, 吴先生毅然放弃在法国的优越条件, 于 1951 年夏回国, 入职北京大学数学系任教授. 在北京大学工作期间, 他讲授过微分几何、拓扑学、拓扑学讨论班等课程, 为青年学生提供了接触国际学术前沿的宝贵机会. 1952 年, 全国进行了院系调整, 重组了北大数学力学系, 吴先生于 1952 年秋转入中国科学院工作, 继续探索钻研, 勇攀科学研究的高峰. 吴文俊先生到中科院工作后, 仍不忘关心和支持北大数学学科以及其他兄弟院校数学学科的发展, 全然没有门户之见. 在 20 世纪八九十年代, 北京大学设立数学研究所、数学及其应用教育部重点实验室, 吴先生都担任了学术委员会的主任; 他还曾担任北京国际数学研究中心咨询委员会名誉主任, 对北京数学学科的发展给予了极大的关心和支持. 吴先生大公无私、宽容大度的胸怀, 令我们肃然起敬.

吴先生不仅在自己的研究领域作出了先驱性的突出贡献, 他还非常关心中国数学的发展. 在改革开放之初, 吴先生积极协助陈省身先生在全国各地召开一系列"双微" 会议, 推动在南开召开 "21 世纪中国数学展望" 大会. 为增强对数学研究的支持, 推进我国建设数学强国的进程, 在程民德先生、胡国定先生和吴文俊先生等数学家的倡议下, 国家在 1989 年设立了 "数学天元基金". 吴先生参与天元基金领导小组工作十年, 又任顾问十年. 吴先生特别强调从整个中国数学事业的发展全局出发进行基金的使用和管理, 提出了许多重要的提议和主张. 近年来我国一大批青年数学家纷纷涌现, 取得了令人瞩目的研究成果, 得到了国际数学界同仁的认可, 这与吴文俊先生等数学界前辈们的关心和支持是分不开的.

对我个人而言, 我很早就读过吴文俊先生有关拓扑学的工作. 流形上复结构的存在性问题是数学中的难题, 第一个完全解决的非平凡情形是 4 维情形, 需用到吴先生早期关于示性类的工作. 这是我在读博期间学习到的, 证明非常漂亮, 令我印象深刻. 我还有幸与吴先生共事一段时间. 在筹备 2002 年国际数学家大会时, 我与吴先生一起在程序委员会工作, 参与确定大会发言人. 当时吴先生已近 83 岁高龄, 他仍积极参会, 对他所负责的工作一丝不苟. 他还不辞辛苦前往德国波恩参加程序委员会会议, 发言的思路很清晰, 竭尽全力为首次在我国举办的国际数学家大会作贡献. 我还记得一个细节, 吴先生很喜欢吃奶酪, 他把这种爱好明明白白地显示出来, 一点都没有掩藏的意思, 十分平易近人. 吴先生对工作的严谨和为人率真就是这样通过每一个细节感染和传递给他身边的每一个人.

虽然吴先生已经去世, 但他的音容笑貌, 他不畏艰难、执着探索的勇气, 以及他淡泊名利、大公无私的精神将永远留存在我们的心中, 激励着我们为建设数学强国继续勇敢前行!

吴文俊先生千古!

纪念吴文俊先生

袁亚湘

今天我们大家怀着万分悲痛的心情, 聚集这里追思吴先生. 首先我代表中国数学会向吴先生的离开表示最沉痛的哀悼, 向吴先生的家人表示深切的慰问.

吴先生曾担任中国数学会的理事长, 为中国数学会的改革、中国数学的发展做出了巨大的贡献. 吴先生是一面旗帜, 他的离开是我国数学界乃至我国科学界的巨大损失.

吴先生还担任过第二届国家基金委天元基金学术领导小组组长, 为天元基金的发展、我国数学学科战略发展、我国数学人才培养等许多方面起了重要的作用. 作为天元基金学术领导小组现任的组长, 我受国家基金委的杨卫主任和基金委数理学部孟庆国主任 (他们因为今天参加重大项目评审参加不了这个追思会) 的委托, 代表天元基金学术领导小组向吴先生表示哀悼和敬意.

吴先生为我国科研发展做出了巨大的贡献. 吴先生是个著名的数学家, 他在拓扑学、数学机械化等许多领域有杰出的贡献. 刚刚杨乐先生, 还有中科院数学与系统科学研究院执行院长王跃飞研究员已经讲的非常多了, 我就不再补充了. 我结合我自己的经历来谈一些情况, 缅怀吴先生.

我 1982 年考到中国科学院计算中心读研究生时, 就知道吴先生了. 因为那个时候, 大家都说玉泉路 (中科院研究生院) 是个福地, 50 年代的中科大在那里培养过著名的 "华龙" "关龙" "吴龙". 吴先生跟我的恩师冯康先生差不多大年纪. 当时的科学院有华老、吴先生、冯先生等一批国际著名的大数学家, 我们都以能来到科学院读研究生为荣. 但是, 那个时候中科院数学方面的几个所都是独立的, 我在计算中心, 而吴先生在系统所. 所以, 很遗憾当时我并没有机会见到吴先生.

我第一次见到吴先生, 是在 1988 年, 那年我刚回国. 刚刚杨先生也谈到了, 1988 年 8 月在南开召开了 "二十一世纪中国数学展望" 的学术研讨会. 会议由吴文俊、程民德、谷超豪、冯康、王元、杨乐、胡国定、齐民友、堵丁柱、李克正十位著名的数学家发起. 我很有幸, 当时我刚从英国回来, 作为年轻的后辈也参加了这个会议. 所以有幸在台下看到这么一批著名数学家坐在台上. 这就是我第一次见到吴先生.

第一次近距离地接触吴先生是在 90 年代中期. 天元基金在海南开了一个天元基金领导小组扩大会议. 那次会议, 吴先生出席了. 我也很有幸作为 "扩大" 代表参加了这样一个高规格的会议. 那次会议是中国数学发展史上很重要的一次会议. 出席会议的包括程民德、吴文俊、胡国定、潘成洞、杨乐、张恭庆、马志明等. 所以我有幸领略了这一批老一辈数学家的风采. 他们对中国数学的发展, 不是从自己的方向、自己的领域, 而是站在国际数学发展规律、整个国家数学发展的立场上来谈问题. 就像杨先生说的, 吴先生说话很直接、很单纯, 这让我感受非常深. 那次会议在海南岛, 我们就这么二十多个人, 一路待了近一个星期, 所以很有幸, 能近距离地领略了吴先生对国家数学发展的观点和思考.

再之后, 我和吴先生接触是 2002 年的国际数学家大会, 刚刚大家在屏幕上看到吴先生的照片, 其中一张是在 2002 年国际数学家大会他作为大会主席的照片, 那个时候吴先生已经 80 多岁的高龄了. 我是国际数学家大会组委会的秘书长, 因为会议开幕式要请国家最高层的领导, 所以为这个事情我还去跑了两趟中南海. 当时很多事情我们还不得不劳累吴先生, 拿着他签过字的信去找领导, 甚至有的时候是吴先生亲自陪我们去. 所以 2002 年国际数学家大会的成功举办, 吴先生的功劳是非常大的. 没有他, 北京的国际数学家大会就不可能如此顺利地举行. 中国数学界十分感谢吴先生为该大会所做出的贡献.

再一个, 我谈谈天元基金. 我看过许忠勤同志写的《吴文俊与中国数学》中所介绍的天元基金历史. 天元基金成立的时候, 第一届天元基金领导小组的组长是程民德先生, 第二届组长就是吴先生. 吴先生担任天元基金领导小组组长的时候, 让天元基金的经费从 200 万元增加到 500 万元, 这对天元基金发展起了很好的作用. 而且吴先生在天元基金怎么用方面也有他的想法, 其中包括: 尽量把面铺宽了, 大力支持年轻人. 特别给我感触深的是, 他对年轻一辈学者的关心和支持. 他在很多地方的发言, 包括讲这个数学发展, 反复强调, 说中国数学要创新, 那最最本质、最最重要的就是要有一批拔尖的青年数学人才, 他一直强调这个意见. 所以无论是在战略的调整、学术的规划上, 他特别看重年轻人的培养, 这一点我的印象非常深刻.

我想我们今天追思吴先生, 缅怀一代数学大师, 就是要学习他那种淡薄名利、追求卓越、不断攀登科学高峰的精神, 他为我们年轻一代树立了很好的榜样. 他的精神在中国数学界会留存下来, 我相信我们年轻一代在吴先生的精神鼓舞下, 为中国数学早日真正赶上世界先进水平, 为实现老一辈数学家的遗愿, 更加努力, 做出更大的成就.

谢谢大家.

吴文俊与中国数学

许忠勤

我在上中学时，从报上得知钱学森、华罗庚和吴文俊获国家自然科学奖一等奖，就很敬佩他们，后来到北京上了大学，听到关于吴先生的事更多了，也就更崇敬他了. 1987 年初，我到国家自然科学基金委员会数理科学部工作，那时候吴先生是中国数学会的理事长，又是基金会的委员 (唯一一名数学家委员)，能经常聆听吴先生的高见，感受到吴先生渊博的学问、宽广的胸怀、朴实的作风和高尚的人品，感受到他对发展祖国数学事业的强烈愿望和远大志向. 本文将从自然科学基金支持我国数学发展的历程，特别是数学天元基金的创立和发展的历程，来阐述吴文俊先生对中国数学发展的重要影响和作出的重大贡献.

一、创立数学天元基金，努力为数学学科争取更多研究经费

1986 年 2 月，经国务院批准，成立了国家自然科学基金委员会，这是国家支持基础科学研究的一个机构，数学学科从此有了争取自己的研究经费的渠道. 但是，基金委成立初期，国家拨款是很少的，第一年的财政拨款是 8000 万元，而数学从中只得到 80 万元，这点经费要支持全国的数学研究是非常困难的. 于是吴先生同程民德先生、胡国定先生一起四处奔走，积极呼吁为数学界增加经费. 就在那段时间，陈省身先生在不同场合多次讲到"中国数学大有希望""中国将在 21 世纪成为数学大国"，吴先生和程先生、胡先生他们敏锐地意识到陈先生的这些见解可能是我们数学争取国家更多一些支持的机会. 于是当时担任基金委副主任的胡国定先生，立即向基金委主任唐敖庆院士和其他委领导反映了陈先生的这些看法和吴先生、程先生等数学家的想法，并专门陪同基金委的常务副主任胡兆森，到南开请教正在那里的陈省身先生，如何才能使中国早日成为一个数学大国. 在基金委的全力支持和帮助下，由吴文俊、程民德、谷超豪、王元、杨乐、冯康、胡国定、齐民友、堵丁柱、李克正等十位数学家发起和组织的"廿一世纪中国数学展望"学术讨论会于 1988 年 8 月在南开数学研究所召开，会上程民德院士作主题报告，提出了"群策群力，中国数学要在 21 世纪率先赶上世界先进水平"的宏伟目标. 陈先生在讲话中再次重申了他关于中国会成为一个数学大国的见解，他强调指出"目前，中国极需对振兴中华建立一种强烈的民族自信的精神状态"，他说"反正我认为中国数学是行

的, 一定能上得去的, 我有这个自信". 程先生的报告和陈先生的讲话, 得到出席大会的中共中央政治局委员、国务委员兼国家教委主任李铁映同志的高度肯定和热情赞扬, 他把"率先赶上"生动地概括为"陈省身猜想", 表示国家一定要在软设备和硬设备两个方面支持"陈省身猜想"的实现. 吴文俊先生在会议期间有两次重要讲话, 一次在会议中的发言, 他详细地论述了数学"率先赶上"的可能, 他说数学同其他实验学科不同, 它不需要昂贵的实验设备和条件, 主要靠数学家的聪明和勤奋, 而中国人的聪明才智和刻苦钻研精神是全世界都闻名的, 他还说"中国数学有过光辉的历史, 为世界数学发展作出过重大贡献, 虽然后来落后了, 但现在时代不同了, 如今我们完全可以创造新的辉煌". 另一次是闭幕式上的讲话, 他指出"和证明数学猜想不同, '陈省身猜想'的证明是有时间性的, 我们必须在廿一世纪内证明这个猜想, 否则就没有意义了", 他要求在会后"要制定具体的规划, 采取有力措施, 保证猜想得到实现". 这两次讲话充分反映了吴先生作为一个数学家严谨和认真的风格.

这次展望会议后不久, 很快经当时国务院总理李鹏的批准, 国家单独为数学学科设立了一个专项基金, 就是人们熟悉的数学天元基金. "率先赶上"的提出和天元基金的设立对中国数学界是一个极大的鼓舞和振奋, 从此, 中国数学进入了一个蓬勃发展的新时期. 吴先生和陈省身、程民德、胡国定等老一辈数学家为这一大好局面的形成, 做出了数学界公认的巨大贡献.

1989 年 2 月, 天元基金设立, 基金委的领导认为吴先生和程民德先生都是天元基金领导人的最佳人选, 但吴先生竭力推荐程先生, 他多次讲"程民德管理方面有丰富的经验和很强的行政工作能力, 是做天元基金学术领导小组组长的最佳人选", 他自己"可以做一名组员". 1995 年天元学术领导小组换届, 吴先生当了第二届学术领导小组组长. 2000 年天元学术领导小组换届, 吴先生退下来, 当了天元基金的顾问一直到今. 在吴先生担任第一届领导小组成员和第二届领导小组组长期间, 他对天元的工作一直是非常投入、非常积极的, 特别是为争取增加数学的经费、改善数学研究的条件, 他和程民德、胡国定等老一辈数学家付出了巨大的辛劳, 他们有时在会上呼吁, 有时联合写信给有关领导, 在基金委领导的支持和帮助下, 这些努力取得了很好的效果, 从 1989 年到 2001 年数学学科的经费, 除了同整个自然科学基金的经费同步增长外, 还先后八次获得特别的增加:

第一次是 1989 年, 获得数学专项基金 (即天元基金)100 万元/年;

第二次是 1992 年, 国家把天元基金增加到 200 万元/年;

第三次是 1995 年, 以张存浩院士为主任的基金委领导决定向数学学科倾斜, 每年特别给数学增加 160 万元/年;

第四次是 1996 年, 委领导又把倾斜经费增加到 250 万元/年;

第五次是 1997 年, 国家设立基础科学人才培养基金, 数学学科当年从中获得

700 万元的支持, 以后每年都有专门的支持;

第六次是 1998 年, 委领导给数学和生命科学倾斜, 数学获得了 130 万元/年;

第七次是 2000 年, 以陈佳洱院士为主任的基金委决定把天元基金的经费从 200 万元/年增加到 350 万元/年;

第八次是 2001 年, 委领导又把天元基金经费增加到 500 万元/年.

这样, 在基金委, 数学经费增长比整个自然科学基金经费增长还要快, 如 2005 年国家财政给基金委拨款是 35 亿元, 是 1986 年基金委初建时拨款经费的 44 倍, 而 2005 年, 数学经费达到了 7700 万元, 是 1986 年数学获得经费的 95 倍.

数学经费增长如此之快, 一方面说明历届基金委领导对数学学科的重视和支持, 同时这也是吴先生等老一辈数学家长期努力和积极争取的结果.

二、极力主张基金对数学有一个适当资助规模和合理的资助格局

数学天元基金设立后, 面临的第一个问题是如何用好这项专款. 胡国定先生指出, 在现阶段天元基金主要用于两方面: 一是弥补自然科学基金对数学支持的不足, 即要资助一些重点项目; 二是做自然科学基金不做、但对中国数学发展又很重要的事情. 吴先生非常赞成这个资助原则, 但他强调的是"希望数学基金和天元基金要密切配合, 建立一个对数学合理的资助格局". 他特别希望"对数学有一个恰当的资助规模, 建议基金委对数学的资助强度可以低一点, 但规模要大一点, 应鼓励和支持更多的人做数学".

在 1989 年评审会上, 有一件事引起了争论, 有一位著名数学家申请了两项基金. 有的评委不赞成, 认为应多支持一些人, 只批准他一项; 有的评委认为, 基金委允许申请两项, 如果两项都不错, 应该都批准. 但当时评审组组长潘承洞院士支持前者, 他提出"我们评审组是否有个约定, 一个人只批准一项, 我个人带头只申请一项". 当年一些已有一项基金的, 申请第二项都未得到批准. 这样做, 一些评委有意见, 他们认为数学学科这样做违反了基金委一人可以申请两项基金的规定, 也违反了择优资助的原则. 我把这个情况提到天元学术领导小组讨论, 讨论中吴先生发言表示支持潘承洞院士的意见, 他认为在中国还是要多支持一些人做数学, 特别是条件较差的单位, 一些中青年数学家很不容易, 我们要多给他们一些支持. 天元领导小组支持了潘承洞和学科评审组的做法. 后来又出现了新的情况, 一些在科技部获得攀登项目支持的数学家, 在基金会没有基金项目, 他们到基金委申请面上项目, 也被学科评审组刷掉. 对这件事, 科技部基础司的同志和我委计划局的同志也向我提出数学这样做是否合适. 我再一次提到天元学术领导小组讨论, 吴先生立即发言, 他说: "怎么又提出这个问题? 中国数学靠我们在座的这些人, 靠少数人就上得去吗? 能率先赶上吗? 现在的大局是什么, 是支持少数人多拿基金呢? 还是让多一些人能得到资助? 反正我在科技部已有了攀登项目了, 绝不到基金委再申请基金. 你

们谁想申请, 谁就去. ” 吴先生旗帜鲜明的态度使得数学学科在很长时间内都坚持了一人一项的原则. 后来在一次委务会上, 我把这件事向委领导作了汇报, 委主任唐敖庆院士当即表示"我同意吴文俊的意见, 你们数学学科可以根据数学学科的情况作出决定". 委的副主任师昌绪院士说"我也赞成吴文俊, 在现在经费还很少的情况下, 他的意见是对的, 你们数学学科这样做也不算违反基金委的规定, 是专家对申请两项的从严把握嘛!""我很羡慕你们数学, 有吴文俊、程民德这样一批德高望重的数学家掌握方向, 多好啊!"情况也确实是这样, 前些年正是由于有了像吴文俊、程民德这样一些胸怀大局、正派公正的数学家时刻关心全国的数学, 为中国数学发展呕心沥血, 使得有限的经费能最大限度地支持全国数学的发展, 特别是许多条件相对差的院校的优秀中青年数学工作者不少都能得到基金的资助, 中国数学才会比较快地发展起来.

三、关注学科建设, 推动学科发展战略研究和应用数学的发展

天元基金设立后, 第一次学术领导小组会议就讨论如何用好管好天元基金. 吴先生认为天元基金最重要的是要做好学科建设和人才培养两件事. 在学科建设方面, 大家都认为"文革"十年中国数学与外界隔离, 我们做的问题国外早已不做, 国外的一些热门研究问题, 国内却无人或很少有人问津, 所以当时有一个时髦的提法, 叫做与国际接轨. 吴先生曾说"与国际接轨的提法我是赞成的, 那些西方早已不做的, 又没有发展前途的数学问题, 我们就不要去做了. 但是, 我们不能盲目地跟着别人走. 中国数学的一些传统的好的东西, 还是要继承和发展". 因此, 吴先生极力支持和鼓励基金委组织学科发展战略的研究, 希望在充分研究国内外数学各分支发展的历史和现状的基础上, 提出我们中国数学应该优先发展的领域, 然后鼓励引导我们的数学家选择自己感兴趣的某些领域来申请各类基金项目. 在基金委的统一布置下, 数理学部组织了两次学科发展战略研究, 特别在第二次, 提出了数学的 18 个优先资助领域, 其中有些领域如数学机械化、大规模科学与工程的计算, 在科技部争取到了攀登项目和 973 项目; 有些领域如金融数学在基金委争取到重大项目; 其余多数都在基金委安排了重点项目. 十多年来通过这些项目的组织和实施, 数学各分支的面貌焕然一新, 现在我们完全可以说中国数学已经融于国际数学的大空间, 现代数学的许多重要方向都有中国人的身影, 一些中国数学家还在其中做了很好的工作.

说到吴先生自己, 他是一生都在做开辟新路的工作. 他一贯的学术风格是创新再创新、勤奋更勤奋, 他的学术爱好是想别人没有想过的问题、做别人没有做过的事情. 他一生从事的三个研究领域都做出了杰出的成就. 早年他从事拓扑学的研究, 提出了示性类和示嵌类, 被称为吴示性类和吴示嵌类; 他写出的示性类之间的关系, 被称为吴公式, 他为拓扑学的发展作出了划时代的贡献. 到 20 世纪 70 年代中期,

快 60 多岁的吴先生, 又毅然转向新的数学机械化的领域, 他从几何定理证明的机械化入手, 在世界上首先创立和发展了机器证明理论, 这是自动推理研究中的一个全新的理论. 它不仅使人们看到了实现数学机械化的可能, 还在智能计算机、机器人学等重要领域得到了广泛的应用, 从而导致人们在思维和推理方法上的一场革命. 在中国数学史方面, 吴先生也有非常深入的研究和独特的见解, 他对我国古代数学思维作了精辟的概括和提炼, 认为中国古代数学基本上是一种机械化的数学, 它的基本方法则是几何代数化的方法. 吴先生本人开创的数学机械化事业, 则正是中国古代数学的机械化和代数化的继承和发展. 吴先生这一生的工作为现代数学发展作出了杰出的贡献, 为中国人争了光, 也为中国数学家怎样做数学树立了榜样.

还要特别指出的是吴先生一贯重视并极力推动我国应用数学的发展, 在组织实施他主持的攀登项目 "机器证明及其应用" 时, 七个课题, 其中属于应用研究的就有四个课题. 在项目实施过程中, 吴先生多次强调应用课题的重要, 他说过 "理论和应用的关系就是基础和生命的关系, 应用搞不好这个项目就进行不下去了". 在组织实施 973 项目 "数学机械化与自动推理平台" 时, 他也一直强调应用. 他说过 "数学机械化方法的成功应用是数学机械化研究的生命线". 在项目的进行过程中, 他本人不断地开拓新的应用领域, 如控制论、机械设计等等. 由于他的重视和亲自实践, 我国在数学机械化应用方面取得了一系列辉煌的成果.

再举一个吴先生支持金融数学研究的例子. 1994 年 9 月基金委数理学部在香港召开数学学科 "九五" 优先资助领域的讨论会, 我根据数学学科发展战略的研究报告, 提出了对数学 18 个拟优先资助的领域供大家讨论. 在之前我已听到一些专家对其中有些领域如将金融数学列为数学优先资助的领域有不同意见, 对彭实戈教授提出的倒向随机微分方程方面的工作在经济、金融中会有多大作用表示怀疑. 但我没有想到的是讨论时, 吴先生最先发言, 他热情支持把金融数学列为数学学科 "九五" 的优先资助领域. 他说 "西方经济学一个最显著的特点就是定量化, 定量地描述一些经济现象, 而定量化最重要的标志就是数学化, 所以将来数学在金融、经济领域一定会大有用武之地的, 我们要支持和鼓励更多的年青人进入这个领域". 由于吴先生旗帜鲜明的支持, 最后金融数学被全票通过为数学学科 "九五" 的优先资助领域. 吴先生的发言和会上全票通过这件事, 给出席会议的两位委副主任胡兆森、陈佳洱很深的印象, 胡兆森对我说你要好好抓住彭实戈, 提出报告. 我们回去立即开会商量, 不久委里决定把 "金融数学、金融工程、金融管理" 列为基金委 "九五" 第一批重大项目, 两年前又被科技部列为 "十二五" 的 973 项目, 正是由于国家的大力支持, 最近十多年我国在随机分析和金融数学方面的研究, 不断取得重要进展, 彭实戈院士的工作在国外影响越来越大. 我们不久前获知, 他已被邀请在 2010 年 26 届国际数学家大会上作一小时报告, 这说明中国在这个领域的研究已经进入了世界先进水平.

四、关注青年人才的培养, 重视发挥海外中国青年数学家的作用

吴先生一贯重视数学人才的培养, 早在天元基金刚设立, 学术领导小组讨论天元经费使用时, 他就强调经费要多用于人才的培养, 他说"数学能不能率先赶上, 主要看能不能培养出一批又一批优秀的人才. 中国数学目前最缺的是要有一批能攀登高峰的特别拔尖的人才".

如何培养人才, 吴先生讲他"赞成选送一些青年人到国外进修或攻读学位", 只是他"希望这些人学成后能回国效力", 但吴先生讲的更多的还是强调人才培养要立足国内, 因此他希望多拿出一些经费支持青年人作研究. 他特别支持设立天元青年基金, 让更多青年人的学习工作条件得到改善, 他非常支持天元基金举办暑期学校、应用数学暑期学校和西部地区青年教师培养班, 请教学经验丰富、学术造诣高的名师为研究生和青年教师讲课, 他自己还亲自为暑期学校上课. 在强调给年轻人支持的同时, 吴先生也希望青年人要有吃苦精神. 一次他在会上讲到自己年轻时的情况说"那个时间, 国家很穷, 战乱不断, 学习和工作条件都很差, 在阴暗的阁楼里, 我们照样做研究, 照样出成果. 现在条件再差, 也比那个时候好多了". 这些话, 反映了吴先生对青年人才培养的重视和对青年人的关爱.

对于海外留学人员, 吴先生也是非常关心, 并对他们寄予殷切的希望. 我举两个例子来说明. 第一个例子是吴先生对陈永川教授的关爱和帮助. 陈永川是四川大学毕业生, 毕业后赴美留学, 1991 年在麻省理工学院 (MIT) 获得博士学位, 导师为世界著名数学家 Gian-Carlo Rota 教授, Roto 在写信向南开数学所推荐陈永川时指出"陈永川是我最杰出的学生之一, 是第一个被洛斯阿拉莫斯国家实验室授予奥本海默研究员称号的数学家, 他已发表的论文使得许多美国教授羡慕不已, 然而美国优厚的物质条件没有能阻止他回到自己的祖国发展". 1993 年陈永川回到中国, 在南开数学所工作, 吴先生对陈永川的行动非常赞扬. 他曾对我说过"陈永川不简单, 他的能力完全可以在美国找到很理想的工作, 但他回来了, 他的决定令人敬佩, 要是多一些像陈永川这样的优秀人才回国工作就好了!""我们要多支持他, 为他创造更多的条件". 不久, 吴先生决定吸收陈永川参加他主持的科技部的攀登项目"机器证明及其应用". 1997 年我到意大利国际理论物理中心 (ICTP) 访问, 临行前吴先生给我打电话, 要我带一封信给 ICTP 数学部主任的印度数学家 Narasimhan M.S.(纳那西玛), 他要向纳那西玛推荐授予陈永川侯赛因青年科学家奖, 这是联合国教科文组织颁发给第三世界优秀青年科学家的一个奖, 纳那西玛接到我转给他的信后, 当即表示"吴文俊是中国最有影响的数学家, 我们会很认真地考虑他的推荐". 不久, 我便得知, 陈永川获得了这个奖, 当得到获奖通知时, 向我表示, 感谢吴先生的关爱, 他一定努力工作, 决不辜负陈省身先生、吴文俊先生对他的希望.

第二个例子是吴先生对胡森教授的关爱. 胡森是中国科大的毕业生, 毕业后到

中科院做吴先生的研究生, 后来吴先生推荐他到美国留学深造, 胡森到美国后, 一直对祖国的数学事业非常关心. 1992 年 4 月初, 我到美国访问, 在陈省身先生安排下, 胡森负责在芝加哥地区接待我, 我们在一起的时候, 他多次向我介绍留学生的学习、工作情况, 建议国家基金委设立一个留学人员短期回国讲学的专项基金, 来支持留学人员短期回国讲学或开展学术交流活动. 我给陈省身先生打电话, 告诉他胡森的这个建议, 陈先生当即表示支持. 回国后, 我又打电话征求吴先生的意见, 他也很支持, 并说这个建议切实可行, 目前情况下, 让留学生长期回国不现实, 但短期回来讲学, 搞一些交流, 对国内会有很大帮助. 由于陈吴两位大数学家的支持, 我就郑重地写出书面报告, 向委领导提出建议. 不久我的建议被采纳, 在我委国际合作局, 设立了留学人员短期回国讲学的专项基金. 1992 年 6 月下旬, 由基金委资助的第一个留学人员的讲学班 "一维动力系统的拓扑与几何" 在北大数学系举行, 胡森和留美博士蒋云平、留法博士谭蕾三人主讲. 这次讲习班非常成功, 受到多方面的赞扬和肯定, 我委国际合作局在总结这次活动时指出: 邀请在国际前沿工作的优秀海外中国留学生短期回国讲学, 可以把国外学科发展的最新进展、最前沿的成果带回来, 介绍给国内. 请他们讲的效果也比请外国人讲要更好. 其次讲习班是推进国际合作与交流的良好开端, 在此基础上容易找到共同感兴趣的问题, 形成合作的课题. 第三, 通过请他们回国短期讲学, 可以密切同他们的联系, 加深感情的交流, 有利于争取他们回国工作, 发挥更大的作用. 吴先生对这次讲习班的成功也很高兴, 他说 "邀请在国外的青年人回国, 与国内同行一起举办讲习班, 是目前发挥他们的作用、帮助国内青年人成长的一个好形式", 他希望以后要多组织一些这样的活动. 从胡森 1992 年第一次回国讲学成功后, 吴先生同他的联系也更多了, 以后胡森每次回国吴先生都要约见他, 了解他的工作情况, 鼓励他多回来. 2001 年胡森决定回国工作, 到他的母校中国科大任教. 吴先生听到这个消息非常兴奋. 此后不久, 在庆祝陈省身先生九十大寿的宴会上, 吴先生讲话, 他首先深情地讲到陈先生在古稀之年还要落叶归根, 为中国数学的腾飞呕心沥血, 由衷地表达了他对自己的老师的崇敬心情. 紧接着, 他又说到了自己的学生胡森, 高声说 "胡森是一个爱国青年, 他放弃了在美国的优厚条件, 义无反顾地举全家回到国内, 在自己的母校科大工作, 我们大家都要向胡森学习, 希望更多的海外青年能回国工作, 为国家的兴旺发达作出贡献". 其实吴先生自己就是一个伟大的爱国者, 他 1947 年考取公费赴法国留学, 1949 年在法国获国家博士学位, 在法国短短两年, 学术上取得了辉煌的成就. 同行中不少人都认为吴先生的成就, 很可能获得菲尔兹奖, 但吴先生身在法国心系祖国, 1951 年他谢绝了师友的挽留, 放弃了在法国的优越条件, 回到祖国. 他对老师的崇敬和对学生的赞扬, 正反映他自己热爱祖国、盼望祖国繁荣昌盛的情怀.

　　吴先生对基金工作的关心和支持还有许多事情可以讲, 例如, 他非常关心我退休以后, 谁来接替我的工作. 他认为我现在担任的工作对中国数学发展很重要, 因此在 1998 年底我还有 8 个多月退休的某一天, 吴先生约了胡国定先生、张恭庆先生一起到基金委找到张存浩主任, 同他专门谈了 "许忠勤退休以后, 希望有一位数学家接替他的工作的意见", 并向张主任介绍和推荐周青教授到基金委工作.

我本人在基金委工作十多年, 经常得到吴先生的支持、关心和帮助. 在会上, 我爱听吴先生的高论, 平时遇到重大问题和难题, 我总是想找吴先生、胡国定先生、程民德先生, 向他们请教. 每次同他们接触, 都能感受到一些新的东西, 能从中得到启发、受到教育. 最后我想用程民德先生、胡国定先生和陈省身先生一些话来结束这篇文章. 有一次, 我和胡先生在一起闲聊, 说到吴先生, 我说程先生讲过 "吴文俊是大智若愚", 胡先生马上说 "是啊, 吴文俊这个人是个有大智慧的人. 表面上看很忠厚, 其实很多事情可看出他脑子清楚得很, 重大问题、原则问题, 他从不含糊, 有他自己的见解, 只是小事不在意也不计较". 陈先生也曾说过 "吴文俊是个老实人, 他不论是做学问, 还是做人, 都是个老实人, 我们大家都要向他学习". 是的, 吴文俊先生不论是做学问还是做人都是做得最好的, 他是我们全国数学界的榜样.

忆"吴龙"*

李文林

从 1960 年 9 月开始, 吴文俊院士亲自为中国科学技术大学数学系 60 届学生讲授微积分课程. 该课程到 1962 年初结束, 整整延续了三个学期. 随后, 吴先生又为该年级讲授了一个学期的微分几何学. 1963 年该年级分专门化以后, 吴先生则指导了几何拓扑专业的学生. 由吴先生主持的这一教学过程, 后来以"吴龙"著称. 吴先生的微积分课程分两大部分. 第一部分微分学, 主要内容包括: 数、量、形与极限; 数量的依存关系 —— 函数及其连续性; 单变量微分学. 第二部分积分学, 主要内容包括: 二重积分; 三重积分或多重积分; 微分与微分形式; 积分公式. (详见附录: 吴文俊院士微积分教程讲义目录.)

微分学的开篇"数、量、形与极限", 重点是建立实数理论, 这是整个课程的"龙头". 吴先生的第一堂课开门见山, 用 Dedekind 分割定义实数. 这样引进实数, 除了集合概念外不需要其他预备知识, 对于刚从中学毕业的学生来说相对容易接受. 当然随后关于实数连续性或完备性及其证明的介绍, 对初进大学门的人而言就比较陌生了, 但吴先生的讲解清晰明了, 同时注意思维方式的引导. 可以说, 这个龙头部分的教学不仅使同学们打下了进一步学习数学分析的基础, 而且在思维方式上跃升到一个新的平台.

作为整个课程的"龙尾", 积分学的终篇则是一般形式的 Stokes 积分公式. 对积分学的处理, 尤其是关于不同维数的积分之间关系的讨论, 是吴先生微积分课程最别具一格的部分. 关于一光滑曲面或一闭区域的积分与关于其边界的积分之间的关系, 数学家 Gauss, Ostrogradsky, Green 以及 Stokes 等都曾得到一些特殊的定理和公式. 一般的微积分教科书就是介绍这些特殊的定理和公式 (如奥–高定理、格林公式). 而恰如吴先生在他的讲义中所指出: "重要的是现在可以综合为一个定理, 其特殊形状曾由 Stokes 证明, 因而也就称为 Stokes 定理. 这个定理的一般形状是 Elie Cartan 建立的." 吴先生的讲义正是以交错微分 (外微分) 形式为工具, 最终阐述并证明了一般的 Stokes 定理, 而通常的奥 - 高定理、格林公式等均成为其特例. 这样的处理具有理论高度, 展示了数学的统一性, 可以说是高观点下的微积分. 但同时吴先生又以相当的篇幅介绍了交错微分形式的物理背景, 给出了具体详

* 本文是在与李邦河、徐森林、陆柱家教授讨论的基础上写成, 李邦河院士提供了吴文俊先生的微积分教程讲义等原始材料.

尽的场论解释, 使同学们认识到了抽象数学的实际意义与应用价值.

就这样, 从 19 世纪分析严格化的基础成果 —— 实数理论到 20 世纪微积分的现代发展 ——Cartan 的一般积分定理及其应用, 反映了吴先生微积分课程的特点: 浓缩精炼而又内涵丰富, 立足基础而又观点高、寓意深. 应该说, 学习和理解这样的课程对同学们来说不无困难, 但吴先生的课程同时具有另一个密切相伴的特点, 即严密推理与直观引导相结合. 吴先生的课堂讲授更是由浅入深, 发人思维. 每堂课开始, 吴先生总会先在黑板上写出中心问题, 然后是循序渐进、透彻自然的分析, 最后给出结论 (定理), 这时结论的证明往往已是水到渠成了. 吴先生讲课喜欢画图, 他画的图很漂亮, 直观切题, 令人印象深刻. 总之, 严整先进的理论体系, 深入浅出的呈现形式, 使吴先生的微积分课程散发着特有的魅力, 吸引着同学们刻苦学习, 大部分同学都能及时跟进, 甚而渐入佳境.

当然, 吸引同学们的, 除了吴先生课程的科学魅力, 还有这位著名数学家的人格魅力. 吴先生到科大开课时, 已经是学部委员、国家自然科学奖一等奖得主. 当同学们坐在科大的教室里亲耳聆听这位他们仰慕已久的数学大师讲课时, 同学们的感觉岂止是幸运! 而当他们看到这位大数学家对于微积分这样一门基础课的教学是那样认真和投入, 同学们的感情又岂止于仰慕! 吴先生为这门课程精心编写了讲义. 当时没有计算机, 讲义一般由学校刻印室刻写油印. 但有一次同学们惊讶地发现发下来的讲义竟是吴先生自己的字体. 也许是当时刻印室忙不过来, 或者是这部分讲义 (内容是关于交错微分形式) 特殊符号太多, 总之吴先生亲自刻写了这部分讲义! 还有一次, 同学们在发下的讲义中看到这样一段注文: "原讲义关于函数相关一节中的第二个定理 [页 7] 是错误的, 邹同学曾经指出并举出反例如下……". 事情原来是这样的: 一位同学发现在之前的讲义中关于函数相关的一条定理有问题, 并向吴先生反映. 吴先生验证后立即在后续讲义中作了更正, 并公布了该同学举的反例. 这件事说明吴龙教学过程中同学们勤学好问及师生互动的活跃气氛, 同时也反映了吴先生爱护学生的学习热情、鼓励他们独立思考与创新的宽广胸怀. 正是通过这一桩桩看似平凡的事例, 同学们深切感受着这位名重数坛的学者的品格和风范.

除了自编讲义, 吴先生还指定菲赫金哥尔茨的《微积分教程》作为主要参考书. 而对于他自己编写的讲义, 吴先生一直没有正式付诸发表, 这可能是一个遗憾, 但或许也恰恰反映了吴先生的风格.

正如前面说过的那样, 吴先生的微积分课程相当浓缩, 因此课外辅导相当重要. 当时担任吴先生微积分课程助教的是李淑霞老师. 李淑霞老师负责答疑、辅导、上习题课, 并帮助学生与吴先生沟通. 她耐心细致的辅导对于同学们学好吴先生的微积分课程可以说功不可没. 在讲到交错微分形式一章时, 吴先生还请来中科院数学研究所的李培信老师给大家做辅导.

微积分课结束之后, 紧接着二年级下学期吴先生又开了一门基础课——微分几何. 这一次吴先生没有像微积分课那样另编讲义, 而是直接采用德国数学家 L.Bieberbach 的微分几何讲义作为这门课的教材, 主要内容包括: 第一章, 欧氏平面上的曲线; 第二章, 欧氏空间中的曲线; 第三章, 欧氏空间中的曲面. 最后这一章还涉及曲面上的几何, 并以张量分析初步结束. 显然, 这也是一种高观点下的基础课程.

除了微积分和微分几何, 科大为数学系 60 届安排的其他基础课程有:

复变函数论: 开始由华罗庚主讲, 中途因华先生出国, 由龚昇接替, 最后关于黎曼曲面的部分则是由陆汝钤讲授 (华先生指定的主要参考书是梯其玛希《函数论》);

三角级数: 王元主讲;

实变函数与概率论: 陈希孺、殷涌泉主讲 (李乔老师辅导实变函数论);

线性代数: 曾肯成主讲;

偏微分方程: 陈立成主讲;

常微分方程: 董金柱主讲 (另有常微分方程稳定性理论课专请中山大学许淞庆先生主讲);

积分方程: 赵立人主讲;

变分法: 赵立人主讲;

分析力学: 董金柱主讲.

以上课程都是在三年级讲授. 其中复变函数论课程本来是华罗庚先生为 61 届所设, 但安排 60 与 61 两个年级合班听课, 说明当时科大数学 "三龙" 教学是互有交流的. 华罗庚的名字在中国可以说是家喻户晓, 同学们从小就熟悉他自学成才的故事, 而现在这位传奇式的数学家就近在咫尺给大家授课. 在基础课学习阶段就能零距离领略多位大师的不同风采, 对身在科大校园的同学们来说, 真可谓是得天独厚. 华先生的课别具 "华龙" 特色, 当有另文记叙, 这里不再赘述.

当时的科大, 名师荟萃, 这样说是毫不夸大的. 除了有众多院士亲临开课, 整个师资队伍阵容强大. 在上述曾给 60 届上课的老师中, 就有三位后来当选为中国科学院院士 (王元、陈希孺、陆汝钤). 老师们讲课各有特点, 不拘一格, 这方面同学中流传有不少脍炙人口的美谈. 实变函数论是一门比较难学的课程, 记得任这门课的殷涌泉老师, 讲课有条不紊, 不慌不忙. 他自己对同学们说: "我的课讲得不好, 太慢. " 但几个星期以后, 同学们发现已经学过的内容可不少, 真是 "轻舟已过万重山"! 这门课的指定参考书是那汤松的《实变函数论》, 书中的习题出名的难, 有的简直可作一篇小论文的题目. 在陈、殷两位老师的引导下, 同学们踊跃做题, 并相互比试、交流. 主讲线性代数的曾肯成老师, 上课从来不带片纸讲稿, 总是仅拿一支粉笔上台, 数十阶的矩阵, 跃然板面, 运算自如. 矩阵, 在曾肯成老师手中, 不啻是有生命的符号 …… 总之, 当时的课堂教学, 既严肃紧张, 又生动活泼. 在这里, 数学老师们, 从院士到讲师, 就像是风格各异的风笛手, 吹奏着奇妙的数学之音, 吸引

着一群群 "年青的老鼠" 走上数学之路①.

按当时的教学大纲, 科大数学系的学生必须学习甲类物理课程. 先后为数学系 60 级开设的物理 (含力学) 课程有:

力学; 普通物理学; 流体力学; 电动力学 (含相对论); 分子物理学 (含热力学) 与原子物理学.

其中力学课是与力学系的同学合上, 由著名地球物理学专家傅承义先生主讲.

由于当时中学一般都不教解析几何, 因此科大为数学系一年级学生补开了解析几何, 60 级的解析几何课由李炯生老师主讲. 另外 60 级学生还学过画法几何.

当时科大的教学显然是有战略考虑和全面计划的. 因此, 虽然吴文俊先生没有继续直接参与 60 级学生三年级阶段的基础课教学, 但我们把上述的基础课教学看成是一个整体. 三年级以后, 数学系 60 级学生划分为 4 个专门化: 几何拓扑专门化; 微分方程专门化; 运筹学专门化和计算数学专门化. 吴先生很自然地回来指导几何拓扑专门化. 事实上, 几何拓扑专门化的名称, 就是吴先生本人确定的. 数学系领导考虑到吴先生的专业特长, 原来拟将这个专门化取名为拓扑学专门化. 吴先生提出加上 "几何" 二字, 以强调课程的直观几何背景, 并区别于过于抽象的点集拓扑学. 吴先生亲自为该专门化的学生开设了一门专业课程——代数几何 (邓诗涛老师和李乔老师辅导), 而拓扑学课程则是请中科院数学所岳景中老师 (代数拓扑) 和李培信老师 (微分拓扑) 来讲授, 熊金城老师担任辅导. 这个专门化一共有 9 名学生, 其中一位——李邦河现已成为中国科学院院士. 李邦河是数学系 60 级学习最优秀的学生之一, 毕业后长期坚守拓扑学及相关领域研究, 因在微分拓扑、量子不变量与低维拓扑、非标准分析与广义函数、单个守恒律间断解的定性研究等方面的突出贡献于 2001 年当选为院士. 李邦河常常以自己切身的体会来回顾总结 "吴龙" 教学的特色和对自己的影响, 他至今还几乎完整地珍藏着 "吴龙" 教学的讲义和笔记.

吴文俊院士在科大开设微积分课程离今已将近半个世纪, 但许多同学还清楚地记得吴先生给大家上第一堂课的情景. 吴先生身着灰蓝色风衣, 稳步走上讲台, 以这样的话开始他的课程: "微积分是初等数学与高等数学的分水岭". 在一年半的时间里, 每周二节, 风雨无阻, 吴先生以他那深入浅出、独树一帜的课程, 引导同学们步入高等数学的殿堂. 多年以后, 每当数学系 60 级同学聚会之际, 大家都会深情地回忆当年 "吴龙" 教学的盛况, 一致感到 "吴龙" 教学, 包括吴先生本人的课程和所有的配套教学, 为自己的终身发展奠定了坚实的基础, 成为每个人在不同岗位上为人民服务、为国家效力的无尽资本. 科大数学系 60 级两个班共 83 名学生, 毕业后分配到科研院所、高等院校、产业部门 (包括电力、气象、钢铁、石油、交通、信息、

①风笛手与老鼠的比喻参见 C. 瑞德:《希尔伯特》, 页 240. 上海科学技术出版社, 1982.

出版等)、国防单位 (包括航天、核工业、兵器、装备、总参等) 和政府机关等各条战线, 多年来, 在不同岗位、不同职位上为国家的发展做出了贡献. 据不完全统计, 他们中已有 42 人获得了教授或研究员职称 (其中博士导师 15 人); 15 人获高级工程师职称, 特别是, 如前所述, 其中已产生中科院院士一名. 此外, 还有一人被授予少将军衔, 一人担任全国政协常委. 将近半个世纪以来, 同学们无论走到何地, 也无论职位高低, 都以在科大接受的教育为终生的荣幸和不断奋进的动力.

　　总之, "吴龙" 教学的特点、意义和影响, 值得认真回忆总结. "吴龙", 与由华罗庚主持的 "华龙" 和关肇直主持的 "关龙" 一道, 各放异彩, 交相辉映, 无愧为中国现代数学教育史上的创举!

附录:

吴文俊院士微积分教程讲义目录

(中国科学技术大学 1960.9—1962.1)

I. 微分学

第一章　数、量、形与极限

　　§1 度量与实数

　　§2 实数系统的连续性

　　§3 实数系统连续性原理的一些简单应用

　　§4 极限概念

　　§5 极限的一般定理

　　§6 一些重要的极限

　　§7 点集与聚点

　　§8 平面上点与图形的解析表示

　　§9 平面与空间中的点集

　　§10 复数与向量

第二章　数量的依存关系——函数及其连续性

　　§1 函数的概念

　　§2 函数的图示法

　　§3 函数的某些简单性质

　　§4 初等函数

　　§5 函数的连续性

　　§6 初等函数的连续性

① 第三章第九节"导数的应用之五 —— 简易微分方程"中以微分方程解的形式引入了原函数概念，论述了微分与积分运算的互逆关系. 这样的处理也是吴先生微积分课程的一个特色.

深切缅怀吴文俊先生

王跃飞

尊敬的各位来宾、各位同事、各位朋友:

大家下午好! 今天, 我们怀着十分沉痛的心情在这里举行追思会, 来悼念我们德高望重的吴文俊院士. 首先我谨代表中国科学院数学与系统科学研究院全体同仁对吴先生的逝世表示深深的哀思, 并向先生亲属表示诚挚的慰问.

吴先生是我国最具国际影响的数学家之一, 多年来为我国数学事业的发展、人才的培养做出了卓越的贡献, 是我国科技界与数学界的杰出代表与楷模. 他的多项独创性研究工作使他在国际、国内产生广泛的影响, 享有很高的声誉.

吴先生于 1951 年回国, 在北京大学工作一年后, 1952 年起中科院数学所、中科院系统所及现在的中科院数学与系统科学研究院工作, 是系统科学所创所所长之一, 前后 66 年. 曾任中国数学会理事长 (1985—1987), 中国科学院数理学部主任 (1992—1994), 全国政协委员、常委 (1979—1998), 2002 年国际数学家大会主席, 中国人工智能学会名誉理事长, 1993 年开始任中国科学院系统所名誉所长. 吴先生的研究工作涉及代数拓扑学、微分拓扑学、代数几何学、对策论、中国数学史、数学机械化等多个数学领域, 尤其在拓扑学与数学机械化两个领域做出重要的贡献. 他建立的示性类和示嵌类被称为 "吴示性类" 和 "吴示嵌类", 发现的示性类之间的关系式被称为 "吴公式". 当时的这一重大突破成为影响深远的经典性成果. 数学大师陈省身先生称赞吴 "对纤维丛示性类的研究做出了划时代的贡献". 70 年代后期, 他年近 60 岁, 开创了崭新的数学机械化领域, 提出了用计算机证明几何定理的 "吴方法", 被认为是自动推理领域的先驱性工作. 这些工作对数学与计算机科学研究影响深远.

由于在拓扑学示性类及示嵌类方面的出色工作, 吴文俊与华罗庚、钱学森一起荣获 1956 年国家第一届自然科学奖的一等奖; 1997 年获得国际自动推理最高奖厄布朗 (Herbrand) 自动推理杰出成就奖. 2000 年, 吴文俊由于对拓扑学与数学机械化的贡献, 获得首届最高国家科学技术奖. 2006 年吴文俊由于 "对数学机械化新兴交叉学科的贡献" 与美国数学家 David Mumford 共同获得了有 "东方诺贝尔奖" 之称的 "邵逸夫数学奖" 及 100 万美元的奖金. 评奖委员会认为:"通过引入深邃的数学思想, 吴开辟了一种全新的方法, 该方法被证明在解决一大类问题上都是极为有效的. ""吴的方法使该领域发生了一次彻底的革命性变化, 并导致了该领域研究方法的变革." 他的工作 "揭示了数学的广度, 为未来的数学家们树立了新的榜样."

吴先生也特别推崇中国古代数学, 认为中国古代数学不但要振兴, 还要复兴. 他积极倡导中国数学史研究, 支持《九章算术》和刘徽、秦汉数学简牍和宋元明清数学史的研究, 迅速改变了中国数学史学科的中落状态, 使中国数学史研究呈现从未有过的繁荣景象.

吴先生一直希望中国能够成为数学强国, 为中国数学界的组织建设和学科发展做了大量工作. 他关心国家自然科学基金工作, 特别是对基金委数学方面的工作, 给予多方面的支持与帮助. 曾与陈省身、程民德、胡国定等中国老一辈数学家共同提出 "中国数学要在 21 世纪率先赶上世界先进水平, 成为数学强国" 的宏伟目标. 这对国家自然科学基金委设立数学天元基金起了推动作用, 吴文俊先生曾亲自担任数学天元基金学术领导小组负责人, 为数学天元基金工作付出了大量心血, 为中国数学事业的发展、为青年数学人才的培养、为数学与其他学科领域的交叉与发展做出了重大的贡献.

中科院数学院于 1998 年成立时, 吴先生已近 80 岁, 他从未在数学院担任过任何学术管理任职, 但是他对数学院的发展十分关心. 我从 2003 年以来, 每年均去看望吴先生. 每次去看望他时, 向他介绍数学院近期出现的重要成果, 他都由衷地高兴. 2004 年吴先生参加了数学院组织战略研讨会, 参与了数学院凝聚学科方向的讨论, 支持将离散数学、理论计算机科学、数学机械化三个学科方向合并为计算机数学一个方向.

吴先生一生热爱祖国、潜心学术, 严谨治学, 淡泊名利, 堪为学界典范. 身为大家, 却极为平易近人, 他以精深的学术修养和崇高的人格魅力, 展示了一位科学大家的崇高形象, 也以自己实际行动感动和影响着身边的人. 他非常关心国内数学发展情况, 每每乐见中国产生出杰出人才和有影响的成果; 吴先生强调创新, 强调独创, 指出发展中国数学要有信心, 要走中国自己的路. 吴先生是一位有 "大学问、大智慧、大胸怀、大仁善" 的大家.

吴先生为发展我国的数学事业做出的不可磨灭的巨大贡献, 他的创新精神、爱国情怀和奉献精神、崇高的科学品德和伟大的科学成就将长久铭记在我们心中!

吴文俊：我的数学底子是在交大打好的

吴文俊，世界著名数学家，中国科学院院士，首届国家最高科学技术奖获得者 (2000)。1919 年 5 月生于上海，1940 年毕业于交通大学数学系，1940 年至 1946 年任上海育英中学、培真中学教员，交通大学助教。1947 年赴法国留学，1949 年获法国国家博士学位。1951 年回国后任北京大学数学系教授，1952 年至 1979 年任中国科学院数学研究所、系统科学研究所研究员、副所长，后任中国科学院数理学部副主任、主任，中国科学院系统科学研究所名誉所长，中国数学学会常务理事、理事长，第三世界科学院院士，全国政协委员、常委。在拓扑学、自动推理、机器证明、代数几何、中国数学史、对策论等研究领域均有杰出的贡献，在国内外享有盛誉。他在拓扑学的示性类、示嵌类的研究方面取得一系列重要成果，是拓扑学中的奠基性工作并有许多重要应用。中国数学机械化研究的创始人之一，在几何定理机械化证明等研究领域中做出了重要贡献，他的"吴方法"在国际机器证明领域产生巨大的影响和应用价值，为数学研究开辟了一个新的领域，对数学的革命产生了深远影响。曾获得首届国家自然科学奖一等奖 (1956)、中国科学院自然科学奖一等奖 (1979)、第三世界科学院数学奖 (1990)、陈嘉庚数理科学奖 (1993)、首届香港求是科技基金会杰出科学家奖 (1994)、Herbrand 自动推理杰出成就奖 (1997)、首届国家最高科学技术奖 (2000)、第三届邵逸夫数学奖 (2006)、上海交通大学杰出校友终身成就奖 (2009)。2009 年国际小行星中心将国际永久编号第 7683 号小行星永久命名为"吴文俊星"。

在本文中，吴文俊回忆了自己青年时期在交通大学求学、担任助教期间的经历与见闻，以及交大师生对于他数学人生影响的故事。

口述：吴文俊
采访：毛杏云　朱积川　孙　萍　欧七斤
时间：2003 年 7 月 21 日
地点：北京中关村 809 号 2 单元 303 室吴文俊院士寓所
整理：欧七斤

一、"定向" 考入交大数学系

我是 1919 年 5 月 12 日出生在上海的一个知识分子家庭, 父亲吴福同①. 毕业于上海交通大学前身的南洋公学, 在校期间英语学得很好, 后来长期在一家以出版医药卫生书籍为主的出版机构担任编译工作, 埋头工作, 与世无争. 在晚上空闲时, 我父亲常给我讲一些他上大学的轶闻趣事. 后来在高中时, 交大教授又是我们班级的老师, 正是受我父亲与交大老师的影响, 从小我就对交大比较熟悉. 我读小学的时候, 家里收藏了许多五四运动时期的书籍与历史书籍, 我看了很多, 养成了喜欢阅读的习惯, 对少年时候的我思想上也有着重要影响.

大学期间的吴文俊

在初中的时候, 我对数学并没有偏爱, 成绩也不是很突出. 只是到了高中, 由于授课教师的启迪, 我逐渐对数学和物理, 特别是几何与力学产生了兴趣. 我读的高中是上海正始中学, 校长叫陈群, 后来抗战期间做了汉奸. 不过他办学校还是办得很出色, 他为了办好这个学校, 专门从交通大学请来老师讲课. 物理老师叫赵贻镜②, 课讲得很出色, 我听得如痴如醉. 他为了让同学们多学到一点知识, 常常会讲一些比较难的物理题目, 并且要他们回家去做. 要解这些物理难题, 光有高中时的数学基础是不够的, 于是, 我就开始自学数学. 经过一段时间的刻苦钻研, 我成了班级里的 "数理王子". 高中三年级时, 一次物理测试, 我得了满分. 在教室过道上, 我听见赵贻镜老师在与交大来的数学老师说: "这次考试的物理题目, 其中有两道题非常难, 吴文俊能够得满分, 说明他的数学基础已非常扎实, 这个学生在数学上的潜能无穷. " 我偶然听到老师的评价, 心里非常高兴, 平时教师决不会轻易地表扬我们, 这对我今后数学上的发展也起到了一定的影响.

后来我考交大数学系, 也是赵老师起了很大作用, 他对我的潜能都了解得很透彻. 他说, 你物理所以学得好、考得好, 是因为你数学底子好, 建议你去报考交通大学数学系.

---

① 吴福同, 生卒不详, 字剑侯、健庵, 祖籍浙江嘉兴, 1908 年入读邮传部上海高等实业学堂 (一般称为南洋公学) 附属小学, 毕业后升入附属中学, 1913 年毕业后曾任上海广宁书局、时事新报馆译员, 译有《游泳成功》《足球成功术》等.
② 赵贻镜, 生卒不详, 字蓉叔, 上海人, 1921 年毕业于交通大学电机工程系, 曾任浙江大学工学院教员, 1925 年后长期担任交通大学物理教员.

不过我自己的兴趣是物理，并没有专攻数学的想法，而且我的家庭收入不高，对供我上大学也有一定困难. 不过到 1936 年我中学毕业的时候，正始中学设立三名奖学金，一名指定给我，并定向报考交通大学数学系. 这样，我就接受校方的安排，投考并考上了这所以工科见长的交通大学. 如果现在我十八九岁高中毕业，要我选择报考专业的话，我可能选择经济学，因为经济学关系更大，牵扯到国计民生，影响比数学大.

我考进交大那一年，各个系分数、名次都是分开的，理学院归理学院的名次，工程学院归工程学院的名次. 我记得理学院那一年在报纸上公布的录取名单，我是

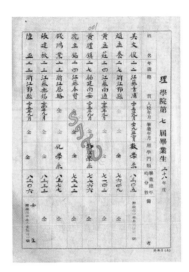

1940 年 7 月交大理学院吴文俊等毕业生名册

第二名，第一名是陆正. 她是个女同学，又是第一名，所以我对她印象很深刻. 后来她去了台湾. 我当时认为考大学的成绩不理想，这对我是一个触动. 我明白：要想在交大 "出人头地"，只有不断努力才行.

当时交大以电机、机械、土木等工科见长，数学、物理、化学三系不是很大，数理化三系中，数学系最小. 我进校的第二年，数学系毕业生就一个人，名叫徐桂芳，后来他长期在交大任教，做了数学系主任，是交大数学系的元老. 接下来一届也就 2 人毕业，挨下来是我上一届，又只有一个人毕业，记得叫房润泰. 我这一届是 1940 届，就我跟赵孟养两个人. 数学系的学生都想转系，可是学校不让转，转了就没学生读啦！

二、朴实严谨的校风使我受益很多

我是交大出来的，对母校交大当然怀有深厚的感情. 不过对于交大成长发展的历史，我确实不太清楚，我很希望了解交大本身的历史. 现在母校校史编委会组织力量编修校史，我感到这是一件很有意义的事情，将来校史出来以后我想先睹为快，来了解一下交大究竟怎样一路发展过来的.

我读的数学系，加上物理系、化学系三个班，各班人数都不太多，加起来也不过三十几个人，大学一二年级我们是合在一起上课. 一年级我们还在徐家汇校园上课，读书做实验还有吃住条件都很好. 二年级开学前夕，日本军队先在华北发动七七事变，又在上海发动八一三事变. 中国军民经三个月的奋战，上海终没能守住，沦陷了. 交大被迫迁到法租界，借用震旦大学、中华学艺社校舍继续办学. 我大二到大四就

是在租界内读完的. 搬到租界里面的办学条件就差了, 搬来搬去的, 总归影响教学的. 一个影响是做试验, 一年级物理试验、化学试验都是很严格, 到了租界里面以后做试验就不行了. 还有就是上课也不正常, 三、四年级一起上课, 先上三年级的课, 然后上四年级的课. 不过, 交大师生在那艰苦的岁月里, 还是照样读书、照样考试. 这种朴实严谨的良好校风使我受益很多.

风雨历程, 桃李芬芳
玉泫于成, 再创辉煌

祝贺上海交通大学
数学系
建系八十周年

吴文俊
二〇〇一·一月

吴文俊回母校

　　大学期间, 我把大多数时间都花到了读书学习上面, 平时就和同学、老师接触, 同学中关系最密切是同班同学赵孟养, 同外界的交往联系不太多. 有一个同班同学叫李永良, 我对他印象比较深. 那是因为一年级要做化学试验, 我们俩同一组. 化学试验我做得不太好, 而且老是出事情, 要不试管一下子爆炸了, 要不药水又洒了, 总归老是出点毛病. 所以那个化学试验基本上是李永良一个人在做, 我去做就是添乱. 不过, 他现在已经过世. 我对其他大学同学认识的不是很多, 就是理学院的同班同学, 也有一些不认识, 毕业后相互之间的联系也很少. 不过, 我们这一届有些老同学比较热心, 搜集汇集很多大学同窗的材料, 整理了一册《上海交通大学 1940 届同学通讯录》, 是整个 1940 届交大同学名录、通讯方式. 有时候我会拿出来翻一翻, 回忆一下过去上大学的时光.

　　在交大念书的时候, 我有个很深的感受, 那就是交大的学风比较朴实, 比较严谨. 从教师到学生, 大家都在认认真真地念书、学习与工作. 我自己在学校的时候基本上是不问外事, 一心埋头读书, 成为一个书呆子、书虫. 我所接触的学生当中也是埋头念书的多. 不过从另外一方面来说, 也许就有缺点了, 交大学生过分埋在书本里, 不像北方的学校, 政治活动比较活跃. 到后来交大就不一样了, 受到客观情形的影响, 许多学生都走上了革命道路, 江泽民同志就是其中的一个代表人物. 还有一位, 名叫胡国定, 后来是南开大学副校长, 在数学方面也有成就. 他是红色资本家的儿子，他一家都是地下党员，可是彼此都不知道，父亲是党员儿子不知道，儿子是党员父亲不知道，兄弟彼此也不知道对方是地下党员. 胡国定也是地下党员，而且还是解放战争时期上海学生运动的负责人之一. 这些都是胡国定自己和我说的，他还和我谈起交大数学系朱公谨先生①的好多事情. 他说在交大读书时他家住的地方，离朱公谨老师家很近. 他经常跟朱公谨老师一起走回家，把朱老师一直送到家，一路上向老师讨教问题. 从这里可以知道，那个时候很多地下党员都很爱学习，书念得非常好. 我相信江泽民同志书念得非常出色. 前面提到的朱公谨老师，也叫朱言钧，在国内数学界很有名气. 据说我在交大读书时他也在交大教书，不过我从来没听过他的课，因为我只是听了一年级教授的课程，他也许讲别的年级我就不知道了，或许我进校前或者毕业后他到了交大. 不过，尽管我没听过他的课，也从来没听过他做报告或者演讲，我受朱公谨先生的影响还是很深的，那是因为我看了他很多有关数学方面的著作和论文.

今天看来，交大朴实严谨的教风学风，也就是师生们的教和学都非常认真，我认为这个优点是应该保持的. 朴实的学风是交大办学的一个特色，它不是一朝一夕所能形成的，我看到今天还是不能动〉比晃颐遣荒芄黄艘幻不能死读书，把自己限制在一个狭窄的知识范围里面，我们应该放眼世界，扩大知识面. 总之，各个大学在发展过程中都形成了各具特色的办学传统，我们应该保持其中的优点，缺点应该想办法去弥补.

三、难忘交大两位恩师

我印象中交大的老师教学很认真负责，水平也比较高. 我同老师们也并不完全接触，就是教师上课，我去听课，跟教授本人没什么特别的接触. 一年级的时候数学、物理这两门课程是主课. 数学由数学系主任胡敦复先生②主讲，他讲微积分，物理是理学院院长裘维裕先生③来讲，用的是自己编的讲义. 他们俩都是交大的早期

① 朱公谨 (1902—1961)，字言钧，又名霭如，浙江余姚人，著名数学家、数学教育家. 1919 年考入清华留美预备学校，1922 年赴德国哥廷根大学数学系留学，1927 年毕业，获哲学博士学位后回国. 1928 年受聘交通大学数学系教授并首任系主任，后长期执教于交通大学，同时先后在光华大学、大同大学、同济大学、中央大学、上海医学院、浙江大学任教，曾担任光华大学副校长等职. 建国后专任交通大学教授. 1956 年赴交通大学西安部分工作，1960 年返回上海，继续从事数学教学. 编著《高等数学》《数理丛谈》等.

② 胡敦复 (1886—1978)，又名炳生，江苏无锡人. 著名数学家、教育家. 早年在南洋公学、震旦学院、复旦公学学习，后赴美国康奈尔大学深造，专攻数学. 1909 年毕业回国后任职游美学务处，主持考取庚款留美生. 1911 年清华学堂成立，任首任教务长. 1912 年在上海创办大同学院 (大同大学前身)，主持校务长达 20 年. 1930 年至 1945 年任交通大学数学系教授、系主任. 1935 年参与发起组织中国数学会，任首任会长. 1949 年后去台湾，拟复办大同大学，未能如愿. 后赴美任华盛顿州立大学客座教授.

③ 裘维裕 (1891—1950)，字次丰，江苏无锡人，著名物理学家、教育家. 1916 年毕业于交通部上海工业专门学校 (交通大学时名) 电机系，同年考取庚款留美生，赴麻省理工学院留学，获电机科硕士学位后在哈佛大学研究院从事物理研究. 1923 年回国后任交通大学电机、物理教授，1928 年后任交大物理系主任、科学学院 (理学院) 院长、教务长等. 编著有《直流电路》《电学和磁学》《大学物理讲义》等.

毕业生, 长期在交大任教, 有着丰富的教学经验, 课讲得都非常清楚, 威望很高, 很受学生的欢迎. 裘先生对学生要求也很严格, 只要有问题就决不容许草率解决, 必要时还会对学生进行严厉的批评. 因此, 交大物理课被一些学生称为"霸王课", 但听过"霸王课"的学生总能从中受益, 多年难忘. 我也是当年裘先生的一个追捧者, 也因此更加地喜爱物理, 甚至在大二的时候, 我还一度想要转系. 大学一年级, 我记得还听了陈怀书先生的初等数学、汤彦颐先生的高等微积分和复变函数论、石法仁先生的微分方程和武崇林先生的代数方程论. 这几位也都是教学经验丰富、专业知识精深的教授. 我从中所得匪浅. 一年级是正常上课, 基础打得非常扎实, 学风也是很好. 我的数学底子就是在那个时候打好的, 对数学逐渐有了兴趣. 可是遗憾的是抗战爆发, 学校搬到租界里, 上课就不正常了. 所以到了二年级, 电磁学学得就差了, 到现在底子还很薄. 这是客观原因造成的, 因为时局乱七八糟的, 上课不能正常进行.

　　交大有两位老师对我影响最大, 至今我都难以忘怀, 一位是武崇林先生①, 一位是郑太朴先生②. 我读大学时, 武崇林先生当时大概还是个副教授, 在交大也不是主要老师. 但从我个人来讲, 受他的影响还是很大的. 当时武先生给我们讲授《高等代数》《实变函数》《高等几何》. 武先生课讲得形象生动、十分有趣, 他不仅追求本质, 而且重于解答疑难, 精彩极了. 从此以后, 我就喜欢上数学, 武先生见我对数学有兴趣, 就经常从家里带一些数学方面的书籍给我看. 那是他私人的藏书, 有些书在一般地方是找不到的, 他自己收藏起来. 其中有一本书还是印度出版的, 也不知道是从什么地方买来的, 恐怕我想很多图书馆都没有. 他把这些书借给我了, 这对我有很大帮助的. 我有时候也到武崇林家里去, 他对我也特别关照, 给我开"小灶". 武崇林先生后来在建国初期的院系调整中调到华东师范大学, 没过多久就去世了.

---

① 武崇林 (1900—1953), 字孟群, 安徽凤阳人, 数学家. 1924 年毕业于北京大学数学系, 留校任助教、讲师. 1928 年任东北大学数学系教授, 1931 年回北大任教授. 1933 年起任交通大学数学系副教授、教授. 1949 至 1952 年任交大数学系主任, 后调至华东师范大学任教授. 译著有《实变数函数论》, 精通英、德两种语言, 治学严谨, 对数学精益求精, 生平收藏外文原版书籍达 1200 余本.

② 郑太朴 (1901—1949), 名松堂, 字宗贤, 上海人. 早年在商务印书馆当学徒. 业余自学, 为蔡元培先生赏识, 由商务印书馆资送德国留学. 1922 年入德国哥廷根大学研究数理, 与朱德、邓演达相往来, 参与进步活动. 1924 年任中国共产党留法直属组书记. 1926 年回国, 任中山大学校委会常委, 参加北伐战争. 四一二政变后参加第三党, 任组织部部长. 1931 年与邓演达等遭国民党当局逮捕, 被判死刑, 经宋庆龄营救获释. 随后任中山大学、同济大学、交通大学等校教授. 1945 年参加民主建国会, 不久当选民建总会常务理事. 1946 年参加上海大学教授联谊会, 积极投身反内战、争民主的爱国运动. 1949 年 1 月 18 日经香港转赴解放区时病逝. 新中国成立后, 被上海市人民政府追认为革命烈士. 生平著作和译作达 20 余种, 其中不少译著多次再版. 他的译著内容涉及哲学、数学、物理学、经济学、中外科技史等, 其中以数学译著最为丰富, 在我国数学界享有很高的地位.

对吴文俊成长有重要影响的交大教授：胡敦复、裘维裕、武崇林、郑太朴

另一位对我影响的交大老师郑太朴先生，那是 1945 年抗战结束以后，我去了交通大学数学系当助教. 本来这个职位是同班同学赵孟养做的，他说他可以去别的地方重找工作，于是他把助教的位置让给了我. 去了以后我就当著名数学家郑太朴先生的助教. 郑先生不善于言辞，教学上就是认认真真，不像胡敦复、裘维裕两位先生课讲得好. 我跟郑先生其实没多少接触，做助教就是根据他讲的课程，到班上讲讲习题，一个星期有一次习题课，就是每个星期去听听他讲的课，问问他大概怎么样安排习题，就是这种非常简单的接触. 当然，郑太朴先生的书我倒是看了不少，他翻译了不少数学方面的书，他的讲义当然更要看的.

有一点我到现在还是搞不懂，有一天，郑太朴先生忽然闯到我家里来. 我也不知道他怎么知道我的住址，那时我家住在北京东路，靠近外滩，是我父亲工作的书店宿舍. 他到我家里对我说，现在教育部要招考中法留学交换生，你应该去考一考. 我也不知道教育部招生，那时我还没这个概念. 我对郑先生来我家劝我投考留学这个事情印象很深刻，他完全就是觉得我可以继续接受好的教育. 等到他认为有了好的机会，他就专门跑到我家里来鼓励我去. 这件事说明郑太朴先生的道德品质和为人，都是挺好的. 后来赵孟养也告诉我招考留学生的情况. 对恩师和同窗好友的如此热情，我真是特别的感动. 于是我开始温书自修，并报了名，后来考上了. 郑太朴先生建国前夕在香港去世的，据说是从船上面掉下去，是不是遭到暗杀，我就不太清楚了.

现在想来，有些个别老师也蛮有个性的. 在交大二年级的时候，有一门课是经济学，授课的先生是个美国留学生. 他在课堂上经常骂我们，骂学理工科的人，特别爱骂数学系的. 一上课他就要骂，气得要命，老是骂学数学的不怎么样. 可是我们也学到不少东西，数学和经济学有着密切关系，数学家在经济学里面起了不少作用. 现在诺贝尔奖没有数学奖，包含在经济学奖里边了，获得经济学奖的好多都是数学家，随便一查就知道了. 前不久获得诺贝尔经济学奖的纳什，就是个了不起的数学家. 他在数学上的贡献应该是最要得奖的，结果没有给他，可是经济学奖奖给他了，这是很了不起的.

　　除了老师之外，我受父亲的影响也很大. 我父亲不太说话，就是默默无闻的工作，不过他要是喝了酒那话就多了，没有喝酒的话一言不发. 我想有许多教育问题都是潜移默化的，我受父亲的影响也是这样，为人处事，我就感觉自己是拿父亲当模型. 抗战结束以后，我父亲让我腾出时间温温书，不过问经济日用. 经过抗战几年，我家经济上比较紧张，一般讲要工作挣钱，帮助家用. 我父亲就和我说，你去看你的书，经济方面、家庭方面你都不用管. 父亲不仅白天工作，晚上也工作，把家庭的全部负担都挑起来，就让我全部精力来看书，把时间全部都泡在数学上. 这对我很重要，所以我毕业离校后数学没有丢，恢复得比较快，没有这样子也不行的，又要工作，又要照顾家里，总之很分心吧. 父亲对这些还有一定的认识，对我有一定的了解，这也是比较关键的. 没父亲的支持，我也有心无力. 当然还有武崇林、郑太朴、赵孟养等人的教诲和扶助，所以我总说我是个幸运儿.

2001 年 9 月，吴文俊、陈丕和夫妇探望恩友赵孟养

四、两次思想大解放

　　我在交大求学的经历，对我人生发展的方向和思想性格的形成，有着确确实实的影响. 我想这大概也是反映了一个时代的情形，从一百多年前，鸦片战争以后，我觉得对中国、对中国人都是一个很大的震动. 最近有个电视连续剧《走向共和》，我觉得挺有意思. 鸦片战争以后，中国人都在寻求怎么样救国，怎么样走复兴之路，用各式各样的方式来表达，当然各人有各人的看法，走不同的道路. 可是，一个共同的目标我想就是要复兴中华，走的路是曲曲折折，变化无穷. 我想我们每个人都是有这样的经历，或者不同的经历，基本上是这个时代造成的，不同的经历，实际上是反映了整个社会、整个国家的客观情形.

2003 年 7 月 21 日，吴文俊夫妇与母校校史采访人员合影

(右起陈丕和、吴文俊、朱积川、毛杏云)

从大学二年级起，我们在租界里面上课，学习生活条件很艰苦，在数学上面我简直是跨掉了，非但没有把原来学习进一步提高，而且把我学过的都忘掉了，没有条件可以继续学习、继续复习，就这样把数学丢掉了．这当然在精神上是非常痛苦的，因为那时候我通过武崇林等老师激发后，已经决定走数学的发展道路了．如果没有读书目标，那就无所谓了，可是我已经对数学有一定的爱好，也下了很大的功夫准备以后走数学的道路了，突然一下子就变得不可能，精神上面当然非常痛苦．

那个时候我要谋求解脱，我想这是一种本能吧．数学不能看，不能下功夫了，我就乱看，各式各样的书都看．我自己曾经说过，这是我思想上的第一次大解放．原来，我的思想束缚在数学这个很窄的范围里边，因为这条窄路当时根本没办法没条件继续走下去，这倒让我放松了，读了很多其他方面的书．我特别喜欢历史，这是从小养成的，所以那个时候我买了许多历史方面的书．那时上海的马路边上，有时会摆上一个小摊，就像摆地摊似的，放了一些各式各样的书在卖，我在地摊上买了很多书．经过了这么许多年的变化，书没有保留下来，但买书看书的情景我是印象很深的．我记得里面有一些书，就是一些小册子，有《扬州十日》这类的书．还有元朝军队南下时怎样一路烧杀劫掠的过程，都是劫后余生者的笔记，编成小册子，大概叫《元兵烧杀笔记》．我买过许多这种书，这种书看过了，对我的思想有影响．

2001 年吴文俊回母校时和校长谢绳武亲切交谈

　　除了历史书, 还有杂七杂八、许许多多其他方面的书. 我印象特别深的是, 那个时候有一本《科学画报》的杂志. 画报上登了一个好像是罗马尼亚人, 在震旦大学教书. 他写了一篇名为《比较语言学》或《比较文字学》的文章, 讲语言文字的产生都有客观来源, 有些字各个国家各个民族都是相同的. 我想用现在的话来讲, 很符合马列主义理论, 语言文字是人们根据客观实际需要产生的, 有同样的来历, 所以造出来的字或读音有某种相似之处, 现在看起来是很容易理解的. 这篇文章举了许许多多的例子, 比如我们学校里面念小学的学童, 英文叫 pupil, 眼睛的瞳仁也叫 pupil, pupil 又解释成学童又解释成瞳仁. 汉字 “瞳” 也是这样子, 是一个目, 旁边一个儿童的童, 读音也相同的. 这就是我印象比较深的一个例子. 他还举了好多这样的例子, 说世界各国都是一样的, 我对这方面的知识很有兴趣. 比较方法用于语言学, 科学也可以这么讲, 我在数学上也可以用比较的方法.

　　所以, 那时候我的数学是放弃了, 差一点就丢掉了, 可是我的思想却得到了解放. 我从其他方面还是吸收到了许多知识, 开阔了我的视野, 这对我后来重新回到数学道路还是有影响的, 是一种无形之中的间接影响. 譬如说, 我对数学史有兴趣, 那么考证中国数学史的时候, 我就自觉地以国外数学史进行比较. 我以为这是第一次思想大解放, 不是完全的负面影响, 也有正面的效果, 对于我以后的工作还是有促进作用, 所以我并不觉得这段时间是一个损失.

　　第二次的思想大解放, 我好像在《吴文俊之路》里面也讲过, 就是 “文化大革命” 的时候. “文革” 当中也不能搞数学, 只要一拿起数学就要挨批. 后来我就看别的, 去看《毛泽东选集》. 以前我只是念毛选老三篇, 后面是小红本子, 此外没有时间也没有可能去翻别的. 那时你别的书都不能看, 每天都关在单位的一间屋子里边, 大家都在那儿. 我就把三卷毛选, 从头至尾地都看了个遍, 还写了许多摘录, 都是陆陆续续抄录的，有恩格斯的自然辩证法，还有马克思、列宁的书，一时都记不得了，还有毛主席的也整理了很多. 还有报刊上好多精彩的话，我都把它摘录下来. 到现在我还保存了一部分摘录. 我觉得这对于我，也是非常有用的，数学是停下来了，可是从别的地方，我可以吸收很多营养，对于日后继续开展数学工作还是起着很重要的作用. 至于我的毛选摘录，一时还没找到，要是找出来看看也挺有意思的，也是有收获的，不是完全消极的，也有辩证法的成分. 其实我的数学资料都保留着，其余材料都不大知道了.

我特别爱看毛主席军事方面的著作. 我想搞科学研究也是打仗，对客观世界进行战争，对自然界进行战争. 毛主席关于战争的很多思想，我想可以吸收一点. 毛主席讲的十六个字游击战方针："敌进我退，敌驻我扰，敌疲我打，敌退我追."我觉得搞科学研究也可以这么做，不行的就退出，不去干了；对方的弱点就去进取. 还有，你要掌握打仗的主动，不能被动. 我可能思想有点主观，我不赞成追随外国的学术方式，所谓搞热门. 我主张外国人都搞的，我们就不去搞，外国人不搞的我搞. 我们现在都很被动，应该掌握主动，我想这是从毛选中体会出来的. 我在"文化大革命"之后这几十年，基本上是照这个方法做，所以外国很多热门东西，我理都不理，我不能跟着他们后面，那不是被人家拖着走吗？外国热门的地方我就跑掉了，不管了，我把有限的时间精力放在我自己认为应该做的事情上. 我就是照这个方法，所谓的"敌进我退"嘛. 这些在无形之中会给思想上有一定的影响，这是无形的，你捉摸不着的，反正是潜移默化的、自然而然在思想上产生某种影响，在自己的行动中，有意无意地，就把它付诸实施了.

两次思想大解放，我想并不见得有损失. 表面上看，在数学研究的具体方面是有很大的损失，可是在思想上却是有某种收获. 当然如果拖得再长那是不行的. 我总是说我的运气是非常好的，因为1945年抗战结束，已经到了极限. 假定再拖两年的话，再让我重新搞数学，恐怕就搞不起来了. 刚巧到极限时候抗战结束了，这时依靠老同学赵孟养的帮忙，他想办法可以让我去交大当助教，还有像交大教授郑太朴先生主动鼓励我去留学，这是许许多多中国的传统的精神、学术界的精神. 赵孟养帮我，郑太朴先生也帮我，还有好多人都帮我，使得我可以渡过难关，这是幸运的. 其实许多人没有碰到这种幸运，荒废时光的人不计其数，我只是当中很少幸运儿里面的一个而已.

"饮水思源" 母校情——吴文俊与西安交通大学

谢霞宇　李开泰

在西安交通大学提起吴文俊, 众所周知, 他与钱学森、张光斗、徐光宪、江泽民, 共同拥有一个响亮的名字——西安交通大学最受崇敬校友. 2009 年 4 月, 在西安交通大学建校 113 周年之际, 经广大在校师生投票推选, 吴文俊等五位校友, 荣膺西安交通大学授予贡献卓越的杰出校友最高荣誉称号. 吴文俊, 这一光辉的名字, 作为从交通大学走出来为国家和民族建立不朽功勋的杰出代表, 已经彪炳西安交通大学史册, 成为激励一代代交大学子发奋进取、矢志创新的光辉榜样.

吴文俊是我国著名数学家, 中国科学院院士, 第三世界科学院院士. 1919 年 5 月出生于上海, 1940 年毕业于交通大学数学系, 1949 年获法国国家科学博士学位. 他在拓扑学、自动推理、机器证明、代数几何、中国数学史、对策论等领域均作出杰出贡献. 他的 "吴方法" 在国际机器证明领域产生巨大影响, 国际机器证明研究领域的权威人物 J.S 穆尔曾评价道: 吴文俊的工作, 将机械化的几何定理证明从黑暗带向光明.

吴文俊非凡的学术成就, 无疑助推了中国数学的跨越式发展和国际化进程. 对于 "数学大师" 吴文俊来说, 在伴随他不断迈向数学高峰的征程中, 也缔造了他数学王国 "奖坛常青树" 的神话. 1956 年, 年仅 37 岁的吴文俊, 与华罗庚、钱学森一起同获首届国家自然科学奖一等奖. 1958 年, 他就成为当时最年轻的中国科学院学部委员 (院士). 他的研究成果曾被 5 位菲尔兹奖获得者引用, 产生巨大的国际影响力, 被称为 "中国数学机械化研究的创始人". 2001 年, 他与 "中国水稻之父" 袁隆平一起荣获首届国家最高科学技术奖, 时任国家主席的江泽民亲自为他们颁发证书. 他还将第三世界科学院数学奖、陈嘉庚数理科学奖、首届香港求是基金会杰出科学家奖、Halnand 自动推理杰出成就奖等众多奖项悉数收入囊中. 就在 2006 年, 已经 87 岁高龄的吴文俊还拿下了邵逸夫数学奖.

回顾吴文俊成长历程, 他在交通大学的求学经历, 为他拿下数学领域的一个个桂冠奠定了坚实的基础. 1936 年至 1940 年, 吴文俊在交通大学求学期间, 正是民国社会发展的 "黄金时期", 吴文俊与钱学森、张光斗、陆定一等均是这一时期从交通大学走出的杰出人才. 在走进交通大学之前, 吴文俊爱好广泛, 虽然对数学没有表现出特别的偏爱, 但是数学成绩非常好. 他在交通大学读书期间, 恰逢抗日战争, 当时的交通大学从郊区搬到租界里面, 那里多样化的人文环境也成就了他多元化的兴趣志向. 直到大学三年级, 交通大学数学系老师独特的授课风格, 使得吴文俊对数学产生了浓厚的兴趣, 并使他立志成为一个数学家. 在西安交大档案馆, 如今还珍藏着吴文俊当年求学时的成绩单. 交通大学对学生的要求是非常严格的, 吴文俊当时的两份 1938 年、1939 年成绩单, 分数几乎精确到小数点后两位. 在交通大学严谨的教学下, 吴文俊的各科成绩均很优异, 并名列前茅.

1940 年, 走出交通大学的吴文俊, 面对数学这座高峰, 为中华民族能够屹立于世界数学之林, 他勇于攀登的脚步至今从未停止. 有着非凡学术成就的吴文俊依然情系母校, 也从未停止过对母校西安交通大学深深的眷念和牵挂, 曾多次回到母校看望老师和同学们.

早在 20 世纪 70 年代, 吴教授就曾来到西安交通大学, 并作"数学机械化"的报告. 1997 年 4 月, 西安交通大学 101 周年校庆暨面向 21 世纪发展战略研讨会隆重召开, 年逾古稀的吴文俊学长专程来到母校参加研讨会, 为母校师生作"机器证明与中国古代数学"系列讲座, 就机器证明等数学问题与母校师生进行深入交流. 在报告会上, 吴文俊学长受聘为西安交通大学名誉教授, 时任校长蒋德明为吴文俊颁发聘书. 在母校紧张忙碌的几天中, 他还特意抽空来到西安交通大学理学院, 与母校的老师和学生谈心, 分享自己对数学和人生的体悟.

西安交通大学授予吴文俊 (左) 名誉教授称号

为母校数学学科有一个更好的发展平台, 吴文俊多次倡议和组织数学领域的国际会议在西安交通大学召开. 1999 年, 由他主持和组织的"数学教育与传播国际会议"在西安交通大学召开. 2000 年, "符号计算和数值算法国际会议"也在他的积极组织下, 如期在西安交通大学召开. 西安交通大学理学院李开泰教授说: "吴文俊学长的鼎力帮助带动了我校数学学科的发展, 他多次组织国际会议在西安交大召开, 为数学学科建立了一个良好的国际交流平台, 促进了西安交大的数学学术水平, 扩大了母校的数学国际影响力. "

　　长期以来, 吴文俊利用来西安交通大学之便, 多次为母校师生带来精彩学术讲座, 或讲述自己的数学人生和感悟, 或分享数学领域最前沿的学术动态, 或探讨母校数学学科的发展问题. 李开泰教授在与吴文俊长期接触中, 体会最深的就是他对学术的严谨和对母校数学学科发展的关心. 记得在与吴文俊的一次学术讨论中, 哪怕一个小小的数学问题, 他也是记在心间, 就连向他请教"几何"一词译文, 他也是经过再三斟酌和核证, 找到最准确的答案, 及时来信说明这个问题, 并附上"几何一词及其他"的资料.

吴文俊教授 (右) 与李开泰教授在西安交通大学讨论问题

　　面对帝王之都西安和扎根在这块土地上的西安交通大学, 吴文俊学长有着一种特殊的情怀. 对于交通大学的西迁, 他曾在多种场合下表示赞同, 并盛赞交通大学西迁对西北建设发展的贡献. 有一次, 在天元数学基金会议上, 谈到西安交通大学的地位时, 李开泰教授谦逊地表示西安交通大学是"第三世界", 吴文俊对此颇有异议, 赞美西安交通大学是西北的第一世界, 对西北经济和文化做出了重要贡献. 记得吴文俊学长曾这样高度评价交通大学的西迁: 一个交通大学变成两个交通大学, 是为国家和人民做出双倍的贡献. 在他任全国政协常委时, 他还特地到陕北和关中一带考察, 对中国文明断代的研究表现出极大的兴趣, 非常关注周代前后的考古新发现.

　　吴文俊学长时刻牵挂着母校的发展, 每逢校庆时节他总是设法来到母校庆祝.

2001 年 3 月 20 日,在西安交通大学即将迎来 105 周年校庆之际,不能前来参加庆典的吴文俊,特意给母校发来贺信,他饱含深情地说:"祝贺母校 105 周年校庆! 让我们大家一起努力,在不同的领域,把中国的科学、数学搞上去. 由于工作的安排,校庆期间不能回母校看望大家,感谢母校的邀请,我记在心上,我努力争取回母校看望老师和同学们. "

　　2005 年,为纪念西安交通大学 110 周年校庆暨迁校 50 周年,西安交通大学与香港凤凰卫视联合录制《为世界之光》大型历史文献记录片,进京采访了包括吴文俊在内的一些老校友. 当时,已经 86 岁高龄的吴文俊,依然每天坚持去中科院系统研究所上班,还带着一群研究生. 他在百忙中抽空接受采访,深情祝福母校百年辉煌. 临别,吴文俊依依不舍,为西安交通大学题写"饮水思源"四个大字,表达了对母校的感恩之情.

　　"饮水思源"作为西安交通大学著名地标,寄托西安交大莘莘学子对母校的青春记忆. 如今,沿着"饮水思源"走进古老的西安交大校园,处处都能找寻到吴文俊学长的踪迹. 穿越理科楼长廊. 悬挂着 12 位为我国社会进步做出重要贡献的杰出校友的巨幅肖像,吴文俊位列其中,成为西安交大理学院乃至全校师生不断进取的精神力量和源泉;钱学森图书馆校史走廊名流荟萃,吴文俊的名字与钱学森、侯宗濂、张光斗、张元济、蒋新松等一起,作为誉满海内外的学界泰斗、科坛精英,传承着西安交通大学深厚的文化底蕴,承载着交大人的光荣和梦想,时刻激励后学奋发向上;在西迁历史纪念馆的溯源馆,吴文俊等杰出校友与我校历任校长,作为西安交通大学彪炳史册的一代风流人物,是交通大学跨越三世纪辉煌历程的时代见证.

　　百年名校英才辈出,如今每到毕业的季节,西安交大都将吴文俊等杰出校友的相片制成背景板,供即将迈出校门的交大学子合影留念,激励一代代交大学子沿着吴文俊等学长走过的道路继续前进,为国家和民族拼搏于时代最前沿.

吴文俊与中国科大

叶向东

今天, 我们怀着崇敬的心情和深深的哀思, 相聚在一起, 共同怀念前不久驾鹤先去的数学界泰斗吴文俊先生. 首先我代表中国科学技术大学对吴文俊先生的去世表示最深切的哀悼, 对吴文俊先生的家人表示最诚挚的慰问!

吴文俊先生是我国著名老一辈数学家, 毕生从事数学教研工作, 数十年如一日, 贡献卓著. 先生对数学的主要领域 —— 拓扑学做出了重大贡献; 开创了崭新的数学机械化领域, 提出了用计算机证明几何定理的 "吴方法", 在自动推理领域做出了国际公认的先驱性工作. 先生在国内外学术界享有崇高声望和学术地位, 其独创性研究工作纵观古今, 横贯中西, 对数学与计算机科学研究影响深远. 先生对中国文化有着深刻的认识, 通过自己的科研工作为复兴中国文化做出了重要贡献.

吴文俊先生与中国科大有着不解之缘, 长期以来关爱我校的建设发展, 对学校的人才培养倾注了大量心血. 1958 年建校伊始, 吴文俊先生协助华罗庚先生创办了应用数学和计算技术系, 并登台讲学. 他从繁忙的研究工作之中抽出时间, 推敲授课方法, 整合授课内容, 编写备课讲义, 并形成自己的授课特色.

数学系的早期教学采用 "一条龙" 教学方法, 将数学看作一个整体, 把每一级学生基础课、专业课教学放在一起, 由一个教师团队从头到尾负责教到底. 华罗庚先生负责 1958 年入学的第一届学生, 关肇直先生负责 1959 年入学的第二届学生, 吴文俊先生负责 1960 年入学的第三届学生, 他们留下了 "华龙""关龙""吴龙" 联袂登台教学的佳话. 1960 年, 吴文俊先生四十出头, 风华正茂, 是当时最年轻的学部委员, 已经和华罗庚、钱学森等科学大家比肩, 荣获了国家自然科学奖一等奖, 学术成就蜚声海内外. 在课堂上, 先生开宗明义, "微积分是初等数学与高等数学的分水岭", 以极其概括的课首语开始了每周六学时、连续三个学期的微积分课程. 随后他又讲授了一个学期的微分几何. 1963 年该年级分专业化以后, 还指导了几何拓扑专业化的学生, 在国内首次讲授代数几何课程. 先生家住北京中关村, 与中国科大玉泉路校区相距甚远, 坐公共汽车需要一个多小时, 但他从不缺课, 也极少请人代课, 风雨无阻, 数年如一日. 这足见先生对于人才培养的重视, 表现出一个前辈学者的责任与担当.

先生的教学独树一帜, 不拘泥于前人, 根据自己的研究与思考, 亲自编写微积分讲义作为同学们的教材. 当时没有计算机, 讲义一般由学校刻印室刻写油印. 但是有一次同学们发现, 发下来的讲义上的字体似曾相识, 原来是先生自己刻印了这部分讲义. 先生亲自动手, 数学家干起了刻印工的活. 先生讲课有几个特点, 首先, 内容浓缩而内涵丰富, 立足基础而又观点高、寓意深, 学习和理解这样的课程是有一定挑战性的, 要求学生始终保持高度的注意力才可以领会其精神. 为了上好先生的课, 当时有些喜欢晚睡晚起的同学改变了作息习惯, 以便第二天能集中精力上课. 其次, 课堂讲授由浅入深, 启发思维. 每堂课开始, 他总会在黑板上写出中心问题, 然后循序渐进、透彻自然地分析, 最后给出结论往往是水到渠成, 引导着同学们由易到难逐步深入, 甚而渐入佳境. 再次, 授课过程如行云流水, 一气呵成. 先生讲课从没有题外话, 从一开始就切入主题, 讲到高兴处神采飞扬, 他对于曲面的高斯曲率只依赖于第一基本型这一定理赞不绝口, 称之为高斯的绝妙定理.

"文化大革命" 开始以后, 高校的教学科研工作全面中断, 吴文俊先生与中国科大暂时分别. 直至 1978 年 4 月, 先生任数学系副主任, 协助华罗庚先生重建中国科大数学系. "中国是古代的数学大国, 近几百年来却成为数学小国, 我们要努力恢复中国数学大国的地位", 吴文俊先生在中国科大数学系的教师大会上大声疾呼, "数学应该尽快以现代化的武器装备起来, 走上现代化道路".

1979 年秋, 先生虽已花甲, 仍在我校研究生院开设机器证明的专门化课程. 1983 年, 先生主持我校首批博士生毕业答辩, 参加答辩的 7 位博士是赵林城、范洪义、苏淳、李尚志、白志东、单墫和冯玉琳, 他们成为我国自行培养的首批 18 名博士中的一员. 1984 年秋, 先生还在我校研究生院开设机器证明理论课程. 年届耄耋, 先生还多次欣然受邀回校讲学. 2001 年, 先生在我校举办的 "第三届数学机械化高级研究班" 上做了 " 数学机械化与机械化数学" 的学术报告; 2007 年, 先生应邀出席学校 50 周年校庆第二次新闻发布会, 做客 "中国科大论坛", 纵论 "中国传统数学的实质". 报告会上, 先生愉快地回忆了当初在中国科大任教的情景, "我与科大有着不解之缘", 这是先生对自己在学校工作经历的总结, 也充满了对中国科大的浓情厚谊和深深眷念.

先生对中国科大的学科建设一直非常关心. 先生倡导的 973 项目, 前后共三期, 历时 15 年, 中国科大计算几何小组一直是主要参与单位. 在 2001 年到中国科大期间, 他还抽空与小组成员直接交流曲面拼接的方法细节, 并对小组完成的曲线曲面隐式化等工作表示了极大的兴趣. 先生对小组青年成员的成长一直非常关注, 亲自为小组成员申请国家杰出青年科学基金和教育部自然科学奖写推荐信. 2011 年, 学校以中国科学技术大学数学所为基础, 组建成立中国科学院吴文俊数学重点实验室, 向我校数学系创办者之一吴文俊先生致以崇高的敬意.

吴文俊先生是一位优秀的教师, 在对数学系学生的教授当中, 他的课系统性很强, 推演非常严密, 常常在黑板上写满了推演公式. 每一个定理都做了严格证明, 每一个概念都做了清楚交代, 尤其注重培养学生的严密逻辑思维能力. 先生为我校直接培养的 80 多名应用数学和计算技术系学生中, 李邦河院士等人已成为所在领域的领军人物, 并涌现出多名国际著名学者. 2001 年, 先生曾为学校题词 "为科教兴国贡献力量", 这既是先生对中国科大全体师生的期待和对学校未来的展望, 也是先生本人从事科学研究与教育事业的毕生追求.

我本人与先生有几次比较深入的接触. 1996 年, 我与 3 位同行一起获得国家杰出青年科学基金资助. 先生邀请我们到他那儿汇报工作, 那是我第一次近距离聆听先生的教诲, 终生难忘. 另一次是 2001 年, 先生获得首届国家最高科学技术奖后, 中国科大邀请他来做学术报告. 2007 年, 中国科大筹备 50 周年校庆前夕, 先生再次回校访问. 这几次近距离的接触中, 先生平易近人, 幽默风趣, 给我留下了深刻的印象, 先生对数学的热爱和毕生的奉献将激励我在数学研究中不断前行.

"学贯中西独创见, 顾古今用辟蹊径. 泰山北斗大师范, 鹤发童颜赤子心. " 吴文俊先生的逝世是我国科学界和教育界的重大损失, 先生一生心系国家、热爱科学, 致力于恢复中国的数学大国地位, 其高尚的爱国情操, 独立思考、富于创见的学术思想, 积极进取、锲而不舍的治学精神, 淡泊名利、谦虚谨慎的做人态度, 为后人留下了宝贵的学术财富和精神财富. 让我们继承发扬吴文俊先生高尚的精神和品格, 牢记先生的期许, 矢志前行, "为科教兴国贡献力量"!

吴文俊先生千古!

吴文俊先生的开创精神和高尚品德

张纪峰

今天我们怀着无比沉痛的心情怀念吴先生, 怀念他的开创精神和高尚品德!

吴先生生前是系统所的名誉所长和《系统科学与数学》名誉主编. 我作为系统所所长和《系统科学与数学》主编, 因此能有机会接触吴先生, 聆听他的谆谆教导, 感受他的高尚品德!

吴先生是一位伟大的数学家, 在拓扑学、代数几何、对策论等数学的核心领域做出了重大贡献. 同时, 吴先生也是一位伟大的应用数学家. 他开创了数学机械化新领域, 提出了用计算机证明几何定理的 "吴方法", 被认为是自动推理领域的先驱性工作.

他的工作不仅对数学, 而且对计算机科学、系统科学、人工智能等领域的研究也影响深远. 大家知道, 系统所是 1979 年成立的, 首任所长是关肇直先生, 吴先生是首届副所长. 他参与领导了系统所的创立. 这些是非常具有前瞻性和战略高度的, 是对中国乃至世界系统科学的重大贡献! 关肇直先生在系统所成立后不久于 1982 年病逝. 因此, 吴先生一直是系统所的精神支柱和定海神针!

吴先生特别重视研究成果的应用. 将他的数学机械化方法用于机器人、计算机图形学、系统控制, 以及我国高档数控机床系统中. 他说, 自动化是解决人的体力劳动的问题的, 而数学机械化则是解决人的脑力劳动问题的.

吴先生生前是中国人工智能学会的名誉理事长. 5 月 8 日, 中国人工智能学会发来唁电说, 吴先生是该学会在人工智能领域上的精神引领, 并说, 吴先生亲自点燃了中国人工智能学会的创新精神, 直接参与了中国人工智能学会的创新活动, 并亲自指引中国人工智能学会的创新方向.

吴先生也是心系我国科技文化发展的典范. 习主席要求我们要把论文写在祖国的大地上. 我理解这至少包含两层意思, 一是要把原创性的思想、核心知识产权留在祖国的大地上, 二是要面向国家重大需求, 让科研成果在祖国大地上生根发芽, 开花结果. 吴先生都做到了! 他关于几何定理证明的第一篇论文《初等几何判定问题与机械化问题》1977 年发表在《中国科学》, 他关于数学机械化机器证明的奠基性论文 1984 年发表在《系统科学与数学》上. 这些论文后被国际相关领域的权威期刊《自动推理》等全文重发.

最值得我敬佩的是, 吴先生对我国科学家们的研究方法、研究成果的重视和欣赏! 他 2001 年从自己的奖金中拿出了 100 万, 成立了 "数学与天文丝路基金", 支持对中国古代数学及其沿丝绸之路对中亚乃至欧洲影响的研究. 向全世界宣告中国古代数学是两个世界数学主流发展的思想源泉之一, 并得到国际同行们的认可! 这对加强重视和欣赏国内成果的思想意识, 创造重视和欣赏国内成果的学术环境有重要意义和示范作用!

吴先生非常平易近人, 而且具有非凡的人格魅力! 我印象最深刻的是, 他在一次会议上致词时, 拿出了两三页纸, 上面写了很多个人和单位的名字. 他说, 这些都是曾经帮助过他的人和部门, 他要谢谢他们. 他一一念出, 说哪个部门给了他第一笔经费支持, 谁帮他安装过计算机, 谁帮他换过接线板, 等等, 他都记得住名字.

吴先生是一个伟大的学者, 是我们学习的楷模! 他的开拓创新精神、杰出成就和高尚品德, 是我们最珍贵的财富. 我们永远怀念他! 他永远活在我们的心中!

功业垂千古，英名照千秋——沉痛悼念吴文俊先生

钟义信

著名的数学家、我国人工智能的开拓者、我国首届最高科学技术奖获得者、中国科学院院士吴文俊先生，今晨驾鹤西去，走向永恒的极乐天国，给我们留下无尽的追思！

吴先生是杰出的数学家，卓越的人工智能学家。他在这两个最艰深和最重要的领域都开拓了"吴氏方法"的一片天地，给后世留下了极其宝贵的学术财富，为后人点燃了用之不竭的创新激情。

一、吴文俊先生亲自点燃中国人工智能学会的创新精神

我从青年时代便拜悉了吴先生的大名，但是直接和吴先生接触，却是 2001 年的事情。那是中国人工智能学会第四届理事会成立暨全国学术大会的时候。为了使我国的人工智能学术研究走上创新发展的道路，作为新任的理事长，我和其他两位同事专程拜访了吴先生，请他到大会为与会者传授创新研究的真经。由于此前并未与吴先生直接交往，吴先生根本不认识钟义信是何许人氏，因此，此番邀请是否能够成功？并无实在的把握。但是，出乎我们的意料，吴先生很痛快就答应了！他说，我自己虽然隶属于中国数学学会；但是，人工智能是一个非常重要的研究领域，对国家的发展具有极其重大的意义，而且我自己就在提倡和研究"数学机械化"的问题，它与人工智能实际是殊途同归；你们的大会鼓励创新，我自己也确实有这方面的体会，因此我愿意同大家互相交流。就这样，吴先生应约而至，给 500 多名与会者讲解了创新的意义和方法。他特别强调：创新两个字很光鲜，但是创新的过程却很艰苦，要有为了追求真理而坐冷板凳的吃苦精神！吴先生的谆谆教导给与会者上了极其深刻的一课，使我国广大人工智能研究者有了强大的思想武装。

有了这样的收获，我们对吴先生又提出了进一步的要求：为了更好地凝聚我国人工智能的研究队伍，我们在中国人工智能学会建立了指导委员会的制度，邀请了大批资深学者和院士作为指导委员会的成员，特别请求吴先生担任指导委员会名誉主席，做学会的学术旗帜和凝聚核心。令人非常高兴的是，吴先生也愉快地接受了邀请。从此，中国人工智能学会从原来制度松懈人心涣散的状态转变成为了一支充满出创新精神和朝气勃发的学术队伍。

二、吴文俊先生直接参与中国人工智能学会的创新活动

吴先生开始担任中国人工智能学会指导委员会名誉主席的时候, 他已经是 82 岁高龄的老人. 但是, 他做名誉主席不是停留在 "名誉" 上, 相反, 他总是亲力亲为. 无论何时, 只要学会有工作向他报告, 他总是有求必应, 及时安排出时间来接待, 从来不加推辞. 而且, 不论向他请教什么问题, 总是事事有回应. 比如, 中国人工智能学会原来挂靠在中国社会科学院, 我们觉得, 虽然人工智能是哲学与自然科学的交叉领域, 但它的基本工作面是自然科学, 因此希望把学会从社会科学院转回到中国科协. 问他怎么看? 他非常明确地说: 应该! 他说, 学会回到中国科协, 可以继续保持与社会科学特别是哲学的联系. 这样, 我们就更加有信心去做学会转隶的工作, 终于在 2004 年完成了学会的转隶.

特别是, 2006 年是人工智能学科诞生的 50 周年. 学会计划要隆重庆祝并认真规划人工智能的发展, 包括: 在北京中国科技会堂召开 "国际人工智能学术大会", 在中国科技馆举办首届 "中国人工智能产品博览会" 并举行 "中国象棋的人机博弈大赛", 在科学出版社出版《人工智能: 回顾与展望》著作等等. 吴先生不但表示大力支持, 而且亲自参与, 在国际学术大会的第一天与美国伯克利大学的 L. A. Zadeh 教授、日本京都大学的 Nagao 教授等著名学者做了首场学术报告, 引起很大的反响. 吴先生还亲自为博览会的招展书题词, 使首届博览会办得很有成效.

由于学会认真执行了吴先生倡导的学术创新精神, 到 2006 年, 学会已经初步形成了与国际上流行的 "结构主义、功能主义、行为主义" 三大学派很不相同而且很有特色的 "机制主义人工智能理论". 我专此向吴先生做了汇报, 希望在国际学术大会上提出中国人工智能学会关于 "过去 50 年的总结和未来 50 年的展望" 的报告, 请吴先生把关. 吴先生说: 很好, "机制" 应当比 "结构、功能、行为" 更击中人工智能的要害. 他还强调: 我们的人工智能的研究不要总是跟着别人跑, 一定要走出新的路子! 50 年是一个关口, 应当有新的认识和新的规划.

有了吴先生的肯定, 我们便在 "国际人工智能学术大会的战略研讨会" 上亮出了《人工智能的 50 年总结和 50 年展望》的报告, 明确指出: 50 年来国际人工智能研究取得了巨大成就, 但存在 "三大学派未能形成合力" 的问题; 并明确提出构想: 未来 50 年要形成人工智能的统一理论; 要加强于认知科学研究的合作; 要直面研究意识和情感问题. 结果, 中国人工智能学会的报告赢得了与会者的普遍赞同, 会议还一致委托中国人工智能出面主办新的两年一届的系列性国际会议——国际高等智能学术大会.

中国人工智能学会的 "国际人工智能学术大会" 取得圆满成功; 人工智能博弈程序 "棋天大圣" 在中国象棋人机大战中获得胜利; 首届人工智能产品博览会赢得广泛关注和赞誉; 这些都是在吴先生亲自指导和鼓励下完成的.

三、吴文俊先生亲自指引中国人工智能学会的创新方向

为了更好地学习吴先生的学术创新精神，更好地推动我国人工智能研究的群众性创新浪潮，使中国人工智能研究为我国科技、经济、社会、民生的进步和世界学术发展做出自己的独特贡献，中国人工智能学会从 2009 年开始酝酿向国家科技部申报设立"吴文俊人工智能科学技术奖".

当学会向吴先生汇报设奖的宗旨和运行办法的时候，吴先生表现了老科学家高瞻远瞩的情怀. 他说，我认为设立这个奖项并不是要为我自己树碑立传，而是要通过设奖和评奖来引导我国广大人工智能科学技术工作者具有明确的创新方向和建立有力的创新激励. 希望你们在科技部有关部门指导下，起草和拟定好奖励的规章和办法，真正为推动我国人工智能领域的创新发挥积极的作用.

经过努力，中国人工智能学会"吴文俊人工智能科学技术奖"于 2010 年获得科技部的批准，同时得到我国著名电信企业——中兴通讯技术有限股份公司的资助，于 2011 年开始运行.

至今"吴文俊人工智能科学技术奖励"已运行 6 年，规模越来越大，水平越来越高，吸引了越来越多的科技工作者投身科技创新行列，为我国人工智能研究与应用的发展做出了日益重要的贡献. 考虑到这项工作会有专门总结，这里就从略了.

今天，正当国内外人工智能事业如火如荼、空前繁荣、一往无前的时候，我们崇敬与爱戴的吴文俊先生与我们道别远行了.

敬爱的吴先生，您可以放心前行，您虽然逐渐走远，但您为国拼搏、不断创新的科学观念和精神，将永远活在我们的心中，指引着我们在"创新人工智能理论与应用"的道路上不断前行.

科学创新精神万岁! 吴文俊先生千古!

提携后进　为人师表——吴文俊先生与科大

彭家贵　胡森

吴文俊教授对科大的发展做出了巨大的贡献. 许多科大学子都得到过吴先生的教诲和帮助. 我们作为吴先生的学生, 耳濡目染, 对吴先生的学问和品德非常敬佩, 借校庆之际回忆点滴往事.

科大从 1958 年建校起, 就被视为科学的殿堂, 是优秀中学生向往的地方. 科大在各个学科拥有中国顶尖的科学家任教, 和北大、清华一起被视为中国的最高学府. 建校初科大数学系和其他系一样办学在国内独树一帜. 数学系尤为突出, 由每个流派分别带一届学生整整五年, 形成各自的风格. 五八级由华罗庚先生带, 五九级关肇直先生带, 六零级吴文俊先生带, 现在分别称为"华龙""关龙"和"吴龙".

彭家贵 1960 年从江苏省镇江中学考入科大数学系. 这一届由吴先生负责带, 号称"吴龙". 吴先生当时四十出头, 风华正茂, 已是蜚声世界的数学家. 他是当时最年轻的学部委员, 和华罗庚、钱学森一起荣获国家自然科学奖一等奖. 对于刚从中学步入大学的年轻学子来讲, 对吴先生是高山仰止, 非常敬佩. 一入学吴先生从微积分教起, 带了五年的课程. 他精心严密的教学、严谨的治学态度和对数学的洞察力, 深刻地影响了"吴龙"的学生, 为从事研究工作打下了坚实的基础.

吴先生亲自为一年级学生讲授微积分, 实属难能可贵. 微积分教学每周六学时, 分三次, 任务很重. 吴先生住在中关村, 科大校园在玉泉路. 60 年代北京交通不方便, 坐班车要一个多小时. 每隔一天要过来上课. 吴先生本人研究任务很重, 但从未停过课. 吴先生讲授微积分一年半, 自编讲义, 风格独特. 刚开始就用戴德金分割和区间套原理来定义实数, 为实数理论建立了严密的基础. 吴先生讲课有几个特点. 一是概念清晰, 这反映了吴先生对数学的洞察力. 再是治学严谨, 没有题外话. 讲课如行云流水, 一气呵成. 讲计算的时候, 从头算到尾, 不会跳跃. 可以想象吴先生肯定花了不少时间备课. 当时年轻, 求知欲强, 同学利用课间休息时间向吴先生问问题, 都得到耐心解答, 不厌其烦. 有时问参考书, 有些书学校没有, 吴先生会把书名记下来, 找师母陈丕和到数学所资料室去借, 下次上课带过来. 1960 年属于困难时期, 生活条件艰苦, 营养不足, 学校提出要劳逸结合. 我们受吴先生的感染, 非常珍惜吴先生上课的机会, 在课内外花了很多功夫消化课堂内容, 做练习. 科大校风鼓励学生钻研, 教室深夜灯火通明. 有些喜欢晚睡晚起的同学, 为次日早晨上吴先生的课, 头天晚上会早早睡觉, 以便集中精力上课. 助教李淑霞老师答疑, 上习题课, 批改作业, 认真负责, 对我们也很有帮助.

到了大学三年级, 吴先生开设了微分几何这门课. 教材用 Biebebach 的一本德文小书, 吴先生翻译成中文作讲义. 这本书内容丰富, 还包括了一些整体微分几何的内容. 这本书在处理曲面论时用了张量. 掌握张量的运算规则对于当时的同学相当困难, 吴先生上课为我们展示了他深刻的计算功底. 印象特别深刻的是, 吴先生在讲结构方程的时候, 几页纸从头算到尾, 把他在微分几何中张量运算的功夫表达得淋漓尽致. 吴先生对于曲面的高斯曲率只依赖于第一基本型这一定理赞不绝口, 在讲授这一段的内容时神采飞扬, 称为高斯的绝妙定理. 彭家贵当时是微分几何课代表, 助教是李培信老师. 李老师为人忠厚, 做助教兢兢业业. 当时和李老师有很多交往, 一直到 "文革" 以后. 到四年级分了四个专门化: 几何拓扑、微分方程、计算数学和运筹学. 吴先生亲自带了几何拓扑专业, 李乔、邓诗涛作助教, 吴先生亲自讲授代数几何. 吴先生对于代数几何是有一套宏伟的想法的, 可惜因为 "文革" 而中断. 彭家贵后来走上微分几何的道路, 是吴先生打下的基础.

彭家贵 1960 年入学, 1965 年毕业, 很希望能够在数学上面做些工作. 但很快 "文革" 开始, 科研、教学工作都中断. 直到 1972 年, 中美关系解冻, 陈省身、杨振宁等陆续回国讲学, 情况才改观. 为陈先生回国讲学做准备, 1973 年春天科学院数学所和北大数学系联合举办了讨论班. 微分几何课程由吴文俊、吴光磊和张素诚三位先生主讲, 用 Hicks 的 *Notes on Differential Geometry* 作教材. 当时没有复印机, 讲义用蜡纸打出来, 公式用手刻, 打字都是吴师母做的.

科大当时已搬迁到合肥, 彭家贵在科大当教员. 科大对于培养年轻教员很重视, 就派彭家贵到数学所参加讨论班. 当时听课的有不少人, 分别来自数学所和高校. 大家觉得是很难得的机会, 劲头很足, 力争把 "文革" 丢掉的时间补回来. 彭家贵做了很好的笔记. 这次讨论班为陈省身先生回国讲学打下了基础, 将中国的微分几何从古典带到近代, 可以说中国近代微分几何由此发端, 对于振兴中国的微分几何意义重大.

陈省身先生以后几乎每年都回来作学术报告. 我们在讨论班上, 开始和陈先生有接触. 陈先生提一些几何方面的问题, 指导我们做研究. 1978 年改革开放, 国家有计划派人到先进国家学习, 陈先生提出带一两位到伯克利进修. 由吴先生推荐, 彭家贵和王启明 1978 年夏天到加州伯克利分校访问. 彭家贵到伯克利访问一年后, 1979 年由陈先生推荐到普林斯顿高等研究院访问. 在美国的访问, 使得我们进入国际学术中心. 尤其是得到陈先生的亲自指导, 对我们学术上的意义自不待言. 回过头来看, 彭家贵从 1960 年进入吴龙学习数学, 1963 年随吴先生学习古典微分几何, 1973 年随吴先生学习近代微分几何, 1978 年由吴先生向陈先生推荐到伯克利和普林斯顿进修. 在学术上由吴先生打下的基础, 机遇上得到吴先生的帮助, 感激之情无法言表.

1969 年科大从北京搬迁到合肥, 经过一段艰苦的时期. 1977 年恢复高考, 科大遇到发展的良机. 虽然地处合肥, 科大仍然吸引了全国各地的优秀高中毕业生. 老一辈的科学家无法到合肥上课. "文革" 前科大培养的教员开始上讲台, 他们朝气蓬勃, 继承了科大的优良传统. 胡森于 1978 年从安徽泗县考入科大, 时值建校 20 周年. 科大前两年开设的基础课很精彩, 打下了良好的基础. 1980 年彭家贵老师从国外回来后, 在科大办大范围分析讨论班, 在 77 级开了大范围分析专门化. 彭老师讲授整体微分几何课程, 吸引了不少科大的学生, 胡森一直听了彭老师的课. 彭老师的课程以外微分形式为工具, 讲授陈先生的活动标架法, 从结构方程出发处理各种几何问题, 妙处横生. 此讲义后来和陈卿一起整理成书《微分几何》出版. 科大的一个特点是校园气氛宽松、自由, 教员与学生融为一体, 经常在一起聊天. 吴先生学问好, 成就大, 但为人低调, 当时的宣传并不多. 胡森从彭老师那里逐渐了解到吴先生和他的一些工作, 大开眼界. 吴先生的文章与专著, 无论是数学史的、拓扑学的, 还是机械化的, 都是文风清新, 纹理清晰, 思想丰富而深刻, 原创性强. 许多东西当时看不懂, 但留下的印象和震撼至今仍记忆犹新.

基于对吴先生的了解, 胡森 1983 年从科大毕业, 考取了吴先生的研究生, 和吴先生有了直接的接触. 胡森和吴的另一位学生王东明常到吴先生家里去谈. 吴先生胸怀坦荡, 为人诚恳, 会告诉他正在做什么工作, 遇到什么困难等等. 吴先生当时主要兴趣在几何机械化. 他将构造性代数几何用于初等几何的机械化, 获得了巨大的成功. 吴先生强调计算的可行性, 并亲自在计算机上实现以确认其可行性. 当时计算机慢, 又经常出问题, 遇到的困难可想而知. 吴先生自己已经实现了一大类几何系统的机械化. 胡和王花了些功夫, 实现了一种较简单的几何系统的机械化, 效率很快, 实现后到处翻书找几何定理证. 吴先生在科大研究生院开设这方面的课程. 有一次课从中国数学史的事例阐述中国传统数学的机械化思想, 胡和王将其整理成文《复兴构造性的数学》, 在《数学进展》上发表. 吴先生在课程中提到多元多项式的因式分解是当时的一个困难问题. 胡和王用吴先生自己的算法提出了一个办法, 吴先生大为兴奋, 在课上讲解这一方法, 胡和王在这一基础上整理成文章发表.

吴先生在中国数学史上造诣很深, 熟知古代数学和天文方面的文献, 对于中国数学传统和西方数学传统的区别有深刻的了解. 吴先生认为中国传统数学的鲜明特色是机械化和构造性. 数学的这一特色理应得到发扬. 几何机械化是他本人一个成功的尝试. 吴先生一直希望将局部微分几何机械化. 他认为嘉当的几何基本上是构造性的, 微分几何的机械化可以以嘉当的工作为基础. 我们看了一点嘉当的专著, 很受启发. 后来未在这方面下功夫, 而未有所成, 至今引以为憾.

1986 年科大和数学所周围的许多同学都在联系出国. 胡森向吴先生提出出国

深造, 请吴先生推荐. 虽然吴先生的工作很需要人, 吴先生尊重年轻人的意愿并向普林斯顿项武忠教授写信推荐. 正在加州伯克利留学的吴先生的学生王小麓帮助交了报名费. 胡森顺利得到普林斯顿大学的录取通知并到那里从事动力系统和几何拓扑的研究. 当时有好几位科大学生请吴先生推荐, 吴先生对年轻人都尽力帮忙, 写信推荐. 如和冯康先生一起推荐鄂维南到加州洛杉矶分校, 莫小康到斯坦福大学等. 鄂维南在应用数学方面取得优异的成绩, 成为国际应用数学的领军人物, 现在为普林斯顿大学的教授. 王小麓在金融计算、莫小康在金融软件开发方面都取得了卓越的成就. 每当忆起吴先生的帮助, 大家都很感激.

　　吴先生做学问总是从根本的地方下手, 加上他对于数学的深刻洞察力, 每每取得突破. 吴先生在公理化数学方面和机械化数学方面都做出了世界一流的工作. 例如吴先生在拓扑方面的工作名满天下, 影响深远, 已载入数学史册. 吴类前几年还被弦论学家 Witten 等使用. 吴在代数几何方面造诣也很深, 他在 1965 年就对代数簇定义了陈类, 并对奇点理论作了开创性的研究, 因 "文革" 而中断, 十分可惜. 在 "文革" 后, 他五十多岁开创了数学机械化的方向, 八十高龄仍活跃在科学研究的前沿, 非常罕见. 吴先生的学问和为人有口皆碑, 获得首届国家科学最高奖和邵逸夫数学奖, 实属众望所归.

　　科大从建校起, 吴先生就直接或间接培养了很多人, 对科大的发展帮助很大. 科大迁到合肥后, 吴先生多次到合肥演讲. 科大还设立有吴文俊大师讲席, 延请国内外知名数学家到科大工作. 我们也经常向吴先生报告科大的工作, 吴先生十分关心科大的发展, 对科大取得的点滴成绩都很高兴. 科大作为吴先生多年工作过的地方, 有许多人受益于吴先生的教诲与帮助. 他们在各行各业做出了贡献. 有些人还致力于学问, 让吴先生开创的伟业延绵不断, 发扬光大.

赞颂与感恩

胡作玄

吴文俊先生是我的恩师, 我是他的传记作者.

吴先生是数学家, 在各界名人中, 数学家恐怕是最不为人了解的. 数学家的活动主要在他的头脑中进行, 而且其劳动成果往往只有极少数人才能理解. 这是撰写数学家传记的难处. 对于吴先生传记中的这个方面, 我只能勉为其难地作了初步的介绍. 当然, 数学家传记还应该包括更多的内容: 背景材料、生平、人品道德、社会活动, 特别是他的影响、地位以及评价. 对于这些, 我还只不过有点初步的认识.

下面我想就三个方面谈谈. 我愿意就吴先生在数学界的地位以及吴先生对中国数学的影响略谈一二. 当然这是一个复杂的历史课题, 从现在来看, 吴先生的数学成果对数学的未来发展有着长远的战略影响. 这也同他的道德风范有直接关系. 这方面我特别强调两点: 一是居里夫人曾说的话, 在科学上我们重视的是事, 而不是人, 二是吴先生对社会尽量多做奉献, 而尽量少从社会索取. 最后我愿谈谈吴先生对我的帮助以及我的感恩之情.

当今 50 岁以下的人已经不太了解过去的情况, 无论是"文革"前, 还是"文革"后, 更不用说新中国成立以前了. 吴先生今年 90 岁, 新中国成立后 60 年, 新中国成立前 30 年. 吴先生出生那年正好是五四运动, 在此之前 30 年出生的, 一部分人是中国共产党的领导人物, 还有一部分在新中国成立前 30 年为发展中国科学文化事业做出奠基性的贡献, 在数学方面有陈建功、苏步青、华罗庚、陈省身、周炜良、许宝騄等, 他们都有相当于当时国际水平的贡献. 这表明中国人自立于世界科学之林的能力.

新中国成立时, 吴先生只有 30 岁, 已经享有国际声誉, 算是搭上了末班车. 其后华人中也出现了许多杰出的华人数学家, 特别突出的是两位菲尔兹奖获得者, 出生于 1949 年的丘成桐与出生于 1975 年陶哲轩, 差不多 30 年一遇.

作为吴先生的传记作者, 同时作为科学史研究工作者, 自然会对传主进行历史分析并确认其历史地位、影响与作用. 当然, 这会带有主观色彩, 并带来某些人的闲言碎语. 由于吴先生总是保持低调, 我还是愿意通过国际上较为客观的评价来实事求是地介绍.

1949 年到 1989 年是冷战时期, 1949 年新中国成立之后, 身处社会主义阵营, 交流只是同苏联、东欧国家进行, 同西方交流基本停顿, 一直到 1971 年中国在联合国的地位恢复之后, 才有较为直接的交往. 在这期间, 国外对中国大陆的数学仍然很关注. 苏联在 1953 年创立《数学文摘》, 大约同时创刊翻译杂志《数学》, 可以说对国外, 主要是西方的数学成就比较了解.

吴文俊 1947 年到 1951 年在法国的工作 (包括迟至 1952 年才出版的博士论文) 在国外广为知晓, 他和他的导师 H. 嘉当 (H.Cartan), 以及同时代人塞尔 (J.P. Serre), 托姆 (R. Thom), A. 保莱尔 (A. Borel) 等的工作, 启动了一轮代数拓扑与微分拓扑的革命, 他们的工作成为当时数学的主流. 但这个方向即使在苏联, 知道的人也不多. 只有像盖尔范德 (I. Gelfand) 这样的大师才理解其意义. 也正是由于他们的推荐, 吴先生荣获 1956 年中国首次颁发的科学一等奖. 一等奖获得者只有三位, 另两位是早已闻名遐迩的华罗庚和钱学森. 有意思的是, 吴生先的名气还不是特别大, 甚至不如许多晚辈. 对此吴先生恐怕也只能是一笑置之.

美国人的评价还是看数学成就. 1961 年美国数学家斯通 (M. Stone, 他是 1952 年成立的国际数学联盟的首任主席) 在《中国的数学》一文中指出:"虽然整体上中国人的贡献在数学界的影响不是很大, 但少数中国人被公认为天才而有成就的数学家, 他们最近的贡献被高度评价, 作为例子可以引用吴文俊引进的新拓扑不变量和华罗庚对多复变函数论中典型域的研究. "1976 年 5 月, 美国同中华人民共和国学术交流委员会访华, 在 1977 年发表的报告中对 1966 年之前的数学评价中, 也提到四五项工作, 其中包括吴文俊的示嵌类的代数拓扑学方面的工作, 后面还介绍吴文俊在"文革"中关于 I^* 函子的工作.

吴先生拓扑学工作已成经典, 这表现在它处于主流当中, 受到更广泛领域的数学家的关注, 对数学有着持续的重要影响, 吴先生的工作不仅被一流大数学家引用, 而且为许多人深入探讨. 最近出版的两位大数学家格罗滕迪克 (A. Grothendieck) 和塞尔的通信中, 格罗滕迪克就问起吴先生的工作.

如果一位数学家能做到吴先生在"文革"前的工作, 就很不简单了. 吴先生更值得敬佩的是, 年近花甲还能重起炉灶, 再创辉煌. 这几乎是一位数学家难以做到的事, 尤其是与先前工作处在完全不同方向上. 吴先生在 2008 年出版的《选集》中很明显地重视他后期的工作. 他的《选集》只收入 30 篇论文 (依我看, 至少 60 篇更为合适), 这也反映出他不事张扬、比较低调的特点. 在这 30 篇论文中, 前期拓扑学论文只收入 5 篇, 中期的动荡时期的论文收入 5 篇, 其他 20 篇大都是关于"数学机械化"的, 多数在 80 年代发表. 这是他第二个青春. 要知道,"文革"后这个时期, 虽然从外界环境来看, 是一个相对稳定的时期, 可是在学术上, 他基本上孤军奋战, 他对数学的观点不仅是与时俱进, 而且更是战略转型. 许多沿着数学的传统方向走的数学工作者, 很难或根本不能认识到其积极意义. 他获得数学界同仁的支持很少, 国家对他的支持也不多, 就像一项普通的面上课题. 经过近十年的拼搏, 他还是首先获得国外的承认. 1984 年他的主要论文译成英文, 被国外同行认可, 1986 年在国际数学家大会上做报告 (也是由于吴先生的努力, 1986 年中国恢复在国际数学联盟的合法席位), 这产生一种 "出口转内销" 的效果. 又经过三四年, 1990 年吴中心的成立, 吴先生的战略构想才广为人知. 吴先生的成就也得到国内外的广泛承认, 特别我们应该提到国际大奖 —— 厄布朗 (Herbrand) 奖和邵逸夫奖, 这倒不是崇洋媚外, 而是一个郑重的学术奖项总要保持自己的学术水准, 而没有那么多政治、人事及意识形态考量的.

　　尽管对吴先生的机械化思想有一些探讨, 但从较高层次对吴先生提出的若干论点还是缺少研究, 这些我个人觉得还是值得注意的. 作为例子, 我愿意提出下面一些题目. 1977 年, 吴先生就提出有限可实现性的观点, 而从数理逻辑上多只停留在可计算性等考虑, 现实中较为重要的是 "算法". 另外, 冯·诺伊曼开创了数字计算机的时代, 吴先生相应地开创了符号计算机时代. 后来, 吴先生还提出混合计算的概念. 从系统的角度讲, 还有机械化和自动化差异的探讨. 谈到 "数学机械化", 知识生成恐怕是最近以至将来一个十分重要的课题. 只有丰富及扩展吴先生的 "数学机械化纲领" 我们才能更深刻地体会吴先生的远见.

　　无疑, 吴先生取得如此成就, 也与他的道德情操有关. 成为一个好的数学家决非易事, 这方面可看哈尔莫斯 (P. Halmos) 所写的《我要做数学家》, 特别是 "怎样做数学家" 那几页. 他提到一些过高的标准, 但吴先生至少做到勤奋工作、坚持不懈、淡泊名利、无私奉献. 在大多数人做不到的时候, 能够做到绝对是难能可贵. 除此之外, 我还愿意赞颂吴先生的为人. 从古至今, 有人是满口仁义道德, 对人恶语相向. 但是, 吴先生平等待人, 没有架子, 什么人来采访, 都能如愿以偿, 这看起来不起眼, 可这等好人实属罕见.

　　乍一看, 这种道德标准不高, 可是几十年如一日地一以贯之地去做并不容易, 尤其在我们处于一个特定的社会时代当中. 中国文人的传统是文人相轻, 我同吴先生接触的近半个世纪当中, 从来没有听到过他讲别人不好的话, 更不用说像某些人那种低毁、谩骂、侮蔑、诬陷之类的话了. 正相反, 我常常听到他称赞别人的话, 有些甚至可能过了头. 例如, 对李继闵关于中国数学史中的实数理论. 早在 60 年代, 他就对岳景中的工作很称赞, 对于吴振德关于奇点理论的工作, 他也做了很多宣传, 并请他到数学所来讲. 在这些方面, 他完全是从数学本身出发, 一心为了把中国的数学事业搞上去. 正是基于这种心态, 他真正做到不耻下问, 我很少见到有像他那样声誉的数学家向其他人求教如此之多. 在 60 年代, 他就向万哲先先生请教关于阿夫 (Arf) 不变量的问题. 在他对中国数学史发生兴趣之后, 他更是经常向中国数学史方面的专家讨教, 如沈康身、李迪等. 有一次他提到郭书春来拜年, 我忘记了问他什么问题了. 老实说, 中国古算完全是另外一套体系, 与过去所学完全不同, 我视为畏途不敢涉足. 而吴先生在高龄能掌握其精髓, 乃至有所创新, 显然与此有关. 而且, 他对于钱宝琮等先生的著作也多次引用, 并且非常赞赏其中一些观点, 表明他对于中国数学史也是下过功夫的. 而最重要的是, 他自己以我为主, 结合别人的有用资料, 而达创新之境, 这是别人难以企及的.

吴文俊先生乐于助人, 受惠于他的人不少, 我个人是非常特殊的一个. 现在许多人可能不太了解上世纪 50 年代到 60 年代的情况. 当时政治运动多、政治学习多、开会多, 稍后更是劳动多、活动多, 一直到 "文化大革命" 达到顶峰. 如果说, 1957 年以前还可以搞点业务, 那么 1958 年之后, 像吴文俊先生这样的顶级科学家也要受到冲击, 更不用说我们这些刚毕业的大学生了. 1961 年到 1962 年, 随着中央政策的改变, 业务工作有了一定的恢复.

当时还是有不少科学活动让有兴趣的人参加, 我印象最深的一次是听有关激光的报告. 那时激光器刚出现没两年, 像我们就知道这种先进的东西是怎么回事了. 一位科协的同志告诉我, 数学也有对外的讨论班, 特别是我感兴趣的代数和拓扑. 其实这主要是科学院和北大的老师在组织. 我当时冒昧地写信给吴先生, 问可不可以参加. 没想到, 吴先生很快就回了信 (信件是当时仅有的联系工具, 我不记得吴先生家是否有电话, 可是, 我无处可打), 同意我参加. 后来才知道, 拓扑学隔了三四年之后, 开始 "复辟". 当时吴先生也雄心勃勃, 希望把当时这个当代 "数学的女王" 搞起来, 使中国的拓扑学也能立在世界数学前沿. 1954 年到 1970 年菲尔兹奖的每一届都有搞代数拓扑和微分拓扑的青年数学家获此殊荣, 而托姆 (R. Thom) 则是吴先生的密友, 后来他热情地谈到吴先生对他的帮助. 这时吴先生的确是站在国际数学的前沿. 由于众所周知的原因, 拓扑学研究中断, 与国际水平拉开了距离. 当时, 吴先生想赶超的另一国际热门是代数几何学, 在当时也是飞快的进步. 在这个背景下, 吴先生希望有助手协助他完成把中国数学搞上去的愿望. 老实说, 我当时根本想都不敢想能调到科学院, 接照当时的规矩, 被分配来的只有大学应届毕业生. 正是由于吴先生的努力, 1964 年 8 月我从北京机械学院被调到数学所. 一个月之后, 就到东北参加 "四清", 差不多有一年, 遗憾的是回来后不久, 就是历时十年的 "文化大革命". "文化大革命" 开始时, 我的调进成为了吴先生的一项 "罪状". 聊以自慰的是, 吴先生没有因此而受到像高校 "权威" 那样的冲击, 这也许算是运气吧!

对于我个人来说, 我只能对吴先生表示深深的感恩之情. 我真不敢想象, 如果不是吴先生及时地把我从北京机械学院调到数学所, 我的命运将会怎样? 这真不敢多想! 当然, 我为没能追随吴先生过去及现在的研究方向感到遗憾, 但是我也得庆幸, 我并没有辜负吴先生为我提供的较好的学习与工作环境, 做了一些我力所能及的工作. 这也要感谢吴先生榜样的力量!

回忆一个拓扑小组的二三事

孙以丰

1952 年以后的三年多, 与吴文俊先生在同一个单位工作, 并且方向也一致, 因此常有近距离接触的机会. 时隔半个世纪, 那时的一般情况大部分已经记不得, 但也有一些印象深刻的事终生难忘. 特别是有幸亲眼见到青年吴文俊和陈丕和女士从相识、相许到完满联姻的全过程.

1952 年, 中国科学院数学研究所新盖的二层办公小楼坐落在清华园内通向清华南门大路旁, 离南门不远处. 全国院系调整以后, 张素诚先生、吴文俊先生分别从他们原来所在的大学调到这里来. 于是, 连我在内就有了三个人以拓扑学为方向. 其中张素诚最年长, 在浙江大学时他是我的老师辈. 吴文俊那时虽然已是高级研究人员, 但我无意之中却把他看作稍年长的同学辈. 起初我和张先生在同一间办公室, 但后来较长时间是与我大学时的同班同学越民义同在一室办公.

1950 年前后, 以 H.Cartan 为首的法国拓扑学派做出了一批令世界拓扑学界震惊的科研成果. 吴文俊这一段时期正在法国留学, 得以亲眼目睹并且亲身参加了法国派这一时期的一些活动. 因为有机会接近吴文俊, 我非常喜欢倾听他的这些经历. 吴和 R. Thom 是同学, 常有交往, 互相交流心得. Thom 正在攻读博士学位, 但尚未最后确定论文题目和方向. 一次听了吴文俊对示性类方面的情况介绍之后, Thom 很快产生了灵感, 没过几天就拿出了成果, 其中包括证明了微分流形的 Stiefel-Whitney 示性类是流形同伦型的不变量, 而与流形微分结构的选取无关. 这本来是示性类理论中一个基本的未解决问题, 现在被 R. Thom 解决了. 吴文俊随即也得到这个问题的另一种解法. 证明过程中引进了一族上同调类, 后来被称为吴类 (Wu classes). 在巴黎期间, H. Cartan 曾经对吴说, 有个青年学生叫 J. -P. Serre 是非常出众的人才, 并劝吴文俊可以多同 Serre 接触. Serre 的博士论文果然使代数拓扑得到革命性的进展. 吴文俊对于这些法国同学们的才思敏捷也深表钦佩.

我学习法国派的拓扑理论时吴文俊给了很大帮助. 他在纸上给我讲解 Cartan-Serre 的 n-connective covering 怎样构作; 空间之间的连续映射怎样同伦等价地替换为纤维映射, 等等. 有一次在我们的三人讨论班上, 我报告说, Postnikov 不变量可通过将 Eilenberg-Maclane 空间的基本上同调类经过 transgrassion 到底空间而得到. 吴文俊听了大为高兴. 他说, Postnikov 在苏联科学院院报上发表的短文他见到过, 相当复杂难懂, 放在 Cartan-Serre 理论的框架内来看就清楚多了. 他敦促我将细节写出来. 不仅仅在讨论班上高兴, 那几天吴文俊在路上与我迎面相遇时总是远远地举起手来热情地打招呼. 我觉得这是吴先生对我极大的鼓励. 不仅如此, 当他收到国外寄来的 Cartan 讨论班 1954—1955 的讲义时, 自己没多看就先借给我读.

三人讨论班期间, 吴文俊的研究工作顺利开展, 完成了多篇学术论文. Stiefel-Whitney 示性类的不变性得到证明之后, 下一个目标自然地就要考虑 Pontrjagin 示性类. 吴文俊对于 mod 3 的 Pontrjagin 示性类证明了不变性. 这似乎暗示, 对于素数 $p > 3$ 的情形, mod p Pontrjagin 示性类不变性的问题难度很大. 在我们讨论班上出现的最重要的成果应当说是吴文俊发现的复形非同伦不变的拓扑不变量. 那时, 复形的已知道的拓扑不变量如同调群、同伦群、微分流形的 Stiefel- Whitney 示性类等都是同伦不变量, 所以觉得吴所指出的这一类不变量很新颖. 吴文俊在讨论班上特别谨慎地报告这些结果的证明, 不忽略每个细节, 而张素诚先生和我就在下面小心验证. 这项成果后来获得了国家自然科学奖.

张素诚先生在从事拓扑学研究之前, 对微分几何的研究已经颇有建树. 20 世纪 40 年代后期他去英国牛津师从 J.H.C. Whitehead, 进入代数拓扑学同伦论的领域. 张是较早在 J.H.C. Whitehead 那里得到博士学位的人, 甚至早于 P.J. Hilton. 张素诚的博士论文虽然发表于半个世纪之前, 至今仍常为业内人士引用. 张先生 1952 年来数学所以后得到了许多科研成果. 同伦群中的 Whitehead 乘积, 容易使人联想到 Lie 代数的括弧 (bracket) 运算. 著名数学家 A. Weil 曾猜想 Whitehead 乘积应如 Lie 括弧乘积那样满足 Jacobi 恒等式. 张素诚证明了这个猜想, 文章发表于国内刊物. 差不多同时, 国外也有人证明了 Whitehead 乘积的 Jacobi 恒等式. 由于当时与国际上的学术交流很闭塞, 张先生的这个结果未能及时受到重视. 张素诚还引进了一种 attaching cells 的方式造出一个无穷 CW 复形, 同伦等价于 $\Omega\Sigma S^n$. 也就是说对球面 S^n 的情形, 得到一种 CW- 复形同伦等价于著名的 I. M. James 构造. 张先生对吴文俊的才能非常赞赏, 他曾不止一次以赞叹的口吻对我说: "吴文俊是一个很能工作的 topologist 啊!" 我至今能在记忆中显现出张先生说这话时的神情.

和我年纪相仿的刘亚星也是一个爱好拓扑学的人. 1952 年前后他在北京某高教部门工作, 想来参加我们的讨论班, 但因工作忙抽不出身而未果. 由于他的热心推动, 促成了影印论文集 *Papers on Algebraic Topology III* 的出书. 刘亚星请吴文俊和张素诚拿出一些抽印本来做这件事, 二位先生慨然同意. 这本论文集包含了 Koszul, Serre, Thom 等人的博士论文, J.H.C. Whitehead 一系列重要论文, 等等. 对于学拓扑学的学子来说是一本非常可贵的参考资料.

1956 年秋, 我离开了北京, 中科院数学所逐年分配一些青年人跟随吴文俊和张素诚学习, 在二位先生的指导下开展研究工作. 自然地, 讨论班的活动也就日渐增多起来, 不再是三人一个小组的局面了.

难忘吴先生的关怀

吴振德

　　欣逢吴先生九十华诞之盛典，首先庆贺先生几十年来奋斗不息为中国人民的科学事业和世界数学的发展所建立的丰功伟绩!

　　吴先生的研究工作涉及数学诸多领域，硕果累累，特别表现在拓扑学和数学机械化两个领域。先生为拓扑学做出了奠基性的工作，关于示性类、示嵌类等的研究被国际数学界称为"吴公式""吴示性类""吴示嵌类"，至今仍被国际同行广泛引用，影响深远享誉世界。70 年代后期，先生转而研究几何定理的机器证明，在国际上为机器自动推理界做出了先驱性的工作，其方法被称为"吴方法"，从而彻底改变了这个领域的面貌，产生了巨大的国际影响。

　　先生平易近人，对晚辈关爱备至。我身受先生提携几十年，更是倍感恩深情重。记得我刚毕业不久，就听江老说起吴先生解决了一个大问题 ——n 维复形嵌入 $2n$ 维欧氏空间。当时先生已是国际著名学者，我非常仰慕先生。不久，我参加了数学所举办的讨论班，先生精辟的见解和精湛的讲课艺术把我这个初涉拓扑学的青年引入了华美的数学殿堂。尽管当时由于我的基础所限，还不能完全领悟，但是对拓扑学的研究内容及方法多有得益，乃至受用终生。

　　1958 年我调到石家庄工作，不能更多地聆听先生的教诲，为此感到很遗憾。之后，我遵循先生关于解决示嵌类问题以及相关问题的思维路线，完成了第一篇论文，这个结果被写入先生的名著《可剖形在欧氏空间中的实现问题》中的第七章。这给了我极大的鼓励，增强了我继续从事拓扑学研究工作的信心。由于种种原因，那时国内整个拓扑学的研究停顿了一段时间。1961 年，高等学校重建正常教学秩序，各个学科的研究得以恢复。我当时不知如何继续深入学习，感到非常迷茫。于是求教于先生，希望他给我指明方向。先生热情接待了我，并给了我一篇 H.Whitney 的文章，实际上，这方面的研究形成了"微分映射的奇点理论"。在其后的几年中，先生及时给我寄来有关的资料，才使我有可能做了一些这方面的工作。先生十分关心我的学习与成长，曾在 1962 年调我去数学所工作，但由于种种原因未能成行。先生的关怀，我一直铭记在心。

　　"文化大革命"开始后，一切学术研究停顿了下来，当然也就没法再接受先生的指导。但是，自 1977 年开始，一切教育、研究又逐渐恢复正常以后，凡是在北京举办的有关学术研讨会、报告会，先生都给我以再学习的机会，使我能参加各项学术活动.

　　五十多年过去了, 每想到此, 我都为先生的热心诚挚、耐心教导和亲切鼓励所深深感动. 先生不仅在学习、研究上帮助了我, 也在治学态度、为人师表方面为我树立了光辉的楷模.

　　值先生九十华诞之际, 衷心祝愿先生健康长寿!

回忆师从吴文俊教授的日子

熊金城

1962 年 10 月底, 我从北京大学数学力学系毕业, 被分配到中国科学院数学研究所工作. 到数学所报到以后, 我的具体工作岗位被确定为在吴文俊教授领导下的"四学科室"几何拓扑组做研究实习员. 当时的几何拓扑组除吴文俊教授外还有三位成员, 他们是李培信、江嘉禾和岳景中. 其中李培信最长, 他温文尔雅, 和蔼可亲, 其他两位也十分热情. 数学所实施导师制度, 我们的导师便是吴文俊教授. 我万分庆幸能有机会师从吴文俊先生, 也万分庆幸能在吴先生领导下的这样一个团结进取的研究团队中开始学习做科学研究工作.

几何拓扑组每个星期有一次讨论班, 每次一个小时左右, 这是全组同志讨论学术问题的时间, 也是大家接受吴先生指导的时间. 我到数学所后第一次见到吴先生是在报到以后的第二个星期的讨论班上. 这次讨论班结束之后, 李培信把我领到吴先生面前, 把我的情况简要地告诉了吴先生. 当时吴先生仔细地询问我拓扑学方面学过哪些内容, 学到什么程度等等. 之后对我说, 既然你已经有些代数拓扑的基础, 那就再念一点代数拓扑好了, 先读一下 Wallace 的书吧. 然后对岳景中说, 请你帮助关照一下熊金城的学习. 从此岳景中与我便有了半师之谊, 我从他那里得到过许多帮助.

大约距离第一次见面一个多月的时间, 我向吴先生报告说, Wallace 的书读完了, 书上的习题也做完了. 吴先生说:"那本书比较容易, 我是想要你复习一下. "接着交代给我的第二个任务是读 J.P. Serre 关于用谱序列计算同伦群的一篇文章. 这篇文章很长也很难读, 像是天书一般. 无独有偶, 我在北大的同学左再思当时在北大做廖山涛教授的研究生, 廖山涛先生也要他读这篇文章, 并且比我早一些时间开始. 在我的建议下, 我们请他来数学所参加讨论班, 给我们讲讲读这篇文章的读书心得. 左再思领会很深刻, 讲得也很细致清晰, 对我的帮助极大. 前前后后, 我花了大约三四个月的时间算是基本理清了文章的逻辑, 深刻的理解恐怕还是谈不上的. 我只好老老实实向吴先生报告:"文章是读懂了, 但不知道接下来能做什么. "吴先生说:"这文章是很不简单的!"

时间到了 1963 年的夏秋之交, 有一天吴先生拿着一卷稿子交给我说:"熊金城, 你看看这篇文章, 我觉得问题还可以做下去. "这篇稿子是吴振德先生的作品, 内容谈的是关于从流形到欧氏空间的映射的典型奇点性质. 我便从学习吴振德的这篇文章开始学习如何做科学研究工作了 (许多年后, 吴振德告诉我, 吴先生将这个题目交给我做, 是在事先和吴振德商量过之后). 做科研对于当时我这样一个刚毕业不久的青年人来说谈何容易, 在弄懂了吴振德工作结果的基础上, 在吴先生 "还可以做下去" 这高瞻远瞩的指示的激励之下, 用了大约三个月的时间, 费了数百页的草稿纸, 摆弄了大量的大矩阵, 终于在 1963 的年底之前在吴振德先生成果的基础上悟出了一点什么, 写了出来, 向吴先生交了卷, 将吴振德先生的原稿和我的稿子同时交给了吴先生. 吴先生即刻将两篇文章交到《数学学报》编辑部. 根据编辑部的建议, 我们 (由吴振德先生最后定稿) 将两篇文章综合成稿, 提供发表.

与吴振德合作这篇论文是我公开发表的第一篇学术论文. 从课题选择到论文发表的过程中我深深体会到吴先生对青年人学术成长的深切关心, 高瞻远瞩而又具体地指导和促人奋进的热情鼓励.

以上提到的这篇文章, 就研究的课题来说属于微分拓扑奇点理论范畴, 研究工作的原始思路来自于苏联著名数学家 L.S.Pontryagin. 这时, 国外对于微分拓扑的研究已经开展. 1962 年 J.W. Milnor 由于微分拓扑方面的工作获得 Fields 奖, 奇点理论方面的研究也正在由法国著名数学家 R. Thom 热情推动. 我们后来 (从 "文化大革命" 中公布的资料中) 才知道吴先生早在 1961 年制定国家科研规划的 "龙王庙" 会议上便发表了许多关于开展微分拓扑研究的主张, 他的倡导完全符合国际潮流.

1963 年下半年数学研究所的微分拓扑奇点理论的研究在吴先生的提倡和推动下开展了起来. 首先是投入了紧张的学习, 大家不仅读了 J.W. Milnor 的名著《从微分观点看拓扑》, 在讨论班上更是详尽地讨论了 R.Thom 在波恩的一个讨论班上所做的关于奇点理论的报告的讲义 (这篇讲义是旅法华人数学家施维枢在第一时间寄给吴先生的). 与此同时研究工作也显出进展, 岳景中、虞言林都有出色的工作, 我也在这方面做了一点工作.

可惜吴先生倡导的微分拓扑的研究工作在数学所只开展了一年左右的时间便由于研究组的成员按领导要求先后到东北的梨树和安徽的六安参加 "四清" 工作而中断. 尽管李培信 "文化大革命" 后期又重新开始恢复了在这一领域的工作并且取得了不俗的成绩, 但整体而言已然失去了吴先生当年独具慧眼所抓住的开展这项研究工作的最佳时机.

当年研究组的成员中岳景中、李培信已先后作古, 这一段吴先生倡导在国内开展微分拓扑研究的历史渐渐较少地为人知晓了, 因此记录在这里, 以留作纪念.

我们都知道吴先生很早便在拓扑领域的研究中取得了惊人的成就, 可是他自己从来不说, 直到 "文化大革命" 之后我们才从回国的一些旅美华人数学家那里得知一些历史真相. 50 年代末, 国际数学界盛传 "四个法国年轻人改变了拓扑学的面貌", 这四个 "法国人" 中便包括了当时在法国留学的青年中国学者吴文俊, 他以他在研究嵌入理论中得到的优秀结果赢得了盛誉.

我体会到吴先生的博大与精深是通过他的学术报告. 在讨论班上, 我们每个星期轮流报告学习心得, 吴先生每个月总有一两次讲演. 他的讲演十分引人入胜, 一上来便开门见山把问题提了出来, 然后剥去问题的外表指出难点直指问题的核心, 接着便把艰难的问题转化为简单的问题, 最后把这简单的问题用直观自然的办法加以解决, 有时是画一个简单的图, 干脆在图上操作. 听他的学术报告是一种享受, 可以从中学到许多书本上学不到的东西.

吴先生另外两件事也给我留下了深刻的记忆.

20 世纪 60 年代末, 当时普遍要求科学研究要理论联系实际, 这令我们这些从事纯粹理论研究的年轻人都一筹莫展, 然而吴先生一次关于印刷线路的报告, 却使我们大开眼界. 问题是: 在制造电子集成线路板时, 要把电子线路"印刷"到硅片上, 原则上只能"印刷"平面图. 然而, 电子线路图却常常不是平面图, 因此判别什么样的线路图是平面图, 以及如何将一个线路图经过简单处理之后使之成为平面图, 便是一个典型的数学问题了. 恰好这正是吴先生所拿手的嵌入理论的低维情形. 吴先生将这个问题完善地解决了. 这成为一个范例, 表明最为抽象的拓扑理论也完全是有实际应用的可能的. 吴先生的难能可贵之处还在于他在做这项工作的同时, 还经常深入到实际生产的第一线, 与计算所的集成电路设计人员多次交流和座谈. 吴先生在做科研时十分重视实际"感觉", 多年以后有一次遇见吴先生时我问他在忙什么, 那时他正在做自动化数学理论的研究, 他回答我说他正忙于编程序. 我不解地问他, 这类事为什么不交给研究生们去做. 他回答我说, 那样便不会有"感觉"了. 这时吴先生已经将近八十高龄了. 可见在做科研过程中, "事必亲躬"寻求实际的感受是他一贯的作风.

1964 年秋, 吴先生负责为中国科技大学数学系 60 级学生开设代数几何和代数拓扑专门化, 吴先生给这个专门化的学生开设代数几何课程, 岳景中开设代数拓扑课程, 我作为代数拓扑课程的辅导教师随同前往. 大约在半年之后, 这个班的同学出现了一点"专业思想"问题, 也就是说个别同学对于学习这种纯粹的抽象数学理论有些不太安心. 应同学的要求, 吴先生答应与同学座谈一次. 这次座谈会我也有幸旁听, 成为难得的一次经历. 座谈会一开始吴先生便一改平时不苟言笑的作风侃侃而谈, 从他求学法国的经历一直谈到几何拓扑学发展的历史过程. 他的讲话一下子便把听众带到了学术进展的国际大舞台, 极富感染力. 我从旁观察, 同学们聚精会神都听傻了眼. 座谈会之后, 同学们眼界变得大为宽阔, 再也没有什么专业思想问题了.

1971 年的春天, 这时"文化大革命"还没有任何结束的迹象, 出于照顾家庭的需要, 更由于对于学术研究生涯前途的茫然, 我告别了吴先生, 离开了数学所. 我在数学所工作期间, 一代宗师吴文俊先生给予我的关心、鼓励和教导使我终生受益.

回忆和感怀

干丹岩

作为吴文俊先生的学生, 是我一生之大幸, 由此决定了我的人生轨迹, 在衷心恭贺吴先生九十寿辰之际, 我写下几段回忆和感怀.

吴先生的重要贡献

我不能全面陈述吴先生的贡献, 只强调补充以下可能并不广为知晓的事实.

第一, 吴先生于 1956 年曾对我们谈到 R. Thom 时说: "他考虑的问题比较难, 到我 (吴先生) 将离开法国回国时, 他已经做得差不多了. "我理解, 这指的是于 1951 年 10 月间 Thom 答辩的博士论文, 这篇论文主题是示性类. Thom 在该文前言中的一段, 专门感谢吴先生对他决定意义的帮助. 到了 1989 年, Thom 在法国高等科学研究所的刊物 *Publications Math.* IHES 70 (1989) 199—214 上发表了一篇题为《总结我的数学行程中遇到的问题》(*Problèmes rencontrés dans mon parcours mathématique: un bilan*) 的文章. 在其第二章 "我的个人历史" 中的第一段就明确写出, "吴文俊将我的注意力引向示性类理论 …… 吴文俊向我着重指出边缘流形的 Pontrjagin 定理 ……. 在我的学位论文中, 我提出了这个定理与指数定理的关系. "关于这段历史, Thom 和吴先生的态度都使我深受感动而产生崇敬.

第二, 大家熟知的有: Whitney 关于 Stiefel-Whitney 示性类的乘积公式的第一个明确的证明是吴先生给出的; 吴先生给出了被称为吴类的定义, 并用吴类表出 Stiefel-Whitney 示性类的吴公式; 吴先生证明了 Stiefel-Whitney 示性类之间存在一个关系式, 被称为吴关系式. 我想在此强调的是: Hirzebruch 的书 *Neue Topologische Methoden in der Algebraischen Geometrie*, Berlin: Springer, 1956 中写道, 关于 4 维流形 M^4 的号差公式 $\tau(M^4)$ 是由吴先生猜得, 而由 Thom 证明; Dieudonné 的书 *A History ofAlgebraic and Differential Topology 1900—1960*, Birkhäuser, Boston: Basel, 1989 中写道, 关于 Steenrod 平方运算的 Adem 公式是吴先生猜想的, 并且 Cartan 公式也是吴先生告诉 H. Cartan 而由后者公布的.

生机勃勃的拓扑学讨论班

1956 年春季, 由吴文俊先生和张素诚先生领导的中国科学院数学所拓扑学组的学术讨论班便正式开始了. 首先是吴先生给大家讲微分流形理论. 那时国际上尚无论及微分流形的教学用书, 吴先生为我们编写了详细的讲义, 用钢板腊纸刻写油印成讲义. 拓扑学讨论班在中国科学院数学研究所便正式开始. 此后, 吴先生还专讲法国派的重要贡献之一: 束 (法文 faisceau, 英文 sheaf) 的理论. 这个讨论班除拓扑组的成员外, 还有陆启铿、万哲先和龚昇, 特别是陆启铿, 每次都参加, 一次不落. 拓扑组各成员轮流做报告.

感人的是北京大学教授江泽涵 (1902—1994) 先生, 有很长一段时间每周都来西苑旅社参加拓扑讨论班. 江老先生是清华公费赴美留学生, 哈佛博士, 在普林斯顿大学和苏黎世高等理工学院进行过研究, 曾任北京大学数学系主任, 是将拓扑学引进中国的第一人. 他乘公共汽车从北大来到展览馆右前方二里沟的西苑旅社. 当时数学所从清华园的小楼搬过来占用的一号楼, 是一座三层砖砌楼, 现已被炸掉盖了高层. 二层楼梯口对面一间会议室作为讨论班教室, 全所轮流使用. 李培信和我共用三层的一间房, 既是寝室也是研究室, 约在教室上方. 江老有时来得最早, 他使用一支烟斗抽一种特别品牌的烟丝, 很香, 培信同我一闻到这种特别的烟味, 就知道江老已经到教室了, 连忙跑下来.

拓扑组几位年青人学习和研究的方向各不相同, 吴先生根据我们每人的特点和兴趣分别安排和指导. 对我的安排特别仔细, 还作为副博士研究生的培养计划填写了表格. 随着讨论班有规律地进行, 我们的学习和研究不断深入, 研究心得也以论文形式发表. 例如, 我在吴先生的关怀鼓励和指导下读 J. Leray 的《同调论的谱环和纤维丛的同调》, 我在讨论班的报告便以 Leray 的重大发现为主题, 包括束、顶盖和谱序列等概念. 其间还介绍了 Fary 有关 Leray 上同调代数不变性的一个简单证明. 因为 Fary 和 Leray 讨论的都是紧支上同调代数, 这启发我讨论闭支上同调代数, 写出了局部紧空间的闭支上同调代数的不变性这篇文章. 吴先生很高兴, 推荐到《科学记录》上刊登, 并鼓励我还可做下去.

拓扑学讨论班是数学所开展得最好的讨论班之一, 它坚持到 1958 年夏秋季. 那时在全国"大跃进"的潮流中, 理论数学各分支受到很大冲击, 一切都以能否直接应用于生产实践为标准. 我们于 5 月后半个月参加十三陵水库建设后, 全所已进入理论联系实际下厂高潮, 理论数学诸方向的人一时还摸不着头脑, 有些已改变专业方向参加到有应用的方向去工作. 这时拓扑组还坚持按原定的计划接待了莫斯科来的苏联拓扑学家 Postnikov. 对于给定的空间, 他建立了称为自然序列的不变量, 国际上称为 Postnikov 塔, 颇受重视. 张素诚先生访苏时邀请他访华讲学一个月. 这一个月, 我们拓扑组全体坚持听 Postnikov 讲课, 非常认真. 课堂上俄文英文交错使用, 讨论很热烈. 最后在前门外全聚德招待客人, 大家会了一餐. 回忆起来, 当年学术空气很浓的拓扑学讨论班就此宣告结束.

接下来为"大跃进"作贡献尚束手无策的几个数学分支的人结合起来, 找到前门的一家运输公司, 参加他们的调度室工作, 以期摸索出有价值的数学问题. 可巧这里的调度员说, 他们有一个"图上作业法", 也是从别人那儿学来的, 用起来感到是最优的. 回到数学所, 我们利用晚上在大教室里讨论. 这时的数学所已迁到中关村当时的计算所北楼六层和七层. 参加讨论者多为后来的"五学科"成员. 讨论了几个晚上, 希望找到"图上作业法"是最优方案的证明. 其间所长华罗庚先生也曾光临, 并表示关心. 这天晚上发言踊跃, 一旦有人提出主意, 大家立刻接着推导下去. 忽然万哲先提出一个想法, 通过讨论, 大家感到有门. 此时已是午夜, 那时食堂也大跃进, 午夜供餐, 于是暂停. 吃过夜宵再继续研讨, 并获得一致的赞同, 这就是后来发表的证明.

此后, 所领导决定数学研究所重分为四个室: 一室为偏微分方程; 二室为常微分方程; 三室为概率统计; 四室为运筹学. 一天, 所领导向我传达我的母校 (此时已改为吉林大学) 来公函, 令我改修偏微分方程方向. 随后, 母校又来函令我返校担任数学物理方程课的教学任务, 这就结束了我在数学所的学习生活.

有始无终的副博士学位制度

解放初的大学本科和研究生未建立学位制, 只发毕业证书, 并且研究生招生一般由大学毕业分配确定.

1955 年秋, 中国科学院向全国发布招考副博士研究生的通知, 这是学习苏联的成果. 苏联科学院和大学的研究生院的最高学位是Кандидат, 翻译成副博士, 据说相当于美国大学研究生院的博士学位. 通知说, 学制四年, 录取后可保留原单位工作岗位. 我于 1955 年 7 月从东北人民大学数学系毕业, 留校任助教, 并由数学系推荐报考吴文俊先生的研究生, 录取后保留东北人民大学的岗位. 因此, 我既是中国科学院数学研究所的研究生, 又是东北人民大学的助教, 简言之, 我有双重领导, 我属于两个单位. 那一届中科院数学所只录取了我一人.

1956 年夏, 少数经过高等教育部批准的大学也同中国科学院一起举行了副博士研究生的招考. 这一次, 中科院数学所招收了好几位, 在不同的学科.

1957 年 6 月初开始, 反右斗争激烈进行, 大学招生的全国统考仍然举行, 但副博士研究生的招考并未继续. 于是中国科学院所属各研究所的副博士研究生招了两届, 北大、复旦等少数大学的副博士研究生只招了一届, 便中断. 据说有一个说法, 学位和学衔都是资产阶级的. 60 年代初重新招考研究生, 但不提副博士学位.

重新建立学位制是 1980 年之后, 学位分为学士、硕士及博士. 这与国际上大多数国家实行的学位制类似.

对于五五及五六两届副博士研究生并未授予任何学位. 而在 1982 年 10 月, 我获得由数学所所长华罗庚先生盖章的研究生毕业证书. 这样就了结了有始无终的副博士学位制度.

怀念两位同窗的学友

20 世纪 50 年代我在中科院数学所的学友中已有两位离我们而去, 但我心中离不开他们.

李培信是北京大学五五届毕业分配到数学所, 在吴先生指导下任实习研究员. 我比他晚到一些. 在西苑旅社期间我们两人住一间小房间, 生活学习和研究都在一起. 我们很融洽地互相切磋讨论. 当时没有复印设备, 好在有影印书店. 国际上重要书籍和杂志都有影印版. 如 *Ann. of Math.*, 除现期外还追回去从 1926 年印起, 我们俩都买了. 记得当时薪水不多, 书买多了有时会弄得饭钱紧张. 培信的主攻方向当时为示性类. 后来他专攻奇点理论, 并将这个重要方向在中国建立起来. 年轻时他恋爱不顺利, 人到中年遇到了贤慧的夫人, 建立了幸福的家庭. 但不幸患了血液病, 在夫人的精心照料和医生的科学治疗下坚持了三十年, 很了不起.

岳景中是四川大学五六届毕业分配来数学所, 他们在川大时已由蒲保明先生为他们上过代数拓扑学基础课. 来所后在吴先生指导下的研究方向为示嵌类问题. 景中于 60 年代初曾离开过数学所, 来到长春吉林工业学院教数学, 为数学教研室的资料建设做过许多工作, 不久又调回数学所. 后来, 景中下乡参加"四清"工作, 期间身体感到不适, 回京检查才发现患鼻咽癌, 随即不幸去世.

这两位学友都是吴先生的好学生, 他们成长的每一步都体现了吴先生的热心教诲. 我冒昧地在这里代表他们两位向吴先生致谢和致敬.

祝贺吴先生九十华诞

虞言林

吴文俊先生是一位大学问家, 在他成长过程中, 记得有一则报道说, 他每次上学时吴老夫人会替他扣好衣服上的中式纽扣. 后来我们又显然可见, 他在吴师母的细心照料下, 可以不谙世事, 专注学问. 我自 1963 年见识吴先生后, 吴先生的行止简拙, 甚至令人捧腹, 使小辈们大开眼界, 认识到这位不平凡的学问家. 当年吴先生和张宗隧先生成为当年数学所两位未忘赤子之心的大牌教授.

也许 1965 年的 "四清" 运动开始把他拉到凡尘中来. 那一年在关肇直副所长的带领下, 数学所派出一批人去安徽搞 "四清". 吴先生和我都在其内. 自那以后, 吴先生离开了拓扑学 (后来只花小精力做了一些拓扑问题), 并且也开始了他的独立的自我生活料理. 回想起来, 对他是一个大的转折. 记得临行安徽时, 他写了一段快板词, 第一句是 "我老汉今年五十八······", 大意是服从党的号召, 等等. 这样的转变对吴先生而言, 是觉醒还是无奈, 谈论已经无意义了. 但是拓扑学的殿堂中肯定无法留住这位佛爷了.

吴先生逐渐融入社会. 他是很认真的, 正如同他做学问一样. "四清" 来到苏家埠, 他跟着地方干部去贫下中农家, 扎根串连. 回来后私下问我: 那不是 "作包打听" 吗? 真是单纯之极. 这使我想起后来的张宗燧先生的一张小字报 "我也要斗私", 简单得可爱. 想起来, 当年的数学所有这么一些大牌们, 寡闻甚至迂腐, 一心只扑在工作上, 天下有什么难事干不成的?

吴先生在做学问上深沉、勇猛与生活上平直、拙行, 反差之大使人惊叹. 我想, 没有见识过这样人物的人, 大概很难想像大数学家是个什么样子的. 吴先生在数学疆场居然能不间隙地发动一次又一次的攻击, 次次的目标直指对方首脑, 旁观者都能感觉得到. 他专研过霍奇的代数几何、微分拓扑, 容德的天体力学, 流形分类的换球术, 同调同伦溶合的 I^* 函子等等. 这些是在他的言谈中透露的, 从他简捷勾出的要害中, 我们能体会到他花费过巨大的精力, 也能猜到一些研究的目标. 我们觉得任何一个时候被他撕开了一个口子, 长驱直入都是可能的. 可惜时机不当, 大部分都没写下稿子, 仅有一小部分留在了我们的记忆中. 他是否留有札记或手稿? 那可是些宝贵财富! 当然也可能因他后来兴趣转移, 将它们随手抛弃了. 总之那是令人惋惜的.

　　和吴先生相处的那些年里, 先生教会我们鉴赏、理解数学. 启发我们去抓住要害. 记得他讲了一些令我茅塞顿开的意见, 并借给我一本小册子让我发挥去想. 用草式算两位数的乘法被称为闪电法, 历史上受到极高的评价. 不要以为, 衣裳不整、流着鼻涕的小儿郎懂得的东西一定是水货. 西方的传教士对付泱泱大国的数学国手, 选的是三条具体的圆周率的泰勒展式, 等等. 看来, 不起眼的重大发现, 卡脖子的狠招应是我们的追求. 我很幸运, 能聆听到这样的教导, 它们一直指导着我在数学世界中的游历. 还有一句话, 令我难忘. 1963—1964 年在周总理的关怀下, 国内出现一个发展数学的大好时机, 吴先生说: "现在什么都齐备了, 我们和西方的差距就在于传统." 后来我便很留意传统. 我觉得那是一些数学的想法和实践, 眼下未见诸于世, 甚至我们视而不见, 但它们像是一些定时炸弹, 随时会爆发. 后来我留意收集了一些例子, 这都是吴先生教导的结果. 也许传统还包含别的意思, 我没体会到. 总之在那些年里, 在吴先生身旁, 我强烈感到中国成为数学强国是指日可待的.

　　吴先生刻苦钻研学问, 那是一丝不苟的. 我们很幸运能够跟着吴先生学微分几何, 从而认识这一点. 那时陈省身先生即将回国访问, 许多人都在转学几何. 吴先生当时对微分几何知之甚少, 我们亦步亦趋地跟着吴先生. 他能不时点出要害, 点出关键的细节. 那样的学习实际上是一种享受. 记得吴先生的一次讲解中提到: 陈先生因高斯 — 波涅公式成名, 缘于他造了一个微分式 $d\pi$, 那是神秘的. 这极大地刺激我的好奇. 在阅读吴光磊先生对 $d\pi$ 的理解之后, 我又做了一点新的发挥, 后来写成了我的第一篇微分几何论文. 三十年后, 我没忘此事, 有了一个简单理解, 又写了一篇文章. 我满意自己的认识过程, 这得益于相信吴先生的真知灼见. 有一次在吴先生的书桌上看到一本几乎全新的书, 但是有一页密密麻麻地写满批注, 当时就倒抽一口冷气. 后来就听吴先生谈: 陈先生的 dP 是最难理解的. 再后来, 每当他有新发现, 便告诉我们. 例如当他看到伍鸿熙的一篇文章, 就说那里的 dP 好懂. 吴先生不断对 dP 理解的追求, 让我难忘. 西方人大概不这样, 记得卡拉比一次带着诡密的笑声对美国教授们说: 那是陈的魔术. 笑声过后也就完了. 吴先生的不同态度极大地影响了我, 在这种理解的追求中不但带来乐趣, 而且引导了我的一些研究.

　　吴先生在他的拓扑学冲刺的那几年里, 很看重他的学生团体建设. 我只谈 1964 年前的事. 1962 年他竭力把岳景中调回数学所, 岳因在同调运算方面写出了有建树的文章而颇具声名. 岳是我的大师兄, 我从他那里学了不少数学, 也算得上是我的半个老师. 当年拓扑组内兵强马壮, 吴先生对学生的严格和关心给我以深刻的印象. 1964 年别人去了东北"四清", 组内只留下吴、岳和我. 一次我们三人谈岳新写的一篇关于奇点的文章, 吴先生质疑其中的一个论证细节, 岳不经意的回答, 招惹吴先生恼火, 拍了桌子, 说: 你就把我当小学生好了. 我很震动, 知道了不可在吴先生面前塘塞, 那是不能过关的. 事后岳景中对我说: 吴先生要求很严, 其实对学生很好. 当年我不知如何作研究, 他手把手地教我. 我的第一篇文章讲斯廷若德平方的，就是先生教我陈述和结论后，我去完成的．那个时候，我深有同感，当时吴先生就正在拖着我做浸入嵌入问题．每隔两天给了我一或两页的手稿，那是用老式打印机打出来的，还用钢笔填上数学式子．算起来有厚厚一叠．那篇文章后因中断，没写出来．但是那一叠手稿我还一直保留着．我想这是一个历史的见证．

组内还有一位大师兄叫李培信的，看起来在业务上没有野心，因为他不大写文章．但是他的功夫之深、识见之高让我咋舌．我没有料到，一次 90 分钟的讨论班上，他居然能把谱序列讲得那样的透彻．须知，拓扑学中的谱序列会使初学者满头雾水，入门者记不清符号，庸者拿它无用．李的功底由此可见一斑．他不写文章是为吴氏光芒所逼之故，但他深得吴氏真传：不能去写应景文章．后来李大哥终于开出了一片属于他的领地，那里的味道纯正，也带出了颇有名望的学生．这些吴门的老事，只有白头的宫女在絮叨了．

最后衷心祝愿吴文俊先生，吴师母健康长寿．

吴文俊先生的思想对我学术研究的影响

顾险峰

今天 (2017 年 5 月 7 日) 惊闻吴文俊先生仙逝, 宛若晴天霹雳, 令人无限感伤. 我虽然从未有幸和吴先生见面, 但却多次通过电子邮件得到他亲自教诲. 我的学术生涯受到了吴文俊先生光辉思想的深刻影响.

中国风格的数学——构造性算法

在我学习数学的历程中, 所接触的主要定理和理论框架都是由西方人所创立, 极少见到中国数学家的名字. 更有极少数西方学者狂妄宣称: 中华民族虽然历史悠久, 人口众多, 但是只积累了经验性的知识, 对于人类文明没有实质性贡献. 年轻时代, 我在北美留学, 西方同学的轻蔑经常令我悲愤而无奈. 直到学习了吴先生关于中国古代数学的系统论述, 才令我体会到中国传统数学的伟大和深邃.

西方主要遵循公理体系, 依靠逻辑演绎来构建数学大厦; 吴先生指出中国古代的数学传统是依靠算法来构造理论体系. 为了真正将抽象晦涩的纯粹数学转化成切实的生产力, 只有逻辑演绎是远远不够的, 必须建立构造性证明. 在绝大多数的情况下, 构造性证明方法的难度远超过逻辑演绎的方法.

比如, 如图 1 所示的三维人脸表情分类问题: 给定带有表情的三维人脸曲面, 如何自动将其依照表情分类. 一种方法是将人脸曲面保角地映到平面单位圆盘, 将曲面的面元定义为圆盘上的概率测度. 不同概率测度间可以计算最优传输映射, 传输映射的代价给出了概率测度间的 Wasserstein 距离. 通过 Wasserstein 距离, 我们可以将曲面进行分类. 这里最优传输映射等价于求解蒙日-安培方程, 其解的存在性证明由 Alexandrov 用代数拓扑方法给出. 这种方法无助于直接求解. 数十年后, 在丘成桐先生的指导下, 我们发现了基于变分法的构造性方法, 从而真正实现了几何数据分类的实用算法.

从历史观点来看, 现代计算机科学的迅猛发展, 要求将纯粹数学的抽象理论进一步发展成构造性算法, 从而利用计算机来改造社会和自然, 而这正是中国数学源远流长的传统. 数十年来, 我的科研工作集中于计算共形几何, 本质上就是将纯粹数学中的共形几何改造成完全基于构造性证明的算法体系, 从而彻底与计算机科学融合. 其过程异常曲折和艰辛, 既有学术研究方面的本质难度, 又有社会因素.

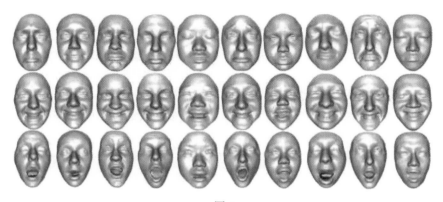

图 1

从学术方面而言, 同一个几何理论有多种理解方式和证明途径, 但是真正能够发展出成熟算法的途径往往需要对各种相关理论全都透彻理解并且深入尝试之后才能找出. 例如图 2 所示的曲面单值化定理, 任何封闭带黎曼度量的曲面, 都可以找到一个新的度量, 和初始度量共形等价, 同时高斯曲率为常值. 为了寻找这一基本定理的构造性证明, 我们十数年如一日, 尝试了很多方法, 经历了许多挫折, 包括基于非线性热流方法的调和映照, 基于 Hodge 理论的全纯微分和曲面里奇流方法等等. 从社会因素而言, 传统的纯粹数学家认为基本几何定理已经发掘, 构造性证明原创性不大, 因而予以忽视; 传统的计算机科学家认为如此抽象的学院派理

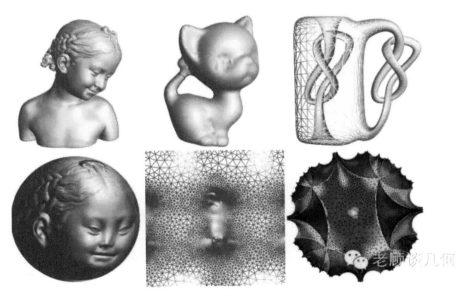

图 2　曲面单值化定理

论和实际相距太远, 或者经验性的方法虽然不够严密, 但是足够实用, 因此难以支持. 在过去的岁月中, 我们经受了很多挫折和磨砺, 每当事业遇到低谷, 沮丧犹疑之际, 我们就会重温吴先生的工作. 吴先生关于中国数学传统的深刻洞察, 吴先生关于构造性证明的价值观念, 特别是吴先生特立独行, 坚持自己的数学品味, 无一不给我们巨大的精神支持和鼓励.

我们坚信吴文俊先生的观点: 构造性算法式证明是中国传统数学的宝贵传统, 相比于停留在逻辑演绎层面的理论体系, 算法体系才是纯粹数学的终极形式, 具有严密理论根基的实用性算法才能和计算机科学紧密结合, 从而推动人类文明的前进. 虽然暂时不被人们理解, 我们被吴文俊先生光辉思想所指引, 坚信自己工作的历史价值, 会更加坚定不移地奋斗下去!

计算机辅助设计——示性类理论

在计算机辅助设计领域 (computer aided design, CAD), 各种几何曲面都有分片有理多项式 (NURBS) 来逼近, 即所谓的样条表示 (spline representation). 在进行工业设计的时候, 人们往往需要曲面具有较高的光滑性, 例如轿车表面需要曲率连续, 即所谓的 C^2 光滑性. 拓扑简单的样条曲面理论已经发展完备, 例如经典的极形式理论 (polar form, blossom). 如何构建拓扑复杂的样条曲面, 使得其具有全局的 C^2 光滑性, 一直是 CAD 领域最为核心的基本问题. 数十年来, 这一问题一直悬而未决, 困扰了无数的科学家和工程技术专家. 在 2000 年左右, 秦宏教授和我深入地研究了这一问题, 最后我们建立了流形样条理论, 这一理论的本质是吴文俊先生的示性类理论.

图 3　流行样条

传统的样条理论实质是建立在仿射几何 (affine geometry) 基础之上的, 样条表示等价于极形式, 其构造基本部件是控制点对应参数的仿射不变量. 如果我们能够将传统样条理论推广到流形上, 那么我们需要这个流形容许仿射几何, 换言之这个流形具有仿射结构 (affine structure). 例如, 如果我们能够在一张封闭的曲面 S 上定义极形式, 我们需要找到曲面一个图册 (atlas), 使得所有的局部坐标变换都是仿射变换. 那么, 如何判定给定的曲面上是否存在仿射结构? 吴文俊先生的示性类理论给出了这一问题直截了当的回答: 如果曲面存在仿射结构, 则其拓扑障碍类为 O. 具体而言, 仿射结构诱导一个曲率为 0 的联络, 其示性类为 0, 在曲面情形, 曲面亏格为 1. 这一理论指出了当初 CAD 领域样条理论的根本缺陷, 同时给出了流形样条的构造方法, 指导了这一领域的理论发展.

计算机辅助制造——示嵌类

在计算机辅助制造 (computer aided engineering) 和计算力学领域, 经常对机械零件进行物理模拟仿真, 在实体上求解各种偏微分方程. 经典的方法是将实体进行四面体三角剖分, 即所谓的网格生成问题 (mesh generation). 一般情况下, 为了保证网格的质量, 人们需要在网格中加入 Steiner 点, 并且进行 Delaunay 三角剖分. 这里面具有许多基本的组合几何问题, 例如给定实体在不加点的情况下是否存在三角剖分 (decomposible); 给定一个三角剖分, 是否存在一个四面体的排序方式, 使得每次拿掉一个四面体, 不改变余下复形的拓扑 (shellability). 这些组合几何问题本质上和吴文俊先生发展的示嵌类、示痕类有着本质的联系, 它们给出了一个拓扑复形在欧氏空间中嵌入方式的全局拓扑障碍.

图 4 网格生成

CAE 的另外一种方法是所谓的等几何分析方法 (isogeometric analysis method), 这种方法用体样条来取代有限元方法. 为了构造体样条, 实体需要被剖分成具有特殊结构的六面体网格, 这一问题在 CAE 领域被称为是"神圣网格"问题. 大连理工大学的罗钟铉、雷娜团队和我们合作, 提出了解决神圣网格问题的理论基础: 神圣网格在实体表面诱导了曲面的叶状结构 (foliations), 而叶状结构和黎曼面的全纯二次微分等价. 因此, 从计算全纯二次微分入手, 我们可以自动生成神圣网格, 奇异线的数目达到理论下界.

图 5　神圣网格

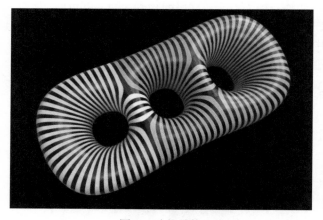

图 6　叶状结构

实质上, 吴文俊示性类揭示了仿射结构全局存在性的拓扑障碍; 如果我们将仿射结构拓宽成射影结构, 那么射影结构是全局存在的. 更进一步, 如何刻画射影结构的多寡? 这就是曲面的叶状结构, 或者全纯二次微分. 简而言之, 曲面本身的共形结构加上一个叶状结构就得到一个复射影结构. 从这个角度而言, 我们神圣网格的探索道路是直接受到吴先生示性类的启发而开拓的.

计算机视觉——吴方法

在计算机视觉中, 一直有一个根本性的争论: 一个三维物体, 人眼只能得到从不同视角看过去得到的二维图像. 那么人脑是将二维图像融合, 得到一个整体的三维表示, 还是存贮成一族二维轮廓线 (contours) 表示. 由此, 发展了不同的视觉算法. 例如, 目前基于深度学习的方法主要是基于第二种观点. 如此, 就自然产生如下的问题: 给定光滑三维曲面嵌在三维欧氏空间中, 如何穷尽所有可能的轮廓线? 如何将轮廓线分类, 如何计算?

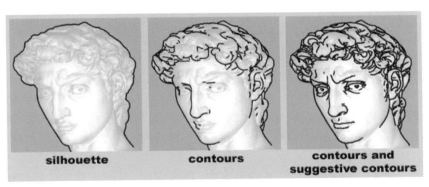

图 7 轮廓线 (Decarlo et al. Siggraph, 2003)

轮廓线的性状相对复杂, 依随视点的移动, 有些轮廓线可以凭空突现, 亦可以逐渐消失, 不同的轮廓线可以彼此横截相交, 也可以分离. 如果我们将所有的轮廓线进行同伦分类, 那么如何刻画所有可能的同伦构型, 以及同伦构型发生突变的视点位置, 这些与曲面本身的微分几何具有内在的联系, 同时和灾变理论 (catastrophe theory) 密不可分.

轮廓线对于人类的视觉感受具有重要意义, 人类对于形状的判断和分析很大程度上取决于对于轮廓线的感受. 因此在计算机图形学中, 轮廓线的计算一直是备受关注的研究课题. 我们团队曾经系统地研究过 CAD 样条曲面的轮廓线问题, 我们发现样条曲面的轮廓线在图像平面上是一条代数曲线, 因此可以用符号计算方法求得. 对于这条代数曲线的奇异点的分析, 给出了轮廓线伦形突变的分类. 在这种情况下, 轮廓线是个代数簇, 其消逝理想的生成元可以用 Groebner 基方法来计算, 也可以用吴文俊先生发明的吴特征列方法来计算. 根据我们的经验, 在这个问题上, 吴方法的速度和性能远远优于 Groebner 基方法.

在计算机图形学中, 高质量的渲染往往采用光线跟踪方法 (ray tracing), 这需要将参数表示的样条曲面转换成隐式曲面. 参数曲面到隐式曲面的转换等价于求解多元多项式理想的一组生成元, 吴方法为此提供了强有力的理论和计算工具.

人工智能——机器定理证明

吴先生倡导的初等几何定理机器证明在国际上获得了崇高的声誉, 并且被弟子高小山等学者推广到微分几何定理证明. 将知识体系严密化、系统化成公理体系一直人类科学活动的基本目标. 从欧几里得的初等几何体系, 到牛顿的力学理论, 再到爱因斯坦的广义相对论都是用公理体系来阐明. 建立于经验实证的量子力学迄今没有建立公理体系, 超弦理论学家正在努力建立更为宏大而严密的理论. 哥德尔的不完备定理指出对于任何一个包含算术公理的公理体系, 都存在一个命题, 其真与假都不与公理体系矛盾. 有些人认为哥德尔定理推翻了公理化方法. 实际上我们认为, 哥德尔定理恰恰表明了人类对于知识的探索永无止境. 在已知的范围之外, 永远存在未知的世界等待我们去求索.

依随机器学习方法的兴起, 人工智能领域的链接主义如日中天; 而以吴方法为代表的符号主义暂时遭到冷遇. 但是, 深度学习的方法很快遇到了发展的瓶颈, 那就是学习算法的不可解释性. 如果吴文俊先生依然健在, 他必然是能够解开深度学习黑箱之谜的首要人选. 而吴方法的每一步都有严密的理论支撑, 原则上推理的每一个步骤都可以被人类理解. 我们相信, 未来两种方法必然会相辅相成, 融合共进.

今夜, 让我们仰望星空, 在浩瀚宇宙中, 群星璀璨, 有一颗吴文俊星熠熠闪烁. 虽然吴先生离开, 但是他的思想将被无数人发扬光大, 而万世长存.

深切怀念恩师吴文俊先生

王小麓

惊闻吴文俊恩师仙逝, 噩耗传来, 不胜悲痛!

吴先生的离世是中国科学界无可挽回的巨大损失, 也是我们学生的极大不幸. 在 1978 年我通过了"文革"后中科院第一次全国统考, 极为荣幸地被录取为吴先生的研究生. 先生还推荐我出国, 到加州大学伯克利分校读博, 又得到了诸多大师特别是陈省身先生的教诲. 吴先生和师母对我一直悉心教诲呵护, 对我恩重如山!

1986 年吴先生应邀在伯克利国际数学家大会上演讲, 向全世界介绍了中国辉煌的数学史. 先生发掘的中国古代数学成就源远流长, 覆盖全面, 可以计算, 解决实用问题, 一千多年都主导世界, 远超西方, 令中国人自豪. 晚上先生和我促膝长谈, 音容笑貌现在还历历在目.

从古今中外数学科技发展的研究, 先生高瞻远瞩, 早在 70 年代就预见到了计算机会取代脑力劳动带来数学科技生活的第二次革命. 今天高科技领域最重要的发展就是人工智能的普及和应用. 机器可以在游戏中打败顶级选手, 甚至代替华尔街操盘手.

但是在实践中, 至今为止世界上所有的人工智能只能够算、看书、听书, 但不能读书 —— 唯一的例外, 就是先生的数学机械化, 能让计算机读懂书: 比如证明和发现极具挑战的几何定理, 从开普勒定律自动推出牛顿万有引力定律.

先生严谨的开创性工作可以用来奠定当前人工智能所缺乏的理论基础. 现在人们惊叹: 机器比人"聪明"(蒸汽机比人畜"力大")! 以先生独到的大尺度的时间和空间眼光, 早在三十多年前, 他已经指出了第二次革命的长远未来: 不仅仅是如何造"蒸汽机", 而是"飞机"和"火箭"的方法.

1985 年从伯克利毕业后, 我在芝加哥大学教学的第二年主讲了一门前沿学科分析领域讨论班, 来参加的有那里的拓扑领域的顶级权威教授. 他们和来访的世界权威拓扑学家对先生的开创性工作都非常钦佩. 如法国的 Rene Thom—— 先生的同窗, 德国的 Albrecht Dold 都曾是先生的信徒. 他们的成名之作都是建立在先生的划时代的工作之上. 新中国成立先生马上放弃理想研究环境和世界领军地位毅然回国, 显然, 为了祖国的科学事业, 先生完全没有顾忌这对他个人在拓扑领域研究的影响. 我把一份影印的书稿交给了 Dold 看. 他一回德国马上就在他任主编的 Springer 出版社出版了. 我后来也没有寄原稿.

　　拓扑是深奥难懂的领域, 40 年代初开始也是发展最迅猛的领域. 先生在抗战后才开始入门, 但是一年内就取得了突破性成果, 然后迅速取得了世界瞩目的成就. 十年动荡结束后, 先生致力于数学机械化时, 连计算机都没有, 也还是迅速取得了突破, 开创了人工智能全新领域. 先生的超人天赋、洞察力、毅力和彪炳史册的成就都让世人敬仰. 先生淡泊, 为人高尚, 为祖国和科学而献身, 将永远是我们的楷模. 先生对我们的教诲都将永远铭刻在心!

吴文俊院士对我研究数学史的启发和影响

程贞一

我第一次见到吴文俊院士是在 1991 年北京召开的"《九章算术》暨刘徽学术思想国际研讨会". 在开幕式上, 他提出研究数学史不仅是探索古代的成就, 更重要的是能"古为今用". 吴院士这句话含义深刻, 当时我就有多方面的联想①. 可惜在此会议上我没有机会与他交谈, 甚感遗憾.

我是在 1977 年第一次回国, 那时我在国外已快三十年了. 我的主要工作是从事原子物理的研究. 但是我对古代中国在数学和科技方面的工作很早就发生兴趣, 那时我还在上海念初中. 当时的兴趣是一个直觉的感受, 仅仅是偶然听到长辈们在谈话中提到古代中国指南针的发明和一些天文观测. 事实上, 那时我对古代中国在数学和科技方面的成就, 实在是一无所知. 但是这兴趣促进我翻读了一些古代书籍. 然而这兴趣在 1963 年去英国讲学时再次强烈地涌出. 在国外从事古代中国科技史研究, 我体会到不仅难得有机会阅读到国内近代出版有关数学史与科技史的书籍, 更难的是与国内学者直接交流.

我 1977 年回国是拜访北京大学周培源校长, 周校长在 1976 年带领了首批中国学者访问美国学术界, 在访问吾校圣迭戈加州大学物理系时我们结识. 在北大拜访的那天, 周校长告诉了我, 高考制度即将恢复了, 我们都十分兴奋. 交谈了一些有关国内外物理研究与教育方面的事项后, 我就提出了我的想法: 在国外从事促进古代中国科技史的研究, 希望能有机会与国内科技史学者见见面. 事出意外, 周校长似乎有些惊讶, 但是甚为赞成. 可惜那时图书馆政策是必须有特殊许可才能阅读古代书籍, 因此在拜访期间没有能见到北京大学的藏书. 可是两天后, 我得到与中国科学院自然科学史研究所严敦杰、杜石然和梅荣照三位数学史学者在华侨饭店同聚晚餐的机会. 在晚餐上, 我得悉一些国内数学史研究的近况, 同时我也提出与国内科学史界合作在圣迭戈加州大学举办一个中国科技史国际会议的计划. 当时他们表示有兴趣, 但都觉得合作计划时机尚未到. 如此, 我第一次与国内数学史学者得到交流. 回美后, 1980 年我在学校正式开了一门"中西比较科技史"的课程, 并且开始了召开国际会议的筹备. 六年后, 突然得到中国科学院自然科学史研究所的

①我当时也回想到在圣迭戈加州大学 "比较科技史", (UCSD Chinese Study 170) 课程的一个尝试: 把《数书九章》大衍术中的演算程序 (algorithm) 用计算机语言 (譬如 Fortran 或 C-lauguage) 设为计算机程序. 这尝试的目的是要分析秦九韶大衍术演算程序的逻辑, 同时试测是否与现代计算机协调一致. 在 1983 年, 有位念电脑和电子工程的学生, 王则建 (David Wang), 成功地把秦九韶的大衍求一推算成程序编设于电脑中, 求得正确的答案, 成为第一个完成此项目的学生.

通知, 邀请参加 1984 年在北京召开的第三届中国科技史国际会议①. 由此第二次回国开始, 我得到多次回国机会与科技史学界和考古科技史学界交流.

也是在一个科技史会议上, 我又一次见到吴文俊院士. 那是 1994 年李迪教授在延吉科技大学召开的"第二届少数民族科技史学术大会". 在这次会议上, 我不仅初次听到吴院士专题讨论中国古代数学, 而且有机会与他单独谈话. 我在 1988 年圣迭戈加州大学召开"第五届国际中国科学史会议"上与白尚恕教授和沈康身教授交谈中, 首次得悉吴院士在数学史方面的工作. 后来又注意到他在近代数学的卓越成就, 我对他顿然产生敬意. 真是难能可贵, 一位有如此深造诣的数学家愿意花时间从事古代中国数学史的研究. 在延吉演讲中, 他对中国数学成就的激情不知中引起我的共鸣. 在会议主办方组织的长白山天池之游, 我们一路上边走边谈. 会议后, 在机场候机室等候时, 我们又有机会交谈. 吴院士兴趣广阔, 见解精辟. 深感遗憾没有能在 1988 年圣迭戈加州大学召开"第五届国际中国科学史会议"之前认识到吴院士和他在古代中国数学史的研究, 真有相见过迟之感.

很巧, 不久吴院士的二女吴云界和她先生黄辰来到圣迭戈工作. 吴院士曾在 1995 年去圣迭戈看他女儿一家, 因而又能与吴院士在圣迭戈见面. 1997 年吴院士和夫人同去圣迭戈, 也曾与女儿和孙子来寒舍小坐. 1998 年参加李文林教授在武汉召开的"数学思想的传播与变革: 比较研究国际学术讨论会"之后去了北京, 又一次与吴院士见了面. 2000 年我应香港城市大学物理系和语言系邀聘任职客约教授. 在这期间与中国科学院自然科学史研究所刘钝所长于 2001 年在城市大学召开"第九届国际中国科学史会议②."吴院士作了大会报告, 讲古代中国数学的成就. 吴文

---

①此会议系列是 1980 年在比利时第一次召开的. 两年后, 1982 年在香港召开. 1984 年在北京第三次召开后, 此会议系列成为研究古代中国科技史学者的一个主要国际大会系列. 1986 年和 1988 年相接地在澳大利亚悉尼和美国圣迭戈召开, 第六届是 1990 年召开于英国剑桥.

②也许值得在此解说一下, 此国际中国科学史会议系列当时在国际科技界所遭遇的一个问题. 此大会系列自 1980 年在比利时开始到 1990 年在英国剑桥召开共 10 年, 在这十年期间进行顺利, 但是此会议系列没有一个正式稳定的组织. 1984 年在北京召开第三届此会议时, 为建议第五届会议在圣迭戈加州大学召开, 曾与自然科学史研究所所长席泽宗院士讨论到此事. 为了从长计划, 此会议系列应当有个正式稳定的组织. 一个方法是把此会议系列正式置属于中国科技史学会或自然科学史研究所. 1985 年和 1989 年席院士两次来圣迭戈加州大学, 每次我们都讨论到大会议系列置属的问题. 我非常希望有人可以又愿意出面处理此事. 然而, 1990 年在英国剑桥召开第六届会议时, 有些国外学者, 竟然把政治气氛带进一个学术会议中. 正好也是在这个会议上, 美国学者 Nathan Siven、英国学者 Christopher Cullen 等人出面, 在会议中召开东亚科技史学会组织会, 当时就通过成立东亚科技史学会及科技史会议在日本召开的提议. 并决定每三年召开一次. 出乎意料的是 1993 年在日本京都召开的会议竟取名为第七届国际东亚科技史会议. 这一措施引起许多科技史学者不满. 东亚科技史学会当然可以召开国际东亚科技史会议, 但是为何要续为第七届? 一个合理的措施应该由第一届开始. 后来东亚科技史学会接着筹划于 1996 年 8 月在南韩首尔召开第八届国际东亚科学史会议. 因此在 1996 年 1 月中国科学院在深圳召开了第七届国际中国科学史会议, 由此恢复了国际中国科学史会议系列, 两年后, 1998 年第八届国际中国科学史会议在柏林召开. 东亚科技史学会接着于 1999 年在新加坡召开了第九届国际东亚科技史会议. 2000 年我去香港城市大学时, 得悉第九届国际中国科学史会议尚未能召开. 因此与中国科学院自然科学史研究所刘钝所长商谈后决定于 2001 年在香港城市大学召开了第九届国际中国科学史会议. 我希望中国科学史会议系列能有一个稳定的组织, 不受外界的干扰, 能届届召开, 给国际上从事古代中国科技史研究的学者一个正式交流频道.

俊院士是一位古今中西精通的数学家, 掌握了中西古代数学的精华. 他的报告见解精辟, 给国内外参加会议的学者有力地介绍了古代中国数学的成就, 就是从事数学史之外的科技史学者也同样地获益匪浅.

香港寄职后, 在 2002 年拜访了中国科学院数学所李文林教授和自然科学史研究所刘钝教授, 同时参加了在北京召开的 ICM2002 国际数学家大会. 在北京逗留的四个月中, 曾与吴院士多次见面. 有一次吴院士夫妇、李文林夫妇及我夫妇去了长安戏院听戏, 显然吴院士对中国传统京剧也颇有爱好.

在这期间我也曾在中国科学院数学所作了一个报告 —— "商高弦图与赵爽旋方图". 记得吴院士曾对我说过, 陈子的日高图应该刻于石碑上. 我觉得这是一个有意义的建议. 这些古代中国所遗留下来的数学图像是中国文化的产品, 对普及数学教育也有其特殊价值. 我也注意到赵爽的弦图已是中国科学院数学所大楼的标志. 赵爽弦方图出自赵爽《周髀算经·商高篇》附注中的左图和右图. 分析赵爽左图和右图可见此二图都是弦方图的特例 (参见图一).

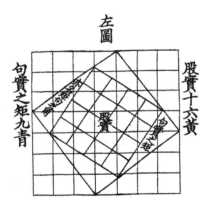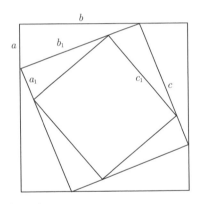

图一　赵爽左图及其现代形式 $c_{i+1} = b_i$

如图一展示, 赵爽左图是内方弦 c_1, 等于外方股 b(即 $c_{i+1} = b_i$) 的一个弦方图, 满足弦方条件 $c_{i+1} \geqslant c_i\sqrt{2}$. 然而赵爽右图设内方弦 c_1 等于外方勾 a, 故 $< c/\sqrt{2}$, 不能满足上述弦方条件, 因而右图弦方中断. 由此可见, 左右图除了示意 "勾实之矩" 和 "股实之矩" 之外也可能含有现代所谓的几何级数的初步概念.

在下用电脑利用赵爽左图和右图绘画了一个图案设计, 祝贺吴院士九十大寿.

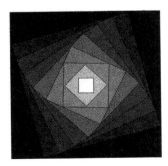

图二　赵爽弦方图的一个图案设计

　　我在数学所所作的报告主要是重评赵爽解带从法开方式的推导. 我认为赵爽注文刊刻中因为出现了一个错字, 导致李淳风等误解了赵爽的推导. 事实上, 赵爽利用弦图和旋方图中的面积关系建立了带从法开方式 (即后来所谓的一般性一元二次方程), 并且推导出此开方式的通解. 赵爽的推导是古代中国代数学的一个杰出成就, 更进一步地支持吴院士对古代中国代数学的高度评价①. 在此把赵爽的推导简捷地叙述于下以供参考.

　　赵爽在《周髀算经 • 商高篇》的附注中, 讨论左图勾实之矩和右图股实之矩时, 利用了面积关系建立一元二次方程, 并求得其根. 在他附注中的后段, 赵爽采用一实例总结了他的推导. 这实例假设已知"勾股并" $(a+b)$ 和"实" (ab), 求勾 a 和股 b. 赵爽在解此实例之前推荐"以图考之". 依照赵爽所述, 把弦图和左图中的相对直角三角形两两合并成矩形得图三.

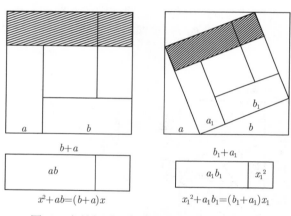

图三　　合并相对三角形成矩形的弦图和左图

　　图三中标以斜线的矩形面积示意这些矩形可用来设立一元二次方程, 解以上所提的实例, 因为这些矩形的边长是已知的"勾股并" $(a+b)$ 而其面积包含已知的"实" (ab). 如图三所示标以斜线矩形的面积关系, 这样一个矩形可设立下列一元二次方程:

$$x^2 - (b+a)x + ab = 0 \tag{1}$$

此方程的一次项 (即从法项) 系数是负"勾股并" $(a+b)$, 其常数是实 ab.

　　为解此一元二次方程, 赵爽应用了相同关系 (identities). 根据赵爽原文"以差减并而半之为勾, 加差于并而半之为股."可得

$$a = \frac{1}{2}[(b+a) - (b-a)] \tag{2}$$

---

① 参阅吴文俊. 中国古代数对世界文化的伟大贡献. 数学学报, 1975, 18.

$$b = \frac{1}{2}[(b+a) - (b-a)] \qquad (3)$$

赵爽求根的推导原文如下:

> 令勾股见者, 互乘为其实, 四实以减之, 开其余, 所得为差. 以差减合,
> 半其余为广, 减广于玄, 即所求也.

在此 "令勾股见者" 所指的勾和股正是上述相同关系的勾和股 (参见公式 (2) 和 (3)). 以现代数学符号表达 "互乘为其实" 得

$$ab = \frac{1}{4}[(b+a)^2 - (b-a)^2]$$

"四实以减之, 开其余, 所得为差, "

$$(b-a) = \sqrt{(b+a)^2 - 4ab}$$

"以差减合, 半其余为广"

$$a = \frac{1}{2}[(b+a) - \sqrt{(b+a)^2 - 4ab}] \qquad (4)$$

"减广于并, 即所求也"

$$b = \frac{1}{2}[(b+a) - \sqrt{(b+a)^2 - 4ab}] \qquad (5)$$

由此推导, 赵爽求得他的二次方程 (公式 (1)) 的两个一般性的根. 因为南宋嘉定六年 (1213) 传本把原文 "令勾股见者, 互乘为其实" 中的 "互" 字误刻为 "自" 字, 学术史界对上述赵爽的推导出现误解. 李淳风、钱宝琮以及近代译著者各有看法, 由数学内容来分析, "自" 字的确是 "互" 字的误刻. 值得注意, 为了保持推导步骤的普遍性, 赵爽整个的推导是以数学技术名词叙述. 如果设 $b+a = -\beta/\alpha$ 和 $ab = \gamma/a$, 赵爽的一元二次方程可改写如下:

$$\alpha x^2 + \beta x + \gamma = 0 \qquad (6)$$

因此赵爽的两个根可改写如下:

$$x = \frac{1}{2\alpha}[-\beta \pm \sqrt{\beta^2 - 4a\gamma}] \qquad (7)$$

这正是一元二次方程的通解, 即通常称为 Vieta 公式的两个根, 以法国 16 世纪数学家 Franciscus Vieta (1540—1603) 命名. 由此可见, 赵爽公元三世纪的推导是中国代数学的一个重要成就, 一个超时代的发展. 再一次证实吴文俊院士对古代中国代数学的评价.

2009 年是吴文俊院士的九十华诞, 中国科学院系统科学研究院召开"数学机械化国际学术研讨会", 我荣幸地参加了他的庆祝大会.

转眼间吴院士与我已相识将近二十年了. 在这期间, 我从吴院士学习到的不仅是数学史, 我也学习到为学的一些智慧.

吴院士对数学的理解是深刻的. 他不仅对拓扑学作出过突破性的贡献, 而且开辟了数学机械化的新领域. 同时, 吴院士对数学发展的分析是尖锐的. 他不仅对古代希腊公理演绎证明作出适当的重估, 而且对古代中国运算推导作出正确的定位. 他体会到欧洲中世纪和文艺复兴期间的数学发展与古代中国和唐宋期间数学发展的可能关系. 为了实事求是, 他极力推动这期间中西数学交流史的研究, 以弥补现今科技史的遗漏. 更令人佩服的是吴院士把自己的奖金捐出, 设立了丝绸之路研究基金, 促进交流史的研究.

在国外从事中国科技史研究, 时常遇到一些非学术上的困难, 年轻时代的我常因此产生反感, 认为这是对古代中国科技成就的一种偏见, 没有能理智地分析这一现象的多种因素. 记得在学校开"中西比较科技史"课程后不久, 有四位华侨后裔学生一起来我办公室找我谈话. 他们表示十分惊讶, 对我说"我们从来没听说过古代中国有科技而且有如此优先的成就", 他们非常兴奋学校能开这门课. 在谈话中; 我认识到他们都是成绩优秀的理工学生[1], 在他们的教育中对中国的认识多半来自他们的长辈和电视. 在小学和中学期间, 他们都接触到有关科技发展的历史, 但是没有学习到有关中国的贡献. 由他们的问话中, 我可体会到他们对中国科技仍然持有戒疑. 在国外生长的华裔学生既然如此, 何况西方学生. 西方对科技的发展不仅已有定型的理论和看法, 而且许多理论和看法已被合并于西方基层科技教育课程中. 逐渐地我也体会到, 仅仅把古代中国科技成就介绍到国外是不够的, 需要的是弥补和改进科技史不足之处, 帮助把由以欧洲为中心观点的科技史改进到以全球为中心观点的科技史.

在庆祝吴院士九十华诞的学术会议上, 我选择讨论这个问题[2]. 以全球为中心观点来分析世界科技的发展, 可体会到有史以来, 在不同时代不同地区因不同文化所产生的异同, 往往是有互助互补的功能[3]. 分析中西古代数学运算方式和推导思路上的异同, 显然可见由于运算方式上的差异, 中西建立了不同符号体系和发明了

---

[1] 在圣迭戈加州大学主修理工的学生必须选两门人文课. 在美国, 科技史是属于历史系, 所以"中西比较科技史"可选来满足人文选修课的要求.

[2] 我的讲题是"一些中西古代数学运算方式和推导思路上的异同".

[3] 见 Chen (Joseph) Cheng-Yih(程贞一). "Cultural Diversities: Complementarity in Opposites" in On Deep Time Relations of Arts, Science, and Technologies in China and Elsewhere (Verlag der Buchhanhlung, Walther Konig, Koln, 2008), Hariantology, 3: 152-188, ed. Siegfried Zielinski and Eckhard Fiirlus.

不同运算工具; 由于推导思路上的差异, 中西创建了不同的推理系统和精炼出不同的运算程序. 但是历史证实, 这些异同对世界数学的发展曾多次出现相互推动和相互补助的功能.

教诲与鞭策
—— 庆祝吴先生 90 华诞

郭书春

我尽管在 1964 年 8 月就大学毕业, 但是由于搞"四清", 劳动实习, 以及随后而来的"十年动乱", 真正开始从事中国数学史工作, 是在 1975 年邓小平同志主持整顿、国务院科教小组宣布自然科学史研究所当时所在的哲学社会科学部 (即中国社会科学院的前身, 本来是中国科学院的学部之一, 自 1962 年划归中宣部领导, 此后"学部"常特指哲学社会科学部) 恢复中断了近十年的业务工作之后. 说起来, 大约与吴文俊先生涉足中国数学史研究同时. 三十多年来, 我无时无刻不感到吴先生对中国数学史研究的高瞻远瞩和教诲的巨大力量和鼓舞作用. 这里谨追记几件事, 一方面温习吴先生的教诲, 庆祝吴先生 90 华诞, 另一方面也是对自己的鞭策和激励, 牢记吴先生的教诲, 继续做好中国数学史研究.

"钱老的《中国数学史》是我读到的数学史著作中最好的一部"

1965 年 12 月, 我到自然科学史研究所的前身中国自然科学史研究室报到, 那时, 中国数学史学科的奠基人之一钱宝琮先生主编的《中国数学史》① 出版不久, 领导告诉我, 这部书的出版, 说明中国数学史基本上搞完了. 不过"十年动乱"中钱老的《中国数学史》自然难逃被批判的噩运, 报刊上有的文章甚至说"《中国数学史》是封、资、修 (即封建主义、资本主义、修正主义) 的渊薮". 我们的"无产阶级觉悟"低, 认识不到这是"封资修的渊薮", 但还是认为其中有许多错误观点. 因此, 1975 年我们一恢复科研工作, 有的同志就提出: 中国数学史的史料已经搞完了, 钱老的《中国数学史》的缺点是没有用马克思主义指导, 因此, 要在现有史料基础上写一部以马克思列宁主义、毛泽东思想为指导的《中国数学史》. 这一提议得到研究所领导和学部领导小组的支持, 认为中国数学史学科研究基础好, 经过"文化大革命"和"评法批儒"(评论法家批判儒家) 的"洗礼", 有条件重新写一部以阶级斗争为纲、以马克思主义为指导的《中国数学史》. 学部领导小组还指示我们, 要吸收工农兵参加写作. 为了写好这本书, 要开一次学术讨论会, 其中工农兵代表不能少于三分之一, 否则不批准开会. 还说"不破不立, 破字当头, 立在其中", 要

---

① 钱宝琮主编. 中国数学史. 北京: 科学出版社, 1964; 李俨钱宝琮科学史全集, 第 5 卷. 沈阳: 辽宁教育出版社, 1998.

广泛征求工农兵和同行对钱宝琮的《中国数学史》的意见, 才能写好新的《中国数学史》.

根据学部领导小组的指示, 我们在梅荣照同志率领下, 一方面到位于酒仙桥的 774 电子管厂与该厂工人理论小组的师傅们同劳动, 同时给他们讲中国数学史, 以便他们能够参加并指导《中国数学史》的写作, 另一方面走访中国科学院数学研究所和北京大学、北京师范大学、北京师范学院 (今首都师范大学) 等高校对中国数学史感兴趣的学者和数学教师, 征求对钱老《中国数学史》的意见. 在我们的走访中, 大多数的受访者还是按照 "文化大革命" 的调子对钱老的《中国数学史》进行了不同程度的批判, 只有吴先生的态度完全相反. 他说:

> "评法批儒" 中, 关肇直先生组织我们学习中国数学史, 对我们这些人, 看古文还不如看外文容易, 中国古代数学著作, 找不到外文译本, 所以我们主要是通过学习李俨、钱宝琮的书学习中国古代数学. 我认为, 钱宝琮的《中国数学史》是我读到的数学史著作中最好的一部, 从史料到观点都很好, 我学到很多东西. 唯一的缺点是用了蒋兆和给祖冲之和僧一行的画像. 这些画像是现代画家的想象, 不是历史文献, 不应该用. 一部以原始文献为依据的学术著作用了这些画像, 读者会误以为那些历史事实也是想象的.

以上的文字, 只是我的追忆, 当然不可能一字不差, 不过大意是不会错的. 2007 年春, 我为《中国科学技术史·数学卷》撰写的 "前言" 初稿中写了这件事①, 并将 "前言" 呈吴先生指正. 吴先生立即回信云:

> 你提到我反对用现代人对古代学者的臆想画像, 我已不再记得此事. 但我确有此意. 顺便一提, 我对 ××× 先生在某一著作中刊入现代画家对刘徽的 [画] 像, 我也很不以为然.

吴先生的信从一个侧面说明我上面所记不虚.

在 "文化大革命" 尚未结束, 彻底否定 "十七年" ("十年动乱" 时期的术语, 指从 1949 年中华人民共和国成立至 1966 年 "文化大革命" 爆发的 17 年, 被称为资产阶级专了无产阶级政的或修正主义黑线占主导地位的 "十七年") 的 "左" 的思潮还弥漫全国, 我们也深受其毒, 钱老还被当作 "反动学术权威" 的当时, 吴先生如此高度评价钱老的《中国数学史》, 确实出乎我们的意料, 真是振聋发聩, 深深地震撼了我们.

吴先生对钱老的《中国数学史》的高度评价, 说明他在 "文化大革命" 结束前就在中国数学史领域彻底否定了 "文化大革命", 这是他实事求是、严谨治学态度的反映, 真正具有不为当时政治气候所左右的大家风范.

---

①根据 2009 年 2 月编委会的讨论意见, 不对现代人关于古代科学家的画像批评, 定稿中删去这段话.

吴先生的指示催生了《九章算术》汇校本

吴先生总结发展了李俨、钱宝琮关于中国数学史的研究方法, 在 1981 年第一次中国数学史年会 (大连) 上进而提出了 "古证复原" 的三原则:①

原则之一, 证明应符合当时本地区数学发展的实际情况, 而不能套用现代的或其他地区的数学成果与方法.

原则之二, 证明应有史实史料上的依据, 不能凭空臆造.

原则之三, 证明应自然地导致所求证的结果或公式, 而不应为了达到预知结果以致出现不合情理的人为雕琢痕迹.

这三原则实际上不仅适应于古代数学证明的恢复, 也适应于整个数学史研究. 看到吴先生的三原则之后, 一方面感到自己前几年对《九章算术》及其刘徽注的研究方法, 特别是对刘徽关于《九章算术》圆面积公式的证明以及刘徽原理的证明的研究, 是符合这三原则的, 同时对今后的研究方法更加明确了. 二十多年来, 我贯彻执行这三原则, 真是受益匪浅.

中国数学史界都知道, 我在《九章算术》的版本研究和校勘方面做了一些工作, 出版了《汇校〈九章算术〉》及其增补版②. 其实, 我原来没有全面校勘《九章算术》及进行版本研究的想法. 有一次我根据严敦杰先生 (1917–1988) 的指示看了清中叶屈曾发刻的豫簪堂本《九章算术》③, 发现其体例与微波榭本④不同, 断定它肯定不是钱老所说的微波榭本的翻刻本, 进而校雠了这两个本子, 发现了很多不同, 并判定戴震整理豫簪堂本比微波榭本早. 由此举一反三, 从 1982 到 1984 年, 又校雠了南宋本⑤、汲古阁本⑥、《永乐大典》本⑦、杨辉本⑧、《四库》本⑨、各种聚珍

---

① 吴文俊,《海岛算经》古证探源, 见《吴文俊论数学机械化》. 山东教育出版社, 1995 年, 第 151 页.

② 九章算术, [西汉] 张苍、耿寿昌编定, [魏] 刘徽注, [唐] 李淳风等注释, 郭书春汇校. 沈阳: 辽宁教育出版社, 1990 年. 增补版, 沈阳: 辽宁教育出版社, 台北: 九章出版社, 2004 年.

③ 九章算术, [清] 戴震整理, 1776 年屈曾发刻于常熟豫簪堂, 世称豫簪堂本.

④ 九章算术, [清] 戴震整理, 1777 年或其后孔继涵刻于曲阜微波榭, 世称微波榭本.

⑤ 九章算经, [南宋] 鲍瀚之刻于 1200 年, 存卷一至卷五, 藏上海图书馆, 是为世界上现存最早的印刷本书学著作. 1980 年文物出版社影印收入《宋刻算经六种》.

⑥ 九章算经, [清] 汲古阁主人毛扆 1684 年影钞南宋本.

⑦ 九章算经, [明]1408 年《永乐大典》分类抄录. 现存卷 16343, 16344, 含有《九章算术》卷三后半卷及卷四的内容, 藏英国剑桥大学. 1960 年收入中华书局影印的《永乐大典》. 1993 年影印收入郭书春主编《中国科学技术典籍通汇・数学卷》第一册, 河南教育出版社.

⑧ [南宋]杨辉, 详解九章算法. 该书含有 [西汉]《九章算术》本文、[魏] 刘徽注、[唐] 李淳风等注释、[北宋] 贾宪细草和杨辉详解五种内容. 现存约三分之二, 分别在《永乐大典》卷 16343, 16344 及 [清] 郁松年 1842 年刻《宜稼堂丛书》本中.

⑨ 九章算术,《四库全书》本, 根据 [清] 戴震的《永乐大典》辑录校勘本正本抄录, 凡 7 部, 分藏于文渊阁、文津阁等 7 家皇家书库. 1986 年台湾商务印书馆影印文渊阁本, 2005 年, 北京商务印书馆影印了文津阁本.

版①、李潢本②和钱校本③等版本的《九章算术》，得出在唐中叶就已有几个基本相同但有细微差别的抄本，汲古阁本尽管是南宋本的影钞本，但不能完全等同于后者，《永乐大典》本与南宋本的底本在唐中叶李籍时代就已不同，戴震从《永乐大典》辑录《九章算术》的工作极为粗疏，戴震在豫簪堂本、微波榭本中作了大量修辞加工，清末福建补刊的聚珍版《九章算术》根据李潢在《九章算术细草图说》中的校勘修改过，广雅本聚珍版是福建补刊本的翻刻本，钱校本所用的聚珍版是广雅本，因此将李潢的不少校勘误为聚珍版原文，钱校本的底本是他评价甚低的微波榭本在清末的一个翻刻本等重要结论，可见自戴震以来 200 余年《九章算术》的版本十分混乱. 同时对戴震、李潢、钱宝琮的校勘进行甄别，发现他们将南宋本、《永乐大典》本的 400 余条不误的原文改错，也发现了不少原文确有舛错而他们的改动亦不恰当之处，还有若干漏校，得出《九章算术》必须重校的结论. 我就这些成果在所内、在中日数学史学术交流会上，作过几次报告，受到好评. 但即使在这时，我还没有产生自己校勘《九章算术》的想法.

1984 年秋，我完成《评戴震对〈九章算术〉的校勘与整理》④ 一文，随即呈吴文俊、严敦杰先生审阅，吴先生于 11 月 11 日复示: 十分同意 "文末提出校勘工作方法的许多看法"，并 "希望能发表你关于这几种版本不同处的全部对照表". 信末吴先生还写了加重点号的一句话:"应当向你学习!" 吴先生的信给了我很大勇气，便产生了做《九章算术》新的校勘本的想法. 但是，搞成什么样子才符合吴先生的要求，我不懂，遂向李学勤先生请教，他建议用 "汇校本" 的形式. 这就是汇校本名称的由来. 后来汇校本由辽宁教育出版社出版.

汇校本完成后，吴先生又于 1987 年 11 月亲自写了序言⑤，高度评价了《九章算术》对现代数学的意义，他指出:

> 但由于近代计算机的出现，其所需数学的方式方法，正与《九章》传统的算法体系若合符节.《九章》所蕴含的思想影响，必将日益显著，在下一世纪中凌驾于《原本》思想体系之上，不仅不无可能，甚至说是殆成定局，本人认为也决非过甚妄测之辞.

---

①九章算术，《武英殿聚珍版丛书》本，根据 [清] 戴震的《永乐大典》辑录校勘本副本活字摆印. 目前原本仅有少数几本藏国家图书馆等大图书馆中. 另有乾隆御览本藏南京博物院，1993 年影印收入《中国科学技术典籍通汇·数学卷》第一册. 大量所谓聚珍版《九章算术》都是福建影本，甚至根据李潢的校勘修改过.

②[清]李潢: 九章算学细草图说. 1820 年鸿语堂刻本，1993 年影印收入《中国科学技术典籍通汇·数学卷》第四册.

③九章算术，钱宝琮校点. 钱宝琮校点《算经十书》上册，中华书局，1963 年. 收入《李俨钱宝琮科学史全集》第 4 卷. 辽宁教育出版社，1998 年.

④郭书春: 评戴震对《九章算术》的校勘与整理，梅荣照主编《明清数学史论文集》. 南京: 江苏教育出版社，1990 年.

⑤吴文俊: 汇校《九章算术》序，见《吴文俊论数学机械化》，济南: 山东教育出版社，1995 年.

同时也肯定了汇校本的工作：

> 鉴于《九章》在数学发展历史上的已有作用以及对未来无可估量的影响，理应对各种版本细加校勘．对辗转传抄与刊印中可能出现的谬误一一指出，如 Heiberg 之于《原本》所为，应是一件不容回避的重要工作．郭书春同志多年来博采群书，艰苦备尝，终于完成了这一艰巨的历史性任务．在此书行将出版之际，特书此以聊表庆贺之情．

这是对我巨大的支持和鞭策．

经费支持，雪中送炭

1996 年，我接到中国科学院系统科学研究所科研处的一封信，云他们科研处有我 2000 元人民币，询问如何转给．我一头雾水，系统所怎么会有我的钱？打电话问是怎么回事．答云：有一研究数学史的青年学者拜访吴先生时，谈到你们数学史界科研经费十分困难．吴先生对你们很关心，想从他的科研经费中拨出 10000 元，资助你和另外 4 位数学史工作者各 2000 元．吴先生不知怎么给，问科研处怎么办．我们建议以"科研合作"的名义资助，请告诉如何给你．我随即请系统所将吴先生的资助转入自然科学史研究所账号．

吴先生的帮助真是雪中送炭．此时，我正一方面考虑博士生傅海伦（现山东师范大学数学系主任）的博士论文做什么题目，另一方面也为傅海伦的研究经费犯难．因为傅海伦是委培生，委培单位只发工资，不给研究费用，我自己的经费也是捉襟见肘，出差常常靠出版社解囊．收到吴先生的资助后，我当即决定将其全部给傅海伦，作为科研经费，以帮助他完成博士论文．同时与傅海伦商量，将论文题目定为与吴先生的研究方向有关的《中国传统数学机械化思想》，以符"科研合作"之实．

利用吴先生的资助，傅海伦顺利完成了博士论文，后来修改补充成《传统文化与数学机械化》出版[①]．

支持《算数书》的研究和《中国科学技术史 · 数学卷》

吴先生对我们的研究工作总是无比关怀，热情支持，有求必应．

在各位同仁的努力下，《中国科学技术史 · 数学卷》于 2007 年初写出大部分初稿，但出版费尚无着落，拟申请科学技术部国家科学技术学术著作出版基金，然而需要三位专家的推荐．我打电话给吴文俊先生，询问他是否愿意写推荐书．他欣然表示同意，并要我将《数学卷》的情况给他介绍一下，才好写．当时恰好我已写出了《数学卷》前言初稿，正想呈吴先生指教，遂将此奉上．不久就收到了吴先生的推荐书，其中云：

---

① 傅海伦. 传统文化与数学机械化. 北京: 科学出版社, 2003.

《中国科学技术史·数学卷》从对第一手资料的研究出发, 汲取 20 世纪国内外中国数学史界的研究成果, 对清末以前的中国数学主要的成就及其思想、重要的数学著作、杰出的数学家作了系统全面的论述. 该书言必有据, 凡是关于中国古代数学的重大成就及重要论点, 都引用原始文献以为佐证, 因此论点明确, 论据可靠, 并据此纠正了在中国数学史界流传一二百年的若干错误说法. 该书将中国古代数学分成远古至西周中国数学的兴起、春秋至东汉中期传统数学框架的确立、东汉末年至唐中叶数学理论体系的完成、唐中叶至元中叶传统数学的高潮、元中叶至明末传统数学主流的转变与珠算的普及、明末至清末中西数学的会通等几个阶段, 不仅有创新, 而且比以往的分期更为合理. 同时, 该书比以往同类著作更加着力探讨中国古代数学的推理和数学证明. 另外, 该书对中国古代数学的发展与当时社会机制的关系的论述, 是有益的探索.

推荐书最后说:

该书规模适中, 文字流畅, 图文并茂, 既可以作为数学史专业工作者和数学教师的参考读物, 也适宜于从事数学、历史学研究的学者及其他爱好者阅读, 有极大的出版价值. 建议科学技术学术著作出版基金给予充分的出版资助.

在吴先生和李文林等先生的推荐下, 《数学卷》顺利获得了出版基金的资助, 极大地鼓舞了各位作者. 预计今年年底《数学卷》可以面世.

吴先生有时不待我们请求, 而是体谅我们的困难, 主动帮助.

1985 年初, 《文物》[①]和《文物天地》[②]公布了一个轰动的消息, 湖北江陵 (今荆州市) 张家山 247 号汉墓出土了近 200 支数学竹简, 并根据其中一枚背面的三个字定名为《算数书》. 吴先生和中国数学史界同仁欣喜异常. 原说一二年内会公布释文, 谁知一拖就是十五年. 吴先生当时是全国政协常委, 自 90 年代初, 就几次想在政协会上提出要求尽快公布《算数书》的提案. 我询问李学勤先生, 他总是说快了, 并要我劝吴先生不必提出提案. 但是因为文物界有特有的运作规则, 李学勤先生也很为难, 一直到 2000 年 9 月才在《文物》上公布. 这还是根据吴先生和我们的要求, 在李先生的努力下, 经过有关部门批准, 在关于张家山汉简释文的书还没有印出的情况下, 提前公布的.

《算数书》的释文一公布, 我们就投入了研究. 2001 年春, 我们想向国家自然科学基金委员会提出研究《算数书》的课题. 尽管知道我们申请国家自然科学基金很困难, 但我没想惊动吴先生. 研究所在 3 月份向国家基金委报送了所有材料之后, 在 4 月上旬的一次会上遇见吴先生, 吴先生向我询问关于《算数书》的研究情况.

---

①江陵张家山汉简概述. 《文物》, 1985 年第 1 期.
②李学勤. 中国数学史上的重大发现. 《文物天地》, 1985 年第 1 期.

因为十几年来, 文物界多数学者断言《算数书》是《九章算术》的前身, 也有学者进而提出《算数书》的作者是张苍, 吴先生特别关心《算数书》与《九章算术》和张苍的关系, 我汇报说, 根据我们的初步研究,《算数书》肯定不是《九章算术》的前身, 与张苍更没有关系, 并简要谈了理由. 我还顺便说道, 我们正在就《算数书》研究申请国家自然科学基金的资助. 吴先生问了课题题目及负责人. 我因为已到 60 岁, 不能牵头, 请我的学生邹大海负责.

令人意想不到的是, 几天后, 我收到吴先生写于 4 月 11 日的一封信, 其中附了写给自然科学基金委员会数理学部数学组的 "为项目《算数书》与先秦数学申请基金", 强力推荐我们的研究课题. 吴先生说:

> 《九章算术》是我国传统数学的经典传世之作.《九章》成书于秦汉之间, 集我国远古数学之大成, 其主要成果应早已有之. 由于缺少佐证, 其来历向来只能付诸阙如. 近年来由于地下发掘, 特别是江陵张家山汉简《算数书》的发现, 使《九章》来历有可能追溯至先秦特别是春秋战国时期, 其意义之重大, 在数学这一范围内, 仿佛夏商周之断代研究. 自然弄清其先后承接关系, 需要大量细致深入的研究工作. 现提出此项研究的邹大海、郭书春、刘钝等同志, 不仅都是中算史的权威专家, 且对先秦的社会背景、政治文化、哲学思想、传世典籍以及国外情况等有关方面, 都有过广泛而深刻的研究, 是一支不可多得的综合性队伍, 相信必能取得重要成就. 鉴于这一研究的重要意义, 不揣冒昧, 陈言如上, 希能得到关注, 给予赞助是幸.

看到吴先生的信及给基金委的推荐, 真是令我们激动不已. 那次与吴先生偶遇, 我没有流露任何想请吴先生就申请基金事帮忙的意思, 因为申请材料早已上报, 如果想请吴先生发挥影响帮忙的话, 早就在申请之前去拜访他了. 吴先生对《算数书》和中国数学史的研究是多么重视, 对后学是多么关心. 我们对吴先生的感激真是难以用言语表达的.

我立即让邹大海把吴先生的信送到国家基金委. 后来的评审情况我们当然无法得知, 不过, 可以想见, 吴先生的推荐对我们的课题申请成功肯定发挥了重大作用.

在国家自然科学基金委员会的资助下, 我们进一步开展了《算数书》和先秦数学的研究, 取得了许多重要成果, 成为海内外《算数书》研究中心之一.

关于刘徽的割圆术的插曲

刘徽的割圆术是 20 世纪 70 年代末以前中国数学史中涉及最多的课题, 但是都把割圆术看成只是求圆周率的程序, 并说其中的极限过程也是为了求圆周率. 这是十分偏颇的. 实际上, 刘徽的《九章算术》圆田术注即割圆术首先是用极限思想证明《九章算术》的圆田术 "半周半径相乘得积步", 即圆面积公式 $S = \frac{1}{2}Lr$ 的. 在完成这个公式的证明之后, 刘徽指出, 其中的周、径"谓至然之数, 非周三径一之率也". 因此需要求这个"至然之数", 也就是圆周率. 接着刘徽给出了求圆周率的详细程序, 他从直径为 2 尺的圆的内接正六边形开始割圆, 确定某个圆内接多边形的面积为圆面积的近似值之后, 利用他刚刚证明过的《九章算术》的圆面积公式, 反求出圆周长的近似值, 与直径 2 尺相约, 便求出 $\frac{157}{50}$ 和 $\frac{3927}{1250}$ 两个圆周率近似值. 刘徽对《九章算术》圆面积公式的证明, 论点明确, 论据充分, 逻辑严谨, 没有任何费解之处, 用现代数学术语和符号直译出来, 就是一个很漂亮的证明. 刘徽求圆周率的程序也非常详尽、清晰. 实际上, 求圆周率用不到极限过程, 只是极限思想在近似计算中的应用①. 但是, 自 20 世纪 10 年代末到 70 年代末约 60 年间, 所有涉及到这个问题的著述, 由于忽视了刘徽首先在证明《九章算术》的圆面积公式, 所谈的求圆周率程序都以为是利用现今中学数学教科书中的圆面积公式 $S = \pi r^2$, 这不仅背离了刘徽注, 而且还会把刘徽置于他从未犯过的循环推理的错误境地.

不久海峡两岸、国内外的中国数学史界大都接受了我关于刘徽割圆术的看法. 但是还是不断出现离开刘徽注、重复"文革"前的错误的文章或送审稿件. 某权威辞书第二版的中国数学史条目大都是交给我撰写修订的, 不知为什么, 关于割圆术的条目没有分到中国数学史类. 2006 年 2 月, 该辞书的数学编辑寄来"割圆术"条释文, 要我再看一下. 我发现释文完全照抄 70 年代末以前的错误观点, 遂对释文做了修改, 去信附上《九章算术》圆田术及其刘徽注的原文, 并加注提示其中每一段的主题. 11 月, 编辑同志寄来作者的修改稿, 修改稿虽然写了一句刘徽证明圆面积公式, 但后面的文字却还只是背离刘徽注的求圆周率方法, 仍然没有写刘徽对圆面积公式的证明. 我又做了修改, 寄去. 大概继续修改遇到阻力, 使编辑同志非常为难, 对我说: 原释文已经过一位数学权威、几何类组长审定, 不好大改. 我当然也为难, 这个释文不仅错误, 而且与该辞书中国数学史的有关条目矛盾, 与该辞书第一版相比, 也是个倒退, 遂向编辑同志提出, 该辞书数学学科主编是不是还是吴文俊先生, 如果是, 能否请吴文俊先生定夺? 编辑同志说, 我一个小编辑, 不敢到家中打搅吴先生.

此后不久, 我与《中华大典》办公室、山东教育出版社商定, 在 12 月 26 日召开《中华大典·数学典》编委会第一次会议, 请吴先生往临指导. 随即将这个消息告诉编辑同志, 并说, 如果想拜访吴先生, 此良机也. 这天上午, 编辑同志就割圆术问题请教了吴先生, 圆满地解决了为难我们一年的问题.

---

①郭书春: 刘徽的极限理论,《科学史集刊》第 11 集, 北京: 地质出版社, 1984 年; 郭书春: 刘徽的面积理论,《辽宁师院学报 (自)》, 1983 年第 1 期; 郭书春: 古代世界数学泰斗刘徽, 济南: 山东科学技术出版社, 1992 年: 繁体字修订本, 台北: 明文书局, 1995 年.

吴文俊院士与我国高校数学史研究

郭世荣

1999 年, 在吴文俊院士 80 华诞之际, 李文林 [1]、李迪 [2] 等分别对吴先生的数学史研究成就与贡献做过总结, 后来, 胡作玄与石赫 [3]、曲安京 [4]、郭世荣 [5] 等也从不同角度做过研究, 最近, 张奠宙 [6] 等研究了吴先生的数学教育思想. 今年正逢吴文俊院士 90 华诞, 进一步回顾总结他对我国数学史研究的贡献, 对于促进今后的数学史工作具有重要的意义.

本文重点介绍吴院士在过去 30 年来与高校数学史工作者的共同工作过程, 说明他对我国高校数学史研究与教学工作的关怀与指导情况, 从一个角度揭示其对中国数学史研究的推动作用.

一、学术思想的指导意义

20 世纪 70 年代, 吴文俊院士开始研究中国传统数学, 在研究方法上、学术思想上和具体观点上均有重要创新, 对我国的数学史研究发挥了重要的指导作用, 意义重大, 影响深远.

20 世纪七八十年代, 吴文俊院士敏锐地抓住了中国数学史研究的一些关键问题, 发现了数学史研究中存在着两种错误的倾向. 一是在数学史研究方法论中以现代数学的观点、内容和方法解释甚至替代古代数学, 因而不能反映古代数学发展的本来面貌, 有时甚至是歪曲历史. 二是在数学史研究内容和数学史观方面, "欧洲中心论"和"西方至上论"虽然受到一些人的批判, 但是其影响仍然很大. 他在 1975 年曾指出: "西方大多数数学史家, 除了言必称希腊以外, 对于东方的数学, 则歪曲历史, 制造了不少巴比伦神话与印度神话, 把中国数学的辉煌成就尽量贬低, 甚至视而不见, 一笔抹煞. " [8] 针对数学史研究中存在着的这两个问题, 吴先生进行了大量的研究, 归纳起来有以下几点:

第一, 对于数学史研究的方法论问题, 他提出了数学史研究的古证复原三项原则 [9]:

"原则之一, 证明应符合当时本地区数学发展的实际情况, 而不能套用现代或其他地区的数学成果与方法. "

"原则之二, 证明应有史实史料上的依据, 不能凭空臆造. "

"原则之三, 证明应该自然地导致所求证的结果或公式, 而不应为了达到预知结果以致出现不合情理的人为雕琢痕迹."

后来, 他又把上述原则提炼为 [10]:

　　"原则一: 所有研究结论应该在幸存至今的原著的基础上得出."

　　"原则二: 所有结论应该利用古人当时的知识、辅助工具和惯用的推论方法得出."

在这些原则的指导下, 他本人取得了一系列具有广泛影响的重要成果, 因而能够概括出一些中国古代数学的"简明原理", 如出入相补原理、刘徽原理等. 这些原理已成为解释中国古代几何的许多疑难问题的一把重要的钥匙 [1].

第二, 对于"欧洲中心论"或"西方至上论", 进行了彻底的清算. 他认为仅仅承认东方数学的存在性还远不能反映世界数学发展的实际情况, 并依据大量事实论证了中国数学在世界数学上占有重要地位, 是世界数学发展的两个主流方向之一. 例如, 他指出:

　　"从西汉讫宋元……中国的数学, 在世界上可以说一直居于主导地位并在许多主要的领域内遥遥领先……"

　　"中国的劳动人民……实质上达到了整个实数系统的完成, 特别是自古就有了完美的十进制的记数法……这一创造对世界文化贡献之大, 如果不能与火的发明相比, 也是可以与火药、指南针、印刷术一类相媲美的."

　　"代数学无可争辩的是中国的创造……甚至可以说在 16 世纪之前, 除了阿拉伯某些著作以外, 代数学基本上是中国一手包办了的."[8]

　　"不仅在数学系统的完成上或是在代数学的创立上, 就是在几何学上, 我国古代也有着极其辉煌的成就."[11]

这样, 他从根本上澄清了什么是世界数学发展的主流, 明确指出: 从历史来看, 数学有两条发展路线, "一条是从希腊欧几里得系统下来的, 另一条是发源于中国, 影响到印度, 然后影响到世界的数学."

第三, 明确总结了中国传统数学的特征, 指出了其独特的体系. 他认为中国传统数学有它自身的发展途径与独到的思想体系, 不能以西方数学的模式生搬硬套. 中国传统数学具有构造性、机械化和离散性等特点:

　　"说公理化是导源于希腊欧几里得的西方数学的主要思想, 则我认为, 我们中国的数学注重的'着眼点'就完全不一样, 我用一个名称叫'机械化'."[12]

　　"我国传统数学在从问题出发以解决问题为主旨的发展过程中建立了以构造性与机械化为其特色的算法体系, 这与西方数学以欧几里得《几何原本》为代表的所谓公理化演绎体系正好遥遥相对.《九章》与《刘注》①是这一机械化体系的代表作, 与公理化体系的代表作欧几里得《几何原本》可谓东西辉映, 在数学发展的长河中, 数学机械化体系与数学公理化演绎体系, 交替成为数学发展的主流."[13]

第四, 从战略角度指明了新的研究方向, 强调东西方数学交流与比较研究. 吴文俊院士在研究数学史之初, 就对东方与西方之间存在着的可能的交流情况十分关注, 他多次呼吁数学史界要展开有关的研究工作. 他说:

"要搞清楚东、西方数学的关系. 东方数学和西方数学……要说那么长的岁月里没有交流嘛, 这是不可思议的. 当然, 不是像'欧洲中心论'和'西方至上论'的那些学者讲的, 东方的东西是从西方传过来的. 这是荒谬的. 我们应该作为历史问题来考虑, 应该实事求是, 从我们掌握的资料来追查当时东方、西方学术上的交流是怎样的."

"十二、十三世纪, 他们甚至连加法都认为是学术上很难的东西, 数学教科书上讲加法就很不错了. 像这样落后的状况, 你却说东方的文化不流向西方, 而是西方的反而流向东方, 这合理吗? 当然, 这是从'情理'方面来讲的, 推测应该是这样, 查无实据. 这个实据, 我想应该是存在的, 等待地下资料的发掘, 这个发掘既需时日, 也靠不住. 我们不能把希望完全寄托在这上面. 事实上, 我相信在现有的资料里面, 在我们大家所能看到的、能掌握的资料里, 就可以分析出东方、西方交流的情况. 这是要下功夫的事!"[13]

上述思想是吴文俊院士亲自研究中国传统数学后得出来的真知灼见. 作为一名战略科学家, 他对中国数学史的这些认识, 高瞻远瞩地为客观而又全面地理解数学发展的客观历程指明了正确的方向. 他不仅撰写学术论著, 而且通过访谈、讲话、演讲、写序言等多种形式在国内外反复宣讲, 不断强调, 再三申论.

他的这些思想对中国数学史研究产生了极为重要的影响, 数学史界积极响应与实践. 正是在吴文俊的倡导与影响下, 20 世纪 80 年代以来中国数学史界连续掀起了对中国古代数学再认识的研究高潮, 取得了大批研究成果, 甚至引起了中国数学史研究范式的转变[4]. 过去二三十年来, 我国高等学校的数学史研究基本上是在吴先生的学术思想指导下展开的. 特别重要的是, 高校培养了大批数学史专业人才, 这些人才无不受到吴思想的指导. 其学术思想影响十分巨大. 意义极为深远.

二、科学研究的指导作用

1977 年, 北京师范大学白尚恕教授、杭州大学沈康身教授、内蒙古师范大学李迪教授和西北大学李继闵教授等数学史家因为有共同的研究兴趣而开始合作, 到 80 年代, 逐渐形成了一个集体攻关的合作团队. 加上四校的数学史毕业生和其他院

---

①刘注: 指《九章算术》刘徽注. —— 引者.

校的一些数学史工作者, 形成了中国数学史研究与教育的重要力量, 基本上达到了辐射全国的规模. 在实际工作中, 几位教授与吴院士经常接触讨论, 请教切磋, 吴文俊院士自然而然地成了这支队伍的指导者.

在吴院士的支持与指导下, 几位教授共同设计、完成了一些数学史研究项目, 取得一系列重要的成果.《九章算术》和《数书九章》是中国古代两部极具代表性的数学著作, 从多角度进行研究, 十分必要. 正如吴文俊院士指出的: "《九章算术》与刘徽《九章注》源远流长, 不仅对我国古代数学的发展, 即使对整个世界数学的发展也有巨大影响. ……要把《九章》在世界数学中的地位, 与世界其他地域的关系及影响的来龙去脉弄清, 还需要做大量的研究调查工作. "[14]白尚恕教授组织这个团队共同完成了两个国家自然科学基金项目"《九章算术》及其刘徽注研究"和"秦九韶及其《数学九章》研究"(简称"双九章研究"). 这两个项目的成果十分丰富. 吴院士十分重视这两项研究, 亲自参与, 并担任《〈九章算术〉与刘徽》(1982),《秦九韶与〈数书九章〉》(1987) 和《刘徽研究》(1993) 三部研究文集的主编. 同时, 课题组成员还分别完成了一批著作:《九章算术校释》(白尚恕, 1983)、《〈九章算术〉今译》(白尚恕, 1990)、《东方古典数学名著〈九章算术〉及其刘徽注研究》(李继闵, 1990)、《〈九章算术〉校证》(李继闵, 1993)、《〈九章算术〉导读与译注》(李继闵, 1998)、*The Nine Chapters on the Mathematical Art, Companion & Commentary*(《九章算术》导读与注释, 沈康身、郭树理和伦华祥, 1999). 此外, 课题组还在北京师范大学组织了两个国际会议: "秦九韶《数书九章》成书 740 周年纪念暨学术研讨国际会议" (1987) 和 "《九章算术》暨刘徽学术思想国际研讨会" (1991), 都得到吴院士的大力支持. 他出席会议, 并做演讲, 阐述自己的见解.

上述研究成果, 是 20 世纪八九十年代中国数学史研究的核心内容和重要篇章之一, 意义十分重大. 同时, 也十分有力地促进了我国数学史界的国内国际交流工作. 在这些研究中, 吴文俊院士的学术思想起到了积极的指导作用, 而他的亲身参与, 起到了引领带动、鼓舞士气的作用.

我国的科技史专业期刊一直很少, 随着数学史研究的深入和新成果的不断出现, 研究成果的公开发表与期刊容量限制之间的矛盾日益突出. 在白尚恕教授、李迪教授的积极联络下, 山东教育出版社无私地为数学史研究提供服务, 出版了《中国数学史论文集》(一至四集, 1985,1986,1987,1996 年), 为数学史成果交流开辟了新园地. 吴院士十分重视这个园地, 他担任这套不定期连续出版物的主编, 亲自审查论文, 有时为了一篇论文, 与作者、编者反复讨论切磋, 以提高论文的质量与水平. 该文集也给一些初出茅庐青年学生提供了发表论文的机会, 培养后学. 与此同时, 李迪先生也在内蒙古大学出版社和九章出版社的支持下, 编辑出版了《数学史研究文集》(1-7 辑). 以上两个不定期连续出版物, 对于八九十年代的数学史研究起到了极大的推动作用.

三、主编《中国数学史大系》

1984 年, 白尚恕等四位教授分析认为, 李俨、钱宝琮等数学史前辈的工作反映了 20 世纪六七十年代以前的研究成果, 随着改革开放之后研习中国传统数学高潮的到来, 新研究成果不断出现, 许多过去不清楚的问题也逐渐有了新进展, 一些国外学者的研究成果也逐步为国内数学史家所了解, 很有必要对中国传统数学进行新的整理与总结, 于是倡议缮写一部全面论述中国传统数学历史发展的著作, 取名《中国数学史大系》(以下简称《大系》). 当四位教授向吴先生汇报他们的研究计划时, 立即得到他的积极响应与大力支持, 欣然担任该《大系》的主编.

实际上, 吴文俊院士本人对编写一部全新的《大系》的必要性和重要性有极为深刻的认识, 他在给《大系》所写序言中说: "目前国内大部分群众对中国数学的成就和发展情况了解仍嫌不足, 已有的同类书籍却偏于某一侧面, 不满足现在教学、科研或其他方面的需求. 已有的工作与我国的发展形势还不相称, 国际学术界也有较强烈的要求, 希望有大型的中国数学史著作问世.《大系》的倡议, 可谓来自这些客观形势的分析, 有鉴于客观上有必要而来. "[15]

为了完成好这样一部巨著, 在白尚恕教授组织下, 四位教授联合攻关, 广泛发动全国的力量, 组织几十名数学史学者参与到《大系》的撰写任务中, 其中大部分是高校的教师和硕士、博士. 在具体工作中, 四位教授经常向吴先生汇报、请教, 常常在他家里一讨论就是半天. 吴先生也在百忙之中抽出时间来审读稿件, 撰写序言, 为这部巨著的问世付出了很大的心血. 但当全书出版后, 记者采访他时, 他对自己的工作却轻描淡写地说: "我没有做多少工作, 但这四位作者我是十分了解的, 我信得过他们. "[16] 他分别介绍了四位教授的研究特长和成就, 把主要贡献归功于四位教授.

这项工作开始之初, 白尚恕教授主要负责联络组织, 做了大量艰苦细致的工作, 经过与北京师范大学出版社的共同努力,《大系》被列入国家 "八五" 出版计划, 但不幸的是, 1993 年和 1995 年李继闵先生与白尚恕先生先后去世,《大系》受到严重影响. 李迪先生与沈康身先生把计划篇幅调整为 8 卷加 2 个副卷, 继续组织研究与撰写, 在所有作者的共同努力下, 在 1998 年至 2000 年间出版了 9 卷, 到 2004 年最后一卷终于出版, 此时距 1984 年启动《大系》工作, 已经过了整整 20 年.

《大系》是一套规模宏大的巨著, 对中国数学史做了全面的总结, 有不少新成果令人耳目一新. 正如李文林先生的评价所说: "本《大系》可以说是这一新阶段中国数学史研究的系统性、汇总性和代表性的巨著, 其篇幅之宏, 史料之丰, 见解之新, 在国内外还从未见过, 可谓首创. 这套书全面反映了 20 世纪 70 年代以来国内外中国数学史研究的最新成果, 其中包括作者们自己多年积累的重要研究成果.

《大系》不仅给读者提供了过去人们较少利用或根本没有利用的材料……新史料帮助新观点的形成, 书中确实包括不少令读者耳目一新的观点和见解.《大系》的作者注意更多地涉及少数民族数学史方面的内容. ……本书的副卷也极有价值, 以副卷二《中国算学书目汇编》为例, 该卷构成一部完整的中国算学书目, 其中收录了自《算数书》以来至民国初年止两千多年间的中国传统数学书目录两千多条, 每条目录包括书名、作者、版本、现存算书的藏书地 (包括部分国外的收藏情况) 及失传书的文献出处等多项内容. 这是作者几十年不断调查研究的成果, 也是对中国传统数学书目做的一次全面整理. 对于研究中国数学史来说, 其本身就是一部重要而又珍贵的工具书. ”[17]

《大系》的完成, 离不开四位教授的组织策划和全体作者的辛勤工作, 还有北京师范大学出版社 20 年来的大力支持, 而更离不开的是吴先生这位主编, 只有通过他的影响和地位, 才能凝聚力量, 把大家团结成一个集体、一个团队, 共同完成这项事业.

《大系》的意义, 远不止这部巨著本身所体现出来的成果, 在完成《大系》的 20 年间, 作者们还有许多相关的产品, 发表大批论著. 例如, 李迪先生的《中国数学通史》(原计划四卷, 只完成了三卷) 就是这样一部著作. 另外, 在编纂《大系》的过程中, 培养训练了一批中青年学者, 对高校的研究生培养也起到极好的作用.

四、对人才培养和学科建设的重视与支持

吴文俊院士十分关心数学史人才培养, 他希望通过大量培养后继人才, 通过青年一代的工作来深刻认识数学史, 澄清东西方数学关系. 他在“中外数学史讲习班”上的讲话对此有相当明确的表达. 1984 年, 受教育部委托, 在北京师范大学举办了“中外数学史讲习班”. 江泽涵、吴文俊、王梓坤等著名数学家到会讲话, 表达他们对数学史研究与教育的支持. 吴文俊院士的讲话对数学史教育工作寄予极高的期望. 他的基本思想是, 要对中西数学有一个明确而又深刻的理解, 必须培养大批新生力量. “欧洲中心论”或“西方至上论”的盛行, 固然与西方学者思想中的固有的偏见有关, 但是他们对东方的了解不全面也是一个十分重要的原因. 吴院士客观公正地指出, 我们自己的责任也不小: “我们不能轻以责己, 而严以责人. 造成这种局面的原因应该返求诸己. 如果我们对自己数学的历史了解不多, 认识不深, 也不向西方的学者多作介绍, 又如何能要求一位西方学者, 克服文字上难以逾越的困难而对中国的传统数学在数学发展历史上的地位作出正确的评价……”[13]. 他殷切地期望培养出一批有能力有责任的数学史工作者, 通过教育与普及, 通过青年一代的努力, 把数学史做好. 他说: “第一步就是把有关的知识普及给大家. 然后, 许多同志在学校里讲数学史的课, 至少把现在已经有的成就普及到广大青年一代, 再下去,

就要考虑中西方数学的交流与比较. ……我想, 经过这个讲习班, 大家在各个高等学校开设数学史这门课, 培养出大批新生力量来, 他们不仅是有条件而且有责任把东西方的数学交流这个问题弄清楚. 我们的讲习班不仅在这里讲讲课, 回去讲讲课, 我认为还应该负担起某种责任来. 这个责任, 我们这一代事情那么多, 不那么容易做到. 但我想, 许多同志回去开课的时候, 应该使下一代把这个任务担当起来. 要彻底把东西方数学交流的问题弄清楚. 这是能做到的"[12]. 他鼓励青年人要有吃苦精神. 我们要讲清楚东西数学关系, 首先必须了解西方, 要看第一手资料, 要过文字关. 他勉励大家"这是要下功夫的. ……少说一点, 是希腊文、拉丁文. 而你要真正弄清楚东西方交流的历史, 你就得掌握阿拉伯文、波斯文, 懂得土耳其文, 懂得这几个地区的文字. 当然, 现在我们是不可能做到的. 可是, 我们应该有志气来做!"他用一些研究中国科技史的外国学者对中文掌握的程度的事例来鞭策和鼓励我们:"中国人就没有一种志气、一种能力可以掌握阿拉伯文、土耳其文、中亚细亚各国的文字? 我想, 这是应该做到的. "从这个讲话看出, 吴院士对于数学史教育的关切心情和对后辈学人的殷切期望.

吴文俊院士等数学家对数学史教育的支持, 对于数学史工作者是个极大的鼓舞. 1986 年, 白尚恕等教授又在教育部支持下在徐州师范大学举办了"双九章讲习班". 这两次数学史讲习班取得了良好的效益, 全国百余所高校派人参加了这两个讲习班, 之后, 很多学员加入了数学史研究与教学的行列, 开设数学史课的学校从原来的 11 所逐渐增加到 60 多所. 讲习班期间, 受教育部委托, 8 所高校的数学史专家共同制定了《高校数学史课程教学大纲 (草案)》和《高校数学史硕士研究生培养方案 (草案)》, 报教育部备案. 接着, 高校教师又集体编写了两部数学史专用教材《中国数学简史》和《外国数学简史》, 均由山东教育出版社出版, 解决数学史教学的当务之急. 内蒙古师范大学也编写了供研究生使用的《中外数学史教程》(福建教育出版社, 1993 年). 李文林教授也把他在北京大学和清华大学讲课的讲义编成《数学史教程》(高等教育出版社, 2000), 第 2 版修订改名为《数学史概论》, 反复重印. 为了数学史研究生教学工作的需要, 几位教授又组织了《中华传统数学名著导读丛书》, 作为研究生的参考教材, 由湖北教育出版社先后出版, 包括:《〈杨辉算法 〉导读》(郭熙汉, 1996)、《〈测圆海镜) 导读》(孔国平, 1996)、《〈九章算术 〉导读》(沈康身, 1997)、《中华传统数学文献精选导读》(李迪主编, 1999)、《〈孙子算经 〉〈 张邱建算经 〉〈 夏侯阳算经 〉导读》(纪志刚, 1999)、《〈算法统宗 〉导读》(郭世荣, 2000).

吴院士对高校数学史学位点的建设也十分重视, 大力支持. 1989 年, 白尚恕教授与李继闵教授考虑在高校建立数学史博士点, 最终以西北大学、北京师范大学、杭州大学、中国科学院数学所和系统所五单位名义联合申请, 被批准在西北大学设立全国高校第一个数学史博士点. 在申请过程中, 吴文俊院士的支持极为重要, 他积极宣传建立数学史博士点的必要性和重要性,与数学界广泛沟通,得到数学家们的支持. 2002 年,吴院士欣然接受内蒙古师范大学的邀请,担任校学术顾问,对内蒙古师大的学科建设给予热情的指导,特别是对学校申请科学技术史博士点给予了极大的支持. 20 世纪 90 年代后期,几个数学史学科点在研究经费上遇到了困难,吴院士了解情况后,把自己的科研费用挤出一部分,以合作研究名义分发给每个学位点,后来他又和李文林先生在数学天元基金中给数学史争取到了一些项目,使大家渡过了一个困难时期.

　　吴文俊院士十分重视宣传中国传统数学的重要研究结果,总是通过写序、演讲、个人谈话、信函等多种形式鼓励任何新思想、新想法的提出与论证,对于新成果,他总是热情宣传,积极推荐. 对于一些重要的数学史项目的申请、评奖或推荐,吴先生总是给予支持和帮助,亲自撰写评语和意见. 李继闵教授研究《九章算术》及其刘徽注,认为刘徽已经获得了无理数,建立了中国的实数体系. 吴院士得知这一结果后,十分高兴,不仅热情鼓励李继闵先生尽早发表,而且多方宣传与推荐. 在他的鼓励与支持下,李继闵教授完成了一系列重要成果,出版重要学术著作《东方数学典籍〈九章算术〉及其刘徽注研究》. 对于吴先生的支持,李继闵教授十分感动,他在该书自序中写道:“如果没有吴先生的关怀与支持,这本小书至少是不会现在就能与读者见面. ”他在另一部著作中也写道:“这位大师对我的学术工作给予极大的支持与指导,他关于数学史的许多远见卓识,始终是我工作的指南. 作为先生的未及门弟子,我怀着无限由衷的崇敬与感激之情. ”[18] 吴院士为任何重要成果的出现而欣喜,而宣传,绝不吝惜言辞. 他十分希望能有一些懂得西域语言的学者参加到数学史研究中来,当得悉新疆大学的阿米尔教授懂得多种语言,并用哈萨克文写了一部数学史,马上给予支持与帮助,希望他进一步研究下去.

　　如上所述,吴文俊院士对高校数学史人才培养和学科建设给予了极大的重视和支持,正如李迪先生曾经总结的一样:“吴文俊院士从各种角度支持中国数学史研究工作,例如,建立学位点、推荐有关著作的出版、支持申请自然科学基金,甚至当他看到有的数学史研究者经费比较紧张时,便从自己的科研经费中拨出一些以合作的形式予以支持. ”[2]

五、数学与天文丝路基金

　　前文已经提到,通过比较研究,彻底清查中外数学关系,一直是吴院士心中的一件大事. 他认为:“澄清古代中国与亚洲各国特别是沿丝绸之路数学与天文交流的情况,对于进一步发掘中国古代数学与天文遗产,探明近代数学的源流,具有重要的学术价值和现实意义. ”[19] 但是,由于语言和经费等困难,这方面的工作一直没有得到应有的开展. 2000 年,吴文俊院士获得国家科学大奖,便做出决定,从奖金中拨出 50 万元 (后来又追加了 50 万元) 设立“数学与天文丝路基金”,“用于鼓励并资助年轻学者研究古代中国与世界进行数学交流的历史, 揭示部分东方数学成果如何从中国经'丝绸之路'传往欧洲之谜."

"丝路基金"的建立体现了数学史研究指导思想上的创新特点. "丝路基金"所推动的是一个极富创新性的大型科研工程. 它的指导原则的确定、研究方向和研究任务的提出、研究目标的预期, 都体现了创新的精神. 特别是培养有关研究人才、逐步建立一支青年研究队伍的想法, 是一个极为重要的思想. 这个思想的重要性在于放眼于长远发展, 而不是就项目论事. 这对我国数学史事业的推动作用将会是无可估量的.

2001 年, "丝路基金"在李文林教授的主持下正式启动. 该基金对于高校的数学史研究起到了极大的推动作用. 首批六个项目全部是高校数学史工作者承担的, 项目主持人分布在新疆大学、清华大学、天津师范大学、内蒙古师范大学、上海交通大学和辽宁师范大学, 除了主持人外, 这几所大学的部分数学史教师和研究生也参加到了项目中. 在李文林先生的精心组织与领导下, 项目取得了较为丰富的成果, 除了发表一批论文外, 还出版了《比较数学史丛书》, 包括一批专著:《中日数学关系史》(冯立昇)、《中国数学典籍在朝鲜半岛的流传与影响》(郭世荣)、《古希腊数理天文学溯源 —— 托勒玫〈至大论〉比较研究》(邓可卉)、《中国阿拉伯若干数学问题比较研究》(包芳勋). 由吴文俊院士担任名誉主编、李文林研究员担任主编的《丝绸之路数学名著译丛》(科学出版社出版), 已经出版的有婆什迦罗的《莉拉沃蒂》(徐泽林等译)、花拉子米的《算法与代数学》(伊里哈木·玉素甫、武修文编译)、斐波那契的《计算之书》(纪志刚等译)、《和算选粹》(徐泽林编译) 及《和算选粹续集》(徐泽林编译, 北京科技出版社). 还有其他一些著作, 如译著《欧几里得在中国》(纪志刚等译). 这些成果在比较数学史与数学交流史的大框架下, 对中日数学关系、中朝数学关系、中国与阿拉伯数学关系乃至中国与西方数学关系史研究, 做出了初步的贡献, 相信随着研究的进一步深入, 还会有更多的、更好的成果相继出现.

"丝路基金"也为数学史人才培养提供了条件, 中国科学院数学与系统科学研究院、上海交通大学、西北大学、内蒙古师范大学、天津师范大学、辽宁师范大学都培养了相关的博士生或硕士生. "丝路基金"还为学习阿拉伯语的研究生提供了专项学习费用. "丝路基金"的设立, 也促进了其他基金对数学史研究的投入, 例如承担该基金项目的多数高校给予了相应的资金匹配, 相关项目也得到了国家自然科学基金的支持.

毫无疑问, "丝路基金"的建立和实施, 对于高校数学史研究及其学科建设与人才培养, 起到了新的极为有力的推进.

六、结束语

上面, 扼要地介绍了吴文俊院士与我国高校数学史研究与教育之间的一些情况. 笔者所了解的情况十分有限, 所经历的更少, 对吴院士学术思想的领会也十分肤浅, 我们的介绍难以做到全面而完整. 但是, 我们深深体会到吴院士对高校数学史工作的关怀, 体会到他对中国传统数学史研究所寄予的期望, 体会到他期望了解中外数学关系的心情, 更能体会到他设立 "丝路基金" 的良苦用心.

我们深信, 他所期望的比较数学史与数学交流史研究, 一定能够逐步展开与深入. 吴院士在谈到 "丝路基金" 时多次讲到, 做好这件事需要勇气, 要有搞清楚历史事实的决心与意志, 要有学好外语、全面深入到外国文献中的吃苦精神. 这是对后人的鼓励与鞭策, 也是对青年一代甚至几代人的期望. 我们必须努力, 也务必努力, 以不辜负吴先生为代表的老一代学者的期望.

参考文献

[1] 李文林. 古为今用的典范 —— 吴文俊教授的数学史研究. 数学与数学机构化 (林东岱、李文林、虞言林主编). 山东教育出版社, 2001: 49-60.

[2] 李迪. 中国数学史研究的回顾与展望. 数学与数学机构化 (林东岱、李文林、虞言林主编). 山东教育出版社, 2001: 407-425.

[3] 胡作玄, 石赫. 吴文俊之路. 上海科学技术出版社, 2002.

[4] Qu Anjing. The Third Approach to the History of Mathematics in China, in *Proceedings of the International Congress of Mathematicians*, Vol. III, 高教出版社, 2002: 947-958.

[5] 郭世荣. "吴文俊数学与天文丝路基金" 与数学史研究. 广西民族学院学报, 2004, 4: 6-9.

[6] 张奠宙, 方均斌. 研究吴文俊先生的数学教育思想. 数学教育学报, 2009, 18: 5-7.

[7] 吴文俊. 吴文俊文集. 山东教育出版社, 1986: 1-93.

[8] 顾今用 (吴文俊). 中国古代数学对世界文化的伟大贡献. 数学学报, 1975, 18(1): 18-23; 又见: 吴文俊文集. 山东教育出版社, 1986: 2-11.

[9] 吴文俊. 《海岛算经》古证探源.《九章算术》与刘徽. 北京师范大学出版社, 1986: 162-180; 又见: 吴文俊文集. 山东教育出版社, 1986: 53-73.

[10] 吴文俊. 近年来中国数学史的研究. 中国数学史论文集 (三). 山东教育出版社, 1986: 1-9.

[11] 吴文俊. 我国古代测望之学重差理论评介 —— 兼评数学史研究中某些方法问题. 科技史文集 (八) ·数学史专集. 上海科学技术出版社, 1982: 10-30.

[12] 吴文俊. 在中外数学史讲习班开幕典礼上的讲话. 吴文俊文集. 山东教育出版社, 1986: 96-104.

[13] 吴文俊. 序言. 东方数学典籍《九章算术》及其刘徽注研究 (李继闵著)[M]. 陕西人民教育出版社, 1990.

[14] 吴文俊. 前言. 《九章算术》与刘徽 [C]. 北京师范大学出版社, 1982.

[15] 吴文俊. 序. 中国数学史大系 [M]. 北京师范大学出版社, 1997.

[16] 张双虎. 10 年: 谱写中国数学史. 科学时报, 2005 年 5 月 26 日.

[17]　李文林. 鸿篇巨制　清新隽永. 光明日报, 2005 年 4 月 12 日.

[18]　李继闵. 九章算术校注. 陕西科学技术出版社, 1993: 586.

[19]　黄祖宾 (问), 吴文俊 (答). 走近吴文俊院士. 广西民族学院学报 (自然科学版), 2004, 10(4): 2-5.

纪念吴文俊先生

李文林

吴师离开了我们,但我总难以相信. 一切就彷佛发生在昨天一样 ——40 年前,也就在这个季节的一个下午, 在原数学所大楼前, 吴先生叫住了我: "听说你们要去西安做数学史调研, 我可以跟你们一起去吗?" 可以想像我当时又惊又喜的心情. 吴先生是大名鼎鼎的学者、学部委员, 而我当时好像连助研都还不是, 他要跟我们一起去调研, 而且是数学史调研! 当然我也怕旅途劳顿, 先生年近花甲, 跟着我们年轻人奔波行吗? 便不无担心地问: "出差辛苦啊, 师母同意吗?" 吴先生毫不犹豫地说"没有问题!" 就这样, 我们一起踏上了西行的数学史调研之旅. 如果是现在, 吴先生每到一地, 应该会受到隆重的接待. 那时不一样, "文革"刚结束不久, 各方面条件都很差. 一路上吴先生跟我们一起粗茶淡饭, 睡双人间 (在洛阳甚至还睡过通铺). 我们去登封坐的是大卡车, 吴先生认认真真地考察那里的周公测影台和郭守敬观象台, 跟少林寺的方丈讨论佛教的传播 ······ 所到之处, 总是兴致勃勃. 除了考察, 吴先生也在西安的大学做了几场学术报告. 在西北大学做了两次, 分别是关于中国古代几何和定理机器证明. 正是这次难忘的旅途, 使我有幸较早地了解到吴先生的中国古代数学史研究与他在数学机械化方面的开创性贡献之间的联系. 我还清楚地记得在返京的火车上, 先生给我讲解朱世杰 "四元术" 对他的启发, 讲解现代代数几何的一些基础知识, 我至今还保存着吴师在上面写下双有理函数等公式的笔记本.

跟吴师一起度过的这十余个日日夜夜, 使我终身难忘. 从那以后, 我们的接触变得频繁, 使我有更多的机会聆听吴师在数学史方面的见解. 除了亲自做数学史研究, 吴先生还鼎力支持国内数学史事业的发展. 他参加几乎所有的数学史学术会议, 支持数学史学位点的建立. 数学史学者申请基金困难, 先生除了通过天元基金等呼吁外, 甚至用个人的经费帮助数学史学者. 如李迪、白尚恕、沈康身等已故去的数学史教授, 都跟我说过他们意外地收到汇款, 一查是吴先生寄的. 对于数学史学者的诉求, 吴先生可以说有求必应. 当然, 先生对中国数学史事业最强有力的支持, 是他那高屋建瓴的观点. 在他的引领下, 20 世纪八九十年代, 中国数学史经历了一个前所未有的发展高潮. 可以说, 没有吴先生, 就没有中国数学史的今天. 同样, 世界数学史今天的现状, 也是与吴先生的影响分不开的.

刚才邦河谈了吴先生数学史研究的深远影响, 我完全同意. 的确, 吴先生在数学史方面最有冲击力的观点是指出了数学发展中的两条主线, 一条是希腊式的数学，一条是以中国为代表的古代与中世纪东方数学. 对于现代数学的形成来说，两条主线相辅相成，缺一不可. 在 20 世纪七八十年代，国际学术界对这个问题有很不一样的看法. 最能说明问题的是 1972 年出版的《古今数学思想》，这部百万字巨著中没有一个字介绍中国古代数学，作者在前言中声明："我忽略了几种文化，例如中国的、日本的和玛雅的文化，因为他们的工作对于数学思想的主流没有影响." 吴先生深知他是在向数学史的传统观点挑战. 不过，在吴先生研究的影响下，近 40 年来这方面情况已有很大的变化. 国内外众多学者的深入研究和大量史料的发掘，为吴先生的观点提供了有力的支持. 今天，当我们回顾吴先生在 1970 年代发表的数学史论点时，我们不能不为他的高瞻远瞩和勇气而点赞. 当然，仍会有不同的看法. 有一次，就在庆祝吴先生 90 大寿的学术会议期间，国外一位有名的数学家在跟我聊天中质疑中国古代有没有十进位值记数制. 我记得当时我跟前日本数学会的理事长小松先生一起向这位教授解释了足足有一小时. 十进位值记数制是受到法国大数学家拉普拉斯盛赞的数学发明，但长期以来西方学者根深蒂固的印象认为是印度人的发明. 在国内，我也遇到一些大学教授认为中国古代只有勾股定理的特例勾三股四弦五，而不知道《周髀算经》中明确地陈述了一般形式的勾股定理. 对于数学史上的不同看法吴先生是清楚的. 他晚年提出了沿丝绸之路数学与天文知识的交流与传播的研究课题，我理解应该是他关于数学发展主流问题的观点的更深层次的阐发. 为此吴先生从他的国家最高奖奖金中拨出巨款建立了 "数学与天文丝路基金"，鼓励并资助有发展潜力的年轻学者从事有关古代中国与亚洲各国数学与天文交流的研究.

吴文俊数学与天文丝路基金的宗旨是澄清沿丝绸之路数学与天文交流的情况，进一步发掘古代数学与天文遗产，探明近代数学的源流. 我认为丝路课题可以说是凝集了吴先生最主要的数学史思想和理念：他关于数学发展主流的观点；关于古为今用、自主创新的提倡等等. 在 2000 年前后，吴先生提出这样的丝路课题，可见他非同一般的远见与卓识！

吴先生当时已年逾八旬，我还记得他亲自带着我到科研处办理拨款手续的情景. 对于吴师的信任，将这样重大的课题交给我来负责，我感到无比感激和光荣，同时也深感责任重大. 在吴先生的支持与指导下，丝路课题取得了一定的成果，但还是初步的，离吴先生要求的目标还有很远的距离. 这也使我感到遗憾和愧疚. 现在先生已驾鹤西去，但他深邃的思想和崇高的精神将永远鼓舞我们前进. 就我个人而言，我将化悲痛为力量，永远铭记吴师对我的教导，继承吴师的遗志，为推动中国数学史研究，特别是为实现丝路课题的目标而努力奋斗. 最后我想就以作为丝路课题初步成果的《丝绸之路数学名著译丛》丛书序言的标题来结束我的发言："丝路精神，光耀千秋！" 吴文俊先生的精神光耀千秋！

我们这个时代的领袖数学史家

曲安京

一

吴文俊先生今年 90 岁了. 在李文林老师的召集下, 中国数学史界的同事们齐聚北京, 在吴先生生日的当天, 以会议的形式为先生祝寿. 看到耄耋之年的吴先生依旧神采奕奕, 慈祥可亲, 大家都感到由衷的高兴.

10 年前, 吴先生 80 大寿的时候, 我正在国外游学, 没有赶上, 据说祝寿的场面也非常隆重. 在那次会议上, 李文林老师就吴先生在中国数学史研究方面的贡献作了一个主题报告, 我后来捧读这篇文章, 觉得李老师对吴先生的贡献总结得非常到位和全面, 我完全赞同他的观点. [1]

前些日子我接待了一位著名的数学家, 在饭桌上他突然问我: "吴先生在数学史上有什么贡献?" 这个问题我是有答案的, 但又不是几句话可以说清楚的. 我记得对话是这样的: "吴先生在数学史上的贡献, 大约可以用两点概括: 其一, 他提出了一种自己的数学史观. " 客人似乎对此有些了解, 接着问: "其二呢?" "其二, 吴先生在方法论上有重要的贡献. " 大约客人觉得这样的概括不够具体, 他问: "方法论有什么东西?" 我向他解释了一番, 但是, 那个场合实在不是讨论问题的场所, 因此, 好像没有说服他的意思.

吴先生提出的数学史观, 体现了他对中国传统数学的价值的认识. 吴先生提出的 "古证复原" 的数学史研究范式, 则对过去 30 多年的中国数学史研究产生了十分重要的影响. 我想就我个人的感受, 对上面提到的两点谈一些感想, 且作狗尾续貂.

二

今天, 很多人都知道吴先生提出的数学史观: 在数学的历史长河中, 应该存在着两种交互出现的数学潮流, 其一为公理化的逻辑演绎体系, 其二为机械化的程序算法体系. 后者的典型代表, 就是中国传统数学.

将中国传统数学置于这样一个宏大的框架下, 几乎与古希腊数学分庭抗礼, 这是令不少人所难以理解和接受的. "中算" 常常为人诟病的, 是所谓缺乏形式逻辑系统上的演绎体系, 往往是从具体问题而不是从公理系统出发. 一些中国数学史家,因应这些指责, 欲为之辩护, 常常会摘章引句 (如刘徽与《墨经》等), 说明中国古代也有类似的东西云云, 结果争来争去, 谁也说服不了谁, 大抵归结为 "数学" 的定义到底是什么? 而不了了之. 这样的争论, 沉寂一段时间, 必定会卷土重来, 然后又无疾而终.

其实, 从现实问题出发, 没有错; 用程序算法解决问题, 也没有错. 数学史上, 这样的事例比比皆是, 只是大家习以为常, 视而不见罢了, 特别是 20 世纪以来, 公理化的传统渗入到了现代数学的各个角落, 更是给人的感觉, 非此便不是数学. 吴先生揭示了这样的事实: 数学本来就存在着两种不同的传统, 一种是证明的传统, 一种是算法的传统. 而 "中算" 作为后者的代表, 正是她的价值所在.

近代科学得以创立的特点之一, 就是要有将现实问题, 抽象为数学模型而加以研究的习惯. 我们可以在秦九韶、李冶, 特别是朱世杰的著作中看到一点这样的苗头, 很可惜, 无以为续. 在 17 世纪 (明末清初) 西方科学第一次传入中国的时候, 一些数学家开始树立复兴传统数学的旗帜. 但是, 从清代数学家的表现来看, 在继承并发扬中国数学传统方面, 似乎并不成功, 主要的原因, 大约应该是没有认识到这个问题的症结所在.

2006 年, 我们在京都大学听完了小松彦三郎教授的报告后, 吴先生说, 关孝和等和算家才是朱世杰真正的继承人. 应该说, 和算家在继承 "中算" 传统的实践中, 很自觉地将现实问题, 抽象为数学问题, 这是和算家能够做出更多深刻的、创造性的数学成就的主要原因, 这也是和算对中国数学传统的最为重要的创新.

我个人学习吴先生的文章, 慢慢体会到, "中算" 的价值并不在于它曾经创造了什么数学, 而是体现在她以机械化的、构造性的算法来处理现实问题的传统或方式, 这是问题的关键所在. 正如吴先生指出: "我国传统数学有它自己的体系与形式, 有着它自己的发展途径与独创的思想体系, 不能以西方数学的模式生搬硬套"([1], 页 3). 这一点, 向不为数学家甚或数学史家所重视. "中算" 的问题, 并非缺少形式逻辑, 而是缺乏将现实问题抽象为一般的数学模型的习惯, 这一点阻碍了她的进一步发展, 这大约是清代学者复兴 "中算" 的愿望落空的根本原因. 吴文俊先生自己在数学机械化方面的工作, 是现代数学家继承中国数学传统的一次成功的实践, 是真正在发扬光大以朱世杰为代表的 "中算" 传统.

三

吴文俊先生将他倡导的数学史的研究方法称为 "古证复原", 在李文林老师的文章中对此也有详细的论述. 2002 年, 我提出相对于李俨、钱宝琮先生的以 "发现" 为特征的传统的史学研究范式, 吴先生的 "古证复原" 思想倡导了一种以 "复原" 为特征的新的数学史研究范式. [2] 我为什么这么说呢? 那是因为, 从根本上讲, 吴文俊范式的出现, 开创了一个新的时代. [3]

依我个人的浅见, 吴先生在数学史研究方法论上的贡献, 或许更加重要. 事实上, 他所倡导的数学史研究范式, 远远超过了中国数学史的领域. 至少, 在我所熟悉的数理天文学史的研究实践中, 已经产生了很大的影响. 下面我用一个具体的小例子来说明这个情况.

中国数理天文学, 是为了归算日月五星运动规律而诞生的一门学问, 深受历代帝王的重视. 不过, 由于历法的颁布是一种皇权的象征, 因此, 虽然历代正史 (《二十四史》) 多辟有《天文律历志》以记载历法, 但是, 对历法的各种算法的构造方法多讳莫如深. 长期以来, 对于历史学家来说, 这些历法文献所记录的艰涩文字, 顶多是给出了一些经验公式, 根本看不出其中蕴含了什么道理.

这种状况, 直到 1940 年代薮内清的博士论文《隋唐历法史的研究》的出版才有所改观. 20 世纪 70 年代以后, 以陈美东先生为代表的一批中国天文史家, 开始对历代历法的算法进行系统的清理, 经过 20 多年的研究, 隋唐以来历法中的各种主要算法基本上都清理出来了, 这些研究, 在很大程度上丰富了中国历法史的内容.

举例来说, 在唐宋时期的历法中, 天文学家为了计算太阳的视赤纬, 构造了一系列复杂的多项式函数. 如图 1 所示, 点 S 表示太阳, 点 P 表示北赤极, PSF 为过太阳 S 的赤经圈, 与赤道交于点 F. 按太阳日行一度, 令 $x = $ 弧 SB, 则弧 $SF = \delta(x)$ 表示夏至前第 x 日太阳的视赤纬.

为了计算太阳视赤纬 $\delta(x)$, 中国古代的历法家们设计了很多不同的算法, 其中唐代边冈的《崇玄历》(892) 中的术文称:

> 又计二至加时已来至其日昏后夜半日数及余. ……令自相乘, 进二位, 以消息法 (1667.5) 除为分, 副之. 与五百分先相减, 后相乘, 千八百而一, 以加副, 为消息数. 以象积 (480) 乘之, 百约为分, 再退为度. [4]

这段文字给出了一个计算太阳视赤纬的函数, 按照陈美东的疏解, 假设 x 表示二至后太阳在黄道上的实际行度, 我们不难根据上述文字列出如下算式:

$$\delta(x) = \frac{480}{10^4} \times \left[\frac{100x^2}{1667.5} + \frac{\left(500 - \dfrac{100x^2}{1667.5}\right) \times \dfrac{100x^2}{1667.5}}{1800} \right] \text{(度)} \tag{1}$$

取黄赤大距 $\varepsilon = 24$ 度, 则任意给定时刻太阳的视赤纬 $\delta(x)$ 应如

$$|\delta(x)| = \varepsilon - \theta(x)$$

这就是《崇玄历》计算太阳视赤纬的算法, 人们可以根据理论算法, 来检验该算法的精度. 对于天文史家来说, 事情基本上到此为止了. 那么, 这个算法究竟是怎么得来的呢? 因为边冈在《崇玄历》中没有说, 天文史家便也就无从猜测了.

但是, 对于我们这些深受吴范式影响的数学史家来说, 公式 (1) 的精度如何, 并不是我们关注的焦点, 重要的是, 它到底是如何得来的? 为了使问题更加明白, 令 $a \approx 91.31$ 度, 表示黄道度之一象限的度分, 则 (1) 式可以变化为

$$\theta(x) = \varepsilon \left[y + \frac{(1-y)y}{b} \right], \quad y(x) = \frac{x^2}{a^2} \tag{2}$$

其中 $0 \leqslant y(x) \leqslant 1$, ε 为常数, b 为唯一待定系数.

显而易见, (2) 式并不是普通的插值函数, 它的构造与内插法之类的数值方法是不同的. 我们知道, 对于一般的插值函数的构造, 可以不必考虑被插函数的几何模型. 但是, 由于 (2) 式的特殊性, 使得我们不能忽视它所对应的天体运动的几何模型. 那么, 如果边冈在《崇玄历》中使用了一个几何模型来构造公式 (2), 这个几何模型会是什么呢?

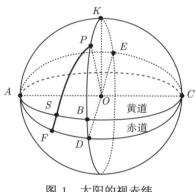 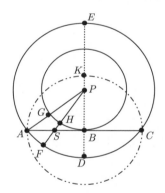

图 1　太阳的视赤纬　　　　　图 2　《崇玄历》算法的构造

四

根据吴文俊 “古证复原” 的原则: 所有研究结论应该在幸存至今的原著基础上得出; 所有结论应该利用古人当时的知识、辅助工具和惯用的推理方法得出.[5] 我们需要知道中国古代历法家习惯使用的几何模型. 可惜, 这样的资料非常稀少. 不过, 在《明史历志》中, 我们看到了《授时历》在计算白道交周时所采用的月道距差图, 非常有趣的是, 这幅图给出了一种将天球上的白道与黄道投影到平面上的做法 (图 3).

那么, 假定边冈也是利用类似的方式, 将图 1 中的天球展布到平面上, 而获得一个几何模型, 可否以此推导出公式 (2) 呢?

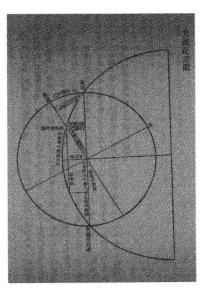

图 3 《授时历》月道距差

我们将图 1 中的黄道面垂直地投影在平面上, 如图 2 所示, 直径 ABC 为黄道投影, 点 A, B, C 分别表示春分、夏至、秋分点. 以 B 为心的虚线圆表示天球在平面上的投影 (即过两分点 A, C 的黄经圈). 图 1 中的赤道圈, 投影为图 2 中的大圆 $P - ADCE$, 其中圆心 P 表示北赤极, 弧 ADC 为图 1 中外侧的半个赤道的投影, 而大圆弧 AEC 为图 1 中内侧的半个赤道的投影.

在图 2 中, 以点 P 为圆心, PB 为半径作一个圆, 与过太阳 S 的赤经圈 (PSF) 交于点 H, 与过春分点 A 的赤经圈 (PA) 交于点 G, 于是可令黄赤大距 $\varepsilon = BD = HF = GA$.

如图 1, 设 x 表示夏至前第 x 日, 按太阳日行一度, 则 $x = $ 弧 SB; 弧 $SF = \delta(x)$ 表示夏至前第 x 日太阳的视赤纬, 令 $a = $ 弧 AB, 表示一个象限的长度; 则将图 1 投影如图 2 时, 近似地有

$$SB : AB = x : a$$

并且

$$HS = \theta(x) = \varepsilon - \delta(x)$$

因为

$$AB^2 = AP^2 - PB^2, \quad BS^2 = PS^2 - PB^2$$

所以

$$\frac{x^2}{a^2} = \frac{BS^2}{AB^2} = \frac{(PS+PB)(PS-PB)}{(AP+PB)(AP-PB)} = \frac{(2a - 2\varepsilon + \theta)\theta}{(2a - \varepsilon)\varepsilon}$$

于是

$$\frac{x^2}{a^2} = \frac{\theta}{\varepsilon} - \frac{\left(1 - \dfrac{\theta}{\varepsilon}\right)\dfrac{\theta}{\varepsilon}}{(2a - \varepsilon)/\varepsilon}$$

上式可以化为

$$\theta = \varepsilon \left[\frac{x^2}{a^2} + \frac{\left(1 - \dfrac{\theta}{\varepsilon}\right)\dfrac{\theta}{\varepsilon}}{b}\right]$$

其中 $b = (2a - \varepsilon)/\varepsilon$. 若令 $\dfrac{\theta}{\varepsilon} = \dfrac{x^2}{a^2} = y$, 则有

$$\theta(x) = \varepsilon \left[y + \frac{(1 - y)y}{b}\right], \quad y(x) = \frac{x^2}{a^2}$$

此即 (2) 式. 这可能就是边冈算法的构造过程.

　　这个结果的意义在于, 中国古代历法家很可能曾有意识地利用一些天体运动的几何模型来推导他们的算法, 在没有球面三角的前提下, 将天球投影到平面的做法, 也是古希腊天文学家所惯常使用的.

　　在过去的 20 多年中, 我们将吴范式运用到数理天文学史的研究, 在薮内清与陈美东等天文史家工作的基础上, 获得了一系列有趣的结果, 在很大程度上推动了中国数理天文学史的研究.

五

　　国内数学史界的几代数学史家汇聚一堂, 为吴先生祝寿, 从大家的踊跃发言可以看出, 吴先生赢得了几乎所有与会者发自肺腑的赞颂. 这是因为: 对于很多人来讲, 他们的学术生命是从吴先生的这棵大树上生根、发芽, 乃至茁壮成长起来的. 引水思源, 也是要感谢的.

　　有些人因为自己崇高的学术成就, 而受到大家的尊敬; 有些人因为占据重要的学术资源并且热心地为别人服务, 而受到大家的感谢. 作为一个学者, 要做到这一点, 或许并不是太难. 但是, 要赢得大家由衷的敬佩和爱戴, 就不是那么容易了, 只有那些给别人的学术生命注入动力的人, 才能够做到这一点, 而这才是成就一个众望所归之学术领袖的主要因素.

　　吴文俊先生在中国数学史界的影响力, 是完全不一样的. 他是那种受到职业数学史家广泛爱戴的学者. 几年前, 有一位对数学史特别热心的老数学家, 在听完了我讲述的吴文俊与中国数学史的故事后, 蛮认真地说, 他在他的国家所做的事情, 也正是吴先生在中国所做的. 他当然希望他能够在他的国家的数学史家中间, 也拥有

吴先生在中国所拥有的影响力. 不过, 很多年过去了, 我并没有看到. 这说明, 要赢得一个国家的大部分职业数学史家的拥戴, 并不是一件容易的事.

中国数学史界的同仁, 对吴先生都怀有深刻的敬仰之情. 这不仅仅因为他作为当代中国的一位大数学家, 对中国数学史的研究倾注了很大的热情和支持, 我和我的同行们当然都感受到了这种支持在精神和物质上给予我们的鼓励, 我觉得更重要的是, 吴先生在方法论上为过去 30 多年的中国数学史研究指明了一种方向, 真正起到了一面旗帜的作用. 这是大家心甘情愿地环聚在他的周围, 拥戴他是我们这个时代的领袖数学史家的真正原因.

参考文献

[1] 李文林. 古为今用的典范 —— 吴文俊教授的中国数学史研究. 北京教育学院学报, 2001, 15(2):1-50.

[2] Qu Anjing. The Third Approach to the History of Mathematics in China. *Proceedings of the International Congress of Mathematicians 2002*, vol. III. Beijing: Higher Education Press, 2002: 947-958.

[3] 曲安京. 再谈中国数学史研究的两次运动. 自然辩证法通讯, 2006, 28(5): 100-104.

[4] 中华书局编. 历代天文律历等志汇编 (7). 北京: 中华书局, 1976: 2354.

[5] Wu Wen-Tsun. Recent Studies of the History of Chinese Mathematics. *Proceedings of the International Congress of Mathematicians*, 1986. Providence: American Mathematical Society, 1986: 1657.

为了中国传统数学的复兴 *

王渝生

吴文俊院士在第一节课上对我们说："以《九章算术》为代表的中国传统数学思想方法，同以《几何原本》为代表的古希腊数学思想方法异其旨趣，各有千秋，在世界数学发展的历史长河中，此消彼长，一度西方数学占了上风，以至于今天还有人一提到数学，言必称希腊，欧几里得、阿基米德；言必称西欧，牛顿、莱布尼兹.但是，在电子计算机出现后的今天，计算机的原理同中国传统数学思想方法若合符节.因此，我认为，在未来，以《九章算术》为代表的算法化、程序化、机械化的数学思想方法体系，凌驾于以《几何原本》为代表的公理化、逻辑化、演绎化的数学思想方法之上，不仅不无可能，甚至于说成是殆成定局，本人也认为并非过甚之辞！"

这段话我至今印象深刻.他字字珠玑、掷地有声，令闻者振聋发聩，值得深省.而我的博士生导师、数学史家严敦杰教授也写过这样的诗句："若把《原本》比《算术》，其中翘楚是《九章》."他们的观点不谋而合.

吴文俊院士讲到的中国传统的数学思想方法是机械化的，他后来也创立了机械化数学.他把刘徽注《九章算术》中的割圆术，用计算机语言翻译过来，形成了一个程序计算圆周率的精确值，他先把初等几何定理的证明机械化，又推广到初等微分几何中的一些主要定理的证明也可以机械化，然后他又把机器定理证明的范围推广到非欧几何、仿射几何、圆几何、线几何、球几何等领域.

继机器定理证明之后，吴文俊院士把研究重点转移到数学机械化的核心问题——方程求解上来，得出了作为机械化数学基础的整序原理及零点结构原理，它不仅可用于代数方程组，还可以解代数偏微分方程组，从而大大扩充了理论及应用的范围.国际上公认的"吴方法"不仅在机器定理证明、代数系统求解的理论和算法上，而且在物理学、化学、计算机科学、数学和机器人机构学等方面的应用上都取得了国际领先成果.那个时候他已经六七十岁了.他的创新直至耄耋之年，可谓老骥伏枥，壮心不已.

简单地说，吴文俊院士创立的数学机械化方法，就是用计算机代替了人脑，所以他获得国际人工智能的最高奖 (Herbrand 自动推理杰出成就奖)，也获得了国家最高科学技术奖.

应该说，吴文俊院士是从对中国传统数学的机械化特征进行深入分析后得出数

---

* 光明日报，2017 年 5 月 8 日.

学机械化思想和方法的, 他的目标是在数学的各个领域全面推行机械化. 这一思想是继承中国传统文化精华和实现中华民族伟大复兴在数学领域的正确途径.

今日回忆, 吴文俊院士的音容笑貌如在眼前. 他是个老顽童, 白发童颜, 总是胖乎乎、笑眯眯的, 十分慈祥. 记得 1980 年的首届全国数学史会议后, 60 多岁的他背一背包, 同我们一起去天池游览, 一路讨论数学史问题, 十分尽兴. 2002 年国际数学家大会期间, 我请他到中国科技馆来做数学学术报告. 我说: "您 80 多岁了, 身体真好." 他有点骄傲地回答说, 他还在香港迪士尼坐过山车呢! 吴文俊兴趣爱好广泛, 听京剧、看电影, 我还在音乐厅碰上过他和他的夫人. 所以, 我觉得一个科学家是有血有肉的, 有事业, 也有生活. 吴文俊院士虽已仙逝, 但风范长存, 他永远活在我们心中, 始终年轻、永远不老!

我认识的吴文俊先生——恭贺吴文俊院士九十华诞

张肇炽

一、第一次听说吴文俊先生

1957 年 1 月，国家第一次颁发了新设立的"自然科学奖"，以表彰我国科学家的科研成就和贡献. 此前，1956 年，国家首次正式向国人发出了"向科学进军"的号召，立即在科技和教育界获得了广泛而热烈的响应. 当时，我是正在就读的数学系本科高年级学生了，学校成立了"学生科学研究协会"，我的社会兼职随着也从系的学生会干部，转任系学生科协的主席和校科协的部长. 半年期间，数学系先后组织了三次科学报告会，并选出了部分优秀交流文章同其他理科系选出的文章一起，编辑并铅印成册 ——《科学习作》，在校内和校际间交流. 记得第 2 期就选载了我们年级管梅谷 (与周友权合作)、陆官宝和我的各一篇习作. 在此期间，我们也曾收到如北京大学数学力学系刻写油印的《科学小组通讯》等交流作品，记得其第 1 期包含：小组活动介绍、学习经验介绍以及短篇写作等，内容丰富. 我印象尤深的是张恭庆的《黎曼可积充要条件的初等证明》，原因是刚好和我此前一篇习作《黎曼可积条件与可积函数类》的选题十分接近，他这个名字也就一直记住了. 另外，就是记住了杨九皋、张景中两个名字，因为其中他们联名写了两篇：一是学习经验介绍的，一是关于矩阵乘积的文章. 于此可见，当时高校学生中浓郁的科研风气.

在这一派热烈的"进军"声中，国家自然科学奖的首次颁发，不仅是对在科学研究领域做出重要贡献的科学家们的奖赏和鼓励，也在青年学子中间产生了巨大的反响. 这次一共颁奖 30 多项，其中一等奖只有三项，分别是：华罗庚的"典型域上的多元复变函数论"、钱学森的"工程控制论"、吴文俊的"示性类与示嵌类的研究". 三项一等奖中数学占有了两项，这对数学人特别是学数学的大学生们，自然感到特别的骄傲，仿佛自己也沾到了那份喜气. 对于获奖人，华先生和钱先生，在大学生中早已鼎鼎大名，并成为了许多人心中的偶像. 但是吴文俊是谁? 此前似乎名不见经传，此时，只听说年纪还很轻，才三十多岁，这就更引起好奇. "他是谁?"总想问个明白. 大学生们习惯地想要问问自己的老师，大家猜议很多，但也不知道哪位老师晓得他的情况. 尝试着我们问起了此时上"近世代数"选修课的曹锡华老师 (曹先生也是三十多岁的年轻教师，此前几学年，曹先生曾先后给我们上过代数方向的几门课, 而且课外他还曾个别指导我们自学过几本外文书, 师生关系密切), 正好他们是熟人. 那是抗日战争胜利后的 1946 年, 他们一批年轻人都进了陈省身先生主持的中央研究院数学研究所 (筹), 跟陈先生学习, 后来他俩又一同随陈去到清华. 此后, 吴先生去了法国留学, 而他则赴美留学. 建国初都分别从海外归来. 他介绍说, 吴先生一直从事拓扑学的研究, 工作做得很好, 而他自己则是在有限群的领域做些工作. 关于拓扑学我自己所知甚少, 当年系上没有开这门课, 我手头有本波兰学者 Sierpinski 的 *General Topology* 的英译 (国内影印), 只是初读过. 再就是有时翻阅一下资料室的 *Fundmenta Mathematica*, 一本波兰期刊, 可用英文、德文等多种语言发表, 上面有许多基础理论性的文章. 至于什么 "示性类" "示嵌类", 那些属于组合拓扑 (或代数拓扑) 的概念, 简直一头雾水, 不知究竟. 反正觉得吴先生能够和华、钱二位一起获得三个一等奖之一, 一定非常了不起. 这一年随后, 他又补选为刚建立学部委员 (即后来的院士) 制度不久的中国科学院的学部委员, 而且是最年轻的委员之一就更足以说明了.

二、吴文俊与《中国现代数学家传》

20 世纪, 是中国现代数学 (也是现代科学技术) 从起步到腾飞的世纪, 是中华民族一百多年来从积贫积弱到逐步振兴的世纪. 真实地记录、书写、总结和研究这一个世纪以来的中国现代数学的历史, 是我国数学界, 特别是数学史界义不容辞的责任. 20 世纪 80 年代中期, 以为学者个人立传、"寓史于传" 的三部巨著, 几乎同时启动了. 1986 年 6 月, 中国科技协会第三次代表大会上决定编纂出版《中国科学技术专家传略》(以下简称《传略》); 1988 年 8 月, 在中国科学院领导下, 科学出版社组织的有各科学领域 60 余位著名学者组成的《科学家传记大辞典》(以下简称《传记》) 总编委会, 召开了第一次会议, 讨论了编纂方针, 制定了 "编写条例", 进而各学科的编委会也相继成立. 与此同时, 由一家地方性出版社和几所高校几位数学教师 "自由联姻", 完全没有官方背景和支持的, 只以为数学家立传为目标的《中国现代数学家传》(以下简称《传》) 的筹划, 也于 1987 年开始. 由于《传》这种纯民间性, 使得在人力、财力、可以运用的资源, 乃至人们的信任度等等的匮乏, 种种困难自是不言而喻. 所幸的是, 《传》得到了著名数学家程民德院士的鼎力支持, 慨然允诺出任主编, 具体策划、组织、领导了这部多卷集的工作, 虽历经了多次出版社的变故等种种困难, 工作仍得以不断进展. 第一卷于 1994 年 8 月由江苏教育出版社 (南京) 出版; 最初规划的五卷集之第 5 卷, 也已于 2002 年 8 月出版.《传记》是以涵盖中外古今科学家的一部大型辞典为编纂目标的, 其中, 预期收录中国现代科学家约计 600 左右, 而数学家约占十分之一. 各集出版时, 数学、物理、化学、天文、地理、工程技术……分别占其一部分, 第一集于 1991 年 3 月出版. 吴文俊先生是这部辞典总编委会的副主编之一.《传略》的编纂范围限于中国的科学技术专家, 分为工学、农学、医学、理学四编, 其中理学又分为数、理、化、天、地、生等 6 卷, 数学卷的主编是王元院士, 第一卷于 1996 年 11 月由河北教育出版社 (石家庄) 出版.

身为《传记》这部大型辞典的副主编、各集中数学部分总主持人的吴先生, 对于《传》的编辑出版, 仍然给以大力支持. 他首先完全同意将自己的传收入《传》的首卷, 为一些可能缘于《传》的民间性质而尚有所犹豫的学者打消了某些顾虑, 有力地推动了《传》的组稿征集工作的开展. 他亲自出席了《传》的首卷出版座谈会 (1994 年 10 月 8 日, 北京大学燕园近代物理研究中心会议厅), 并发表了热情洋溢的讲话, 高度肯定了程民德主编倡导的《传》的 "寓史于传" 的重要特色. 他说: "本世纪可以说是中国数学新的时代的开始. 而中国数学进入新的阶段经历了很长的一段历程. '寓史于传' 就可以了解中国数学发展的这段历史. " 他十分赞赏程主编提出的 "把多卷集作为一个整体, 力求能比较全面地反映出我国现代数学的进展实况, 包括数学研究、数学教学、数学普及和各项数学事业的组织与推动的实况. 原则上, 包括海内外炎黄子孙在内, 凡对我国现代数学的发展有重要贡献的数学家、数学教育家、数学普及家都可以入传" (《传》序言) 的编写指导思想, 指出: "要做到 '寓史于传' 就要考虑许多数学家的传记. 现在已经有好几本这一类的书出来了, 可是一写传, 往往着重于一些对数学有创造性研究、有突出贡献这样的人物. 我觉得光写这些人, 恐怕不足以反映中国现代数学发展的整个历程. " 吴先生举出陈省身、华罗庚成长中, 姜立夫、孙塘、熊庆来、杨武之、唐培经等人的影响, 而这些人又有自身成长的经历, 这就不能不考虑他们的时代背景与历史条件, 而要整个地把这些都反映出来. 他说: "我觉得这本书好的地方、突出的地方就是它包括了除那些在研究上有突出贡献的人物外, 还介绍了 20 世纪中国数学发展的历程中, 用各式各样方式有所贡献的人物. " (我们知道,《传记》由于其包罗各个领域, 不得不大大限制了每一领域收录的人数).

如同在多种场合一样, 每当谈起自己的成长, 吴先生总是念念不忘师恩, 总要谈起对他成长有所帮助的人. 在这次讲话中, 作为又一个佐证, 他说: "我走上数学道路是上大学时受了一位数学教授的影响. 我进入大学数学系时本来已不想学数学了, 是受这位教授的影响才决定学数学的. 但要写我的传记可能还不会提到这位教授, 而要提起陈省身教授. 这种情形恐怕是普遍的. 但要真正了解历史, 就要把这些人都包括进去. " 这里谈的是当年交通大学的武崇林教授, 讲授 "实变函数论" 课程的事 (武先生曾翻译了德国数学家 Caratheodory 的名著《实变函数论》, 在他 1951 年院系调整到新组建的华东师范大学后都未及出版, 次年即因病不幸去世. 后由他一位年轻的同事赖英华, 帮助校改完成正式出版). 吴先生还谈起了另一位教授 —— 朱公谨先生的影响, 主要是他翻译的数学书和撰写的科普文章, 当时, 吴先生是每本、每篇, 都必定要找来读的 (朱先生是哥廷根的博士, Hilbert D. 的 "关门弟子", 由 Courant 指导的, 他最著名的翻译是《柯氏微积分》(上、下), 即他导师的著作, 译文精美流畅). 写到这里, 笔者作为《传》的编辑部成员, 不能不对迄至第五卷并未能完成主编和吴先生有关"介绍 20 世纪中国数学发展历程中, 用各式各样方式有所贡献的人物 (包括上面提及的武崇林、朱公谨二位先生)" 这一愿望, 而深感遗憾和歉意.

三、吴文俊与后生陆家羲

吴先生是在 20 世纪 50 年代以拓扑学的一系列重要工作, 首先享誉海外和学界的. 70 年代中期特别 80 年代以来, 更由于在中国传统数学史研究、"机器证明"研究, 进而"数学机械化"方法的应用和推广, 而名贯中外. 作为我国数学界的一位领袖人物, 并曾长期担负着中国数学会、数学天元基金等的领导职务, 他在从事多个领域的研究、开拓和繁忙工作的同时, 也同国际国内一些最杰出的学者一样, 始终关心着年轻一代数学人才的成长, 以及学校教育对人才的培养.

作为一例, 这里要提一下, 他对我国杰出的组合设计学家陆家羲英年早逝、自学成才事迹的关注 (虽然在组合学界可能是广为人知的). 美国《组合论杂志》(A辑) 编辑部在收到陆家羲自 1981 年 9 月以后陆续投去的 "Steiner 三元系大集定理" 6 篇论文后, 在 1983 年 3 月号一期发表了 3 篇, 并且复信预告其他 3 篇随后将在第二年 9 月号一期上刊出 (这样的事例, 即使对著名数学家也是罕见的). 陆的100 页的系列论文宣告, 困惑组合界一百数十年之久的"大集问题"的整体解决. 陆家羲撼动了国际组合学界. 1983 年 10 月下旬, 中国数学会第四次全国代表大会在武汉召开. 这次会上, 吴先生当选为中国数学会理事长. 内蒙古包头市第九中学物理教师陆家羲, 作为特邀代表参加了会议, 同陈景润在一个小组里报告, 中国数学界第一次接受了他. 会后, 他坐火车从武汉匆匆赶回包头家中, 10 月 31 日凌晨不幸突发心肌梗塞, 与世长辞. 噩耗传来, 学界、社会受到很大震动. 陆家羲像一颗耀眼夺目的流星升起, 瞬间又消逝了. 真的, 公众此刻还没来得及知道他呢.

从多方面的信息和材料, 吴先生了解了陆的事件, 在次年他回复内蒙师大罗见今的一封信中写道:"…… 先后寄来有关陆家羲同志的信件、材料读后, 对陆的生平遭遇、学术成就、品质为人都深有感触. 虽然最近社会上对陆的巨大贡献已终于认识并给以确认, 但损失已无法弥补. 值得深思的是: 这件事要通过外国学者提出才引起重视 (他们是真正的国际友人), 否则陆可能还是依然贫病交迫、埋没以终, 怎样避免陆这类事件的再一出现, 是应该深长考虑的. "显然, 信中表露的已不止是对陆的悲悯、痛惜, 而且是对我国年轻一代人才成长的思虑. 1985 年 5 月, 在第二届全国组合数学学术会议上, 吴先生代表中国数学会宣布, 以徐利治教授为首的全国组合数学研究会专业委员会成立, 他展望了组合数学未来的发展前景, 并高度评价陆家羲成果的价值; 会议还临时安排了 30 分钟的大会报告, 介绍陆的事迹和大集定理的历史. 同年 10 月在吴先生主持下召开的刘徽讨论班上, 安排了介绍陆成果的专题报告 (据说, 在评定 1989 年国家自然科学奖中, 吴先生是竭力支持陆获得一等奖的).

此后, 吴先生继续关注陆家羲成果在学术界的影响与后效.《高等数学研究》2008 年第 1 期发表了康庆德《陆家羲与组合设计大集》的综述文章, 介绍了近二十多年来组合设计大集问题的主要进展, 尤其是我国学者的成就. 不久前, 吴先生还让罗见今就陆之后的有关情况, 为他作一番介绍和梳理.

类似对陆的关注, 吴先生帮助、扶持后学的事例很多 (比如, 最广为人知的一件是, 在获得国家最高科技奖 500 万元后, 他拨出了 100 万元用做数学"丝绸之路"历史研究的专项基金), 这些我想会有其他学者来记述. 我特别举了陆家羲的例子, 还有一点个人的理由, 因为陆曾是我中学的同班, 也想以此来表达对吴先生的深切谢意.

四、吴文俊与《高等数学研究》

半个多世纪以来, 吴先生直接从事教学的时间不算很长. 1951 年一回国他就到了北京大学, 这是他前一年应江泽涵先生的邀约定下的安排, 次年冬才调往中国科学院数学研究所. 1958 年热火朝天的形势下, 中科院办起了中国科技大学, 自主培养学生, 他又去到科大教学. 先是讲授力学系等外系的微积分课程, 60 学年开始, 他紧接华罗庚、关肇直之后, 担负起数学系这一年级"一条龙"的教学任务, 先后讲授了数学分析、微分几何等课程. 他注意到, 二战以后国际上代数几何的研究, 同代数拓扑一样在飞速发展, 而直至 60 年代, 国内这方面的研究却几乎是空白. 他 1962 年开始阅读代数几何的著作, 1963 年秋在国内率先开出了这门课程. 除去这两段时间外, 他一直是数学研究所 (1979 年底到新创办的系统科学研究所) 的专职研究员, 但他对数学教育的关注始终未变.

下面引述的一则报道令我印象深刻:

据 2006 年 6 月 20 日"新闻网讯", 6 月 16 日下午, 在中科院研究生院数学系的"院士系列讲座"上, 吴先生作报告, 主题是: 微积分教学问题和下放问题. 他开宗明义就主题鲜明地说:"作为数学家, 我要强调数学, 尤其是大学的微积分教学." 他指出, 当前的时代是信息时代, 更是数学时代, 21 世纪是生命科学世纪, 更是数学世纪. 1960 年代苏联卫星上天, 美国震惊之余的反应是"加强数学、物理教学". 美国总统布什 2006 年国情咨文中特别强调要加强数学教育. 他回顾了人类自身发展的历程. 从直立行走到使用工具和火, 到语言的使用和文字的出现, 后来有了计数, 这是很了不起的事情. 他把理论、实验、计数看作是人类脑力劳动的三大武器. 他说, 历史上各国争霸的本质就是对制海权、制空权、制天权的争夺,将来是对"制数权"的争夺. 吴先生这里介绍了计数方面的数学, 谈到了中国古代数学的成就, 指出了不足, 以及后来的一落千丈. 他还指出优化的重要性, "多快好省"、资源配置等都离不开优化, 而微积分中讲自然规律, 讲极小原则, 包含极大极小问题. 微积分教学问题和下放问题, 不仅对数学的发展有决定意义, 而且决定"制数权"落到谁手里的问题, 关系重大. 在微积分教学问题上, 他结合自己当年交通大学上学和在中国科大教学的经历, 谈了对"无穷小"等教学方法的辨证认识. "数学要求必须严格", 但不要过分; 又对当前中小学出难题、怪题现象进行了批评. 在微积分下放的问题上, 他非常认同《高等数学研究》第 9 卷第 2 期上张奠宙《微积分教学: 从冰冷的美丽到火热的思考》一文的观点: "微积分要飞入寻常百姓家""讲推理, 更要讲道理", 使微积分不再神秘. 在强调微积分教学要"返璞归真, 平易近人"后, 又表明他是赞同"会用微积分比会证明更重要"的观点的.

我们知道, 吴先生平常一直关心支持着《高等数学研究》这份刊物, 但在这里, 特别使我们不曾想到的是在上面报道中他所提出的那一期, 只是 2006 年 3 月底才出版的, 而他 6 月中旬的讲座前竟已经注意读到了! 吴先生有时也用直接评论的方式给予指导和鼓励. 例如, 2001 年 10 月 29 日他专门来函编辑部, 写道: "本刊内容丰富多彩, 有不少精彩文章, 我特别喜欢徐利治先生的大作 (2001 年第 3 期《对新世纪数学发展趋势的一些展望》一文), 顿开茅塞. "这里说的发表徐先生该文的这一期, 是同年 9 月底才出版的.

我们刊物也常有机会获得发表吴先生的一些大作的荣幸, 例如, 他为龚昇教授《简明微积分》一书新版写的"读后感", 就是在征得他和龚先生同意后, 在该书出版前先行在《高等数学研究》1999 年第 3 期发表的. 他在"20 世纪数学传播与交流国际会议 (2000 年 10 月 17-21 日) 上的开幕词", 是在《高等数学研究》2001 年第 1 期上刊出的. 吴先生的《解方程今与昔 —— 在中国科学院第 11 次院士大会上的学术报告 (摘要)》, 在《高等数学研究》2002 年第 3 期上刊出, 等等. 为了向广大读者介绍这位杰出的数学家, 刊物在"中国数学家"栏目中曾发表专文介绍 (1999 年第 3 期); 为了配合 2002 年国际数学家大会在北京举行, 重点宣传我国杰出学者, 刊物 2001 年第 3 期转载了高小山、石赫《吴文俊院士的科学成就》一文 (原载《中国数学会通讯》2001 年第 1 期) 等. 至于刊物的各类资讯性栏目中, 则更经常要报道吴先生等在内的数学界新动态和有关信息.

五、近距离感受吴先生二三事

吴先生在拓扑学、对策论 (博弈论)、代数几何、数学史、数学机械化等诸多领域, 都做出了重要贡献, 许多是奠基性的和开创性的. 他是年高德劭的长者, 是令人崇敬的老师,他数不清的耀眼光环,常常使人们要从远处去仰望. 一旦走到近处,你会感到他热情、可亲、慈祥、随和,乃至怀有一颗不泯的童心.

为生于那年 5 月而自豪

1999 年 5 月 23 日,我有幸参加了吴先生八十大寿的宴庆,那次同时也是许国志先生的八十大寿,专程从美国赶来祝寿的有项武忠先生 (这十年来他还是首次回到祖国),以及项武义先生等,我同周肇锡同志也在一桌就座. 吴先生的即席讲话令我印象十分深刻. 他首先为自己出生于 1919 年 5 月,与伟大的五四运动同年同月而感到非常自豪. 他回顾了八十年前五四时期我们国家的情景 —— 面临着被瓜分的威胁;又指出,八十年后的今天,国家的情况已经完全变了,那种威胁是没有了;可是,另一种被分割、被支解的形势出现 ——1999 年的 5 月 8 日,我驻南斯拉夫大使馆被炸事件. 他说,作为中国的一个知识分子,从"五四"到今年的"五八",经过八十年的变迁,我们仍然肩负一个非常重大的任务,要面对当前的现实,完成我们知识分子当前的使命. 吴先生的讲话充满激情、昂扬的爱国主义情绪,深深激荡着在场的人们,也赢得了阵阵热烈的掌声. 项先生的发言,以他素来直言的风格,呼吁中国数学界的团结,共迎数学的"奥运"——2002 年国际数学家大会的召开.

基础研究情有独钟

2000 年 10 月,"20 世纪数学传播与交流国际会议"在西安召开期间,我受校长戴冠中教授的委托,邀请吴先生顺访西北工业大学. 在约定的时间,我乘学校的轿车接他来了学校. 由于他日程很紧,只安排了他较有兴趣的"水声""翼型风洞"和"空间材料"三个重点实验室的参观. 吴先生是数学家,但是对于主要属于工程研究性质的实验室,仍然饶有兴趣,在听介绍中,不时插话,询问究竟 (后来,我在回程中特意问他:"今天几处参观,你最感兴趣的是哪个?"他说,"都挺有意思! 一定要比较的话,空间材料实验更具基础研究的意义."我当时感觉,吴先生真是一位基础理论研究的大家:任凭隔行隔山,也自能悟出一些"门道";不论这行那行,总是最爱基础研究一行). 中午,戴校长 (他是自动控制方面的专家) 设便宴并亲自陪同,谈起自己早年曾在数学所访问,并随同关肇直先生进修控制理论. 不妨说,他对吴先生是心仪久矣!

我拍的两张照片

近十年来,我们看到吴先生的一张 —— 他微微侧着身子、脸上布满笑容、慈霭的目光望着你的半身彩照,拍摄的年份是 1999 年. 这些年,面对众多专业摄影师以及业余的摄影者,他也常是这样配合着. 我在一些场合也拍摄过吴先生一些镜头 (有先生在场,谁不想抓住这样的机会呢),往往都在会议的听众席上远距离抓拍一下,因为不是专职摄影,总不好意思在场内跑前跑后的. 但也有两次是直接面对吴先生了, 一次是前面说到的 2000 年 10 月的数学传播与交流会议的致辞后, 他在会场前排的一侧坐下稍事休息, 我也正好就近拿上相机, 对着先生说"我给您拍张照吧", 他和蔼地笑着应允了, 随即摆好了配合的姿势, 于是我也拍到了一张类似他 1999 年时的照片 (在 2001 年第 1 期第 2 页, 与吴先生的开幕词一并刊发). 最近的一次是在今年 5 月 11 日, 中科院数学机械化重点实验室举办的"庆祝吴文俊院士 90 华诞及数学机械化国际研讨会"开幕式上, 他坐在会场前排中央, 听完大会的主报告后, 这是一个间隙, 也是一个好机会, 许多摄影者此前都已抓紧拍到了满意的作品, 此时, 我可以较从容地走到吴先生面前, 拿起相机对准, 拍下这历史的一刻. 他似乎满意地回应我说:"谢谢你!"这也是到现在我拍得最感满意的吴先生照片了.

一颗跃动的童心

吴先生在数学研究的领域里是一位多面推手, 不断探索, 不断创新, 不断开拓新的方向. 中科院数学机械化重点实验室, 为庆贺先生九十华诞而编印的画册《吴文俊》中, 刊有他在澳大利亚和泰国的两张游览照片, 可以看到他在生活中也是那样乐于尝新, 而且那么兴致勃勃, 趣味盎然. 其中, 在泰国清迈, 他 —— 一位八十多的老人骑在大象长鼻上, 那么兴高采烈. 此前交给《传》的第 5 卷画面页刊发时, 他对编辑部成员说起:"我最喜欢这张照片了!"不由得让你感受到他的一颗欢腾跃动的童心.

记吴文俊先生关于数学教育的一次谈话

张奠宙

知道吴先生的科学业绩，是很多年前的事了. 华东师范大学数学系前主任曹锡华和吴先生是中央研究院数学所的同事，受他影响很多，因而时常在我们面提及他的故事. 到 1990 年代，我和吴文俊先生有好几次见面交谈，多半是在中国古代数学史研究的会议上. 他的许多学术见解，已经成为科学史研究的经典，毋庸我记叙. 2007 年，上海电视台"大师"节目组，制作《陈省身》传记片，我曾参与一点策划. 吴先生、胡国定先生和我都在其中有不少的镜头. 虽然彼此不曾晤面，却也是一次心灵的交流.

不过，吴先生给我最深刻印象，则是关于数学教育的一次谈话.

1992 年冬天，国家提出"素质教育"口号，教育面临着新的变革. 时任国家教育委员会基础教育课程教材发展中心主任的游铭钧同志，是北京师大数学系的毕业生，因而打算从数学课程的改革入手. 改革不能随心所欲，需要倾听各方面的意见，特别是需要征求数学家的意见. 于是在中关村召开了几次数学家座谈会. 出席座谈的有程民德、丁石孙、陈天权等许多数学家，吴先生也在邀请之列. 游铭钧主任还邀请中国数学会教育工作委员会的同志参加了讨论，其中包括严士健主任、苏式冬和我.

记得吴先生的发言是在一个冬日的上午. 大概是房间内暖气不足，吴先生披着一件蓝色的尼龙面料的羽绒服. 吴先生发言之后，我认为很重要，就将记录整理成文. 送吴先生审阅之后，于 1993 年 5 月在华东师范大学数学系主办的《数学教学》上公开发表. 标题是《慎重地改革数学教育》. 这篇文章虽然不长，但是寓意深刻，至今仍有重要的现实意义.

正如文章的标题，吴先生反复强调要慎重地改革数学教育，并以数学家的身份建议不要以培养数学家作为改革的目标. 这就是说，数学改革要以提高未来公民的数学素养为诉求，即今天的"素质教育". 慎重，就是不要急风暴雨式地改革，而要经过试验，由点到面地逐步推广，避免不必要的反复，造成不必要的损失. 环顾国际国内的许多改革，"教育革命""彻底改革""颠覆传统""转变观念"之类的口号和说法，不绝于耳. 结果呢? 往往是"矫枉过正"，不得不"调整". 他在另一篇文章中指出:"如果一味求新……改得不好会造成灾难.""国外某些数学教学改革曾因为违背常理而招致灾难性的后果，不能不引以为戒 [9]. "

吴先生的"慎重"二字, 对于如何进行教育改革, 确实是金玉良言.

其次, 作为几何学家的吴文俊先生, 对几何学的改革提出了自己的看法. 吴先生特别强调刘徽的工作, 指出"与以欧几里得为代表的希腊传统相异, 我国的传统数学在研究空间几何形式时着重于可以通过数量来表达的那种属性, 几何问题往往归结为代数问题来处理解决. "[5]他认为综合几何虽然具有重要的教育价值, 但是必须适度地与代数方法相结合. 用代数方法研究几何问题, 将是未来的发展方向. 事实证明, 这一预言是正确的. 晚近以来, 向量几何进入高中数学课程 (上海的初中数学课程中也出现了向量), 坐标思想甚至渗入小学数学课程等举措, 都证明了这一点.

吴先生关于平面几何教学, 要用"原理"取代"公理化"的建议, 具有深刻的现实指导意义. 吴文俊先生认为: "中学几何课本上, 讲公理不如讲原理. ""我们选择若干个原理, 将几何内容串起来, 比公理系统要好. ""中学几何课程根本做不到希尔伯特《几何基础》那样的严格性, 欧几里得《几何原本》里的公理体系也是不严格的, 我们没有必要去追求这种公理系统的严密性. "[4]

事实上, 学校的几何课程根本做不到"严格的公理化". 现今一些中学数学教材里面, 尽管使用了"公理"一词 [6,7], 如平行公理等, 由于没有形成比较完整的公理体系, 所谓"公理"的作用也只是原理而已. 至于用实验、测量等手段认可一些几何事实, 并从不加证明的基本事实出发进行论证, 在某种意义上也是用"原理"处理教材. 问题在于, 这些做法具有很大的随意性. 我们究竟要使用哪些基本的事实作为基本原理, 还没有进行过科学的论证. 例如吴文俊先生建议把中国古代的"出入相补"作为几何课程的一个重要原理, 还没有引起大家的重视, 各种教材往往用"割补法"一词轻轻带过. 实际上, 三国时刘徽提出的出入相补 (又称以盈补虚) 原理, 包括一个几何图形, 可以任意旋转、倒置、移动、复制, 面积或体积不变; 一个几何图形, 可以切割成任意多块任何形状的小图形, 总面积或体积维持不变, 等于所有小图形面积或体积之和; 多个几何图形, 可以任意拼合, 总面积或总体积不变; 等等. 所谓"割补法"的有效性, 正是基于"出入相补"原理. 总之, 我国中小学几何课程选用哪些原理, 是一项亟待研究的课题.

吴文俊先生在那次座谈会上的发言中, 已经提到"创新"问题. 他指出, 学校里的题目都是有答案的, 但是社会上的问题大多是预先不知道答案的, 所以要培养学生的创造能力 [4]. 16 年前的中国数学教育, 创新教育尚不为大家所注意. 吴先生提出创新的重要性, 当是一项具有远见的建言.

晚近以来, 吴先生又继续对创新提出自己的见解. 他这样论述创新: "牛顿曾说, 他之所以能够获得众多成就, 是因为他站在过去巨人的肩膀上, 得以居高而望远. 我国也有类似的说法, 叫推陈出新. 我非常赞成和推崇'推陈出新'这句话. 有了陈才有新, 不能都讲新, 没有陈哪来新! 创新是要有基础的, 只有了解得透, 有较宽的知识面, 才会有洞见, 才有底气, 才可能创新! 其实新和旧之间是有辩证的内在联系的. 所谓陈, 包括国内外古往今来科技方面所积累的许多先进成果. 我们应该认真学习, 有分析有批判地充分吸收. ”[8]这就是说, 创新需要有坚实的基础. 要对“旧”的东西非常熟悉, 知悉“旧”的问题所在, 才能有创新. 吴文俊先生把中国传统数学的思想和信息时代的计算机技术进行了完美的结合, 创造了举世闻名的“吴方法”, 就是“推陈出新”的典范.

中国的数学双基教育, 就是主张在坚实的基础上谋求创新. 不谈基础, 笼统地创新, 就如在沙滩上建造高楼大厦, 是一种空想. 另一方面. 如果没有创新为指导, 单纯地强调基础, 那就是在花岗岩的基础上建茅草房, 糟蹋学生的青春. 就中国的数学教育工作者而言, 我们既要发扬自己的优良传统, 更要吸收和借鉴国外的先进经验, 进行“推陈出新”, 努力形成具有中国特色的数学教育思想体系.

在数学教育的推陈出新过程中, 认真研究吴文俊先生的数学教育思想, 当是重要的一环.

参考文献

[1]. 吴文俊. 九章算术与刘徽 [M]. 北京: 北京师范大学出版社, 1982.

[2] 张奠宙等. 中学几何研究 [M]. 北京: 高等教育出版社, 2006.

[3] 吴海涛. 一抹新绿泛早春 ——1978 年版中小学统编教材出生记 [N]. 中华读书报, 2009, 2: 25.

[4] 吴文俊. 谨慎地改革数学教育 [J]. 数学教学, 1993, 5.

[5] 吴文俊. 关于研究数学在中国的历史与现状, 东方数学典籍《九章算术》[J]. 自然辩证法通讯, 1990, 4.

[6] 袁震东等, 高级中学课本数学高中三年级 (试用本)[Z]. 上海教育出版社, 2008, 4.

[7] 人民教育出版社、课程教材研究所、中学数学课程教材研究开发中心. 普通高中课程标准实验教科书数学②[Z]. 人民教育出版社, 2005, 5.

[8] 吴文俊. 推陈出新始能创新 [N]. 文汇报, 2007, 11: 14.

[9] 吴文俊. 关于教材的一些看法. 吴文俊文集, 第 120 页. 济南: 山东教育出版社.

数学机械化发展回顾

王东明　高小山　刘卓军　李子明

吴文俊先生于 1978 年发表了第一篇机器证明的论文. 此后三十余年, 数学机械化是他倾注心血最多的研究方向. 在庆祝吴先生九十华诞之际, 作为最早跟随他从事数学机械化研究的学生, 我们希望通过本文回顾一下数学机械化的发展过程和其中的主要事件. 数学机械化的研究和发展大致可以分为四个阶段.

一、创立阶段 (1978 — 1984)

这一阶段基本上是吴文俊先生自己创立数学机械化并在该领域从事研究.

因为当时无计算机可用, 吴文俊先生凭借坚韧的毅力, 通过手算, 用他自己的方法证明了 Feuerbach 定理. 证明过程涉及的最大多项式有数百项, 手算时间大约为 24 小时. 这一计算是非常困难的, 任何一步出错都会导致以后的计算失败. 但也正是由于 Feuerbach 定理的证明, 使吴方法的可行性得到验证, 从而确立了吴对机器证明研究的信心. 稍后, 吴先生又亲自编程, 在机器上证明了 Morley 定理, 并发现了若干新定理 (如 Pascal 圆锥曲线定理等).

这段时间, 吴文俊先生主要研究初等几何与微分几何 (曲线论) 定理的机器证明, 并于 1984 年出版了第一本数学机械化专著《几何定理机器证明的基本原理》, 内容包括理论体系的建立、基本方法的数学基础、算法的详细描述和例子等. 该书由王东明、金小凡翻译成英文, 于 1994 年由 Springer 出版. 本书和周咸青 1988 年在美国出版的专著已成为几何定理机器证明的经典参考文献. 周咸青的著作不仅用优美简洁的语言介绍了吴文俊的几何定理机器证明方法, 还通过 512 个例子说明了吴方法的有效性.

二、成长阶段 (1984 — 1989)

这一阶段的主要特点有两个: 其一是国内外学者开始从事数学机械化的研究, 其二是数学机械化研究的重点由机器证明转向方程求解与应用.

第一个追随吴文俊先生从事数学机械化研究的是周咸青. 周自学成材, 1978 年第一批通过考试成为中科院计算所唐稚松先生的研究生. 他在中科院研究生院学习期间有机会听到吴先生关于机器证明的讲座, 产生了兴趣. 周于 1980 年赴美国

Texas 大学 Austin 分校数学系攻读博士学位, 师从 R. Boyer. 在一次讨论班上周报告了吴的工作. Boyer 认为这是一个优秀的工作并鼓励周以这一方向作为博士论文选题. 周于 1984 年在美国数学会 "自动定理证明: 25 年回顾" 研讨会文集上发表了一篇关于用吴方法证明几何定理的论文. 吴自己也有两篇论文在该会议录上发表: 一是吴在《中国科学》上发表的第一篇论文的重印, 另一篇是有关几何定理机器证明的新进展. 这三篇论文的发表使得吴的工作为西方学术界所知, 拉开了国外对吴方法研究与推广的序幕.

这一阶段可以说是国外研究吴方法的一个高潮. 这与如下现象密切相关: 在自动推理领域研究几何定理证明由来已久. 最早的研究工作始于 20 世纪 50 年代, 但所提出的方法基本上只能证明几乎是 "同义反复" 的结果, 而吴方法可以证明非常困难的定理. 由于几何计算与推理是计算机视觉、机器人、计算机图形学等领域的基本问题, 其中还有很多困难问题没有圆满解决. 人们认为吴方法不仅是几何定理上的突破, 还可能在其他相关领域得到应用. 因此, 很多领域的学者 (如美国 Purdue 大学的 C.M. Hoffmann 和 Cornell 大学的 J.E. Hopcroft 等) 都非常关注吴的工作.

这一阶段国外直接受吴工作影响的研究主要在下列机构: (1) 美国 Texas 大学 Austin 分校. 主要是周咸青, 他 1985 年在该校获得博士学位, 于 1988 年出版了关于几何定理机器证明的专著. (2) 美国通用电气 (GE) 研究小组. 该小组由 D. Kapur 与 J.L. Mundy 领导, 其他成员有 H.P. Ko, M.A. Hussain 等人. 他们不仅研究几何定理的机器证明, 还将吴方法用于计算机视觉的研究. (3) 奥地利 Linz 大学研究小组. 主要有 B. Kutzler 与 S. Stifter, 这个小组的领袖是以发明 Gröbner 基著称的 B. Buchberger. 以上三个小组大约于 1986 年同时提出几何定理机器证明的 Gröbner 基方法.

国内数学机械化的研究也由吴文俊先生的研究生的到来出现了研究小组. 这里列出最早的几位学生: 王东明, 获博士学位 (1983 — 1987); 胡森, 获硕士学位 (1983 — 1985); 高小山, 获博士学位 (1984 — 1988); 刘卓军, 获博士学位 (1986 — 1988); 李子明, 获硕士学位 (1985 — 1988). 这批学生后来成了国内数学机械化研究的中坚力量.

除研究工作外, 这支队伍还开始了 "数学机械化讨论班" 和编印 "数学机械化研究预印本 (*Mathematics-Mechanization Research Preprints*)". 这两件事坚持至今, 对国内数学机械化的发展起到了很大的作用.

1. 数学机械化讨论班. 始于 1984/1985 年冬春之交, 讨论班每周四下午举行, 采取各种形式介绍数学机械化的发展动向. 该讨论班坚持了二十几年, 吴先生只要人在北京, 必来参加. 数学机械化讨论班最初是由吴先生讲授 "机器证明" 课程. 这一课程先在研究生院 (1984 年秋), 后转到中关村系统所. 课程讲完之后, 开始研讨

W.V.D. Hodge 和 D. Pedoe 的《代数几何方法》一书, 主要由研究生负责读书、讲课. 吴先生在下面听讲, 给予指点, 并亲自讲了代数对应原理等章节. 从那时起, 系统所的石赫老师和北京市计算中心的吴文达先生等先后参加数学机械化的研讨活动.

讲完《代数几何方法》的基本内容之后, 数学机械化讨论班的主要内容是介绍、研讨国外与数学机械化相关领域的重要结果和最新进展. 例如, 吴文达介绍了 H. Stetter 利用 Macaulay 结式求解代数方程组的工作, 石赫讲了如何用吴方法研究控制论中的问题, 王东明介绍了 Gröbner 基, 高小山介绍了实代数中的柱状分解 (cylindrical algebraic decomposition), 刘卓军介绍了数理逻辑中的归结原理 (resolution principle), 李子明介绍了符号计算中的模方法 (modular methods) 等.

2. 数学机械化研究预印本. 编印这一非正式出版物的最初想法是, 让国外能尽快知道我们的研究工作. 形式是将数学机械化研究小组的论文定期合在一起印刷出版, 并送往国内外有关研究单位. 数学机械化研究预印本于 1987 年出版第一期, 至今已经出版了 28 期. 吴先生对前两期倾入了很多心血, 亲自修改其中论文. 当时还没有 Tex 排版系统, 数学公式的排版非常困难. 吴先生自己发明了一套记号, 不使用上下标也可以比较准确地表示数学公式. 数学机械化研究预印本的发行极大地扩大了数学机械化在国际上的影响. 有不少相关的国际研究机构对数学机械化研究预印本感兴趣. 法国、西班牙和俄国 (前苏联) 的学者都是通过预印本了解到数学机械化的具体内容, 并在我们的结果的基础上开展了进一步的研究.

这一时期, 国内两支很强的力量加入到了数学机械化研究的行列: 北京计算机学院的洪加威和中科院成都数理中心的张景中、杨路. 洪加威于 1986 年发表了两篇有关例证法的论文. 这两篇论文以吴方法为基础, 用数值计算的方法证明几何定理. 张—杨小组大约于 1987 年开始从事数学机械化研究, 最初的切入点也是例证法. 这个小组从那时起以机器证明为主要研究方向, 成了数学机械化研究的一支重要方面军. 张景中先生由于几何定理机器证明的工作于 1997 年当选为中科院院士.

这个时期数学机械化研究的内容有两个特点: 几何定理机器证明新方法的出现与数学机械化方法的应用开始得到重视. 吴文俊给出了公式自动推理与发现的算法、代数方程组的投影算法、不等式的自动证明方法、偏微分代数方程组的整序算法和微分几何 (曲面论) 定理机器证明的基本原理. 国内的其他学者和吴的学生在吴方法的应用和改进方面也做了大量有意义的工作, 例如单例证法和并行例证法的提出, 吴方法在控制论中的应用, 微分系统极限环的构造, 多项式 (因子) 分解, 重根分类和复根分离, 立体几何、非欧几何、三角恒等式和力学中的定理自动证明与公式推导, 多项式消元过程中冗余因子的判定, 参数方程的隐含化, 相关软件的开发等.

吴先生还身体力行地从事应用研究. 他关于平面机构运动学和曲面拟合的工作, 对后来的数学机械化研究产生了重要影响, 其中由 Kepler 经验定理自动推导 Newton 反平方律值得一提. 1986 年吴在美国能源部 Argone 实验室访问时得知, 该实验室有人正在从事这方面的研究. 回国后, 他用自己的方法成功地由 Kepler 定理推导出了 Newton 定理, 成为机器证明的范例.

在吴的工作影响下, 周咸青、Kapur、Kutzler、Stifter 和 W.F. Schelter 等人利用 Gröbner 基方法证明几何定理, 并探讨了重写规则在几何定理机器证明中的应用, F. Winkler 对吴提出的非退化条件作了深入研究, M. Kalkbrener 给出了用 GCD 证明几何定理的方法.

吴关于机构学—机器人的研究影响深远, 成了数学机械化应用研究的一大主要方向, 至今仍在继续. 主要工作包括 Puma 型串连机器人的研究 (吴文俊, 1984), Stewart 并行机器人的研究 (吴文达、廖启征等, 1992), 6R 串连机器手的研究 (梁崇高、廖启征、符红光等), 连杆机构的设计 (刘慧林、廖启征、高小山等), 其中又以 Stewart 平台的研究最为重要. 这一机构有两个重要应用: (1) 基于 Stewart 平台的数控机床, 被称为 "21 世纪的机床" 和 "用数字制造的机床". 这一应用由清华大学汪劲松小组协同北京邮电学院廖启征小组和北京理工大学刘慧林小组, 共同成为了 "973" 项目 "数学机械化与自动推理平台" 的一个子课题. 吴先生对这项研究十分重视, 曾亲临清华大学与北京理工大学指导工作. (2) 由中国天文台南仁东研制的世界上最大的射电望远镜预空项目中用到了某种软性 Stewart 平台与硬性 Stewart 平台. "973" 项目 Stewart 课题组承担了这一平台的制造. 关于 Stewart 平台的研究还在吴文俊的大力推进下, 得到了中科院的支持, 继续发展为基于数学机械化方法的数控系统的研究, 并得到了国家重大专项的支持.

吴先生本人在这一阶段最富传奇色彩的是, 在花甲之年学习计算机编程, 并亲自用 Fortran 语言实现了符号计算和几何定理证明的算法. 吴先生上机之勤奋, 更在系统所成为美谈. 下面引用石赫撰写的《大局观与笨功夫》中一段话. "在近耳顺之年, 吴文俊从零开始学习编写计算机程序, 亲自上机. 70 年代末, 当时的计算机性能是非常初步的. 在相当困难的条件下, 他以极大的热情再次下笨功夫. 简单的袖珍计算器, 也变成他心爱的进行定理证明的工具. 吴文俊的勤奋是惊人的. 80 年代中期, 系统所购置了 HP-1000 计算机. 他的工作日程经常是这样安排的: 早晨 8 点不到, 他已在机房外等候开门, 进入机房后是近 10 个小时的连续工作, 傍晚回家进餐, 还要整理计算结果, 两个小时后又到机房, 工作到深夜或次日凌晨. 第二天清晨, 又出现在机房上机, 24 小时连轴转的情况也常有发生. 若干年内, 他的上机时间遥居全所之冠. 在近古稀之年, 他仍然精力充沛地忘我征战. 当时中关村到处修路, 挖深沟埋设管道, 他经常在深夜独自一人步行回家, 跨沟翻丘, 高一脚低一脚, 有时下雨, 则要趟着没膝深的雨水摸索前行. 那是一幅多么感人的情景! 几经寒暑, 几度春秋, 义无反顾的拼搏, 终于获得丰硕的成果. "

另一重要事件是国家基金委于 1988 年组织了 "现代数学若干重大问题" 重大项目, 机器证明成为该项目的组成部分. 具体是由吴文俊、胡国定、堵丁柱三位组成了计算机数学研究课题组, 该重大项目由北京大学程民德先生主持. 程先生从此开始关注数学机械化研究, 并成为数学机械化研究的主要推动与支持者之一. 程民德与石青云院士应用吴方法研究了小波的构造与立体视觉. 程先生还鼓励他的博士生李洪波从事数学机械化方面的研究. 李在他的博士论文中利用 Clifford 代数给出了证明几何定理的新方法.

几何定理机器证明方法自 1984 年美国数学会自动定理证明会议起在西方学术界开始流行. 1986 年, 吴文俊先生被邀请到北美多个学术机构访问. 这些机构包括加拿大的 Waterloo 大学 (在该校吴先生参加了 SYMASAC '86) 和美国的 Courant 研究所、GE 有关研究所、Texas 大学 Austin 分校、California 大学 Berkeley 分校等.

三、形成体系 (1990 — 1998)

这里所说的数学机械化体系有两层意思: 一是学术上数学机械化已经渐成体系, 吴先生对数学机械化的目标作了更清楚的论述. 二是 "数学机械化研究中心" 于 1990 年成立, 吴先生亲自担任中心主任, 数学机械化从此有了自己的研究机构.

吴的工作自 1984 年传入美国, 经过若干年的研究与认识, 在国际自动推理与符号计算界产生了很大影响, 标志有两个:

1. 吴的工作获得了自动推理界权威 W. Bledsoe, L. Wos, R. Boyer, J. Moore, D. Kapur 等人的高度评价.

2. 国外学术界竞相学习吴的方法. 吴的工作成为若干个国际学术会议的主要议题, 这些会议对以后的研究产生了巨大影响.

吴的工作的重要性在国内也逐渐被认识. 1990 年国家科委拨 100 万元科研经费专门支持数学机械化研究. 这在当时是一件具有轰动效应的事情. 中科院也在 1990 年宣布成立 "数学机械化研究中心", 吴先生任主任, 程民德先生任学术委员会主任, 日常工作由北京市计算中心吴文达先生主持. 国务委员、国家科委主任宋健和中科院周光召院长亲自参加了中心成立大会. 中科院还拨出专项经费为中心购买计算机设备.

由陈省身先生主持的 "南开数学中心" 于 1991 年举办了 "计算机数学年". 具体活动由石赫负责, 主要活动如下:

第一次邀请了一批国际上从事计算机数学研究的专家访问中国. 邀请的专家包括 G.E. Collins, C. Bajaj, M. Mignotte, V. Gerdt. 他们都访问了南开和数学机械化研究中心, 其中 Bajaj 的访问与讲演导致了吴先生关于计算机辅助几何设计中的曲面拟合的研究.

"计算机数学年"组织开设了数学机械化课程: 由石赫讲机器证明, 黄文奇讲计算复杂性, 袁仁葆讲符号计算. 其间还组织了第一次"数学机械化研讨会", 李天岩教授参加了本次会议并介绍了解多项式方程组的同伦算法. 国内参会的专家有冯果忱、张鸿庆、黄文奇等, 他们后来成为了数学机械化的研究力量. 研讨会的论文集由新加坡 World Scientific 出版, 吴文俊和程民德主编.

1992 年"机器证明及其应用"国家攀登项目由国家科委立项, 吴文俊任首席科学家. 该项目有来自全国各地 20 所大学和科研机构的 30 人共同承担, 总经费 5 年500 万元. 国内数学机械化队伍由此开始形成. 由于数学机械化初创不久, 从事机器证明的人员并不多. 吴文达先生从他熟悉的计算数学和计算机科学领域中推荐了多位学者加入到数学机械化研究的行列并参加了上述攀登项目. 这些专家包括吉林大学的冯果忱、中科院软件所的黄且圆、大连理工大学的王仁宏、华中科技大学的黄文奇、兰州大学的李廉等. 吴文达还带领自己在北京市计算中心的研究队伍完全转向数学机械化研究. 在此期间, 林东岱、王定康、李洪波、支丽红等年轻博士来到数学机械化研究中心工作.

1997 年"机器证明及其应用"项目转变为国家"九五"攀登预选项目"数学机械化及其应用", 吴文俊先生任首席专家. 基金委数理学部的许忠勤副主任作为管理专家参加了项目的专家委员会, 为数学机械化的发展做了大量工作, 包括介绍有关人员 (李会师、曾广兴等学者) 从事数学机械化研究.

可以说, 1990 年数学机械化研究中心的成立和 1991 年南开计算机数学年的举办及 1992 年机器证明攀登项目的立项, 使得数学机械化研究的体系和队伍在国内初步形成.

1992—1994 年, 吴先生先后获得第三世界数学奖、陈嘉庚数理科学奖和首届求是杰出科学家奖. 系统所为此举行了庆祝大会. 1997 年, 吴先生荣获国际自动推理大会 (CADE) 颁发的"Herbrand 自动推理杰出贡献奖", 成为继 A. Robinson 和 L. Wos 之后的第三位获奖者. 由美国纽约州立大学 Stony Brook 分校的 J. Hsiang 起草的授奖词高度评价了吴的工作. 同年, 吴先生在澳大利亚举行的第 14 届国际自动推理大会上作邀请报告.

这段时间, 数学机械化研究中心开始组织国际学术会议. "数学机械化研讨会"于 1992 年在北京举办. 这是数学机械化领域举办的第一个国际会议, 大家对此相当重视, 吴文达先生亲自主持, 具体组织工作由高小山负责. 会议在刚刚建成的中科院外专公寓圆满举办, 参与会议的国外学者包括 M.E. Alonso, C. Bajaj, G. Gallo, V. Gerdt, C.M. Hoffmann, D. Kapur, Y. Manome, T. Mishima, B. Mishra, T. Mora, M. Otake, M. Raimondo, H. Suzuki, A. Yu Zharkov, 周咸青等. 国内从事相关研究的大部分学者都参加了会议. 会议的论文集由吴文俊、程民德主编.

1995 年由数学机械化研究中心与日本符号计算协会共同主持召开了首届 "Asian Symposium on Computer Mathematics"(ASCM '95). 吴文俊任会议主席, 会议的组织工作由石赫具体负责. 王东明、H. Kobayashi 等人也为会议的举办做了不少工作. 中日双方决定将 ASCM 办成一个系列会议, 之后 ASCM '96 在日本 Kobe 大学举办, ASCM '98 在兰州大学举办, ASCM 2000 在泰国清迈举办, ASCM 2001 在日本松山举办, ASCM 2003 在北京举办. 吴先生参加了 ASCM '95, ASCM '98, ASCM 2000 和 ASCM 2003, 并在 ASCM '98 之后访问了新疆大学.

另一个与吴的工作有密切关系的国际系列会议 "Automated Deduction in Geometry"(ADG) 由王东明创办, 于 1996 年在法国 Toulouse 举行了第一次会议. ADG '98 在北京举行, 吴文俊在会上做了邀请报告. ADG 2000 在瑞士苏黎世 ETH 举行, 吴文俊作了 "多项式方程求解及其应用" 的公开讲演, 并顺访了法国巴黎 (除了在巴黎六大作学术访问外, 还拜访了吴的老师 H. Cartan 与同窗好友 R. Thom). 在 ADG 之前, 吴文俊还于 1992 年在奥地利 Weinberg 举办的 "Algebraic Approaches to Geometric Reasoning" 研讨会上作了邀请报告, 并访问了 Linz 大学符号计算研究所.

这一时期吴提出了基于 Riquier-Janet 理论计算 Gröbner 基的方法 (1990)、全局优化方法 (1992)、代数方程求解的混合方法 (1993)、计算机辅助几何设计中的曲面拟合方法 (1993)、多项式的因子分解方法 (1994), 并研究了中心构型 (1995).

四、再度辉煌 (1999—2009)

这一时期以数学机械化研究入选国家首批 "973" 项目和吴文俊获首届 "国家最高科技奖" 为标志, 使吴文俊先生在年过八旬之后再度辉煌.

按照国家科委的安排, 国家重点基础研究发展规划 "973" 项目于 1998 年启动. 当时, "九五" 攀登预选项目 "数学机械化及其应用" 刚刚启动, 对于是否应该争取 "973" 项目大家心里没底. 吴文俊、程民德、高小山、刘卓军等多次讨论, 最后吴文俊讲道, "箭在弦上, 不得不发", 随即决定申请. 项目的申请得到了基金委许忠勤先生与科技部邵立勤先生的鼓励与支持. 经过激烈竞争, 数学机械化首批进入国家 "973" 项目. 在 1998 年秋天的评审中, 共有 270 多个项目申请. 经过三轮答辩, 共评出 15 项, "数学机械化与自动推理平台" 项目为其中之一. 按科技部的规定, 吴文俊先生因年龄原因不再担任首席科学家, 改任项目学术指导, 由高小山任首席专家.

这一项目能够通过评审与吴先生重视数学机械化的应用研究密不可分. 吴先生曾经指出,"应用是数学机械化的生命线". 在吴的这一思想指导下, 国内数学机械化研究队伍在机器人、计算机图形学、物理学、力学和机械等领域进行了长期的研究, 这些研究在申请 "973" 项目时起了很大作用. 共有来自近 30 所大学和研究所的 70 名成员正式参加了该 "973" 项目.

2000 年中科院推荐吴文俊先生参加首届 "国家最高科学技术奖" 的评选. 国家奖励办对评选十分重视, 安排了三轮答辩. 首轮答辩由候选人单位介绍候选人工作. 吴的工作由高小山、石赫介绍, 评委会组长为汪成为先生. 中间还有专家到系统所实地考察. 第三轮答辩由吴先生本人介绍自己的工作, 评审组长为朱丽兰部长. 最后再由奖励办向国家科学技术奖励委员会介绍. 吴先生得以获奖主要是因其对拓扑学的基本贡献和开创了数学机械化研究领域.

吴先生虽然年过八旬, 但雄心不减. 得到 500 万元奖金后, 他设立了以下三个基金支持有关研究.

1. 数学机械化应用推广专项经费, 由吴文俊个人基金、中科院、中科院数学与系统科学研究院、国家基金委天元基金共同支持.

2. 数学与天文丝路基金, 主要支持中国数学史的研究.

3. 数学机械化思维与非数学机械化思维研究基金.

多年停顿后, 中科院于 2002 年重新开始重点实验室的评审. 数学机械化研究中心积极组织申请, 获得批准. 吴文俊先生非常重视实验室的申请, 亲自参加答辩. 数学机械化研究中心实际上也是中科院批准成立的, 但研究中心系列没有像当初预想的那样发展起来, 以至于中心的运行经费得不到中科院支持. 重点实验室的成立改变了这一状况.

数学机械化重点实验室整合了数学机械化研究中心与万哲先院士建立的信息安全研究中心的力量, 主要开展数学与计算机科学交叉研究, 在符号计算、自动推理、密码学等领域在国际上有重要影响.

数学机械化在国外最主要的对应研究领域是符号计算或计算机代数. 符号计算领域最权威的国际会议是由国际计算机协会 (ACM) 组织的 ISSAC. ISSAC'92 在美国 California 大学 Berkeley 分校举办, 吴文达、高小山代表数学机械化研究中心参加了这次会议, 并在会上提出了在北京举办 ISSAC'94. 申办 ISSAC'94 的另外两个城市是英国的 Oxford 和加拿大的 Montreal. 我们的申请得到了 P.S. Wang 和 E. Kaltofen 等人的支持, 但是由于当时政治环境的影响, 有些人对在北京举办 ISSAC 有不同意见. 最后, 英国的 Oxford 得到了举办权. 此次申办 ISSAC 虽未获成功, 但却也显示了我们的力量, 扩大了数学机械化的影响. 2003 年我们又一次申办 ISSAC 并获得成功. ISSAC 2005 在北京成功举办.

符号计算领域最权威的国际期刊是《符号计算杂志》(JSC). 数学机械化在 ISSAC 和 JSC 中的影响逐渐增强, 已成为 ISSAC 和 JSC 的重要内容. 吴文俊曾两次在 ISSAC 上做邀请报告, 并担任 JSC 创始编委. 高小山 2008 年当选为 ISSAC 指导委员会主席. 王东明、高小山、李子明、支丽红等都曾多次担任 ISSAC 大会主席或程序委员会委员, 并先后成为 JSC 编委.

2006 年, 吴文俊与 D. Mumford 分享了当年的邵逸夫数学奖. 评奖委员会对吴在数学机械化方面的工作给予了高度评价, 认为: "吴的方法使该领域发生了一次彻底的革命性变化, 并导致了该领域研究方法的变革. 通过引入深邃的数学想法, 吴开辟了一种全新的方法, 该方法被证明在解决一大类问题上都是极为有效的, 而不仅仅是局限在初等几何领域." 其工作"揭示了数学的广度, 为未来的数学家们树立了新的榜样."

吴方法与中国科大 CAGD 研究小组

邓建松　陈发来

计算机辅助几何设计 (computer aided geometric design, CAGD) 主要研究曲面造型的数学基础理论与方法. 中国科大数学系 CAGD 研究小组由常庚哲教授和冯玉瑜教授创建于 20 世纪 80 年代初, 早期主要从事曲面的保形与逼近、三角域上的 Bernstein-Bézier 曲面、样条函数等方面的研究. 进入 20 世纪 90 年代中期以后, 小组主要研究曲面的隐式化和分片代数曲面的造型问题等.

在 CAGD 中有一大类问题可以一般性地描述为: 给定三维空间中的不约代数曲线集 $C_i, C_j, C_k, i \in I, j \in J, k \in K$, 其中 I, J, K 为有限指标集, 以及两组不可约代数曲面, $S_j, S_k, j \in J, k \in K$, 分别包含曲线 C_j 与 C_k, 要求确定一给定次数 m 的代数曲面 F, 使得

(1) F 通过所有的 C_i, C_j, C_k.

(2) F 沿曲线 C_j 与 C_k 分别与曲面 S_j, S_k 光滑连接.

(3) F 沿曲线 C_k 对 S_k 有相同的曲率.

上述问题包含了 CAGD 中应用代数曲面进行曲面拟合和拼接的典型情况. 吴文俊先生于 1993 年应用他自己独创的特征列方法给出了这一问题的完美解决方案, 比已有的应用 Gröbner 基的方法在效率上有极大改进, 推动了代数曲面在曲面拟合和拼接中的应用. 主要结果发表在 "数学机械化与机械化数学" 研究报告第 10 期上. 随后, 他在《数学的实践与认识》1994 年第 3 期上发表的文章《CAGD 中代数曲面拟合问题》给出了具体的实例. 这一工作与当时国际上以 T. W. Sederberg, C. L. Bajaj 和 J. Warren 等专家为代表的对代数曲面造型的研究相呼应, 处于国际前列.

从 1998 年开始, 本研究小组参加了 973 重大项目 "数学机械化与自动推理平台", 研究小组开始系统学习吴方法以及它在 CAGD 中的应用. 2000 年, 我们对吴先生 1993 年的工作进行了推广, 采用吴方法给出了构造代数拼接曲面的新方法. 新方法使得构造高阶光滑拼接曲面变得简单, 而且不需要给定曲线为不可约的, 并且可以构造分片代数曲面. 2001 年在中国科学技术大学召开 "数学机械化高级研讨班" 期间, 本小组成员专门向吴先生介绍了这一方面的工作, 引起了吴先生的极大兴趣.

受吴先生数学机械化思想的影响, 科大 CAGD 研究小组利用参加 973 数学机

械化项目的机遇, 进一步深化上述研究成果, 建立了有理曲线和曲面 μ 基的理论和算法, 并探索它在几何造型领域的应用, 有关工作引起美国、欧洲等多位学者的兴趣. 这些成果的取得离不开数学机械化这一核心技术. 我们期待吴先生开创的数学机械化思想能在更多的研究领域与问题发扬光大.

科技部支持的两届数学机械化 973 项目 "数学机械化与自动推理平台" (1998—2003) 与 "数学机械化方法及其在信息技术中的应用" (2004—2009) 分别设有 "计算机图形学中的数学机械化方法" 课题组与 "数学机械化在几何建模中的应用" 课题组. 先后参加两届 973 项目 CAGD 课题的有中国科大研究小组, 北方工业大学齐东旭, 浙江大学汪国昭、郑建明, 中科院计算所的李华, 大连理工大学的施锡泉, 清华大学的胡事民, 中科院数学院徐国良, 香港大学与山东大学的王文平. 可以说涵盖了我国从事 CAGD 数学方法研究的大部分重要单位. 吴文俊先生在数学机械化 973 项目中十余年对 CAGD 研究的支持, 对于我国 CAGD 的发展也起到了十分重要的推动作用.

跟吴文俊先生学习

堵丁柱

作为"文革"结束后中国科学院的首届研究生, 我们始终认为自己是时代的幸运儿. 虽然每个人都经历过各种各样的艰苦磨练, 才最终回到了课堂里, 但是"文革"后百废俱兴, 各项事业千变万化, 发展机遇千载难逢. 尤其在科学院研究生院, 这座科学家的摇篮, 我们有机会聆听从少年时代起就崇拜的大师亲授课程, 接受他们指导, 至今还常常引起我们的幸福回忆. 其中, 吴文俊先生所开的一门课 —— 几何定理证明的机械化, 让人回味无穷.

我对机械有点特殊感情, 这与我的经历有关. 在回到学校之前, 我在工厂已工作十年, 大部分时间做机修钳工. 检查机械、修理机械、设计机械、制造机械, 这是再熟悉不过的工作了. 因此, 几何定理证明的机械化深深地吸引着我. 其实, 在少年时代, 我就读过吴先生关于几何方面的一个小册子《力学在几何上的一些应用》. 这是中国青年出版社出版的"青年数学小丛书"中的一本. 在这本小册子里, 吴先生介绍了怎样用力学原理来证明一些几何定理, 这些方法对中学生来说, 十分新奇和意外, 因此印象极深. 那些力学原理也是一些简单的机械原理. 这门课与那本小册子有什么关系呢? 我带着疑问, 走入吴先生的课堂.

吴先生的讲课风格和水平令人叫绝. 他习惯摸着下巴, 口若悬河, 滔滔不绝. 但是, 手中没有讲义, 没有教科书, 一切来自他的脑海, 来自他的记忆, 来自他的理解. 课的内容基于他的独特研究. 他对几何基础理解得极为透彻, 特别是, 对希尔伯特所著《几何基础》一书运用得得心应手. 他向我们清楚地展现了几何公理系统的架构, 如同站在制高点上将它们一览无余. 吴先生告诉我们哪些公理可以机械化, 哪些不可以. 他将定理证明化为多元高次方程式组的问题, 然后用代数几何为工具研究它们. 机械化的背景是作为计算机科学的数学基础之可计算性理论. 几何定理证明是再通俗易懂不过的数学问题了. 代数几何是目前最活跃、最令人注目的数学分支之一. 通俗易懂的题目、现代计算机技术的背景以及深邃的数学理论, 三者在几何定理证明的机械化之研究方向上得到了美妙的结合.

将数学的研究与现代科学技术的发展相结合是吴先生工作的一大特点. 几何定理证明的机械化并非是他的具有此特点的第一个成功的典范. 记得在工厂工作时, 我喜欢浏览《数学的实践与认识》杂志. 那时, 曾看到吴先生在集成电路布线上的一个工作, 有关平面图的判定问题. 吴先生利用其深厚的拓扑学研究基础, 给出了一个判定准则, 刘彦佩利用该准则设计了判定平面图的线性时间算法. 非常可惜, "文革" 期间我国学术界对外交流不畅, 在同期的 Bob Tarjan 等人也找到了判定平面图的线性时间算法, 后来还凭此而获得了国际计算机界的最高奖——图灵奖.

吴先生的这种学术研究风格深深地影响着周围的年青人. 我在硕士研究生学习期间的研究方向是运筹学, 或者说是最优化的数学理论. 但是, 受到几何定理证明机械化的影响, 越来越对计算机产生出浓厚的兴趣, 以至于在博士研究生学习期间, 从泛函分析转入到计算复杂性理论, 若干年后干脆转入计算机科学系做科研教育工作. 当年在吴先生课堂中学习的同窗, 我并非由数学转入计算机的第一人. 何新也是数学所的研究生, 出国不久, 就由数学系转到了计算机系, 现在担任着水牛城大学计算机科学系的系主任.

实际上, 吴先生是将我们介绍给计算机见面的第一人. 在修课中途, 我们去吴先生家, 参观过他的个人电脑, 那是台苹果机. 今天来说, 是再普通不过的, 几乎家家户户都有的台式电脑. 可是, 那时引起我们相当大的好奇心, 印象深刻. 事实上, 在科学院研究生院, 虽然我们修过 90 学时的计算机引论, 但是课程的背景是穿孔卡计算机, 并且我们只能干啃讲义. 在课程的计划里曾有一天的上机时间, 可是, 这一天被去北京郊区抢收小麦的暂时任务挤掉了.

1987 年由海外归国, 我参加了吴先生数学机械化的重点项目. 之后, 在自然科学基金委数理学部许忠勤副主任的全力支持下, 数学机械化成为了 973 计划中的一个大项目. 这么多年来, 数学机械化的研究方向上, 培养出了一批批数学基础扎实, 而且对计算机科学研究兴趣浓厚的人才. 他们在数学和计算机交叉领域中的耕耘一定会开出奇葩, 结出异果.

吴文俊与北京大学信息科学中心

封举富　查红彬

吴文俊先生所开创的数学机械化不仅给数学领域带来了新思想, 而且对信息科学技术领域的发展产生了深远的影响. 尤其是对于图像分析与理解、计算机视觉、人工智能等方向的研究而言, 数学机械化方法提供了崭新的基础理论与思想, 具有重要的指导意义. 早在 1988 年, 人工智能领域的权威期刊 *Artificial Intelligence* 就出版了以吴方法为主题的专辑, 集中介绍了吴方法在图像特征解释、几何推理、几何重建和路径规划等的应用实例, 对吴方法在人工智能、计算机视觉以及机器人等领域的贡献给予了极高的评价. 以机器感知作为主要研究方向的北京大学信息科学中心自建立以来就在吴先生和北京大学程民德先生、石青云院士的指导下, 开展了以数学机械化方法为指导的科研工作, 取得了一系列成果.

北京大学信息科学中心是 1985 年成立的以信息科学前沿领域创新研究为宗旨的多学科交叉研究中心. 长期以来, 信息科学中心在机器视觉、机器听觉、智能信息处理和感知心理生理基础等方面开展基础研究和应用基础研究, 可以说从中心建立时就与吴先生和吴方法有了不解之缘. 但是, 吴先生与北京大学相关学科的渊源可以追溯到更久之前.

1951 年 8 月, 吴先生回国后就在北京大学数学系任教授. 20 世纪 70 年代, 吴先生开始定理机械化研究, 开创了全新的研究方向, 并取得了举世瞩目的成果. 1988年 1 月, 北京大学程民德先生主持了 "七五" 数学重大项目 "现代数学中若干基本问题的研究", 吴先生领导的机器证明成为其中一部分. 1990 年 8 月, 数学机械化研究中心成立, 吴先生任中心主任, 程民德先生任中心学术委员会主任. 随后, 吴先生与程先生一起组织申请了 "八五" 攀登项目 "机器证明及其应用". 项目验收后, 又顺利进入 "九五" 攀登预选项目.

在此过程中, 1990 年北大的相关人员首先运用吴方法研究了二次曲面的三维形态推理问题. 在三维视觉的研究中, 该研究有条件地运用吴方法进一步研究高次曲面情况下的立体形态感知问题, 使三维视觉研究进入了新的阶段.

1998 年春, 由程民德先生提议, 开始了 973 项目 "数学机械化和自动推理平台"的申请, 并指导北京大学石青云院士领导的课题组参加. 程民德先生认识到数学机械化研究的深刻性和重要性, 他是数学机械化研究的组织者和支持者, 即使在重病中也时刻关心着数学机械化研究的进展和项目的申请工作. 1998 年 11 月, 程民德先生不幸病逝. 吴先生痛失挚友, 称 "程先生是这些项目的灵魂".

1998 年石青云院士负责 973 项目的课题 "信息安全、传输与可靠性研究", 为将吴方法和具体的应用结合起来进行了富有成效的探索. 小波变换自提出以来, 在信号处理、图像和视频压缩等方面应用广泛, 但是如何构造合适的小波一直是研究的重要课题. 石青云院士领导的课题组提出了基于代数方法的双正交小波的构造和优选方法, 把小波构造归结为高次方程组的求解, 并利用吴方法来解决. 给出了 9/7 双正交小波滤波器带有两个自由参数的显式表达和利用提升进行整数实现的显式表达, 并且找到了一种较广泛接受的 Daubechies 9/7 双正交小波滤波器. 另外, 在可逆线性变换的整数实现方面, 理论上证明了任意可逆线性变换是可以整数实现的, 并首次给出了一个充分必要条件和整数实现的具体方法和步骤, 进一步发展了矩阵分解理论及其快速分解算法. 线性变换整数可逆实现方法并在 DCT、KL 变换和颜色空间变换等的整数实现中得到很好的应用, 尤其是在新的图像压缩国际标准 JPEG2000 中的应用 —— 多成分整数可逆变换的技术已被新的图像压缩国际标准 JPEG2000 采纳, 进入了 2002 年的国际标准 JPEG2000 第二部分的最终文本中.

在 2004 年启动的新一轮 973 项目 "数学机械化及其在信息技术中的应用" (首席科学家: 高小山研究员) 中, 以北大信息科学中心科研人员为主承担了 "数学机械化在生物特征识别中的应用" 的课题研究. 在课题执行过程中, 我们取得了以下成果:

1. 针对图像识别中的高维数据 — 低维特征描述问题, 提出了一种基于黎曼流形学习的降维方法, 将图像高维数据的降维问题转化为对光滑流形建立局部坐标卡的数学问题, 对于高维离散数据, 实现了建立黎曼坐标卡的高效算法. 解决了离散数据点的邻域估计问题、内蕴维数的估计问题和流形上任意两点间精确测地线的计算问题. 成果可用于数据的降维、有监督分类、无监督聚类、半监督学习以及回归等.

2. 提出了图像欧氏距离 (IMED) 测度, 并对其特性进行了系统深入的分析. 证明了线性时不变图像滤波器和图像距离之间的等价性. IMED 具有的特点包括: 单调性, 图像距离随形变程度连续变化; 不变性, 对两幅图像进行同一线性变换 (平移、旋转和反射) 时, 图像的 IMED 距离不变. 该距离适用于任何大小及分辨率的图像. IMED 可以嵌入径向基函数支撑向量机 SVM、人脸识别系统中的 Eigenface 方法和 Bayes 相似度人脸识别算法等.

3. 提出了一种基于图像几何特征的线性标定方法, 其计算效率比已有非线性方法提高了一个数量级. 该成果以射影几何理论为基础, 发现了基于球图像和绝对二次曲线的像之间新的几何关系.

4. 在语音信号处理与语音特征识别研究方面, 提出了基于听觉感知模型的新方法, 在与认知科学交叉方面进行了卓有成效的探索.

5. 在指纹、人脸和掌纹识别的算法研究方面提出了多项创新性成果, 解决了现有生物特征识别系统中几何形变等关键问题, 有效地改善了系统的鲁棒性.

这些工作都是在数学机械化思想和方法的指导下完成的. 同时我们还充分认识到今后还可以在以下方面进行进一步的探索: 模式识别的许多问题都必须转化为优化问题, 而大多是通过建立大规模联立方程组求解的. 运用数学机械化思想能够更好地适应现有计算机系统内在的计算有限性和离散性, 可以开发更加高效的实现算法. 同时, 模式识别与机器学习中许多问题的核心是如何从数据中抽取符号, 利用这些技术可以为海量数据提供层次性的符号表达, 以促进数学机械化方法在实际感知与计算问题中的应用.

总之, 我们的工作证明了数学机械化在图像分析与理解、计算机视觉、人工智能等方面所起到的指导性作用, 今后这种作用还将愈加明显. 我们将进一步加强与数学机械化理论和方法的交叉融合, 以期取得更好的科研成果.

跟随吴文俊先生从事数学机械化研究

高小山

我于 1984 年考入中国科学院系统科学研究所 (后面简称系统所) 攻读吴文俊先生的研究生. 非常幸运, 吴先生第一个学期就在中科院研究生院玉泉路校区开设了 "机器证明" 课程. 我后来才知道, 用的讲稿是他刚刚完成的数学机械化经典著作《几何定理机器证明的基本原理》的第 4 章. 1985 年春季学期开始后, 吴先生又在中关村系统所开设了数学机械化讨论班. 讨论班开设之初主要由我们几位研究生轮流讲 W.V.D. Hodge 和 D. Pedoe 所著的《代数几何方法》. 吴先生在下面听讲, 给予指点, 并亲自讲了代数对应等章节. 这段经历对我今后的发展产生了多方面影响, 本文后面将会提及.

吴先生 20 世纪 60 年代初开始研究代数几何, 并很快取得成果. 1965 年, 他首次对于具有任意奇点的代数簇定义了陈省身示性类. 很可惜, 因 "文革" 爆发, 吴先生未能继续发展这一工作, 又由于论文是以中文发表, 未能被国外同行了解, 错过了一个重要的发展机会. 在这一问题上后来由 R.D. MacPherson 等人做出了重要成果. 但另一方面, 吴先生对代数几何的研究为后来创立数学机械化提供了有力工具. 实际上, 构造性代数几何理论是吴先生开创的数学机械化的基本工具, 数学机械化的核心算法即通过构造三角列将一般的代数簇分解为不可约代数簇的并.

1985 年秋天, 我从玉泉路校区回到中关村园区, 开始在吴先生的指导下做研究. 吴先生指导研究生的特点是不直接给题目. 他总是将自己的最新成果或国际上最新发表的论文交给我们, 让我们自己去领悟并找题目. 学生们完成的成果, 吴先生会认真研读, 对喜欢的结果会说 "这个很好". 我做的第一个工作是特殊函数恒等式的机器证明. 按照师门的传统, 我在系统所的 HP1000 小型计算机 (是科学院当年为吴先生研究机器证明购置的高档计算机) 上自己编程验证. 我的本科专业是信息系统工程, 学的课程多与计算机相关, 所以对编程有一定基础. 在一次无意的交流中, 吴先生知道我编的多项式乘法运算程序比他编的要快, 非常高兴并马上修改了自己的程序. 后来, 系统所的许国志先生告诉我, 吴先生因此事曾向许先生夸奖过我. 许先生后来参加了我的博士论文答辩, 答辩委员会成员还有洪加威教授. 受吴先生工作的影响, 洪加威教授提出了机器证明几何定理的例证法. 洪加威教授当时给我提的问题是, 你证明定理是由假设推出结论, 但是假设本身是否成立并没有验证. 我当时没能很好地回答, 这实际上是吴先生数学机械化理论的简单推论.

　　吴先生常常默默无闻地帮助他人. 1987 年美国得克萨斯大学 Austin 分校的周咸青博士来系统所访问, 他希望我 1988 年秋天获得博士学位后到他那里从事博士后研究. 能够出国到名校工作, 对我来说是莫大的惊喜. 周咸青后来告诉我, 1986 年吴先生访美时对他讲, 高小山虽然不是数学专业毕业的, 但是在讲 Hodge-Pedoe 的《代数几何方法》时讲得最仔细, 并向周咸青推荐了我. 在得克萨斯大学工作的近三年是我研究上最多产的一段时间, 完成了近 10 篇论文, 包括我的首次发表在 JAR, JSC, ISSAC, CADE 上的论文. 期间还认识了 Bledsoe, Boyer, Moore 等自动推理与人工智能领域的著名前辈. 周咸青在 Boyer, Moore 指导下的博士论文也是关于吴方法和几何定理机器证明. 关于周咸青与吴先生的结缘以及吴方法在国际上传播的介绍请见他撰写的《吴文俊先生和几何定理证明》. 由于我在美国也研究数学机械化, 所以在那里访问的很多华人与我开玩笑说: "我们都是来美国学习的, 你是带着中国的思想来美国的. "

　　吴先生的工作于 1984 年以后在国际自动推理与符号计算界产生了巨大影响, 获得了自动推理界知名学者 W. Bledsoe, L. Wos, R. Boyer, J. Moore, D. Kapur 等人的高度评价, 多国学者竞相学习与研究. 他在国内发表的两篇论文分别被 JAR 与美国数学会出版的《当代数学》论文集全文转发 (当时国外很难看到国内发表的论文). 吴先生的工作成为多个国际学术会议的主要议题, 国际人工智能旗舰刊物 AI 出版了吴方法的专辑. 意大利的 Carra-Ferro 与 Gallo 是最早跟随吴先生研究机器证明的学者. 2006 年, 我受邀赴意大利西西里岛参加 Catania 大学举办的纪念 Carra-Ferro 的微分代数会议. 会议组织者 Gallo 在会议开幕式上讲道: 20 年前我们在同一个会议室开会, "会议的明星是吴文俊教授". 我由此依稀想象到 1986 年前后, 吴先生在欧美各地讲学的盛况.

　　我于 1990 年底回国, 错过了当年 "数学机械化研究中心" 的成立大会. 国际上对吴先生工作的热烈反响反过来推动了国内的数学机械化研究. 1990 年国家科委拨款 100 万元专门支持数学机械化研究, 中科院成立了 "数学机械化研究中心", 吴先生任主任, 程民德先生任学术委员会主任, 日常工作由北京市计算中心的吴文达先生主持. 北京大学的程民德先生长期支持并积极参与吴文俊先生倡导的数学机械化研究. 程民德先生与石青云院士合作将吴方法应用于整体视觉, 并指导研究生李洪波开创了几何定理机器证明的新方向.

　　我回国后赶上了由陈省身先生主持的 "南开数学中心" 于 1991 年举办的 "计算机数学年". 这次活动由吴先生与胡国定先生负责, 石赫教授常驻南开大学具体组织. 学术年邀请了多位从事符号计算的专家访问中国, 包括 G.E. Collins, C. Bajaj, M. Mignotte, V. Gerdt 等, 也邀请了李天岩等计算数学专家. 这是数学机械化领域开展的第一次大规模的学术活动. 1992 年在北京组织了第一次 "数学机械化研讨会", 吴先生任会议主席, 我负责了会议的具体组织事宜. 会议在刚刚建成的中科院外专公寓举办, 参与会议的国外学者包括 C. Bajaj, G. Gallo, V. Gerdt, C.M. Hoffmann, D. Kapur, B. Mishra, T. Mora, H. Suzuki, 周咸青等. 这是我第一次组织国际会议. 数学机械化研讨会后来发展成为系列会议, 举办了十多次. 2009 年, 为了庆祝吴先生 90 岁生日, 举办了包括数学史在内的扩大版 "数学机械化研讨会", 我再次担任会议主席. 与吴先生同为符号计算先驱的 Bruno Buchberger 与 Daniel Lazard 以及著名学者 Komatsu Hikosaburo 做了大会邀请报告.

1992 年, 国家攀登项目 "机器证明及其应用" 由国家科委立项, 吴先生任首席科学家. 项目设立 6 个子课题: 机器证明的理论与算法、代数系统求解的理论与算法、吴方法在理论物理学中的应用、吴方法在计算机科学中的某些应用、吴方法在数学科学中的某些应用、吴方法在机器人机构学运动正解及其应用. 杨路教授与我是第一课题的负责人. 张景中、杨路教授于 1987 年左右开始从事数学机械化研究, 培养了很多优秀学生, 成为了数学机械化研究领域的一支重要方面军. 张景中先生因几何定理可读证明的工作于 1997 年当选为中国科学院院士.

在国际上与数学机械化相近的研究领域是符号计算或计算机代数. 符号计算领域最权威的国际会议是由国际计算机协会 (ACM) 符号与代数专业委员会 (SIGSAM) 组织的 ISSAC, 始于 1966 年. 吴先生于 1987 年第一次在 ISSAC 做邀请报告. ISSAC'92 在美国加利福尼亚大学 Berkeley 分校举办, 吴文达与我参加了这次会议, 并在会上代表数学机械化研究中心提出在北京举办 ISSAC'94 的设想. 申办 IS-SAC'94 的另外两个城市是英国 Oxford 和加拿大 Montreal. 我们的申请得到了 P.S. Wang 和 E. Kaltofen 等人的支持, 但未能成功. 2003 年我代表数学机械化中心再次申办 ISSAC 并获得成功. ISSAC 2005 在北京成功举办, 我与 George Labhan 任会议主席, 吴先生第二次在 ISSAC 大会上做邀请报告. ISSAC 是数学机械化团队在国际上展示成果的重要舞台, 李子明、李洪波、高小山等先后获得 ISSAC 最佳论文奖, 我们的团队被 M.Singer 称为 "是国际符号计算方面最强的研究群体之一, 产生了领军人物、有基础意义的研究成果和软件, 对整个科学界有很强的影响力".

1992 年参加在 Berkeley 举办的 ISSAC 后, 我再次访问周咸青. 周咸青此时在威奇托州立大学任教, 而且张景中教授已先期到达. 此后三年, 我们三人合作研究几何定理机器证明的面积法, 这一方法的起源是张景中教授为中学数学教学创立的基于面积的解题方法. 面积法的主要想法是将吴先生工作中的变元消去法发展为基于几何不变量的几何定理证明方法, 由此提高了机器证明的质量. 这一工作得到包括图灵奖得主 Dijkstra 在内的广泛好评, 并于 1997 年由张景中院士领衔获得国家自然科学奖二等奖.

我于 1996 年回国, 开始了在吴先生身边工作最长的一段时间. 1997 年, 国家启动 "973" 项目. 大家对数学机械化是否申请 "973" 项目一度犹豫不决, 而程民德先生非常坚定地认为: 数学机械化既是重大科学问题又有重要应用, 符合 "973" 项目定位, 应该积极申请. 我记得最后的决定就是在程民德先生家中做出的. 吴先生总结道 "箭在弦上, 不得不发", 我则代表课题组参加了答辩. 经过激烈竞争, 数学机械化入选国家首批 "973" 项目. 在 1997 年秋天的评审中, 共有 270 多个项目申请. 经过三轮答辩, 共评出 15 个项目, "数学机械化与自动推理平台"(1999—2003) 为其中之一. 按科技部的规定, 吴先生因年龄原因不再担任首席科学家, 改任项目学术指导, 他建议我担任项目首席科学家. 我记得他曾讲 "谁说 35 岁不能做首席科学家". 此后 15 年里, 我三次出任数学机械化方面 "973" 项目的首席科学家, 这成为我一生非常珍贵的一段经历. 我也没有辜负吴先生的信任, 前两个 "973" 项目结题评估都在信息领域排名第一, 第三个 "973" 项目虽然不知道排名, 但也很成功, 本文后面会提及. 值得骄傲的是, 前后参加攀登项目与 "973" 项目的郑志明、陈永川、王小云后来当选为中国科学院院士.

吴先生十分关心数学机械化研究与国家战略需求之间的联系, 对现在说的 "卡脖子" 问题非常敏感. 大约 2007 年秋天, 吴先生在《参考消息》上看到一篇转自日本媒体的报道, 其中讲到: 虽然中国的经济发展很快, 但是日本不必害怕. 因为, 很多核心的技术掌握在日本人手里. 其中特别提到, 中国还没有掌握高端数控的核心技术, 因此中国高端制造业的发展将受制于他们. 我记得非常清楚, 在实验室的讨论班上, 吴先生从他随身携带的一个黑色小书包中拿出这份报纸, 激动地对我们讲: "数学机械化方法有可能攻克这一关键技术, 打破日本封锁. " 他希望我们尽快组织一个研究小组认真研究此事. 2007 年春节期间, 吴先生又对前去看望他的路甬祥院长提及此事. 路院长给詹文龙、阴和俊两位副院长写信, 请他们组织数学机械化重点实验室与科学院有关单位合作, "凝聚若干优秀青年人员专心致志的工作, 做出实实在在的成绩来". 2008 年, 科学院当时的基础局与高技术局设立联合项目, 支持数学机械化重点实验室与中科院沈阳计算所开展数学机械化方法与高端数控技术的交叉研究. 该项目结束后, 科技部又设立了由我主持的 "973" 项目 "数学机械化与数字化设计制造"(2010—2014), 继续这一研究. 我们没有辜负吴先生的期望, 历经 8 年多的研究, 在数控系统的核心技术 "数控插补" 方面提出了国际上最好的算法并在中科院沈阳计算所的商用数控系统中得到实现, 显著提升了数控加工的精度与质量. 项目的成功与吴先生重视数学机械化的应用密切相关.

吴先生对几何设计与机器人的研究影响深远. 几何设计与机器人成了数学机械化应用研究的一个主要方向, 国内外多支队伍从事这方面的研究, 研究人员包括 D. Kapur、C. Hoffmann、梁崇高、汪劲松、廖启征、刘慧林、陈发来等. 我也在吴先生的影响下开始了这一方向的研究. 数学机械化在开始阶段较多关注几何定理的机器证明, 但工程领域很多问题往往可以归结为几何自动作图. 例如, 计算机辅助设计 (CAD) 被认为是信息时代最具影响的十项关键技术之一, 实现几何自动作图是新一代智能 CAD 的核心算法. 我提出了几何作图的高效方法, 作为应用, 引进了最一般的空间并联机构 —— 广义 Stewart 平台, 解决了具有优良运动学性质的并联机器人构型问题. Stewart 平台有很多重要应用. 例如, 由国家天文台南仁东教授主持的 FAST 射电望远镜项目中用到了某种软性 Stewart 平台与刚性 Stewart 平台的耦合机构. 我主持的 "973" 项目 "数学机械化与自动推理平台" 资助并承担了 FAST 射电望远镜馈源舱设计与控制的部分研究.

前面讲过, 1985 年春我在吴先生主持的讨论班上学习了 Hodge 和 Pedoe 的《代数几何方法》一书. 本书以 "周形式" 为基础建立了相交理论. 周形式在吴先生的数学机械化理论中也扮演了重要角色. 周形式由华人数学家周炜良建立, 吴先生多次给我们讲起周炜良的传奇经历. 我的 2007 级研究生李伟选题时, 我建议研究微分周形式, 请李伟重读此书, 这次是她讲我听. 由此开始, 我与李伟、袁春明合作建立了微分周形式理论与稀疏微分结式理论, 其中关于稀疏微分结式的工作获得了国际计算机学会代数与符号计算专业委员会颁发的 2011 年 ISSAC 唯一杰出论文奖. 当我将论文拿给吴先生时, 他开玩笑说 "我看不懂了". 但从他灿烂的笑容中, 我可以看出他非常高兴.

2000 年中科院推荐吴先生参加首届 "国家最高科学技术奖" 的评选. 吴先生的申报材料由我与石赫为主整理. 国家科学技术奖励办公室组织的首轮答辩由候选人单位介绍候选人的工作, 吴的工作是我介绍的, 记得汪成为先生是专家组组长. 吴先生由于对拓扑学的基本贡献和开创了数学机械化研究领域毫无争议地获得首届国家最高科技奖. 吴先生关于拓扑学的成果被 5 位菲尔兹奖得主引用, 其中 3 位在其获奖工作中引用. 有专家提问, 为什么吴先生没有得奖? 当时我可能没有回答好. 多年后, 在吴先生口述自传《走自己的路》中看到一些这个问题的线索. 吴先生在拓扑方面最重要的工作是 1950 年做出的, 而他 1951 年就回国了, 使得若干已有的想法未能实现. 书中提到, 多位法国数学家讲过, 如果 1951 年吴先生未回国, 肯定能得菲尔兹奖. 吴先生的工作还被多位诺贝尔奖得主引用. 由于当年国内政治的影响, 吴先生曾短暂从事过博弈论研究. 他与学生江嘉禾先生合作, 于 1962 年发表了唯一一篇关于博弈论的研究论文, 这是迄今为止中国数学家在博弈论领域取得的最具国际影响的成就, 被 4 位诺贝尔奖得主引用. 虽然整个最高奖奖励申报过程吴先生参与不多, 但可以看出他很重视. 有一次, 他对我讲 "此事很重要". 2001 年 3 月 29 日中国科学院和国家自然科学基金委员会举办了 "吴文俊先生荣获首届国家最高科学技术奖庆贺会暨数学机械化方法应用推广会". 石青云院士、金国藩院士、南仁东先生做报告介绍了数学机械化在其领域的应用, 我介绍了数学机械化中心的工作. 2001 年初, 科技部推荐我参加国家在人民大会堂举办的元宵节联欢晚会. 我想这有可能是对我在吴先生申报最高奖所做工作的一点奖励.

多年停顿后, 中科院于 2002 年重新开始重点实验室的评审. 数学机械化研究中心积极组织申请, 并获得批准, 吴先生任名誉主任, 万哲先院士任学术委员会主任, 我出任首届实验室主任. 吴先生非常重视实验室的申请, 我答辩时, 他前来助阵. 数学机械化重点实验室整合了数学机械化研究中心与万哲先院士建立的信息安全研究中心的力量, 主要开展数学与计算机科学的交叉研究, 在符号计算、自动推理、编码与密码学等领域具有重要的国际影响力. 实验室现在由李洪波教授任主任, 李邦河院士任学术委员会主任.

2006 年, 吴文俊与 D. Mumford 分享了当年的邵逸夫数学科学奖. 有一天, 我接到杨振宁先生的电话, 问我吴先生在数学机械化方面有哪些专著, 我介绍了吴先生的两本英文专著. 评奖委员会及负责数学学科评选的 Atiyah 先生对吴先生在数学机械化方面的工作给予了高度评价, 认为: "吴的方法使该领域发生了一次彻底的革命性变化, 并推动了该领域研究方法的变革. 通过引入深邃的数学想法, 吴开辟了一种全新的方法. " 其工作 "揭示了数学的广度, 为未来的数学家们树立了新的榜样". 这些评价对我来说多少有些在预料之中. 在整理吴先生申报国家最高科技奖材料时, 我就看到过一篇 20 世纪 50 年代 Atiyah 与 Hirzebruch 合作的论文, 该论文基本上是在推广由吴先生证明的 Cartarn 公式. 我想 Atiyah 从那时起就对吴先生留下了深刻印象吧.

吴先生在学术上的成功不是偶然的. 他从事数学研究锲而不舍, 终生努力, 下死功夫. 所以, 他说过数学是 "笨人" 学的. 吴先生年近花甲开始学习计算机编程, 亲自上机编程验证他提出的机器证明方法. 这可以说是一个奇迹, 因为计算机编程一般被认为是非常繁重的工作, 更适合青年人做. 在此之前, 由于没有计算机, 他更是凭借坚强意志, 手算上千项公式验证自己的方法. 2009 年, 吴先生已经 90 岁高龄, 却开始研究大整数分解这一世界级难题. 大整数分解是当今使用最为广泛的密码的安全性的数学基础, 受到广泛关注. 我记得一次去看望吴先生, 他很高兴地说, 我发现了一个新的大整数分解算法, 正在写程序验证其有效性, 在计算机上分步计算, 已经可以分解几十位的整数了. 我当时很吃惊, 因为此前从未听吴先生讲起他在思考这一问题. 我也很感动, 90 岁高龄, 吴先生仍在思考如此困难的问题, 并且还自己在计算机上编程验证. 我想这正是温家宝总理在纪念吴先生的文章中提到的吴先生一生 "锲而不舍, 积极进取" 精神的真实写照.

2017 年 5 月 1 日我去医院看望吴先生. 当时吴先生正在休息, 我没有打扰他. 看护讲吴先生身体状况有很大改善, 应该很快就能进行康复锻炼了. 当时我心中还感到一丝宽慰. 没想到, 由于意外, 吴先生病情急转直下, 于 5 月 7 日去世. 回想自 1984 年考入吴先生门下学习 30 余年来的经历, 浮现在我脑海中最多的是先生灿烂与慈祥的笑容, 似乎在鼓励我继续努力工作.

谨以此文纪念吴先生百年诞辰.

君子德风　引领创新

胡　森

1. 君子德风, 引领创新

　　恩师吴文俊先生过世, 不胜悲痛. 音容犹如在耳, 笑貌就在眼前. 人虽逝去, 影响却与日俱增, 天人两界, 精神将永存于世. 先生对个人的教诲与帮助, 难以言表. 先生所开创的学问与事业, 不仅存于象牙之塔, 也普照于世. 先生致力于原始创新之精神与成就, 永远激励后人. 他的谦谦君子、诚恳待人之风, 于世多益也.

　　多年来国力日增, 多赖民力之勤劳. 更近一步, 则要靠不断的原始创新. 先生的工作, 处处渗透着勇于创新的精神. 其风格令人敬佩, 其成就令人景仰. 当年陈省身先生慧眼识英雄, 点拨指导. 一年时间, 成文登于 *Annals*, 澄清 Whitney 对偶. 而后在法国, 与群雄共进, 引发拓扑地震. 新创吴类, 并厘清各种示性类. 与 Thom 切磋, 引发协边理论, 而后人们引发出高维 Riemann-Roch 公式与 K 理论, 蔚为数学大观. 先生回国后, 与外界隔绝, 探囊之物, 惜擦肩而过. 先生仍另辟蹊径, 创示嵌类, 在代数簇上定义陈类, 至今仍独树一帜.

　　自 20 世纪 70 年代开始, 数学研究的风气开始改变, 数学与物理和自然科学的联系日益增强, 成果丰硕. 有几项工作犹引人注目, 例如以 Yang-Mills 理论为基础的标准模型, 在凝聚态物理中日渐重要的 Chern-Simons 理论和作为弦论紧化基石的 Calabi-Yau 空间. 吴先生研究的拓扑工作也显示出基本的重要性. 人们发现, 电荷就是陈类, 这一想法在量子霍尔效应中得到了验证. 因这些工作, Thouless-Haldane-Kosterlizt 等人在去年获得了诺贝尔物理学奖. 近年来, 物理学家发现了各种拓扑绝缘体, 这时要用实的向量丛, 需要用吴类和 K 理论做类似的元素周期表. 在 90 年代末弦论的研究中, Witten 等发现 D 膜的拓扑不变量是 K 理论, 吴类也起到基本的作用. 示性类等拓扑不变量在量子反常中也起基本的作用. 物理学家在自然界找到数学家几十年前构造出来的拓扑不变量, 令人惊叹.

　　先生早年跻身于法国数学名流, 与 Bourbaki 学派的主要人物过从甚密. 然而先生的工作处处体现出构造性的特点, 风格迥异. 后来先生对中国数学史感兴趣, 钻研极深, 将刘辉巨著的出入相补法提炼出来, 开数学史研究之先河. 先生去世前仍关心中国数学史的研究, 特别是古代的微积分思想及其与阿拉伯世界的交流. 先生由中国数学思想萌发出几何机器证明的想法并付诸实践, 五十余岁仍开始学习编程, 其工作在国际自动推理与人工智能占一席之地, 蜚声海外. 构造性的代数几何, 在诸多领域有应用, 其中吴方法影响日增. 先生由此归纳出中国数学的构造性特点, 渐引起重视, 这对我们思考数学进一步的发展, 良有裨益. 以集合论和连续统数学为基础的现代数学, 对于构造量子场论与弦论等, 有诸多不便. 以可观测性为基础的量子理论相关的数学, 也是呼之欲出.

子曰: "君子之德风, 小人之德草, 草上之风必偃." 吴先生谦谦君子的美德, 勇于创新的学风, 必将得到发扬光大, 和他的成就一样, 永垂于世.

2. 品德高尚, 学问高深 —— 忆在系统所师从吴文俊先生的岁月

我在中科大上的大学, 数学系有不少老师是吴先生的学生或同事. 经彭家贵老师的推荐, 我到系统所做了吴先生的研究生. 我在系统所学习期间, 正值吴先生在数学机械化方面做出开创性的贡献, 我有幸在这方面也做了点贡献. 吴先生进行机器证明的工作需要做因式分解, 我们发现用吴先生的方法加上待定系数法就可以做. 我们想到这点后用手算, 就可以做不少分解, 比当时文献上出现的方法优越. 吴先生非常强调用计算机实现机器证明. 当时的计算机程序是打孔的, 我和王东明花了好几个月的时间终于实现了由 Hilbert 发现的一类初等几何的机器证明. 一旦系统实现后, 我们就到处找定理来证. 后来发现, 许多图形若画出来是对的, 就可能是定理. 这一点不久被洪加威教授变成定理, 即所谓例证法. 洪加威证明了对于许多初等几何定理, 只要对于一些例子是对的, 就可以变成定理.

有一次在研究生院听吴先生讲课, 和王东明一起将一次课的笔记整理好, 成了一篇文章《复兴构造性的数学》, 发表在《数学进展》上. 这篇文章现在翻起来仍觉可读. 吴先生认为 E. Cantan 的许多工作是构造性的, 建议我们学习 E. Cantan 的著作. 我们学习了他的一本黎曼几何, 很受启发. 遗憾的是, 我未能在这方面做出贡献. 在机器证明方面有高小山、李洪波、李子明、刘卓君、支丽红和张景中、杨路、周咸青、王东明等发展, 绵延不断.

在系统所学习期间我从李邦河老师那里了解到吴先生在代数拓扑、代数几何、微分拓扑等核心数学领域做出了许多奠基性的工作. 吴先生在法国留学期间为法国拓扑学的勃兴做出了关键性的贡献. 吴先生半个世纪前所定义的吴类近几年在弦论学家研究 D 膜的荷的问题中还找到了应用. 吴先生在国内的工作包括示嵌类、奇点理论、代数簇上的陈类、有理同伦理论等. 吴先生和他指导的学生所做的工作均处于当时国际研究的前沿. 由于一些运动的干扰, 吴先生的许多工作被迫中断, 未能得到发扬光大, 是非常令人遗憾的. 例如, 吴先生关于奇点的工作在 1965年已经处于当时的前沿, 被 "四清" 运动所中断, 而后奇点理论被我在普林斯顿的导师 Mather 所完成. 吴先生在 1965 年用母点的方法给出代数簇上陈类的定义. 1971 年 McPherson 用不同的方法 (将奇点爆破) 给出代数簇上陈类的定义一举成

名, McPherson 现在是普林斯顿高等研究院的终身教授. 而吴先生的方法易于计算, 似仍值得挖掘.

　　我在系统所学习期间, 由于研究生待遇较低, 有不少同学联系出国. 我犹豫了很久, 向吴先生提出了出国的想法. 吴先生得知我的想法后, 很痛快地同意并给普林斯顿大学的项武忠教授写信推荐, 我于 1986 年到普林斯顿大学攻读博士学位. 由此事体现出吴先生的君子成人之美的高风亮节和大家风范是我终生难忘的. 吴先生的高尚品德使我们如沐春风, 是我们做人的楷模. 吴先生的卓越工作所达到的高度, 是我们追求的目标.

如烟往事五十年
—— 吴文俊先生智慧的光辉引领我夺得金杯

黄文奇

那是 20 世纪的 1956 年, 在武昌蛇山黄鹤楼畔的文华中学, 我念高中二年级. 当时中国政府号召向科学进军. 一天晚饭后, 还不到黄昏, 我和几位同学一道散步, 到了横街头的新华书店. 随手翻开一本《中国青年》杂志. 其中报道了远在北京的中国科学院数学研究所的朝气蓬勃的景象. 文中特别谈到青年学者龚昇新荷出水似的卓越表现, 并且谈到著名数学家吴文俊对他的好评和深谋远虑的指教. 当时, 他们二位给我的印像可说是 "惊为天人", 尤其是吴先生崇高的仪态至今历历在目.

1957 年秋我考入北京大学数学力学系. 由于自己当初的误解, 也由于当年政策的偏 "左", 我被固定在力学专业读书, 不得去心仪向往的数学专业念纯粹数学. 我一直处于 "少年维特之烦恼" 中. 不过, 虽说如此, 当时的学校还是供给了我必要的衣食条件, 让我学到了数学与力学中最初等最基本的哲学概念与具体技术. 并且在课余时间里, 我还有心境和精力去好高骛远地自学陈建功先生的《实函数论》, 希尔伯特的《数理逻辑基础》以及塔尔斯基的《初等几何和代数的判定法》. 我妄想有朝一日能够一口气彻底地解决全部的数学问题. 当然, 这种所谓的自学, 只能是似是而非甚至是稀里糊涂的. 至多也只能说是感受到了一点这种美好数学中的温馨气氛而已, 或者更正面一点说, 提高了一点自己的眼界而已. 没有高人指点, 自己瞎摸, 花了很多精力, 更多的是得不偿失.

另一方面, 在力学方面, 我的运气很好, 得到了当时力学专业最高学术水平的两位导师的指导, 他们是周培源和黄敦先生. 我当时虽说是身在曹营心在汉, 但也还是在他们的指导下读了一点书, 想了一点问题, 帮他们作了一点鸡毛蒜皮似的细小科研工作. 在这个过程中我仍然感受到了些许自二十世纪最伟大的物理学家海森堡与朗道传承下来的哲学、审美观念、思想方法以及具体技术.

1964 年我毕业被分配至中国科学院西北分院兰州渗流力学室后转计算室工作. 其间我被借调参加一项军事研究的工作. 其目的是要利用计算机指挥雷达和高射炮击中敌方飞机, 即要研制指挥仪. 这其中, 最基本的一项研究任务是为射击静止目标写出以解析表达式为形式的射表. 亦即要说清, 对于前方水平距离为 d, 高度为 h 的静止目标, 炮管的仰角应高出高低角 $tg^{-1}h/d$ 多少? 将此高出量称之为高角, 记

之为 α, 则高角 $\alpha = \alpha(d,h)$ 是目标水平距离 d 与高度 h 的二元解析函数.

对于每一个型号的高射炮都有一个射表函数 $\alpha = \alpha(d,h)$. 但是由于空气湍流与地心引力的存在, 这个函数是永远也不可能用精确的数学方法推导出来的. 只能通过反复的试射, 经测量再整理出以大量数据形式给出的二元数值函数表 $\alpha_{\text{数值}}(d,h)$. 数学家的任务是要为此密密麻麻的数值表函数找一个简单的解析函数 $\alpha(d,h)$, 使其与 $\alpha_{\text{数值}}(d,h)$ 挨得很近, 并且又简单得易于存储易于计算.

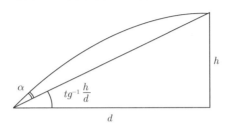

对于此种解析函数 $\alpha(d,h)$, 研究组的同志们竭尽全力而寻找不得, 面临密密麻麻的 $\alpha_{\text{数值}}(d,h)$ 中的十进制数据, 一如坠入雾海, 产生不出任何灵感, 看不出任何有意思的规律. 研究组中有留学苏联回国的副博士, 查阅了函数逼近论的各种新近理论和技术也都不行. 困境的表现是, 尽管在基函数系中选了很多项的基函数, 以致方次已经很高, 逼近计算中出现数值大小极为悬殊的各种数字, 使有的数字近乎溢出, 也还是远远满足不了逼近精度的要求.

由于涉及军事机密, 国外的具体资料也一概查不到.

在此境况下, 我朦朦胧胧地感到, 这样下去恐怕累死大家也永远找不到好函数 $\alpha(d,h)$. 于是在我的建议下, 当时的领导派我和另外一个同志出差北京请教中国科学院数学所的专家们, 特别是请教吴文俊先生. 在验证介绍信后, 当时数学所的领导, 大约是所革命委员会与军工宣队的负责人, 为我们安排了约六七名数学家包括吴先生参加的座谈会. 在我们说明了来意, 说清问题与我们的困惑后, 各位数学家大致都表示有点兴趣. 其中吴先生说得比较具体, 大致是说恐怕要挑选比较贴切的基函数系, 要贴切于所要逼近的那个目标函数. 随便取一个完备的基函数系来用, 理论上可以收敛但实际上可能效果不好.

返回兰州后, 对于吴先生的话我可以说是心有灵犀一点通. 由于我学过几年力学, 又到基地实地参观考察过, 很快就想到, 如果将仅限于第一象限的射表函数自然地开拓到二三四象限, 至全平面, 则函数明显地就会呈现出内在的解析性、对称性与周期性. 因此我们就可以据此大胆地选择具有这些性质的基函数系, 这种系应该就是吴先生所说的比较贴切于问题本身的基函数系.

本质抓住了, 在做少量的装配工作后即得出了具体的基函数系, 然后以此基函数系为基础果然就构造出了又简单又精确的解析函数 $\alpha(d,h)$, 将问题一举解决. 此项工作最后得到了全体同志的好评, 得到了有关部门的称赞.

通过吴先生的指导, 通过此项具体工作, 我做研究工作的胆子大了许多. 我认识到, 在新的困难的问题面前, 套用现成的成法多半是不会有什么好结果的. 重要的是摸透本问题的特性, 有针对性地想出解决问题的办法.

在 “文化大革命” 的十年间, 由于自己家庭出身不好, 政治水平又低, 没有人邀我卷入任何派别, 参与革命斗争. 又由于是新分配至研究所的年轻人, 同所内一切人士都无积怨, 因此没有任何人要清算自己. 在 “文革” 十年全面停止业务工作的情况下, 我度过了这一辈子最清闲最自由的时期. 十年的时间使我得以从兴趣出发能从容不迫地重新学了一遍大学数学系纯粹数学专业的最重要的基础课程. 我的数学修养和技能基本上达到了北京大学数力系纯粹数学专业的中下等程度毕业生的水平. 指导我学习分析的是余家荣先生, 指导我学习代数的是李慧陵学长. 他们都是我国现代当之无愧的优秀数学家.

1973 年我被调到位于武汉市的华中工学院工作, 不久所在的软件教研室主任刘键安排我从事一项研究. 问题来自当时管航空的六机部, 已经收了人家 6 万元人民币. 由于我刚到, 没有其他教学任务, 不得不承担此项工作. 所要解决的核心子问题是已知 n 个半径各自任意给定的刚性球, 又已知一个形状大小任意给定的圆柱形空腔, 问能否及如何将这 n 个球放进空腔之中使它们之间两两互不嵌入. 如果不能则报告不能, 如果能则指出各个球在空腔中的位置. 此问题的困难在于空腔空间的大小虽不够很从容但还是有可能放下这些球体的情形. 我开始想了一段时间, 觉得无从下手. 后来余家荣先生告诉我说王元老师指出英国剑桥大学出版社有一本书, Rogers 的 *Packing and Covering*, 可能涉及这一问题. 我在浏览以后发现, 书中涉及的问题比我所面临的要简单得多, 譬如各物体的形状大小相等, 譬如有限空腔蜕化为整个无穷的三维空间. 更有甚者, 书中指出研究这些简单问题的人都是历史上大名鼎鼎的数学家如拉格朗日、高斯、欧拉、闵可夫斯基等. 尽管如此, 这些问题仍然绝大多数尚未得到彻底的解决. 这种情况首先启发我不能走纯粹理论推导找精确解的路子, 要利用计算机找高精度的近似解. 然而找近似解也无从下手, 在已有的书和论文中没有相关的论述.

也是想的时间太长了, 正如中国古代文献说的, “诚能感人, 诚能通神”, “思之思之, 鬼神助之”. 后来我从人们挤公共汽车的景象中得到了灵感. 将这些球想象为光滑的弹性体, 强迫地将它们压进圆柱形空腔之中. 然后让它们在弹性挤压排斥力的互相作用之下不断运动, 直至每一个球都到达一个不受挤压的舒适位置. 这事实上就是所求问题的解. 由于我学过一段力学, 很容易将以上挤压运动的过程用精确的数学表达式加以模拟, 加以形式化, 最后形成求解问题的算法.

在项目结题后我形成了论文, 准备投往《应用数学学报》. 我当年已听说过历史上许多从事新问题新方法研究的学者受人轻视的故事. 我担心, 若直接将论文投向《应用数学学报》，以我这个无名小卒的地位，文稿多半会被审稿的科学家轻易地扔进废纸篓. 于是我想到了吴文俊先生, 相信他的智慧足以洞察本文的动机与合理内核. 我估计吴先生对本文的想法不会认为是邪门歪道. 我知道 1962 年他的书《力学在几何中的一些应用》在北京由中国青年出版社正式出版. 我的文稿是根据力学看出了数学中的算法, 而吴先生的书是在十几年以前根据力学看出了数学中的定理. 哲学是通的, 他是我的先行者.

几天之后, 我鼓起勇气将论文寄给了吴先生, 并附上一封信, 表明希望他看一看此文, 然后可能的话推荐给编辑部作进一步的处理. 出乎我的意料之外, 吴先生很快给我复信, 说是论文看了并颇感兴趣, 稍等一段时间《应用数学学报》编辑部会正式与我联系. 他在信中还谈到中国科学院数学所的数学家吴方曾作过二维矩形空间中的许多矩形的 Packing 问题, 他同样感兴趣. 不过吴方老师的方法与我的方法迥然不同, 他用的是纯粹数学中的数论的方法. 吴先生还说矩形 Packing 问题的解决可能在钢铁企业的生产管理中带来可观的经济效益.

接到吴文俊先生的复信后, 我很快即收到学报编辑部的来信, 信中表明对论文予以正式认收. 经过一年零七个月后, 我的论文在《应用数学学报》正式发表. 此时此刻, 可以说, 是吴文俊先生牵着我的手让我正式地迈进了科学的大门.

大约就在论文发表的前后不久, 在吉林大学召开了一个以王湘浩先生牵头的全国性的有关数学与计算机科学的学术会议. 会议期间我拜访了吴先生, 感谢他近十年对我的指教与关怀. 我还谈到, 由于自己在大学期间念的是力学, 我数学书读得太少, 人也不够聪明, 水平比洪加威、马希文这些先进的学长们差远了. 吴先生安慰我说, 你不必太拘谨, 你的工作可以说和他们比是在不同的学术方向上达到了相仿的高度. 吴先生还特别说我关于射表逼近的工作, 是为我国有关的工业部门首次完成了一项基础性的工作. 他的这次谈话使我深受鼓舞.

20 世纪 70 年代, 华中工学院在全国根本没有什么名气, 与今天产生过教育部长的华中科技大学根本不能同日而语.《应用数学学报》上这篇文章的发表使我在华中工学院几乎成了名人. 徐利治先生的高足万宏辉跟我打趣说, 你黄老师也真不简单, 使华中工学院的数学第一次从喻家山打进了北京城. 华中工学院创办了二三十年, 还没有人在中科院数学所的《数学学报》或《应用数学学报》上发表过文章. 很快改革开放的浪潮席卷全国. 在高等学校, 出国进修成了一股强劲的东风, 直把人往西吹. 我被当时的院长朱九思推荐到美国读书. 经过自己的联系, 在王浩先生的帮助下, 于 1981 年 4 月进了美国康奈尔大学数学系, 师从 Nerode 教授. 进修科目为纯粹数学数理逻辑中的递归论, 亦即抽象算法论.

Nerode 是美国数理逻辑界的名家, 是希尔伯特的再传弟子. 康奈尔大学数学系数理逻辑方向有很好的学术气氛, 有中老年教授还有一些青年教师与研究生. 他们都很友善开明, 可以向他们请教, 同他们讨论. 与我一道同来的还有中科院软件所的杨东屏老师以及我国著名数学家杨乐的夫人黄且圆老师, 他们对我的学习与工作都作出了指教与帮助. 在这段期间, 我重点追踪, 比较扎实地弄明白了哥德尔的不完全性定理. 结合自己十余年来研究工作的经验, 我认识到二十年前幻想用高深的逻辑公理体系一口气解决全部数学问题的想法是源于自己的年幼无知. 人类智慧的来源, 包括数学智慧的来源, 根本上还是在于人对自然现象的体验, 包括对人类社会现象的体验以及对自身心灵的体验. 结合吴先生十多年以来对我的指教, 此时此刻的我有一种大彻大悟的感觉. 心里感到明亮多了, 整个人也感到轻松多了.

在康奈尔这段时期我向导师 Nerode 学习了两样关键的东西. 第一, 他批评我思考问题太严格太拘谨, 在思考的初期甚至中期阶段不妨放松一点. 为了证明一个当今学术界前沿的定理, 可以引用已发表的任何定理, 即使这些定理的证明你现在还没有看懂都不要紧. 逻辑材料的补足、逻辑路线的封闭化, 这些工作尽管可以放在后面做. 第二, 他批评我论文中有太多的计算, "too much computation!", 应当学会用直觉看出一些东西, 然后用尽量简单明白的语言将这些东西说清楚, 而不要仰仗大量的计算. 对于他的这两项批评我可以说是心悦诚服, 心领神会. 后来经过逐渐改进, 我的数学修养有所提高.

我在康奈尔的学习生活费用, 中国政府承担一年, 导师 Nerode 承担四个月, 康奈尔大学理论与应用力学系的系主任鲍亦兴教授承担两个月. 在 Nerode 的指导下, 我同他合作了一篇论文. 合作的方式是他拿出他经多年玩味而看出来的全部十几二十个引理与定理, 在他指导下由我对这些引理与定理给出证明并写成文稿. 论文内容是利用整数集上的纯粹递归论的现代结果来建立实数与实函数的可计算性的基本理论. 二十年后我在昆明的一次国际会议上碰到了一些海外华人青年数学家, 他们说此文现在已成为国际上这一学术方向的奠基性论文, 凡做实分析的可计算性理论的人多半都会引用此文. 然而由于论文中的道理本质上不是来自我的灵魂的深处, 虽然定理的证明都是经过我的手的, 但是我的印象并不十分深刻. 用华罗庚先生的话说, 不是我吃到心里的活计, 是 Nerode 吃到了心里的活计.

由于在 1961 年前后我没有能吃饱饭, 读书又过分用功因而患上了神经衰弱, 以至于虽经休学一年也始终未能彻底痊愈. 我不能适应美国较快节奏的生活环境, 因而决定于 1982 年 10 月经延长半年后, 期满回国. 回国前两个月, 我接到了王浩先生从纽约洛克菲勒大学寄来的邀请信, 他让我以咨询学者的身份访问他两个礼拜, 并已安排好一千美元的支票准备很快寄来. 后来因康奈尔大学的校规很严, 不能提前走, 只能访问王先生一个礼拜.

所谓访问王先生, 事实上是他出经费来让我学习 NP 完全理论, 并聆听他有关的经验、哲学与料想.

王先生说递归分析虽然是很美丽的, 但是毕竟有些人为. 而 NP 问题则纯属天然, 是当今国际哲学界、数学界及计算机科学界之共同的重大问题. 对这种问题即使只获得了部分结果, 也比对一些小问题彻底解决更有意义. 他鼓励我说我比许多学逻辑的人有更强的组合才能, 可下决心作 NP 问题. 他指出了一条解决 NP 问题的路线, 那就是为合取范式 CNF 的可满足性问题即 SAT 问题寻找快速求解算法. 如果最终找到了此种算法即是正面的解决了 NP 问题, 得知 P=NP. 如果最终发现此种快速算法不存在即是反面的解决了 NP 问题. 他给了我一篇长文, 此文本质上是他多年来对 SAT 问题求解算法研究的总结, 文中探索了许多有意义的求解算法. 王先生为我讲解了这些求解算法的直观意义, 为我回国后看懂此文打下了基础.

回国后我和我的学生边学习边研究, 王先生也两三个月来一封信对我进行鼓励和指导. 这期间我们得到的一个最有价值的部分结果是解决了 NP 问题早期研究历史中著名的蔡丁 (Teitin) 问题.

我们希望不断地改进已有的 SAT 算法而最终得到具有多项式复杂度的目标算法, 从而正面解决 NP 问题. 我们找难例来暴露已得到的最好算法的弱点, 然后有针对性地改进这个已有的算法而得到新的更强有力的算法. 可是后来发现这个过程好像从黑匣子中抽线, 线越抽越长, 而情况越来越复杂, 最后难以收场. 大约八年的时间过去了, 仍然看不出解决 NP 问题的曙光. 最后, 我们决定暂时搁置这个方向的研究, 向王先生说明情况后, 王先生一句话也没有责备我, 仍然是和蔼与慈祥.

从 1990 年起, 我将具体的研究方向转向了 NP 问题所自培育出来的领域 —— NP 难度问题的现实求解.

NP 难度问题的现实求解是当今计算机科学技术中的瓶颈. 此项研究工作受到全世界各个国家各个部门的大力支持. 在这个领域中, 力学和物理学中的一些训练和素养十分有用, 能通过各种方式潜移默化地转变为设计求解算法的策略和技巧, 倒是公理化的绝对严格的逻辑体系在这里几乎没有什么用处. 全世界近百年的实践说明, 按照此种体系确实能设计出完整严格的求解算法来, 但是真的算起来其计算时间动辄就是天文数字, 多少万万年! 即使使用今天, 包括明天, 世界上最快的计算机也不可能缓解此种困境. 然而, 从物理世界物质运动演化图案中转换出来的有关算法却能在现实可以接受的时间内很平稳地将人们所需要的解答计算出来.

自 20 世纪 80 年代末开始, 全世界有关的计算机科学家都一窝蜂地转向了对这一方法的研究. 然而由于他们当中的大多数在严格的数学和天然的物理学的这两个方面的任何一个方面都缺乏坚实的基础和长期的实践, 做起工作来一时都有些牵强附会, 不能取得很好的效果.

由于 NP 难度问题求解算法在当今计算机科学技术界的重要性, 德国于 1992 年、美国于 1993 年分别为此举行了第一、第二届国际竞赛. 1996 年中国国家科学技术委员会为了庆祝国家 863 高技术计划实施十周年, 在北京举办了第三届国际竞赛. 参赛者中除了西欧、北美等先进发达国家的知名学者外, 还有中国的清华大学、中国科学院、北京航空航天大学、中国科技大学、山东大学等著名单位的先进科学家. 在此竞赛中, 我的算法以遥遥领先的成绩夺得了金杯 (第一名). 在典礼上的授杯人为当时的中国国家科委常务副主任朱丽兰.

回想这个金杯的获得, 当然首先得益于王浩先生十年的教诲. 他教懂了我什么是 NP 问题. 他耳提面命, 让我理解了想问题要有一个模型, 不能空想. 要千方百计地让问题、让自己的思想路线变得好想. 只有好想了才能想出好东西, 得到好结果, 而表述则要尽量通俗清晰和简单.

但是, 对于我的科学工作路线的合法性问题, 或者说对于自己科学哲学观的正义性的信仰问题或者说道德问题, 我是在吴文俊先生思想的感召或者说影响之下才想通的. 只有彻底地想通了这个问题自己才敢于在科学技术的道路上大胆地探索和大步地前进, 否则将会畏首畏尾裹足不前.

在开始察觉拟物拟人方法的早期阶段, 我的态度完全是实用主义. 觉得它既然能解决问题, 能让相当于今天 150 万元的科研经费得以交差, 那就只好用它. 在我心灵的深处还是怀疑这种方法是否有邪门歪道的嫌疑.

吴先生的著作《力学在几何中的一些应用》对我是一个巨大的鼓舞, 给了我在哲学上的一个主心骨. 以吴先生这样一个正统的大数学家, 既然他能瞧得起力学在得出几何定理中的作用, 那么依物理学的图像得出有关几何的算法就绝不会是邪门歪道. 事实上, 计算机科学就是一个具体门类的数学, 因此依物理学的图像而看出计算机科学中的算法乃是光明正大之举. 因而从此以后我即完全脱离了自卑感与负罪感, 自信自己走的不是歪门邪道而是光明大道. 我得以有了个好的心情.

后来我逐渐以平静的心情加深了对吴先生著作的理解, 那就是数学公理化方法固然有很多优点, 是非常好的工具, 但从根本上讲, 它只能帮助人们整理思想, 整理基本上已大致获得了的思维劳动的成果, 而很难启发人们产生解决新问题的新智慧. 因此当人们在探究新问题, 特别是困难的新问题的时候, 不能太依赖于公理化方法. 还是要靠那个多少有点 "神秘" 的、不太容易把握得住的 "自身的心灵" 以及这个心灵对外部客观世界的观察与感应. 在看了吴先生的著作之后又见了哥德尔的不完全性定理, 已使我对以上观念深信不疑.

事实上拟物拟人一直是自古以来大数学家们的习惯和正统, 只不过自 19 世纪末至 20 世纪中期以来, 为打好数学科学的严格基础, 公理化符号化的思潮风起云涌, 使人们一时淡忘了这种科学的正统而已. 随着新的有意义的困难问题例如 NP 难度问题的涌现, 公理化符号化的方法会逐渐显示出自己的不足, 朴素的拟物拟人途径会重新逐渐被数学家们所广泛选用.

大约是七八年前, 吴先生应邀去中科院成都计算机应用研究所作学术访问, 返京途中路过武汉, 为安排吴先生起居, 我有幸得以伴随吴先生几天. 他向我讲了许多往事, 其中让我提高眼界而且印象最深的是如下两点: 第一是吴先生当年在交通大学读本科学习实变函数时的情景. 第二是吴先生高中时期最受老师称赞自己又学得最有兴趣的课程其实是物理而不是数学. 后来进大学念数学的原因是当时家境不够宽裕, 而更高一层的师长却看重他的数学才能 —— 许以进大学念数学就供给全额奖学金!

我们可以想象, 如果吴先生当年高中毕业进大学念了物理, 那将是怎样的一番情景. 依吴先生的悟性与将事情做到底的坚韧不拔的毅力, 说不定会有可能成就一个比李政道、杨振宁更先进的物理学家, 使得全人类对宇宙获得更深的认识, 甚至可能与海森堡及朗道媲美抑或超过他们, 使中国人在当今的世界有更高的学术地位. 天下的事哪能一下子都说得清楚呢?

那个求解 NP 难度问题的国际竞赛呢, 直到如今仍每隔两三年都举行一次, 于世界各国的美丽市镇轮流举办. 最近的两次分别是 2007 年在葡萄牙的里斯本和 2009 年在英国威尔士的天鹅海. 至于我本人, 因为已自觉体力不够好了, 于今年春天办了退休手续, 后又返聘, 目前和学生合作, 仍在求解 NP 难度问题方面做点具体工作.

吴文俊先生当年将我领进科学的大门, 后来又在我的学术道路上, 给了我哲学的主心骨, 使我在摸索着前进的路上不至于太诚惶诚恐.

值此吴先生九十华诞之光明日子, 我衷心地祝愿他松柏长青, 寿比南山.

师从吴先生学习和研究数学机械化

李洪波

我初识吴文俊先生是 1991 年春季在南开大学举办的为期三个月的数学机械化讲习班上. 这个讲习班是陈省身先生组织的一系列数学讲习班之一, 目的在于集中培训我国有志于数学机械化事业的青年数学人才. 这也是我第一次接触并被领进数学机械化这一新兴领域. 当时的主讲教师有石赫、黄文奇、衷仁保等, 讲座教师有吴先生、刘卓军、高小山等. 可以说吴先生是亲自将我领进数学机械化大门的几位主要老师之一.

我对数学机械化的认识是在问题表述的符号化基础上, 以计算 (或者叫代数处理) 的手段进行数学推导, 实现相比数理逻辑而言更为高级有效的自动推理. 数学的公理化为数学的基础注入了严密性, 但是并没有关注基于公理的推理实际可实现性, 因为没有考虑推理的效率问题. 实际上, 人工智能在开始的时候, 首先考虑的是逻辑推理的计算机算法化, 以数学定理证明为重要的检验和应用对象之一. 对于几何问题, 最典型的欧几里得演绎方法是逻辑推理, 但是在程序实现时, 对代换规则的搜索迅速导致搜索空间的指数膨胀, 因此只能证明诸如"等腰三角形的底边中线垂直于底"之类平凡的定理, 对稍微复杂的命题实际上无能为力.

吴先生数学机械化方法的出现改变了这一面貌, 实际上他一个人使几何定理机器证明从人工智能中的一个不太成功的领域变为最为成功的领域之一. 从基于逻辑的程序化证明到基于代数的程序化证明, 恰好遵循了经典几何从图形构造到坐标描述, 从综合演绎到解析计算, 从特殊技巧到普适规律的发展历史. 对于几何推理的坐标化和计算化, 吴先生从理论上证明了他建立的机械化算法的完全性, 从他身体力行的程序实现中检验了这种机械化算法相比以往算法的高效性.

自解析几何发明以来, 除了笛卡儿坐标, 还出现了平面复数坐标、三维向量代数, 以及 n 维矩阵和张量等在几何中卓为有效的代数工具. 我本人的硕士阶段研究背景是理性力学, 师从北京大学数学系郭仲衡院士, 对张量分析和广义坐标在黎曼几何和李群中的重要作用有深刻的印象. 自然考虑的一个问题, 是如何将吴先生数学机械化的思想和算法推广到这些出现更晚但功能更强的代数系统中去, 解决更高层次几何定理的证明问题.

先看看向量代数. 这是 19 世纪 Gibbs 从 Hamilton 的四元数演算中提取出来的, 受到工程师们热烈欢迎的三维几何描述和计算工具. 单位向量之间的乘法有内积、叉积、混合积 (又叫体积), 分别表示两个向量夹角的余弦、垂直于二向量的法向量乘以夹角的正弦、三个向量张成的平行六面体体积. 它们的几何意义十分明确. 如果说有什么不满意的话, 除了该代数只适用于二维和三维几何, 就是解向量方程并不方便. 原因是这三种乘法不同于数的乘法, 它们是没有可逆性的, 使得连简单的线性向量方程组一般都不能在向量代数中进行求解, 一般也就只能用待定系数求出关于一组基向量的线性组合 (坐标表示).

造成这种困难的原因是 Gibbs 摒弃了 Hamilton 的四元数乘法, 只采纳了它的内积和叉积两部分. 一个三维向量对应于一个纯虚四元数, 两个四元数的乘积分为两部分: 实数部分 (内积) 和纯虚数部分 (外积). 分开的两部分有明确的几何意义, 而作为它们的和的四元数乘积, 对 Gibbs 来说没有明确的几何意义, 因此被摒弃. 现在来看, 两个纯虚四元数的乘积当然是有几何意义的, 不过它不再表示任何几何量 (例如内积或角度) 和几何体 (例如法向量), 而是表示几何变换: 它是这两个纯虚四元数表示的向量从一个旋转到另一个, 以它们的叉积为转轴向量的三维空间旋转的生成元, 既包含了转角又包含了转轴. 四元数乘积是有可逆性的, 在向量方程组求解这一方面比向量代数具有优越性. 事实上, 单位四元数集和向量代数一个是李群 (三维旋转的二重覆盖: spin 群), 另一个是相应的李代数.

再看看四元数的高维推广. 四元数域是满足结合律的, 其中任意两个纯虚四元数的乘积等于它们对应的三维欧氏向量的内积的负值 (这个负号也是 Gibbs 摒弃四元数乘法的原因之一). 一方面, Frobenius 证明了如果试图保持非零元素的可逆性, 那么四元数的高维推广只有八元数, 后者的乘法已经丧失了结合律. 另一方面, 如果试图保持结合律, 并坚持任意两个向量的乘积等于它们的内积 (而不是其负值), 就得到唯一的多重线性万有代数, 它就是 Clifford 代数, 而四元数是三维空间上的 Clifford 代数的偶子代数. 19 世纪的 Clifford 本人称现在冠以他的名字的代数为 "几何代数", 意思是这种代数是为几何描述和计算服务的.

众所周知, 张量积只具有多重线性和结合律两个性质, 张量代数是满足这两个性质的万有代数. 张量积不足以刻画空间的维数性质和度量性质. 在历史上, 向量空间的维数性质是由线性相关性, 或者更明确地, 是由向量的 Grassmann 外积刻画的. 这种外积反交换、分阶, 并满足结合律, 与向量代数中的叉积不同. n 维向量空间中的任意 $n+1$ 个向量线性相关, 在代数上的反映就是它们的外积为零. Grassman. 代数是由向量的 Grassmann 外积生成的, 是满足多重线性、反交换、结合律的万有代数.

外积是不具有可逆性的. 相比之下, Clifford 代数中的乘积, 简称 Clifford 乘积, 对该代数中的几乎所有元素都是可逆的. 任意两个向量的 Clifford 乘积是它们的内积和外积之和. 这种乘积同时包含了空间的维数性质和度量性质, 非常适宜于对度量几何进行描述和计算, 特别是向量方程组求解.

以上是我在博士阶段对数学机械化入门之后, 结合自己的张量分析背景对进一步发展数学机械化思想和技术进行的思索. 由于吴先生的机器证明在经典几何问题上已经取得很大的成功, 一个自然的思想是发展出基于 Clifford 代数的向量方程组求解方法, 针对几何定理的代数证明计算量大, 证明过程不可读的问题, 看看是否能够有所克服. 经过两年多的努力, 终于提出了一套适用于几何定理证明的向量方程组求解方法. 测试表明, 该方法产生的证明具有一定的可读性. 这些是我的博士学位论文《几何定理机器证明的新探讨》的核心内容.

吴先生对论文的学术评语如下: "本文对几何定理证明有许多创新. 与原来机器证明方法依赖于通常坐标系统与多项式运算相反, 作者巧妙地使用各种 Clifford 代数, 使定理的表述不再依赖于坐标的选择而变为 intrinsic 的, 且使证明过程往往变得极为简单. 由于 Clifford 代数的表达本身已具有某种方向性, 因而某些原来的方法所感到难于处理的定理, 也成为简易可行. 在平面几何情形, 作者指出所用方法包括了…… Havel 的距离法. 但作者的方法也可使用于投影几何甚至微分几何, 为以上方法所远不能及. 微分几何的定理证明甚少进展, 作者方法将有较大推进. 论文证明作者思想敏捷富于创新, 作者所开创的局面将大有发展余地. 这是一篇极为优秀的博士论文. "

博士学位论文的同行评议一般只要有 5 个就够了. 当时我的导师程民德院士认为应适当扩大该工作的影响, 因此总共邀请了 15 位专家进行同行评议. 他们是吴文俊、程民德、丁石孙、姜伯驹、石青云、李未、张景中、杨路、林建祥、徐明耀、杨东屏、黄且圆、彭立中、石赫、白硕. 其中, 吴先生任我的博士学位论文答辩委员会主席.

1994 年博士毕业后我来到中科院系统所, 在吴先生的指导下继续进行数学机械化的研究. 1996—1998 年我赴美访问 Clifford 代数研究最有影响的一位学者 Hestenes 教授, 与他合作研究他二十年前就开始但始终未能有效解决的问题: 晶体群的 Clifford 代数表示. 吴先生对我的出国留学表示支持, 认为 Hestenes 作为 Clifford 代数方面的 "教父" 级人物, 我联系他并去那里与之合作, 有利于对我研究水平的提高, 是最自然的事情. 也就是在这段时间, 我与 Hestenes 等合作建立了共形几何代数, 不仅解决了晶体群的 Clifford 代数表示, 而且为经典几何引入了统一的几何代数语言. 1998 年, 在吴先生、高小山等的大力支持下, 我应聘 "百人计划" 回国, 继续从事数学机械化研究.

共形几何代数为进一步提高经典几何定理证明的效率提供了有力工具. 传统的 n 维欧氏几何模型建立在 R^n 基础上, 空间任意一点用自原点出发的向量表示, 同一向量还表示自原点到该点的位移. 其他两点之间的位移用表示这两点的向量之间的差来表示. 我们知道, 一个差分单项式 $(a_1 - b_1)(a_2 - b_2)\cdots(a_k - b_k)$ 的展开立刻造成项数的指数膨胀. 同样, 描述位移之间几何关系的向量差分的乘积,如果展开也会造成项数的指数膨胀. 与此相反, 如果位移能够以某种乘法的形式表示, 则不必进行展开计算, 从而使项数膨胀得到控制. 共形几何代数提供的正是这种表示.

共形几何代数为经典几何提供了高级不变量系统: 零括号代数和零 Grassmann-Cayley 代数. 由于能够有效地控制项数膨胀, 同时保持了计算结果的几何解释, 高级不变量系统在经典几何定理证明中表现突出: 以往数十万项都难以完成的计算, 现在常常只要一两项就可以完成, 极大地提高了机器证明的效率. 吴先生对此非常赏识, 要我提供所有我的相关论文, 亲自研究这一新兴工具, 并且坚决支持我申请各种学术奖励, 为此写过多封推荐信.

吴先生是学术泰斗, 在拓扑学、代数几何、机器证明和数学史等方面有很深的造诣. 2002 年, 美国 Hestenes 教授来京, 我陪同他去吴先生家里拜访. Hestenes 的老父亲 Hestenes 曾经是加州大学洛杉矶分校数学系的系主任, 是共扼梯度法的发明人、变分学专家. Hestenes 是物理教育学家, 同时继承了他父亲的许多数学才智, 因此认为自己的 1/3 是物理学家, 1/3 是数学家, 1/3 是哲学家. 他于 2002 年获得美国奥斯特 (Oersted) 奖章, 表彰他在物理教育领域的终身成就. Hestenes 对数学史很有研究, 与吴先生谈得很热烈, 对中国数学史和有关的原始文献出处很有兴趣. 他在交谈中, 对吴先生产生由衷的敬佩, 两眼放光地重复了两次这么一句让我吃惊的话:"You look like my father. "

吴先生与 Hestenes 教授都曾经当过我的学术导师. Hestenes 对我的欣赏和支持, 在国际 Clifford 代数界是众所周知的, 被国际友人戏称为我的"father". 的确, 他比我的父亲只大两岁. 既然他认为吴先生像是他的父亲, 那么顺理推来, 我与吴先生的关系就像是与父亲的父亲的关系了.

在吴先生身边工作受益极大, 能够切身感受他的言传身教, 不仅在科研工作上得到先生的帮助和支持, 而且在做人做事的思想方面也得到教诲. 我感触最深的一件事是 1999 年 5 月中旬, 吴先生在他的 80 岁华诞晚宴上的一番讲话. 1999 年是国际政治舞台风云突变的一年. 以美国为首的北约部队悍然轰炸南斯拉夫, 大肆狂轰滥炸, 令人发指的是在 5 月 8 日, 竟然用导弹袭击了我国驻南斯拉夫大使馆, 导弹在穿透六层楼板后直达地下室, 造成在那里躲避空袭的使馆人员的重大伤亡!

吴先生的讲话大约是在轰炸使馆的战争行为发生一周以后. 先生讲话的大意是, 他生于 1919 年, 正是五四运动爆发的那年. 虽然他没有赶上五四运动, 但是后来赶上了多次爱国志士为了民族独立、为了中国人民摆脱帝国主义的侵略和压迫而进行的前仆后继的奋斗抗争行动. 1949 年建国后, 又进行了抗美援朝、中苏边境反击战, 可以说中国人民从此站起来了! 之后 80 年代改革开放, 经济方面与帝国主义国家合作, 政治方面除意识形态外, 其他方面也未感受到来自帝国主义国家的强烈敌对, 长治久安下的人们也逐渐习惯于这种表面上的和睦亲善. 这次轰炸使馆的行径, 震醒了中国人民, 使我们突然意识到, 中国人民依然没有摆脱帝国主义的侵略和压迫, 五四运动的使命依然尚未完成. 我们是要继续完成这一使命的!

迄今吴先生讲话时表情由沉稳到激动、越说胸中越气愤难平的样子依然清晰地浮现在我的脑海中. 吴先生今年已过了 90 岁华诞, 他们那一辈未完成的志愿, 看来是要留在我们这一辈甚至是我们的下一辈和下下一辈来完成了. 我们要以从政治、经济到科技诸方面, 都摆脱帝国主义的侵略和压迫为目标, 以此未完成的使命自勉而努力完成之.

记与吴先生交往的二三事

李 廉

我与吴文俊先生的相识是在 1984 年暑期, 当时南开大学正在举办一个数学算法的会议. 听说吴先生要来参加会议, 我们都觉得很兴奋, 虽然没有见过吴先生, 但确实仰慕已久. 特别是我们在学校上课时, 老师给我们讲起 1956 年国家科技大奖的三位得主, 吴先生是其中最年轻的一位, 心里就一直希望有机会能够见到先生. 这次吴先生亲临会议, 不仅可以当面聆听吴先生的教诲, 而且由吴先生来为这一领域把舵, 自然是大家所期盼的.

会议开始以后, 吴先生做了关于几何定理证明的报告. 吴先生深入浅出, 侃侃而谈, 从中国古代数学的证明路线和技术本质, 谈到西方现代数学的逻辑体系, 并且引出了几何定理机械化证明的思路和方法. 特别是吴先生利用一台简单的计算机, 证明了上百条非平凡的几何定理, 研究工作达到了神奇的境界. 这个报告给我留下了深刻的印象, 也使我坚定了在数学定理证明这一领域钻研的决心. 同时吴先生的风采也给我留下了难忘的印象, 十分复杂的数学问题, 经吴先生巧妙的阐释, 变得非常浅显易懂, 仅此一点非大师不能为.

我当时在代数系统性质判定的算法方面做了一些工作, 利用会议的机会, 多次向吴先生请教. 吴先生总是非常耐心地给予我这个初涉这一领域的后来者谆谆的教导, 我也从中领会了中国数学体系所蕴含的 "寓证于算" 的博大精深的内涵, 使我对于数学定理证明的理解有了一种 "柳暗花明" 的感觉. 在此之后, 吴先生介绍我参加了一些这方面的会议和讨论班, 对我的研究工作给予了很多指导和帮助, 使得我在这一领域的研究不断有所前进. 有一次吴先生甚至还向我讲起了改造塔里木河生态环境的一些想法, 当时他刚刚从新疆考察回来, 对于塔里木河周边生态环境受破坏的事情印象深刻, 记得我们还就其中一些细节进行了讨论, 一位终生从事数学研究的学者对于西部地区的环境问题也是一样的关心和牵挂, 一片拳拳爱国之心溢于言表.

80 年代, 我参加了吴先生倡导组织的计算机数学的研究课题, 经常得到吴先生的指点, 除了业务上的问题外, 吴先生还经常关心高等教育的发展情况. 对于学校应该如何培养高水平的人才, 吴先生也有很多真知灼见. 例如吴先生主张对于学生开设的课程要广一些, 鼓励学生尽量涉猎多方面的知识, 对于科学发展、科学知识和科学研究都要有自己的见解. 这样才能真正做出开创性的工作, 避免跟在外国人后面亦步亦趋地搞研究. 吴先生经常举中国古代数学发展的成就来说明开拓性思维的重要性. 中国古代数学曾经达到了辉煌的高度,《九章算术》《数书九章》《测圆海镜》《四元玉鉴》等著作使得中国数学跻身于当时世界的顶峰. 南宋时期的秦九韶在《数书九章》中, 已经论述了高次方程的数值解法, 稍后的李冶系统讨论了一元高次方程的解法, 即所谓的 "天元术". 更为可贵的是, 中国数学走出了一条与西方数学不同的道路. 吴先生在 60 年代和 70 年代, 从中国古代数学中吸取了其丰富的思想, 融东西方学术为一体, 开创性地提出了把数学证明问题转化为计算问题的新的证明方法, 并首先应用于几何定理证明, 取得了极大的成功, 成为当时世界上最富于实际应用、效率最高和理论最为完美的机器定理证明体系. 吴先生开创的这一方法也被称为 "吴方法". 美国人工智能协会主席 Bradshaw 曾说过: "吴的工作是一流的, 他独自使中国在该领域进入国际领先行列." 可惜的是, 近代以来, 学习西方教育体系和知识结构, 在一定程度上忽略了中国数学体系之中合理的成份, 吴先生很早就建议在中小学里要适当介绍中国数学的研究特点和方法, 强调要深化对于计算的理解和训练. 经过 20 多年以后, 结合当前对于中国传统文化的反思与回归, 这一建议的确有深刻的含义和前瞻性. 实际上中国古代数学所表现出来的根植于实践主义的推理方法, 通过计算来证明一些复杂的结论, 可以使抽象的数学推理有一个很好的直观理解和演算体系, 与西方的逻辑主义的推理方式是很好的互补, 对于培养学生的数学素质和拓展学生的思维很有好处. 现在从中小学到大学, 几乎完全不讲中国古代数学的思想和精髓, 在文化传承的链条上缺失了重要的一个环节, 这似乎有一定的问题.

　　吴先生不仅是一位学术造诣深厚的学者, 也是一位忠厚的长者. 衣着朴素, 谈吐随和, 与吴先生交谈, 随时可以感受思想上的睿智和对现象的深刻洞察, 并在不知不觉中受到深深的感染. 80 年代末, 吴先生随政协考察团来甘肃, 大约是 8 月底, 天气还比较热, 吴先生一身短裤短衬衣, 背了一个很普通的挎包, 一个人从下榻的宾馆走到兰州大学来找我, 令我十分惊异又感慨万分. 那一次我们谈得很愉快, 也使我很受教育, 在吴先生身上, 真正领会了如何去做一个普通人的道理. 现在回想起来, 依然恍若昨日, 还是感到十分亲切. 在吴先生的身上, 可以感觉到作为一个科学家和文人兼具的优秀品质, 这种既传承了中国文化深厚涵养又洋溢现代科学精髓的完美结合, 表现了强烈的人格魅力.

　　在我的经历中, 曾经有机会在吴先生的直接指导下学习和工作, 可惜因为一些原因未能如愿, 现在想起来仍是很遗憾. 吴先生给予我在事业上的指导和帮助, 确是让我受益颇深. 现在适逢吴先生 90 华诞, 将这些感受写成文字, 以此表示对于吴先生的崇高敬意.

吴文俊先生与机构学研究

廖启征

机器的设计与研究当中首先遇到的是机构学问题, 而机构学研究中至今仍然有一些分析与设计等问题没有解决或没有很好解决. 例如平面四杆机构五位置刚体导引综合是一个经典的机构设计问题, 采用传统的布尔梅斯特理论求解该问题, 过程复杂而晦涩难懂. 如何简单有效地求解该问题仍然有进一步研究的必要. 四杆机构设计当中还有一个轨迹综合问题, 其中用解析法进行五点轨迹综合问题已经部分解决, 而五点以上的综合问题则没有解决. 这些问题的解决有待于新的建模方法和求解方法的出现.

机器人机构学是机构学的一个分支, 它在机器人设计与应用当中是一个会首先遇到的问题. 其中一个重点和难点问题即串、并联机器人机构正、反解, 它直接描述了机器人关节空间与机器人手爪作业空间的变换. 例如: 串联机器人的关节驱动参数到手爪位置姿态的变换称为正解, 其求解容易, 反之称为逆解或反解, 其求解困难. 对于并联机器人也有一个正解和反解的问题, 不过反解易, 正解难. 不论是串联机器人还是并联机器人, 为了对它进行控制, 反解是必须解决的. 为了研究、设计与仿真机器人, 正解也需解决. 机器人的正、反解对应了传统机构学中的机构运动分析问题, 它在机构设计中也是一个基础性问题.

20 世纪 80 年代中期, 北京邮电大学以梁崇高为首的研究团队解决了机器人机构学中一个重要的串联 6R 机器人的反解问题. 但是如何采用不同的建模方法和消元方法, 以提高求解效率等问题没有解决. 在随后的并联机构正解研究工作中也遇到了困难, 造成这种困难的原因是采用的建模方法单一, 求解手段单一, 因此适用性不广, 对某些其他问题的研究难度较大.

与此同时, 吴文俊先生在创造了多项式方程组求解的吴方法后也在努力寻找吴方法在解决科学问题与工程问题中的应用. 一个偶然的机会, 使得梁崇高和吴文俊走到了一起, 二人一拍即合, 开始了机构学问题与数学机械化方法的合作研究. 在国家攀登计划的资助下, 梁崇高教授, 北京理工大学的刘惠林教授、关霭文教授等参加到吴文俊先生主持的国家攀登计划项目中来. 这一合作对于机构学研究来说是找到了新的数学工具, 而对于吴方法来说则是找到了一个新的应用领域.

在攀登计划执行过程中, 吴先生多次举办讲座, 除了对吴方法和数学机械化思想进行系统深入的讲授以外, 同时也介绍了国内外各种非线性方程组的求解方法.

比如 Dixon 结式、聚筛法、Groebner 基等方法都是在攀登计划执行过程中被推广和应用的.

这些方法与方法后面的思想极大地扩展了大家的视野, 对团队的机构学研究发挥了巨大的作用, 因此在攀登计划执行期间也取得了很多的研究成果. 例如: 采用吴方法解决平面机构综合问题, 比原布尔梅斯特理论要简单易懂. 采用数学机械化的方法与思路对多种并联机构的正解以及机器人柔性手腕等进行求解, 得到了解析解, 其中包括 4-6 台体型并联机构、6-6 平台型并联机构等, 空间三弹簧柔性手腕的静力分析等.

在此期间, 吴先生本人也对机构学问题进行研究计算, 并曾亲自上机编程, 对包括 Puma 机器人在内的多种机器人进行反解计算, 并讲授了计算方法.

在吴先生的直接领导下, 国家八五攀登计划顺利完成. 随后由高小山接替吴先生成为数学机械化 973 项目的首席科学家, 廖启征接替梁崇高继续进行合作研究. 我们在两届 973 项目中, 继续把机构学问题和数学机械化方法紧密结合, 解决了一批机构学问题. 其中包括, 采用连杆机构构造任意多项式代数曲线理论上取得成功; 采用吴方法系统地解决了由各种运动副组成的平面并联机构正解问题; 采用其他数学机械化方法求解了多种并联机构的正解问题; 并联机床的精度问题、标定问题得到较好的解决; 特别是广义 Stewart 并联机构的提出及其正解上界的确定极大地丰富了并联机构的种类. 这些成果的取得主要是依靠两期 973 项目作为平台, 为学科交叉创造了有利条件.

通过国家攀登计划的实施和两届 973 项目的支持, 目前机构学研究已经不局限于吴方法在机构学中的应用这一点, 其他机械化方法, 如共形几何代数、零括号代数等也开始引入机构学研究当中. 研究方法和规模已经呈现出百花齐放、欣欣向荣的局面. 我们相信沿着吴文俊先生开辟的数学机械化道路, 把数学与机构学研究紧密地结合起来, 科研工作一定可以又好又快的发展, 产生更多更大的成果.

吴文俊与数学机械化中心

刘卓军

还是在吉林大学计算机科学系学习本科和攻读硕士学位阶段我就知道了吴文俊的名字. 1986 年春天, 我有幸进入中国科学院系统科学研究所成为他的博士研究生, 1988 年取得博士学位留所工作后, 一直跟随吴文俊教授并协助他开展数学机械化的研究, 获益匪浅.

吴文俊教授是具有极高数学修养的数学家, 做出过影响深远的 (纯) 数学理论的贡献. 特别地, 他敢于迎接挑战, 在近 60 岁的时候做了一次研究方向的调整 —— 利用计算机进行 (几何) 定理机器证明. 由于具有深厚的数学功底、坚韧不拔的毅力和不肯言败的战斗精神, 毫无疑问他取得了成功. 他在新的研究领域的工作和成果从 20 世纪 80 年代中期开始得到国际学术界的高度评价. 1984 年出版的"美国当代数学丛书"第 29 卷 (*Contemporary Mathematics*, vol. 29) 专门就吴文俊关于定理机器证明的工作给予推介.

吴先生的研究工作一直得到中国科学院、国家自然科学基金委等国家有关部门的支持. 但是也面临着一个问题, 就是如何把已经开创的研究工作持续稳定地开展下去.

1989 年前后, 我经常陪着吴先生到北京大学程民德教授的宿舍商讨如何深入系统地开展机器证明及应用问题. 当时, 吴先生就希望将其研究工作"正名"为数学机械化. 根据我的理解, 吴先生的这一想法主要的是要强调数学的构造性特征和算法性特征, 而这一点在中国的古代数学及中国古代数学思想中得到了充分的体现. 吴先生曾粗略地把数学问题概括为两类: "证定理"与"解方程". 他在开展 (几何) 定理机器证明时, 本质上是应用了"解方程"的方法. 对于"解方程"的方法, 吴先生建立并完善了整理非线性多变元代数方程组的整序理论或特征列方法. 此后, 他还在扩展特征列方法的应用范围以及将特征列方法推广到微分情形等方面做出了一系列开创性的工作. 实事求是地讲, 用定理机器证明 (及其应用) 来概括"吴先生的事业"是不充分的. 旅美华人数理逻辑专家王浩教授与吴先生有很多交往, 吴先生多次提到王浩教授发表过的一篇文章《走向数学的机械化》的题目, 用数学机械化来刻画吴先生从事的数学研究工作及数学观点是再恰当不过的. 其实, 吴先生关于数学机械化的想法在 20 世纪七八十年代就已经形成, 《吴文俊论数学机械化》一书对此已有翔实论述. 受到耳濡目染的影响, 我明白了一点, 吴先生要做的数学

(机械化) 绝不仅仅局限在定理机器证明上, 他的胸怀更大, 心态更年轻.

1990 年初, 中科院院长周光召教授写信给系统科学研究所所长成平教授, 认为吴先生的学术贡献理所当然应能获得国际科技奖项的殊荣, 并指派给系统所和成平所长一项具体任务 —— 充分了解和汇总国内外知名同行对吴先生工作的认识和评价. 于是, 成平所长、系统所基础数学研究室主任李邦河教授、系统所科研处处长陈传平教授吩咐我落实一些具体的工作. 在这个过程中, 我更深刻地领略到, 国际学术界对吴先生的工作及其学术贡献的高度评价. 成平所长先后收到 20 多封来自国内外同行专家的评价信函, 其中包括国际自动推理界权威 W. Bledsoe, L. Wos, J. Moore 等人的高度评价, 吴先生的工作堪称世界一流, 的确当之无愧.

吴先生和程民德先生经常性的商讨还在继续, 这期间, 南开大学的胡国定教授、北京计算中心的吴文达教授、系统所的石赫教授以及基金委的许忠勤、张雷等也时常参与讨论, 出谋划策. 我们酝酿出了 "八五" 期间开展理论推进和应用扩展的计划和方案. 一是考虑到和 "历史" 的衔接, 二是顾及到国内同行及一些管理部门的理解和接受程度, 吴先生同意我们的计划仍然冠以 "机器证明及其应用" 的名称.

作为数学家, 吴先生不但有进行数学机械化的战略思考和整体设计, 也有努力践行尽心尽力的风范. 80 年代中期吴先生开始有从事数学机械化研究的研究生陆续毕业. 吴先生对学生非常放手, 对毕业的研究生出国开阔眼界也完全理解并给予鼓励. 有一次, 吴先生对我讲, 即使只有一个人, 他自己也会坚持开展数学机械化的研究. 现在有了程民德、胡国定、吴文达和张景中等有声望的数学家的支持, 有了未来一个时期开展相关工作的蓝图, 在国内将数学机械化研究发扬光大具备了基本条件.

当然, 要真正有效果地推动数学机械化事业还需要有适当规模的团队和得到稳定的适度支持.

关于团队的组建, 我们想到了 "动员" 国内更多有共识的研究人员参与. 于是从 1989 年底开始筹备召开全国的数学机械化及应用学术会议. 应当动员什么样的人来参加会议, "培育" 什么样的人加入数学机械化的研究队伍, 这些具体的问题都需要回答. 吴先生的态度是开放的, 任何有兴趣和有志向的人都欢迎. 许忠勤教授向吴先生建议从申请相关基金项目的人员中物色. 于是吴先生指派我到基金委数理学部, 找来全国各地申请基金的数学家和理论计算机科学家的花名册, 一一圈画可能的人员. 1991 年的上半年, 全国数学机械化研究及应用学术会议在南开大学成功举行, 这次会议及后来我们举办的若干次数学机械化 (国际) 研讨会为扩大数学机械化研究在国内的影响及培养和锻炼从事数学机械化的研究队伍做出了重要贡献.

在获取稳定支持方面, 中科院及数理化局一直态度积极, 但却受到当时资源掌控能力不足的限制. 1990 年上半年, 国家科委高技术与基础司的马俊如教授了解到吴先生的工作, 主动前来拜访. 他跟吴先生和系统所的领导讲, 鉴于吴先生的学术贡献及工作的重要意义, 又有未来一个时期的工作设想, 科委可以给予强度大一些的支持, 为达到稳定支持的效果, 干脆支持吴先生成立一个研究机构, 争取通过承担国家项目进一步支持相关研究工作的开展, 并建议科学院在计算机设备上尽快给予配套支持. 为真正落实国家科委承诺的支持, 系统所成平所长和王恩平书记明确向吴先生表态要积极行动, 并吩咐我做好具体工作.

第一件事就是研究机构 (中心) 的名称问题. 由于认识和理解的惯性作用, 科学院的领导希望名称中应有机器证明字样, 而我们认为这将和实际状况不符, 也会束缚中心的未来发展. 当时想到过干脆就叫 "吴文俊研究中心". 但吴先生不同意, 认为太招摇. 于是我们坚持取名 "数学机械化研究中心", 科学院领导尊重了我们的意见. 吴先生的事业也借此 "正了名".

第二, 中心的建制问题. 这首先要通过成立中心的申请报告来诉求和体现, 这件事 "讨价还价" 颇费周折. 我起草, 成平所长修改, 吴先生把关. 最后科学院在给系统科学研究所的批复文件 ([90] 科发计字 0875 号) 中包括了如下要点: (1) 同意建立中国科学院系统科学研究所数学机械化研究中心; (2) 该中心总编制 30 人, 其中固定编制 14 人, 兼职或客座编制 16 人; (3) 希望系统所按照科技体制改革的精神, 以开放实验室的方式, 联合国内外学术力量, 为数学机械化研究作出更大的成绩.

第三, 还要盯紧国家科委的各项有关的具体工作. 为此, 我们多次拜访国家科委的邵立勤和马宏建, 包括就国家科委的支持方式、额度以及有关中心的组成、建制和未来运行等问题征求他们的意见.

还有就是中心成立的会务问题. 石赫、林东岱、王定康等做了大量工作, 系统所的领导和相关处室给予了积极支持.

1990 年 8 月 8 日的下午, 在位于友谊宾馆的科学会堂举行了 "数学机械化研究中心" 成立大会, 吴文俊任中心主任, 程民德任中心学术委员会主任, 还聘请了北京市计算中心的吴文达教授担任中心的副主任. 成立大会由系统所成平所长主持, 国务委员、国家科委主任宋健, 中科院周光召院长等领导参加了成立仪式. 数学界的很多同仁、相关部门的领导还有媒体的朋友也参加了会议. 邵立勤在中心成立的新闻发布会上正式向记者们宣布, 国家 (科委) 拿出 100 万元支持成立吴先生的数学机械化研究中心. 100 万元在当时的确能够产生轰动效应. 就在中心宣布成立之后, 美国驻华大使馆负责科教的一位高级官员即刻要求访问系统所和新成立的研究中心, 了解数学机械化是怎么样一个概念, 为什么中国政府给予这么大的支持强度. 系统所林群教授、陈传平教授、林东岱和我陪同吴文达副主任接待了这位美国官员.

根据吴文俊教授的解释, 通常所说的机械化, 不论是工业的还是农业的, 都是指体力劳动的机械化而言. 数学机械化是脑力劳动机械化的问题. 所谓数学机械化, 无非是刻板化和规格化. 机械化的动作, 由于简单刻板, 因而可以让机器来实现, 又由于往往需要反复千百万次, 超出了人力的可能, 因而又不能不让机器来实现. 可以说, 吴文俊教授的这个设想是宏大的, 需要更多的人持续不断地为之奋斗. 美国人要想明白数学机械化的所指, 与我们进行沟通和探讨当然是必要的.

毫无疑问, 数学机械化研究中心的成立是数学机械化事业发展过程中的一个重要事件. 中国科学院、国家科委和国家自然科学基金委等部门都对中心的成长给予了关怀和支持. 中心成立后, 承担了由国家科委立项的 "八五" 国家攀登计划项目 "机器证明及其应用". 数学、理论物理、信息科学、机械学等许多领域的一些有建树的科学家都参与到数学机械化的研究. 经过 20 年的发展, 数学机械化的理论研究有了丰富的积累, 应用范围也有了很大的扩充, 更为可贵的是成长起了一批优秀的年轻人才. 我国的数学机械化的研究事业正在蓬勃发展, 前途无量.

吴文俊教授永远是数学机械化研究领域中的旗帜和斗士. 如果没有吴先生的学术成果和贡献, 就不可能有数学机械化的事业, 不可能有数学机械化研究中心, 甚至不可能有现在已经被广为接受和认可的数学机械化的概念. 他的荣誉太多了: 国家自然科学奖一等奖 (1956 年), 中科院科技成果一等奖 (1980 年), 第三世界科学院数学奖 (1992 年), 陈嘉庚基金会数理科学奖 (1993 年), 香港求是科技基金会杰出科学家奖 (1994 年), Herbrand 自动推理杰出成就奖 (1997 年), 首届国家最高科学技术奖 (2000 年), 邵逸夫奖数学科学奖 (2006 年). 但是, 他对此看得很淡, 更多的则是向前看, 用心和专心于科研工作. 现在已经 90 岁高龄的他, 还在孜孜不倦地工作. 最近一个时期, 他花很大精力进行着大整数因子分解的算法设计和计算机实验. 吴先生对他目前的工作充满信心, 并打算把其有关整数分解的算法工作整理后申请国家发明专利. 这样一种精神和干劲的确为科研人员树立了学习的榜样. 作为吴先生的学生, 我感到非常骄傲和幸运. 吴先生的学术成就引导着我们, 吴先生的品德感染着我们, 吴先生的精神激励着我们.

我们由衷祝愿吴先生宝刀不老, 永葆青春. 我们也将永远投入到数学机械化的研究当中, 不断努力, 不断创新.

我所敬重的吴文俊先生

齐东旭

吴文俊先生是我一直敬仰的老师. 但有机会直接接触吴先生, 还是因为许忠勤先生.

许忠勤先生是国家自然科学基金委员会数理学部的负责人. 1993 年, 中国数学会在苏州召开天元基金会议, 许先生约我列席会议. 此前几年, 我与我的学生们一起, 与北京科教电影制片厂合作, 完成计算机制作的科教电影《相似》, 许先生希望我在这个会上介绍一下把数学用在电影制作上的事情, 并事先给我买了飞机票. 就这样, 在天元基金的苏州会议上, 有幸与吴文俊先生直接见面, 并得到先生的鼓励. 记得当时他兴致勃勃地问我: "你是搞数学的, 为什么想起做电影?" 我说: "我们搞的是动画电影, 画面上无非是曲线、曲面, 颜色在计算机上都是数. 数与形, 及它们的转化, 正是搞数学的人研究的 ……" 吴先生对我说: "好, 有数学理论作根据, 有重要的应用, 值得做下去!"

那一次, 吴先生在会议期间生病了, 我陪他回北京. 尽管他身上还带着导尿管, 但路上仍与我们谈笑风生, 说数学史话、讲数学研究的故事, 完全没有在意自己的病情. 从吴先生对数学以及鼓励我们结合计算机做研究等 "闲谈" 中受益不浅; 而他坚强乐观的生活态度也给我极深的印象.

后来, 我有机会参加吴先生主持的攀登计划讨论班, 还让我作过专题发言. 实际上, 我对 "吴方法" 几乎一窍不通. 直到后来加入高小山研究员为首席科学家的国家基础研究发展规划 (即 973 项目), 我才对吴先生的数学机械化思想有所了解. 吴先生关于数学机械化的思想, 除了落实在若干数学理论与方法上的创建, 还有大量的研究属于对中国古代数学贡献的考证. 其中, 吴先生对 "位值制" 记数法的独到见解, 引导我进入数学机械化的相关领域.

石赫先生对吴文俊关于数学机械化研究贡献的描述中, 特别提到 "吴先生花大力气研读数学史", 尤其 "着重审视数学史实在数学发展历程中的地位、作用、影响、贡献. 从而发现数学发展的线索与途径, 理解数学发展的内在规律, 寻求数学的进步与客观需求相适应的轨迹".

吴先生为《古老的梦》所写的序言中 (也见诸于《王者之路——机器证明及其应用》, 吴文俊主编, 湖南科学技术出版社, 1999) 写道: 数学机械化之出现于古代中国, 决非偶然. 这里有一层通常不为人所察觉更不易为人理解的深刻原因——记数

的位值制的发明 …… 人人都知道记数的进位制. …… 世界各古代民族, 往往有着不同的进位制. 例如古巴比伦用六十进位制, 古希腊与埃及用十进制, 中美洲的玛雅民族则用二十进位制. 然而, 所有这些古代民族的进位制, 都是不完全的, 更谈不上意义重大的位值制了. 位值制是中华民族的创造, 是世界上独一无二的独特创造. …… 古代的中华民族, 就在这平淡无奇的位值制基础上, 产生了机械化的四则运算法则, 建立起数学大厦, 创立了富有特色的东方数学——机械化数学.

吴文俊先生与石赫 (右一)、高小山 (后排右三)、李华 (后排右四) 研究员在北方工业大学仔细听取孙伟博士关于电脑立体图示实验结果的汇报. 后排右五为本文作者

正是在吴先生的这样引导之下, 我们基于位值制记数的思想, 实现了信息处理方面的一些新的尝试. 吴先生对此非常关心与重视, 1998 年 10 月, 他与石赫、高小山、李华等人专门到我们的实验室. 吴先生戴上专门观察计算机屏幕上显示立体图像的眼镜, 非常细心地观察电脑屏幕上的画面, 并与我们反复讨论, 亲自体会可视媒体处理中数学方法的应用效果.

当得知实验室条件远不及国外, 吴先生与石赫先生不约而同地说, "既要尊重外国, 更要立足国内". 这使我想起读过的石赫介绍吴先生受关肇直影响的故事, 这关于 "既要尊重外国, 更要立足国内" 的数学实践方式, 被吴先生称之为关肇直道路.

数学机械化 (973) 项目有每年一次的学术交流, 首席科学家高小山每年都请吴先生给大家讲话. 有一年, 我用录像机留下吴先生的一段讲话.

吴先生首先援引一位老前辈的 "1900 年的时候中国的科学技术等于 0" 看法, 然后讲道: "1900 年之后, 中国开始学习西方, 经历了漫长的岁月, 其间有各种变化:

清朝的顽固派；军阀混战，帝国主义侵略 ⋯⋯ 从 1900 年的等于 0 开始，(中国的科学技术) 逐渐成长起来 ⋯⋯ 到了现代，我们追赶西方，已到了可观的程度. 应该说进入到慢慢可以与他们竞争的状态."

在足够肯定与赞扬成绩与进步之后，吴先生话题一转，情绪激动起来："100 多年来惨痛的经历，还可以清楚地从现在看到. 远的不说，我们进入这个房间，看看眼前的设备 ⋯⋯ 可以说是触目惊心."

吴先生指着讲台上的摆设，从讲台的左边数起，一直走到最右边，"这桌椅板凳是国产的. 但是，稍微有科技成分的，都是西方的发明""⋯⋯ 这个! 这个! 这个!⋯⋯"吴先生指点着摆满在讲台上的东西：电脑、投影仪、话筒、扩音器 ⋯⋯ 九件设备，"我们也许能碰见 Made in China，那只是说在中国生产 ⋯⋯".

继而，吴先生举例，强调说明我们国家必须有自己的东西，而不仅仅是仿制、追随. 说到立足中国、发奋创新方面，先生昂首挺胸，挽袖挥手 ⋯⋯ 这段录像记下了激动人心的场面，使我不能忘怀.

数学机械化研究的先行者

石 赫

吴文俊先生荣获 2006 年 "邵逸夫数学科学奖"，美国的曼福德 (D. Mumford) 教授共获此项殊荣. 本届获奖者的特点是: 二位数学家都在两个不同的数学研究领域获得杰出成就. 吴文俊的两个数学领域是: 代数拓扑学和数学机械化.

20 世纪 50 年代, 吴文俊因在代数拓扑学中的杰出成就而享誉国际数学界. 他是怎样进入代数拓扑学的研究, 又是如何获得一系列重大成果的呢?

青年吴文俊踏进数学研究的大门时, 幸运地得到陈省身先生的指导. 陈先生告诉他要做 "好" 的数学. 在陈先生的引领下, 吴文俊很快进入代数拓扑学的前沿, 经过几个月的努力, 得到了惠特尼 (Whitney) 示性类乘积公式的简短证明. 据说此公式的原始证明十分繁难, 以至于惠特尼本人计划写一本专著来阐述公式的证明. 吴文俊在短时间内就得到这么重大的成果, 令人称奇.

1947 年, 吴文俊考取赴法国留学, 先后师从艾利斯曼 (Ch. Ehresmann) 和亨利·嘉当 (H. Cartan) 继续研读代数拓扑学. 嘉当和艾利斯曼都是著名的布尔巴基 (Bourbaki) 学派的创始人. 布尔巴基提出了用结构这一概念来贯串整个数学, 从无结构的集合论与具有最基本结构的实数论开始, 依次进入结构不同逐步丰盈的各个领域, 追求数学体系的公理化、严密化. 50 年代以来, 布尔巴基的影响已波及整个数学界. 青年数学家纷纷接受他们的结构思想, 推行他们倡导的公理化体系. 吴文俊是最先接触布尔巴基学派的中国数学家, 他深受布尔巴基学派数学思想的熏陶.

拓扑变换下的不变量, 是拓扑学研究的重要内容. 所谓示性类, 是一种基本的拓扑不变量. 留法期间, 吴文俊专注于示性类的研究. 1940 年前后, 有关示性类的文章陆续发表, 短期内集中出现许多重要进展. 吴文俊对这些重要的示性类进行深入系统的研究并分别为它们命名, 是吴文俊首次使用了惠特尼示性类、庞特里亚金示性类、陈省身示性类的名称. 吴文俊指出它们不同的数学内涵, 论证了其他的示性类都可由陈省身示性类推导出, 反之则不能, 从而肯定了陈示性类的基本重要性. 吴文俊建立了惠特尼示性类彼此之间的关系式, 国际上称为 "吴 (第二) 公式".

进而, 吴文俊在微分流形上引入了一类示性类, 国际上称其为吴示性类, 突出的特点在于它是可以具体计算的. 吴文俊证明了惠特尼示性类用吴示性类表示的公式, 国际上也称其为 "吴 (第一) 公式", 从而使惠特尼示性类也变为具体可算的.

抽象的数学概念变为具体可算的, 是质的跨越. 吴示性类的建立, 使示性类变得易于理解, 适宜应用, 为拓扑学的应用开辟了广阔的局面.

对于这些成就, 陈省身先生给予了高度评价, 认为吴文俊对纤维丛示性类研究做出了划时代的贡献.

1950 年吴文俊回国, 以自己的科研成绩报效祖国、服务人民. 多年后, 接受采访时有记者问: 您那时为什么谢绝了国外的优厚条件而毅然回国? 吴文俊高声回答: 出国留学, 学业有成后自然要回国, 这是天经地义的, 许多人都这样做. 这个问题, 他对记者说, 你倒是应该去问那些滞留国外的人, 是什么原因使他们未能回来.

回国之后, 他系统地研究拓扑流形的嵌入问题. 所谓 "嵌入", 是把由解析方程所确定的复杂的几何形体 (即拓扑流形), 在保持连续的前提下, 安置到简单直观的欧氏空间内. 拓扑学中, 同胚不变量较之同伦不变量是更为重要、更为基本的, 可是同胚不变量的研究十分困难. 吴文俊将自己研究的目标, 专注于同胚不变量的研究. 他集中精力反复探索, 建立了复合形的 "吴示嵌类" 的重要概念. 并用类似的方法, 研究浸入问题和同痕问题, 建立了 "吴示浸类" 和 "吴示痕类" 的基本概念.

由于吴文俊在拓扑学研究中获得的杰出成就, 他和同时代的另外几位年轻数学家, 共同推动拓扑学蓬勃发展, 使之成为 20 世纪的数学主流学科之一. 吴文俊的一些研究成果成为代数拓扑学的经典, 半个世纪以来一直发挥着重要作用. 吴示性类、吴公式成为拓扑学的必修内容. 吴文俊的研究成果对代数拓扑学具有奠基性, 他以自己的学术思想影响了一大批学者, 包括多位著名数学家. 这充分显示了他的研究成果的深刻性、重要性.

1956 年, 吴文俊因在拓扑学中示性类与示嵌类方面的卓越成就, 同时与华罗庚先生和钱学森先生, 荣获首届国家自然科学奖一等奖.

1960 年以后, 吴文俊开设课程, 率先把代数几何学引入我国. 代数几何研究的基本对象是代数簇, 即多项式组的零点集, 大部分代数几何书上都是这样定义的. 但是实际上, 代数几何却是利用代数理想论建立和发展的. 这样理论上较为一般, 包括的面广些. 吴文俊开展代数几何的研究, 放弃当时国际上普遍流行的理想论的方式, 而采用零点集的论述方式. 这为他 10 年后进行机器证明研究奠定了良好的基础.

他对代数几何开展构造性研究, 重视代数簇母点这一概念的重要性. 并且利用代数簇的母点, 解决了公认的难题: 对具有任意奇点的代数簇, 建立了重要的陈省身示性类的定义. 这是一项非常重大的成果. 他的论文是 1965 年用中文发表的, 这项成果未能及时传到国外. 数年之后, 国外有年轻数学家得到类似的结果, 因而名噪数学界.

吴文俊的数学研究工作, 正值高产丰收之际, 却由于 "文化大革命" 爆发戛然而止. 等到 "文革" 后期, 数学的研究工作逐渐恢复时, 他已经做出战略转移, 放下代数拓扑学和代数几何的研究, 全身心的投入一个全新的数学领域 —— 数学机械化的研究.

是什么原因促使吴文俊做出这样的战略抉择呢?

20 世纪六七十年代, 数学界对于数学科学发展现状的认识以及前景的预期产生严重分歧, 争论激烈. 那种误以为布尔巴基学派代表了整个数学的观念产生动摇, 数学界在讨论数学应当如何发展.

留法时, 吴文俊与关肇直先生建立了友谊, 他们真挚的友谊持续了几十年. 归国后在数学研究所, 他们经常交流对数学的认识, 对数学发展的看法. 他们认为, 数学科学的进步, 不仅要依靠数学内部的矛盾, 更须要适应社会的需求. 吴文俊非常赞同关肇直提出的主张: 数学在进行理论研究的同时, 也要注意为国家建设服务.

多年之后, 吴文俊回忆道: "文革" 期间, 关肇直同志给了我非常大的影响. 首先, 关肇直带动数学所的同志学习恩格斯的《自然辩证法》. 我原先对《自然辩证法》一无所知, 学习之后受到影响, 知道数学研究的数和形, 不仅是抽象的, 而且应该研究现实世界的数与形. 这在思想上产生很大的影响. 另外, 关肇直还对我说, 数学上如果跟着国外, 追随外国, 自然要经常出国, 甚至久留国外, 不然你还能怎么办? 因为你的根子在外国.

关肇直不仅提出这个思想, 而且身体力行, 在数学所成立了控制论研究室, 把研究方向与卫星和航天一些部门直接联系, 课题就来自卫星航天部门, 为这些部门提供所需要的数学方法, 解决实际问题. 关肇直这种思想, 既要尊重外国, 而又应该立足国内的思想, 不仅是应该受到大家的重视, 而且这种思想是行之有效的. 关肇直自己树立了这样一个榜样.

他把这种数学实践方式, 称之为关肇直道路.

吴文俊回忆当时的想法: 在这样的影响之下, 我当时自然地就想, 我应该怎么办? 是不是也像关肇直那样, 寻找一条自己的道路, 立足国内, 不受国外的影响. 这是当时思想上引发的问题.

要认识现状, 有必要借鉴历史. 吴文俊认为: 假如你对数学的历史发展, 对一个领域的发生和发展, 对一个理论的兴旺与衰落, 对一个概念的来龙去脉, 对一种重要思想的产生和影响等这许多历史因素都弄清楚了, 我想, 对数学就会了解得多, 对数学的现状就会知道得更清楚、深刻, 还可以对数学的未来起一种指导作用, 也就是说, 可以知道数学应该按怎样的方向发展可以收到最大的效益.

吴文俊花大力气研读数学史. 他从关肇直那里借来一些数学史的资料, 开始了数学史的学习. 这些书籍中有英、美、德、法与苏联学者各种文字的著作, 还有我国李俨、钱宝琮的中算史以及中国的经典书籍, 如《算经十书》等. 他又到科学院、北京市的图书馆, 发掘馆中有关数学史的收藏, 尽数借阅, 博览中外的数学史著作. 吴文俊花费了大量精力直接钻研中国古代数学的文献, 围绕中国传统数学的特点, 展开深入系统的研究.

他发现, 西方的一些数学史著作, 对中国古代数学成就或者视而不见, 或者一笔抹杀, 这种偏见与傲慢, 令他义愤. 中国古代数学的辉煌成就, 则令他激动和深受鼓舞. 数学史研究大致分为二途, 一是考证, 二是诠释. 吴文俊则另辟视角, 着重审视数学史实在数学发展历程中的地位、作用、影响、贡献. 从而发现数学发展的线索和途径, 理解数学发展的内在规律, 寻求数学的进步与客观需求相适应的轨迹.

中国古代数学成就辉煌, 既有系统的理论又有丰硕的成果, 直到 16 世纪许多数学分支在国际上都处于领先地位, 是名副其实的数学强国. 那么吴文俊从历史中得到什么结论, 受到哪些启发呢?

中国的传统数学, 由求解几何问题以及其他各类实际问题, 而导致方程求解, 是古算术发展的一条主线. 几何问题的解决, 其答案往往以公式的形式出现. 由观天测地导致的勾股弦公式、日高公式等等, 都是从一些简单易明的原理导出的. 然而在《四元玉鉴》中已经指出, 如果引入天元 (即未知数) 并建立相应的方程, 通过解方程即可自然地导出这些公式. 这提供了一条证明与发现几何定理的新路: 把非机械化的定理求证归结为机械化的方程求解. 如何从数学发展的大局, 对中国传统数学的丰富创造, 给予概括和提炼呢? 中国传统数学, 以算法为主体, 适宜在计算机上实现, 具有机械化的特征. 所谓数学机械化, 就是在证明定理和求解方程的过程中, 每前进一步, 都有章可循地确定下一步该做什么和如何做.

吴文俊明确提出, 中国古代数学是一种机械化数学, 数学机械化思想是中国古代数学的精髓.

他进一步指出: 中国传统的数学机械化思想, 对数学的发展做出过巨大贡献. 数学发展的历程中, 存在公理化思想和数学机械化思想, 理应兼收并蓄. 公理化思想的成果以定理表述, 而机械化思想的成果则常总结为算法 (术) 的形式. 近代数学的伟大发现, 如近世代数、解析几何、微积分的建立, 无不闪烁着数学机械化思想的光辉.

解析几何是近代数学发展的开端. 坐标概念的建立, 是微积分学的基础. 1637年, 笛卡儿 (Descartes) 关于几何学的著作问世, 书中清晰地展现了数学机械化思想. 书中建立了一般的 (不限于直角的) 坐标系, 引入了坐标的概念, 从而实现了几何的代数化. 书中没有考虑公理化的证明, 而把重点转向几何问题的求解. 书中把几何问题求解转化为方程求解, 应用代数方程求得几何问题的解答, 表述为几何定理. 此书是坐标几何的创始之作. 解析几何的创立, 是数学机械化思想的产物.

吴文俊分析了微积分学的创造过程, 指出在这一重大的数学发现过程中, 希

腊式数学 (如穷竭法、无理数论等) 的脆弱性, 以及中国式数学 (如完备的实数系统、"祖暅原理" 等) 的生命力. 以十进制小数为核心的实数系统, 实际上已经完成了极限的概念, 只是没有用现代数学的语言表述而已. 而极限概念是微积分学的根基, 中国已经接近微积分的大门. 然而, 极限的概念, 对于希腊头脑来说是完全陌生的. "冪势既同, 则积不容异" 的 "祖暅原理", 是讲述平面上的图形面积或空间内几何体的体积进行量度的, 已具有积分概念的核心. 历史上, 在微积分的建立过程中, 希腊式的数学软弱无力, 而只有在引入了所谓 "Cavalieli 原理" 东方式数学之后, 方能取得成功. 这个 "Cavalieli 原理" 是和 "祖暅原理" 等价的. 因此, 自然可以得出结论: 微积分学的伟大发现, 中国式的机械化思想发挥了决定性的作用.

数学的实质跃进在于化难为易. 在中国古代数学的成就中, 吴文俊见到了许多实例, 它们实现了化难为易的伟大创造.

十进位位值制, 是中华民族的创造, 是世界上绝无仅有的独特创造. 把 0,1,⋯, 9 这 10 个数字, 因其在前后不同的位置又赋予相应的位置值, 这样就可以利用这 10 个数字表示任意大的整数, 同时使整数间的计算变得简便易行. 这一创造使极为困难的整数表示和演算, 变得这样简易平凡, 以至于人们往往忽略它对数学发展所起的关键作用. 十进位位值制的创造, 化难为易, 是人类文明史的光辉一页.

从颇费脑筋的算术四则问题, 通过建立代数方程, 到按部就班地求解代数方程, 是数学发展史上实现机械化、化难为易的光辉范例, 是数学的一次跃进, 意义重大.

在解方程的发展过程中, 天元概念 (即未知数) 和天元术 (即建立方程) 的发明是一种飞跃. 天元概念和天元术的出现, 使方程的建立也成为机械化的过程, 从此变得轻而易举. 这是机械化数学思想化难为易的又一次体现. 在数学发展史上, 其意义之重大是可与位值制的创造相提并论的. 这是中华数学在数学上影响深远的又一贡献.

吴文俊总结道: 是否能化难为易, 以及如何才能化难为易, 也就是把原来极为困难的数学问题, 因为实现了机械化而变得容易起来, 乃是数学机械化的主题思想, 也是它的主要目标.

当今, 计算机的功能不断增强, 它作为工具将大范围地介入数学研究, 这将对数学的发展产生重大影响. 吴文俊指出: 对于数学未来发展具有决定性影响的一个不可估量的方面是, 计算机对数学带来的冲击. 不久的将来, 电子计算机之于数学家, 势将与显微镜之于生物学家、望远镜之于天文学家那样不可或缺. 吴文俊进一步强调: 除了一些人所共知的作用外, 计算机还提供了一个有力的工具, 使数学有可能像其他自然科学一样, 跻身于科学实验的行列. 在这样的背景下. 数学机械化思想, 理应得到发扬光大, 从而推动数学蓬勃发展. 这是时代的要求, 也是数学科学发展之必然.

数学机械化思想为数学科学的发展提供导向. 在信息革命时代, 数学将出现什么样的变化? 尤其是, 中国的数学将如何进步? 这是数学家们经常思考的问题. 数学的发展, 应该适应信息时代的客观需求, 也要遵循数学科学进步的内在规律. 吴文俊明确提出了自己的方案: 开展数学机械化研究, 让数学机械化思想的光芒普照数学的各个角落. 已故程民德院士曾经指出, 吴文俊倡导数学机械化研究, 是从战略的高度为中国数学的发展提出一种构想, 实现数学机械化, 将为中国数学的振兴乃至复兴做出巨大贡献.

战略构想的实现, 首先要选好突破点. 战略突破口选在那里? 吴文俊想到: 西方传统的几何定理证明, 其形式与机械化迥然不同. 是否也可找到一条道路, 使定理证明也成为机械化的呢? 非常不机械化的欧氏几何, 也走中国传统的几何代数化的道路, 实现定理证明的机械化, 使普通人都可证明复杂、困难的几何定理. 若如此, 则是数学发展历程中的又一件有意义的事.

他考虑得更多更远. 几何是由代数控制的, 应用不同的代数工具, 会导致不同类别的几何, 吴文俊深谙个中道理. 他自然想到那些不具有微分运算的几何, 如欧氏几何、非欧几何、球几何、投影几何、仿射几何、有限几何、代数几何等等. 他将这些几何统称为**初等几何**. 既然走几何代数化的道路, 初等几何的定理证明能否也实现机械化呢.

上述这些几何, 每种都是一个成熟的数学分支, 都包含丰富的内容, 掌握一门已属不易. 现在要把它们作为一个整体来对待, 建立一般的**初等几何**(不仅仅是欧氏几何) 机器证明的理论和方法, 其困难程度可想而知, 涉足此类问题者自然寥寥, 是否有前人想过则不得而知.

如是, 实现初等几何的定理机器证明, 需要积累广博的初等几何的知识, 需要坚实的现代代数几何的基础, 还要掌握计算机, 亲自编写证明程序, 亲自上机实践, 这样才能独树一帜, 别开生面. 要掌握和理解这些数学知识已属不易, 更何况开创这些几何定理的机器证明的理论和方法, 自然是难上加难的. 而这, 恰恰是吴文俊追求的目标.

机器证明的实现, 首先要在理论和方法上有所突破. 引入坐标系之后, 几何对象及它们之间的关系可由多项式表示. 几何定理的假设可导出一组多项式方程 (简称为 "假设方程"), 结论也表为一个多项式方程 (简称为 "结论方程"). 这不难, 学过解析几何的人都能做到. 证定理是从假设推导出结论, 这就难了, 要发现一条切实可行之路, 能够按部就班地证明一类定理, 那就更难了. 按照通常的理解, 所谓由 "假设方程" 推导出 "结论方程", 代数的解释是, "假设方程" 的每个解都是 "结论方程" 的解, 用几何的语言描述则是, "假设方程" 所定义的零点集包含于 "结论方程" 所确定的零点集之内. 然而问题的复杂超出了人们的想象. 吴文俊发现, 并非 "假设方程" 的每个解都是 "结论方程" 的解, 实际上, "假设方程" 的解中仅有一部分是 "结论方程" 的解, 而另一部分却不是 "结论方程" 的解. 用什么办法区别和界

定 "假设方程" 解中的两个部分, 又如何给出合理的几何解释, 是实现几何定理机器证明必须克服的困难.

几何对象之间的关系相互牵扯, 导致不同点的坐标在 "假设方程" 中前后交错. 因此, 必须对 "假设方程" 进行处理, 使之从杂乱无章变得井然有序, 适宜机证定理的需要. 代数几何的研究经历, 使吴文俊熟知多项式代数运算的几何内涵, 因而能够料想有哪些途径, 该如何入手化繁为简做到这一步. 把预想变为现实, 要进行艰难的探索, 吴文俊日日夜夜地演算推导, 过程中出现的多项式经常有数百项甚至上千项, 需要几页纸才能抄下, 稍有疏漏演算, 则难以继续. 经历数月的奋战, 浑然忘我, 终于建立了多项式组特征列的概念. 以此概念为核心, 提出了多项式组的 "整序原理", 创立了机证定理的 "吴方法", 首次实现了高效的几何定理的机器证明.

应用 "整序原理" 进行初等几何定理证明的过程中, 自动导出一组多项式, 这组多项式不等于零称之为 "非退化条件": 几何定理只有在 "非退化条件" 成立时才是正确的. 在定理的 "假设方程" 所定义的零点集中, "非退化条件" 界定了使定理成立的部分. "非退化条件" 的建立, 是 "吴方法" 的重大贡献.

机证定理的成功, 获得国际自动推理 (包括人工智能) 学界的高度赞扬和推崇. 1997 年, 吴文俊因在数学机械化研究方面的开创性贡献获 "Herbrand 自动推理杰出成就奖". 此奖是国际自动推理学界的最高奖项, 每两年颁发一次, 每次最多授给一人, 获奖者都是自动推理学界的领袖人物.

数学机械化研究得到国家领导部门的有力支持. 1979 年底系统科学研究所成立. 当时, 吴文俊开展机器证明的研究, 几乎是单枪匹马、孤军奋战. 面对种种议论的压力, 理解和支持就更为宝贵. 系统所所长关肇直当众宣布: 进行数学研究, 老吴 (当时所内人员都这样称呼他) 想做什么就做什么, 完全由他自己决定. 这样就为吴文俊排除了烦人的非学术性干扰, 创造了宽松的学术环境.

中国科学院把第一台国产的台式计算机划拨给吴文俊, 用于开展机器证明的研究, 之后, 又支持系统所购置 HP-1000 计算机, 为机器证明研究提供有利条件. 1988 年 1 月, 国家自然科学基金委员会组织实施 "七五" 数学重大项目 "现代数学中若干基本问题的研究", 吴文俊的机器证明列入其中. 1990 年, 国家科委 (现科技部) 对吴文俊开创的这项研究给予重大支持, 科委基础司从科研特别支持费中拨出专款 100 万, 支持机器证明的研究. 这一举措, 立即在数学界引起很大轰动. 同时, 中国科学院决定在系统所成立 "数学机械化研究中心", 吴文俊任中心主任.

1990 年 8 月, 数学机械化研究中心成立大会在科学会堂隆重举行. 中国科学院周光召院长出席, 国家科委、中国科学院、国家基金委等部门的主要领导到会祝贺, 在京的数学界的学部委员 (院士) 和一些院校的代表也到会对数学机械化研究中心的成立表示祝贺. 成立大会仪式简朴、隆重而热烈.

这样, 在国家领导部门的大力支持下, 数学机械化研究摆脱了单枪匹马惨淡经营的状况, 进入组建团队蓬勃发展的局面.

数学从线性到非线性的第一步跨越, 是由多项式的出现而实现的. 多项式方程组求解, 是数百年未能很好解决的难题. 原有的解法在理论上多多少少存有欠缺. 在吴文俊建立的 "整序原理" 中, 提出了多项式组特征列的概念. 以此概念为核心, 给出了求解多项式方程组的特征列方法, 被称为 "吴特征列法" 或 "吴消元法". "吴消元法" 的突出特点是, 在理论上是完整的.

在谈到分析所取得的成绩时吴文俊指出, 我们是遵循我国古代机械化数学的启示, 把几何代数化, 把非机械化的几何定理证明转化为多项式方程的处理, 从而实现了几何定理的机器证明. 初等几何定理的机器证明是战略突破点, 由此打开局面, 再逐步走上更一般更深层的数学机械化之途. 数学不同分支中许多的问题, 自然科学不同领域中很多的问题, 高新技术中大量的问题, 都可转化为多项式方程组求解. 机证定理仅是解方程的一项重要而成功的应用, 解方程才是数学机械化研究的核心内容.

吴文俊身体力行, 把求解多项式方程组的特征列法推广到微分的情形, 建立了求解代数微分多项式方程组的微分特征列法. 他本人的研究工作, 已将解方程应用到许多领域, 如线性控制系统、机械机构综合设计、机器人运动学分析、平面星体运行的中心构形、化学反应方程的平衡、代数曲面的光滑拼接、全局优化求解等等.

2000 年, 吴文俊因在代数拓扑学和数学机械化领域的杰出贡献, 荣获首届 "国家最高科学技术奖", 袁隆平先生同时获此殊荣. 这是国家和我国科学界对吴文俊倡导数学机械化研究的表彰. 六年后, 吴文俊获得邵逸夫数学奖.

邵奖是一项国际大奖. 邵逸夫数学奖的得主, 第一届是整体微分几何的奠基者陈省身 (S.S.Chern) 先生, 第二届是证明费尔马大定理的怀尔斯 (A.Wiles) 教授. 吴文俊先生获奖是第三届. 本届数学奖的评委都是国际上顶级的数学家, 五位评委中有三位菲尔兹奖获得者. 颁给吴文俊的授奖词是这样的:

由于他对数学机械化这一新的交叉领域的诸多贡献 (For his contributions to the new interdisciplinary field of mathematics mechanization).

这是一项重要的标志, 表明国际数学界对数学机械化研究的认同, 也是国际数学界对吴文俊倡导数学机械化研究的赞扬.

吴文俊从事数学研究已经六十余载, 成就斐然. 在崎岖的科学道路上奋勇攀登的征程中, 高屋建瓴、科学的大局观, 是他获得成功的重要保证. 倡导数学机械化研究的成功, 反映出吴文俊对数学科学的认识和理解, 也充分表明他是一位具有战略眼光的数学家.

数学兴, 君先行. 吴文俊是数学机械化研究的先行者. 他的学术思想影响了许多数学家, 他开拓的一些研究方向成为年轻数学家施展才华的广阔天地, 他为弘扬中国传统数学的光辉成就做出了巨大贡献, 他为中国数学屹立于世界数学之林赢得了尊重.

吴文俊指出, 数学机械化思想是一种思维模式, 一些数学分支正是由于踏上了机械化的道路而获得蓬勃发展的, 使之成为重要的研究方向, 甚至成为数学的主流. 他以自己熟悉的代数拓扑学为例解释道, 庞加莱 (Poincaré) 以解析方程组所定义的几何图像作为研究对象, 建立了代数拓扑学. 稍后又引进了复合形的概念, 使某种程度的机械化考虑得以成立, 从此拓扑学得以飞跃发展, 成为当代数学中最有影响的学科之一. 他还举例, 当代最活跃的几何学领域: 微分几何与代数几何, 有着直观的背景, 它们最基本的几何对象, 都是通过坐标与方程来表达的, 隐含着几何代数化的思想. 数学的各个领域, 都有自身的发展模式, 有着自己的定理求证和问题求解, 如何走上机械化的道路, 有待于各行各业专门家的努力.

学术楷模，一代宗师
——吴文俊先生与并联机器的发展

汪劲松

吴文俊先生是我国科技工作者的杰出代表，他数十年兢兢业业，执着追求，不断创新，在代数拓扑学和数学机械化领域取得了举世瞩目的卓越成就。自 20 世纪 70 年代以来，吴先生将数学研究和计算机技术巧妙地结合起来，开创了数学机械化的先河，并在此领域取得了一系列重要成果，成为国际自动推理界的先驱。他所创立的"吴方法"受到国内外学术界高度称赞和广泛重视。在此之后，他又致力于数学机械化理论的应用和推广，在我国迫切需要发展的若干高新技术领域都发挥了至关重要的作用，如机器人、信息技术、计算机图形学、计算机视觉、模式识别、计算机辅助几何设计等。

为继续保持我国在数学机械化领域研究的国际领先地位，进一步深化数学机械化理论与方法的研究成果，扩展现有数学机械化方法的适应范围，提高应用效果，促进相关科学领域的发展，更好地为我国国民经济和社会发展服务，吴先生提出了国家重点基础研究发展规划项目 —— 数学机械化与自动推理平台。在数学机械化方法的应用方面，结合数控、信息、计算机图形学中存在的问题，发展相应的机械化方法，并解决其中若干关键性基础理论问题，为技术创新奠定基础。

当时我正在进行并联运动机器的研究，并有幸成为该 973 项目的课题"机构学及数控技术中的数学机械化方法"的负责人。我和我的研究团队运用数学机械化方法，解决了大量设计和制造过程中的数学问题，为课题最终取得成功打下了坚实的基础。尽管时间已经过去十几年，当时与吴先生交往的情境及受到的教益，至今仍记忆犹新。

一切工程问题最终都要转化为数学问题，一切数学问题最终都要转化为方程求解的问题。经过了十余年的科研历程，对吴先生的这句话理解得更加深刻。早在 1994 年美国芝加哥机床博览会时，新一代的并联机床亮相，引起了极大的轰动，被媒体赞誉为"机床结构的重大革命""21 世纪新一代数控加工设备"。这类机床采用并联机构作为主传动，与传统的串联结构机床相比，结构简单，制造周期短，成本低，多自由度运动能力强，可以实现更高的加速度和速度，有更高的柔性和工艺集成度，它非常适于在航空、航天、汽车等领域完成复杂自由曲面的加工，并且在电子芯片、轻工、 食品、医疗等制造行业的快速搬运、插装和加工作业等方面也有着巨大的应用前景. 并联机床又被称为是 "用数学制造出来的机床", 由于其输入和输出存在很强的非线性, 导致其设计、制造和控制都与传统机器存在很大不同, 尤其是当中的高维强非线性的方程组求解问题更是让研究者头疼. 从 1995 年开始, 我带领我的研究团队开始了并联机器的研究, 1997 年 12 月我们的第一台实验样机研制成功, 也正是在这个时候, 吴先生亲自带领中科院研究数学机械化的数学工作者们来到样机实验现场, 亲自观看了样机的实验和操作状况, 并与我们的研究人员对研发过程中存在的若干数学问题进行了深入的探讨. 在 1998 年又邀请我去中科院, 就并联机床中研发过程中遇到的数学问题作了一个专题报告, 从此之后, 我们与中科院数学机械化实验室开始了长达十年的合作. 吴先生在不断发展数学机械化方法的同时, 敏锐地觉察到制造业的发展动向, 并积极推动数学机械化方法在机械领域的跨学科应用, 这令我非常佩服和感动.

在合作研究期间, 多次当面聆听吴先生的教诲, 对吴先生虚怀若谷的大师风范、渊博厚重的学术修养和拳拳赤子般的爱国情怀, 都留下了深刻的印象. 在每次 973 项目的全体报告会上, 吴先生总是端坐在最前排, 仔细听取每一位研究者的报告, 遇到不太清楚的地方, 都要在报告后向演讲者提问请教; 对于来自全国参与研究的每一个成员, 不论是否熟悉和相识, 都是报以微笑和尊重. 在每次惯常的报告会最后, 吴先生都要根据整个报告会的情况, 做一个即席发言, 题目不拘一格, 多为自己的心得体会, 讲者似乎是信手拈来, 听者均感到受益匪浅. 记得有一次, 吴先生讲到自己的学术渊源时, 说道: "很多人都以为我的学术思想来自西方, 其实错了, 最启发我的数学思想其实来自中国." 然后开始向大家娓娓道来中国古代博大精深的数学思想, 吴先生此时脸上洋溢着的自豪, 让台下后辈无不动容.

自第一个 973 项目立项以来, 在吴先生的带领下, 项目专家组和全体研究人员刻苦钻研, 勤奋工作, 勇于创新, 在多个领域取得了突破性进展. 在机构学及数控技术领域的实际工程应用中, 我们的课题小组围绕并联机床的研制和产品化开发, 应用吴先生所提出的数学机械化的思想、理论及方法, 对所存在的关键性问题进行了深入系统的研究, 取得了重大进展, 简单地概括主要包括以下几个方面:

一、机构学基础理论

经过多年的不懈努力, 已基本建立起一整套并联机器的机构学理论基础, 在其运动学、静力学、动力学、结构优化和精度分析等方面取得了突破性的创新性成果, 其中包括: 基于空间模型理论的机构设计及创新方法, 针对多维非线性方程组的连续法求解和在作业空间、干涉验证与误差估计等方面的应用, 基于驱动力非线性而提出的最优控制方法和策略, 利用 Gough-Stewart 平台一阶和二阶微分运动关系式而确定的关节加速度与末端执行器速度之间的关系, 应用微分几何解决的机构关节输入与动平台位姿输出之间的非线性特性问题. 这些研究为并联机器的产品化开发提供了重要的理论依据.

二、实用化技术

在并联机器的实用化技术方面，深入研究了并联机构的精度和标定技术，开发了适用于工业现场环境的并联机构预标定算法，实现了铰链间隙的误差补偿算法，利用少自由度测量信息对多台并联机床进行了标定试验；进行了并联装备产品数字化设计系统关键技术的研究，完成了“并联装备数字化快速开发平台”的设计和研制；在并联机床的控制方法中，研究了基于并联机床的数控核心算法，开发了基于 RTLinux 的数控系统，建立和开发了后处理算法及功能模块；并开展了基于并联构型的快速可重构装备的研究.

三、并联机器的设计和制造

1997 年第一台并联机床原理样机研制之后，又成功开发了多台具有一定商业应用前景的不同构型的并联装备，并进行了相关制造技术的研究，包括多种类型并联机床的关键设计技术，以及关键零部件设计、分析和检测方法. 在此基础上，建造了多台并联装备的商品化样机，包括：与昆明机床股份有限公司联合研制的六自由度虚拟轴机床 XNZ63，与南昌江东机床厂联合开发的四自由度龙门式虚拟轴机床 XNZ2010，与大连机床厂联合研制的五轴联动串并联机床 DCB-510. 以上三台机床均参加了 2001 年 4 月第 4 届北京国际机床展览会，并在展览会期间进行了技术交流会，并于 2002 年与齐齐哈尔第二机床厂联合开发了大型龙门式五轴混联机床——XNZD2415.

四、并联机器的应用研究

在基础理论研究的基础上，将并联机器的应用扩展到了天文和集成电路制造领域. 面向国家大工程项目 FAST 的预研，开展了馈源精调实验平台的研究. 在国家“十五”863 计划的重大专项“超大规模集成电路与软件”中，承担了子课题“100nm 步进扫描投影光刻机工件台掩模台分系统同步试验”，在此项目中，利用在并联机构研究中的理论基础，提出了基于并联机构的微动工作台结构方案，并设计相应运动机构和结构，为实现光刻机工件台系统的设计与制造打下了基础.

截止到我们第一个 973 项目结束的 2003 年，我们的课题组已发表文章 175 篇，已申请专利 21 项，其中 7 项已获授权. 主编或参与编写论著 7 本.

在之后的 6 年中，我们的团队又积极参加到吴先生领导的第二个 973 项目中，将数学机械化方法成功地运用到极端制造领域，取得了突出的成果. 我们所取得的这一系列成绩，都跟吴先生所开创的数学机械化密不可分，吴先生和他的创造性的数学方法对并联机器的发展功不可没.

　　吴文俊先生作为我国当代最杰出的数学家之一, 他的成就和在科学工作中所表现出来的可贵精神都将是我国科技界的宝贵财富, 是我们学习的楷模. 作为学界后辈, 我们会以吴先生为榜样, 潜心学问, 服务国家和民族.

用"吴方法"研究数学物理问题

王世坤 吴 可 费少明

20 世纪 80 年代中期, 国际数学物理的研究热点是弦理论 —— 统一四种力相互作用的一种理论. 当时, 我们也卷入了这一研究浪潮, 深入了解了吴示性类、惠特尼 (Withey) 示性类可由吴示性类表示的吴第一公式和表达示性类之间关系的吴第二公式. 尽管我们很早就知道吴文俊院士在拓扑学领域做出了奠基性贡献, 是国际上非常著名的拓扑学家, 但是看到许多关于弦理论研究的文章引用吴先生的这些经典结果, 我们仍然感到惊异和激动, 因为中国国内学者早期的工作能在弦理论的研究中被引用, 极为罕见. 我们对吴先生更加钦佩, 满怀敬仰. 但是也颇觉不解, "文化大革命" 之后, 吴先生为什么没有继续拓扑学的研究呢?

20 世纪 90 年代初的一天, 理论物理研究所通知有一个学术报告: 数学机械化, 报告人是吴文俊院士. "数学机械化? 什么是数学机械化? 和拓扑有什么关系?" 我们有些疑问, 也有些好奇, 但是我们深知, 聆听数学大家的报告, 必有收获和启发.

吴先生的报告是在夏末秋初, 天气不冷不热, 报告厅内座无虚席, 吴先生神采奕奕, 满怀热情地介绍了数学机械化. 聆听这个报告, 虽然我们还未能深刻了解吴先生的数学机械化思想的重要意义和在科学技术中的作用, 但是我们初步理解了吴先生在开创一个新兴的研究领域, 将对数学的发展和应用有深远的影响, 值得他中断拓扑学的研究, 全身心地投入这项事业. 这是我们第一次听吴先生的报告, 第一次学习吴先生数学机械化的理论和方法, 真是受益匪浅, 从此我们就和数学机械化有了不解之缘, 不断受益, 极大地影响了我们关于数学物理的研究.

吴先生的报告, 使我们初步理解了数学机械化的理论和方法. 中国传统数学强调构造性和算法化, 注意解方程和解决科学实验和生产实践中提出的各类问题, 例如: 许多问题的条件相当于一组多项式方程 $F_1 = 0, \cdots, F_s = 0$, 要解决的问题相当于一个多项式方程 $G=0$. 吴先生将中国传统数学的思想概括为机械化思想, 吸取和发扬其精华, 创造性地给出了多项式的零点结构定理, 以此为基础给出了一个机械化方法 ——"吴消元法", 或称 "吴方法", 即在有限步之内给出一组非退化条件多项式 $D_1, \cdots, D_r$, 并以 "吴消元法" 在有限步之内, 判定在非退化条件 $D_1 \neq 0, \cdots, D_r \neq 0$ 下, $G=0$ 是否可从 $F_1 = 0, \cdots, F_s = 0$ 推出. "吴消元法" 已成为求解代数方程组最完整和有效的方法之一.

那段时期, 我们正在从事量子群的研究. 量子群是形变的群, 一个群的正则函数是余交换的霍普夫 (Hopf) 代数, 余乘法不交换的霍普夫代数范畴的反范畴是量子群. 当时量子群是一个新兴的研究领域, 和杨–巴克斯 (Yang-Baxter) 方程联系紧密, 而杨–巴克斯方程是 1967 年由杨振宁教授在研究一维 δ 势的费米子模型时, 作为系统可积性条件提出的一个矩阵方程:

$$R_{12}(x,y)R_{23}(x,z)R_{12}(y,z) = R_{23}(y,z)R_{12}(x,z)R_{23}(x,y), \qquad (*)$$

方程 $(*)$ 中, $R_{12}(x,y)$ 是一个 N 阶单位方阵从右边和一个 N^2 阶方阵 $R(x,y)$ 的张量积, $R_{23}(x,y)$ 是一个 N 阶单位方阵从左边和一个 N^2 阶方阵 $R(x,y)$ 的张量积, 即 $R_{12} = R(x,y) \otimes E, R_{23} = E \otimes R(x,y)$, E 是单位方阵, x 和 y 是 k 维向量, 称为参数. 这是一个非常著名的数学物理方程, 它广泛涉及许多物理和数学分支, 有极为重要的应用. 在数学物理领域中, 杨–巴克斯方程被认为是可积性的定义关系式, 它所起的作用是从局域的性质给出整体的结果, 使统计物理、统计模型、低维场论、二维经典和量子可积系统等领域一些问题可解或者变得简单. 杨–巴克斯方程的中心问题是求解, 求满足 $(*)$ 的 $R(x,y)$ 矩阵? 但是, 如果我们用矩阵分量表示这个矩阵方程, 则是 N^6 个函数方程, 即便 $N = 2$, 也有 64 个方程, 求解非常非常困难. 在 70 和 80 年代, 苏联学派和日本京都学派为了求解杨–巴克斯方程, 建立和发展了量子李代数的理论, 利用量子包络代数的表示构造了一些解. 在具体的统计物理或者模型的研究中, 人们也给出了一些特解. 但是, 当时所有的基于代数表示理论的求解杨–巴克斯方程均是孤立的, 没有普适的方法, 也不能判断当固定 $R(x,y)$ 矩阵的阶数时, 杨–巴克斯方程的解是否已经完整, 参数 (x,y) 是否完全?

吴先生的报告使我们顿开茅塞, 使我们很快醒悟到数学机械化尤其是 "吴方法" 将为数学物理的研究提供强有力的手段, 可以应用于求解杨–巴克斯方程. 当 $R(x,y)$ 矩阵元不依赖 (x,y) 时, 杨–巴克斯方程就是一组多项式方程, 称为通常的杨–巴克斯方程. 很快, 费少明、石赫教授和理论物理所的郭汉英教授就用 "吴方法" 得到了 N 等于 2 的通常杨–巴克斯方程的所有的解, 非常成功, 鼓舞了我们的信心, 加深了我们对 "吴方法" 的理解. 随后, 我们进一步应用 "吴方法" 和结合一些代数几何的理论, 给出了自旋为二分之一的八顶角和七顶角的带参数的杨–巴克斯方程的解, 对解做了分类, 讨论了它们在物理中的应用. 并且, 应用零点结构定理证明了解的完备性和参数完全性, 即给出了全部解和全部参数. 这些工作是我们 2001 年获得中科院自然科学奖二等奖的一项主要研究. 这项工作表明 "吴方法" 是求解杨–巴克斯方程普适的方法, 远比其他方法有力和有效. "吴方法" 的核心是可以机械化地求解多项式系统、微分多项式系统和差分系统, 数学物理研究中很多问题可以可以归结为代数方程、微分方程和差分方程, "吴方法" 为这些问题的解决提供了有力的工具. 自 20 世纪 90 年代起, 我们还应用 "吴方法" 研究其他一些数学物理问题, 例如: 共形空间上的场方程、离散可积系统和量子信息等等, 极大地促进了我们关于数学物理的研究.

自 20 世纪 90 年代初数学机械化研究中心成立以来, 我们经常参加中心的活动, 参加以中心为主要研究单位的攀登计划, 参加以高小山为首席科学家的 973 国家重大基础研究项目, 和吴先生有较多的接触. 让我们非常感动的是, 无论是中心还是攀登计划以及 973 举办的活动, 高龄的吴先生总是亲临研讨会或者总结会, 专心倾听学术报告和工作总结, 对于他不甚了解的问题, 就直言 "我不甚了解" 或讲 "我不懂", 不时加以询问, 思维敏捷. 在研讨会或者总结会后, 吴先生经常满怀热情发表他的看法, 其深邃和远见, 令我们难以忘怀. 其中, 让我们印象非常深刻的是: 吴文俊特别重视数学机械化方法的应用, 明确提出 "数学机械化方法的成功应用, 是数学机械化研究的生命线". 他亲力亲为, 不断开拓新的应用领域, 如控制论、曲面拼接、机构设计、化学平衡、平面天体运行的中心构形、全局优化新方法等等. 以他的学生高小山为首的优秀的数学机械化研究团队, 在上述领域以及若干高科技领域, 包括机器人结构的位置分析、智能计算机辅助设计 (CAD)、信息传输中的图像压缩等数学机械化应用的研究已经得到一系列国际领先的成果.

吴先生八十岁那年, 时值我国驻南斯拉夫大使馆被美国轰炸. 在他的生日晚会上, 吴先生致辞时, 开始强烈谴责美国的轰炸, 一字未提自己的生日、自己的成就和生日的晚宴, 然后长时间地和非常激动地讲到, 从事机械化研究和应用和提高国力的关系. 他强烈的爱国心, 感动了我们, 也感动了在场的宾客. 吴先生长时间以来, 为弘扬中国文化, 发扬中国传统数学, 力求通过自己的科研工作为复兴中国文化、科学和技术, 这种爱国主义精神是我们的榜样, 也是所有中国知识分子的榜样.

师 予 我

王东明

人生中会有几个转折点, 它们支起人生的历程. 成为吴文俊先生的学生是我人生中的一大转折, 它开启了我如今沉迷其中的职业生涯.

与我许多抱负远大的同学相比, 我上大学时真是胸无大志, 随波逐流. 毕业前, 人人报考研究生, 我自然也难以例外. 因为来自安徽, 我一直打算报考本校, 留在科大. 可就在报名截止前两天, 我问自己为什么不随大流去北京呢? 这一问却让我临时改变了主意, 于是赶紧查询报考中科院各所的情况. 几个所的大多数导师都有我的同学报了, 但吴文俊先生那里还有名额. 我只好带着碰碰运气的心理报了名, 考吴先生的研究生.

上天对我恩惠, 我被录取了. 1983 年的秋天, 我幸运地进了系统所, 师从吴文俊先生.

对吴先生的敬仰自然始于中学时代. 在去拜见这位德高望重的数学大师之前我无疑兴奋不已, 但更多的是诚惶诚恐. 我被赐予了这样的良机, 可我有能力去读懂那深奥的数学吗? 见到吴先生之后, 我有了难以言喻的轻松感觉. 先生之言谈, 娓娓动听, 宛如慈父教子; 先生之待人, 平易可近, 和蔼可亲. 先生平淡的言语也蕴含着深邃的哲理, 从容的举止更辉映出大师的风采. 那时, 我和胡森每两个月去见一次先生, 听先生解读数学的精髓和内涵, 评点数学发展的历史和流派, 阐释他对数学的理解和看法. 从宋元算学的兴衰到布尔巴基学派的民族情结, 从存在性数学的主流地位到定理证明的机械化, 先生无不畅谈不倦, 兴致盎然, 我们听得虽是似懂非懂, 但也如痴如醉.

恩师予我不只是专业上的直接指导和诸多帮助, 他治学处事的风范和为师为人的魅力更是一直影响着我的从业原则和生活理念. 先生予我长期不断的鼓励、对我微薄成绩的首肯是给我自信、让我努力向前的精神支撑.

先生杰出的学术成就、对科学发展的巨大贡献已是众所周知. 先生的著作内容广博, 见解独到, 读起来耐我寻味, 引我深思. 先生的演讲主次分明, 深入浅出, 每次都让我有新的感悟, 得到新的启迪. 先生不仅具有提炼科学原理的才智, 解决数学难题的功力, 还能将深刻的思想和理论描绘得通俗易懂. 长期与先生在一起, 看先生化难为易, 久而久之, 也就不再觉得科学之巅那么高不可攀了. 可攀, 可道路崎岖, 需要超常的勇气, 需要坚持, 更需要努力.

　　追随先生攀登科学高峰, 我们能体察到先生在攀登过程中的艰辛和所付出的巨大努力. 正如师母所言, "梅花香自苦寒来". 谁能知道先生伏案 "三尺斗室" 多少个深夜? 编写过多少条程序, 演算过多少张稿纸? 又经历过多少次挫折和失败? 即使是天才, 纵然是智者, 没有努力也无法创造科学的奇迹. 没有超出常人的投入又岂能有超出常人的产出? 先生以身作则, 让我牢记这个简单的道理.

　　先生多年来对我精心培育, 刻意提携, 关爱有加, 我也深知自己的责任和义务. 传承先生的科学思想和开创的事业是我等门生必须承担的重任. 为此重任, 我们需要同心协力, 团结互助, 推陈出新, 不断进取.

　　先生对科学事业的执著热爱, 对艰辛探索的乐观开怀, 对成败得失的泰然处之是让我二十多年来工作不知疲倦、以解决问题为乐趣的动力和源泉. 在这日新月异的时代, 既享受科学带来的品质生活, 又以科学研究为职业, 对我来说已是犹如梦境. 发展科学事业是我的愿望, 也是我应该尽力而为的工作. 要是我尽了一切努力还是事无所成、贡献薄微, 那我还能怎么样呢? 当然, 我还会继续努力, 争取做好下一件事.

　　其实, 我并不需要努力, 因为我乐在其中!

回忆跟吴文俊先生做项目

杨 路

算起来, 我正式参与吴文俊先生主持或指导的 "数学机械化" 方向的重大重点项目迄今已达 17 年, 而我的学术生涯满打满算也仅有 30 年, 与我国改革开放同龄. 那以前的 22 年我在农场和煤矿等处 "接受改造".

在北大念书时就听说过吴先生和他的杰出工作, 那时我不懂拓扑学, 知其然而不知其所以然. 高山仰止, 可望而不可及. 到 70 年代末吴先生关于几何定理机器判定的文章发表在《中国科学》上, 引起了我们那一代中部分人的强烈兴趣, 这其中就包括我.

80 年初我和张景中 (北大 1954 级同学) 出差北京时去看了多年未见的马希文 (北大 1954 级同学), 他当时住家在海淀镇上一所四合院里, 书桌上散放着若干写过的纸张, 正在聚精会神地进行演算. 我们问最近都忙些什么呢? 马希文说他在考虑怎样将吴先生的定理机器证明写进中学生读物里去.

1983 年洪加威 (北大 1955 级同学) 在《中国科学》上发表了两篇有关定理机器判定的文章, 并鼓动景中和我投入这一研究方向. 我们这几位, 当初在学校都是主攻几何、代数或者数理逻辑, 或是对这些学科特有兴趣的人. 在丁石孙先生的代数课上, 都听说过塔斯基 (A. Tarski) 关于初等几何与初等代数定理判定的工作并为之吸引. 到 80 年代我们已经知道, 塔斯基的算法虽然完备却不具有实际可操作性, 哪怕用最快的计算机. 而吴文俊方法哪怕用手算也能判定不少相当困难的几何定理. 受此启发, 我后来的研究不再追求绝对的完备性, 而把实际可行性和高效率看得更重要.

这期间我因研究度量几何曾多次到紫竹院北京图书馆 (现在已不叫这个名称) 借书. 我发现借来的书中几乎每一本后面, 所附借阅记录卡上都有吴文俊的签名, 看借书日期, 那时 "文化大革命" 尚未结束. 我当时暗自感叹: 吴先生年近 60, 功成名就, 学术上还那么认真执著, 真体现了老一代科学家的治学风范!

如今我自己也早被称为 "老一代" 甚至 "老老一代" 科学家了, 但自忖在敬业精神和治学态度方面还差之甚远.

1992 年我参加吴先生主持的攀登项目 "机器证明及其应用", 很高兴又见到了我大学时代的启蒙老师程民德先生和吴文达先生, 以及南开大学的胡国定先生. 我在其中负责的课题是 "机器证明的理论与算法", 使用工具主要是吴先生倡导的三角列和特征列的方法, 辅之以结式计算.

80 年代在吴先生工作的激励下, 西方学者尝试将格罗布纳基 (Groebner Basis) 应用于几何定理机器证明, 结果并不理想. 事实上全面地讲, 格罗布纳基和特征列是各有所长, 但在几何定理机器证明等多个研究领域, 三角列和特征列方法明显优越. 我个人尤其偏爱这种层层剥茧、步步为营的方法.

譬如非线性代数方程组有多少个零点的问题, 如果这个方程组转化成一个"正常"的三角列, 那么可以得出准确答案: "该方程组的零点个数, 恰好等于各方程关于其导元的次数之乘积." 这多简单明了! 用格罗布纳基能这么方便? 当然什么叫"正常的", 这得严格定义. 为此我和景中于 1991 年初提出了 "proper ascending chain" 的概念, 稍后有人 (独立地) 提出等价概念. 90 年代以后研究三角列和特征列方法的国内外学者越来越多, 并陆续有相关的软件发布. 今年发布的计算机代数工具 Maple 13 里就新增了一个软件包 Regular Chains (正则链), 其中包含了吴先生主持或指导的一系列重大重点项目所取得的部分成果以及国外同行的有关工作.

胡国定先生曾经告诉我, 那时我们做的攀登项目并非国内在机器证明方面的第一个项目. 此前还有一个自然科学基金项目, 课题成员包括吴先生、胡先生和洪加威三人. 90 年代以后吴先生注意力焦点逐步转向解方程和解方程组的机械化方法的研究, 在我们首期攀登项目里设置有"代数系统求解的理论与算法"子课题, 吴先生既是整个项目的首席科学家, 又是这个子课题的成员.

早些时候吴先生在一次大会上讲过"不等式机器证明是一大难题", 后来又多次强调全局优化问题的重要, 提出"有限核定理"并发表了一系列有关文章, 这些都属于计算实代数几何的范畴. 最近 10 年我们做的两期 973 项目都设置了实算法方面的子课题. 这前后两个"实"课题也是由我负责主持.

为做项目, 90 年代我常穿梭于外地与北京之间, 有几次赶上数学机械化中心每周例行的讨论班 (seminar). 当时情景历历在目: 吴先生、程民德先生和达先生 (即吴文达先生, 为避免混淆, 我们一向称之为达先生) 总是前排就坐全神贯注目不斜视, 本单位和外单位学者济济一堂. 作演讲的都很认真, 随后的讨论热烈充分. 这样的讨论班个把小时肯定不够, 一般都延续整个下午. 主持讨论班的吴先生 (那时 75 岁左右) 意气风发思维敏捷, 他的总结发言精辟有力令人振奋.

转瞬十几年过去, 今年 5 月我们在北京庆祝吴先生 90 华诞并为此举行了"数学机械化"国际会议, 各国在此研究领域的领军人物欣然与会并作学术演讲. 喜看国内当初在吴先生的项目里和讨论班上的莘莘学子, 许多已成为这个领域的研究主力. 吴先生开创的事业后继有人, 这是我们大家最高兴的事.

忆恩师吴文俊先生二三事

吴尽昭

2009 年 5 月, 吴文俊先生九十岁寿辰之际, 先生的弟子学生们齐聚北京为先生祝寿. 我虽离开中科院系统所已十五载有余, 但其一草一木仍清晰如往日, 师长的教诲和提携更是铭心不忘. 一直以来我都认为能成为先生的学生, 是福分更是缘分, 寸草虽卑, 总该报得春晖, 今将与吴文俊先生相处及自己的感想摘录一二, 献给我师, 算作寸草之心吧.

吴文俊先生是我国数学界德高望重的大师, 中国数学机械化研究的创始人, 系中国科学院院士、第三世界科学院院士, 曾荣获国家自然科学一等奖、第三世界科学院数学奖、陈嘉庚数理科学奖、香港求是科技基金会杰出科学家奖、国际 Herbrand 自动推理杰出成就奖、首届国家最高科学技术奖、第三届邵逸夫奖等诸多奖项. 有的人做研究是在修补道路上的不平坦, 而吴文俊先生的研究则是在开路. 修路难, 开路更难. 先生对于数学的学习研究从未间断, 对于数学理论高峰孜孜不倦地追求, 展示了中国数学家的精神和风采, 为中国数学的发展奠定了里程碑, 为世界数学科学的发展做出了不凡的巨大贡献.

数十年来, 吴文俊先生培养的学生现已遍布我国和世界数学领域, 桃李满天下无疑是对先生最恰当的表述. 我有幸于 1991 年考取了先生的博士生, 当时先生已经是七十二岁的高龄, 但对于学生的指导却依旧尽心尽力. 无论是学术研究还是为人处世, 先生的言行举止都深深地影响着我: 淡泊名利的人生态度、以学为乐的生活态度、严谨求实的学术作风以及热情洋溢的年轻心态, 先生与我的点点滴滴, 已铭刻在我心, 并使我终身受益.

一、学术成就誉满学界, 却淡泊名利

吴文俊先生将自己的一生都投入到科学研究中, 从拓扑学到中国古代数学的研究, 特别是数学机械化的创立, 所取得的成就以及获得的奖项数之不尽, 而先生却常对我们说, "不为获奖而工作, 而为工作而获奖", 这正是先生长久以来对待奖项荣誉的态度. 读博期时到先生家里学习拜访, 满室书卷是先生家里最大的特色, 而在我的印象里却从没见过任何奖杯奖状被摆放出来; 先生不肯从数百万元的巨额奖金中拿出一部分改善生活条件, 却用来开展自主选题的研究, 支持优秀的科研项目. 名利乃身外之物, 我想先生早已看透这一点, 真正的学者无需名利的包装也能

名垂青史. 最让我感动和敬佩的是, 每当要查找研究资料的时候, 年过花甲的先生从不会使用任何特权或是派学生帮忙跑腿, 而是拎着他的保温壶, 带上些食物, 亲自到图书馆寻找查阅, 一待就是一整天. 先生从不认为他应该得到些什么, 而总是先去思考他还能再付出些什么. 淡泊名利, 在先生的身上体现得淋漓尽致.

对于可以扩大知名度的头衔名号, 先生也从不追求, 他说: "我不想当社会活动家, 我是数学家、科学家, 我最重要的工作是科研." 正是这样, 先生对于学术工作的重视远远大于各种社会活动, 在他看来, 无论是何种社会活动, 都比不上他与学生的交谈讨论重要. 感触最深的就是每周四下午的讨论班, 由先生在 80 年代中期提倡并一直延续至今, 每周围绕一个主题展开讨论, 以自由、开放的形式让所有感兴趣的科学家和学生参与进来. 大家在讨论班上积极发言, 热烈讨论, 先生总是认真地听完所有人的观点, 并给出他的看法和意见, 虽然有些问题已经超出先生所研究的学科范围, 但凭着强烈的数学直觉, 先生总能准确地指出关键所在. 可以说, 为了按时参加讨论班和学术活动, 先生放弃了很多能够获得名气和权利的机会, 但先生却从来没有为此而表现出遗憾, 在他的学术道路上, 坚持着他所坚持的, 也因此收获了无价的研究成果和学生的爱戴与敬重.

二、身处逆境仍坚持研究, 以学为乐, 学以致用

真正的科学家都会把科学研究工作当作一项最崇高的事业, 把对科学真理的追求当作自己人生追求的最高目标, 无论处于何种环境, 都不会停止追求真理的脚步. 这是吴文俊先生以其亲身经历给我们学生上的一门功课.

"文革"期间, 知识分子, 包括科研工作者在内, 都不得读专业书籍, 走"白专"道路, 并且面临着被下放到工厂劳动改造的命运, 许多学者回忆起那段日子都觉得苦不堪言, 而吴文俊先生却一直认为在那段特殊时期, 自己也受益颇多, 特别是对中国古代数学史的"挖掘".

那时先生被下放到北京海淀区学院路附近的北京无线电厂劳动. 当时不允许读专业书刊, 但能读些史书, 先生因此转而研究数学史, 对中国古代数学有了深刻的认识, 使之在后来的数学研究中获益匪浅. 先生曾说过, "我在香港做报告时就特别强调, 了解中国古代数学史对我后来工作帮助良多. 搞清了数学的历史发展, 不但对数学现状知道得更清楚、深刻, 还可以对未来的数学起到指导作用, 知道数学应该按怎样的方向发展可以收到最大的效益".

最早的时候先生是看一些通俗的书, 像是钱宝琮的《中国数学史》, 用现代的语言对中国传统数学做一些介绍. 慢慢地开始回归原著, 回归第一手资料. 文言文对于一位数学出身的学者来说, 不是一朝一夕就可以研究透的, 更何况古代的数学应该以当时古代人掌握的知识来进行推演, 不能用后来的东西, 这些都需要下很大的功夫. 在对数学的兴趣与对真理的追求的推动下, 先生克服了古文晦涩难懂的难

点, 开始系统、深入地研究中国古代数学文献, 对中国古算做了正本清源的分析. 先生寻找出了中国古代数学的特点, 即构造性强, 而非西方数学的功利性, 从而成功地发展了中国古代数学史, 从根本上肯定了中国古代数学对世界数学主流的贡献, 丰富了数学这一纯理科性质学科的历史文化渊源和应用领域.

先生不单做的是书本知识, 在劳动中, 先生也为无线电厂解决了不少实际问题, 解决了当时厂里一个长期未能解决的难题 —— 收音机接线板线路的交叉问题, 真正做到了即便是身在逆境, 也以学为乐, 学以致用.

三、研究态度认真严谨, 锱铢必较

数学家在获得研究结果之前, 一般需要进行大量繁琐的计算和推理, 进行各种试验或检验, 才能形成有效的思路和方法. 吴文俊先生一生成就无数, 学术建树丰硕. 先生能达到这样的学术高度和成就, 不仅是他具有敏锐深远的学术眼光, 也与他治学细致、作风严谨息息相关.

记得在我读博士期间, 先生要推荐我写的一篇论文到《自动推理》杂志发表, 于是我就整理好文稿交给先生审阅检查, 先生在认真阅读我的文章后, 特别指出了几处英文拼写和细微的计算错误, 对于这样的错误甚是让我觉得羞愧, 但先生对事情特别是学术研究的认真态度给我留下了极深刻的印象. 年逾花甲的先生, 在修改学生论文的时候, 仍一遍一遍地反复查看, 可见先生严谨的治学精神. 外界对大师的印象总是学术高度高不可攀, 却没有注意到学术大师往往是一步一步踏踏实实地走学术研究的道路, 先生虽然理论知识登峰造极, 但也极其注重构成这高深知识的每一个零部件, 先生认为学术的成就不是突如其来的, 而是建立在对这些零部件加以细致认真的追求态度之上.

在回想起与吴文俊先生相处的日子, 还有他令我敬仰的学术成就的时候, 总是能想到先生的这种精神, 作为一名国内外成就斐然的数学大家, 先生从不轻视年轻后辈的研究成果, 但也不会放过每一个应该纠正的错误, 看到学术界在不断追求更高学术成就时却忽略了这一最根本最本质的研究要求, 作为一名后辈研究工作者, 我对先生这样的学术精神和治学态度表示崇高的敬意, 并始终坚持在以后的研究和教学中引以为鉴, 继承和发扬先生的精益求精、锲而不舍的学术精神.

四、关怀鼓励学生, 培养提携后辈

在吴文俊先生的引领下, 可以说 "吴学派" 的弟子学生们集中了多学科组合模式的优势, 在学术各界硕果累累, 许多师兄弟都已成为颇有建树的科学家, 而这些都离不开先生的学术上的培养与提携以及在生活上的关怀和鼓励.

记得我当年考取了先生的博士研究生时, 在兴奋之余也不免有些担心, 由于不太了解先生的性格, 最初相处时总是小心翼翼, 生怕被他责怪. 渐渐熟识后, 发现先生虽为公认的一代数学大师，却丝毫没有高高在上的待人态度，相反，总是笑容可掬、亲切热情，让人感觉与他相处十分舒服和坦荡. 在生活上，先生十分关心学生的生活条件，每次见面总是亲切询问我们最近生活情况，有什么方面困难，并鼓励我们以学业为重，以研究工作品质为追求，不要过于看重奢华的生活条件.

先生的话也正体现了他朴素无华、平静悠然的生活态度，我深深体会到，作为一名科研工作者，最重要、最有意义的价值莫过于不断追求学术高峰和惠及社会大众的思想，纵论如何奢华不也就是一日三餐嘛，科学研究者是一个国家发展的精英，是引领教育发展的先锋，自然学术上有更高的要求，但思想上也要追求高尚的精神品质，为后来者做出应有的榜样. 在学术研究上，先生也意识到当时中国的数学与世界水平相比还是处于比较落后的阶段，因此他很注重为学生和后辈争取各种机会，鼓励学生申请不同层次的奖学金，积极回应和解答后辈的学术问题，引导学生走上具有特色的创新道路，甚至对学生一些细微的请求也能够伸手帮助，比如我想去德国留学深造，需要导师写一个推荐证明，他爽快地答应并对此事很重视，认真仔细、实事求是地给我写好了推荐信，并鼓励我一定要坚持走具有自己特色的创新道路. 这类的事情不胜枚举.

吴文俊先生说过："我应当怎么样回报老师、朋友和整个社会呢？我想，只有让人踩在我的肩膀上再上去一截. 我就希望我们的数学研究事业能够一棒一棒地传下去." 先生不仅自己在做研究，在追求学术的巅峰，也希望学术江山代代出人才，甘愿为后辈登上更高的学术巅峰做铺垫. 在法国留学时，他就抱定了学成回国报效祖国的远大志向，但他深知学术道路是无止境的，而人的生命却是有限的，作为一名站在学术前沿的前辈，要以行动培养学术后辈，这才能对得起他数十年的研究，才能对得起国家的殷殷期望，这就是先生积极提携学生后辈的原因吧，这就是一个伟大科学家的境界吧.

有幸成为先生的学生，有幸了解到先生的一番热血和远见，我想作为先生身边耳濡目染的学生后辈，在工作岗位中应该时刻牢记先生的叮嘱和期待，要像先生那样，以国家发展为己任，以提携关怀后辈为职责.

五、老骥伏枥，永远持有热情洋溢的年轻心态

时光的流逝并没有洗刷掉先生留学法国时那颗充满年轻壮志、热情洋溢的雄心，岁月只能带走年轻的面容和时间，却也永远带不走年轻的心. 还记得在我读博期间，所里组织了一次爬山活动，在爬山过程中，有个同学担心先生行动不便，要过去扶他一把，他却笑着拒绝了，迈开大步子和我们一群年轻人齐头并进……虽然先生当时已经 75 岁高龄了，但正如他的学术精神一样，做什么他都不愿服输，无论在顺境逆境他都对生活保持乐观积极的态度，像年轻人一样持有热情洋溢的心态，不希望别人当他是老人家，而是道路上的同行者. 我十分敬佩先生的这种心态，当

时作为一名年轻人, 有时总觉得自己做得够了, 做得好了, 但与先生对比, 年轻人面对的挑战可远远够不上他呢, 要是我到了先生的这个年纪, 是否还能保持有一颗年轻、热情洋溢、永不服输的心呢? 每次看到先生总是笑容可掬、和蔼从容的面容时, 总能给我带来精神上的力量, 为人师者, 最高境界莫过于思想上的启迪, 耳濡目染的先生年轻的心态和永不服输的精神, 是我学习和工作以来源源长久的动力.

六、结语

　　在追随吴文俊先生学习期间, 我常常感触到大师之所以成为大师, 有其规律可循, 归纳起来就是: 他必须拥有远大的理想, 这样可以目标明确; 他必须淡泊名利, 这样就不会为世俗所动; 他必须勇于创新, 这样才能开辟一条新路; 他必须锲而不舍, 这样才能达到光辉的顶点.

　　多年来, 先生一直奋战在学术研究第一线, 也曾身处逆境, 但他乐观开朗的生活态度和坚韧的工作精神总是促使他在每一个新的领域开辟出新的天地, 不断地在学术上取得一个又一个的成就, 不断地获得学界与国家的认可和奖励. 先生今天的成就不断激励着一代又一代中国数学人向着更伟大的目标去追求.

　　我深知学术研究的道路虽然艰辛, 却从未想过要放弃, 因为吴文俊先生的精神一直在鼓励着我, 先生曾这样说过: "成功等于 99% 的汗水加上 1% 的灵感, 但如果没有前面 99% 的汗水, 就不可能产生最后 1% 的灵感." 刻苦勤奋、锲而不舍是先生成功的前提, 我深知身为先生的学生, 应当将先生的精神传下去, 将中国科学进步以自己的研究特色为发展基础, 为中国乃至世界科学的发展做出更多更大的贡献.

　　值此吴文俊先生 90 大寿之际, 作为后辈学生献上短文一篇, 聊表祝贺, 祝贺先生数十年来取得的巨大成就, 衷心希望后辈学者能够将先生优秀的人格品质和精神继承并发扬光大!

我和吴文俊院士的第一次见面

曾广兴

吴文俊院士是我国负有盛名的大数学家,他在数学的不同领域中都做出重大贡献,由此多次获得国内外的大奖. 早在读初中的时候,我常常听到我的数学老师提及华罗庚和吴文俊两位院士,称颂他们是我国最有名气的数学家. 由于我当时偏爱数学课程,从而吴文俊这个名字深深地铭刻在我心中,并带有一种神奇色彩. 出于敬仰与好奇,我特意到县城新华书店买了吴先生为中学生撰写的一本题为《力学在几何中的一些应用》的数学小册,并似懂非懂地阅读了很长时间. "文革"后,我于 1977 年被录取抚州师专数学系学生,随后攻读了研究生,并成为一位大学数学教师. 由于专业知识的增长,我对吴文俊先生的学术成就有了逐渐深入的了解.

我在许多年后能面聆吴先生,完全缘于一次机遇. 1996 年,我申报了一项题为"与实代数几何相关的代数结构"的国家自然科学基金项目. 7 月初的一天,学校科研处突然通知我,称有要事相告. 我当即赶到学校科研处,见到当时的科研处副处长刘雪娇老师. 刘雪娇老师说,通过国家自然科学基金委员会数理学部许忠勤主任,中科院数学机械化研究中心获知到这一项目,并有对主持人和该项目作进一步了解的兴趣. 刘雪娇老师向我建议,立即赶赴北京,当面交谈有关事项. 听到这一消息,我自然心里感到高兴,但对赴京一事有点迟疑不决. 吴文俊院士是我国数学机械化的首倡者和领军人,他所在的研究中心是国内外闻名的从事数学机械化研究的机构. 当时,我一直把定理自动证明和数学机械化看作一件神奇的工作,对数学机械化了解甚少,也不知道自己的研究工作和数学机械化有何联系. 因此,我认为立即赶赴北京有些冒昧,应该事先做点调查研究. 出于这种考虑,我马上去校图书馆借了吴先生的名著《几何定理自动证明的基本原理》. 时间恰临近暑假,于是吴先生的这本书成为我有空必读的启蒙课本. 从吴先生的书中,我读到一段文字,其大意:半正定多元多项式的有效判定是一项有意义的课题. "半正定多元多项式"是实代数几何中出现频率甚高的一个术语,我对此感到亲近. 出于专业直觉,我想从半正定多元多项式的有效判定入手,企图有所突破. 一个多月后,我结合自己的研究方向,凭借对数学机械化的肤浅了解,写出了一篇现在看来不失幼稚的有关有效判定半正定多元多项式的文章. 文章写出后,我立即把它邮寄给吴先生. 又是一个多月后,我接到中科院数学机械化研究中心的来函,来函人是高小山研究员. 来信提到吴先生已收到我的邮件,同时邀请我到中科院数学机械化研究中心介绍自己的工作.

　　10 月底的一天, 我如约来到中科院数学机械化研究中心, 并得到热情的安排. 除介绍自己所写的那篇文章外, 并安排了一个报告, 报告的题目为 "Hilbert 第十七问题及其逆问题". 报告前夕, 我正在会议厅准备报告材料, 突然听见有人说: "吴先生来了!" 我赶紧走出会议厅, 只见一位慈祥的长者健步走来, 他身材结实, 两眼炯炯有神. 我迎上前, 叫了一声 "吴先生好!" 吴先生握着我的手, 微笑地说: 欢迎. 当时, 我很有点紧张, 这是我第一次面见到吴先生这样的大科学家, 而且事先未被告知, 也根本没想到吴先生会来听一个地方院校的老师所作的报告. 吴先生在前排坐下, 并一直面露笑容. 在报告中, 我介绍了与 Hilbert 第十七问题有关的研究成果, 同时汇报了自己在逆问题方面所做的一些工作. 在整个报告过程中, 吴先生自始至终认真聆听. 报告完毕后, 吴先生带头鼓掌, 并说了四个字: "非常精彩." 晚上用餐时, 吴先生又和我们围坐一桌, 共进晚餐.

　　回到南昌后不久, 我接到许忠勤主任的电话, 要我将近年发表的有关文章寄往中科院数学机械化研究中心. 年底, 我收到研究中心寄来的参加 "九五" 攀登计划项目的申请书. 很快, 经以吴先生为首的专家委员会的批准, 我成为 "九五" 攀登计划项目 "数学机械化研究及其应用" 的正式承担人之一. 1999 年, 该攀登项目又转成为国家重点基础研究发展规划 (973) 项目 "数学机械化与自动推理平台", 我也成为该项目的正式成员. 2004 年, 国家重点基础研究发展规划 (973) 项目 "数学机械化方法及其在信息技术中的应用" 再次获得立项, 我仍然有幸成为项目的正式成员.

　　从第一次面见吴先生的时间算起, 不觉已过二十三个年头. 参加与项目有关的学术会议和工作汇报会, 我几乎都能见到吴先生. 每逢开会, 吴先生总是提前来到会场, 端坐在前排位置, 十分认真地倾听别人的报告, 从来不随意提前退场. 在许多次会议上, 吴先生都发表了充满激情与催人奋进的讲话. 吴先生的大家风范给我们留下了深刻的印象. 多年来, 我本人得到吴文俊院士许多不同形式的无私帮助, 使曾对数学机械化了解甚少的我得以迈进数学机械化这一研究领域. 吴文俊院士是我的学习楷模, 他对科学的执着追求、对祖国和人民的热爱以及对后进的提携将永远鞭策着我们前进.

为复兴中华数学开未来

张鸿庆

中华数学源远流长, 东汉《九章算术》, 魏晋《刘徽注》, 宋元之间李冶立天元一, 朱世杰创四元术, 以解决实际问题为主旨, 以构造性机械化为特色, 几何代数化, 代数运算系统化, 开解析几何之先河, 丰功伟业, 光照千古.

天元术至元末而息, 乾嘉诸子, 谈天三友, 以复兴国算为己任, 志不可谓不高, 用功不可谓不勤, 虽使不传之学复见天日, 发扬光大则为力所不及. 近世治数学者, 谈古言必称希腊, 论今言必称欧美, 天元术几成绝学.

吴先生道济天下之溺, 文起六百七十年之衰, 为前贤继绝学, 为后世指方向, 为数学机械化奠基, 为复兴中华数学开未来. 云山苍苍, 江水泱泱, 先生之风, 山高水长.

一、前进无路弃小技, 后学有幸遇大师

1956 年吴先生与钱学森、华罗庚两先生同获首届国家自然科学奖一等奖, 当时我在大学三年级, 虽然对吴先生的得奖工作完全不懂, 但心中充满敬仰之情. 1957 年我大学毕业, 分配到大连工学院. 当时大连工学院的数学教师主要从事教学工作, 不仅无人作数学研究, 而且认为搞数学研究的人是走"白专"道路. 当时虽然不支持研究数学理论, 却提倡理论联系实际, 我就去结合力学, 主要的任务是解微分方程. 由于当时学校没有电子计算机, 主要任务是构造解析解. 但是构造解析解十分困难, 即使对线性常系数偏微分方程组也十分困难, 没有一般的方法, 已有结果都有高度的技巧性, 只适用一种特殊情形, 不能推广到其他情形. 1964 年我们发现用代数方法可以将线性弹性力学方程组的各种解统一起来, 并且可以得到一些新的解析解. 后来由于政治运动, 工作停顿, 直到 1978 年才得以发表, 并且将这些结果推广到电动力学方程及其他方程组. 虽然这项工作得到一些力学界前辈的支持, 但是继续前进却遇到极大的困难. 1991 年我们将结果推广到线性变系数偏微分方程组, 但计算极其复杂, 无法应用. 当时搞微分方程的人几乎都搞理论, 几乎无人求解, 求解的人都搞数值解, 几乎无人求解析解, 而且有人认为求解析解是条死路. 在理论上我们也遇到许多困难, 根据实际问题, 我们需要构造性代数几何, 到处向人请教, 有的专家向我们推荐, 吴先生在这方面有重要贡献. 1991 年我们邀请高小山博士到大工讲学, 他介绍了吴先生的学术思想和他的工作, 并且回答了我们困惑已久的许

多问题, 虽然我们当时既不理解更不会应用, 但是吴先生的学术思想使我们眼界大开, 给我们指明了前进的方向. 1992 年, 吴先生特批我们参加他所主持的攀登项目以及后来关于数学机械化的 973 项目, 有幸成为吴先生领导的学术队伍中的一员, 成为我个人学术生涯重要的转折点. 从 1991 年至今, 二十八年来我们一方面努力学习吴先生的学术思想, 一方面将吴先生的学术思想和我们的工作结合起来, 道路既漫长又曲折, 但不断有新的发现, 给我们带来极大的乐趣.

下面介绍我们学习吴先生学术思想的体会, 这里包括我个人的一些看法, 有不当之处希望得到批评和指正.

二、一个中心, 两个基本点

根据我们的体会, 我们将吴先生的学术思想归结为一个中心两个基本点.

一个中心: "我们的目标是明确的, 即是推行数学机械化, 使作为中国古代数学传统的机械化思想光芒普照于整个数学的各个角落. "[1]

两个基本点: 数学机械化所以可能, 归根结底在于消去法与结式等可以机械化的进行构造性运算. [2]

吴先生在 1986 年写道: "经过对中国古代数学的学习和触发, 结合着几十年来在数学研究道路上探索实践的回顾与分析, 终于形成了这种数学机械化的思想. 这种思想一旦形成, 就自然地化成一股顽强的动力. 十几年来, 作者一直在这一方向道路上摸索前进, 艰苦奋斗, 义无反顾. " "这不仅是可取的, 也是可行的. 问题不在于能不能做, 而在于愿不愿做, 也在于肯不肯敢不敢. " 先生之言铁中铮铮, 穿云裂石, 掷地有声, 壁立万仞, 闻者莫不动容.

Poincaré 说: "如果我们想要预见数学的将来, 适当的途径是研究这门科学的历史和现状". 吴先生补充说: "特别是研究这门科学在中国的历史和现状". "要真正了解中国的传统数学, 首先, 必须撇开西方数学的先入之见, 直接依据目前我们所能掌握的我国固有数学原始资料, 设法分析与复原我国古时所用的思维方式和方法, 才有可能认识它的真实面目. " 吴先生言出行随, 以身作则, 对中国数学史作了独到而深刻的研究.

吴先生指出数学有两条发展路线, "一条是从希腊欧几里得系统下来的, 另一条是发源于中国, 影响到印度, 然后影响到世界的数学. 这条线现在不太显著, 所以一讲到数学就是欧几里得统治下的, 以演绎为主的公理化数学" "我国传统数学在从问题出发以解决问题为主旨的发展过程中建立了以构造性与机械化为其特色的算法体系, 这与西方数学以欧几里得《几何原本》为代表的所谓公理化演绎体系正好遥遥相对. 《九章》与《刘注》是这一机械化体系的代表作, 与公理化的代表作欧几里得《几何原本》可谓东西辉映, 在数学发展的历史长河中, 数学机械化算法体系与数学公理化演绎体系曾多次反复互为消长, 交替成为数学发展中的主流. 肇始于我国的这种机械化体系, 在经过明代以来近几百年的相对消沉后, 势必重新登上历史舞台. "

M. Klein 说: "代数虽在埃及和巴比伦人开创时是立于算术的, 但希腊人却颠覆了这个基础而要求立足于几何. " 吴先生认为, 希腊传统的排斥数量关系于几何之外的研究方式可能给数学包括几何带来严重的后果. 他怀疑欧几里得几何那种单纯依靠艰涩而迂曲地进行推理的方式是造成数学发展一度停顿的主要原因之一. 中国古代数学在宋元时期达到高峰. 北宋时期天元术 (半符号代数) 萌发于太行山一带, 并在北方获得很大的发展, 李冶 (1192—1279) 得洞渊九容之说, 日夕玩绎, 以天元术为主攻方向, 用自己的辛勤劳动使天元术成长为一棵参天的大树. 天元术经过二元术、三元术迅速发展为朱世杰的四元术. 朱世杰于 1303 年出版《四元玉鉴》, 他集前贤之大成, 建立了四元高次方程理论, 用天、地、人、物表示四个未知数, 相当于今天的 x、y、z、u, 他非常熟练地掌握了多元高次方程组的解法, 将多元高次方程组依次消元, 最后只余下一个未知数, 从而解决了整个方程组的求解问题. "一气混元, 两仪化元, 三才运元, 四象会元, 阴阳升降, 进退左右, 互通变化, 错综无穷", 技巧也已达到炉火纯青的境地. 天元术以勾股重差一类问题为立术的应用, 李冶的《测圆海镜》(1248) 与《益古演段》(1259) 全部是以勾股为主题的天元术的应用. 朱世杰的《四元玉鉴》中勾股测望八问全部用天元术求解. 宋元数学家为了发展天元术而建立了一整套代数机器, 包括天、地、人、物等元的正负乘幂以及这些代数式的运算系统. 在几何问题中以天、地、人、物等元代替所求线段, 用它们的代数式来表示几何图形长度、面积, 然后运用相伴发展的那套代数机器求解. 几何代数化、代数方法在几何上的应用以及代数式的使用与代数运算的系统化都取得了光辉的成就, 中国传统数学已经到达了解析几何的门口.

元代以后, 中国传统数学戛然而止, 明朝末年天元、四元诸术已成绝学, 中国和印度的数学经由阿拉伯学者传到西方. 16 世纪欧洲发生一系列深刻的变化. F. Vieta(1540—1603) 于 1591 年出版《解析学入门》, 以文字代替方程系数, 引入代数的符号运算. 他把解析法分为三类:

　　1) Zetetic 分析, 化问题为方程法;

　　2) Poristic 分析, 由方程推出定理法;

　　3) Exegetic 分析, 解方程的方法;

并且认为使用这些方法和原则没有解决不了的问题.

Descartes(1596—1650) 继 Vieta 的未竟之业, 他看到代数的巨大潜力, 把代数看成是进行推理, 特别是关于抽象的未知量进行推理的有效方法. 他认为代数使数学机械化, 使思考和运算步骤变得简单, 使数学创造变成一种几乎是自动化的工作. 1628—1630 年期间, 撰写了一篇方法论的论文《指导思维的法则》, 1701 年发表. 他的目标是建立一个包罗万象的知识框架, 拟议一个解决问题的普遍方法, 适用于解

决一切类型的问题, 他提出 Descartes 化归原则:

1) 把任意问题归结为数学问题;

2) 把任意数学问题化为代数问题;

3) 把任意代数问题化为解代数方程.

吴先生指出: "回顾我国从秦汉到宋元之间数学发展的历程, 我国传统数学所走过的道路正好与 Descartes 的计划若合一契; 反过来, Descartes 的计划, 也无异于为中国传统数学作了一个很好的总结."

微积分的发明从 Kepler 与 Galileo 到 Newton 与 Leibniz 经历过一段艰难的历程. "极限的概念, 作为微积分学的真正基础, 对于希腊人来说完全像是一个外国人." 吴先生指出, 从刘徽以至宋代的我国十进制小数法, 与极限概念一衣带水. 西方数学史家盛称所谓的 Cavalieri 原理, 早就见于祖冲之父子的著作. 微积分的发明乃中国式数学战胜希腊式数学的产物.

"数学如此多娇, 引无数英雄竞折腰. 昔牛顿欧拉, 开山立业; 高斯黎曼, 续领风骚. 一代宗师, 莱布尼兹, 三百年来指航标. 俱往矣, 数风流人物, 有待明朝." 微积分的先驱者 Wallis 把微积分当作无穷的算术, Newton 和 Leibniz 算术化了微积分, 在代数的基础上建立微积分. 18 世纪的数学家继续认为微积分是代数的推广, 继续向前推进. Euler 是代数化算术化大师, 他广泛使用代数类比, 指出一条数以千计的以后可以严密建立起来的结果的途径. 算法学家是为解决特殊类型问题设计算法的数学家, Euler 是设计算法的大师. 从 Newton, Leibniz 到 Euler, Lagrange, 他们认为任意函数能展成无穷级数, 而无穷级数是多项式的推广, 微积分是代数的扩展, 是具有无穷多项式的代数. 他们是不严格的, 然而充满创造性. Euler 不会用 ε-δ 语言证明级数收敛性, 却成功地求出许多级数的和. "牛顿欧拉代数体, 轻薄为文哂未休, 只知严格公理化, 不识创造是主流." 他们是不严格的, 然而他们才是微积分的创造者, 没有他们就没有微积分.

Gauss 既是存在性大师, 也是构造性大师, 代数基本定理是非构造性的, Gauss 消去法则是构造性的杰作. 构造性数学是许多重要数学理论的源泉. 椭圆积分、椭圆函数、Abel 积分和 Abel 函数在 19 世纪处于数学的中心, 几乎是评论数学家成就的试金石, 从 Gauss, Abel, Jacobi, Riemann 到 Klein, Poincaré, 无不因在这个领域的贡献而闻名, 而 Riemann 和 Weierstrass 更是因为他们对 Abel 函数的工作而一举成名. 吴文俊指出, 在西方数学研究的一个转折点是不变式论, 在此之前的数学是构造性的而且当时要求必须如此, 要证明存在性就必须同时给出求法, 这当然是一种束缚.

Leibniz 终生努力的主要动机是要导出一种可以获得知识和创造发明的普遍方法, 力图发明一种对概念进行演算的理论使得概念将像数一样进行代数演算. 一切推理过程、思维过程都像数学一样能够计算, 甚至能够交给机器完成. 因此他是符号逻辑的先驱、数学机械化的先驱, 甚至是脑力劳动机械化的先驱. 他将微积分当作处理符号 d 和符号 $\int$ 的算法, 精心设计一套符号和演算, 使我们能像代数一样机械化地完成. 更重要的是, Leibniz 高瞻远瞩主张将东方文化和西方数学结合起来, 以后我们还将继续讨论, 这个见解有深远的意义.

Leibniz 是数学机械化的先驱, 但是直到 19 世纪末以后 Hilbert 及其追随者们建立并发展了数理逻辑, 这一问题才具有明确的数学形式. 吴先生指出, Hilbert 是公理化大师, 但他在其公理化代表作《几何基础》中却指出如何从公理化通过代数化走向机械化的数学构想, 从 Leibniz 开始的机械化证明的思想, 通过 Hilbert 学派得到明确的数学形式, 而只有电子计算机的出现才使这一设想有现实的意义. 众所周知, 吴先生在实现这一设想方面取得重大的突破.

多年来我们一面学习吴先生的学术思想, 一面参照吴先生的学术思想总结我们的工作, 二十年前我将我们的工作总结成下面一首诗:

一语终身业, 两句尽平生;

新开非线性, 无限未了情.

一语终身业: 用机械化方法解方程.

设 $Au = 0$ 为给定的难于求解的方程, 构造变换 $u = Cv$ 将 $Au = 0$ 变换成易于求解的方程 $Dv = 0$. 将 "一语终身业" 与吴先生的 "一个中心" 相比, 显然 "一语终身业" 是吴先生的 "一个中心" 的一部分.

两句尽平生: 1) $A \circ C = B \bullet D + R$; 2)$CKerD = KerA$.

1) $A \circ C = B \bullet D + R$, 共有 9 个符号, 也叫独孤九符, 对不同的问题将这 9 个符号赋予不同的含义. 令 $A = 3, C = 7, B = 2, D = 8, R = 5, \circ = \bullet = \times$, 则 $A \circ C = B \bullet D + R$ 变成 $3 \times 7 = 2 \times 8 + 5$, 因此 $A \circ C = B \bullet D + R$ 是带余除法的推广. 由于算术 = 四则运算, 算法 = 算术 +X, X = 极限, 延拓 $\cdots\cdots A \circ C = B \bullet D + R \supset$ 四则运算, 因此独孤九符是算法之宗. 当 $Au = 0$ 是算子方程组时, 最常见的约化方法就是消去法, 消去法的基础也是带余除法, 在这种情形独孤九符与带余除法是一致的, 亦即与吴先生的提法是一致的. 由于解方程 $Au = 0$ 时, 经常取 $R = 0$, 此时独孤九符变成 $A \circ C = B \bullet D$, 也叫 $AC = BD$ 模式 [3-7].

2) $CKerD = KerA$ 可以写成超定方程组 $Cv = 0, Dv = 0$ 的可解条件为 $Au = 0$, 也可解释成 $Cv = 0$ 和 $Dv = 0$ 有公共解 v 的条件为结式 $Au = 0$, 因此这个提法与吴先生的提法也是一致的.

新开非线性: 这首诗写于二十年前, 在这之前我们的工作是解线性算子方程, 当时非线性方面的工作刚刚开展, 近二十年来我的合作者在非线性方程求解方面作了大量的工作, 独孤九符和 $AC = BD$ 模式也推广到非线性情形.

无限未了情: 吴先生的目标是 "推行数学机械化, 使作为中国古代数学传统的机械化思想光芒普照于整个数学的各个角落."同时吴先生也指出"我们离目标的实现还无比遥远,根本看不到头.""我们的研究工作还只是一个开端,如何继续发扬中国古代传统数学的机械化特色,对数学各个不同领域探索实现机械化的途径,建立机械化的数学,则是本世纪绵亘整个 21 世纪才能大体趋于完美的事."

"路漫漫其修远兮,吾将上下而求索",下面谈谈我们上下求索的体会.

三、数学机械化与数学原理化

吴先生指出:"中国古代数学的大多数成就具有构造性、算法化和机械化性质,因此大多数的'术'可以无困难地转化为程序用计算机来实现.中国古代数学家善于从简明的事实得出深刻的结论,并总结简洁的原理.正是这些简单易明而应用广泛的原理,形成了中国古代数学的独特风格."数学机械化与数学原理化是中国古代数学的两大特色,也是我们要探索的主题.

关于数学机械化,吴先生提出两个重要的研究课题:

1) 吴先生指出:"尽管某一数学领域整个来说是不可能机械化,但并不排除其中一部分可以机械化,如何发现这样一些可以机械化的部分领域,提出切实可行的机械化方法,又是一项高度理论的探索性问题,只有对该领域有深邃认识才有解决的希望."对这个问题我们有如下想法:假设一个学科是一些定义定理的集合,如果这个集合有一个子集,其中的定义和定理都用等式表达,那么这一部分可以机械化.假设这一子集有 n 组定义,$u_1, u_2, \cdots, u_n$,$u_{k+1} = C_k u_k$,$k = 1, 2, \cdots, n-1$,即第 $k+1$ 组定义用第 k 组定义来定义,由 u_k 推出的定理集合为 $A_k u_k = 0$,那么这一领域可用 $AC = BD$ 模式来机械化,文献 [7] 对此作了分析.许多重要定理如 Darboux 定理、曲面论基本定理、Frobenius 定理、活动标架基本定理、Lie 群基本定理和 Cartan-Kahler 定理都可用这个模式推出.

2) 吴先生提出复兴构造性数学.在代数方程理论中,代数基本定理十分重要,但是要进一步求出根式解,按照 Galois 理论就必须有所限制,自然提出以下问题:

a) 对给定的方程如何计算它的 Galois 群,判断给定方程有无根式解?

b) 如果有根式解,如何求出解的表达式?

c) 如果没有根式解,能否扩大求解的工具 (例如包括椭圆函数) 求出解的表达式?将代数方程的解限定为根式解,就像几何作图限定用圆规和无刻度的直尺一样,从实用的观点看,扩大求解的工具,例如给尺标上刻度是很自然的.如果我们能扩大求解范围,给出有效的高次代数方程求解公式,应该是很有意义的.

对微积分有类似的问题:

a) 给定初等函数,如何判定它的原函数是否是初等函数?Liouvelle 定理回答了这个问题.

b) 如果是初等函数,如何求出这个函数?Bronstein 的书讨论了这个问题,但效率值得研究.

c) 如果不是初等函数, 能否向初等函数集合添加一个函数, 使得所有初等函数的原函数都属于这个集合?

一般地, 对给定方程 $Au = f, Dv = 0$ 是函数 v 的定义方程, 能否找到算子 C 使 $Au = f$ 的任何解 u 都可以表示成 $u = Cv$? 如果 $Au = f$ 是代数方程, $Dv = 0$ 形如 $x^n - a = 0$, 这个问题就归结为根式解问题. 如果 $A = \dfrac{d}{dx}$, f 是初等函数, $Dv = 0$ 是定义初等函数的方程, 这个问题就归结为初等函数积分. 如果 A 是微分算子, 这个问题就变成求微分方程的初等函数解. 我们可以期望 Galois 理论、Liouvelle 定理和 Picard-Vessiot 理论都是这个一般理论的特例.

下面讨论数学的原理化体系. Euclid《几何原本》建立了定义、公理、定理、证明构成的演绎系统, 成为近代数学推理论证的典范. 现在的数学书籍大都采用这个模式, 定义定理证明模式, 也叫 DTP 模式, 优点是严格精确, 缺点是只讲推理不讲道理, 只讲证明不讲发明, 不讲定义定理从何而来, 例子很少. 有人说 "现代数学只有两种, 即有定理而没有应用例子的数学与只有例子而没有定理的数学.[8]" 数学书越来越多, 越来越难懂. 杨振宁先生把数学书分为两类, 一类他看了第一页不想看第二页, 另一类他看了第一行就不想看第二行. 吴先生说: "数学, 不论是学习还是创新, 最耗时费力的劳动往往是消耗在定理的证明上, 而不是在真理的发明发现上. 事实上, 一个定理即使对其证明在逻辑上经历了严格的细致的逐步检验, 也无非是说明知道定理正确无误而已, 还不足以说明真正懂得了了这个定理. 自然证明是完全必要的, 证明的严密性也是完全必需的, 但更重要的应是定理之为何发明、如何发明、如何起作用这一类问题."

吴先生所说的问题, 也是我们长期探索的问题, 通过长期的摸索, 结合对吴先生学术思想的学习, 我们认为数学原理化有助于学习和创新. 吴先生说: "西方的欧几里得体系着重抽象概念与逻辑思维及概念与概念之间的逻辑关系, 与之相反, 我国的传统数学则基本上是一种从实际问题出发经过分析提高而提炼出一般的原理、原则与方法, 以最终达到解决一大类问题的体系." "Euclid 体系以许多定义与公理为出发点, 然后据此进行逻辑推理求体积, 与之不同, 我国古代几何着眼于总结经验, 综合事实提炼出寥寥几条普遍而平凡的一般原理, 然后用逻辑推理推导出多种多样的结果来. 这种方法正与整个经典力学可以建立在三条牛顿定律上者相类似." 吴先生进一步提出: "中学几何课上讲公理不如讲原理, 例如三角形全等的条件就是一个原理. 我们选择若干个原理将几何内容串起来, 比公理系统要好." 在物理学中经常用各种原理, Newton 力学的三大定律就是三个原理, 一部经典力学就是从三个原理推演出来. Einstein 的广义相对论也是建立在两个原理之上, 物理学家学习数学的方式非常值得我们学习. 有人说, Witten 他们大概从来不做数学学习题, 但却能用最快的速度学习他们所需要的数学. 虽然物理学家的推导很多时候是不严格的, 但这些猜想往往最后都被证明是正确的. 多年来我们一面学习吴先生的学术思想, 一面结合多年的教学经验和科研经验, 在教学工作中提出五个原理: 本源性原理、对偶性原理、不变性原理、协调性原理和奇正性原理, 简称五灯会原, 并用于教学工作中, 取得很好的效果 [9,10].

　　多年来我们在研究数学机械化的同时, 还致力于数学的原理化、道理化、诗词化和艺术化. 既讲公理又讲原理, 用几条基本原理将许多数学领域统一起来; 既讲推理又讲道理, 道理 = 道 + 理, "言数者必先明理" "数与道非二本也". 从新的角度看数学, 系统地阐述数学的许多领域. "兴于诗, 立于理, 成于乐", 像感受诗词一样感受数学给我的快乐. 中国传统文化是个丰富的宝藏, 但需用科学的方法去发掘提炼, "中西合璧, 探索数学真谛" 给我极大的乐趣.

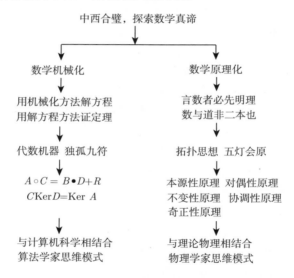

　　原理化机械化取长补短; 思想性构造性相映生辉. 方向已明, 涓滴虽微, 有成江河之理; 持之以恒, 日就月将, 学有缉熙于光明.

吴文俊先生与混合计算

支丽红

　　符号和数值混合算法的研究是近二十年来方兴未艾的重要研究方向. 吴文俊先生早在 20 世纪 90 年代初期就指出符号计算和数值计算是两种不同的解决科学和技术发展中问题的计算方法. 符号计算可以得到问题精确的完备解, 但是计算量大且表达形式往往十分庞大; 数值计算可以快速地处理很多实际应用中的问题, 但是一般只能得到近似的局部解. 最典型的例子是解多元多项式方程组的问题. 如果多项式的系数是实数或复数, 那么用符号来替代这些实数或复数, 会导致符号计算过程中出现的表达式迅速膨胀, 需要的存储空间增加, 计算速度降低, 因而远远达不到实际应用的需求. 如果用有理数来近似地表示这些实数和复数, 我们就必须分析有理数表示产生的误差对计算结果的影响. 在 1993 年的数学机械化中心研究预印本中, 吴文俊先生首次给出了近似数的一种符号表达方式, 并阐述了如何通过近似数的正确表示, 稳定地求解非线性方程组以及多元多项式的近似因式分解. 吴文俊先生指出: 用数值代替文字符号时, 我们必须进行误差估计和控制, 以确保符号和数值混合计算算法的稳定性和结果的有效性. 据我所知, 这是国际上最早明确提出的混合算法之一.

　　吴文俊先生在《21 世纪 100 个交叉科学难题》中更强调: 设计一种混合算法, 在计算过程中不时切换两种计算方法, 使之既有两种计算之长, 又避两种计算之短, 应是解决目前计算上困难的一种适当途径. 混合计算是一个既有理论依据又能实际运用的一个值得考虑的问题.

　　我是从 1993 年读了吴文俊先生的关于多项式方程组混合计算开始关注符号和数值混合计算的. 最初的研究只是把吴先生的想法在 Maple 中实现了, 并测试了一些实例. 吴文俊先生却对我的研究成果很重视, 并且希望我能在今后的研究中把符号和数值混合计算作为重点方向研究. 吴文俊先生还多次在各种报告和会议中介绍我的工作, 并尽可能为我提供各种国际交流和进修的机会, 让我接触国际上符号和数值混合计算的最新进展和成果. 吴文俊先生还鼓励我和数值计算专家吴文达先生合作, 共同推动国内混合计算的发展. 吴文俊先生自己也一直孜孜不倦地在混合计算领域辛勤耕耘, 在八十高龄时, 还提出了多项式全局最优的有限核理论, 并致力于将其应用于一些有实际应用背景的优化问题的研究. 吴文俊先生也很支持我运用不同的数学方法来研究多项式的优化问题, 而从来不要求我用他的方法和理论去做研究. 正是因为吴文俊先生的豁达和远见, 促使我在基本代数计算的混合算法、求解数值多项式方程组的混合算法、有理函数全局最优解的可信验证方面取得了一些成果, 在 Maple 和 Matlab 实现了比较高效的符号数值混合计算软件包, 用于多项式近似因式分解、最大公因子计算、多项式方程组求解、重根精化、有理函数全局最优解的计算和可信验证等.

随着计算机计算能力的提高和科学技术的高速发展对高可信计算的迫切需求, 符号和数值混合计算的研究也越来越受到重视, 它的研究领域也越来越广, 不仅涉及到数值最优化方法、组合方法、结构矩阵扰动和概率理论, 而且和区间计算、可验证计算、随机计算和几何计算等很多其他研究领域密切相关. 2005 年, 我还参与成立了国际符号与数值混合计算协会, 创办了符号与数值混合计算国际系列会议 SNC, 至今已经举办了三届, 影响不断扩大. 我们希望继续努力, 进一步推动符号和数值混合计算的研究和发展, 应用混合计算解决一些单纯用符号计算或数值计算无法获得解决的实际应用问题.

吴文俊先生和几何定理证明

周咸青

吴文俊老师的数学机械化工作开始于他的几何定理证明. 由于他在几何定理证明领域中开创性的工作和杰出的贡献, 他获得定理证明界中的最高奖 —— Herbrand 奖. 他的工作由中国走向世界的这一过程, 是我亲身经历的. 本文就我所知, 阐述这段历史, 同时也提及他对我的科研生涯的决定性影响.

我高中的一位同班的同学在 1960 年进了中科大数学系, 吴文俊老师亲自带领他那一届. 通过他使我知道吴文俊老师的一些事迹. 吴老师是 1956 年获得国家自然科学奖一等奖的三人之一, 是一位数学大家, 并且为人谦虚. 我在 1978 年报考研究生时曾考虑过考他的机器证明. 但他要求考的微分几何是我的弱项, 而且他是一位著名的大家, 我怕考不取.

1978 年 10 月进了科学院研究生院后, 我去听了他的几何证明的课程. 他讲了很多代数, 特别讲到新近的因式分解的工作. 11 月课程结束时他要我们登记名字以便今后联系; 但我因他名气太大, 不敢登记. 后来我忙于研究程序语言的语义, 就没有进一步学习几何证明.

1981 年 1 月我进入得克萨斯大学奥斯汀分校 (University of Texas at Austin, UT) 的数学系. UT 在定理证明领域中领先于世界, 该校的两个研究小组 (Bledsoe 和 Boyer & Moore) 分别也获得 Herbrand 奖, 而且还获得 AMS、ACM 及人工智能的一系列其他重要奖项.

因为数学系的博士候选人资格考试的笔试的三门课程我以前已读过, 所以在一年内就通过了笔试. 第二年春我就上了计算机科学系 R. Boyer & J Moore 开的程序验证及定理证明两门课程. 在一次课后我向 Boyer 提及吴文俊的几何证明工作, 他觉得很新奇. 学期结束时, 我已算是 Boyer & Moore 小组的成员.

在 1982 年 6 月的一次讨论班开始前, Boyer 要我介绍吴文俊的工作, 我只知道把几何归结为代数, 另一位一直在搞定理证明的研究生王铁城也讲不出所以然, 所以 Bledsoe 要王和我去收集资料. 当时王铁城以 Bledsoe 学生的名义寄信给吴文俊老师要文章. 吴老师很快寄来了两篇文章, 一篇是他在 1978 年《中国科学》发表的开创性的文章, 另一篇是 1980 年 "双微" 会议的文章. 文章都有吴老师给 Bledsoe 的签名, 日期是 1982 年 7 月 10 日. 在未来的两年内, 这两篇文章连同他的签名, UT 复印了近百次寄向世界各地. Bledsoe(美国人工智能学会主席) 等要王和我尽快读懂文章, 向他们报告. 我们两人花了一个多星期的时间稀里糊涂地读懂了些, 在 7 月的最后一个星期五的上午向 Bledsoe、Boyer 和 Moore 作了非正式报告. 报告至少延续了三个小时. 他们三人也反复地读了这两篇文章, 但不满意讨论的结果. 会议结束前 Bledsoe 说, 他更希望看到计算机上的结果 (UT 学派非常强调实践). 他特别看了我一眼, 暗示我应该去做这件事, 因王另有任务, 我当时只不过还在看文献阶段. 我那时不敢马上去接受任务, 一则我对其算法还不很清楚, 另一则我还刚开始学习编程序. 但经过一个周末的思考, 我觉得要在计算机上实现并不难. 于是我在周一给 Bledsoe 发 email 说明吴算法的四个步骤. "吴算法" 一词是我两年后发表文章中第一次引进. 其中第 2 步 "三角化" 在两篇文章中都没有说明 (或者说, 文章都已假定是三角化后的多项式), 我自己不得不想了一个三角化算法.

在计算机上实现的进展是出乎意料的快. 不到两星期, 我的程序已能证明第一个定理. 在多项式的同类项合并改进为线性后, 更多的定理相继证出, 其中包括 Simson 定理和九点圆定理. 这些定理的传统证明需要高度技巧及辅助线; 用 UT 学派的两个证明器是无从着手的. 我马上把这结果告诉 Boyer. 他也很兴奋, 并且马上要我证明 "角平分线相等的三角形是等腰三角形" 这一定理. 我用我的程序试了, 但无结果. 在 8 月 20 日左右, 我的程序已证明了四十来个定理. 体会到吴算法的特色, 例如一个证明就能对付多种情况, 而且也想出了一个带参数的相继两次扩域因式分解的算法. 同时也有不少疑问, 例如他的文章中的 Simson 定理要产生大达 300—400 项的多项式. 我把这一切写信给吴老师. 如果我没有记错的话, 他收到信的日期是 9 月 2 日. 他匆忙把信放在行李中, 第二天就动身赴德.

同时我在 UT 开始了第四学期, 参加了 Boyer & Moore 的讨论班课程. Boyer 叮嘱我要把夏季的工作进行整理以免日久忘记. 但我更在等待吴老师的回信, 毕竟从数学上讲这工作是他的, 只有得到他的鼓励和指导, 我才能在这方向上走下去.

大概是在 10 月中下旬我收到了吴老师的长达 6 大页的回信. 他说他在德国喘气刚停就马上回信, 信中充满热情的鼓励, 并告诉我, 产生大多项式是他的方法的一个现象. 在 1976—1977 年的春节前后, 他用笔在一张张纸上算了上述 Simson 定理, 确实有 300—400 项的多项式产生! 他说 "角平分线相等的三角形是等腰三角形" 这命题不成立, 因为三角形的每个角都有内角平分线和外角平分线. 这命题甚至在两条外角平分线相等时都不成立, 只有在两条内角平分线相等时才成立. 他进一步指出, 确定内角平分线已超出他的方法的范围, 因为这要用到几何中的顺序概念. 他的方法适用于无序几何. 在这类几何中, 梯形的两腰和两条对角线是不能区分的, 所以 "梯形的两腰中点的连线等于上底及下底之和的一半" 与 "梯形的两条对角线中点的连线等于上底及下底之差的一半" 是同一个定理. 他同时预祝我在因式分解工作上的成功 ……

吴老师的长信大大地鼓励了我研究吴算法的信心. 在 Boyer 的帮助下, 我着手整理夏季实验吴方法时的心得. Boyer 精心安排我于 12 月 3 日在 UT 计算机科学系作大会报告. 这种报告一般是请外校学者来作的. 报告开始前, Boyer 和 Bledsoe 通知我, 这次报告也是我博士候选人资格考试的口试. 报告是十分成功的. 会后 Boyer 和 Bledsoe 马上决定, 我将在下月美国数学年会的定理证明专题会作 40 分钟的报告. 他们之所以能这样做是因为 Bledsoe 是专题会的组织者之一, 他知道还有一个 40 分钟的空档.

1983 年的美国数学年会是 1 月初在 Denver 举行. 我的报告是在 1 月 7 日下午, 它同样是成功的. 报告完后有很多人向我索取资料. 当时我们关于吴算法有文字记载的只有上述的两篇文章, 于是吴文俊的文章从 UT 向北美正式广泛传播.

Denver 会议后, 组织者要求专题会的报告者每人写一篇文章, 收在文集 *Automated Theorem Proving: After 25 Years.* 我觉得我不应该写文章, 因为从数学上讲, 这是吴文俊老师的工作. 在 Bledsoe 和吴文俊老师通信之后决定, 吴老师在文集中重新刊登他的 1978 年的开创性文章, 加上他介绍近年来最新进展的另一篇文章; 由我写一篇易懂的文章. 因为这也是吴文俊老师的意思, 我同意了. 而且我已修改他的方法用于发现定理 (例如发现了 Simson 定理的一个有趣的推广), 这是我的贡献. 同时二次扩域的因式分解已实现, 并用于几何证明. 当时我的程序已证明了 130 多个定理.

我的文章标题是 *Proving Geometry Theorems Using Wu's Algorithm.* 这是我写的第一篇英语文章, 是在 Boyer 指导下写的. Boyer 认为吴文俊老师的开创性的文章过于艰深, 而我的易懂的文章会适合更多的初学者, 所以他特别重视我的这篇文章. 我记得 1983 年夏当初稿完成后, Boyer 花了三个星期的时间, 每天晚上和我一起修正稿件 (每晚三小时左右), 仔细检查每个环节. 吴老师收到我的稿件后, 写信鼓励我说: "太精彩了, 我要我的研究生去读 ……".

Denver 会议的文集在 1984 年 5 月出版后, 不少人, 例如 GE 的 Hai-Ping Ko (葛海萍) 等, 根据我描述的吴算法也重复实现了吴的证明器. 吴算法在几何证明中的巨大成功也激起了更多人考虑用其他代数方法去证明同类几何定理 (称吴类定理). 当时在计算机代数中已有极其有用的 Grobner 基法, 它正好也适合于吴类定理. 我早在 1984 年 5 月已有计算机上的结果, 但没有写成文章, 因为当时我急于完成博士论文及相应的计算机程序. 直到 1985 年 12 月我写成文章时, 有两个研究小组几乎同时也完成了类似的工作: 一组是奥地利的 Kutzler 和 Stifter, 另一组是美国 GE 的 Kapur. 一个世界性研究吴类几何定理证明的高潮正在掀起.

由于他的几何证明的工作, 1986 年美国有三个地方邀请他访问. 这是 UT 的 Bledsoe 和 Boyer, Argonne 国家实验室的 Wos(定理证明的另一世界权威), 及 GE 的葛海萍和 Kapur. 他欣然接受邀请, 同时也参加 8 月在 Berkeley 举行的国际数学家大会 (后来我又安排他到 Stanford 大学访问). 葛海萍和我安排他访美的日程.

按约定, 他和我在芝加哥机场见面, 然后我们去 Waterloo, Austin ······

在芝加哥机场是我们第一次 "正式" 见面, 当时我是非常激动的. 他也为有这样好的研究局面感到高兴. 他说在他的第一篇文章的审稿中写道, 据作者称此法能用于计算机证明几何定理 ······

在 1982 年到 90 年代初, 我们有大量的通信, 他的信一直在指导着我的研究. 在 1985 年吴文俊和吕学礼合著的《分角线相等的三角形》小册子的序言中写道: "······ 当时德国的几何权威 Steiner 曾写了专文, 就内外分角线各种情形进行了讨论, 但并没有把问题彻底澄清. 1983 年以来, 我与现在美国攻研计算机科学的周咸青同志, 应用我们关于机器证明中使用的方法, 并通过在计算机上反复验算, 终于在一年多的通信讨论之后, 获得了完全的解答."

1983 年当我的博士论文需要有更多的理论基础时, 他及时寄来了当时即将出版的《几何定理机器证明的基本原理》的清样. 使我对代数到几何及几何到代数有了全面的了解. 这一帮助, 不仅使我及时完成论文, 而且为我后来的专著打下了坚实基础.

我的导师 Boyer 是把吴算法尽快推向世界的主要动力之一. 1982 年吴算法在 UT 成功实现之后, 他很快向定理证明界其他权威人士推荐吴文俊老师的工作. 1984 年他联合 Bledsoe 和 Moore 向中国有关部门写信, 建议为吴老师买快的机器以加速他的研究.

台湾大学的项洁 (Jie Hsiang) 教授 (原 SUNY 石溪分校的教授) 是吴文俊获 1997 年 Herbrand 奖的主要提名人. 1997 年 2 月我收到项洁的 email 说, Boyer 建议他要我作为联合提名人 (co-sponsor). 我也向 Stickel 为首的评委发了第二封提名信. 项洁在他的第一封提名信中写道: "在自动推理诸多领域中, 很难找到一人, 他完全扭转其某个领域的方向." 这是刻画吴文俊对定理证明贡献的最好词句.

纪念数学家吴文俊先生

(附王浩书信)

尼 克

编者按: 本文首次发表作者珍藏的王浩 1978 年 4 月 10 号写给吴文俊的信.

吴文俊先生几天前 (2017 年 5 月 7 日) 过世了, 差几天就到他九十八岁生日. 5 月 13 日又是王浩逝世二十二年的纪念. 吴先生长王先生两岁, 两人都是五月来五月去.

天才 Wolfram 有个习惯, 每逢他敬仰的人的生日或辞世日, 他都会在他博客上发文追思. 王浩和吴文俊, 他们的学问远超过我的智力所及, 本没有资格怀念. 今天写几段话讲讲王浩和吴文俊的交往.

吴文俊先生对中国传统数学的捍卫

吴文俊先生是数学家中的人精. "文革" 前他就在关肇直影响下, 研究应用问题, 他最早和计算机相关的论文是讲怎么利用拓扑学给计算机电路布线的. "文革" 期间他在北京无线电一厂下放, 那是家计算机厂, 他开始对计算机感兴趣. 数学家学会了计算机编程, 试试机器证明是最自然的. 一开始的算法都是手工推演, 1977 年大年初一, 吴文俊取得了突破.

同年, 他的文章《初等几何判定问题与机器证明》发表在《中国科学》上. 吴文俊声称他的成果是在研究中国数学史时, 受到启发. 老一代人对中国传统的捍卫无法以理性解释.

哥德尔证明一阶整数 (算术) 是不可判定的, 但塔尔斯基则证明一阶实数 (初等几何和代数) 是可判定的. 塔尔斯基一直自认为他应该是和哥德尔比肩的逻辑学家. 塔尔斯基的结果意味着可以存在算法能对所有初等几何和代数问题给出证明.

塔尔斯基的原始算法是超指数的, 在被后人多次改进之后仍然很难被当作通用算法. 吴文俊的方法针对某一大类的初等几何问题给出了高效的算法. 后来吴方法还被他推广到一类微分几何问题上.

王浩与吴文俊的通信: 两种定理证明之间为数不多的交流

周咸青 (Chou Shang-ching)1978 年在中科院研究生院旁听了吴文俊的几何定理证明的课, 那时吴文俊的《几何定理机器证明的基本原理》还没正式出版, 但周咸青已拿到书稿. 他后来到得克萨斯大学奥斯丁分校留学, 师从波尔 (Boyer) 和布莱索 (Bledsoe), 这两位虽都是逻辑系定理证明的大咖, 但他们足够宽容, 让周咸青对自己的博士论文题目自作主张, 周的论文基本就是吴方法的实现. 奥斯汀分校的硬件设备当然比吴文俊的环境好多了, 周取得的成果自然也更加丰富.

王浩在得知吴文俊的结果后, 于 1978 年 4 月 10 日给吴文俊写信. 王浩建议吴文俊利用已有的代数包, 甚至考虑自己亲自动手写个程序实现吴的方法. 王浩和吴文俊的通信大概是哥德尔系定理证明和塔尔斯基系定理证明为数不多的交流.

基于逻辑的定理证明器最适合解决代数问题, 而几何定理证明器却又都是基于代数的. 王浩是逻辑系定理证明的先驱, 吴文俊则开几何系定理证明的风气之先. 哥德尔定理和塔尔斯基定理在人工智能问题上各有蕴意, 是为后话. 有意思的是塔尔斯基对机器定理证明的结果不感兴趣.

1979 年吴文俊的工作得到杨振宁的关注, 当时的科学院副院长李昌和刚成立的科学院系统所所长关肇直都大力支持吴文俊, 并为他申请到 2 万美元去美国购买一台家用电脑, 以实现他的吴方法. 吴文俊到美国的重要一站是去洛克菲勒大学会见王浩. 吴文俊的工作在定理证明界迅速引起重视, 王浩起了关键的推动作用. 吴文俊 1997 年获得第四届 Herbrand 奖, 这是定理证明领域的最高奖项. 在他前面获奖的有沃思 (Wos)、布莱索和发明归结算法的罗宾逊 (Robinson), 马丁·戴维斯迟至 2005 年才获奖.

吴文俊的长寿也体现在他的学术生命. 1979 年吴文俊六十高龄开始学习计算机编程语言, 先是 BASIC, 后又 Algol, 再后又 Fortran. 他在那台 2 万美元的家用电脑上不断取得新的成果. 后来系统所的硬件设施改进, 吴文俊在相当一段时间里都是上机时间最长的.

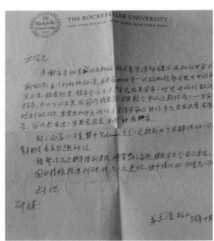

王浩 1978 年写给吴文俊的信

文俊兄:

　　多谢寄来初等几何及机证的文章, 觉得极有意义, 在机证方面开创新纪元. 弟计划好好研读, 并考虑如何写一计算机程序实现文中的制定方法. 粗看起来, 程序应该不太难写. 在美国有一些现成的代数运算程序, 可以不必另写. 在国内或者尚没有较合用的这类程序? 目前有些别的工作, 需要先加些力, 所以不见得会最近能作多少. 若有进展, 当随时相告. 国内若有进一步发展发表, 亦盼能惠寄.

　　附上两篇小文章, 其中 Robinson 先生疑问提到几个未解决的问题, 青年朋友或有兴趣研讨.

　　钱圣法兄已早接到来信, 非常为之高兴. 猜想不久会自己寄信.

　　国内积极推进科研, 我兄一定更忙. 便中请代向方增兄问候.

　　此祝

研祺!

弟王浩敬上

78 年 4 月 10 日

每一次数学的突破, 都以脑力劳动的机械化体现

　　物理学怪才兼企业家弗里德金 (Edward Fredkin) 曾为计算机下棋设立过奖项. 但不大为人所知的是他为机器定理证明也设立过一个奖项, 分三等, 第三等是当前成果奖 (Current), 1983 年沃思和温克获奖, 1991 年波尔和摩尔获奖. 二等奖是里程碑奖, 1983 年给了王浩, 1984 年给了罗宾逊, 1991 年给了布莱索. 一等奖被称为莱布尼兹奖 (注意: 和德国的那个莱布尼兹奖不同), 一次也没发出过, 因为条件是 "不仅够格在数学杂志上发表, 还要够格评选美国数学会的 Cole 奖或 Veblen 奖, 甚至菲尔兹奖".

　　弗里德金为计算机下棋设定的几个奖项有明确的标准: 战胜特级大师, 战胜当前世界冠军. 按此标准就不难理解为什么马库恩 (McCune) 的罗宾斯猜想的机器证明尚不够格一等奖. 马库恩的前老板、定理证明的领袖人物沃思 (Larry Wos) 认为马库恩应该很接近了. 但该奖的评委、哈佛数学家大卫·芒福德 (David Mumford) 想都不想地说: "现在不行, 一百年都够呛 (Not now, not 100 years from now). "

　　随着定理证明事业的凋零, 该奖后来也悄无声息地撤销了. 也有乐观派: 离散数学家格雷汉姆 (Ron Graham), 他的太太是另一位成果丰富的离散数学家 Fan Chung(金芳蓉) 认为在证明定理上计算机超过人是迟早的事, 人脑毕竟是生物进化

的产物, 天生的目的不是用来证明定理的.

　　吴文俊的哲学思想是典型的数学家思路, 这和逻辑学家不尽相同. 吴老一次讲座中讲计算机和数学机械化, 引用维纳的说法: "人脑贬值, 至少人脑所起的较简单、较具常规性质的判断作用, 将贬值." 笛卡儿认为代数使得数学机械化, 因而使得思考和计算步骤变得容易, 无需花很大脑力. 小学算术很难的东西, 初中代数立个方程马上就解了. 每一次数学的突破, 往往以脑力劳动的机械化体现. 我想吴老应该算乐观派.

　　杨振宁曾说他自己最重要的成就是提高了中国人的自信. 陈省身、华罗庚、杨振宁、李政道那一批人是最早为人类文明做出点贡献的中国人. 我想那个不长的名单里还应该有王浩和吴文俊.

忆父亲点滴往事

吴月明

时间转眼即逝，父亲离我们而去已近两年. 但他的音容笑貌, 和他生活中的点点滴滴, 仍时常出现在我的脑海中.

父亲是一个好奇心极重, 喜欢认真探究, 但又平实乐观, 极易接近的人. 母亲说他 "心无旁骛, 心地朴素", 那是十分恰当的描述. 无论是在我们的孩提时期, 还是在长大成人之后, 父亲从不训斥我们, 而是在不经意的言传身教中影响着我们的方方面面.

童趣·好奇 父亲喜欢对孩子们和来访者讲他的具有 "悬念" 的经历, 每个 "故事" 都引人入胜, 他的童趣在谈笑中尽显. 在他年事渐高, 必须参加的会议和研讨会日渐减少时, 我曾担心他怎样知晓外界, 尤其是当今世界的科学发展. 一次回国, 在饭桌上我们又开始聊天, 没想到他突然问起我是否知道页岩油, 又问起量子计算机 …… 疑问多多实难招架, 但我很高兴他虽闭门家中坐, 仍然好奇天下事.

认真·一探究竟 中学时当我考到高分在家自鸣得意时, 他会在笑呵呵之余突然点出 "你最好看看是什么原因丢失了那两分". 他并不是要求我考满分, 也从不插足我的课业学习, 只是习惯性地要求认真搞清楚错在什么地方. 他探究的精神和劲头也无处不在. "文革" 中父亲被要求去一家生产无线电的工厂劳动. 他必须每天扫地, 甚至学习焊接. 他不善多言, 但好奇心从未停止. 工厂当时正在研制计算机, 这大大吸引了研究纯数学的父亲. 晚上和周末, 我看见他找来相关的文章杂志图书, 甚至找来 "算盘", 从最原始开始, 探究手摇计算 "机", 他还兴致勃勃拿着一张图给我们讲他的发现. 父亲对生活琐事从不苛求, 有时近乎马虎, 但对学习工作研究, 以及感兴趣的事物, 则是极为认真, 要一探究竟, 一贯如此.

感恩·助人 父亲每次去上海开会, 常常时间紧凑. 有时他宁可不回我的祖父家, 也要抓紧时间去看望对他的数学人生极具帮助的赵孟养伯伯. 出国开会, 他也特意弯道停留一天, 要我带他去拜访逻辑学家王浩先生. 王浩先生在父亲的 "机器证明" 的开创性研究中, 起过关键的推动作用. 成功不忘感谢帮助过的人, 且对需要帮助的人, 无论是他的学生、同事或同行, 都会鼎力相助. 父亲的这一准则对我们学会如何待人处事有着很大影响.

书·爱好 生活中, 父亲有很多爱好. 读 "闲" 书, 逛书店, 则是他的最大乐趣.

记的我们小时候, 家中书架上存有父亲的很多中外书籍. 这其中不单单有各种数学, 还有不少关于物理、历史、文学、电影、围棋的书. 他总是感觉书架不够, 一旦拥有了新的书架, 就像小孩子般快乐. 那时上海的祖父家也有不少藏书. 我还依稀记得只要父亲和祖父见面, 俩人总喜欢在客厅谈古论今, 争论探讨所读书章.

"文革"中, 父亲的不少书籍被抄走, 数学研究也戛然而止. 但他却发现了旧书店中藏有很多宝贝. 古今中外, 各类题材, 价廉质优. 他常常兴致勃勃骑着车带一捆书回来, 犹如一个孩童得到久盼的玩具一般, 开心不已. 母亲虽颇有微词, 但丝毫不影响父亲买到好书的喜悦. 这些书在多年后, 也成了我的课外读物. 家里就如一间小小图书馆, 随手可以选出有意思的书来.

我出国留学后, 每次探亲回国, 父亲在 Emai 或电话聊天中让我带的东西, 就是书. 数理文史政经, 各种各样, 并不局限名家名著. 而回来后, 他必定要我同他出行做两件事: 一是前往西单或中关村图书城寻书买书, 二就是回到以前的旧宅, 搬一些过去的存书回来. 阅读思索, 质疑解惑, 从他的批判性的独到见解中我们都获益良多. 对于找不到的数学书或章节, 父亲甚至来信让我去附近的普林斯顿大学找寻. 除了数学, 父亲偏爱历史书籍. 晚年有了更多时间, 常常读得爱不释手, 直至深夜. 从他身上可以清晰地看到只有爱书的人才能体会到的书的魅力.

父亲的点滴往事, 历历在目, 深深的镌刻于我们的记忆之中, 伴随着我们继续前行.

父亲和月明于北京中关村 (50 年代)

北京机场: 全家送月明出国深造 (1981)

送爸爸远行

吴星稀

大家好. 我是吴文俊的女儿 —— 吴星稀. 先谢谢大家能来参加爸爸的追思会. 这次爸爸入院、抢救和遗体告别, 多亏了院领导和同事们, 尤其是办公室诸位的热心与操劳, 帮助我们渡过家庭和人生的难关. 在此, 我代表妈妈和全家, 向科学院数学院和大家表示发自我们最最内心的感谢. (鞠躬)

爸爸对于数学的热爱和执着, 我们也许不如您们了解得那么深, 那么多. 但记得小时候爸爸在做机器证明的工作, 他经常去所里工作到清晨一两点. 有一次回家路上, 爸爸仍在思考着计算机程序而迷了路, 竟走进了邻居的家门. "如痴如呆" 是妈妈跟我们常唠叨他的话.

在我们孩子们的眼里, 爸爸还是一个热爱生活的人. 他爱看电影, 下围棋, 读历史小说. 古今中外, 海阔天空里求知真相, 而怀着一颗好奇的童心. 爸爸爱孩子们. "文革" 中, 我们在上小学, 妈妈下放农村. 爸爸虽然被批判, 仍在短暂的间隙回家, 为我们做方便面, 设法买来鸡蛋增加营养. 他鼓励我们要自立, 搞自然科学要有自己的追求和理想. 爸爸还爱和青年人交谈. 来家的客人中有一半是他的研究生. 与年轻人一起讨论学术和事业, 他是那样地兴奋, 其乐融融, 而忘记了时间.

爸爸不爱讲究吃穿, 一把藤椅用了几十年, 破旧了也不换. 因为他最用心的是工作, 最爱惜的是时间, 最相信的是青出于蓝而胜于蓝. 可以说, 爸爸的一生童心未泯, 给予他人光和热而不忘初衷. 爸爸的爱像涌泉, 取之不尽; 又如大海一样宽和深. 爸爸将永远生活在我们的身边, 活在亲人和大家的心中. 谢谢! (再鞠躬)

一条走了半个世纪的路 ——— 父亲和中科院图书馆

吴云奇

在父亲去世那年, 我们收拾遗物, 发现了一篇我们过去从未读过的文章《走在图书馆的路上》, 那是父亲在十六年前发表在《科学时报》上的文章. 这篇文章写于中国科学院图书馆的新馆开张之际, 父亲作为图书馆数十年的常客, 把他的感慨跃然纸上. 这是一篇非学术文章, 估计多不为人知或已被忘却. 而文章中字里行间所渗透出父亲的治学精神和对图书的挚爱, 值得向读者再次呈现.

父亲在我们的眼里是一个十足的 "书痴", 虽然有一些业余爱好, 对文史亦多有涉猎, 但不善言辞和写作. 读了这篇, 对父亲有了一个新认识: 文笔流畅, 读来饶有趣味; 很多描写很生动, 甚至形象感人. 那日复一日年复一年不论春夏秋冬, 尤其是年迈之后仍旧步行往返于科学院图书馆的描述, 在脑海中呈现出一幅生动而又令人心酸的画面……

爸爸: 半个世纪的图书馆之路, 您已走到尽头; 前方的天堂之路, 您, 一路走好!

斯人已逝, 故景不再. 望父亲的学术精神永存.

··

以下是父亲的原文 (科学时报, 2002 年/ 06 月/ 28 日).

听说中科院图书馆的新馆就要开馆了, 这个占地 18000 平方米, 建筑面积近 4 万平方米的新馆开幕, 毕竟对大多数人来说应该是件值得庆贺的事, 作为它的老读者, 我有很多感慨. 前几天, 在一次会上, 偶然遇到图书馆的馆长, 得知《科学时报·读书周刊》在搞一个 "我和中国科学院图书馆" 的征文, 我觉得这是一个机会, 说说我与中国科学院图书馆半个世纪的交道.

走在图书馆的路上

吴文俊

从家和数学所往返图书馆的路程, 我走了大约半个世纪.

　　我是中科院图书馆的常客, 1951 年我从法国留学归国, 先在北京大学数学系任教, 1952 年经院系调整调至科学院的数学研究所, 当时科学院的院本部在西四附近, 中关村还是一片荒海、荒冢. 此后陆续建起许多研究所与职工住所以及图书馆. 我也就成为所谓三点干部, 每日来回于家、单位与图书馆三点之间, 当时我还不会骑车 (骑自行车是在"文革"中学会的), 三点相距都不远, 每次都是步行前往, 我的脚步也在近半个世纪里, 慢慢地迟缓下来. 年轻时只需 10 分钟的轻松漫步, 也变成现在 20 多分钟的相对艰难的跋涉.

　　其实, 数学所也有一个很好的图书馆, 它在全国范围内都是相当出色的. 然而作为一个专业科研单位的图书馆, 它的藏书无论从数量上, 还是种类上, 都有着相当大的局限性, 很难满足一个兴趣广泛的科研人员对知识的追求

　　年轻的科学家, 大都专一于专门领域的钻研, 我年轻时也是如此, 很少涉猎数学以外的图书, 去中科院图书馆的次数也相对较少. 而到了"文化大革命"期间, 我往返中科院图书馆的脚步却忽然密集起来.

　　那是个"帽子"满天飞的年代, 专业书看多了也是一种罪过, 搞不好随时会有一顶帽子落在你头上. 中科院图书馆馆藏的那些非数学专业的图书, 对我来说倒是一种更安全的阅读选择. 从中科院图书馆得到的那些专业上的帮助, 在那里翻阅的专业图书我大多记不清了, 而"文革"期间在那里找到一种《美国科学人》的刊物, 我却一直没有忘记. 刊物里讲述了许多最新科学进展, 都是我当时闻所未闻的. 那时我知道了"超导""光纤""激光""遥感"等当时鲜为人知的最新科学技术, 其中有很多项目, 在我国是近年才作为"863"重大课题提出来的, 而我却先行一步了. 在这种阅读中, 我的视野一下子开阔起来, 阅读和科研兴趣也更加广泛了, 而我也一直把这段阅读经历当作"文革"对于我的"良好"的负面影响.

　　东四附近曾有一家中科院图书馆的分馆, 我想恐怕知道的人不会太多, 我自己也不知道它现在是否还存在. 而在"文革"后期, 或刚结束那几年 (具体时间我已经记不清了), 我曾频繁光顾那里. 从中关村到东四, 现在人看来路途已然不近, 而当时的北京城还没有那么大, 这段路已经算相当遥远的了. 这家分馆收藏的大多是社会科学方面的图书, 那时我正在研究中国的数学史, 中科院图书馆的本馆藏书中, 很少科学史方面的作品, 因而远距离奔波是不可避免的, 也是获益匪浅的.

　　大概是在 1978 年、1979 年吧, 我发现我的工作和机器人有些关系, 当然, 相关图书在数学所是找不到的, 在中科院图书馆中, 我了解了机器人由简单到复杂的过程, 对我的工作有很多启发. 与数学相交叉的学科很多, 其它的像生命科学等等, 这些交叉学科的图书, 我大多是从中科院图书馆找到的.

　　从 30 多岁到 80 多岁, 我步行去中科院图书馆的难易程度不一样, 阅读的范围和领域也不一样, 但有一点是肯定的, 在半个世纪里, 中科院图书馆是我阅读、科研、兴趣, 甚至是年龄变化的一个"目击者".

这一年多，中科院图书馆闭馆迁址，我也一直没有再去，听说它将在 6 月 29 日重新开馆，到那天我希望能够前往庆贺．这个占地 18000 平方米，建筑面积近 4 万平方米的新馆开幕，毕竟对大多数人来说应该是件值得庆贺的事，而对于我这个 80 多岁的老人，却多少有些不便．这个建在四环边上的新馆，离我的居所更加遥远了，我不知道我是否还有体力步行到那里，但我还是希望能继续在那里看书，或许打车去吧．

现在许多年轻人偏爱从网上寻找资料，图书馆已不再是唯一的渠道了．对于我来说，第一我不懂得网络，当然这也是我要尽快学会的．第二也是更重要的，我是一个看书常常没有明确目的的人，我喜欢在书架上乱翻乱看，在图书馆是如此，在书店也是如此．特别是当选为院士以后，我有一种"特权"，可以进到图书馆内部去，直接在书架上找书看书，更是符合了我乱翻乱看的习惯，而在互联网上我可能没有这么自在．

提到互联网，提到数字化时代，我想作为图书馆半个世纪的顾客，提两点建议．首先，空间不足，这是每一个图书馆面临的困难，中国是如此，外国也是如此，在空间方面非常艰苦．有一个非常有名的普林斯顿高等研究院，在它的图书馆里，书没有地方放，期刊图书到处都是，过道里都放得满满的．特别是期刊，新的旧的，越来越多，还有就是一些大型的类书，非常占地方，像我们的国家图书馆，不得不把图书目录委屈在过道里．我建议把旧期刊和类书等大型书籍做成光盘，这样，一个图书馆保存许多套，也用不了多少地方．把图书馆管理和数字技术结合起来，我认为是图书馆的必走之路，然而究竟怎么走，就是专家的事了．

还有就是图书的查找，外文图书可以按字母排序，中文书尽管也可以，但查找起来还是有诸多不便，当然汉字在检索方面本来就有很多困难，解决之道，也不是我这个外行说得清的．

关于科技书店与科技旧书店的几句题外话

文章写到这里，本可以结束了，在行文中，我又想到了几句题外话 ——— 尽管与图书馆无关，却与图书相关 ——— 在这里想呼吁一下，尽一个爱书的科研工作者的一点责任．

首先是关于科技书店的话题，我记得"文革"前，经常光顾的科技书店有很多，而现在大多都不存在了，硕果仅存的几家又被计算机图书充斥着．计算机图书当然很重要，但这种书时间性很强，过一两年就会被淘汰．而那些具有永久的科学价值的图书，书店里即使是科技书店里，也显得太少．我希望这种局面能得到社会的重视，在不同的地区增加科技书店的数量，增加有永久科学价值图书的陈列和销售．

还有一点与我的个人经历相关，我共有子女 4 人，但没有一个与我的专业相同，而我私人的专业藏书颇为丰厚，不下于一个小型图书馆．有人偶然问起："您老百年之后,这些书岂不后继无人了?" 其实周围这样的情况很多,每个科学家的家中都有一个小型图书馆,而"子不承父业"的也比比皆是,这也令我感慨而烦恼. 我的藏书中,有不少是很珍贵的,找遍图书馆恐怕也找不到. 它们对我的家人,其中包括我的子女们毫无用处,而对另一些人,则不啻于无价之宝. 我想国家和社会是不是可以创办一些科技书的旧书商店,为这些珍贵的图书找到新的主人,让它们不至于被埋没,被当作垃圾永远地消失掉了. (本报记者洪蔚整理)

忆 父 亲

吴天娇

2017 年 5 月 7 日, 是让我刻骨铭心终生难忘的日子, 您永远地离开了我. 您因病意外地离开, 让我感受到如此寒冷. 无数个夜晚, 梦中的相见, 无数次清晨醒来, 眼角的泪水告诉我: 爸爸, 你来过我的梦中.

爸爸, 一直到现在我都没有完全接受你离开的事实, 你是真的不会再回来了吗? 今天提笔撰写这篇文章, 泪水却已模糊了双眼, 在朦胧的泪光中, 我仿佛又看到了您那张笑容可掬的脸, 以及那熟悉的身影.

从小到大, 爸爸是我最坚强的依靠, 哪怕遇到多么困难的事情我都不怕, 因为您给予了我很多信心, 给予了我很多鼓励, 是您教会了我很多, 是您告诉我要学会逆境中成长.

我依然清晰地记得和您一起度过的那些美好时光, 我们一起坐在电视机前共同观赏着如《潜伏》《狄仁杰断案传奇》那样的电视连续剧, 共同欣赏着 "百家讲坛" 中易中天的讲三国、王立群的读史记, 以及复旦大学钱文忠教授的论三字经等节目. 每当看到精彩的时候, 我们就一起相互切磋, 有时在交流过程中, 您高兴得像个孩子似的手舞足蹈. 有时又像北京医院主治医生李大夫说的那样, 您用手指指着自己说自己是个小赤佬, 而后又用手指指着我说我是个老赤佬 —— 父子情啊! 爸爸, 我们都知道您是个老顽童, 妈妈眼睛不好, 您就把我从邮局订来的报纸上的相关报道和我从书店买来的您喜欢的历史及破案小说中的相关章节, 一遍一遍不厌其烦地给妈妈讲解, 直到妈妈露出满意的笑容为止. 回忆是美好的, 这些快乐的时光仿佛就发生在昨天. 爸爸, 我知道您最不放心的就是我, 我还知道您在九泉之下仍在为我担忧着, 为我牵挂着.

爸爸您知道吗? 您走了之后, 对于我来说是多么煎熬. 时间在漫无边际的思念中从指缝里溜走, 但是与时间流逝相反的是, 我对您的思念与日俱增. 晚上夜深人静的时候, 脑子里都是我与您的记忆, 多少次夜不能寐, 多少次梦里惊醒.

不过, 我最亲爱的爸爸, 您放心, 尽管妈妈记忆力减退, 但我一定会好好照顾好妈妈的. 我也会好好工作, 努力向上的.

谨以此文纪念父亲百年诞辰.

第三部分

媒体篇

吴老不"老"——国家最高科技奖得主吴文俊素描*

朱冬菊　李　斌

如果不是经人介绍,如果不是亲眼所见,你无法想象眼前这位鹤发童颜、慈眉善目的老先生,就是年逾八旬的吴文俊:步履矫健,连小伙子有时都赶不上;思维敏捷,如果稍不留意,就会跟不上他的思绪.

2 月 19 日,吴文俊成为中国首次国家科技最高奖的获得者,500 万的奖金,隆重的颁奖大会,使这位国内知名度与其成就极不相称 (墙里开花墙外香) 的科学家立刻成为中外瞩目的新闻人物.

(一)

让我们翻阅一下他的履历:出生书香门第的吴文俊,曾经师从陈省身、埃里斯曼、嘉当等中外数学大师,在拓扑学、数学机械化和中国数学史等方面做出了开创性的世界级贡献. 作为我国最具国际影响的数学家之一,他的成就奇迹般地大大缩短了中国近代数学与国际上的差距,大长了中国人的志气.

吴文俊位于中关村腹地的家,朴实无华,一张陈旧的藤椅,两张旧钢丝床,虽然是五居室,但是满眼除了书还是书,"书" 仿佛才是这里的真正主人. 吴文俊 78 岁的老伴陈丕和捧出了珍藏多年的获奖证书:首届香港求是科技基金会杰出科学家奖、陈嘉庚数理科学奖、第三世界科学院数学奖 …… "这是他获得的第 8 个大奖".

"我压根就没有想过自己会得这个最高奖. 当初看到报纸上的消息,就没想过这个奖会和我有关系. 这么重的奖,怎么会和数学有关系呢?" 吴文俊至今似乎不敢相信这一切.

"梅花香自苦寒来." 携手走过近半个世纪的风风雨雨,陈丕和的淡淡数语,却仿佛是吴文俊一生最好的注释:"他是一个搞学问的人,一心只搞学问."

剑兰、龟背竹 …… 盎然的绿意使房间里充满了温馨和暖意,五六十年代添置的红木家具虽然略显陈旧,但图案依旧精美,见证着这个家庭的风霜雪雨,见证着吴文俊的攀登之路:即使在六七十年代,受到冲击的吴文俊仍然抓紧时间从事科研,思维的力量从未停止.

如果不是得遇良师,数学史上也许会失去一位具有国际影响的数学家. 吴文俊

---

* 新华社北京 2 月 20 日电.

从小对数学并没有特别的偏爱, 大学二年级更是曾经一度失去对数学的兴趣, 甚至想辍学不念, 是一位武姓教师的精彩课程改变了他对数学的看法. 他的现代数学基础, 几乎都是在大学三四年级自学而成.

大学毕业的吴文俊在中学默默任教了 5 年, 是陈省身的出现, 成为他个人命运的转折点. 和陈省身的结识, 使他走上了拓扑学研究之路, 并以自己的天才和功力很快这一领域崭露头角.

多年以后, 陈省身评价吴文俊 "是一位杰出的数学家, 他的工作表现出丰富的想象力及独创性. 他从事数学教研工作, 数十年如一日, 贡献卓著 ……".

(二)

在吴文俊的学生、中科院数学机械化研究中心首席科学家高小山研究员的眼里, "吴先生是一位典型的中国科学家, 是创新的典范, 他善于抓住问题的本质. 我们尊重他不仅仅是因为年长, 更因为人品, 因为学问."

事实上, 45 年前的 1956 年, 37 岁的吴文俊就因为拓扑学上的成就, 和华罗庚、钱学森一起获得过当时的 "最高科技奖" —— 国家自然科学奖一等奖, 第二年他就成为当时最年轻的中国科学院学部委员 (院士).

"如果换一个人, 靠这个都可以吃一辈子了." 但是早年就 "功成名就" 的吴文俊, 并没有为 "名" 所累, 仍然孜孜不倦地从事着科学研究.

阅读俄罗斯科学家的俄文原文, 他是靠字典一个字一个字查出来的, 使用计算机, 他是完全靠自己长时间一点一点摸索出来的.

1976 年, 吴文俊已年近花甲, 在抱孙子的年龄, 他却 "不可思议" 的焕发出青春活力, 开始攀越人生里程上的第二座高峰 —— 数学机械化.

吴文俊这样解释 "数学机械化": "工业时代, 主要是体力劳动的机械化, 现在是计算机时代, 脑力劳动机械化可以提到议事日程上来. 数学研究机械化是脑力劳动机械化的起点, 因为数学表达非常精确严密, 叙述简明. 我们要打开这个局面."

"过去手工计算上千项的证明要几天功夫, 现在用计算机 1 秒钟就可以完成."

回想起当年的开创性工作, 他说: "这主要得益于两个客观因素, 一是 70 年代我到北京无线电一厂参加劳动, 接触到了计算机, 亲身感受到了计算机的巨大威力, 预感到在不久的将来, 电子计算机之于数学家, 势将如显微镜之于生物学家, 望远镜之于天文学家那样不可或缺; 二是当时我开始研究中国数学史, 中国传统数学和西方截然不同的思路启发了我, 如果不学中国传统数学, 是很难以想象会有数学机械化的突破的."

1977 年, 吴文俊关于平面几何定理的机械化证明首次取得成功, 从此, 完全由中国人开拓的一条数学道路铺展在吴文俊和数学界面前. 吴文俊不仅建立了 "吴公式" "吴示性类" "吴示嵌类" "吴方法" "吴中心", 更形成了 "吴学派".

1986 年, 四年一度的国际数学家大会召开, 一位中国人——吴文俊站在了这一素有"数学奥林匹克"之称的国际讲台上. 近代数学史上第一次由中国数学家开创的新领域, 吸引了众多的数学家向中国学习.

诺贝尔奖没有数学奖. 但人们通常把"菲尔兹奖"誉为数学中的诺贝尔奖. 吴文俊的工作被 5 位菲尔兹奖获得者引用, 有 3 位的获奖工作还使用了吴文俊的方法. 一直到最近两年, 仍有菲尔兹奖得主在引用吴文俊的经典结果.

他的论文大都发表在国内刊物上, 但却使国外权威刊物不得不打破常规全文转载.

"不容否认, 在发现数学机械化之前, 对于是否将一生都献给数学, 我还曾有过犹豫, 但是找到了数学机械化之路后, 我就坚定了这个信心. "

(三)

"作为数学家, 他非常严谨; 作为平常人, 他又十分和蔼可亲, 平易近人. " 高小山的话的确不假: 走在中关村的大街上, 谁也不会想到, 这位衣着朴素、性格开朗的老先生, 竟然会是一位世界级的数学家, 是一位在数学领域做出巨大贡献的科学家.

有一次, 几位数学机械化中心的年轻人向吴文俊请教长寿的秘诀. 他说, 我信奉丘吉尔的一句话, 能坐着就不站着, 能躺着就不坐着, 要让生活尽量轻松平淡, 不要为无谓的烦恼干扰. 要有一颗平常心, 把心思放在工作上, 不要胡思乱想.

淡泊自守, 对名利看得很轻. 这也许就是吴文俊长寿的"秘诀". 记得有一次在香港参加研讨, 70 多岁的吴文俊竟然坐上了过山车, "不知怎么就上去了". 一次在澳大利亚, 他竟然"顽皮"地将蟒蛇缠在了脖子上. 这些惊人之举, 一时间成为数学界的佳话, 如今仍然为人们所津津乐道.

基础研究被称为"好奇心驱动的研究", 也许正是因为这份童心不泯, 这份好奇之心, "驱动"着吴文俊在数学王国里自由驰骋, 屡战屡捷.

"数学机械化是一项事业, 大部分数学领域都有望实现机械化, 现在仅仅是一个开头. " 吴文俊开创的数学机械化研究已经后继有人, 1990 年, 中科院数学所就成立数学机械化中心. 数学机械化也连续被国家在"八五""九五"的重大计划中立项, 1998 年起, 作为国家重点基础性规划项目, 吴文俊年仅 36 岁的学生高小山开始执掌数学机械化的"帅印", 吴文俊在宏观上进行"学术指导".

"我们这个重大项目前不久刚刚进行中期评估, 根据吴老的建议, 又新增加了一个方向, 力争在'全局优化'上进一步做些工作. " 高小山说.

2000 年一年, 从澳门到巴黎 …… 吴文俊就参加了四五个国际会议, 有的是做学术报告, 有的是做大会主席.

（四）

吴文俊的爱好广泛. 年轻时, 在法国看了一部苏联电影, 从此就被这位《上尉的女儿》把魂 "勾" 走, 成了忠实的电影迷; 爱好围棋的他, 在黑白之间也许找到了和数学的某种启示, 现在的他还不时欣赏电视里的围棋比赛.

吴文俊的生活简简单单, 平平常常, 虽然有时候工作起来连续几天连轴转, 但是加班也仅是 "偶而为之"; 有时候去附近的书店买买书.

45 年前 "摘取" 自然科学奖一等奖所获的 1 万元奖金全都买了国库券, 支援了国家经济建设; 最高科技奖的 500 万元奖金有 10% 可归个人, 对于这次获取的 50 万元个人奖金, 他并没有具体计划, 只是说如果要花, 那就是买书.

吴文俊家的客厅里, 悬挂着 1999 年 80 大寿之际几位学生共同送的一幅对联: 南山松不老, 东海水长流.

2 月 19 日夜晚, 这位刚刚从颁奖台走下的科学家就立即动身飞往德国, 和国际同行共商 2002 年将首次在中国召开的国际数学家大会, 并为中国科学家争取更多的大会发言权 ……

世界，让我为你证明——记首届国家最高科技奖获得者吴文俊*

沈英甲　付少立

吴文俊, 1919 年出生于上海, 1940 年毕业于上海交通大学. 毕业后任中学教员, 直至抗日战争胜利. 1946 年被陈省身先生吸收到当时的中央研究院数学所, 在陈省身先生指导下从事拓扑学研究, 从此走上数学研究道路. 1947 年赴法留学, 师从埃里斯曼与嘉当继续拓扑学研究, 1949 年获法国国家博士学位. 1951 年回到解放不久的祖国, 在北京大学任教授. 1952 年任中国科学院数学所研究员, 1980 年起在中国科学院系统科学研究所工作至今. 吴文俊现任中国科学院数学与系统科学研究院系统科学研究所名誉所长、研究员, 中国科学院院士、第三世界科学院院士; 曾任中国数学会理事长 (1985—1987), 中国科学院数理学部主任 (1992—1994), 全国政协常委 (1979—1998).

数学的一半是中国数学

吴文俊研究的是数学, 袁隆平主攻的是农业科学——杂交水稻, 作为首届国家最高科技奖的获得者, 他们都是享誉世界的大科学家.

几天前那个瑞雪纷纷的晚上, 他们手拉手落座, 吴文俊院士对袁隆平说, 人们称你是 "杂交水稻之父", 数学起源于农业. 袁隆平院士则说, 数学才是科学之母, 直到今天我仍弄不清为什么 "负负得正". 说完他们开怀大笑.

吴文俊院士认识深刻, 数学的确是一切基础科学中的基础学科, 是科学现代化的基础.

在相当长的时间里, 不少西方数学家认为中国古代数学不是世界数学的主流之一, 甚至不打算承认中国古代数学对世界数学的杰出贡献. 20 世纪 70 年代, 吴文俊潜心进行了中国数学史的研究, 他的结论在数学界起到振聋发聩的影响.

在研究中吴文俊发现, 中国古代数学独立于古希腊数学和作为其延续的西方数学, 有着其自身发展的清晰主线, 其发展过程、思考方法和表达风格亦与西方数学迥然不同. 他说, 通常认为, 中国古代没有几何学, 事实上却不是这样, 中国古代在几何学上取得了极其辉煌的成就. 人们的误解可能是因为中国古代几何学在内容和

---

* 中国科技网, 2001-02-21.

形式上都与欧几里得几何迥然不同的缘故: 中国古代几何没有采用定义 — 公理 — 定理 — 证明这种欧式演绎系统, 取公理而代之的是几条简洁明了的原理.

吴文俊在回顾中国古代数学的伟大成就时感慨地说, 中国古代的劳动人民在广泛实践的基础上, 建立了世界上最先进的数学方法, 直到 16 世纪, 我国数学在最主要的领域一直居于世界领先地位. 特别是自古就有的完美的十进位位值制记数法, 是中国的独特创造, 是世界其他古代民族所没有的. 这一创造在人类文明史上居于显赫的地位. 中国古代的几何学有着极其辉煌的成就. 测高望远之学形成了重差理论, 土地的丈量与容积的量测产生了面积和体积理论, 提炼成出入相补的一般原理. 整个多面体体积理论可奠基刘徽原理及出入相补原理之上. 祖暅原理则解决了球体体积问题. 勾股测量学及勾股定理的证明, 圆周率推导和计算 ······ 这些成就表明, 我国古代几何学既有丰硕的成果, 又有系统的理论. 吴文俊指出, 数学发展中有两种思想: 一是公理化思想, 另一是机械化思想. 前者源于希腊, 后者则贯穿整个中国古代数学. 这两种思想对数学发展都曾起过巨大作用. 从汉初完成的《九章算术》中对开平方、开立方的机械化过程的描述, 到宋元时代发展起来的求解高次代数方程组的机械化方法, 无一不与数学机械化思想有关, 并对数学的发展起了巨大的作用. 公理化思想在现代数学, 尤其是纯粹数学中占据着统治地位. 然而, 检查数学史可以发现数学多次重大跃进无不与机械化思想有关. 数学启蒙中的四则运算由于代数学的出现而实现了机械化. 线性方程组求解中的消元法是机械化思想的杰作. 对近代数学起决定作用的微积分也是得益于经阿拉伯人传入欧洲的中国数学的机械化思想而产生的. 即便在现代纯粹数学研究中, 机械化思想也一直发挥着重大作用. 他特别指出, 机械化思想是我国古代数学的精髓. 后面我们将看到的正是吴文俊对中国古代数学的总结和领悟, 他在世界上首创了机器证明, 也就是数学机械化方法.

中科院数学所李文林研究员这样评价吴文俊对中国数学史的研究: 他的研究起到了正本清源的作用, 证实中国古代数学是世界数学的主流之一, 促进了西方数学与中国古代数学两大主流的融合, 推动了数学的发展, 同时也掀起了对中国数学史再认识的新高潮. 更为重要的是, 吴文俊古为今用以此为基础开创了数学机械化研究.

"现代数学女王" 的新风采

法国数学家狄多奈这样形容拓扑学, 说拓扑学是 "现代数学的女王".

从定义上说, 拓扑学是数学的一个分支, 研究几何图形在连续改变形状时还能保持不变的一些特性. 它只考虑物体间的位置关系而不考虑它们的距离和大小. 40 年代中期在师从陈省身先生之前, 吴文俊对拓扑学还所知甚少, 在陈省身先生的指导下, 吴文俊步入了数学的圣殿. 由于勤奋研究和超群的领悟能力, 他开始在拓扑学的深水中游泳了. 那时美国数学家惠特尼推导出一个著名的 "对偶定理", 这是一个十分基本的公式, 可是证明长得异乎寻常, 吴文俊形容它 "总有十几页、几十页长, 没法在杂志上发表", 出一本书倒合适. 吴文俊经过精心推导, 给出了一个只有几页纸的证明. 当时最具权威的美国《数学年刊》刊载了这个公式, 惠特尼说, 我的证明可以扔掉了.

吴文俊独创新意给出的这个简单证明, 成为拓扑学中 "示性类" 的一个重要成果. 仅仅一年多时间吴文俊就在以难懂著称的拓扑学的前沿领域取得如此巨大成就, 这确是国际数学界并不多见的, 足见吴文俊的研究功力.

1947 年 11 月吴文俊赴法国留学, 当时正是布尔巴基学派的鼎盛时期, 也是法国拓扑学正在兴起的时期. 吴文俊在此期间在拓扑学领域取得了一系列重大成果, 其中最著名的是 "吴示性类" 的引入及 "吴公式" 的建立. 示性类是刻画流形与纤维丛的基本不变量. 40 年代末, 示性类研究处在起步阶段, 瑞士的斯蒂费尔、美国的惠特尼、苏联的庞特里亚金和中国数学家陈省身等著名科学家, 先后从不同角度引入了大都是描述性的示性类概念. 这些数学家从不同途径引入的示性类, 由吴文俊分别以斯怀示性类、庞示性类、陈示性类命名. 吴文俊将示性类概念化繁为简, 从难变易, 形成了系统的理论. 吴文俊分析了这些示性类之间的关系, 着重指出, 陈示性类可以导出其他示性类, 反之则不然. 他在示性类研究中引入了新的方法和手段, 在微分情形, 他引出了一类示性类, 被称为 "吴示性类". 它不单是描述性的抽象概念, 而且是可具体计算的. 吴文俊给出了斯怀示性类可由吴示性类表示的明确公式被称为 "吴 (第一) 公式". 这些公式给出各种示性类之间的关系与计算方法, 从而导致一系列重要应用, 使示性类理论成为拓扑学中完美的一章.

回国以后, 吴文俊深入进行了嵌入理论研究, 提出了 "吴示嵌类" "吴示痕类" "吴示浸类" 的重要基本概念, 解决了嵌入理论的重要问题. 吴文俊在谈到 "吴示性类" "吴示嵌类" "吴公式" 的时候, 笑容通常都十分灿烂的吴文俊像孩子那样缩了一下脖子: 他的工作成果曾被四位 "菲尔兹奖 (数学界最高奖)" 获得者引用, 其中三位还在他们的获奖工作中使用了吴文俊的成果. 现在国际数学界有一个有趣的现象, 许多研究文章直接以 "吴公式" 为题或使用 "吴公式", 已不再引用吴文俊的原文, 也就是说人们也许已不大知道 "吴" 是何许人也了. 这说明这些拓扑学研究成果已广为人知, 成为拓扑学的基础性、经典性的内容了.

在拓扑学研究中, 吴文俊起到了承前启后的作用, 极大地推进了拓扑学的发展, 引发了大量的后续研究, 许多著名数学家从他的工作中受到启示或直接以他的成果为起点, 获得了一系列重大成果.

1989 年, 法国数学家狄多奈出版了著作《代数拓扑学家和微分拓扑学史 (1900-1960)》, 其中引用吴文俊的研究成果 17 次. 他写道, 吴文俊把示性类由极为繁复的形式转化为现代的漂亮形式. 数学大师陈省身称赞吴文俊 "对纤维丛示性类的研究做出了划时代的贡献". 吴文俊也因此获得了国家自然科学奖一等奖.

"把质的困难转化为量的复杂"

上面这句话初看挺费解, 不过看到后面我们就知道吴文俊在指什么了.

我们知道, 吴文俊正在从事数学机械化的研究, 已在拓扑学领域硕果累累, 为什么又转到研究数学机械化方法来了呢? 这与他多年前的一次经历有关. 70 年代他去北京无线电一厂, 在那里第一次接触到计算机, 他敏锐地感到了计算机的威力. 他曾极深入地研究过中国古代数学史, 他认为中国古代数学是算法性的数学, 重在提出问题解决问题, 证明定理不是主要的. 计算机主要是算法的科学, 中国的传统数学思想恰能与计算机结合. 吴文俊由此萌发了能不能为数学研究提供计算机工具的想法, 从而为振兴中国传统数学做出贡献.

系统科学研究所副所长高小山博士说, 这正体现了吴文俊具有的战略眼光, 他始终在考虑数学该怎么发展, 特别是中国的数学该怎么发展.

吴文俊科学地预言: 数学机械化思想的未来生命力将是无比旺盛的, 中国古代数学传统的机械化思想光芒, 将普照于数学的各个角落.

一个偶然的契机改变了吴文俊的研究方向. 80 年代曾与吴文俊在一个研究室, 从事同一专业研究的数学家石赫回忆说, 70 年代中期, 吴文俊已五十六七岁, 为了研究数学机械化方法, 开始学习计算机的操作, 从头学习计算机语言, 亲自在袖珍计算机和台式计算机上编制计算机程序, 并要求自己的学生都要学会这个 "脑力劳动中的重体力劳动". 他学遍了当时从最简单到最复杂的计算机知识.

在那些日子里, 他的工作日程通常是这样的: 清晨, 他来到机房外等候开门, 进入机房后是八九个小时的不间断工作. 下午 5 点左右, 他步行回家吃饭, 抓紧时间整理分析计算结果. 晚 7 点左右, 他又出现在机房工作至第二天凌晨. 有时深夜离开机房回家稍事休息四五个小时后, 又在清晨等候机房开门. 机房管理员是一位年轻人, 他很心疼吴文俊, 抱怨说 "吴先生这么下去, 我们都要顶不住了. "

石赫这样形容吴文俊的工作: 工作是随机进行的, 看着电影想起什么就起身直奔办公室. 论上机时间, 吴文俊是所里绝对冠军.

吴文俊对数学机械化方法有这么一番说明: 这种方法就是把要证明的问题转化成代数, 编成程序, 用计算机进行进一步计算. 把原来要挖空心思拐弯抹角穷思冥索的人工演算转化成量的反复, 尽管计算量再大计算机也不在乎, 这样很困难的问题便变得容易了. 有了计算机, 人们可以从事更高层次的创新性研究. 他对我说, 机器证明是很适合笨人的, 我是笨人.

对于数学机械化方法, 吴文俊有这么一段描述来说明它的前程无量: 中世纪是骑士的时代, 骑士仗剑横行, 有了手枪骑士便消失了, 因为再会用剑的骑士也抵不住一个弱女子的一粒子弹.

这就是"把质的困难转化为量的复杂".

由开普勒证明牛顿

让吴文俊十分感慨的是，他的机器证明研究一开始就得到有力的支持，他的成果"是在国家的特别资助下完成的"．从那时到现在，他已换过六七代计算机，有的价值十几万美元，甚至几十万美元．"这足以证明社会主义制度的优越性．国家在还不那么富裕的情况下总要拨出一些钱，资助科学家"．他说，原国家科委和国家自然基金委员会对自己的工作给予重大支持，周光召院长亲自过问为他配备了一台"比较高档"的计算机．

吴文俊的数学机械化方法研究开始有了初步成果．1986 年，美国通用机器公司下属的一个研究机构，组织了一次国际学术会议，邀请吴文俊参加．两位与会代表据说是两位美国数学家，邀吴文俊谈了一天有关机器证明的研究．会后，美国科学家沃斯邀请吴文俊访问阿贡实验室，问他能不能用数学机械化方法从开普勒对行星运动的观测结果，直接导出牛顿的引力定律．天体间引力与质量成正比比较容易理解，而与距离平方成反比就费解了．美国能源部一个研究小组用他们的方法苦于解决不了这个难题．回国后，吴文俊用了不到一个月时间就用数学机械化方法解决了这个难题——由开普勒的观测结果直接推导出牛顿引力定律．

此前，吴文俊用数学机械化方法手算证明了几个定理，说明这种方法是可行的．那时候一个上千项的大数学式子，24 小时用纸、笔算下来，十几页纸都放不下．现在，同样问题用计算机一秒钟都用不了就解决了．这意味着脑力劳动实现了机械化，增强了科学家的研究能力，提高了研究效率．这等于延长了科学家的工作寿命．

吴文俊的研究于 80 年代中期传到国外．一个学生听了吴文俊的课，出国后向他的老板谈到了，这位老板显然是一位对新事物十分敏感的人，他向外界介绍了吴文俊的数学机械化方法．美国数学会《现代数学》破例全文转载了吴文俊的一篇论文，而这份刊物从来不刊登已发表过的论文．美国通用机器公司、康奈尔大学、法国信息技术研究中心等召开专门会议，研究吴文俊的数学机械化方法，掀起了一个高潮，反响极大．

目前，吴文俊的研究仍在国际数学界处于领先地位，并形成了机器证明的"吴学派"，关于几何机器证明都是"吴学派"提出来的．用数学机械化方法解方程，正处在"吴学派"与国际同行的较量之中．数学机械化方法研究是中国数学家吴文俊开创的全新研究领域，并引起国外数学家的高度重视．美国人工智能协会前主席布列德索写信给我国主管科技的领导人，称赞"吴关于平面几何定理自动证明的工作是一流的．他独自使中国在该领域进入国际领先地位"．

现在由吴文俊担任学术指导，国内有二三十个单位的六七十名科学家在从事数学机械化研究．高小山博士说，数学机械化方法的应用领域极其广阔，它可以为数学和其他领域的研究提供工具, 为计算推理提供一种强有力的工具. 在数学研究中的应用, 可以把数学家从繁重的脑力劳动中解放出来, 从而推动学科发展. 这是数学机械化方法将来发展的主要方面之一, 现在已经起步了. 另外一个方面, 数学机械化方法将会被应用于交叉研究, 如力学、理论物理、机械机构学、计算机技术、图像压缩、信息保密、新一代数控机床、计算机图形学、计算机辅助设计、机器人等许多领域.

1997 年在获得国际著名的 "自动推理杰出成就奖" 时, 吴文俊还获得了这样的赞誉: 几何定理自动证明首先由赫伯特 · 格兰特于 50 年代开始研究, 虽然得到了一些有意义的结果, 但在吴方法出现之前的 20 年里这一领域进展甚微. 在不多的自动推理领域中, 这种被动局面是由一个人完全扭转的. 吴文俊很明显是这样一个人.

国兴数学强*

解说： 这是 2000 年 8 月份在北京召开的第十四届世界数学家大会的现场. 这个素有数学界的 "奥林匹克" 之称的盛会, 是一百多年来第一次在一个发展中国家举行. 当时, 已经是 83 岁高龄的吴文俊院士, 代表主办国中国, 出任了大会的主席.

吴文俊： 我们大家都知道, 举办世界数学家大会竞争是很激烈的, 竞争对象一个是挪威.

主持人： 挪威.

吴文俊： 不要小看它是一个北欧的国家, 它出了一些大的数学家.

主持人： 为什么我们最后能争取到呢? 是什么原因?

吴： 这个还是靠我们的实力.

主持人： 您说的这种实力是不是就是说, 尤其是最近这一段时间, 或者说这十几年来, 就是改革开放以后?

吴文俊： 这二十几年涌现出了一大批的年轻的数学家, 在我们国家举行的这一届的世界数学家大会, 应该说我们中国的数学家参加的人数是空前的, 这次四千多人里面有一半是中国人. 我有这个感觉, 你试想看, 改革开放以后一共才二十几年, 刚改革开放的时候, 他们还是小孩, 是吧? 但是现在已经出来一大批了, 从各个研究单位, 我想都可以看清楚, 都是在 "文化大革命" 结束以后, 他们才进小学、中学, 一步一步出来的. 所以一有条件马上 (成长). 中国的历史有些奇怪, 要不天下大乱, 可是等到怎么样, 一平定下来, 力量发挥起来是爆炸性的.

解说： 吴老研究数学已经 60 多年了, 是我国最具影响力的数学家之一. 早年研究拓扑学, 他天才的成就曾奇迹般地大大缩短了中国近代数学和国际的差距. 1956 年, 他和华罗庚、钱学森一起获得科技界最高奖——首届国家自然科学奖一等奖.

70 年代, 吴老返璞归真, 花大力气研究中国数学史, 终于从中国古代数学瑰宝中, 找到了中国数学发展的崭新方向, 吴老称之为数学机械化思想. 2001 年他再次获得国家科技大奖.

主持人： 您是第几次参加世界数学家大会?

吴文俊： 第二次, 这是第二次. 第一次是在 1986 年, 因为我要在大会做报告.

主持人： 当时是让您做什么报告呢?

---

* 央视国际 2004 年 8 月 12 日 15:12, CCTV.com 消息 (东方时空). 东方之子供稿.

吴文俊：是关于中国的数学史，那么我报告的题目是《最近中国数学史的研究工作》，新近的研究工作．我非常高兴地向全世界数学家们介绍我们中国，介绍我们中国的数学．中国的数学人家都不知道，都不知道你中国有数学，一讲东方的数学就讲印度，这个认识非常错误，可是你又没办法辩解．他们请我来讲这个，说明他们对这个有一定的认识．

主持人：当时做报告以后，反响怎么样？

吴文俊：有些反响是我意料不到的．

解说：在那次数学大会上，吴老让外国科学家第一次真正了解了中国的数学．他把中国传统数学的思想概括为机械化思想，以计算机为工具，把手工需要证明好几天的问题，在计算机上一秒钟就完成了，外国同行把他的这项贡献称之为"吴方法"．

主持人：咱们国家包括您在内，很多数学家都有这样一个渴望，就是 21 世纪，中国将成为数学大国．

吴文俊：前天晚上一个活动，在会上，陈先生，我们还有好多人都参加了．那我有这个说法，我说，陈省生先生推测说中国要在 21 世纪成为数学大国，我说了这个，或者数学强国．我说这个推测一定能够证实的，这个不成问题．那么陈先生指出来，他说他的意思不是大国是强国．

主持人：21 世纪中国要成为数学强国？

吴文俊：他说，陈先生讲，中国已经成为数学大国了．

主持人：您觉得我们距离强国，距离还有多远？

吴文俊：你要成为所谓强国，真正的世界数学第一流的国家的话，你光是做了很多好的工作、解决许多有些困难的问题不够，还应该怎样呢？你应该有新的创造，提出新的方向，提出新的方法，使得全世界都跟着你走．

解说：吴老的晚年主要是培养后辈人才．在他的带领和影响下，中国已经形成一支高水平的数学机械化研究队伍，吴方法已经催生出一个国际数学界赫赫有名的吴学派．

吴老今年已经 85 岁了，与一般人想象的不同，生活中的吴老是一个兴趣十分广泛的人，喜欢看小说、下棋，尤其喜欢看电影．现在年纪大了，电影院去得少了，他只能在家看书．

有人称吴老的一生是天才的一生，对于这些评价，吴老自己却并不这样认为．

吴文俊：搞数学不要求你聪明，怎么聪明，怎么思想敏捷，这个不是主要的因素．它要什么呢？要能够想得看得比较深，看到要害地方，聪明人不见得适合于做数学．现在老是要强调要什么聪明、天才，我觉得笨的人做数学还是很适当的．

主持人：像对这些年轻人，年轻一代有志于从事数学研究的，有志于在这个领域深入研究的人，您对他们有什么样的提醒或希望呢？

吴文俊：这你得下苦功,这个没有什么觉得憋屈的. 现在经常有, 我很不赞成就是找一些名人, 你来讲讲你的什么经历、你的什么, 好像听了名人的话, 我一下子就觉得怎么样, 你就靠你自己.

主持人：那么您在培养他们的过程中, 您注重什么呢?

吴文俊：这个当然你要提拔年轻人了. 现在事情那么复杂、那么多, 就把许多重担都压在他们身上了, 这个也没办法, 总得由他们来干, 你说不找他们你来找谁来干.

解说：吴老今年已经 85 岁, 在这 85 年中, 他与数学打了 65 年交道, 他说数学要发展就一定要走出去, 但更要拿进来.

主持人：您本人是始终在关注国外同行的发展吗?

吴文俊：我现在需要充电了.

主持人：您现在还需要充电?

吴文俊：当然需要充电了. 即使跟我比较有关系的, 我也得要充电. 这个要继续不断的充电. 现在基于很要紧的事情要充电, 那么也需要人家的东西.

主持人：您这么大岁数还有这样的一种危机感, 还有这样的紧迫感?

吴文俊：需要充电, 这个你总是要不断学习.

吴文俊：科学界需要一个没有英雄的时代*

王莉萍

历来英雄辈出的时代都为后世所敬仰，但，9 月 22 日上午，在中国科学院数学与系统科学研究院的思源楼上，著名数学家吴文俊在接受《科学时报》专访时，语出惊人，"我希望在中国的数学圈，抑或在科学界没有英雄."

英雄是落后的标志

9 月 12 日，刚刚在香港会展中心举行的第三届邵逸夫奖颁奖典礼上荣获邵逸夫数学科学奖的吴文俊，为中国数学界再次赢得了荣誉，被称为中国数学界的一件盛事. 早已诸多奖项加身的他，被誉为我国数学界的杰出代表与楷模.

对此，吴文俊说："对我个人而言，每次获奖都是高兴的事儿." 但，对一个国家的科学发展而言，"稍作出成绩，就被大家捧成英雄，这个现象不是好事情，甚至可以说是坏事情. 这说明我们的科研还在一个相对落后的阶段. 有个吴文俊，那能说明什么？要是在这一个领域，发现有十个八个研究人员的工作都非常好，无法判定谁是英雄，那才说明我们发展了、进步了." 吴文俊说，"这可能是我的怪论. 但确实曾有人说过'英雄是落后国家的产物'，在科学界，至少在数学领域，我很认同这句话."

1961 年，美国著名数学家、国际数学联盟第一届主席斯通 (M.Stone) 说，"整体上中国人的贡献在数学界影响不是很大，但少数被公认为富有成就的数学家，他们新近的贡献被高度评价." 从另一个侧面提供了耐人寻味的评论.

科学界需要一个没有英雄的时代，吴文俊进一步诠释这个理念：以前法国是欧洲数学中心，数学家都去巴黎朝圣. 那时德国数学相对落后，因此，高斯、希尔伯特成为一代英雄式的人物. 其后，没有再听到德国又出了这样的英雄人物. 但是，现在德国数学被认为是"后起之秀"，水平很高. "再比如拓扑学，美国有一批高水平的研究拓扑学的人员，你要说谁是英雄，比不出来，大家都很杰出，都在某个方向作出了重要贡献，这就说明在这个领域美国是拔尖的." 吴文俊说.

评价一个国家的科学发展，不会只针对某一个人的成绩，而是群体的高度. 这才是真正的进步.

---

* 科学时报, 2006 年 9 月 26 日.

做数学大国的功课

1999 年，数学天元基金成立 10 周年时，吴文俊曾谈到中国成为数学大国的步骤：第一步是规划，规划当时已经有了；第二步是赶超日本；第三步，赶欧美．时隔 7 年，吴文俊再次谈到中国数学与日本的距离：

"在一些领域日本做得还是比较有水平，但在某些点上，比如拓扑学，我觉得他们并不高明．但是，总的来说，日本能举出很多人做出了杰出工作，可以说他们已经到了一个没有英雄的境界．"

近些年，国内一大批青年科学家的研究成果纷纷涌现，吴文俊非常乐观地表示，"数学界的学术风气还是比较正、洁净，我看到的年轻人都在埋头苦干，中国离没有英雄的境界很近了，已经能看到这个苗头．"

早些年，与吴文俊同辈的老一代科学家都曾在不同的场合表达过类似的观点，"现在我们做的工作很出色．但是，领域是人家开创的，问题也是人家提出的，我们做出了非常好的工作，有些把人家未解决的问题解决了，而且在人家的领域做出了使人家佩服的工作，但我觉得这还不够．这就好像别人已经开辟出了一片天地，你在这片天地中，即便翻江倒海、苦心经营，也很难超过人家，这片天地终究是人家的．"

那么今后做什么？吴文俊认为，最重要的是如何开拓属于我们自己的领域，创造自己的方法，提出自己的问题．

讲求效率的他也在不断地思考以何种方法、方式来完成这个目标．数学家多是单兵作战，吴文俊笑指自己说，"我以前也是这样，但现在我看到有一个多学科组合模式，我很欣赏．"

多学科组合 (multidisciplinarity) 模式即多个学科的学者对同一个问题进行研究，试图在各自领域的框架内对问题进行理解，而并不强调各个领域间的合作或是发展出共同的框架概念，其目标是解决一个迫切的学科发展新趋势．这种模式类同于智囊团模式．

吴文俊说，"'文革' 期间，关肇直同志在思想上给了我非常大的启发．他说的 '不要扎根外国、追随外国，立足国内' 的这种思想是行得通的．起码在我这儿得到了很好的验证．"

国际科技竞争中数学不可替代

中国中学生多次从国际数学奥林匹克竞赛中拿回好成绩，被认为是中国数学教育成功的证明．但从一个数学家的角度看，吴文俊更同意丘成桐教授的意见．丘成桐曾在相关媒体发表过这样的言论："奥数在中国陷入一种盲从状态，事实上它应该是一种建立在兴趣之上的研究性、高层次性学习．小学生基础知识薄弱，没有任何研究性思维，他们往往随周围潮流、家长期盼而陷入被动学习．中国的奥数教学现状是学校滥竽充数, 学习方法太片面, 过分关注海量题目, 直接与考试、竞赛挂钩, 对学生系统学习数学不利, 作为基础学科的数学, 学习应该是多方面的, 不应当过分功利. ”

"参加数学竞赛获奖是很可贵的, 但是不能过分重视. 因为它不能代表一名学生对数学的深度理解, 也不能有效地训练数学思维. ” 吴文俊说, 国外曾有人做过统计, 小时候参加竞赛获过奖的学生, 日后在数学上有所作为的微乎其微.

但是, 一个缺乏数学思维的民族, 在国际科技竞争中也必会受到制约. 吴文俊很赞赏历届美国总统对数学的认识和态度. 1957 年苏联抢先用火箭把第一颗人造地球卫星送上了天, "看到苏联的火箭上天了, 当时的美国总统艾森豪威尔马上反思国民教育要加强, 于是政府出台鼓励政策培养数学、物理人才”.

近期, 美国总统布什在 "国情咨文” 中强调指出, 保持美国竞争力最重要的是继续保持美国人在知识技能和创造性方面的领先优势. 他宣布将实施 "美国人竞争力计划”: 在未来 10 年把用于数学、物理等基础学科教育和研究的财政预算翻倍; 鼓励美国青少年学习更多、更深入的数学、物理等基础科学知识; 增加培养约七万名高中教师, 其中包括三万名数学、物理和科学研究学科的教师, 以及将对研究开发活动实施永久性减税等.

这是一个大国对数学的态度.

吴文俊：基础研究是创新的基础*

王丹红

1 月 19 日上午, 国家主席胡锦涛看望了 89 岁的数学家吴文俊, 并提出关于基础研究的 4 点意见. 4 天后, 即 1 月 23 日上午, 吴文俊接受了《科学时报》记者的独家专访. 他以自己从纯数学转向应用数学的心路历程, 以及这一过程中那些重要的人和事为主线, 向记者讲述了他所理解的基础研究的重要意义.

吴文俊: 基础研究是创新的基础

1 月 19 日上午, 国家主席胡锦涛来到北京中关村, 看望了 89 岁的数学家吴文俊. 谈话中, 他们探讨了基础科学研究的问题. 胡锦涛说: "基础研究是科技进展的先导, 增强国家发展的后劲, 我们不仅要大力加强应用研究, 而且要高度重视基础研究. "

"主席讲得很透彻, 数学的基础很重要. "1 月 23 日上午, 在北京中关村中国科学院数学与系统科学研究院, 吴文俊接受《科学时报》记者专访时说, "现在大家强调创新、强调应用, 往往忽略了基础的部分, 这是值得担心的, 不能因为应用而忽略基础研究, 事实上也是这样. 我能够在用机器证明几何定理上取得一定成功, 主要是因为我有数学的基础, 对数学的认识深. 基础研究是创新的基础. "

以自己从纯数学转向应用数学的心路历程, 以及这一过程中那些重要的人和事为主线, 吴文俊向记者讲述了他所理解的基础研究的重要意义.

陈省身带我走上真正的数学研究道路

1946 年 6 月, 吴文俊第一次见到陈省身.

当时, 受姜立夫推举, 刚从美国回来的陈省身代理筹备中央研究院数学研究所. 上任伊始, 陈省身就请各大学数学系推荐新近 3 年内毕业的学生. 吴文俊则在亲友的安排下, 在到陈省身家拜会时, 向陈省身表达了希望到数学所工作的愿望. 很快, 吴文俊就接到了上班的通知, 被安排在图书室, 并兼管图书.

"这对我来说很关键, 他 (陈省身) 带我走上了真正的数学研究道路. " 吴文俊说, "当时他指导我读一些论文, 我下了很多功夫将之吃透. 他让我做的事我都做了, 底子打得很扎实. 但我对这些论文没兴趣, 我的兴趣是另外一篇论文. 一次聊天, 我

* 科学时报, 2008 年 1 月 30 日.

问了他一句有关这篇论文的问题, 他马上就有了兴趣, 对我下了特别的功夫, 告诉我这是怎么回事, 还将自己手抄的国外资料给我看. 从此, 我就走上了这条路, 我最早的成功就在这方面. ”

1947 年, 吴文俊考取中法留学交换生, 陈省身推荐他跟随 H. 嘉当读博士. H. 嘉当是法国几何大师、大数学家 E. 嘉当的儿子, 陈省身在法国时曾师从 E. 嘉当. 吴文俊说: “我到法国后的研究是陈省身工作的一种继承. ”

1949 年, 吴文俊完成《论球丛空间结构的示性类》论文, 获法国国家博士学位. 1951 年 8 月回国工作. 1956 年, 因示性类及示嵌类工作, 获第一届国家自然科学奖一等奖.

迈向数学机械化

“文革” 期间, 研究工作中断, 吴文俊被下放到北京无线电一厂劳动. 但也就在这期间, 他萌发了用计算机来证明几何定理的想法.

“当时, 这家工厂正在生产一种混和式电子计算机, 用于援助阿尔巴尼亚. ” 吴文俊说, “在那里, 我亲眼看见计算机的效率非常高. 当时我就想, 是不是可以把计算机应用到数学上来. 数学家为计算机的创建做了许多工作, 反过来, 是否可以用计算机来帮助数学家, 比如证明几何定理? ”

吴文俊并不是第一个想到用机器来证明几何定理的人. 以希腊几何学为代表的古代西方数学的特点, 就是在构造公理体系的基础上证明各式各样的几何命题. 几何题的语法, 各具巧思而无定法可循. 17 世纪, 法国数学家笛卡儿曾设想: “一切问题化为数学问题, 一切数学问题化为代数问题, 一切代数问题化为代数方程求解问题. ” 他所创立的解析几何在空间和数量关系间架起一座桥梁, 实现了初等几何问题的代数化.

1899 年, 德国大数学家希尔伯特在《几何基础》中提出从公理化走向机械化的数学构想; 1948 年, 波兰数学家 A. 塔斯基在《初等代数和几何的判定法》中, 推广了代数方程实根数目的斯笃姆法则, 从而证明了一条重要定理: 初等几何和代数范围的命题都可以通过机械方法判定.

20 世纪 50 年代, 电子计算机诞生, 它不仅实现了数学计算的机械化, 而且还能处理逻辑关系. 1959 年, 数理逻辑学家、美国洛克菲勒大学华裔教授王浩设计了几个计算机程序, 仅用 3 分钟时间, 就在 IBM 计算机上证明了怀特海《数学原理》中多条有关命题逻辑的证明, 宣布了计算机进行定理证明的可行性.

1960 年, 王浩在《IBM 研究与发展年报》上发表了题为《迈向数学机械化》的文章, 首次提出 “数学机械化” 一词.

1974 年, 中国开展 “批林批孔” 运动, 号召 “学习一点历史”, 在 “文革” 中被禁止读数学书的吴文俊可以读一些与数学相关的历史书了. 在对中国数学史的研究中, 吴文俊发现中国古代数学蕴含数学机械化的思想, 其中, 元代数学家朱世杰在《四元玉鉴》一书中已提出, 如引入天元 (未知数) 并建立相应方程, 勾股定理等的证明可通过解方程导出.

1976 年 10 月, "四人帮" 被粉碎后, 吴文俊立即开始用纸和笔验证自己的方法, 3 个多月后, 也就是 1977 年农历新年的大年初一, 他发现自己的方法行得通, "成了! "1977 年, 他在《中国科学》上发表《初等几何判定问题与机械化问题》的论文.

下一步, 就要真正到计算机上检验! 但买计算机需要外汇, 到哪里才能找来这些钱呢?

"李昌同志给我批了大约 2 万美元"

正当吴文俊为计算机的事发愁时, 一位好朋友告诉他: 时任中国科学院副院长的李昌要去某个地方作报告, 你可以参加, 可以在那时写一封信交给他, 申请一笔买计算机的钱.

"抱着试试看的心理, 那天, 当李昌同志作完报告, 我就将信给他了. " 吴文俊说: "结果他马上批准给我大约 2 万美元. 那时中美还没有建交, 但有了这笔钱, 我就可以到美国访问, 把计算机买回来. "

1979 年初, 应华裔物理学家杨振宁邀请, 带着这 2 万多美元, 吴文俊到美国作学术访问. "真正的计算机要几百万美元, 我买不起, 2 万美元只能买放在桌子上的台式计算机. " 他说: "那时有不少台湾朋友在美国, 他们帮我在 2 万美元的价格内挑了一台最好的, 我就把它带回来了. "

作为这次访美的一个重要行程, 王浩邀请吴文俊到洛克菲勒大学作报告, 介绍机器证明的思想, 报告的反响让吴文俊深受鼓舞: "在纽约的听众中, 有一位纯粹拓扑学家, 他听了后极为兴奋. 我深感纯粹数学家如果不抱成见, 他们对机器证明的意义理解得有时会比一般应用数学家或工程技术家们更透彻、更深刻. "

用这台计算机, 60 岁的吴文俊开始学习编写计算机程序, 这可不是一件容易的事. 他学会 Basic 语言不久, Basic 就被 Algol 淘汰, 刚学会 Algol 不久, Algol 又被 Fortran 淘汰, 一切又得重来. "那时很苦, 这还是第一段, 以后曲折还很多. "

在吴文俊准备用计算机验证想法的关键时刻, 国内数学界对他提出了不同的看法, 甚至有人提出: 外国人搞机器证明都是用数理逻辑的方法, 为什么他要用代数几何的方法呢? 他顶着压力单枪匹马地干着.

"因为与传统不太相容, 当时有不少反对意见. 我的工作能够得以开展, 数学所的关肇直同志起了很大作用. " 吴文俊说: "但只有关肇直的支持是不够的, 幸好科学院党组在 1978 年决定从数学所分出部分成员, 成立系统科学研究所, 我马上就过去了. "

"关肇直同志给了我最大的自由"

系统科学所成立后不久, 所长关肇直就对吴文俊说: "你想干什么就干什么, 你爱干什么就干什么. "

"他是最理解我的, 知道我工作的意义, 给了我最大的自由, 这是最珍贵的, 我非常感谢他, 那之后我基本上没有阻力了. " 吴文俊说: "这就是自由探索, 这就是关肇直同志的气魄, 现在也很少有人有我当年的这种自由. "

当国内学术界还在议论吴文俊的工作时, 他的工作引起了国外同行的重视, 一个学生在其中起到了重要作用.

1978 年秋, 吴文俊到中国科学院研究生院授课, 他讲了希尔伯特的《几何基础》, 也讲到了自己刚建立的机械证明原理. 课堂上有一位旁听生叫周咸青, 他不久后就到美国得克萨斯大学读博士. "得州刚好有一批人正在搞机械证明, 但没有成功, 周咸青便将自己听课的情况告诉教授, 教授觉得很好, 就让他用这个题目作博士论文. "

当时, 吴文俊讲这种方法的书《几何定理机器证明的基本原理》还没有正式出版, 但校印本已广泛传出去了, 周咸青将校印本带到国外, 吴文俊的工作就这样被系统介绍到了国外.

"周咸青的博士论文就是用我的办法, 而且他还用我的办法证明了几百条定理, 他自己还发明了一些定理. " 吴文俊说: "他用那里的计算机来算, 很难定理的证明也只需要几微秒, 非常快. 我这里就苦了, 我不仅要提出方法, 还要自己编程序, 这里的计算机又很慢. "

国内也有许多人在帮助吴文俊. "当时钱三强主持中科院工作时, 帮我设立了一个机械证明的项目, 刚成立的国家自然科学基金委的最高领导人之一也想办法, 特别支持了我一台当时最好的计算机——我换了很多计算机. 机器很重要, 但更重要的是脑袋. "

1984 年, 吴文俊的专著《几何定理机器证明的基本原理》由科学出版社出版.

"我要继续在数学上做好工作"

相传, 古代托勒密王曾向欧几里得请教学习几何的捷径, 欧几里得对王说: 几何中无王者之路.

今天, 吴文俊纵横捭阖, 融合西方拓扑学和中国古代数学的思想, 建立了各类几何定理机械化证明的基本原理和方法, 他提出建立求解多项式方程组的吴文俊消元法, 不同于国际上流行的代数理想论, 被称为 "吴方法", 这一深具中国特色的方法改变了数学机械化领域的面貌.

"当初, 我只是想用计算机来证明几何定理, 谈不上应用. 在 1977 年初证明出来后, 我才突破性地发现有好多用处, 局面一下子就打开了. " 吴文俊说: "王浩曾跟我谈过这个问题，他认为如果我没有厚实的基础功底，是不会成功的. 当然是这样的. "

2008 年 1 月 19 日，胡锦涛在吴文俊家中说，长期以来，吴老站在数学科学的前沿，潜心研究，勇于探索，取得了一系列原创性成就，特别是在拓扑学、数学机械化领域作出了杰出贡献，为国家、为民族争了光.

"我做得还远远不够，我希望自己做得更好. 我要求自己继续在数学上做好工作. " 吴文俊对《科学时报》记者说.

谈到未来的梦想，吴文俊说："我要用数学机械化来征服世界. 工业革命解放了生产力，因为机械化解放了体力劳动. 数学是一种脑力劳动，我希望数学机械化能让重复性的脑力劳动得到解放，让人们去做更多创造性的工作. "

吴文俊：应用是数学的生命线*

潘　希

"应用是数学的生命线, 这是我一直保持的观点."吴文俊, 中国著名数学家、中科院院士, 曾获得首届国家自然科学奖一等奖和邵逸夫数学科学奖等重要奖项. 如今, 已经 91 岁高龄的吴文俊谈起数学的应用, 仍然慷慨激昂.

2010 年夏末的一个午后, 在吴文俊简朴的居室内, 他接受了《科学时报》的专访. 而谈话的主要内容, 正是围绕中国科学院数学与系统科学研究院筹建国家数学与交叉科学中心一事.

在吴文俊长达几十年的数学研究之路上, 在拓扑学、自动推理、机器证明、代数几何、中国数学史、对策论等研究领域均有杰出的贡献, 在国内外享有盛誉.

吴文俊的学术生涯起步于纯数学, 随后将主要精力转向与计算机科学密切相关的应用数学——几何领域的计算机证明, 做出了先驱性的工作.

"不论是机器证明还是代数几何, 都应属于数学交叉科学的范畴."在吴文俊看来, 自己过去的研究工作已经涉及到数学与其他领域的交叉, 而随着科技的发展和社会的进步, "现在, 信息、统计、生命科学等领域都要用到数学, 可以说, 数学已经渗透到科学发展的各个方面".

吴文俊以自己的亲身经历向记者讲述了数学交叉科学的重要性.

初识计算机引发新思考

1946 年, 吴文俊结识了数学大师陈省身.

"这对我来说很关键, 陈省身带我走上了真正的数学研究道路."吴文俊说. 上世纪 50 年代, 拓扑学刚刚从艰难迟缓的发展中走向突飞猛进, 吴文俊就敏锐地抓住了拓扑学的核心问题, 在示性类与示嵌类的研究上取得了国际数学界交相称誉的突出成就.

1956 年, 年轻的吴文俊就荣获国家自然科学奖一等奖, 1957 年当选为中国科学院学部委员 (现称院士), 那年他才 38 岁.

作为一位年轻的数学家, 这已是莫大的荣誉了. 而对吴文俊来说, 这只是在西方人开创的方向上做出的工作, 新中国的数学家应该开拓出属于自己的研究领域.

---

* 科学时报, 2010 年 11 月 25 日.

1971 年，"文化大革命"期间，吴文俊被下放到北京海淀区学院路附近的北京无线电一厂劳动．

"也就是从这个时候开始，我对数学有了与以往不一样的感受和理解．"吴文俊直言，他过去所从事的数学研究工作，仍是延续欧几里得几何体系，主要运用逻辑推理来进行纯数学研究．

北京无线电一厂在当时正在生产电子计算机，第一次接触到如此神奇的事物，让吴文俊大呼神奇．那时，他才了解到计算机有两种，一种是模拟计算机，一种是数字计算机，他所工作的工厂专门生产模拟计算机．

"在工厂里，我看到了计算机的威力．"吴文俊详细解释说，"把数学方程输入进去，结果立刻就能算出来．我被这样的威力震惊了，就下决心学计算机，同时也觉得，把计算机用好，可以解决很多问题．"

于是，在近耳顺之年，吴文俊居然开始学习计算机．他一头扎进机房，从 HP-1000 机型开始，学习算法语言，编制算法程序．并且在若干年内，他的上机时间都遥居全所之冠．经常早上不到 8 点，他已在机房外等候开门，甚至 24 小时连轴转的情况也时有发生．

1977 年吴文俊引入了一种强大的机械方法，将初等几何问题转化为多项式表示的代数问题，由此得到了有效的计算方法．1978 年，吴文俊这样描述电子计算机对数学的发展将产生的影响："对于数学未来发展具有决定性影响的一个不可估量的方面是，计算机对数学带来的冲击．"

吴文俊的这一方法使该领域发生了一次彻底的革命性变化，并实现了该领域研究方法的变革．在吴文俊之前，占统治地位的方法是 AI 搜索法，此方法被证明在计算上是行不通的．通过引入深邃的数学想法，吴文俊开辟了一种全新的方法，该方法被证明在解决一大类问题上都是极为有效的，而不仅仅局限在初等几何领域．

正是这番努力，使吴文俊开拓了数学机械化领域，也因此荣获了 2006 年度邵逸夫数学奖．

"实际上，我做的数学机械化工作，是用计算机来研究数学．"吴文俊坦言，著名数学家冯·诺依曼开创了现代计算机理论，其体系结构沿用至今．而反过来，计算机又推动了数学的进一步发展．

"这就是数学交叉科学的神奇所在，我把它叫做螺旋式上升．"吴文俊说．

从《九章算术》看数学应用

自古以来，数学研究包括两大类活动，一是定理证明，二是方程求解．西方的传统数学以定理证明为主，而中国古代的数学则以方程求解为传统．

"文革"期间，不能读专业书刊，但能读史书．受数学家关肇直的指点，吴文俊转而研究数学史, 对中国古代数学有了深刻的认识, 使之在后来的数学研究中获益匪浅,《九章算术》便是其中最有代表性的一本.

《九章算术》是我国古代流传下来的一部数学巨著, 成书约在公元前一世纪, 全书共分九章.

"中国古代数学研究是为了解决实际问题而逐步诞生和发展的, 从《九章算术》中就可以看出来. " 吴文俊说.

确实如此,《九章算术》中第一章 "方田": 田亩面积计算; 第二章 "粟米": 谷物粮食的按比例折换; 第三章 "衰分": 按比例分配问题; 第四章 "少广": 已知面积、体积、求其一边长和径长等; 第五章 "商功": 土石工程、体积计算; 第六章 "均输": 合理摊派赋税; 第七章 "盈不足": 即双设法问题; 第八章 "方程": 一次方程组问题; 第九章 "勾股": 利用勾股定理求解的各种问题.

"相比西方的欧几里得几何体系, 我更喜欢中国古代数学. 道理很简单, 中国古代数学要解决的是具体应用问题, 把已知的和未知的某种关系, 用方程表示出来最简单. " 吴文俊表示, 中国古代数学是从实际问题中找出数学规律, 而又把数学方法应用于实际问题的解决.

数学交叉科学带来工业进步

吴文俊所倡导的数学机械化研究, 一方面继承了古代中国数学思想的精华, 一方面适应了现代科学技术的发展, 尤其是为先进制造设计提供理论武器和有效工具.

机器人制造是多学科共同发挥作用的复杂的系统工程. 工业机器人的主体基本上是一只类似于人的上肢功能的机械手臂. 如果要在三维空间对物体进行作业, 一般则需要具有六个自由度. 对于一般的 PUMA 型机器人, 用吴文俊方法可以求出特征列意义下的封闭解, 而这是以往的方法很难达到的.

计算机视觉是一个重要的应用研究领域. 1988 年和 1991 年, 纽约大学的 Kapur 教授和通用电气公司的 Mundy 博士敏锐而快速地把中国人创立和发展的特征列方法引入高科技的应用当中. 用 Mundy 博士的话说: "最近我们发觉把吴文俊三角化方法和求根技术结合起来, 可以形成解非线性约束问题的有效方法, 我们把这一方法用于机器视觉和过程控制. "

吴文俊的学生、中科院数学与系统科学研究院研究员高小山介绍说, 运用数学机械化的方法, 可以解决很多工业领域以往解决不了的问题.

"现在可以靠计算机把设计自动化, 把作图工程自动化, 节省时间还能做更复杂的制造. " 高小山说.

飞机螺旋桨就是一个很好的例子. 首先, 要利用计算机对螺旋桨进行数字化设计, 也就是建造数字模型; 第二步是对模型进行分析, 加上力之后, 看是否产生震动,是否光滑等; 第三步是加工, 要解决数字机床的精度和效率问题.

　　"这其中涉及到很多代数几何和微分方程的求解. " 高小山认为, 我国以前在先进制造领域不尽如人意, 其中数学方法的欠缺肯定是关键之一, 今后数学要为核心技术的突破作出贡献.

　　国家数学与交叉科学中心的建立, 会在数学家和制造业中间搭建合作的平台. 各个行业专家可以在这里提出问题, 数学家建立模型, 双方合作研究.

　　"中国的经济现在发展起来了, 而历史经验告诉我们, 中国的数学也会很快强大起来. " 吴文俊笑着说.

走近院士吴文俊：数学是笨人学的*

吴晶晶

1956 年，一位 37 岁的年轻人和著名科学家华罗庚、钱学森一起，获得了首届国家自然科学一等奖.

2001 年，当时的年轻人已是 82 岁的老人. 这一次，他站在了首届国家最高科技奖的领奖台上.

他就是著名数学家吴文俊先生.

近一个世纪的数学人生，取得了世界公认的杰出成就，今年已是 92 岁高龄的吴老却依然谦逊地说，自己还有些问题没搞清楚，"我还得接着干呢！"

"做有意思的事"

去吴老家采访这天，北京天气十分闷热. 鹤发童颜的吴老拄着拐杖，在门口迎接记者. 落座后才得知他前段时间不小心摔了一跤，现在手臂上还留下了大片的淤青.

"我平时喜欢一个人出去转转，前几天下雨路滑，不小心就摔了一下. " 吴老笑着说，并不以为意.

熟悉的人都知道，吴老是个十分开朗乐观、热爱生活的人. 92 岁的他现在还经常一个人去逛逛书店、电影院，偶尔还自己坐车去知春路喝喝咖啡.

这些天，吴老又迷上了看小说《福尔摩斯》. "小时候看过，现在又看，看着玩，和推理没关系，要不没趣味. "

"我就喜欢自由自在，做些有意思的事情. " 他说.

在吴老心里，数学研究就是件 "有意思" 的事，尤其是晚年从事的中国古代数学研究，更是自己 "最得意" 的工作.

"我非常欣赏 '中国式' 数学，而不是 '外国式' 数学. " 说起自己感兴趣的内容，吴老精神十足："中国古代数学一点也不枯燥，简单明了，总有一种吸引力，有意思！"

对于做研究，吴老有一套自己的 "理论"："天下的学问那么多，大多数马马虎虎过得去就行，其余时间就在一两件自己特别感兴趣的事情上下功夫. "

---

* 新华网，2011 年 8 月 16 日 09:24:49.

事实上，从 1946 年由陈省身先生引荐到中央研究院数学研究所工作，吴文俊就一直沉浸在数学世界里，做自己"感兴趣"、觉得"有意思"的工作——在被称为"现代数学女王"的拓扑学研究中，初出茅庐的他仅用了一年多时间就取得突破——对美国著名拓扑学大师惠特尼的对偶定理做出了简单新颖的证明；

20 世纪 50 年代前后，他提出"吴示性类""吴公式"等，为拓扑学开辟了新的天地，令国际数学界为之瞩目，成为影响深远的经典性成果；

20 世纪 70 年代，他开创了近代数学史上的第一个由中国人原创的研究领域——数学机械化，实现了将繁琐的数学运算、证明交由计算机来完成.

……

尽管现在吴老已经很少去办公室，所有数学方面的书籍都捐给了单位图书馆，但他心里从来也没有放下过数学研究.

"像中国古代数学，我还有些问题没搞清楚，比如微积分的萌芽问题，有时间的话要去弄清楚."吴老笑着说，"我现在要做的事情还相当多. 我的老师在临死前还在钻研一个数学问题，我要向老师学习，鞠躬尽瘁，至死方休."

"数学是笨人学的"

尽管已经不亲自带学生，但吴老一直十分关心年轻人的成长. 他看不惯现在少数年轻人"跟着外国人跑"的做法，他说："如果光是发表个论文，不值得骄傲，应该有自己的东西."

他始终强调年轻人要有独立的思想、看法，敢于超越现有的权威，绝不能人云亦云.

说起自己成功的经验，吴老首先想到的是："做研究不要自以为聪明，总是想些怪招，要实事求是，踏踏实实. 功夫不到，哪里会有什么灵感？"

"数学是笨人学的，我是很笨的，脑筋'不灵'."他说.

可就是这样一位自认为"很笨"的人，总能站在数学研究的最前沿.

20 世纪 70 年代，吴文俊第一次接触到计算机，他敏锐地觉察到计算机的极大发展潜能. 受计算机与古代传统数学的启发，他抛开已成就卓著的拓扑学研究，毅然开始攀越学术生涯的第二座高峰——数学机械化.

为了解决机器证明几何定理的问题，他年近花甲从头学习计算机语言. 那时，在中科院系统科学研究所的机房里，经常会出现一位老人的身影，不分昼夜地忘我工作. 有很多年，吴老的上机操作时间都是整个研究所的第一名.

正是这种日积月累、刻苦努力的"笨功夫"，经过近十年的努力，他用机器证明几何定理终于获得成功.

吴文俊开创的数学机械化在国际上被称为"吴方法"，这个完全由中国人开创的全新领域，吸引了各国数学家前来学习. 此后人工智能、并联数控技术、模式识别等很多领域取得的重大科研成果,背后都有数学机械化的广泛应用.

面对各种荣誉,吴老却看得很轻. 获得国家最高科技奖后,他说:"我不想当社会活动家,我是数学家、科学家,我只能尽可能避免参加各种社会活动."

他曾谦逊地说:"不管一个人做什么工作,都是在整个社会、国家的支持下完成的. 有很多人帮助我,我数都数不过来. 我们是踩在许多老师、朋友、整个社会的肩膀上才上升了一段. 我应当怎样回报老师、朋友和整个社会呢? 我想,只有让人踩在我的肩膀上再上去一截. 我就希望我们的数学研究事业能够一棒一棒地传下去."

"就是心态年轻"

吴老在七十岁的时候,曾经写了一首打油诗:"七十不稀奇,八十有的是,九十诚可贵,一百亦可期." 到了八十岁大寿的时候,他对这首诗做了微妙的修改,把每一句都增加了十岁.

"我就是心态年轻." 吴老笑着说.

他也时常告诫年轻人,要让生活尽量轻松平淡,不要为无谓的烦恼干扰,不要成天胡思乱想.

在熟悉的人眼里,吴老是位 "老顽童",他乐观开朗,常有一些惊人之举. 有一次去香港参加研讨会,开会间隙出去游玩,年逾古稀的他竟坐上了过山车,玩得不亦乐乎; 一次访问泰国期间,他坐到大象鼻子上开怀大笑,还拍下了照片.

也许正是因为有着未泯的童心和率真的心态,才令他在数学王国里心无旁骛,自由驰骋,永葆创新活力.

现在,耄耋之年的吴老依然对很多事情充满兴趣. 他特别爱看报纸电视上关于旅游方面的内容. "我各省都去过,除了西藏,想去的时候生病了. " 话语中颇有些遗憾.

他还时常关注一些经济问题,特别是中国水的问题,"像南水北调、海水淡化这些,但现在我还不太懂." 他认真地说.

全身心投入自己热爱的科学事业,同时也充分享受丰富多彩的生活——这,大概就是吴老 "不老" 的秘诀.

吴文俊：做学术不要总跟在别人后面跑*

胡唯元

依然是衬衫比别人至少多一个口袋，依然是赤脚穿着皮鞋，肩上斜挎一个棕绿色小书包，脸上不时泛起"招牌式"的微笑……93岁高龄的数学大师吴文俊还是那般让人感到亲切。

近年来深居简出的吴文俊，近日出现在天津大学应用数学中心成立仪式及名誉主任、主任授聘仪式暨天津大学与汉柏科技有限公司建立"应用数学联合实验室"的签约仪式上。颇费一番周折，记者采访到这位国家科技最高奖得主、当今数学界的泰斗。

在40多分钟的采访中，老先生腰板挺直，仅有两三次略微倚靠了一下沙发靠背。对于这位快乐的数学家来说，年龄似乎只不过是个数字。

应用数学："应该大有可为"

"我很赞同这种产学研结合的方式。企业进来，当然可以起很大的促进作用。许多发展离不开经济方面的力量。生产方面的需求，还是学术的最大动力。西方也是这样。"吴文俊说。

这次天津大学和汉柏科技签署的协议主要内容是，汉柏科技将每年为"应用数学联合实验室"提供不少于200万元、5年内不少于1000万元的研究经费，从双方现有先进成熟的技术中，探索符合双方发展方向的科研成果，通过成果的共享或转让，实现社会生产力的转化。

吴文俊对刘徽应用数学中心寄予厚望。他认为"应该会对应用数学的发展起到很大促进作用，应该大有可为"。该中心由已故数学家陈省身倡导创办，得名于我国魏晋期间伟大数学家刘徽。提出这个命名的，正是陈省身的弟子吴文俊。

数学教育："应有助于解决实际问题"

天津大学很多老师还记得刘徽应用数学中心刚成立时，吴文俊过来讲为什么以刘徽命名。他曾"公开悬赏"，谁要是发现在丝绸之路上，阿拉伯数学是中国传过去的证据，奖励50万元。这是11年前的事情。

＊科技日报，2012-08-28 10:15:50。

　　吴文俊对我国古代数学投入了巨大精力, 这或许源于他的理念: 数学应该主要着眼于解决实际问题. 而我国古代数学恰恰具有这一传统.

　　"数学要有助于解决实际问题, 这应该是主要目的之一, 不是什么抽象理论." 吴文俊说, 中国的数学是从实践经验中来, "国外欧几里得的数学理论, 之乎者也", 在专业研究中, "我们不能跟着这个方向走".

　　但他并不反对在主要进行基础教育的中学阶段设置欧几里得几何课程. "通过直观, 学习到解决问题的方法, 这是很有价值的." 吴文俊说, 自己也曾从中受益.

　　谈到课程设置, 吴文俊显得很谨慎: "这个问题就复杂了. 教育是非常重要的, 搞得不适当是要闯大祸的, 贻误子孙. 需要经过充分讨论来解决, 不能凭一个人的主观愿望来下结论."

　　但与之前的谨慎形成对比, 当谈及目前中小学数学教育中的一个现象时, 吴文俊的态度十分强硬: "奥数? 这是害人的! 对数学起不到好的作用, 是害数学、害人的、要不得的." 他一边说, 左手用力往前连连挥动, 仿佛面前真有一个 "奥数" 实体存在, 要把它用力推开.

　　"奥数要不得. 哪有数学的奥林匹克? 没这事!" 吴文俊用十分肯定的语气强调他的观点.

数学研究: "不要总跟在别人后面跑"

　　"60 岁是最成熟的时候, 应该越来越厉害, 怎么能退出历史舞台呢? 不应该这样子. 60 岁应该是工作开始的时候, 经验比较丰富, 学识比较丰富, 应该是大有可为的时候." 吴文俊说.

　　吴文俊少年成名, 在留学期间就做出了世界级的学术成果. 他的主要成就表现在拓扑学和数学机械化方面. 而后者, 是他 57 岁才开始涉足并最后开创了一个全新的研究领域.

　　在回答保持学术生命长青的秘诀时, 吴文俊笑着说: "我也说不清是什么, 自然而然过来了, 并没有费劲. 反正就是一点, 不要跟在别人后面跑, 应该有自己的创新."

　　他对我国年轻一代的数学家充满了信心: "我想不用我来说什么希望. 他们会提出自己新的主张, 来推动国家经济的发展. 不用我担心, 他们自然而然就会往这个方向走."

　　至于自己的学术研究, 他说: "至少在三国的时候, 我们国家就已经发生微分的运算了, 这是很难想象的. 我希望在有生之年, 把这个问题弄清楚."

吴文俊的数字之舞*

王　静

吴文俊是中国当代数学的标志. 他不仅代表着中国人的数学能力和水平, 也意味着当代中国数学行走在世界数学科学的前沿高地.

他赢得了整个数学界的喝彩, 在国内外多次获奖. 1956 年, 他成为首届国家自然科学奖一等奖的获得者; 1993 年, 成为陈嘉庚数理科学奖获得者; 1994 年, 成为首届求是科技基金会杰出科学家奖获得者; 2000 年, 又成为首届国家最高科学技术奖获得者. 在国际上, 他捧回了 1997 年自动推理领域的最高奖项——Herbrand 奖, 2006 年摘取了邵逸夫国际数学大奖.

家学渊源

走近吴文俊, 人们会发现, 他与中国科学院老一代其他科学家没有多大区别. 在北京中关村中科院黄庄小区, 他有一套老式的小四居室. 吴文俊在这里已住了近 40 年.

进入他的居所, 古色古香的气息迎面而来. 客厅、两间小书房及卧室均摆满了书.

吴文俊喜爱读书, 这来源于父亲的熏陶. 童年时代, 吴文俊家藏书丰富. 父亲吴福同在亲属支持下接受过西方教育, 曾就读于南洋公学, 有良好的英文基础.

吴文俊 4 岁就被送到附近的小学上学. 由于弟弟的夭折, 家人对他的看护十分仔细, 很少让他独自在外停留, 因此, 大多时间他只能待在家里. 父亲的藏书对他很有吸引力, 因而养成了爱买书、爱读书的习惯, 但不谙人情世故, 不善与人交往. 即便上了大学, 在同学家 "盘桓终日, 除了下棋、看棋和吃饭, 一言不发", 惹得同学批评他 "任性固执".

1932 年, 他进入初中. 这一年, 上海发生了 "一·二八" 事变. 吴文俊目睹了日本侵略军对上海的狂轰滥炸和野蛮烧杀.

进入高中后, 吴文俊相对弱一点的数学和英语却突飞猛进. 他的数学老师是福建人, 因浓重口音, 讲课不太受欢迎, 但见吴文俊好学, 便把许多几何题交给吴文俊在课外做. 这些题的难度远远超出课堂教学的内容, 吴文俊做起来却很开心. 正是这些无意的行为, 为吴文俊打下了很好的数学基础.

---

* 中国科学报, 2012 年 1 月 4 日.

上英语课, 吴文俊一开始感到吃力. 为了赶上老师的要求, 父亲每次课前帮助他预习, 吴文俊才不再感到有压力. 到高二, 他就能自如地用英文写作.

高中毕业时, 他成为了班里少有的高才生. 学校为了鼓励他和另两名学生, 特设立了 3 个奖学金, 资助他们上大学. 但要求他们必须报考指定的学校和专业. 吴文俊按要求考进了上海交通大学数学系.

1937 年, 吴文俊进入大学二年级时, 日本在发动卢沟桥事变后, 原中学校长当了汉奸, 成为政府要员, 当那位汉奸校长继续提供资助时, 被吴文俊断然拒绝, 他的内心充满对汉奸的憎恨.

挚友引荐

"没有他, 我可能不知道自己现在什么地方呢!" 提起一位同窗好友, 吴文俊会这样说.

这位同窗是吴文俊在上海交通大学数学系的同班同学——赵孟养. 吴文俊称他为 "真正的恩人", 对他一辈子感激不尽.

赵孟养是个热心肠, 在吴文俊生活、学习诸方面都曾给予巨大帮助, 在吴文俊数学路上发挥关键性作用. 正是在赵孟养安排下, 吴文俊获得了拜见数学大师陈省身的机会.

那是抗战初期, 有一天, 赵孟养得知陈省身在上海, 立即通知了吴文俊, 并委托另一位好友钱圣发带吴文俊去见陈省身.

吴文俊去见大师之前感到有些压力. 赵孟养对他说: "陈先生是学者, 不会考虑其他, 不妨放胆直言." 于是, 见到陈省身时, 吴文俊就直接提出: "想去中央研究院数学所工作." 陈省身对他的请求未置可否, 只说了句 "你的事我放在心上". 很快, 吴文俊就接到了去数学所工作的通知.

进入数学所后, 吴文俊在图书馆帮助管理图书. 他说: "我在书架之间浑然忘我, 阅读了大量的数学书籍. 可是好景不长, 有一天, 陈先生突然对我说, '你整天看书、看论文, 看得够多了, 应该还债了.' 进而说道, '你看前人的书就是欠了前人的债. 有债就必须还, 还债的办法就是写论文'." 吴文俊恍然大悟, 开始选题, 老老实实准备写作论文. 他的第一篇论文是关于球的对称积在欧氏空间中的镶入问题, 写作完成后, 文章被陈省身送到《法国科学院周报》(*Comptes Rendus*) 上发表了, 使吴文俊受到极大鼓舞.

从此, 吴文俊开始研究美国数学家、沃尔夫奖获得者惠特尼 (H.Whitney) 关于拓扑学的乘积公式.

吴文俊在一篇文章中回忆: "我在陈省身先生亲自指导之下, 体会到了做研究工作首先, 要确定比较有意义的方向; 其次, 在方法上也要仔细加以考虑. 当时, 陈省身先生在数学研究所主持数学学科的一个主流方向 —— 拓扑学, 特别是拓扑学的纤维丛、示性类这两方面的研究工作."

陈省身与吴文俊的这段师生情,如今已成为中国数学界人人皆知的一段佳话.

震动异国

"示性类"是数学科学里一个普通的常用词,也是拓扑学专业的一个术语.著名数学家、美国普林斯顿大学教授惠特尼的乘积公式是"示性类"最基本的理论,需要一部专著才能证明表述清楚,而吴文俊仅用了1年时间就弄清楚了其计算方法,并掌握了建立这种公式的途径.

实际上,对于吴文俊而言,弄清楚惠特尼的乘积公式并非轻而易举.1947年,吴文俊跟随陈省身抵达北京后,在清华大学与陈省身的另一名中央研究院的学生曹锡华同住一间宿舍.曹锡华回忆,吴文俊每天攻关至夜深,感觉证明成功后方才睡觉.可一觉醒来,发现证明有错,便重新开始.到下午,吴文俊又对同事说:"证明出来了."可很快他又会发现,证明出现了漏洞,既而又开始熬夜.如此反复了不知多少遍,终获成功.

吴文俊年轻时代完成的这项工作,意义非同一般.论文发表在数学领域最权威的学术刊物——普林斯顿大学编辑的《数学年刊》上,后来被众多的著名数学家所使用,被学术界视为经典.

在吴文俊完成惠特尼乘积公式证明的同一年,他考上了中法交换生,于1947年秋到达法国,进入美丽的斯特拉斯堡城,潜心跟随两位导师开展研究工作.一位是艾利斯曼,另一位是H.嘉当.

到1950年春,吴文俊与另一位数学家托姆的合作取得了突破性进展.托姆证明了STWh示性类的拓扑不变性,而吴文俊引进了新的示性类,后来被称为"吴示性类",并证明了公式 $W = SqV$,也就是后来的"吴公式".他们的合作成果,在拓扑学领域研究中引起轰动,数学家们称之为"拓扑地震".

然而,吴文俊在巴黎的生活却是那么艰苦,完全出乎导师和同学的意料.他居住的旅馆坐落在两条马路的交叉点,房间里没有光线.每天起床后,他就去附近的一家咖啡馆,买上一杯咖啡,占据一隅.这里人少,清净,老板厚道.于是,这咖啡屋的一角成为他在巴黎的工作间.

突然有一天,导师H.嘉当与同学塞尔找到了吴文俊昏暗的房间,才知道他的生活条件是如此恶劣.导师说:"你这里简直是个地狱."这话让他十分尴尬.在他们离开后,吴文俊才换了个地方.

对于吴文俊,生活条件的艰苦算不了什么.留学期间,他再次向拓扑学最困惑的问题发起了攻击,尽管他自己当时并不知这是最棘手的数学难题.

吴文俊解决的问题是当时数学家们研究的热点——证明 $4k$ 维球无近复结构.

这个问题的解决, 使欧洲的拓扑学大师们大为吃惊. 他们不敢相信, 一个中国学生能解决这样的难题. 拓扑学界权威霍普夫得知后, 自己来到斯特拉斯堡见吴文俊. 吴文俊仔细为他讲解之后, 霍普夫终于信服. 他十分高兴地邀请吴文俊到他所在的苏黎世理工大学访问.

于 1949 年 7 月吴文俊通过答辩, 获得法国国家博士学位.

1951 年, 离家已 4 年之久的吴文俊, 登上了回家的船.

中国改革开放后, 吴文俊应邀出访法国时, 曾寻访自己住过和工作的地方. 他发现: 旅馆已了无踪迹, 咖啡馆依旧那么温馨.

逆境坚守

回国后, 吴文俊先后在北京大学和中国科学院数学研究所工作. 从 1953 年到 1957 年, 他获得了拓扑学研究的大丰收, 先后发表了 20 多篇论文, 撰写了一部专著.

这些工作, 使吴文俊与钱学森、华罗庚一起站在了同一高度, 获得国家自然科学奖一等奖, 并当选为学部委员.

在这几年里, 吴文俊还建立了幸福美满的家庭. 他与在上海工作的陈丕和女士结为伉俪, 月明、星稀、云奇 3 个女儿和儿子天骄也先后降生. 通过组织的努力, 陈丕和女士调来北京, 安排在数学所图书馆工作. 此时此刻, 吴文俊可谓工作顺意, 阖家欢乐.

但没多久, "大跃进" 开始了. 中国科学院各研究所重新定位学科发展方向, 吴文俊进入了运筹学研究组.

在这个陌生的领域, 他仍然抓住一些主要问题, 开展有意义的研究. 他发表的《关于博弈论基本定理的一个注记》, 成为中国第一篇对策论研究成果.

此后, 他被安排去安徽农村参加了 "四清", 之后又去工厂接受了 "再教育".

有段时间, 他被关在单位的 "单间" 里, 造反派不允许他看数学, 也没有办法作数学研究, 他便很认真地学习了马列的书. 他把一些很有意思的话, 一一用卡片记录下来. 这些卡片保存至今.

此外, 他还阅读了大量的中国古代数学典籍. 1975 年, 吴文俊第一篇关于数学史的论文——《中国古代数学对世界文化的伟大贡献》面世, 发表在中科院数学所的《数学学报》上, 但没有署名 "吴文俊", 而是以 "顾今用" 的名字署名. "顾" 即 "古", "顾今用" 意为 "古为今用".

开创 "吴方法"

1977 年吴文俊在《中国科学》上发表《初等几何判定问题与机械化问题》一文; 1984 年, 他的学术专著《几何定理机器证明的基本原理》由科学出版社出版. 1985

年, 他发表了《关于代数方程组的零点》论文. 这些组成了吴文俊的另一项重大成果 "吴方法". 然而这一方法的诞生却是一个呕心沥血的过程.

中科院数学与系统科学研究院年龄略长的一些人都记得这样的情形, 在研究数学机械化研究过程中, 吴文俊日夜演算推导, 演算中出现的多项式, 经常有数百项甚至上千项, 需要几页纸才能抄下, 稍有疏漏, 演算则难以继续. 他数月如一日, 坚持奋战.

在理论和纸上的演算得出结果后, 数学机械化必须在计算机上验证, 才能真正证明其可行性和正确性. 为此, 吴文俊学习了计算机的 Basic 语言. 当他基本上能一次编写 4000~5000 行的证明定理程序时, 飞速发展的计算机技术已将 Basic 语言淘汰, 换成了 Algol 语言. 他只好又从头学起, 等到他熟悉之后, 计算机语言又改成了 Fortran 语言, 他编好的程序再次作废. 计算机语言更新之快, 让很多人认为, 编程序只适合年轻人做. 然而, 60 岁的吴文俊没有放弃, 硬是拼下来了.

为了验证其理论, 当时的数学所只有一台 HP-1000 计算机, 使用时需要排队预约. 于是, 他每天早晨 7 点多, 书包里揣着一个馒头, 等管理人员开门后, 就一头扎入机房, 一般 10 小时后才出来. 傍晚回家, 晚饭后突击整理编写结果, 2 小时后, 再回研究所进入机房, 工作到午夜或凌晨.

就这样, 他发明了 "吴方法", 实现了数学家们的一个百年梦想. 他幽默地总结说: "数学适合笨人来做."

然而, 他的理论在中国没有几个人能够理解. 可在一个偶然的机会, 他的研究成果 "墙内开花墙外香", 在国际上引来大批学习者、追随者.

吴文俊的学生周咸青 1981 年进入美国得克萨斯大学数学系. 在一次课后, 周咸青向导师博耶和布拉德索提及吴文俊的几何证明工作, 他们感觉十分新奇. 在他们的要求下, 周咸青给布拉德索发电子邮件说明了 "吴方法" 的 4 个步骤. "吴方法" 一词是他两年后发表文章中第一次使用.

1983 的美国数学年会上, 周咸青关于 "吴方法" 的报告获得了极大成功. 从此, 吴文俊的文章从得克萨斯大学向北美广泛传播.

这次丹佛会议后不久, 周咸青已证明了 130 多个几何定理. 此后不少人根据周咸青描述的 "吴方法" 重复实现了 "吴的证明器".

"吴方法" 的巨大成功, 激起了更多人考虑用其他代数方法去证明同类几何定理, 一个世界性的研究吴类几何定理证明的高潮随即掀起.

1984 年博耶联合布莱德索和摩尔, 向中国有关部门写信, 建议为吴文俊购买速度更高的机器, 以便加速他的研究, 于是, 他家里便拥有了当时其他人不具备的专用计算机和电缆.

改革开放之初, 吴文俊应邀出访了美国、加拿大等国. 当时, 中国驻美使馆工作人员, 把吴文俊在美国引起重视的情况向有关方面作了详细的汇报.

不久, 原国家科委基础司从科研特别支持费中拨专款 100 万, 对机器证明研究给予强力支持. 中科院以此为契机, 在中科院数学所成立 "数学机械化研究中心". 从此, 中国数学机械化研究掀开了新一页.

本色人生

如果探寻吴文俊与一般人有何不同, 可能是他一辈子不会失去的童心和好奇心.

吴文俊身边的许多人都知道, 看电影是他一大爱好. 每年大部分登场新影片, 他一般都不落下.

大约在 20 世纪 60 年代, 他与学生李文林一同出差西安, 回京时在郑州转车, 在火车站有 2 小时停留时间. 吴文俊便问他: "我们去看电影吧?" "可能来不及了吧." "来得及. 我已经买好票了, 走吧." 于是他们进了电影院, 看了一场电影后才上车.

1997 年, 他去澳大利亚参加一个会议. 在这次会上, 他获得 Herbrand 自动推理杰出成就奖. 领奖完毕, 在会议间隙, 有学生希望能与他聊聊, 结果在会场的任何地方都找不到他了. 傍晚, 饭桌上, 学生们又遇见了他, 问: "吴老师, 我们怎么找不到您?" 他 "呵呵呵" 地笑开了, 说: "我去游乐场了, 还过了把玩蛇的瘾!" 瞠目结舌的学生们过了好一会儿, 才接着问: "那您什么感觉呀?" "冰冰凉!"

而类似的情形在香港也出现过. 他又一次在会议间隙独自一人悄悄地去了游乐场. 不过, 这次不是体验蛇绕全身的感觉, 而是品尝了 "激流勇进" 的滋味. "您一头白发, 人家有规定, 您这样年龄的人是不允许玩这种剧烈运动的. 您怎么进去的?" "我跟着人流往里混, 装着听不懂他们讲的话, 径直走就混进去了呗."

正是这种永不泯灭的童心与好奇的心性, 使吴文俊能够冲破桎梏, 成为一代数学大师.

吴文俊:"数学机械化之父"的圆满句号*

吴文俊对于今天的中国老百姓来说, 或许一些人很陌生, 但是, 他对于中国发展, 对于中国数学, 对于中国科技, 对于中国走向复兴, 走向世界强大, 却作出了不朽的贡献.

第一次在电话中听到不断传出的乐呵呵的声音, 眼前就能显现出一位鹤发童颜、乐观开朗的老先生. 他早已是银发满头, 但依然身体硬朗, 步履矫健, 思维敏捷, 清晰善谈, 让记者心里不禁道一句 "吴老不老". 今天, 他走了, 但是他爽朗的笑声还回响在我们耳畔 ……

不言退休的 "数学机械化之父"

2001 年 2 月 19 日, 是一个喜庆的、值得回忆的日子. 在灯光璀璨、鲜花烂漫、万人聚集的人民大会堂里, 中国 "数学机械化之父" 吴文俊从时任中共中央总书记、国家主席江泽民手中接过 "国家最高科学技术奖" 证书, 并获得 500 万元的高额奖金. 当我们询问吴文俊当时的心情时, 老人乐了, "当然高兴", 顿了一下, 他接着说:"一方面感到是一种荣誉, 同时也是一种责任, 责任重大." 吴文俊重重的说了后面四个字. 一份最高荣誉的证书, 一笔高额奖金, 表示了党、国家和人民在新时期对科技创新工作和杰出科技人才的重视、感激和尊敬, 使受奖者也深感鼓舞与振奋.

获奖, 对数学大师吴文俊来说已是家常便饭, 夫人替他收藏着全部的荣誉证书. 每一个尘封的证书都熠熠发光, 灼人眼目. 早在 1956 年, 37 岁的吴文俊获得的第一个大奖便是 "国家自然科学一等奖", 奖金为一万元人民币. 当时的获奖者还有华罗庚、钱学森, 回忆起过去吴文俊尤为的兴奋:"高兴, 我的工作受到了认可, 就很高兴." 在获奖后的第二年, 他成为当时最年轻的中国科学院学部委员 (院士).

吴文俊 1919 年 5 月出生于上海, 1940 年毕业于上海交通大学数学系. 在他尚未踏入大学圣殿之前, 数学成绩就一直很好, 但对数学并无偏爱. 吴文俊在接受记者采访时说:"我的兴趣很杂. 在大学二年级之前, 最有兴趣的是物理课, 我对物理始终有兴趣. 但是到了二年级就差了, 这跟抗战有关. 我所在的那个学校从郊区搬到租界里面, 那许多就杂乱无章了. 这有影响, 如果不是这样, 那我可能后来对数学不会再有兴趣, 这与客观原因有关." "真正感兴趣, 准备当数学家, 那是在大学三年级的时候. 这跟老师有关, 有一个老师讲的课特别吸引我, 那就是我的武老师, 改变

---
* 中华儿女新闻网.

了我对数学的看法, 我就上了道. 后来陈省身老师将我引上了拓扑学研究的正途. 可是一直到现在我对物理的兴趣高于对数学的兴趣." 吴文俊如是说, 且不免有些遗憾, "我现在不懂物理了, 要不是我年纪大了, 我还要学学物理". 谈起数学研究, 他说: "搞数学当然是很艰苦的, 要说我为什么永不放弃, 主要还是因为自己毕竟爱数学, 为了给中国的数学在世界上争口气."

1946 年, 吴文俊到 Strassbourg 大学学习, 先后在斯特拉斯堡、巴黎、法国科学研究中心进行数学研究. 1949 年获博士学位, 1951 年回国. 谈到国外的这段学习经历, 他深有感触: "法国数学水平是全世界一流的, 在老师和同学的熏陶下, 体会与国内不一样, 在学术上给我很大的影响." 我们就顺便提到了外语交流有无障碍时, 吴文俊说: "国外出访时, 生活用语简单, 就那么几句; 而我主要与老师、同学打交道, 大多讲数学方面的事情, 在语言方面那就更简单了, 用不着人翻译."

一般人过 60 岁就退休了, 在家里抱抱孙子, 颐享天年. 听说他工作忙是出了名的, 我们问吴文俊想没想过退休, 老人一听 "退休" 这个词, 就立刻声音很高地说: "我是不退休的, 院士是不退休的, 名义上退休的话, 我工作上也不会退休; 即使我不是院士, 也不退休, 你退休了我工作, 你不退休我也照样工作. 万一退休, 我照样搞科研工作."

20 世纪 70 年代, 吴文俊为了解决几何定理机器证明和数学机械化问题, 年近六十还从头学习计算机语言, 亲自在袖珍计算器和台式计算机上编制计算程序, 尝尽在微机上操作的甘苦. 他的勤奋是惊人的, 在利用 HP-1000 计算机进行研究的那段时间内, 他的工作日程经常是这样安排的: 清早, 他来到机房外等候开门, 进入机房之后便八九个小时不间断工作; 下午 5 点钟左右, 他步行回家吃饭, 并利用这个时间抓紧整理分析计算结果; 到傍晚 7 点钟左右, 他又到机房工作, 有时候只在午夜之后回家休息, 清晨又回到机房. 长期繁重的工作, 使他常常忘记自己的生日.

"吴方法" 打造数学机械化 "吴家军"

吴文俊在数学研究领域走过了半个多世纪的漫长道路. 他的老伴说: "他是个搞学问的人, 一心只搞学问. 做家务, 他没有时间, 也没有兴趣." 即使在 20 世纪六七十年代, 受到冲击也仍然抓紧时间从事科研.

"我本来根本没有想到我会跟计算机打交道. 一直到 '文化大革命', 要我到工厂学习, 我到北京无线电一厂. 这次学习对我来说非常有成果, 因为无线电一厂当时转向制造计算机, 我在那儿真正接触到计算机, 我对计算机的效率大为惊奇, 觉得这是一个非常重要的武器. 这是一个机遇. 另外一个机遇就是 1974 年学习中国数学史, 我也得益于中国传统数学的学习. 两者一对照, 我觉得中国数学的思想和方法跟现在的计算机是合拍的, 就促使我进行一些机器证明方面的尝试." 机遇只光顾有准备的头脑, 但是有准备的头脑能不能在机遇来临的时候不失时机地抓住它, 需要科学家敢于打破惯有思维的勇气和创新精神. 难怪, 一同荣获国家最高科技奖的 "杂交水稻之父" 袁隆平也这样认为: "吴文俊机器证明的研究方法, 是中国古代数学思想跟当代计算机技术的 '远缘杂交', 如是 '亲近杂交' 想必是要退化的."

吴文俊为拓扑学做了奠基性的工作, 取得的成就闻名国际数学界. 1976 年, 年近花甲的吴文俊毅然开始攀越数学生涯的第二座高峰——数学机械化. 1977 年, 吴文俊关于平面几何定理的机械化证明首次取得成功, 从此完全由中国人开拓的一条数学道路铺展在世人面前. 这是国际自动推理界先驱性的工作, 被称为 "吴方法". 数十年间, 吴文俊不仅建立了 "吴公式" "吴示性类" "吴示嵌类" "吴方法" "吴中心", 更形成了 "吴学派", 被国际数学界称为 "吴文俊公式" "吴文俊示性类" 等已被编入许多名著研究.

20 世纪 80 年代, 美国计算机科学界的权威曾联名写信给我国领导人, 认为吴先生的工作是 "第一流的". 美国人工智能和自动推理方面的一些权威人士指出: "吴的工作不仅奠定了自动推理研究的基础, 而且给出了衡量其他推理方法的明确标准", "吴的工作改变了自动推理的面貌, 是近几十年来自动推理领域最主要的进展", "他使中国的自动推理研究在国际上遥遥领先". 数学家李邦河分析说: "必须是具备多方面的数学知识和善于创造性思维的人, 才可能作出这一独特的发现, 一是他对中国古代数学的深刻理解, 中国古代数学是构造性的、可计算的, 而只有构造性的数学才可能在计算机上实现. 二是对初等几何的非一般可比的精通. 三是熟悉代数几何, 他面对的是多项式系统." 美、德、英、法、意、日等国都在致力于 "吴方法" 的研究和证明, 并已在智能计算机、机器人学、控制论、工程设计等方面获得应用.

吴文俊一生教了多少学生, 无法用数字计算. "学生不少, 也有很出色的, 但有的去世了. 其中一个学拓扑学, 本来很好的, 但在 '文化大革命' 中患癌症去世了. 还有一个也是很好的, 60 年代的, 很出色的, 在美国一次车祸中去世了." 语言中深含惋惜, 良久才说, "有两个非常出色的, 去世了. 现在当然也有一些很出色的, 一定要说谁比谁好, 这很难说, 都很不错的", 吴文俊的话音又出现了愉悦, "这叫做后继有人嘛". 在吴文俊的主持研究实践下, 我国一支较完整的数学机械化研究队伍已经形成, 并在机器证明、方程求解、实代数几何等方面做出了国际领先的成果, 多次获得国际、国内重要奖励.

"吴公式" 主人的生活不 "公式"

吴文俊是中国数学界的泰山北斗, 他取得的成绩对绝大多数人来说可望而不可及, 但是他毕竟是个人, 有七情六欲, 有喜怒哀乐, 并且他的兴趣还相当丰富, 活力不亚于年轻人. 有一次去香港参加研讨, 活动间隙出去游玩, 那时年逾古稀的他竟坐上了过山车, 玩得不亦乐乎. 老伴一提起这个就说: "嗨, 那是小孩玩的, 他也要玩." 吴文俊访问泰国期间, 也坐到大象鼻子上开怀大笑. 有一次在澳大利亚, 他 "顽皮" 地将蟒蛇缠在了脖子上, 吓得旁人纷纷后退.

北京大学将学校历史上的第一个 "北京大学杰出校友" 荣誉称号授予吴文俊院士 (左)

　　但平日里, 这位鼎鼎大名的数学家很大的一个嗜好就是看电影, 不仅有手举纸钞苦候退票的 "经历", 也有 "泡" 电影院误了末班车徒步回家的逸事. 话一触及到电影, 吴文俊便兴趣盎然: "这两年没看了. 那些大片, 武打片子, 把我胃口倒掉了." 颇不满意的他, 仿佛一个要东西却没得到而嘟着嘴的孩子, 吴文俊紧接着又很认真地说: "《刮痧》你们知不知道, 我在报纸上看到了介绍, 我觉得有意思, 我很想看." 2001 年, 采访之前我们刚看过, 觉得有意思, 就说: "我们看了, 很有意思, 讲中西方文化冲突的, 值得一看, 您也去看看吧." "我是很想看的, 报纸上讲了, 但附近一带没电影院了, 还要跑老远去看." 听着吴文俊很想看却又无处看的遗憾的口气, 记者便说: "您可以买张碟, 放 DVD 来看." 吴文俊 "啊" 了一声, 问我们说的是什么, 最后才明白过来, "我还没有这种设备, 我的设备录放机也坏了, 也没修理. 我以前经常去海淀工人文化宫影剧院, 过了条马路就是了, 现在撤掉了." 老人说得意兴阑珊.

　　"我最喜欢历史片, 不过 '戏说' 类的, 我从来不看; 真正的历史片, 是从那里边我可以学到一些历史方面知识的. 比如说吧, 我第一次见到袁隆平呀, 吃饭时一聊起来, 没想到我们的爱好有点相同, 都喜欢看由普希金的小说改编的电影《上尉的女儿》，两人不约而同的都喜欢，而且对这电影看法相同．我是在法国的时候看的，就因为看了这个电影，就变为电影爱好者了．”影片还是让老人滔滔不绝，“前一两年，在国内电视上演过一回，有一些修改，我对这个修改并不满意，删掉了一些，这些正是这个电影很吸引人的地方．个人口味不同，我和袁隆平在这一点上有相同的看法．”看来老人找到了一个行业差别很大但观点相同的很好的电影同盟．“有一些镜头关于凯瑟林女王的，印象非常深，普加乔夫起义就在凯瑟林女王当权的时候，许多吸引我的镜头删掉了……”

除了电影外，吴文俊的另一大嗜好就是书籍．按他自己的说法是“随便乱买”，种类很多，那些书绝大部分是中外文的数学资料，其余多是与历史有关．为了节省时间，平时他节制业余爱好，“读小说也只读短篇，怕长篇误事，耽误时间”．吴文俊家位于中关村腹地，朴实无华，简单得近乎简陋，地板和墙壁好象和主人的岁数差不多．虽有五个房间，但是老人的书要两三个房间才容纳得下，以前的书架远远不够放的，屋里到处都有书．“现在我正为这个事情发愁．”

吴文俊绝不是一个沉闷的人，他不仅热爱自己的专业，更热爱丰富多彩的生活．然而，爱好广泛的他将自己的生活简了再简——非常喜欢围棋，但仅仅看别人下，自己很少与人对弈，因为怕上瘾，花去太多的时间；也喜欢睡觉，可是躺在床上，思考最多的还是他所钻研的数学！“我的业余爱好多，我现在对旅游很感兴趣，看报、看电视，我都喜欢；有机会逛逛街，看看商品倒也有意思．”

走出工作间的吴文俊生活简单，待人平易，生性乐观——走在街头，完全是普通人群中的一员．当我们问他会不会为了研究而像有些大科学家一样忘我到不修边幅，甚至邋遢的地步，老人立刻说：“我不学他们，家庭、事业两个都不可或缺，两个方面的矛盾不多，家庭里杂七杂八的事情，都由老伴担当去了．我不参加什么活动，不认识什么人，我和老伴也是人介绍的．我获奖，老伴占一大部分功劳．”不过，他坦白地表示自己多年来有一个不穿袜子的习惯，常常赤足穿一双半旧皮鞋，“也不知道什么时候养成了不穿袜子的习惯，只有会见外宾，参加重要活动才‘被迫’穿上．在回来的车上，往往‘迫不及待’地脱下来．”可能这正是吴文俊所说的“努力躲避日常琐事，好集中精力”．正所谓：攀高峰，“捷”足先登啊．

吴文俊的老伴陈丕和也是上海人，自1986年退休后就在家中干家务，全心照顾吴老．在采访中她说：“我们家生活很简单，普普通通，跟一般人家一样，不追求什么奢华．关键是快乐，我们俩身体都很好．”

谈及成功这个话题，吴文俊说：“天才是人努力造成，我不相信天才，但相信灵感．我有种怪论，数学是给笨人干的，一些人干数学就不合适．”

我们问他关于他的成果被5位“菲尔兹奖”获得者引用，而自己没获过此奖，那心里怎么想这问题．吴文俊笑了笑，不在意地说：“我自己没获得，我想我若住在国外现在希望大一点，但对这我并不在乎．”随即又哈哈哈地笑，“也许这叫做那个

'狐狸吃酸葡萄吃不着', 我吃不着 ······ " 我们也被逗乐了. 他说, "搞数学, 光发表论文不值得骄傲, 应该有自己的东西. 不能外国人搞什么就跟着搞什么, 应该让外国人跟我们跑. 这是可以做到的. "

如今, 吴文俊走了, 给我们留下了一座数学丰碑, 这座数学丰碑屹立世界, 熠熠生辉; 他也留下了伟大的成就、伟大的人格、伟大的精神, 激励更多的人. 浩瀚宇宙中, 有一颗被命名为 "吴文俊星" 的小行星, 这是对他科学贡献和科学精神的纪念和褒奖. 斯人已去, 但那颗璀璨的 "吴文俊星" 将时刻照耀和激励我们向科学的高峰奋进.

文华逾九章　俊杰胜十书
—— 送别数学大师吴文俊*

董瑞丰　姜辰蓉　邓华宁

　　他是中国数学界的泰山北斗, 他是首届国家最高科技奖的得主, 他开创了近代数学史上第一个由中国人原创的研究领域, 他立志要让中国数学复兴.

　　5 月 11 日, 一代数学大师吴文俊先生的追悼仪式在八宝山殡仪馆举行. 初夏的北京, 千余人在烈日下静静排着长队, 只为给他送上最后一程.

　　"文华逾九章, 拓扑公式彪史册; 俊杰胜十书, 机器证明誉寰球. " 挽联黑底白字, 为先生的毕生所成写下注解.

大道至简, 走出中国原创的数学之路

　　1234567…… 这些在普通人看来再平凡不过的数字, 在数学家眼中却如乐章般美妙, 值得用一辈子去求索其中之 "道".

＊新华社.

　　1975 年,《数学学报》发表了一篇署名 "顾今用" 的文章, 对中西方的数学发展进行深入比较, 精辟独到地论述了中国古代数学的世界意义.

　　"顾今用" 是吴文俊的笔名. 中科院数学与系统科学研究院研究员李文林后来回忆, 正如这一笔名所预示, 吴文俊逐步开拓出一个既有浓郁中国特色又有强烈时代气息的数学领域 —— 数学机械化.

　　数学机械化是什么? 可以举一个例子: 吴文俊提出用计算机证明几何定理的方式, 实现了将繁琐的数学运算证明交由计算机完成的目标. "数学的实质跃进在于化难为易." 吴文俊这么说.

　　这是近代数学史上第一个由中国人原创的研究领域, 被命名为 "吴方法", 后来被应用于多个高技术领域, 解决了曲面拼接、计算机视觉等核心问题.

　　研究数学机械化, 是吴文俊学术生涯的一次重大转折. 之前, 他以研究有着 "现代数学的女王" 之称的拓扑学而蜚声中外, 1956 年就与华罗庚、钱学森一起获得首

届国家自然科学奖一等奖.

转向新的研究领域, 却与他的理念一脉相承. 吴文俊曾对人回忆: 我们往往花很大力气从事对某种猜测的研究, 但对这个猜测证明也好, 推进也罢, 无非是做好了老师的题目, 仍然跟在别人后面.

"不管谁提出来好的问题, 我们都应想办法对其有所贡献, 但是不能止步于此. 我们应该出题目给人家做, 这个性质是完全不一样的. " 吴文俊说.

要创新! 做开创领域的工作, 是最重要的创新. 吴文俊很清楚: "那个时候我已经研究了一段时间的中国古代数学, 得到一种启示: 不必照西方的道路走, 而是走另外一条道路. "

"吴方法" 于 20 世纪 70 年代末出现后, 在国际上引发了一场关于几何定理机器证明研究与应用的高潮.

1982 年, 美国人工智能协会主席布莱索等知名科学家联名致信我国当时主管科技工作的领导人, 赞扬吴的工作是十年中自动推理领域出现的最为激动人心的进展, "他独自使中国在该领域进入国际领先地位".

吴文俊的学生、中科院数学与系统科学研究院研究员高小山 1988 年赴美国得克萨斯大学奥斯汀分校计算机系从事博士后研究, 该校是美国人工智能研究的主要中心之一. 高小山回忆, 在与一众知名学者交谈时, 他们经常挂在嘴边的话是: 吴是真正有创新性的学者. 还有人对高小山说: 你来美国不是学习别人东西的, 而是带着中国人的方法来的.

年近九旬时, 吴文俊获得 "邵逸夫数学奖", 评奖委员会这样评论他的获奖工作: 数学机械化 "展示了数学的广度, 为未来的数学家们树立了新的榜样".

中科院院士、数学与系统科学研究院原院长郭雷曾撰文回忆, 作为享有盛誉的数学家, 吴文俊对中国数学的发展不乏自己独到的见解, "他认为, 中国数学最重要的是要开创属于我们自己的研究领域, 创立自己的研究方法, 提出自己的研究问题."

"可以说, 吴先生的这一思想贯穿在他的数学生涯中. " 郭雷回忆.

大方无隅, 跨越世纪的 "赤子之心"

2000 年, 吴文俊和 "杂交水稻之父" 袁隆平一起荣获首届国家最高科技奖. 两位各自领域的顶尖科学家在北京第一次见面, 吴文俊跟袁隆平开玩笑: "我们数学讲测量, 是靠你们农业起来的, 你们要量地呀. "

在身边人的眼中, 吴文俊时不时会显露出他的 "童心未泯". 有一次去香港参加研讨会, 开会间隙出去游玩, 年逾古稀的他竟坐上了过山车, 玩得不亦乐乎; 一次访问泰国期间, 他坐到大象鼻子上开怀大笑, 还拍下了照片.

吴文俊的学生们回忆,先生在工作之余也有一些小爱好,比如爱看武侠小说,比如 90 多岁高龄时,还经常一个人去逛逛书店、电影院,偶尔还自己坐车去中关村的知春路喝咖啡.

但他从来不会忘记自己的主业是数学. 上世纪 80 年代,吴文俊的一位学生在中科院图书馆和国家图书馆借了大量数学专业书,发现几乎每一本书的借书卡后面,都有吴文俊的名字.

吴文俊培养的博士、数学与系统科学研究院研究员刘卓军曾评价,"作为一个学术大家,他的出现有很多原因,但有两点非常突出:一是非常勤奋、非常刻苦;二是非常放得开,不在乎别人怎么说,心胸宽广、豁达,不受私利困扰. "

步入耄耋之年,吴文俊一听到 "退休" 二字,声音马上提高起来:"我是不退休的,名义上退休的话,我工作上也不会退休. 万一退休,我照样搞科研工作. "

直到今年 3 月,吴文俊还给人写信说,自己是要 "鞠躬尽瘁,死而 '不已' ".

胸怀一颗 "赤子之心",吴文俊不在意外界的纷扰,专注于研究领域. 在很多人眼里,吴文俊 "一辈子就是在做学问,在一心一意做学问".

在中科院院士、数学与系统科学研究院研究员林群的记忆中,吴文俊是一个非常 "单纯、纯粹" 的人,这种纯粹更多地体现在他不争荣誉、一心一意做工作上. 唯其不争名逐利,因而完全 "没有人间的烦恼".

"他从来不为自己争取什么. 第三世界科学院院士也是别人给他的, 他自己都不申请." 林群说.

大象无形, 先生风范山高水长

"伟大的数学家, 学术界的巨人, 无私奉献的爱国者, 中国传统君子型的学者" —— 著名华人数学家萧荫堂发来的唁电, 勾勒出吴文俊的一生风范.

知识渊博、淡泊名利、具有强烈的创新精神, 为中国数学的发展建立了丰功伟绩 …… 在众人眼中, 吴文俊不仅是一个学术方面的带头人, 更是一个人格高尚、具有强烈报国心的知识分子代表.

—— 开辟了崭新的数学研究领域

已故中科院院士、2009 年度国家最高科学技术奖获得者谷超豪曾说, 吴文俊先生对我国的数学事业有重大贡献, 他早年在拓扑学上作出了重大贡献, 后来提出了数学机械化的思想, 这是十分有远见的宏伟计划, 为数学的发展开辟了无限广阔的前景.

中科院院士万哲先说, 吴文俊先生是一位杰出的数学家, 无论从事拓扑学研究, 或是中国数学史研究, 或者数学机械化研究, 他都有卓越的战略眼光, 富于想象力和创造性. 他总是独辟捷径, 攀上一个又一个的科学顶峰, 为中国数学的发展建立了丰功伟绩.

著名华人数学家丘成桐特地为吴文俊先生写了一副挽联: "同苏公高寿, 受荣名于国家, 福难比矣; 继陈氏之后, 扬拓扑乎中土, 功莫大焉."

——终身治学、孜孜不倦

吴文俊的学生、北京航空航天大学教授王东明回忆，吴先生的纯粹体现在他"以事业为乐趣"的治学态度上，更体现在他的治学态度对下一辈产生的示范效应中."我最初写论文时，英文不好，拿给吴先生看，他坐在那儿帮我改了一两个小时，这件事对我触动很大." 时隔多年，吴文俊为自己改文章的那一幕，仍深深刻在王东明的脑海中.

中国人工智能学会副秘书长余有成回忆，去年到吴文俊先生家中拜年，临别之际，吴先生欣然题词："发展人工智能，引领时代前沿"，寄语我国从事人工智能领域的科技工作者，要在原创科学及基础理论研究方面有突破，在智能科学技术应用领域全面发展.

——淡泊名利、率性亲切

广西民族大学副校长吴尽昭是吴文俊的学生. 他回忆，读博期间到吴文俊家里学习拜访，满室书卷是先生家里最大的特色，从没见过任何奖杯奖状被摆放出来."先生常对我们说：'不为获奖而工作，应为工作而获奖.' 他不肯从数百万的巨额奖金中拿出一部分改善生活条件，却用来开展自主选题的研究，支持优秀项目."

吴文俊的学生、中科院院士李邦河说，吴文俊先生在生活中非常朴素，20 世纪80 年代初，先生从美国考察回国，穿了一件旧旧的中山装，带着为公家采购的计算机设备，甚至还被机场海关仔细盘查了一遍.

中国科技馆原馆长王渝生回忆，吴文俊鹤发童颜，总是笑眯眯的. 记得 1980 年首届全国数学史会议后，60 多岁的他背一背包，同大家一起去天池游览，一路讨论数学史问题，十分尽兴."吴文俊院士虽已仙逝，但风范长存，他永远活在我们心中，始终年轻、永远不老！"

文华逾九章　俊杰胜十书
—— 千人送别著名数学家吴文俊[*]

李晨阳　陆　琦

　　5 月 11 日上午, 北京八宝山公墓殡仪馆东礼堂哀乐低回. 中国共产党优秀党员、我国著名数学家、中国科学院院士、首届国家最高科技奖获得者、中国科学院数学与系统科学研究院研究员吴文俊先生的送别仪式在此举行.

　　送别礼堂里, 吴文俊遗体身盖党旗, 静静躺在鲜花丛中. 对他的逝世, 习近平同志表示沉痛哀悼并向家属表示诚挚慰问; 李克强、张德江、俞正声、刘云山、王岐山、张高丽、江泽民、胡锦涛、刘延东、李源潮、赵乐际、栗战书、朱镕基、温家宝、曾庆红、李岚清、吴官正、李长春、贺国强、杨晶、王晨、常万全、裘援平、陈至立、宋健、路甬祥、丁石孙、白春礼、刘伟平、杨卫、陈佳洱等领导同志对吴文俊先生逝世表示沉痛哀悼, 向其家属表示诚挚慰问并以个人名义送来花圈.

　　全国人大常委会原副委员长、中国科学院原院长路甬祥, 中国科学院院长、党组书记白春礼, 中国科学院党组副书记、副院长刘伟平, 全国人大常委会副秘书长郭雷等领导同志, 数十位院士、数学界同仁、吴文俊先生生前好友、吴文俊先生家乡的领导、学生及社会各界人士 1000 余人参加了告别仪式. 大家胸佩白花, 表情肃穆, 慢慢步入灵堂, 依次在吴文俊院士遗体前深深鞠躬, 并与亲属一一握手, 送先生最后一程.

白春礼与亲属握手

　　* 科学网 www.sciencenet.cn, 2017-5-11 19:35:42.

瞻仰吴文俊院士遗体

排队送别吴文俊的人群. 摄影：王林 (中国科学院数学与系统科学研究院)

钻研精进　桃李成蹊

　　"他是我最最最最 …… 的老师！" 灵堂外, 一位白发苍苍的老人向身边人谈起吴文俊时, 一句话尚未讲完, 已然泣不成声. "最" 字之后的那个形容词, 终究没人能听得真切.

　　那么, 吴文俊究竟是一位最 "什么" 的老师呢？

　　作为享誉世界的大数学家, 吴文俊在纯数学和应用数学的多个领域都作出了杰出贡献. 前半生中, 他用 30 多年时间, 在代数拓扑学的研究领域取得了一系列奠基性成就, 其中最著名的便是吴示性类与吴示嵌类的引入和 "吴公式" 的建立; 到了花甲之年, 他又毅然转身, 开创与拓扑学毫不相关的数学机械化研究领域, 开创了里程碑式的 "吴方法".

在中科院数学与系统科学研究院副院长高小山的回忆中, 60 多岁时的吴文俊还常常工作到很晚, "连累" 得机房管理员都要晚下班. 90 多岁了, 吴文俊还在坚持自己编程序, 思考着一个世界级难题 —— 大整数分解. "吴先生的勤奋是出了名的, 他能做出这么多学术成果和贡献, 跟这份刻苦密不可分. " 高小山感叹道.

在吴文俊的整个学术生涯中, 他总是心怀各个学科领域的发展. 1983 年底,《华盛顿邮报》刊登了印度籍数学家提出的一种新的线性算法. 吴文俊看到后, 很快从好友那里要来文章手稿, 交给几位主攻数学规划的研究生, 组织他们开展研讨. 其中一名研究生, 就是如今已成为中科院数学与系统科学研究院党委书记、副院长的汪寿阳. 汪寿阳说:"正是因为吴老的关怀和帮助, 我们成了全世界较早从事数学规划研究的小组. "

进入耄耋之年后, 吴文俊仍在密切关注着新的科研进展和新涌现的人才. 最近几年, 他最关心的问题是: 中国要怎么成为数学强国. 中共中央政治局常委、中央书记处书记刘云山看望他时, 他还心心念念地叮嘱, 中国要培养自己的数学人才.

当今世界, 人工智能的发展锐不可当. 但在科技发展史上, 这一领域也曾数度大起大落. 吴文俊一直对人工智能高度关注. 他是中国人工智能学会名誉理事长, 亲自点燃了这一学会的创新精神. 2016 年, 学会副秘书长余有成去他家拜年时, 吴文俊还一再殷殷嘱托:"中国的人工智能不能走外国人的老路, 要在原创科学和基础理论研究方面实现突破. "

在中科院数学与系统科学研究院执行院长王跃飞看来, 吴文俊是一位谦逊、和蔼的师长, 更是爱国的典范和做人的楷模. 在他的辛勤耕耘下, 早已桃李成蹊, 众多学生成为国际上各个领域的领军人物.

赤子心性　家国情怀

吴文俊去世后, 另一位数学大家 —— 哈佛大学萧荫堂教授发来唁电, 称他为 "伟大的数学家, 学术界的巨人, 坚定的爱国者, 中国传统君子型的学者. " 王跃飞相信, 这是对吴文俊一生的中肯评价.

吴文俊的爱国之情, 人尽皆知. 早在 20 世纪 50 年代初, 吴文俊就放弃了国外优越的研究条件, 毅然回国. 而此时的他, 已经提出了大名鼎鼎的 "吴公式". 他的这份情操, 也影响着无数后来者.

中科院数学与系统科学研究院研究员李子明是吴文俊的硕士研究生, 在吴老的推荐下出国攻读博士. 1996 年, 李子明博士毕业, 正在为人生选择踌躇之际, 收到了吴文俊发来的一封 E-mail. 信上, 吴文俊写道:"听说你现在想回来, 请一定回到我们这个实验室来工作. "

"想到当年吴先生义无反顾回到祖国的深情, 我也深受激励, 毫不犹豫地回来了." 李子明回忆道.

中科院数学与系统科学研究院系统科学研究所所长张纪峰说, 吴文俊在数学机械化方面最重要的论文, 全都发在了国内期刊上. 1977 年, 他在《中国科学》上发表论文《初等几何判定问题与机械化问题》; 1984 年, 他有关数学机械化机器证明的奠基性论文就发表在《系统科学与数学》期刊上, 当时国外的相关学者和公司都想学习这一成果, 但苦于没有网络看不到这篇文章. 后来国际自动推理领域最主要的期刊《自动推理》又把三十多页的论文重新发表了一遍.

2001 年, 吴文俊荣获首届国家最高科学技术奖. 他从奖金中先后拨出 100 万元人民币, 建立了 "数学与天文丝路基金", 奖励并资助一些爱好数学的中国年轻人到伊朗、哈萨克斯坦等国, 寻找古代中国数学向西方传播的证据.

吴文俊一生奉献无数, 却长存一颗感恩之心. 在 90 岁学术会议上, 吴文俊列出一个长达两三页纸的名单, 有名有姓地写出了那些在他科研生涯中帮助过他的人.

生活中的吴文俊, 又有着另外一面: 单纯而富有童心, 有人曾亲切地称呼他 "老顽童". 钻研数学之余, 他喜欢看电影、看武侠小说, 还喜欢喝咖啡. 身体好的时候, 他甚至一口气从红楼走到双安, 专程去看电影.

"这么一位大人物, 日常总是那么朴素, 穿着随随便便. " 中国科学院院士、中科院数学与系统科学研究院研究员李邦河面带温情地回忆着吴文俊. 这位功勋卓著的大师, 留给世人的印象却总是那样朴实无华.

悼念吴文俊院士：引领中国传统数学的复兴*

宋雅娟

5 月 11 日，我国首届国家最高科技奖获得者、著名数学家吴文俊院士追悼会在北京八宝山公墓殡仪馆举行.

吴文俊前半生从事拓扑学研究，陈省身赞誉他 "对纤维丛示性类的研究做出了划时代的的研究. " 吴文俊后半生通过对中国古算思想方法的研究，开创了机械化数学崭新领域，被誉为 "继往开来，独辟蹊径，不袭前人，富于创新. " 特别是他对纯粹数学和应用数学两方面都做出了杰出贡献，是世界上伟大的数学家.

追悼会上，吴文俊的学生，中国科学院自然科学史所原副所长、中国科技馆原馆长王渝生心情久久不能平复. 他向记者讲述了吴文俊引领中国传统数学复兴所作的贡献.

王渝生说，20 世纪 70 年代末，吴文俊已届花甲之年，彼时，他对中国传统数学的认知有了一系列的变化. 吴文俊认为，"中国的古代数学，基本上是一种机械化的数学" "是机械化体系的代表" "我国古代机械化与代数化的光辉思想和伟大成就是无法磨灭的". 而他自己 "关于数学机械化的研究工作，就是在这些思想与成就启发之下的产物，它是我国自《九章算术》以迄宋元时期数学的直接继承".

在此之前，吴文俊从 20 世纪 40 年代起从事代数拓扑学的研究，30 多年来取得了一系列开创性的成果，其中最著名的是吴示性类与吴示嵌类的引入和吴公式的建立，并有许多重要的应用. 数学界公认，在拓扑学的研究中，吴文俊起到了承前启后的作用，推动了拓扑学蓬勃发展，使之成为数学科学的主流之一. 为此，吴文俊荣获 1956 年度国家首届自然科学奖一等奖. 1957 年，38 岁的吴文俊又当选为中国科学院学部委员 (院士).

吴文俊在 20 世纪 70 年代后期，以六十花甲之龄，毅然改变了他前半生做出的代数拓扑学研究方向上的奠基性工作，转而开创了同拓扑学完全不搭界的崭新的数学机械化研究领域，成为当代数学发展中一个引人瞩目的具有中国传统数学特色的新里程碑.

事情要从 20 世纪 70 年代中期谈起. 那时，吴文俊对中国古代数学史产生了兴趣，他在《隋书·律历志》中查到祖冲之领先世界千年之久的圆周率 π 值 3.1415926…… 是用刘徽《九章算术注》中以圆内接正六边形数边数倍增的方式，

* 光明网，05-11 14:04.

通过计算其周长来逼近圆周长而得出圆周率的, 刘徽称其为 "割圆术": "割之弥细, 所失弥少; 割之又割, 以至于不可割, 则与圆周合体而无所失矣." 吴文俊以其数学家的慧眼, 马上洞察到以《九章算术》为代表的中国传统数学的思想方法, 是以算为主, 以术为法, 寓理于算, 不证自明, 这与古希腊以《几何原本》为代表的逻辑演绎证明和公理化体系异其旨趣, 在数学历史发展的进程中此消彼长、交相辉映. "但由于近代计算机的出现, 其所需数学的方式方法, 正与《九章》传统的算法体系若合符节.《九章》所蕴含的思想影响, 必将日益显著, 在下一世纪中凌驾于《原本》思想体系之上, 不仅不无可能, 甚至说成是殆成定局, 本人也认为并非过甚之辞." 吴文俊如是说.

也就是在那个时期, 吴文俊下放到计算机工厂劳动, 切身体会到了计算机的巨大威力. 这时他已年过半百, 却一头扎进机房, 从 HP-1000 机型开始, 学习算法语言, 编制算法程序, 居然发现不仅是汉唐数学, 而且同它一脉相承的宋元数学, 如贾宪三角与增乘开方法、高次方程数值解法、高阶等差级数求和与高次差内插法、一次同余式组解法、数字高次方程的立法和高次方程组的解法等, 都是构造性算法, 无一不具备机械化程度很高的计算程序, 有些还包括了现代计算机语言中构造非平易算法的基本要素 (如循环语句、条件语句) 和基本结构 (如子程序). 由此, 吴文俊很快找到了中外古今数学的结合点: 用中国传统数学思想方法, 在计算机上实现几何定理的证明, 进而推动数学机械化, 建立机械化数学.

我们知道, 数学基本上是两种形式: 计算和证明. 二者相比较: 计算易, 证明难; 计算繁, 证明简; 计算刻板, 证明灵活; 计算枯燥, 证明美妙. 而由于计算机的出现, 枯燥无味的机械化数值计算已可经机器化走向自动化了. 如果逻辑推理、公式推导、方程求解、定理证明等虽美妙有趣但需耗费大量脑力劳动的数学工作, 也能如此, 那么人们就可以把宝贵的脑力劳动花费在不能或一时不能机械化的部分, 去更高效率地进行创造性的劳动.

这是数学机械化的最终目标, 也是吴文俊后半生这 40 年来艰苦奋斗、义无反顾、摸索前进的方向. 他在数学机械化和机械化数学方面的开创性研究成果得到国内外的一致高度评价, 1997 年他荣获国际自动推理的最高奖 Herbrand 奖, 2000 年荣获首届国家最高科学技术奖.

品若梅花香在骨，人如秋水玉为神
—— 追忆吴文俊先生

一则讣告如惊雷初炸，点滴过往化成记忆的片花；一篇短文寄托哀思，先生的音容笑貌永远珍藏在我们岁月的收藏夹.

CAAI 20 周年：初睹大师风采

进入 21 世纪的第一年，中国人工智能学会出现了新的巨大的发展机遇. 记得那天是 2001 年 11 月 28 日，中国人工智能学会在北京召开第九届全国人工智能学会大会及中国人工智能学会成立 20 周年纪念大会，500 多位 AI 精英出席了大会，300 多篇论文经审稿录用. 大会群贤毕至，盛况空前，吴文俊院士、王守觉院士、李衍达院士、李德毅院士、涂序彦教授、钟义信教授、何华灿教授、童天湘研究员等就各自的创新学术成果分别作了大会报告，受到与会者好评. 这是我第一次亲眼目睹中华人民共和国第一届国家最高科学技术奖获得者、中国人工智能研究的杰出领路人吴文俊院士的风采. 吴先生在大会上就 "科技创新" 问题发表了热情洋溢而又语重心长的讲话，受到大家的热烈欢迎. 很多人至今还记得他在报告中殷切告诫广大人工智能研究者：创新两个字很光鲜，但是创新的过程却很艰苦，要有为了追求真理而坐冷板凳的吃苦精神！

为了发挥德高望重的老一辈专家学者的作用, 更好地团结全国人工智能科技工作者, 2001 年 12 月 1 日, 刚刚选举产生的中国人工智能学会第四届理事会决定, 设立 "中国人工智能学会指导委员会", 邀请吴文俊先生担任名誉主席, 涂序彦教授担任主席, 王守觉、石青云、李衍达、李未、吴澄、张钹、杨叔子、郑南宁、戴汝为等二十多位院士和资深学者纷纷加盟. 在吴文俊先生的亲自关怀和指导下, 指导委员会很快就成为学会的学术旗帜和凝聚核心. 自那时起, 我有幸作为指导委员会的秘书长, 多次拜访吴文俊先生, 聆听他老人家的教诲.

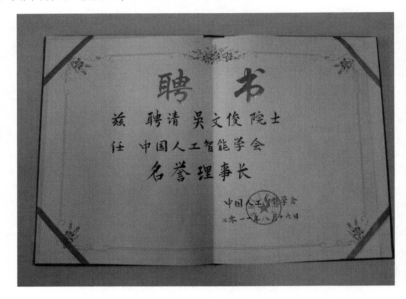

CAAI 25 周年: 感受先生对 CAAI 的拳拳呵护之心, 殷殷期待之情

2006 年, 为隆重庆祝人工智能学科诞生 50 周年暨 CAAI 成立 25 周年, 由中国人工智能学会发起, 经中国科协批准, 联合中国计算机学会、中国通信学会、中国电子学会、中国自动化学会、中国电机工程学会、中国仪器仪表学会、中国中文信息学会、中国系统仿真学会、中国高技术产业化研究会、中国心理学会、中国科技馆等 10 多个单位共同筹备 "庆祝人工智能诞生 50 周年科技活动旬". 那一年, 学会策划了三项重大活动: 一是在中国科技会堂隆重召开 "2006 人工智能国际会议 (International Conference on Artificial Intelligence, ICAI'06)", 二是在中国科技馆举办首届 "中国人工智能科技成果与产品博览会" 并举行 "中国象棋人机博弈大赛", 三是出版《人工智能: 回顾与展望》纪念文集. 这些活动都得到吴文俊先生的大力支持与指导.

在 ICAI'06 会议上，时年 87 岁高龄的吴文俊院士冒着酷暑亲临会场做大会主旨学术报告. 由于吴先生的国际影响，模糊数学创始人美国加州大学 Lotfi Zadeh 教授，EBMT 机器翻译方法创始人、日本国家信息通信研究院院长 Makoto Nagao 教授等 10 位世界著名学者在开幕式上做了高水平的特邀学术报告，来自亚洲、美洲、欧洲、大洋洲、非洲的 200 多名代表出席了会议，在国际 AI 届引起很大的反响.

由于经费短缺且经验不足，首届"中国人工智能科技成果与产品博览会"的招展工作遇到不少困难. 2006 年 1 月 12 日，我和博览会筹备组的同事们登门求助吴文俊先生，希望能借助他的影响办好博览会. 吴文俊先生听了我们的汇报，不仅第一个在发展人工智能的《院士倡议书》上签了名，还欣然为博览会题词："庆祝人工智能诞生 50 周年暨中国人工智能学会成立 25 周年". 吴先生的支持使首届博览会办得非常成功，开幕当天得到"新闻联播"的播报.

2006 年的庆祝活动留下的成果之一是中国人工智能学会和科学出版社合作出版的 AI 学科诞生 50 周年纪念文集《人工智能：回顾与展望》. 学会希望通过这部文集总结人工智能 50 年的发展经验、展望人工智能未来的发展方向，阐述智能科学技术对于人类社会发展的重要意义，建议我国发展智能科学技术的国家战略. 作为负责约稿和征文工作的文集副主编，我的压力非常大. 为此，我第一个向吴文俊先生约稿，希望通过他的文稿提升文集的号召力. 吴先生亲自撰写了题为《脑力劳动机械化》的论文，为文集的高度和水平奠定了基础. 有了吴先生的支持，我很快就征集到二十多位院士和资深学者的稿件，汇集成一部人工智能领域的"诸子百家"文集.

CAAI30 周年：中国 AI 学人有了自己的大奖

为推动我国智能科学技术的发展和应用，推进产学研联盟的战略步伐，中国人工智能学会第五届理事长钟义信教授 2008 年即提出设立"吴文俊人工智能科学技术奖"的设想，希望通过奖励机制激励广大智能科学技术工作者的创新积极性，为推进中国智能科学技术的创新与进步做出贡献.

当我们向吴先生汇报设奖的宗旨和筹备情况时，吴先生明确指出：设立这个奖项并不是要为个人树碑立传，要通过设奖和评奖引导我国广大人工智能科学技术工作者具有明确的创新方向和建立有力的创新激励，希望这个奖项能真正为推动我国人工智能领域的创新发挥积极的作用. 在吴文俊先生的鼎力支持下，钟义信教授亲自寻找企业提供赞助基金，时任《科技奖励》杂志编辑部主任的余有成、学会副理事长韩力群承担了赞助经费的落实与"社会力量设奖"的申报等工作. 经过长达 3 年的努力，学会圆满完成了"吴文俊人工智能科学技术奖"的社会力量设奖申报工作，并于 2011 年正式启动申报与评选工作. 目前，"吴文俊人工智能科学技术奖"已在产学研各界产生了越来越大的影响, 为推进中国智能科学技术的创新与进步做出了重要贡献. 令人遗憾的是, 今年的 "吴文俊人工智能科学技术奖" 申报工作刚刚启动, 吴文俊先生竟离大家远去. 我们要更加珍惜吴先生留给中国 AI 学人的这份宝贵遗产, 让他的激励作用不断发扬光大.

印象: 品若梅花香在骨, 人如秋水玉为神

2006 年以来, 我曾多次陪学会领导拜访和看望吴先生, 每次都受到吴老伉俪的热情招待. 我们聊中国 AI 的发展, 聊共同认识的老朋友, 聊两位老先生的生活和身体状况, 客厅里充满欢声笑语和温馨的师生情. 老人家质朴谦和、正直纯净的科学家风范, 开朗可爱、童心未泯的 "老顽童" 形象, 给我们留下极为深刻印象. 从昨天到现在, 我们在网上、在朋友圈里读了大量追思吴文俊先生的文章, 更对先生的高尚人品和学术成就有了深刻的了解和认识. 近代诗人祁寯藻有诗曰: 品若梅花香在骨, 人如秋水玉为神; 骨气乃有老松格, 神妙直到秋毫巅. 这几句诗用来形容我们对吴文俊先生的印象再恰当不过!

吴文俊：在他热爱的数学领域，岁月不老

人民网

今天一大早，就得到一个不好的消息，首届国家最高科技奖获得者、著名数学家吴文俊院士因病医治无效，于 2017 年 5 月 7 日 7 时 21 分在北京不幸去世，享年 98 岁。前一阵子就听人讲，他不小心摔了一跤，住在北京医院接受治疗，还以为会像以前一样有惊无险平安度过。

记得 2011 年的夏天，曾有幸到吴先生家拜访过他，当时的情形历历在目。

那年夏天，北京多雨。

见到吴老时，他刚刚从医院回家没几天。也是因为下雨路滑，爱"遛弯儿"的吴老不小心摔了一大跤。

但这一切一点都没有影响他的好心情，依旧乐呵呵，笑起来时还是像个孩子一样。

熟悉吴文俊院士的人，都说他可爱开朗、充满活力，对未知的新领域永远充满着好奇心。基础研究是"好奇心驱动的研究"，也许正是因为这种好奇之心驱动着吴文俊在数学王国里自由探索，乐此不疲。

不断向数学的未知领域进发

拓扑学主要研究几何形体的连续性，是许多数学分支的重要基础，被认为是现代数学的两个支柱之一。

早在半个世纪前，吴文俊就把世界范围内基本上陷入困境的拓扑学研究继续推进，取得了一系列重要的成果。其中最著名的是"吴示性类"与"吴示嵌类"的引入和"吴公式"的建立，并有许多重要应用，被编入许多名著。数学界公认，在拓扑学的研究中，吴文俊起到了承前启后的作用，在他的影响下，研究拓扑学的"武器库"得以形成，极大地推进了拓扑学的发展。

1956 年，37 岁的吴文俊因其在拓扑学上的杰出成就，与华罗庚、钱学森一起获得当时的"最高科技奖"——国家自然科学奖一等奖，第二年他便成为当时最年轻的中国科学院学部委员 (院士)。

那时，在很多人看来"靠这个都可以吃一辈子了"。但功成名就的吴文俊并没有就此停滞不前，而是不断向数学的未知领域进发，总是走在这支队伍的前列。

1976 年，年近花甲的吴文俊放弃已成就卓著的拓扑学研究，在"抱孙子"的年

龄毅然开始攀越学术生涯的第二座高峰 —— 数学机械化.

实现脑力劳动机械化, 是吴文俊的理想和追求. 他说:"工业时代, 主要是体力劳动的机械化, 现在是计算机时代, 脑力劳动机械化可以提到议事日程上来, 数学研究机械化是脑力劳动机械化的起点, 因为数学表达非常精确严密, 叙述简明. 我们要打开这个局面."

1977 年, 吴文俊关于平面几何定理的机械化证明首次取得成功, 从此, 完全由中国人开拓的一条数学道路铺展在世人面前.

数十年间, 吴文俊不仅建立了 "吴公式" "吴示性类" "吴示嵌类" "吴方法" "吴中心", 更形成了 "吴学派". 近代数学史上第一次由中国人开创的这一新领域, 吸引了各国的众多数学家前来学习.

年近 60 学习计算机

对新事物的好奇热衷和不断探索在吴文俊几十年的学术生涯中处处可见.

20 世纪 70 年代, 吴文俊到计算机工厂劳动, 有机会第一次接触到了计算机. 经过一段时间的了解和认识, 他切身感受到了计算机的巨大威力, 敏锐地觉察到计算机的极大发展潜能. "对于数学未来的发展具有决定性影响的一个不可估量的方面是计算机对数学带来的冲击, 在不久的将来, 电子计算机之于数学家, 势将如显微镜之于生物学家, 望远镜之于天文学家那样不可或缺."

于是, 当时已年近 60 的吴文俊决定从头学习计算机语言. 这期间, 他亲自在袖珍计算器和台式计算机上编制计算程序, 尝尽了在微机上操作的甘苦.

"那时计算机的操作可不像现在的计算机这么简单方便." 吴文俊说.

在利用 HP–1000 计算机进行研究的那段时间内, 他的工作日程每天都被安排得满满当当. 清早, 他来到机房外等候开门, 进入机房之后便八九个小时不间断工作; 下午 5 点钟左右, 他步行回家吃饭, 并利用这个时间抓紧整理分析计算结果; 到傍晚 7 点钟左右, 他又到机房工作, 有时候只在午夜之后回家休息, 清晨又回到机房. 为了节省时间, 平时也节制业余爱好, 读小说也只读短篇, 怕长篇误事, 耽搁时间.

受计算机与古代传统数学的启发,1976 年底, 吴文俊形成了一个初等几何定理的机械化证明思想. 经过几个月的试验, 终于在 1977 年的春节前成功地用这一思想证明了一些定理. 这一研究开创了机器定理证明的时代, 国际上称为 "吴文俊方法" 和 "吴消元法", 实现了初级几何与微分几何定理的机器证明, 抓住了数学机械化研究的核心, 居于世界领先地位. 这些创新有重要的应用价值, 为实现笛卡儿与莱布尼茨提出的以机器代替人脑来促进数学研究与思维方式、方法的变革迈出了一大步.

吴文俊与数学机械化 973 项目成员

只要觉得好奇，就想试试

　　生活中的吴文俊被老伴儿笑称 "贪玩"，活力不亚于年轻人.

　　有一次吴文俊和同事们一起去香港参加学术研讨. 活动间隙，当时已年逾古稀的他竟然自己偷偷溜去游乐园坐过山车，还玩得不亦乐乎. 还有一次在澳大利亚，吴老 "顽皮" 地将蟒蛇缠在脖子上，吓得旁人纷纷后退，直冒冷汗.

　　而今提起这两次经历，吴老说当时只是觉得好玩、好奇，自己也想试试.

　　"有一年我和中国数学会理事长马志明一起去海口开会. 一天外出看到蟒蛇表演，当时马志明就把蟒蛇绕在了自己脖子上. 那是我第一次看到蟒蛇绕脖子的表演，知道这样做没什么危险. 过了几年我去澳大利亚开会，其间出游到动物园，看到蟒蛇表演，有好多人都把蟒蛇绕到了脖子上，我也就这么做了. 至于坐过山车，当时是觉得好玩就坐上去了，结果上去了就有点后悔，可是已经下不来了. 如果早知道那么害怕，就不敢去坐了. " 说完吴老又顽皮地笑了.

　　工作之余，吴文俊还有很多 "时髦" 的爱好，比如看看围棋比赛，去小店喝喝咖啡，到影院看看电影，读读历史小说.

　　"摔跤之前我还常一个人打车去家附近的小店，坐在那里边喝咖啡边看书，一待就是一个上午，很安静舒服的. 可是这段时间不行了，每天只能待在家里看小说." 吴老说，"读历史书籍、看历史影片，帮助了我的学术研究；看围棋比赛，更培养了我的全局观念和战略眼光. 别看围棋中的小小棋子，每个棋子下到哪儿都至关重要，所谓 '一着不慎，满盘皆输'. 我们搞学术研究也是这样，要有发展眼光、战略眼光和全局观念, 这样才能出大成果. "

常常有人向吴文俊请教快乐长寿的秘诀. 他总是说, 我信奉丘吉尔的一句话, 能坐着就不站着, 能躺着就不坐着, 要让生活尽量轻松平淡, 不要为无谓的烦恼干扰.

吴文俊简介

1919 年 5 月出生于上海, 1940 年毕业于上海交通大学, 1949 年获法国国家科学研究中心博士学位. 中国科学院数学与系统科学研究院研究员、著名数学家、中科院资深院士、第三世界科学院院士. 长期从事数学前沿研究, 在拓扑学、中国数学史等方面成就突出; 20 世纪 70 年代后, 提出 "数学机械化" 思想, 做出许多原始性创新成果.

其主要成就表现在拓扑学和数学机械化两个领域. 他为拓扑学做了奠基性的工作. 他的示性类和示嵌类研究被国际数学界称为 "吴公式" "吴示性类" "吴示嵌类", 至今仍被国际同行广泛引用, 影响深远, 享誉世界.

吴文俊曾获得首届国家最高科技奖 (2000)、首届国家自然科学一等奖 (1956)、首届求是杰出科学家奖 (1994)、邵逸夫数学奖 (2006)、国际自动推理最高奖 Herbrand 自动推理杰出成就奖 (1997).

吴文俊回忆

陈省身教育他，看前人的书是欠了前人的债，有债必须偿还.

陈 (省身) 先生安排我在图书室兼管图书. 这对我如鱼入池中，我整天得以泡在书架之间浑然忘我. 可是好景不长，一天陈先生忽然对我说，你整天看书看论文已经看得够多了，应该还债. 陈先生进而说明，看前人的书是欠了前人的债. 有债必须偿还，还债的办法是自己写论文. 我只好停下我的博览群书. 自己写论文与看别人的论文，是本质上完全不同的两种脑力劳动. 在陈先生的督促之下，我终于逼出了一篇论文，是关于球的对称积在欧氏空间中的嵌入问题. 这是一篇习作，算是我的第一篇论文. 陈先生把它送到法国的 *Comptes Rendus* 上发表，作为对年轻人的一种鼓励.

陈先生为我们亲自讲授拓扑学，从曲面这一具体情形开始. 这使我茅塞顿开. 有了这样的几何直观做背景，原来晦涩难通的一些组合拓扑基本概念，变得生动易懂，对组合拓扑的学习，从此步入坦途.

(当时，代数拓扑学虽然已有 50 年历史，却方兴未艾. 正是战后十年，由于陈省身和吴文俊等人的努力，这个当时的灰姑娘才变成雍容华贵的数学女王. 1946 年下半年，陈省身亲自为年轻学子讲授代数拓扑学，每周讲 12 小时. 听讲的年轻人，不少成为著名的拓扑学家，特别是吴文俊、陈国才、杨忠道、王宪钟、张素诚、廖山涛等几位.)

数学人生 = 爱创新 + 不盲从 + 淡名利*

吴月辉

人物档案

  吴文俊 1919 年出生于上海, 1940 年本科毕业于上海交通大学, 1949 年获法国国家博士学位, 1951 年回国, 先后在北京大学、中科院数学所、中科院系统所、中科院数学与系统科学研究院任职. 他曾任中国数学会理事长、中科院数理学部主任、全国政协常委、2002 年国际数学家大会主席、中国科学院系统所名誉所长, 1957 年当选为中科院学部委员 (院士).

  吴文俊对数学的主要领域 —— 拓扑学作出了重大贡献. 他引进的示性类和示嵌类被称为 "吴示性类" 和 "吴示嵌类", 他导出的示性类之间的关系式被称为 "吴公式", 是上世纪 50 年代前后拓扑学的重大突破之一, 成为影响深远的经典性成果. 上世纪 70 年代后期, 他开创了崭新的数学机械化领域, 提出了用计算机证明几何定理的 "吴方法", 被认为是自动推理领域的先驱性工作. 他是我国最具国际影响的数学家之一, 其工作对数学与计算机科学研究影响深远.

  吴文俊曾获得首届国家最高科技奖 (2000 年)、首届国家自然科学一等奖 (1956 年)、首届求是杰出科学家奖 (1994 年)、邵逸夫数学奖 (2006 年)、国际自动推理最高奖 —— 埃尔布朗自动推理杰出成就奖 (1997 年) 等.

  5 月 7 日 7 时 21 分, 首届国家最高科技奖获得者、著名数学家吴文俊院士因病医治无效, 在北京不幸去世, 享年 98 岁.

  记得 2011 年夏天, 记者有幸到吴先生家拜访过他, 当时情形历历在目: 吴老刚从医院回家没几天, 因下雨路滑, 爱 "遛弯儿" 的吴老不小心摔了一大跤, 但一点也没有影响他的好心情, 他依旧乐呵呵, 笑起来像个孩子一样 ……

  熟悉吴文俊院士的人, 都说他可爱开朗、充满活力, 对未知的新领域永远充满着好奇心. 基础研究是 "好奇心驱动的研究", 正是这种好奇之心, 驱动着吴文俊在数学王国里自由探索, 乐此不疲.

---

* 人民日报, 2017 年 5 月 8 日 06 版.

"数学研究机械化是脑力劳动机械化的起点，我们要打开这个局面"

1956 年，一位 37 岁的年轻人因其在拓扑学上的杰出成就，与著名科学家华罗庚、钱学森一起获得国家自然科学奖一等奖；第二年，他便当选当时最年轻的中国科学院学部委员 (院士).

这个一鸣惊人的年轻人便是吴文俊.

拓扑学主要研究几何形体的连续性，是许多数学分支的重要基础，被认为是现代数学的两个支柱之一. 吴文俊把当时在世界范围内基本上陷入困境的拓扑学研究继续推进，取得一系列重要成果. 其中最著名的是 "吴示性类" 与 "吴示嵌类" 的引入和 "吴公式" 的建立，并有许多重要应用被编入名著. 数学界公认，在拓扑学的研究中，吴文俊起到了承前启后的作用，极大地推进了拓扑学的发展.

在很多人看来，"靠这个都可以吃一辈子了". 但功成名就的吴文俊并没有就此停滞不前，而是不断地向数学的未知领域进发.

"吴先生认为，为了使中国数学达到 '没有英雄的境界'，最重要的是要开创属于我们自己的研究领域，创立自己的研究方法，提出自己的研究问题." 中科院院士郭雷说，"比如，1976 年，年近花甲的吴文俊敏锐地觉察到计算机具有极大发展潜力，认为其作为新的工具必将大范围地介入到数学研究中来，于是义无反顾地中断了自己熟悉的拓扑学研究，开始攀越学术生涯的第二座高峰 —— 数学机械化."

实现脑力劳动机械化，是吴文俊的理想和追求. "工业时代，主要是体力劳动的机械化，现在是计算机时代，脑力劳动机械化可以提到议事日程上来." 他说，"数学研究机械化是脑力劳动机械化的起点，因为数学表达非常精确严密，叙述简明. 我们要打开这个局面."

1977 年，吴文俊关于平面几何定理的机械化证明首次取得成功，从此，完全由中国人开拓的一条数学道路铺展在世人面前.

数十年间，吴文俊不仅提出了 "吴公式" "吴示性类" "吴示嵌类" "吴方法" "吴中心"，更形成了 "吴学派". 这一近代数学史上第一次由中国人开创的新领域，吸引了各国数学家前来学习.

"外国人搞的我就不搞，外国人不搞的我就搞，这是我的基本原则"

在同事、朋友和学生们的印象中，开朗爱笑的吴文俊很少发火. 但有一次他真的是 "发火" 了！

那是在吴文俊从事数学机械化研究初期，他的研究方向受到不少人的质疑和反对，被认为是 "旁门左道". 一次，一位资深数学家当面质问他："外国人搞机器证明都是用数理逻辑，你怎么不用数理逻辑？" 吴文俊激动地回答："外国人搞的我就不搞，外国人不搞的我就搞！这是我的基本原则：不能跟外国人屁股走."

吴文俊之所以能在数学研究中取得一系列杰出成就，正是因为他始终保持着这样的创新激情. "吴先生认为, 创新不是年轻人的专利, 学术生命是应该能够终身保持的." 郭雷说.

是的, 创新和对新事物的好奇与探索并不是年轻人的专利, 吴文俊也正是这样以身示范的.

20 世纪 70 年代, 年近六十的吴文俊决定开始从头学习计算机语言. 他亲自在袖珍计算器和台式计算机上编制计算程序, 尝尽了在微机上操作的甘苦. "那时计算机的操作可不像现在的计算机这么简单方便." 吴文俊曾说.

在利用 HP–1000 计算机进行研究的那段时间内, 吴文俊的工作日程每天都被安排得满满当当. 清早, 他来到机房外等候开门, 进入机房之后便八九个小时不间断工作; 下午 5 点钟左右, 他步行回家吃饭, 并利用这个时间抓紧整理分析计算结果; 到傍晚 7 点钟左右, 他又到机房工作. 有时候他甚至午夜之后才回家休息, 清晨又回到机房. 为了节省时间, 当时他节制业余爱好, 读小说也只读短篇, 怕长篇误事, 耽搁时间.

"不为获奖而工作, 应为工作而获奖"

广西民族大学副校长吴尽昭是吴文俊的学生, 在他印象里, 老师虽成就斐然, 但始终淡泊名利.

"先生常对我们说, '不为获奖而工作, 应为工作而获奖.' 这正是先生长久以来对待奖项荣誉的态度. 读博期间到先生家里学习拜访, 满室书卷是先生家里最大的特色, 从没见过任何奖杯奖状被摆放出来." 吴尽昭说, "他不肯从数百万的巨额奖金中拿出一部分改善生活条件, 却用来开展自主选题的研究, 支持优秀项目."

"吴先生衣着朴素, 谈吐随和." 合肥工业大学教授李廉谈起吴文俊给自己留下的印象: "上世纪 80 年代末, 吴先生随政协考察团来甘肃, 大约 8 月底, 天气还比较热, 吴先生一身短裤短衬衣, 背了一个很普通的挎包, 一个人从下榻的宾馆走到兰州大学来找我, 令我十分惊讶又感慨万分 ······ 在吴先生身上, 我真正领会了如何去做一个纯粹的人的道理."

郭雷对此也印象深刻: "多年来, 每次到吴先生家拜访都发现客厅陈设依旧, 十分简朴. 在我眼里, 吴先生是一位真正的大学者."

"搞学术研究要有发展眼光、战略眼光和全局观念"

吴文俊之所以能达到很高的学术境界, 除了他具有强烈的创新激情外, 还源于他兴趣广泛, 始终保持一颗纯净的心灵. 吴文俊被老伴儿笑称 "贪玩", 活力不亚于年轻人.

有一次, 吴文俊和同事们一起去香港参加学术研讨. 活动间隙, 已年逾古稀的他竟然自己偷偷溜去游乐园坐过山车, 还玩得不亦乐乎. 还有一次在澳大利亚, 吴老"顽皮"地将蟒蛇缠在脖子上,吓得旁人纷纷后退,直冒冷汗.

生前,每当提起这两次经历,吴老说只是觉得好玩、好奇,自己也想试试.

工作之余,吴文俊还有很多"时髦"的爱好,比如看看围棋比赛,去小店喝喝咖啡,到影院看看电影,读读历史小说.

吴文俊说,读历史书籍、看历史影片,帮助了他的学术研究;看围棋比赛,更培养了他的全局观念和战略眼光. "别看围棋中的小小棋子,每个棋子下到哪儿都至关重要,所谓'一着不慎,满盘皆输'. 我们搞学术研究也是这样,要有发展眼光、战略眼光和全局观念,这样才能出大成果. "

"吴先生虽然兴趣广泛,但他认为,为了把研究目标搞清楚,就得有所牺牲. 他是通过对有些方面'不求甚解',省出时间来,对某些方面求其甚解、理解得比所有人都深入. "郭雷说.

吴文俊：出题给西方做的数学家*

齐 芳 詹 媛

2017 年 5 月 7 日 7 时 21 分，数学界巨擘、中国科学院院士、中国科学院数学与系统科学研究院研究员、首届国家最高科技奖获得者吴文俊，驾鹤西行，享年 98 岁.

中国科学院院士郭雷曾先后担任过中国科学院系统科学所所长和中国科学院数学与系统科学研究院院长，他说："吴老是一位真正的大学者." 他的学术贡献将永镌史册，他的精神风骨将为后世楷模，他的家国情怀将永远激励着中国科技工作者为祖国的未来砥砺前行！

吴文俊在 2002 年国际数学家大会中国数学史国际研讨会上作公众报告

---

* 光明日报, 2017 年 5 月 8 日 05 版.

1. 建立起新时代的新数学

2003 年 12 月 12 日, 光明日报《科技周刊》刊登了吴文俊的署名文章《东方数学的使命》. 在这篇文章中, 他提出一个问题: "怎样进行工作, 才能对得起古代的前辈, 建立起我们新时代的新数学, 并在不远的将来, 使东方的数学超过西方的数学, 不断地出题目给西方做? 我想, 这是值得我们大家思考和需要努力的方面. "

为解答这个问题, 吴文俊身体力行. 在拓扑学领域, 吴文俊引进的示性类和示嵌类被称为 "吴示性类" 和 "吴示嵌类", 他导出的示性类之间的关系式被称为 "吴公式". 在吴文俊研究的影响下, 研究拓扑学的 "武器库" 得以形成, 法国数学家托姆、美国数学家米尔诺等许多著名数学家都受他启发或以他的研究为起点之一, 获得一系列重要成果.

20 世纪 70 年代后期, 吴文俊开创了崭新的数学机械化领域, 他提出的用计算机证明几何定理的 "吴方法" 被认为是自动推理领域的先驱性工作. 因为这项工作, 他获得了 2006 年的 "邵逸夫数学奖", 评奖委员会写道: "通过引入深邃的数学思想, 吴开辟了一种全新的方法, 该方法被证明在解决一大类问题上都是极为有效的", "吴的方法使该领域发生了一次彻底的革命性变化, 并导致了该领域研究方法的变革", 他的工作 "揭示了数学的广度".

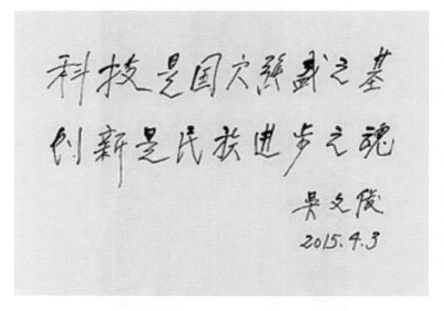

这样开创性的工作, 源自吴文俊对数学发展、对中国古代数学的深刻理解. 郭雷回忆道: "最令吴先生自豪的是他 '第一个认识了中国古代数学的真实价值'." 吴文俊认为, 中国古代数学不同于西方传统公理化数学, 它是构造性的、算法性的, 因

而是最符合数学机械化的. 他用算法的观点对中国古算作了正本清源的分析, 不仅开辟了中国数学史研究的新思路与新方法, 也与机械化数学的开创密切相关.

开创属于我们自己的研究领域、创立自己的研究方法、提出自己的研究问题 —— 郭雷认为, 这一思想始终贯穿于吴文俊的学术生涯中. 正如中国科学院在讣告中所写: "他是我国最具国际影响的数学家之一, 他的工作对数学与计算机科学研究影响深远."

2. 数学世界的 "老顽童"

吴文俊被称作 "老顽童", 他心思恪纯、乐观开放, 总对新鲜事物抱有一份好奇心. 他对不懂的事情总坦然承认、虚心求教.

中科院数学与系统科学研究院曾在每周四举办学术讨论班, 其时, 81 岁的吴文俊是班上的常客. 一次, 他坐在第一排认真听别人介绍难解的 "杨 - 巴斯方程", 并全程参与讨论环节. 结束后他坦然表示: "其实今天的难题我听不懂", "但越是不懂的你越要听, 要学习, 要看其他人在做什么, 否则科研就做不下去了".

吴文俊爱赤脚穿皮鞋, 声称自己爱棋, 却只见他观棋从不见他下场 "厮杀", 这些可乐的 "梗" 至今广为流传. 郭雷说: "正因为吴先生不拘小节, 对其他方面 '不求甚解', 才省出时间来, 使他对某些方面求其甚解, 理解得比所有人都深入."

在吴文俊愿意 "求解" 的领域, 他的勤奋非常惊人. 20 世纪 70 年代, 为了解决几何定理机器证明和数学机械化问题, 他从头学习计算机语言, 亲自在袖珍计算器和台式计算机上编制计算程序. 那时, 他的工作日程是这样的, 清早来到机房外等候开门, 进入机房后就八九个小时不间断工作, 下午五点钟吃饭, 并利用这个时间抓紧整理分析计算结果, 傍晚七点钟又回到机房工作, 午夜时分回家. 如此周而复始, 他忙得竟忘了自己的 60 岁生日.

"科研是永远做不完的. 数学的难题有很多, 简直是越来越多. 坚持做科研可能是中国科学家的特点, 中国科学家后劲很足, 年轻时做科研, 六七十岁后仍在做科研, 甚至八十岁后还在做." 对于吴文俊而言, 华罗庚和陈省身是他的榜样, 生命不息、创新不止, 他从不放弃研究.

3. 中国数学研究的传承者

在接受光明日报记者采访时, 吴文俊曾说: "不管一个人做什么工作, 都是在整个社会、国家的支持下完成的. 有很多人帮助我, 我数都数不过来. 我们是踩在许多老师、朋友、整个社会的肩膀上才上升了一段. 我应当怎样回报老师、朋友和整个社会呢? 我想, 只有让人踩在我的肩膀上再上去一截. 我就希望我们的数学研究事业能够一棒一棒地传下去."

吴文俊曾师从数学家陈省身, 他多次表达对老师的感激和怀念. 他曾回忆, 1946

年前后, 受陈省身指点, 他确立了代数拓扑学的研究方向, 曾因战乱、生计所迫一度中断的数学研究得以重新开始. 吴文俊追忆, 在遇见陈省身之前, 自己非常苦闷. "放弃数学研究不是心甘情愿, 是苦闷了好些年, 没办法只好丢掉了, 是违背自己愿望的", 而陈省身的帮助让他 "等于是从火坑里逃出来了".

有感于师恩深重, 吴文俊此后一生都以陈省身为榜样, 不断鼓励和帮助后辈, 并终生矢志不渝地推进数学学科的发展. 2007 年, 已 88 岁高龄的吴文俊仍站在讲台上传道授业, 为数学院研究生作了题为 "消去法与代数几何" 的报告并解答了学生们的许多问题. 参与者回忆, 在近两个小时的过程中, 吴文俊始终站着, 声音铿锵.

在他的影响下, 中科院数学与系统科学研究院成立了数学机械化重点实验室, 对 "吴方法" 和 "吴消元法" 进行了大量后续性研究工作, 这个实验室所形成的高水平数学机械化研究队伍, 在国际上被称为 "吴学派". 如今, 吴文俊的成就正被应用于曲面造型、机器人机构的位置分析、智能计算机辅助等若干高科技领域, 并取得了一系列国际领先的成果.

吴文俊培养的博士、数学与系统科学研究院研究员刘卓军说: "吴先生重视每个学生创造性的发展, 他说学生不能被自己的导师淹没, 学生当然要学习、发扬老师的某一部分, 但也要有自己的想法, 要学习其他老师的长处, 这样才可能有创造性. "

4. 把一生献给祖国的数学事业

"科学技术是第一生产力, 数学是发展第一生产力的必要手段与重要保障. 也正因如此, 数学与国家的命运紧密结合在一起. 数学的兴盛与否, 是与国家的兴旺与否紧密相依的. "2001 年, 在光明日报与中组部联合召开的一次座谈会上, 吴文俊这样说, 作为一名数学工作者, "我将一如既往, 把自己的一生献给祖国的数学事业".

吴文俊是个非常低调的人, 但他从来不曾将自己封闭在象牙塔中, 他人生中的重大抉择与学术研究, 都与家国命运息息相关.

1951 年, 已做出 "吴公式" 的吴文俊坚决踏上了归国之路. 在被问到为何做出这样的决定时, 吴文俊说: "你去留学, 学成归国, 这好像就是天经地义, 没有什么, 大家都是这样子. 所以人家问我什么原因, 我都说不出来. "

吴文俊曾说, 他喜欢数学并不是因为它的美, 而是因为数学作为重要工具无孔不入、能解决问题. 郭雷回忆, 吴文俊曾做了大量调查研究, 将数学机械化方法用于机器人、计算机图形学、机构设计、化学平衡、天体力学等问题, 还支持数学机械化方法在一些高技术行业的应用. "比如 2008 年初, 吴先生在报纸上看到我国数控机床落后, 而外国又对我国技术封锁时, 就立即写信给时任中国科学院院长路甬祥,希望将数学机械化方法运用到我国高档数控系统研究中. ”

吴文俊曾在光明日报撰文说："在人类知识的领域，数学是一门古老而又青春常在的学科. " 吴文俊的生命之烛虽已熄灭，但他的精神将在这个学科中得到永生！

别了，数学界的"老顽童"*

张 国

数学界今天痛失巨擘. 5 月 7 日 7 时 21 分, 首届国家最高科学技术奖获得者、数学大师吴文俊院士在北京逝世. 原来再过 5 天, 他就将迎来 98 周岁生日.

中国科学院数学与系统科学研究院发布的讣告称, 吴文俊是中国最具国际影响的数学家之一, 他的工作对数学与计算机科学的研究影响深远.

吴文俊先生的同事、中国数学会原理事长马志明院士对《中国青年报·中青在线》记者说, "他是我们非常敬爱的一位数学家. 他对我们这一代数学家的影响是很深的."

国际符号与代数计算专业委员会主席伊利亚斯·考斯蒂瑞斯向中科院发来的唁电中说, 吴文俊是计算机代数和符号计算领域一位"真正的巨人", 同行会永远铭记和敬仰他"永恒的遗产".

数学界著名的"老顽童"

5 月 7 日, 中国科学院成立了吴文俊先生治丧办公室. 据工作人员介绍, 吴先生此次是在家中不慎摔倒, 因脑出血入院治疗. 他 4 月初入院, 身体一度恢复良好. 4 月 11 日, 中国科学院院长白春礼去医院看望过吴文俊, 当时他的病情趋于平稳. 他的主治医生形容, "爷爷很可爱, 也很配合治疗".

不幸的是, 进入 5 月, 他的病情又开始恶化.

医生眼中这位"可爱的爷爷"是数学界著名的"老顽童". 数学家黄铠从海外发来的唁电中形容, "先生是闻名于世的数学家, 也是大家心中的 '老顽童' ".

与金庸武侠小说中那位"老顽童"的相似之处在于, 吴文俊兼具崇高的成就和纯真的个性.

5 年前, 接受《中国青年报·中青在线》记者采访谈及奥赛热时, 吴文俊在沙发上挺直了腰, 瞪大眼睛说: "是害人的, 害数学! "

他摆摆手: "奥林匹克数学竞赛不值得讲 —— 胡闹了, 走上邪路了, 非但起不到正面作用, 反而起到反面作用. "

这些年来, 吴文俊公开露面留下的往往是鹤发童颜、开怀大笑的形象. 他有一张坐在大象鼻子上的照片流传很广. 那是他 2000 年在泰国见一位女士爬到大象鼻

* 中国青年报, 2017 年 05 月 08 日 01 版.

子上照相，自己也感到好奇，于是就爬上去试试. 那一年，他 81 岁.

还有一次，他在香港参加研讨会期间，瞒着别人跑到游乐场去坐了一次过山车. 事后他形容自己上去感到后怕，"可是下不来了".

92 岁那年，"电影迷" 吴文俊趁着儿子出差，自己坐公交车去了电影院，还去喝了杯咖啡，结果受到了家人的 "批评".

他始终怀着幼童般的好奇心. 马志明说，吴先生真的是一个 "老顽童"，面对任何事情，他都心胸开阔，保持乐观豁达的心态. 他对晚辈数学家特别关照，平易近人，对任何人都很和蔼.

开拓出中国人自己的研究方向

在 5 年前那次受访时，吴文俊对《中国青年报》记者表示，自己对于 "具体的知识" 已经知之甚少，如今 "主要是在看小说" "各式各样的小说、好看的小说".

许多数学家都知道，吴先生博览群书. 用他自己的话来说，他喜欢 "东看西看".

他的个人传记里写道："我是个想怎样就怎样的人，想玩就玩，想工作就安安静静地工作，从不多想. 读历史书籍、看历史电影帮助我的学术研究；看围棋比赛，更培养了我的全局观念和战略眼光. "

他 "东看西看" 的结果之一是为数学开创了一个新的领域. 在数学界，吴文俊为人称道的一项成就是开创了数学机械化研究. 当时是 20 世纪 70 年代后期，他年近花甲，从零开始学习计算机编程. 他从中国古代数学的思想获得启发，提出了用计算机证明几何定理的方法，被认为是自动推理领域的一个突破. 这在数学史上被称为 "吴方法".

20 年后，吴文俊由于在此领域的 "先驱性工作" 获得国际自动推理学会最高奖.

关于当年学计算机的经历，吴文俊曾自谦 "稍微学习了一些 ABC". 但他 2001 年获国家最高科技奖时，中国科学院数学与系统科学研究院在一份简报中所作的总结显示，他绝不只是 "稍微学习" 而已. 简报中提到，"吴文俊给人最深刻的印象是他的创新精神和惊人的勤奋".

16 年前的这份简报透露，在从事机器证明初期，没有计算机可以使用，为了验证其方法的有效性，吴文俊对上千项的多项式进行笔算，常常持续多日.

20 世纪 80 年代初期，他的工作日程经常是：清早来到机房，八九个小时不间断地工作，下午 5 时许步行回家进餐，还要整理分析计算结果，19 时左右又出现在机房，深夜步行回家休息. 如此周而复始.

数学机械化研究是由中国数学家开创的领域. 这体现了吴文俊多年的主张：开拓出自己的研究方向.

马志明对吴文俊印象最深的一点是，"他经常说我们做研究工作，应该有中国人自己的方向，不要老是跟着别人做". 而吴文俊开创的数学机械化研究，就是中国人自己的方向、自己的思想.

2002 年，国际数学家大会首次在中国举行，吴文俊担任大会主席，担任组委会主席的是时任中国数学会理事长马志明. 马志明说，吴先生为把中国建设成为数学强国倾注了大量心血，为中国数学界的组织建设和学科发展做了大量工作，他一直希望中国能够成为数学强国.

"我个子不够高，当然可以了！"

在 21 世纪把中国建成世界数学强国，吴文俊继承的是他的老师、"微分几何之父" 陈省身的遗愿.

陈省身将吴文俊带入了拓扑学领域，这是吴文俊一生中最重要的研究领域之一. 他取得了影响深远的经典性成果，被认为是 20 世纪 50 年代前后拓扑学的重大突破之一. 数学中的 "吴示性类" 和 "吴示嵌类"，以及 "吴公式"，都在这一时期诞生. 许多著名数学家从他的工作中获得启发，或直接以他的成果为研究起点. 据统计，有 5 位数学菲尔兹奖得主引用过他的工作内容.

陈省身后来称赞这位得意弟子，"对纤维丛示性类的研究作出了划时代的贡献".

2004 年，93 岁的陈省身在南开大学逝世. 前去吊唁的吴文俊对《中国青年报》记者说："陈省身是我的领路人，决定了我一生的工作和科学道路. 如果当时没遇见他，我很可能在数学上一事无成."

陈省身直至去世前仍在研究数学的一大难题. 吴文俊说，大家都应该学习这种精神.

而他自己也是这么做的. 据马志明介绍，吴先生晚年一直在研究数学.

吴文俊 5 年前曾对《中国青年报》记者说，在数学上自己 "还可以有所作为" ——"我想我还可以做一点事情. 能够做到多少就不敢说了."

5 月 7 日，数学家文兰院士在唁电中说："吴先生是一代数学巨匠，也是我们所有晚辈的楷模、良师. 吴先生的逝世是中国数学界无法弥补的巨大损失."

吴文俊家中，朴素的客厅里挂着一副对联，是老一代数学家苏步青在吴文俊 70 岁生日时所赠，上联是 "名闻东西南北国"，下联为 "寿比珠穆朗玛峰".

那次祝寿会上，吴文俊作过一首打油诗："七十不稀奇，八十有的是，九十诚可贵，一百亦可期." 全场对他的幽默报以热烈掌声.

10 年后再次庆寿，他对这首诗作了修改，每一句的数字都增加了 10 岁，最后一句改为 "百十亦可期".

今晚，人们只能在悲痛中仰望吴文俊留下的永恒星辉 ——2010 年，一颗国际编号为 7683 号小行星的被命名为"吴文俊星".

数学家陈永川院士对吴先生能够做到"心无旁骛"安心工作十分钦佩. 他记得，曾有一位数学家用数学的语言来形容吴先生：他是一个"不动点".

陈永川听说过一个故事：吴先生生活简单，平时总穿中山装，参加国家最高科技奖颁奖会那天穿的也是中山装，因有统一着装要求，到了会场才临时借了一件西服换上.

吴文俊领取国家最高科技奖后，老家上海的电视台记者去访问他. 他谦虚地提起了牛顿那句"如果说我看得比别人更远些，那是因为我站在巨人的肩膀上"的名言，记者随即问他，有没有想过将来或许有人也会站在他的肩上.

在镜头前，这位数学大师露出孩子般的笑容，回答："我个子不够高，当然可以了！"

缅怀吴文俊院士：报国何止一甲子，
离去已近百岁身*

董瑞丰　吴晶晶

　　他是中国数学界的泰山北斗，1956 年就与华罗庚、钱学森一起获得首届国家自然科学一等奖．他开创了近代数学史上第一个由中国人原创的研究领域，82 岁高龄时又站在首届国家最高科技奖的领奖台上．

　　浩瀚宇宙中，一颗被命名为"吴文俊星"的小行星和光同尘，世间巨星却已陨落．

＊新华视点，2017-05-07.

2017 年 5 月 7 日 7 时 21 分，中国科学院院士吴文俊因病医治无效，在北京逝世，享年 98 岁．

斯人已去，空余追忆．"吴文俊一生淡泊自守，对于名利看得很轻，从来不宣扬自己，以至于他在国内的知名度与他的成就极不相称．"近现代数学史研究者胡作玄说．

"吴公式""吴方法"：为现代数学开拓新天地

2000 年的首届国家最高科技奖被授予两个人，一个是吴文俊，一个是袁隆平．在当时的介绍中，吴文俊的成就是"对数学的主要领域 —— 拓扑学做出了重大贡献""开创了崭新的数学机械化领域"．

拓扑学被称为"现代数学的女王"．20 世纪 50 年代前后，吴文俊由繁化简、由难变易，提出"吴示性类""吴公式"等，为拓扑学开辟了新的天地．

他的工作起到了承前启后的作用，令国际数学界瞩目，也因此成为影响深远的经典性成果．吴文俊的工作被五位国际数学最高奖 —— 菲尔兹奖得主引用，许多著名数学家从中受到启发或直接以他的成果为起始点之一．

"对纤维丛示性类的研究做出了划时代的贡献．"数学大师陈省身这样称赞吴文俊．1956 年，吴文俊获得首届国家自然科学奖一等奖．

1956 年的吴文俊

到了 20 世纪 70 年代后期，吴文俊又提出用计算机证明几何定理的"吴方法"，开创了近代数学史上的第一个由中国人原创的研究领域 —— 数学机械化，实现将繁琐的数学运算证明交由计算机来完成的目标．

这一理论后来被应用于多个高技术领域,解决了曲面拼接、机构设计、计算机视觉、机器人等高技术领域核心问题. 2011 年,中国人工智能学会发起设立了"吴文俊人工智能科学技术奖".

吴文俊的各项独创性研究工作使他在国际、国内享有很高的声誉. 2010 年,经国际天文学联合会小天体命名委员会批准,国际编号第 7683 号小行星被永久命名为"吴文俊星".

做"有意思的事":中国古代数学给了启发

2011 年记者采访吴文俊时,北京天气十分闷热,吴文俊鹤发童颜,拄着拐杖在门口迎接. 落座后才得知他前段时间不小心摔了一跤,手臂上还留着大片的淤青.

"我平时喜欢一个人出去转转,前几天下雨路滑,不小心就摔了一下." 吴文俊不以为意地笑谈. 当时,92 岁的他还经常一个人去逛逛书店、电影院,偶尔还自己坐车去中关村的知春路喝喝咖啡.

"我就喜欢自由自在,做些有意思的事情." 在吴文俊心里,数学研究就是件"有意思"的事,尤其是晚年从事的中国古代数学研究,更是自己"最得意"的工作.

20 世纪 70 年代后期提出的"吴方法",被认为是自动推理领域的先驱性工作,对数学与计算机科学研究影响深远. 这一开创性研究,就是吴文俊在中国古代传统数学的启发下取得的.

在同一时期,吴文俊还用算法的观点对中国古算作了正本清源的分析,认为中国古算是算法化的数学,由此开辟了中国数学史研究的新思路与新方法.

"我非常欣赏'中国式'数学,而不是'外国式'数学." 吴文俊在那次接受记者采访时说,"中国古代数学一点也不枯燥,简单明了,总有一种吸引力,有意思!"

中国著名数学家陈景润 (右)、吴文俊 (中) 在交谈

自认"笨人":"让人踩在我的肩膀上再上去一截"

在熟悉的人眼里,吴老是位"老顽童",他乐观开朗,常有一些惊人之举. 有一次去香港参加研讨会，开会间隙出去游玩，年逾古稀的他竟坐上了过山车，玩得不亦乐乎；一次访问泰国期间，他坐到大象鼻子上开怀大笑，还拍下了照片。

吴文俊在 70 岁的时候，曾经写了一首打油诗："七十不稀奇，八十有的是，九十诚可贵，一百亦可期。" 到了 80 岁大寿的时候，他对这首诗做了微妙的修改，把每一句都增加了 10 岁。

"做研究不要自以为聪明，总是想些怪招，要实事求是，踏踏实实。功夫不到，哪里会有什么灵感？" 吴文俊曾在采访中这样说。

"数学是笨人学的，我是很笨的，脑筋'不灵'。" 他说。可就是这样一位自认为"很笨"的人，总能站在数学研究的最前沿。

面对各种荣誉，吴文俊看得很轻。获得国家最高科技奖后，他说："我不想当社会活动家，我是数学家、科学家，我只能尽可能避免参加各种社会活动。"

他也曾谦逊地说："不管一个人做什么工作，都是在整个社会、国家的支持下完成的。我们是踩在许多老师、朋友、整个社会的肩膀上才上升了一段。应当怎么样回报老师、朋友和整个社会呢？我想，只有让人踩在我的肩膀上再上去一截。"

报国何止一甲子，

离去已近百岁身。

吴老，走好！

不老传奇，传奇一生

央视新闻客户端

今日，98 岁高龄的数学泰斗吴文俊病世．他，提出的"吴公式""吴方法"让"外国人跟着中国人跑"，不少人却对他知之甚少．他，37 岁就与华罗庚、钱学森一起获首届国家自然科学奖一等奖，82 岁高龄又站在首届国家最高科技奖的领奖台上．他，鹤发童颜，还是个偷偷跑去玩过山车的"老顽童"⋯⋯ 静读中国数学不老传奇的传奇一生．大师远去，风范永存．

印象·吴文俊何许人也？

吴老的学生、中国科学院专家王渝生如是说．

老骥伏枥

39 年前，在重庆听到广播里传出一个四川话的声音，他说：日出江花红胜火，春来江水绿如蓝，这是人民的春天、科学的春天，让我们张开双臂，热烈拥抱这美好的春天吧．于是我就报考了中国科学院研究生．我是学数学出身的，我在研究生的第一堂课，就是吴文俊院士上的．

他讲到了中国传统的数学思想方法，是机械化的．所以，他后来就创立机械化的数学．他把刘徽著的《九章算术》里的割圆术，用计算机原理翻译过来，形成了一个程序，所以以后他就从事了数学机械化的研究．那时他已经 60 岁了，今年 98 岁，老骥伏枥，壮心不已．

他创立了几何定理的机器证明，本来几何定理是要人工来证明，动很多脑筋都证明不出来，但是他把几何定理代数化，用计算机语言表现出来，就可以用计算机去证明．这不就是计算机人工智能，不就是计算机代替了人脑吗？所以他获得国际的人工智能的最高奖 (Herbrand 自动推理杰出成就奖)，也拿到了我们国家的最高科学技术奖．

他还到过天池，背一个包，平常笑眯眯的，像笑罗汉一样．80 多岁，他还在香港迪士尼，还要坐过山车．他还要去听京剧，我还在音乐厅碰上他和他的夫人．所以我觉得一个科学家，他是有血有肉的、有事业的，也有生活的，那么这样的老科学家，永远年轻，永不老．

数学梦·让外国跟着中国人跑

与数学 "误打误撞" 结缘. 说起与数学结缘, 吴老笑称这真是 "误打误撞". 据他自己所述, 当初报考交通大学 (今上海交通大学、西安交通大学) 数学系完全因为高中学校承诺提供奖学金.

当然, 奖学金只是助力, 真正让吴文俊对数学产生兴趣的, 是他大学一年级的数学老师. "那个老师用自己编的讲义把数学讲得很精彩, 那时我才真正开始想要研究数学."

1941 年, 就在吴文俊大学毕业后不久, 日本侵略军开进上海租界, 孤岛沦陷. 他在教课谋生之余做一些数学研究, 但如同盲人骑瞎马找不到出路. 正当对数学逐渐心灰意冷时, 国际著名数学家陈省身的出现, 彻底改变了他一生.

40 年代中期, 陈省身在国内各著名大学数学系招集了十几位优秀毕业生, 进入数学研究所做助理研究员, 以培养中国数学的新生力量, 吴文俊就是其中一员. 在陈省身指导下, 吴文俊得以在 "现代数学女王" 拓扑学的深水中游泳.

那时美国数学家惠特尼推导出一个著名的 "对偶定理", 这是一个基本的公式, 可是证明长得异乎寻常, 吴文俊形容它 "总有十几页、几十页长, 没法在杂志上发表", 出一本书倒合适. 经过精心推导, 吴文俊给出了一个只有几页纸的证明. 当时最具权威的美国《数学年刊》刊载了这个公式, 惠特尼说, 我的证明可以扔掉了.

留学法国掀起 "拓扑地震"

在完成 "对偶定理" 证明的同一年, 吴文俊考上了中法交换生, 于 1947 年赴法深造, 仅花两年时间就获得了法国国家科学博士学位. 为参考更多外国文献, 他自学了英语、法语、德语和俄语. 他在巴黎居住的旅馆就坐落在两条马路的交叉点, 房间没有光线, 每天起床后, 就去附近咖啡馆占据一隅做研究.

沉浸在这种锲而不舍的钻研里, 由繁化简、由难变易, 他提出了 "吴示性类", 证明了公式 $W = SqV$ (后来的 "吴公式"), 引发了 "拓扑地震", 且解决了数学界最棘手的难题证明 $4k$ 维球无近复结构. 当时欧洲的数学大师都难以相信这是一个中国留学生做出的成绩. 许多国际著名数学家从他的工作中受到启发, 或直接以他的成果为起始点之一.

研究蒸蒸日上时, 他选择了回国. 被问及国外科研条件那么好, 为什么要回国时, 吴文俊皱起眉头, "我常说, 你不应该问一个人为什么回国, 而应该问他为什么不回国. 回国是不需要理由的. 学有所成之后, 回来是自然而然的事."

1956 年 5 月 30 日, 因在拓扑学方面的杰出成就, 吴文俊和华罗庚、钱学森共同荣获首届国家自然科学奖一等奖.

"吴方法" 来自 "笨功夫"

相当长的时间里, 不少西方数学家认为中国古代数学不是世界数学的主流之一. 而在 20 世纪 70 年代, 吴文俊洞察出中国古代数学包含着独特的机械化思想, 能够把几何问题转化为代数, 再编成程序输进电脑, 代替大量复杂的人工演算, 将数学家从繁重的脑力劳动中解放出来, 进而推进科学发展.

为了解决机器证明几何定理的问题, 他抛开已成就卓著的拓扑学研究, 年近花甲从头学习计算机语言. 那时, 在中科院系统科学研究所的机房里, 经常会出现一位老人的身影, 不分昼夜地忘我工作. 有很多年, 吴老的上机操作时间都是整个研究所的第一名.

"数学是笨人学的, 我是很笨的, 脑筋不灵. " 吴老自谦. 正因这种近十年日积月累的 "笨功夫", 吴文俊开创了近代数学史上的第一个由中国人原创的研究领域 —— 数学机械化 (国际称 "吴方法"), 实现了将繁琐的数学运算、证明交由计算机来完成. 此后人工智能、模式识别等很多领域取得的重大科研成果, 皆有数学机械化的广泛应用.

有人如此评价吴文俊: 他的研究起到了正本清源的作用, 证实了中国古代数学是世界数学的主流之一, 促进了西方数学与中国数学两大主流的融合, 推动了数学的发展, 同时也掀起了对中国数学史再认识的新高潮. 未尝不可以这么说, 中国古代数学重登世界数学的辉煌殿堂, 吴文俊功不可没.

2000 年的首届国家最高科技奖被授予两个人, 一位是袁隆平, 另一位即 "对数学的主要领域 —— 拓扑学做出了重大贡献" "开创了崭新的数学机械化领域" 的吴文俊.

2010 年, 因其各项独创性研究工作使他在国际、国内享有极高声誉, 经国际天文学联合会小天体命名委员会批准, 国际编号第 7683 号小行星被永久命名为 "吴文俊星".

复兴中国古代数学

吴文俊在回顾中国古代数学伟大成就时感慨地说, 中国古代的劳动人民在广泛实践的基础上, 建立了世界上最先进的数学方法, 直到 16 世纪, 我国数学在最主要的领域一直居于世界领先地位. 特别是自古就有的完美的十进位位值制记数法, 是中国的独特创造, 是世界其他古代民族所没有的.

在他眼中, 中国古代数学就是一部算法大全, 简单明了, 有着世界最早的几何学、最早的方程组、最古老的矩阵. 中国人的祖先创造出了非常适合应用于计算机的数学, 这是很不可思议的.

古代数学书值得进一步学习挖掘, 但现状是有些书失传了. 当务之急, 应该对地方志进行收集、整理, 会有新发现. 中国古代数学的振兴与复兴 —— 或许就是吴老最后的担忧.

吴老说·准备好摔跟斗吧

我信奉丘吉尔的一句话，能坐着就不站着，能躺着就不坐着，要让生活尽量轻松平淡，不要为无谓的烦恼干扰.

稍做出成绩，就被大家捧成英雄，像朝圣一样，这个现象不是好事情，甚至可以说是坏事情. 这说明我们的科研还在一个相对落后的阶段. 有个吴文俊，那能说明什么？要是在这一个领域，发现有十个八个研究人员的工作都非常好，无法判定谁是英雄，那才说明我们发展了，进步了.

天下的学问那么多，大多数马马虎虎过得去就行，其余时间就在一两件自己特别感兴趣的事情上下功夫.

年轻人要注意的是要老老实实干事，科学态度要严谨. 我自己走上这条道路也是经过了许多磕磕碰碰，有时都糊涂了，一发现不对头就退回来再前进，这要下苦功的，准备好吃苦头、摔跟斗吧.

现在大家强调创新、强调应用，往往忽略了基础的部分，这是值得担心的，不能因为应用而忽略基础研究. 事实上也是这样，我能够在用机器证明几何定理上取得一定成功，主要是因为我有数学的基础，对数学的认识深. 基础研究是创新的基础.

不管一个人做什么工作，都是在整个社会、国家的支持下完成的. 我们是踩在许多老师、朋友、整个社会的肩膀上才上升了一段. 我应当怎么样回报老师、朋友和整个社会呢？我想，只有让人踩在我的肩膀上再上去一截. 我就希望我们的数学研究事业能够一棒一棒地传下去.

数学巨星陨落，

"吴文俊星"永存启明.

送别，致敬！

吴文俊先生遗体告别仪式在八宝山举行

中国共产党优秀党员、我国著名数学家、中国科学院院士、首届国家最高科技奖获得者、中国科学院数学与系统科学研究院研究员吴文俊先生因病医治无效，于2017年5月7日7时21分在北京不幸逝世，享年98岁.5月11日上午，吴文俊先生遗体告别仪式在北京八宝山殡仪馆举行.

吴文俊先生逝世后，习近平同志表示沉痛哀悼并向家属表示诚挚慰问；李克强、张德江、俞正声、刘云山、王岐山、张高丽、江泽民、胡锦涛、刘延东、李源潮、赵乐际、栗战书、朱镕基、温家宝、曾庆红、李岚清、吴邦国、吴官正、李长春、贺国强、杨晶、王晨、常万全、裘援平和陈至立、宋健、路甬祥、丁石孙、白春礼、刘伟平、杨卫、陈佳洱、尚勇等领导同志对吴文俊先生逝世表示沉痛哀悼，向其家属表示诚挚慰问并以个人名义送来花圈.

中共中央组织部、中国科学院、中国科学院学部主席团、国家自然科学基金委员会、中国科学技术协会、中国科学院北京分院、中国科学院学部工作局、中国科学院前沿科学与教育局、中国数学会、中国工业与应用数学学会、中国人工智能学会、中国运筹学会、北京大学、清华大学、上海交通大学、西安交通大学、中国科技大学等80余所大学的数学院系以及吴文俊先生的家乡嘉兴市人民政府等通过花圈或唁电、唁函等方式悼念吴文俊先生.

全国人大常委会原副委员长、中国科学院原院长路甬祥，中国科学院院长、党组书记白春礼，中国科学院党组副书记、副院长刘伟平等领导同志，数十位院士、数学界同仁、吴文俊先生生前好友、吴文俊先生家乡的领导、学生及社会各界人士1000余人参加了告别仪式.大家胸佩白花，表情肃穆，慢慢步入灵堂，依次在吴文俊院士遗体前深深鞠躬，并与亲属一一握手，送先生最后一程.

海内外数学界同仁、吴文俊先生的生前好友、同学和学生等各界人士百余位人通过各种方式表示沉痛哀悼并对吴文俊先生的一生给予高度评价，包括：陈翰馥、陈永川、陈木法、崔俊芝、邓中翰、丁仲礼、方新、葛墨林、郭雷、洪家兴、胡和生、胡启恒、姜伯驹、江松、李大潜、李安民、李邦河、李静海、励建书、林群、陆汝钤、龙以明、马志明、莫毅明、彭实戈、田刚、丘成桐、万哲先、王恩哥、王诗宬、文兰、石钟慈、夏道行、相里斌、萧荫堂、席南华、徐利治、严加安、杨乐、袁隆平、袁亚湘、詹文龙、张恭庆、张杰、张亚平、张涛、张景中、张伟平、张平文、郑哲敏、周向宇、Jean-Pierre Bourguignon、James Davenport、Peter E. Caines、Deepak Kapur、Erich Kaltofen、Peter J. Olver、Peter Paule、Michael Singer等著名学者.哈佛大学萧荫堂教授在来信中写道：吴文俊是一个 "伟大的数学家、学术界的巨人、坚定的爱国者、中国传统的君子型学者" "他留给中国数学界的遗产将使他永远活在许多受他的生活和工作影响的人们的心中".

由丘成桐先生撰词的挽联 "同苏公高寿, 受荣名于国家, 福难比矣. 继陈氏示性, 扬拓扑乎中土, 功莫大焉!" 以及严加安先生撰写的诗词 "先生虽逝去, 伟业已长存. 两类一公式, 堪称拓扑魂. 证明归计算, 玩转几何门. 学界群星灿, 数坛吴独尊." 既表达了数学界对吴文俊先生的崇高敬意, 也是吴先生一生的真实写照.

吴文俊先生 1919 年 5 月 12 日出生于上海. 1940 年毕业于上海交通大学, 1946 年到中央研究院数学所工作. 1947 年赴法国斯特拉斯堡大学留学, 1949 年获得法国国家博士学位, 随后在法国国家科学中心任研究员. 新中国成立后, 他于 1951 年回国, 先后在北京大学、中国科学院数学研究所、中国科学院系统研究所、中国科学院数学与系统科学研究院任职. 曾任中国数学会理事长、中国科学院数理学部主任、全国政协常委、2002 年国际数学家大会主席、中国人工智能学会名誉理事长、中国科学院系统所名誉所长. 1957 年当选为中国科学院学部委员 (院士).

吴文俊先生对数学的主要领域——拓扑学做出了重大贡献. 他引进的示性类和示嵌类被称为 "吴示性类" 和 "吴示嵌类", 他导出的示性类之间的关系式被称为 "吴公式". 他的工作是 20 世纪 50 年代前后拓扑学的重大突破之一, 成为影响深远的经典性成果. 20 世纪 70 年代后期, 他开创了崭新的数学机械化领域, 提出了用计算机证明几何定理的 "吴方法", 被认为是自动推理领域的先驱性工作. 他是我国最具国际影响的数学家之一, 他的工作对数学与计算机科学研究影响深远. 吴文俊曾获得首届国家最高科技奖 (2000)、首届国家自然科学奖一等奖 (1956)、首届求是杰

出科学家奖 (1994)、有东方诺贝尔奖之称的邵逸夫数学奖 (2006)、国际自动推理最高奖 Herbrand 自动推理杰出成就奖 (1997). 他培养的许多学生已成为所在领域的领军人物. 他建立的数学机械化重点实验室是国际符号计算领域最主要的研究中心之一.

吴文俊院士追思会在数学院举行

2017 年 5 月 15 日下午, 中国科学院数学与系统科学研究院 (以下简称 "数学院") 与中国数学会联合举办吴文俊院士追思会, 以纪念吴先生为我国数学事业做出的杰出贡献.

中科院副院长张涛院士、数学院执行院长王跃飞、学术院长席南华院士、党委书记兼副院长汪寿阳、数学院学术委员会主任杨乐院士、中国数学会理事长袁亚湘院士、北京大学副校长田刚院士、中国科大副校长叶向东以及林群院士、李邦河院士等出席追思会. 吴文俊先生的亲属、朋友、同事、学生等近百人齐聚在数学院南楼 204 报告厅, 深切缅怀吴文俊先生. 席南华院士主持追思会.

伴着轻柔的音乐, 吴文俊先生一组组工作、生活的生动照片, 将与会者带入对吴先生的深切怀念之中. 每一张都有他豁达的笑容, 仿佛这个天性乐观、纯真率直的人依然在我们身边.

首先, 张涛院士在追思会上发言. 他表示吴先生的逝世不仅是数学界的巨大损失, 也是我国科技界的巨大损失. 他高度评价了吴文俊院士的学术成就以及崇高的人格品质, 称他是享誉海内外的著名数学家、是具有战略眼光的科学家、是一位谦逊的长者. 最后指出, 吴先生虽然离开了我们, 但他的贡献、他的思想、他的精神将永存, 吴先生的风范和精神, 正如以吴先生名字命名的 "吴文俊星" 一样永远闪烁在天际, 照亮和激励我们继续前行, 为我国科学事业发展做出新的贡献.

接下来, 杨乐院士深情追忆了自 20 世纪 60 年代以来与吴先生的接触、认识以及共同工作的点点滴滴. 特别指出了吴先生值得学习和尊重之处, 一方面吴先生对很多事情都有自己深入的思考, 在研究道路上, 勇于创新、勇于走出自己的路子; 另一方面, 吴先生一直保持非常单纯和童真的精神, 心怀坦荡, 不为自己的私利, 也不为了小团体的利益.

王跃飞代表数学院进行了发言, 回顾了吴先生的生平成就以及与先生的相处经历, 评价吴先生是有大学问、大智慧、大胸怀、大乐善的大家. 最后引用哈佛大学萧荫堂教授在唁电中的评价概括吴先生: "他是一个伟大的数学家, 是一个知识的巨人, 是一个坚定的爱国者, 并且是一个传统中国文化的真正的绅士般的学者".

袁亚湘院士代表中国数学会进行了发言, 他特别指出吴先生对数学天元基金的建立、发展以及 2002 世界数学家大会的组织作出很大的贡献. 他赞扬先生对年轻一辈学者的关心和支持, 并对年轻一代提出殷切的希望, 希望年轻一代在吴先生的精神鼓舞下, 努力实现老一辈数学家的遗愿, 为中国数学早日赶上世界先进水平,做出更大的贡献.

田刚院士代表北大的全体师生对吴文俊的逝世表示哀思和道别. 他追念了吴先生对数学的贡献和对北京大学数学发展的关心和支持, 并指出吴先生鞠躬尽瘁的家国情怀, 不谓艰难, 执着探索的勇气, 以及淡薄名利, 大公无私的精神将永远留存在我们心中, 激励着我们为建立数学强国不断奋进努力.

中国科大副校长叶向东在追思会上回忆了吴先生在中国科大教书育人的细节, 表示先生一生心系国家, 其崇高的爱国情怀, 积极进取的致学精神, 淡薄名利, 谦虚谨慎的做人态度, 为后人留下了非常宝贵的精神财富, 青年后辈要一起继承吴先生高贵的精神和品格, 牢记先生的教诲, 为我国科教贡献力量.

学生代表李邦河院士深情地回顾了与吴先生深厚的师生情谊. 他谈到吴先生对他的启蒙教育, 尤其注重教学方法, 并表示除了感谢吴先生对他的教导之育、提携之恩以外, 更要继承吴先生的遗志, 为复兴中国数学奋斗一生.

吴先生的女儿吴星稀女士代表家属做了发言. 她首先感谢中科院领导、数学院领导和同事在父亲去世后给予她们全家的关怀慰问; 并感谢大家对父亲的科研工作以及为人品德所给予的高度评价. 她在发言中数度哽咽, 追忆父亲是个热爱数学、热爱生活、珍惜时间的人, 关心孩子和后辈学子, 一生都在给予他人光和热.

接下来的自由发言阶段, 林群院士、高小山研究员、张纪峰研究员、胡森教授、王东明教授、李文林研究员、刘卓军研究员、李洪波研究员先后从不同角度回忆起和吴先生相识的故事和情谊, 赞扬吴先生胸怀祖国, 矢志报国的爱国情怀, 以及对数学研究鞠躬尽瘁, 死而不已的精神, 并深深表达了对他的沉痛哀悼和深切怀念. 因事未能到现场的马志明院士也写信来追思吴文俊先生.

中科院副院长张涛发言

许多人在讲话中数度哽咽, 几十年的情谊回顾, 发自内心的深情告白, 亲切动人的无限追忆, 至真至美至纯的情谊无不打动着在场的每一个人.

最后, 席南华院士对追思会进行了总结. 他指出大家对吴先生多角度的叙述, 让我们看到一个纯粹的数学家, 也再现了吴先生感人的品格、伟大的成就、伟大的精神, 他在数学界和整个社会上的崇高定位, 这一切都是我国数学界或者科学界宝贵的财富, 让我们继承它, 做到更好!

斯人已逝, 幽思长存. 吴文俊院士为我国数学事业和教育事业做出的突出贡献将永远铭记在大家心中; 他崇高的爱国情怀、 高尚的人格品质永远值得我们学习.

追思会现场

附录

以吴文俊命名的奖项

吴文俊人工智能科学技术奖简介

"吴文俊人工智能科学技术奖" 是我国智能科学技术领域唯一以享誉海内外的杰出科学家、数学大师、人工智能先驱、我国智能科学研究的开拓者和领军人、首届国家最高科学技术奖获得者、中国科学院院士、中国人工智能学会名誉理事长吴文俊 (1919 年 5 月 12 日－ 2017 年 5 月 7 日) 先生命名, 依托社会力量设立的科学技术奖, 具备提名推荐国家科学技术奖资格, 被誉为 "中国智能科学技术最高奖", 代表人工智能领域的最高荣誉象征.

"吴文俊人工智能科学技术奖" 由国家级学会——中国人工智能学会发起主办, 得到了享誉海内外的杰出科学家、数学大师、人工智能先驱、我国智能科学研究的开拓者和领军人、首届国家最高科学技术奖获得者、中国科学院院士、中国人工智能学会名誉理事长吴文俊先生的支持, 经国家科学技术部核准, 国家科学技术奖励工作办公室 (国科奖社证字第 0218 号) 公告, 2011 年 1 月 6 日正式设立 "吴文俊人工智能科学技术奖".

"吴文俊人工智能科学技术奖" 旨在贯彻 "尊重知识、尊重人才、尊重创造" 的方针, 充分调动广大智能科学技术工作者的积极性和创造性, 奖励在智能科学技术领域取得重大突破, 做出卓著贡献的科技工作者和管理者.

"吴文俊人工智能科学技术奖" 每年评奖一次. 其中吴文俊人工智能科学技术成就奖、吴文俊人工智能杰出贡献奖和吴文俊人工智能优秀青年奖奖励个人, 不设等级. 吴文俊人工智能自然科学奖和吴文俊人工智能技术发明奖奖励团队成果完成人、吴文俊人工智能科技进步奖奖励项目 (成果完成单位和成果完成人), 分设一、二、三等奖. 吴文俊人工智能科技进步奖企业技术创新工程项目奖励企业单位、吴文俊人工智能科技进步奖科普项目奖励项目完成人, 不设等级.

近年来, "吴文俊人工智能科学技术奖" 坚持打造中国智能科学技术奖第一品牌, 通过开展奖励宣传、成果推介、隆重颁奖、高端论坛、项目展览等 "科技奖励工程", 已拥有广泛的盛誉和影响力, 吸引了来自清华大学、北京大学、中国科学院、北京航空航天大学、浙江大学、上海交通大学、南京大学、武汉大学、大连理工大学、华中科技大学、香港城市大学、华南理工大学、中国科学技术大学、国防科学技术大学、复旦大学、东北大学、北京理工大学、北京科技大学、中南大学、河海大学、东南大学、厦门大学、中国科学院深圳先进技术研究院、香港中文大学 (深圳)、哈尔滨工业大学、苏州大学、同济大学、中国矿业大学、中国石油大学、武汉理工大学, 以及腾讯、百度、IBM、今日头条、360、京东等 700 余个高校、研究院所和企业的众多项目参与角逐, 先后授予 119 个单位及行业机构, 426 名学者及专家, 140 个创新成果和项目表彰奖励, 为不断推进我国智能科学技术领域的创新与发展发挥积极作用.

"吴文俊人工智能科学技术奖" 的设立、评审和颁奖, 均符合《国家科学技术奖励条例》《国家科学技术奖励实施细则》, 以及《社会力量设立科学技术奖管理办法》.

吴文俊, 男, 1919 年 5 月 12 日生于上海, 1940 年毕业于上海交通大学数学系. 1949 年在法国斯特拉斯堡大学获法国国家科学博士学位, 而后在法国国家科学研究中心 (CNRA) 工作. 新中国成立后, 吴文俊于 1951 年回国. 他先后在北京大学、中国科学院数学研究所、中国科学院数学与系统科学研究院任职. 曾任中国数学会理事长、中国科学院数理学部主任、全国政协常委、2002 年国际数学家大会主席、中国科学院系统所名誉所长、中国人工智能学会名誉理事长. 1957 年当选为中国科学院学部委员 (院士). 1990 年创建数学机械化研究中心, 并任主任. 1991 年当选为第三世界科学院院士. 2017 年 5 月 7 日, 吴文俊院士因病医治无效在北京逝世, 享年 98 岁.

吴文俊院士研究工作涉及代数拓扑学、代数几何、博弈论、数学史、数学机械化等众多学术领域. 他在拓扑学的示性类和示嵌类, 中国古代数学研究、数学机械化等领域中作出了重要贡献. 著有《可剖形在欧氏空间中的实现问题》《几何定理机器证明的基本原理 (初等几何部分)》、*A theory of imbedding, immersion, and isotopy of polytopes in an Euclidean space* 等. 吴文俊院士 1956 年因在拓扑学中示性类与示嵌类方面的卓越成就获国家自然科学奖一等奖; 中国科学院科学奖金 (自然科学部分) 一等奖 (1957), 1980 年获中国科学院科技成果一等奖; 1990 年获第三世界科学院数学奖; 1993 年获陈嘉庚基金会数理科学奖; 1994 年获首届香港求是科技基金会杰出科学家奖; 1997 年因在数学机械化研究方面的开创性贡献获法国厄布朗 (Herbrand) 自动推理杰出成就奖; 2000 年荣获首届国家最高科学技术奖; 2006 年荣获邵逸夫数学科学奖.

吴文俊院士是我国人工智能研究的开拓者和领军人, 中国人工智能学会第四届和第五届理事会指导委员会名誉主席, 中国人工智能学会名誉理事长. 吴文俊院士不仅在自动推理、机器定理证明等领域取得突出成就, 他开创的数学机械化是近代数学史上的第一个中国原创的领域, 被国际上誉为 "吴方法", 在国际机器证明领域产生巨大的影响, 有广泛重要的应用价值, 当前国际流行的主要符号计算软件都实现了吴文俊院士的算法. 他早年提出的数学机械化和脑力劳动机械化研究已经成为我国和世界人工智能研究的重要目标. 此后计算机科学、计算机图形学、智能 CAD、计算机视觉、图像压缩、机器人、并联数控技术、模式识别等诸多领域取得的重大科研成果, 背后都有数学机械化的广泛应用, 对人工智能时代发展具有深远的影响.

吴文俊应用数学奖章程

为奖励在数学与其他学科的交叉领域做出杰出贡献的个人, 中国工业与应用数学学会 (简写: CSIAM)2017 年设立 CSIAM 吴文俊应用数学奖. 吴文俊应用数学奖每两年颁发一次, 每次获奖者不超过 2 名, 每偶数年在年会的开幕式上颁奖, 同时颁发奖金、证书和奖牌.

第一条　为奖励在数学与其他学科的交叉领域做出杰出贡献的个人, 中国工业与应用数学学会设立 CSIAM 吴文俊应用数学奖 (以下称吴文俊奖).

第二条　吴文俊奖获得者 (候选人、被提名人) 应具备下列基本条件:

(一) 具有中华人民共和国国籍;

(二) 热爱祖国, 具有良好的科学道德, 从事科学研究或技术开发工作;

(三) 主要工作或成果在中国本土完成.

第三条　吴文俊奖每两年颁发一次, 每次获奖者不超过 2 名, 每偶数年在年会的开幕式上颁奖, 同时颁发奖金、证书和奖牌.

第四条　吴文俊奖由单位 (具有法人资质) 或两位符合下列条件之一的专业人员提名:

(一) 中国科学院和中国工程院院士或外籍院士.

(二) 中国工业与应用数学学会、中国数学会、中国运筹学会、中国数学会计算数学学会常务理事; 学会各专业委员会主任; 各省、市、自治区工业与应用数学学会理事长.

(三)CSIAM 顾问委员会成员.

第五条　学会奖励工作委员会负责受理吴文俊奖的提名、资格审查与组织评审.

第六条　获得有效提名的人选经学会奖励工作委员会审查通过后获得候选人资格. 学会奖励工作委员会邀请候选人提交下列材料: (1) 个人完整简历, (2) 突出成果介绍 (不超过 3000 字), (3) 相关佐证材料.

第七条　对于通过公示的候选人, 由学会奖励工作委员会邀请吴文俊奖评审委员会负责评审工作: 到会评审委员应超过评审委员会的三分之二 (含) 方为有效, 获奖者所得票数应超过到会委员的票数的三分之二 (含).

第八条　吴文俊奖评审实行回避制度, 与被评审的候选人有利害关系的评审专家应当回避.

第九条　任何单位和个人发现吴文俊奖的评审和处理进程中存在问题的, 可以向奖励工作委员会举报和投诉. 学会理事或工作人员收到举报或者投诉材料的, 应当及时转交奖励工作委员会.

第十条　第九条中提及的提出异议的单位或者个人应当表明真实身份, 提供书面异议材料和必要的证明文件, 并加盖本单位公章或者签署真实姓名. 以匿名方式提出的异议一般不予受理.

第十一条　吴文俊奖的最终结果由 CSIAM 理事长会议确认.

第十二条　吴文俊奖由中国工业与应用数学学会颁发证书、奖牌和奖金.

第十三条　本章程的解释权在 CSIAM 奖励工作委员会.

第十四条　本章程自发布之日起施行.

中国数学会计算机数学专业委员会
吴文俊计算机数学青年学者奖评奖条例

为表彰并鼓励杰出的计算机数学领域的青年科研人员, 促进计算机数学青年人才的培养, 中国数学会计算机数学专业委员会 (简称 CM)2017 年设立 "吴文俊计算机数学青年学者奖". 吴文俊计算机数学青年学者奖将在每年计算机数学学术年会颁奖, 每次获奖者不超过两名. 计算机数学专业委员会将为其颁发获奖证书 (及奖金). 获奖青年学者将被邀请做 CM 年会青年学者邀请报告.

第一条　为表彰并鼓励杰出的计算机数学领域的青年科研人员, 促进计算机数学青年人才的培养, 中国数学会计算机数学专业委员会 (简称 CM) 设立 "吴文俊计算机数学青年学者奖".

第二条　候选人 (被提名) 应具备下列资格:

(一) 具有中华人民共和国国籍, 主要研究工作在中国完成;

(二) 从事计算机数学等相关领域的研究工作;

(三) 年龄不超过 40 周岁 (以获奖当年 1 月 1 日为据).

第三条　CM 计算机数学青年学者奖候选人须首先由两名计算机数学专业委员会成员提名, 每位计算机专业会委员最多提名两位候选人.

第四条　获得有效提名的研究人员需填写附件表格, 并提供两封专家推荐信 (不局限于计算机数学专业委员会成员, 其他有影响力的资深学者也可).

第五条　对获得有效提名的研究人员, 计算机数学专业委员会将组织评奖委员会投票, 获奖人员需得到超过 (含) 评奖委员会三分之二成员的投票. 原则上, 有提名或被提名的专委会成员不参加评奖委员会. 专委会将最终选取得票前两名为获奖候选人, 经公示无异议确定最终获奖人.

第六条　吴文俊计算机数学青年学者奖将在每年计算机数学学术年会颁奖, 每次获奖者不超过两名. 计算机数学专业委员会将为其颁发获奖证书 (及奖金). 获奖青年学者将被邀请做 CM 年会青年学者邀请报告.

第七条　以上条例解释权归计算机数学专业委员会所有.

吴文俊数学与天文丝路基金研究计划启动

荣获国家最高科技奖的吴文俊院士最近宣布从他所获奖金中拨出 50 万元作为"数学与天文丝路基金"启动经费,用于鼓励并资助有发展潜力的年轻学者从事有关古代中国与亚洲各国 (重点为中亚各国) 数学与天文交流的研究.

吴文俊院士获得国家最高科技奖的两大成就是拓扑学和数学机械化研究,其中数学机械化是他在 20 世纪 70 年代以后开拓的一个既有强烈的时代气息,又有浓郁的中国特色的数学领域. 吴先生说过:"几何定理证明的机械化问题,从思维到方法,至少在宋元时代就有蛛丝蚂迹可寻",他在这方面的研究"主要是受到中国古代数学的启发". 中国古代数学在中世纪曾领先于世界,后来落后了. 今天我们要赶超,除了学习西方先进科学,同时也应发扬中国古代科学的优良传统. 吴文俊的数学机械化理论,正是古为今用的典范. 吴文俊先生本人这样做,同时也大力提倡年轻学者继承和发扬中国古代科学的优良传统并在此基础上做出自己的创新.

要继承和发扬,就必须学习和发掘. 中国古代有许多杰出的科学成果在 14 世纪以后遭到忽视和埋没,有不少甚至失传了. 其中有一部分重要成果曾流传到亚洲其他国家,特别是沿丝绸之路流传到中亚各国并进而远播欧洲,促成了东西文化的结合与近代科学的孕育. 因此,澄清古代中国与亚洲其他各国特别是沿丝绸之路数学与天文交流的情况,对于进一步发掘中国古代数学与天文遗产,探明近代数学的源流,具有重要的学术价值和现实意义. 这方面的研究以往由于语言和经费等困难一直没有得到应有的开展,而推动这方面的研究,是吴文俊先生多年来的一个宿愿. 这次他设立"数学与天文丝路基金",必将产生深远影响.

为了具体实施"吴文俊数学与天文丝路基金"的宗旨与计划,根据吴文俊院士本人的提议,成立了由有关专家组成的学术委员会. 学术委员会将负责遴选,指派优秀年轻学者赴中亚、日本与朝鲜等地区专门考察和研究古代中国与这些地区数学与天文交流的情况,以及中国古代数理天文典籍流传这些地区且幸存至今的情况,同时争取与有关科研、教育部门联合规划,多渠道多途径地选派和资助人员到上述地区访问研究,或培养能从事本项研究的专门人才.

吴文俊数学与天文丝路基金学术委员会于 8 月 12 日在中国科学院数学与系统科学研究院举行了首次会议. 学术委员会初步拟议,吴文俊数学与天文丝路基金的资助对象应为自愿立志从事有关研究,有强烈的科学敬业与奉献精神的年轻学者,他们应具有坚实的现代数理基础,同时通晓古代数学与天文史,并能学习掌握前往地区的古今语言文字,从而能直接查阅当地数学与天文的第一手原始资料.

　　吴文俊数学与天文丝路基金, 是一项有鲜明特色和深远意义的研究计划. 吴文俊院士认为, 万事开头难, 基础理论研究贵在投入与坚持. 他相信: 该基金一定能开一个好头, 使这项古为今用的研究得以推动并深入开展下去, 日后必将开放奇葩, 结出硕果.

构筑数学与脑力劳动机械化的桥梁,
密切数学与交叉科学的关系

张晓迪

中国工业与应用数学会于 2018 年设立了吴文俊应用数学奖. 2018 年 9 月 14 日, 首届吴文俊应用数学奖在成都颁奖, 高小山研究员获此殊荣. 本文是根据对高小山研究员的采访稿整理而成.

吴文俊应用数学奖是中国工业与应用数学学会于 2017 年设立, 为奖励在数学与其他学科的交叉领域做出杰出贡献的个人. 高小山获得首届吴文俊应用数学奖, 以奖励他在数学机械化、符号计算、自动推理、密码学等方面做出的杰出工作.

在访谈中, 高小山提到他如今的科学成就与吴文俊先生是分不开的. 高小山说道 "吴文俊先生是科研上勇于创新的典范. 他做问题眼界宽阔, 而且非常有勇气. 这使得他能够看到问题的本质, 从而能够找到所谓的 '大问题' ". 吴文俊先生的学术生涯起步于纯数学, 20 世纪 40 年代末 50 年代初, 拓扑学刚刚兴起. 吴文俊先生站在拓扑学发展的最前沿, 证明了拓扑学的示性类的乘积公式, 弄清了各种示性类间的关系, 并定义了以他的名字命名的 "吴示性类". 这一成果至今仍被国际同行广泛使用, 影响深远. 20 世纪 70 年代末, 随着社会经济的发展, 计算机日益普及. 已近花甲之年的吴文俊先生将眼光转向数学与计算机科学的交叉领域 —— 几何定理的计算机证明, 开启了数学机械化的研究. 从算法的设计、理论的推导乃至程序的实现, 均是他独立完成的. 高小山补充道, "吴先生最初的想法是利用计算机来证明定理, 发挥其在数学研究中的作用. 但是他并没有满足于此, 他往前更进了一步, 提出通过定理证明的自动化, 实现数学的机械化, 从而将人的脑力劳动部分机械化". 吴文俊先生从理论上解决了用机器证明几何定理的难题, 从而获得国内外的高度赞扬.

在吴文俊先生严谨的治学态度和勇于创新的精神的影响下, 高小山投身于数学机械化的研究中, 做出一系列杰出的成果: 发展了几何图形自动生成方法并应用到数控、机器人、智能计算机辅助设计和计算机视觉等高科技问题; 与张景中院士等合作发展了面积法, 能够对一大类几何定理自动生成简短可读的证明, 提高了机器证明的质量; 将数学机械化研究的问题从代数方程延拓到微分方程和差分方程, 填补相关领域的空白. 最近, 高小山在着手发展数学机械化的量子算法, 以期能从速度上可以指数级地提高定理证明的速度, 为未来量子计算机时代的自动推理提供数学手段. 高小山的工作拉近了数学机械化与人类生活的距离.

高小山 1984 年师从吴文俊先生读研究生, 1988 年博士毕业. 经吴文俊先生介绍, 去了美国人工智能研究中心之一 —— 美国得克萨斯大学从事博士后研究. 1999 年, 在国家重点基础研究发展计划 (973) 项目中, 高小山是国家首聘的 17 位 "首席科学家" 中最年轻的一位, 时年 35 岁. 高小山不畏艰难, 带领团队开始在微分代数等新领域发展数学机械化, 试图利用计算机强大的计算功能去为解决数学问题建立自动推理平台. 随后, 高小山又继续担任了两届 973 项目的首席科学家. 这中间离不开吴文俊先生的支持和帮助, 尤其是在高小山主持的第三个 973 项目 "数学机械化方法与数字化设计制造", 是吴文俊先生亲自选题. 高小山回忆道, "吴先生看到当时国家迫切需要数控机床方面的技术, 就鼓励我将我关于并联结构的研究应用到数控机床上". 历经五年的努力, 高小山带领团队将设计的算法成功应用到数控机床, 取得了满意的成果.

在谈到数学与交叉科学的关系时, 高小山表示用吴文俊先生的名字来命名这一奖项非常合适, 而且数学交叉科学确实值得专门设立这样的奖项. 高小山说道 "吴文俊先生的工作是具有鲜明的交叉科学性质. 他很多重要的贡献都是关于数学交叉科学的研究. 吴文俊先生的研究工作涉及拓扑学、代数几何、数学机械化、中国数学史、博弈论等多个数学领域并在其中做出了独特的贡献". 吴先生关于拓扑学的研究是数学内部的交叉; 将拓扑学与复几何联系起来, 研究了二维球面的复结构; 将拓扑学和图嵌入结合, 研究了复杂的图的平面嵌入问题, 给出一套非常漂亮结果; 将拓扑学中的 "陈类" 推广到代数几何上, 提出带奇点的 "陈类"; 将拓扑学与博弈论结合, 在纳什均衡的基础上提出本质均衡的概念, 在国际上影响重大. 数学机械化则是数学、计算机科学和人工智能领域的交叉领域. "吴文俊先生研究数学机械化的想法不仅仅是证明定理, 而希望能够通过数学的机械化将脑力劳动也机械化,从而提高计算机处理问题的智能". 吴文俊先生将自己的方法用到力学规律的发现、化学平衡的计算、机器人、模式识别等很多领域中, 尝试用他的方法去解决问题.

高小山还提到, 数学是看不见摸不着的东西, 公众有时受益于数学却对背后的数学知之甚少, 并不确切知道数学的重要性. 中国工业应用数学会应该把宣传数学的交叉应用作为自己的一个职责. 高小山说 "一方面数学是一种 '隐藏的技术', 为解决许多高科技问题提供有力工具. 但数学往往不为人所知, 人们看到的往往是计算机、机器人等 '显技术'. 另一方面, 科学技术的发展也反过来推动了数学的发展, 为数学快速发展提供了前所未有的机遇. 例如, 令人瞩目的千禧年大奖难题 (又称世界七大数学难题) 很多来自数学的交叉研究: 杨–米尔斯规范场存在性和质量间隔假设问题, 就是数学跟量子物理的交叉; Navier-Stokes 方程解的存在性与光滑性问题来源于流体力学, 现在变成了数学的一个核心问题; P 是否等于 NP 的问题, 即能用多项式时间验证解的问题是否能在多项式时间内找出解, 是计算机与算法方面的重大问题, 同时也是数学领域公认的一个难题. 我们要积极地宣传数学的交叉与应用的重要性, 提高公众对数学应用的认知度, 让公众知道数学正在推动我们国家经济的发展".

作为学会的副理事长, 高小山说道 "这几年, 学会发展迅速, 队伍日益壮大. 2015年第八届国际工业与应用数学大会在北京的成功举办是一个非常重要的契机, 甚至可以说是一个转折点". 第八届国际工业与应用数学大会是我国工业与应用数学水平和国际学术地位提高的标志, 大会充分展现了我国工业与应用数学研究成果和人才培养的成就, 成为我国工业与应用数学发展的里程碑. 高小山特别提到 "袁亚湘院士成功当选国际工业与应用数学联合会候选主席, 反映了我国应用数学方面国际学术地位和影响力的显著提升". 另外, 谈到对学会的期望, 高小山表示, 学会最重要的目的还是要推动工业应用数学学科的发展, 使得我国的应用数学走向复兴. 他引用吴先生的话补充道, 这里之所以说是复兴而不是振兴, 是由于 "中国古代的数学, 特别是应用数学, 14 世纪在国际上领先并达到了顶峰. 但 14 世纪以后, 由于各种原因慢慢地衰落". 为了 "复兴" 中国数学, 学会应该办好高水平杂志, 培养青年人, 支持各个学科的发展等等. 高小山还谈到国防需要最尖端的技术, 而尖端技术创新的最根本源泉之一是数学的创新, 因此学会更应该为国家的经济与国防发展做出更多贡献.